葡萄酒化学

Understanding Wine Chemistry

〔美〕Andrew L. Waterhouse，Gavin L. Sacks，〔澳〕David W. Jeffery　著

潘秋红　段长青　王　军　朱保庆　何　非　译

科 学 出 版 社

北　京

图字：01-2017-6272

内 容 简 介

本书概述了葡萄酒的化学组成及其主要化学特性，以及这些组分对葡萄酒稳定和风味、颜色等的贡献；重点介绍了葡萄酒发酵、陈酿、澄清稳定过程中重要的生化和化学反应机理；并列举一些案例说明如何利用化学提升葡萄酒颜色、香气、风味、平衡、稳定性和品质。

本书可作为大学葡萄酒化学的学习资料，同时也是一本易读易懂的参考书，可以指导有一定化学知识的读者认识葡萄酒，并理性地解释或预测葡萄酒中发生的变化，帮助研究人员、酿酒师和葡萄酒爱好者预知酿造工艺对葡萄酒可能产生的影响。

图书在版编目（CIP）数据

葡萄酒化学/(美)安得烈・L.沃特豪斯(Andrew L. Waterhouse), (美)加文・L.萨克斯(Gavin L. Sacks), (澳)戴维・W.杰弗里(David W. Jeffery)著；潘秋红等译. —北京：科学出版社，2019.3

书名原文：Understanding Wine Chemistry

原书 ISBN 9781118627808

ISBN 978-7-03-060686-0

Ⅰ. ①葡… Ⅱ. ①安… ②加… ③戴… Ⅲ. ①葡萄酒-食品化学 Ⅳ. ①TS262.6

中国版本图书馆 CIP 数据核字（2019）第 039348 号

责任编辑：贾 超 孙静惠 / 责任校对：杜子昂

责任印制：吴兆东 / 封面设计：东方人华

科 学 出 版 社 出版

北京东黄城根北街 16 号

邮政编码：100717

http://www.sciencep.com

北京中石油彩色印刷有限责任公司 印刷

科学出版社发行 各地新华书店经销

*

2019 年 3 月第 一 版 开本：720 × 1000 1/16

2024 年 1 月第三次印刷 印张：30

字数：580 000

定价：168.00 元

（如有印装质量问题，我社负责调换）

译 者 序

葡萄酒化学是一门诠释葡萄与葡萄酒的化学组分及其在葡萄酒发酵、陈酿和瓶储过程中的变化和对葡萄酒质量品质影响的科学；这些组分与酿酒葡萄栽培、葡萄酒酿造、葡萄酒品尝及鉴赏紧密相关、相互渗透。无论学习者、研究者还是生产者、品鉴者，要做到对葡萄酒知其然且知其所以然，有必要读懂葡萄酒的成分及其演变的规律。近年来，随着仪器分析技术和各种组学技术的快速发展，已经有越来越多的决定葡萄酒感官特性的物质组分被解析，它们的产生机理和演变规律也逐步被揭示。译者在为葡萄酒相关专业本科生、研究生讲授葡萄酒化学时，迫切渴望能有一本好的参考书，帮助学习者全面系统地理解葡萄酒感官品质与安全质量形成的内在本质。

2016 年，恰逢美国加利福尼亚大学戴维斯分校(University of California, Davis)葡萄栽培与酿酒系的 Andrew L. Waterhouse 博士、康奈尔大学(Cornell University)食品科学系的 Gavin L. Sacks 博士、澳大利亚阿德莱德大学(The University of Adelaide)葡萄酒与食品科学系的 David W. Jeffery 博士共同编著的 *Understanding Wine Chemistry* 由 Wiley 出版社首次出版。译者认为，这是一本非常适合葡萄酒学习及从事葡萄酒研究、生产和技术研发的读者学习参考的葡萄酒化学著作，该书包括葡萄酒成分、葡萄酒酿造化学和案例研究三部分，深入浅出地运用化学原理解释了葡萄酒酿造过程中发生的反应及其对感官特性和质量品质的潜在影响，书中还囊括了近年来葡萄酒化学领域的最新研究成果。

该书版权由科学出版社引进，由中国农业大学食品科学与营养工程学院葡萄与葡萄酒研究中心、农业农村部葡萄酒加工重点实验室潘秋红、段长青、王军、何非及北京林业大学朱保庆翻译。潘秋红教授对全书译文进行了统稿。感谢国家葡萄产业技术体系(CARS-29)提供了部分经费支持，感谢科学出版社为本书的出版付出的辛勤劳动。

尽管翻译人员均有多年从事葡萄与葡萄酒风味化学的教学和研究经历，在翻译过程中也竭尽所能参阅相关资料，力求准确无误，但由于译者水平有限，译文中难免存在不当之处，诚请读者批评指正。

译 者

2019 年 3 月

序

vino veritas 是拉丁语，意思是葡萄酒里有真理，但这个观点不是罗马社会所独有的。事实上，历史上许多文明都有类似的说法，强调葡萄酒在不同宗教、文化和社会事件中发挥了作用，并将继续发挥作用。近七千年来，尽管葡萄酒已经成为人类生活的一部分，但即使依赖现代科学的力量，今天我们对这种饮料及其内在本质的了解仍然不够全面，其原因是复杂的，也许是合乎常理的，正是葡萄酒的这种复杂性吸引了许多人去品尝它并学习它的生产技术。

在最基本的层面，葡萄酒是数百种不同成分不断变化的混合物，这一特性赋予它活生生的、会呼吸的特性。在任何特定的阶段，这些物质的特性和浓度取决于任何一个可以想象的因素，从葡萄、土壤、季节气候甚至整个生产过程，从一个酒瓶是如何被储存到一个斟满酒的酒杯或打开的酒瓶在饮用前所获得的醒酒机会。我们对葡萄酒味道的感知同样是变化的，这取决于酒的温度、我们的情绪、我们最近喝了些什么以及我们的感官首先怎样区分这几百种成分。因此，要解开葡萄酒的复杂性，必须从化学的视角开始了解它，因为这些成分及其变化是事物的核心。

Waterhouse, Sacks 和 Jeffery 的这部著作是认识葡萄酒的一个极好的起点。化学本身极其复杂，但这些顶尖学者们不仅去欣赏，而且从分析化学、有机化学和物理化学的视角去理解葡萄酒的每一个变化，成功地完成了 33 章内容。这一成功源于一种思路：首先，本书详细描述了葡萄酒中发现的所有不同种类的化合物、化合物的反应及其如何影响葡萄酒最终的品鉴。接着，本书介绍生产过程，不仅从化学的细节上恰当地解释了发酵和生产过程的总体情况，而且解释了在生产过程中每一个步骤和某些决定是如何影响葡萄酒的成分，哪些以及有多少成分最终进入产品中。最后，作者重点介绍了葡萄酒化学研究的前沿，表明读者若对此感兴趣，可进行深入研究。

无论是初学者、鉴赏家、生产爱好者，还是一个有抱负的专业人士，这部精心写成的著作为所有读者提供了一个机会，提升他们对这一美妙饮品的认识和欣赏能力，增强他们在未来享受中的潜能。当然，随着葡萄酒化学知识的不断丰富，未来几年这些作者肯定会继续补充和完善其大作。故在此，我祝他们成功地从许多不同的化学原理中提炼出各种各样的知识，使之成为一门深入浅出、易懂易教易实施的葡萄酒科学。

Scott A. Snyder
美国伊利诺斯芝加哥大学
2016 年 1 月

前　言

在拥有了传统的化学知识(有机化学、分析化学、物理化学)后，我们现在感到幸福的是写有关葡萄酒化学的著作。葡萄酒化学不仅是一门激发灵感和具有挑战性的学科，也是一种奇妙的对话工具——我们经常遇到同事、访客和熟人评论自己对葡萄酒的热爱程度及其复杂性。无论对葡萄酒是一种嗜好还是一种职业，这种复杂性可能引人入胜，但它也可能成为进一步理解的障碍。

在越来越多的高等院校里，葡萄酒化学作为酿酒学和葡萄栽培学课程的一部分，在传统的本科化学系也作为选修课讲授。此外，在葡萄酒生产和相关领域(如供应商)中，有许多人期望做出基于科学的决策或建议。考虑到这一点，我们认为有必要撰写一本书，向读者展示如何利用化学的基本知识来合理地解释并更好地预测葡萄酒中所观察到的多样性。

本书不只是提供葡萄酒成分的描述，或者集中于感官特征、分析或处理问题，还介绍葡萄酒中通常发生的化学和生化反应的类型——换句话说，通过聚焦化学原理来解释葡萄酒酿造的结果。因此，本书的目标是基于对葡萄酒中可能发生的主要反应的理解，来帮助学生、酿酒师和其他人预测葡萄酒处理和工艺的效果，或者解释实验结果。本书假设读者的葡萄酒和葡萄酒酿造的知识有限，但是我们期待他们有基本的化学知识，包括有机化学知识，尽管本书预计读者可能忘记了这些课程的一次课(抑或两三次课)。有时本书依赖于最近的综述而不是提供广泛的文献引用，所以我们鼓励读者去寻找主要的信息来源，以增强对本书所涵盖的任何话题的理解。

为达到预期目标，本书分成三部分来阐述。

第一部分：葡萄酒成分

首先，回顾葡萄酒中发现的各类化合物及其典型浓度、基本化学反应特点，以及它们对葡萄酒稳定性或感官特性的贡献。该部分还考虑了在葡萄酒环境中可以发生的反应类型，可作为后续部分的参考。第 10 章和第 14 章分别涉及亲电试剂和亲核试剂的关键化学概念和芳香族亲电取代。

第二部分：酿酒化学

在简要概述葡萄成分和葡萄酒生产实践之后，描述发酵期间和发酵后发生的关键反应。特别要强调的是，葡萄酒酿造过程中做出的决定将有利于或不利于某些化学反应，导致葡萄酒成分存在差异。我们期望这部分可以用来提出关于酿酒过程或果汁成分变化对最终葡萄酒成分影响的假设。第 25 章还论述了不同瓶盖的特性。

第三部分：专题

最后，本书呈现了几个案例研究，将前面的章节内容与当前的或新兴领域的葡萄酒化学关联起来。本书的目的是通过这些典型案例来展示挑战和机遇——对象是那些对葡萄酒这一令人惊叹的天然产品感兴趣的人。

在准备这样一本书时，我们预期会有不足，我们鼓励读者就任何事情向我们发表评论。我们鼓励从简单的排版错误，到缺少的主题或引文，数据或解释的错误，甚至对解释葡萄酒化学新方法等提出所有方面的建议。我们计划出版第二版，欢迎大家提出任何意见或想法。请将您的想法发送到邮箱：winechem@ucdavis.edu。

最后，我们在撰写这本书时参考了国际葡萄酒科学界的许多研究者的科研成果，同时也感谢我们学生的反馈，他们自始至终帮助我们通读全书初稿，以使本书更加完善。我们也要感谢世界各地的葡萄种植者和酿酒师，他们以惊人的风格酿造葡萄酒，这些葡萄酒也可称作化学品；没有他们，这本书就不可能问世。最后，我们永远感谢我们的伴侣和家庭，在出版这本书的整个过程中，他们承担家庭事务，对我们的全身心投入表示理解，并一直支持我们。

导　　论

葡萄酒成分多样性

消费者购买葡萄酒时有多少种选择？在美国，所有出售的葡萄酒必须有烟酒税收和贸易局(TTB)的标签批准证书(COLA)，2013 年烟酒税收和贸易局批准了超过 93 000 标签批准证书的申请①。因为许多葡萄酒都是酿造产品，也就是说，每个收获年都会产生一个新的标签。在美国各地的葡萄酒商店中可买到的葡萄酒的数量可能接近 250 万种②；与生产商追求均一性的商品(如大豆、牛奶)相比，葡萄酒等特殊产品的变化不仅是可以容忍的，而且是值得赞赏和尊敬的。消费者期望不同标签的葡萄酒应该闻起来不同，尝起来不同，看起来不同；从化学家的角度，就是消费者期望葡萄酒具有不同的化学成分。葡萄酒化学的研究就是研究这些差异——解释如何能有成千上万的，如果不是数以百万计的话，不同的葡萄酒成分，并有助于酿酒师理解葡萄酒化学成分是如何导致这些差异的。

葡萄酒是什么？

一般干型餐酒是轻度酸性(pH 3～4)的水醇溶液。葡萄酒的两种主要成分是水和乙醇，通常用质量分数(*w*/*w*)表示，约占 97%。其余化合物——与葡萄酒的大部分风味和颜色有关——通常小于 10 mg/L(图 I.1)，许多关键的香气物质浓度只有纳克水平(ng/L)。值得注意的是，这些化合物中没有一种是葡萄酒独有的。在葡萄酒中存在的化合物同样也存在于咖啡、啤酒、面包、香料、蔬菜、奶酪和其他食品中③。不同葡萄酒与其他产品之间的区别在于化合物的相对集中度的差异，而不是独特成分的存在。

---

① 附加说明：标签批准证书是一个预先批准的过程，并不是所有葡萄酒都将成为商业葡萄酒。

② 此外，基于烟酒税收和贸易局的标签批准证书仅获取在美国批准销售的葡萄酒的数据，它们仅代表商业生产的葡萄酒的一小部分——网站 wine-searcher.com 的数据库报告，2016 年 4 月全球销售葡萄酒 40 万种。

③ 一种对葡萄汁和葡萄酒有独特作用的化合物是酒石酸，它在其他大多数水果和蔬菜中是不易被检测到的(尽管它在罗望子中的浓度很高)。酒石酸也属于在葡萄酒或葡萄中首次发现的化合物，后来在别处也有发现；单萜类葡萄酒内酯和雷司令缩醛以及一些花色苷衍生色素(如 vitisins 和 pinotins)也属于此。

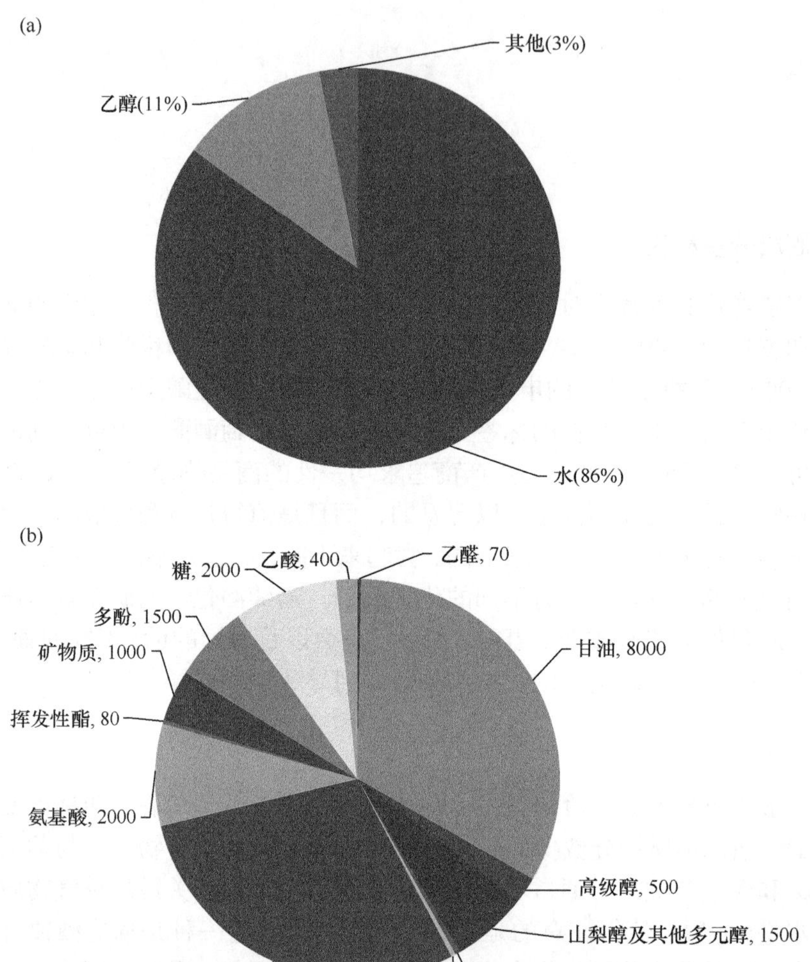

图 I.1　代表性的干红葡萄酒的成分：(a)质量占比；(b)葡萄酒主要成分(不含水和乙醇)即“其他化合物”的主要贡献者(单位 mg/L)，关键微量成分(0.1 ng/L～10 mg/L)未包含其中

葡萄酒是由葡萄汁或葡萄醪(果汁和固体)经酒精发酵酿成的，葡萄糖完全或部分地转化为乙醇和二氧化碳。然而，葡萄酒酿造和储存过程的化学变化不仅仅是糖的消耗和乙醇的生成，一个显而易见的例子就是葡萄酒的挥发性成分，它比葡萄汁要复杂得多(图 I.2)，这些挥发性组分与葡萄酒香气有关，基于它们产生的途径，通常将挥发性成分分为在葡萄中(初级)、发酵期(二级)和陈酿期(三级)(表 I.1)。随着分析技术的进步，葡萄酒中可鉴定出的化合物数量增加，1969 年的一份调查显示，葡萄酒和其他含乙醇饮料含有 400 种挥发物，但 1983 年出版的一部书中提到，葡萄酒和其他含乙醇饮料含有超过 1300 种挥发物[1]。

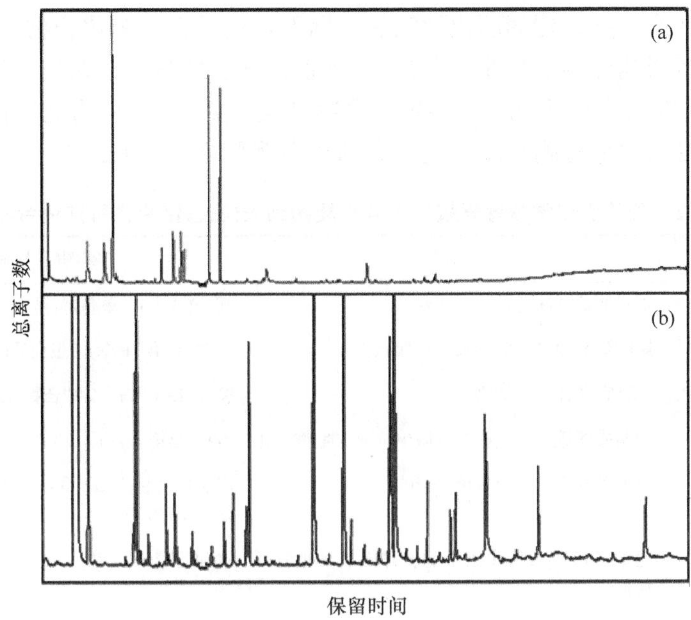

图 I.2　葡萄汁(a)和由该葡萄汁生产的葡萄酒(b)的气相色谱-质谱图的比较。色谱图中的每个峰代表至少一种特定的挥发性化合物

表 I.1　葡萄酒香气物质的一级、二级和三级分类

化合物分类	描述	实例(章节序号)
一级	来源于葡萄果实的香气化合物，其在葡萄酒酿造中不被改变	甲氧基吡嗪(第 5 章)、莎草奥酮(第 8 章)
二级	由酒精或苹果酸乳酸发酵生成的化合物，产生途径：	
	1) 糖、氨基酸等的正常代谢；	1) 乙酯(22.2 节)、杂醇(22.3 节)；
	2) 葡萄特异性前体物的转化	2) 果香硫醇(23.2 节)
三级	在葡萄酒储存过程中生成的化合物，产生途径：	
	1) 从橡木中提取；	1) 橡木内酯(第 25 章)；
	2) 微生物腐败或化学污染；	2) 三氯苯甲醚(第 18 章)；
	3) 葡萄酒前体物的非生物转化	3) 三甲基二氢萘(TDN)(23.1 节)

最近，采用傅里叶变换离子回旋共振质谱(FT-ICR-MS)，从一组葡萄酒中能够检测出数万个特定的化学信号，并将化学信号分配到近 9000 个成分[2]。然而，在最新一份报告中，先进的仪器仍无法区分结构异构体，例如，一个由 30 个单体组成的缩合单宁，可能有数十亿个异构体(第 15 章)。因此，与大多数天然产物一样，葡萄酒中的化学成分的数量实际上不计其数。

考虑到这一点，葡萄酒化学家的目标不是列举每一个化合物，而是鉴定那些直接或间接影响葡萄酒质量，如感官特性(香气、风味、外观)、安全性和稳定性的化合物，在大多数情况下是鉴定化合物种类。换言之，化合物可能是有意义的，因为它们可以用来检测赝品。这些类别和实例总结在表 I.2 中。

表 I.2　葡萄酒化学家感兴趣的主要官能团列表(注意化合物可能适合不止一类)

化合物功能	描述	实例(章节序号)
感官品质	贡献葡萄酒味感、香气或触觉	酸(第 3 章)、单萜烯(第 8 章)、单宁(第 14 章)
	影响葡萄酒颜色或导致可见絮状物	花色苷(第 16 章)、蛋白质(26.2 节)
	有感官活性的前体物	糖苷(23.1 节)、*S*-结合物(23.2 节)
稳定性	抑制或促进储存过程中的微生物或非生物变化	有机酸(第 3 章)、SO_2(第 17 章)
生物活性	对人类健康起正面或负面影响	酚类化合物(第 11 章)、生物胺(第 5 章)、氨基甲酸乙酯(第 5 章)
基质	通常通过非共价作用影响特异性或其他物质活性	水和乙醇(第 1 章)
真伪鉴别	有助于辨别真实产品与赝品	人造色素(第 28 章)

葡萄酒中的化学反应

葡萄酒成分的复杂性表明，葡萄酒中的化学反应范围是无限的。然而，如上所述，葡萄酒包括 97%的乙醇和水，这不同于有机化学教材里所介绍的大量化学反应，后者要求不含质子溶剂(如没有 Grignard 反应)。同样，葡萄酒的温和酸性条件(通常 pH 为 3.5)意味着碱催化的反应通常不是太重要(如不可能发生醇醛缩合反应)。

与所有化学反应一样，预测反应的关键是确定能相互作用的葡萄酒组分，其中许多反应对有机化学的学生来说是熟悉的，包括以下反应：

(1) 亲核物质与亲电物质之间的反应，如亚硫酸氢盐和羰基化合物；

(2) 水解反应，通常是酸催化的，如酯、黄烷间键和糖苷；

(3) 加成和消除反应，通常也是酸催化的。

这些反应及其他很多内容是这本书的核心，并在下面的章节中详细介绍。与有机化学实验(和大多数其他食品)相比，葡萄酒化学的一个独特挑战是，反应可以在几个月、几年甚至几十年内进行，并且一般在环境温度和还原环境中进行。这些条件会产生意想不到的反应产物。这一点尤其重要，因为某些浓度为 ng/L 的化合物可能足以影响风味。

作为历史记录的化学

本书的许多章节，特别是第一部分包含各种葡萄酒成分的典型浓度表，这来自 2000 年以来同行发表的评议报告④，然而，葡萄种植和酿酒实践不是静态的[3]，典型值可能会随潮流或技术的发展而发生显著变化——更不用说随气候变化了[4]。在某些情况下，对陈酿葡萄酒的分析揭示了典型葡萄酒成分的变化规律，可为生产实践变化提供预测。例如，在 19 世纪，喝葡萄酒的人更喜欢甜型葡萄酒——高级香槟酒的糖分超过 140 g/L，相比之下，现代大多数葡萄酒中糖含量低于 10 g/L[5]。在这段时间里，通过使用 SO_2 和无 O_2 储存来控制腐败细菌(如醋酸菌)仍然是必要的——对 1872 份希腊葡萄酒的调查显示，乙酸浓度在 1.5～3.6 g/L 之间[6]，都超过了现代法规限量。19 世纪的葡萄酒罐通常含有铅青铜(现已不再使用)，它会在酸性条件下浸出，导致葡萄酒中铅浓度相对较高[5]。葡萄栽培技术也会引起矿物质含量的差异——在 19 世纪和 20 世纪初，经常向葡萄树喷施砷来抵御昆虫和霉菌的侵害[7]⑤。

总之，本书所提供的数值应该被看作 21 世纪初葡萄酒成分的快照，而不是作为基本常数。现代消费者对优质葡萄酒的期望是一种技术能力提高和不断积累的习惯的反映，对于大多数国际知名的高级葡萄酒，在 2016 年，这意味着用选定的酿酒酵母菌发酵、在橡木桶中陈酿、在软木塞封闭的玻璃瓶中瓶储。据推测，在过去，对不同选择的追求可能会导致另一种对于葡萄酒“完美”和目标化学组成的观点。关于葡萄酒的未来可以做出类似的描述，我们预计这里提供的数字将为 2100 年的葡萄酒化学家们提供一些有价值的参考。

化学感觉与葡萄酒风味

本书讨论的大部分化合物在葡萄酒风味中起着作用，因为科技出版物中用于讨论风味的词汇不同于日常交谈中使用的词汇，所以这篇导论将对关键风味术语做简要回顾。

风味定义为“刺激口腔内的味蕾、嗅觉器官和化学感觉的组合所产生的感知”[10]，换句话说，品尝者可以在口中感知到所有，如嗅觉、味觉和化学感觉。

嗅觉或嗅闻指用位于鼻腔内的嗅觉受体(OR)来检测气味。人类大约有 700 个

④ 这些调查主要涉及酿酒和葡萄栽培的国家的葡萄酒，这些国家包括一些欧洲国家、美国和加拿大、南非、澳大利亚和新西兰。

⑤ 葡萄酒中某些化学特征有助于了解其在古代的用途和传播。例如，陶器容器中酒石酸的存在被认为是容器保持葡萄酒的可靠证据[8]。同样，使用丁香酸作为证据，证明图坦卡蒙国王喝的是红葡萄酿造的酒，而不是石榴酿造的酒。前者含有二甲基花翠素-3-葡萄糖苷，会降解产生相对稳定的丁香酸，而后者没有[9]。

嗅觉受体，其中一半在任何个体中都可发挥作用[11]。虽然每个受体对化合物都有特定的选择性，但香气物质(或香气物质混合物)通常刺激多个嗅觉受体组合，并且它们的组合模式与特定气味相关[12]。嗅觉需要香气物质挥发到鼻腔，这一过程可能通过两种途径发生：

(1) 鼻腔嗅觉是对气味物质的检测而不是品尝，例如，通过闻葡萄酒的顶部空间，从鼻嗅觉产生的知觉常被称为香气。

(2) 鼻腔鼻窦嗅觉检测从口腔到鼻腔的气味物质。最常见的是，在吞咽后发生这种情况，呼气后通过鼻孔驱动少量气味物质[13]。

虽然嗅觉对于挥发性化合物是有选择性的，但似乎大多数食物挥发物对气味并不重要。最近的元分析估计，在食品中可检测到 10 000 多种挥发物，但对食品香气有重要影响的不足 3%[12]。同时该评论指出，特定的食物或饮料(包括葡萄酒)的香味可以用 4～44 种气味物质来模拟。

味觉是指位于味蕾中的味觉受体对小分子的检测。目前已经建立了 5 类味觉感受——“甜”、“酸”、“苦”、“咸” 和 “鲜味” [14]，在葡萄酒中似乎通常只有前三个能够感觉出来[15]。

化学感觉指负责疼痛、温度和触觉的受体的化学激活，如辣椒素引起的“热感” [16]。味觉和化学感觉有几个关键的区别，最重要的一点就是味觉只有舌头的味觉受体才能感受到，而化学感觉可以在整个口腔中，甚至在整个身体中检测到⑥。对葡萄酒最重要的化学感觉如下：

(1) 辛辣味和刺激性，这可能是由乙醇和二氧化碳所致。

(2) 涩味，或在口腔中感知到的润滑损失，这是由缩合单宁和其他酚类化合物引发的[17]。

“酒体” 的感知也可能是化学感觉的结果，尽管负责这种感觉的特定化合物仍不清楚[18]。

经典的食品分析论文(葡萄、葡萄酒及其他)往往集中在识别或测量高浓度的化合物，而很少强调化合物的感官相关性[19]⑦。自 20 世纪 90 年代以来，研究者越来越普遍地采用生物测定法识别感官上重要的化合物，例如，通过使用人嗅探器测定仪 GC-O 来识别关键气味物质，候选化合物可以被定量，并通过重构和缺失实验评估它们的相关性[20]。

---

⑥ 例如，薄荷醇的 “冷却” 感觉是化学感觉——不仅可以在舌头上感觉到凉爽感，而且可以在整个口腔、鼻或薄荷脑被揉搓的组织上感觉到。相比之下，除了舌头，氯化钠溶液在任何感官都不会被认为是咸的。

⑦ 正如第 32 章所描述的，分析方法的改进已经引起了人们对采用一般的 “非靶标” 方法来鉴别潜在的重要化合物的新的兴趣。

风味感知：虽然基于生物测定的方法的最终目的是重构模拟系统中的感官特性，但一个关键特征是使用活性值作为化合物重要性的粗略估计，活性值是指在一个合适混合体系中某个化合物浓度与其感官阈值之比：

活性值=化合物浓度/感官阈值

通常具有较高活性值的化合物具有较强烈的风味，但不同化合物之间的浓度-响应函数是不同的。在简单溶液中，大多数呈味物质(糖、酸)的强度随其浓度的线性函数而变化，但大多数香气物质强度总体上随其浓度的平方根增加而增加[16]。

采用活性值评价气味物质与给定食品的相关性，至少可以追溯到 20 世纪 60 年代[21, 22]，在其他风味化合物中甚至有更早的例子⑧。作为一般规则，预期活性值<1 的化合物对特定感官属性的影响可以忽略不计[20]。活性值概念的实用性可以从表 I.3 中长相思葡萄酒的代表性数据中得到证实。严格按照浓度比较，1-己醇似乎是葡萄酒的一个非常重要的贡献者，但转化为气味活性值(OAV)时，具有葡萄柚气味的 3-巯基己醇和甜椒味的 3-异丁基-2-甲氧基吡嗪更有可能是长相思葡萄酒香气的贡献者。事实也确实如此。

表 I.3　长相思白葡萄酒中 5 种代表性化合物的浓度、气味阈值和气味活性值(OAV)等

化合物	典型香气	浓度范围[a]/(mg/L)	气味阈值[b]/(mg/L)	气味活性值
水	—	约 850 000	—	0
3-甲基丁醇(异戊醇)	溶剂味，燃烧味	200～250	30	6～8
1-己醇	青草味	1.5～2.5	8	0.2～0.3
3-巯基己醇	西番莲味，葡萄柚味	0.000 5～0.003 8	0.000 060	9～65
3-异丁基-2-甲氧基吡嗪	甜椒味	0.000 008～0.000 023	0.000 002	4～11

a. 来自 2004 年和 2005 年 7 个产区葡萄酒的平均值范围[23]。

b. 来自参考文献[24-26]。

活性值可用于初步筛选可能相关的特定化合物。但是，简单地知道气味化合物浓度是否高于其感官阈值(活性值>1)，仍不足以确定该化合物是否对食品风味很重要，主要有以下几个原因：

⑧ 在食品科学中第一个广泛使用的活性值可能是用于描述辣椒辣度的热系数(Scoville unit)。最初，辣椒的热系数的测定是通过制备乙醇提取物，确定其在“热”不再可感知时所需的稀释度。典型的墨西哥胡椒的热系数为 4000，意味着提取物必须稀释至 4000 倍时才感知不到热度。目前，通过高效液相色谱测定辣椒素及相关化合物，而不用感官测试，热系数可被间接测定。

(1) 掩蔽。其他风味化合物的存在会降低气味物质的感知强度。例如，在红葡萄酒中添加有青椒气味的甲氧基吡嗪，会降低其果香气味的强度[27]。

(2) 添加剂或协同效应。相同的化合物组，即一系列烷基酯或酮，即使它们各自的活性值都小于 1，也可以通过添加剂效应达到感官阈值[28]。协同效应，也就是有可能发生刺激强度的增加超出所预测的简单加和效应，最常见的是味感和触觉[16]。

(3) 基质效应。基质的差异(pH、温度、乙醇浓度、与大分子的非共价相互作用)可以改变风味物质的活性，尤其是气味物质的挥发性[29]。

(4) 通感和确认偏倚。不同的化学感受方式(味觉、嗅觉、触觉)不是孤立地被感知；来自这些感官的信息被整合在一起，例如，品评小组认为，增加果味饮料的甜度会增加水果风味的强度[30]。有一个相关的概念是确认偏倚，即提前得知产品信息会影响品评人员的感受；例如，白葡萄酒被红色无味的食物染色，会被感觉有更丰满的酒体[31]。

(5) 涌现性。与单独化合物相比，多种风味化合物(特别是气味物质)的组合往往更能引起不同的知觉。例如，并不是特定的葡萄酒组分就会有闻起来像葡萄酒的感觉，但是在适当的浓度下加上气味物质，就可以让嗅闻仪知道它是在闻葡萄酒而不是另一种饮料[32]。

最后，单一感官阈值的应用掩盖了这样的事实：不同的个体对不同风味化合物(特别是气味物质)的敏感性表现出相当大的差异，有作者估计，在一个群体里，气味阈值的典型置信区间为 96%，而浓度稀释因子为 256[33]，而且个体的阈值和描述词可能会随着反复练习而改变[34]。虽然这种改变并不影响感官特性的研究，但它确实需要适当的感官实践和严格的数据统计分析(就像其他涉及人类受试者的研究)。虽然对感官技术充分讨论超出了本书的范围，但省略它不应该被解释为感官科学琐碎化。收集和解释感官数据可能是费力的，而且通常是葡萄酒化学领域的一个短板。我们强烈鼓励读者去查阅感官科学中的许多优秀论文，并学习更多的知识(如参考文献[16])。

参 考 文 献

1. Nykänen, L. and Suomalainen, H. (1983) Aroma of beer, wine, and distilled alcoholic beverages, D. Reidel, Dordrecht, Holland.
2. Roullier-Gall, C., Witting, M., Gougeon, R.D., Schmitt-Kopplin, P. (2014) High precision mass measurements for wine metabolomics. Frontiers in Chemistry, 2, 102.
3. McGovern, P.E. (2003) Ancient wine: the search for the origins of viniculture. Princeton University Press, Princeton, NJ.
4. Mira de Orduña, R. (2010) Climate change associated effects on grape and wine quality and production. Food Research International, 43 (7), 1844-1855.

5. Jeandet, P., Heinzmann, S.S., Roullier-Gall, C., et al. (2015) Chemical messages in 170-year-old champagne bottles from the Baltic Sea: revealing tastes from the past. Proceedings of the National Academy of Sciences of the United States of America, 112 (19), 5893-5898.
6. Thudichum, J.L.W. and Dupré, A. (1872) A treatise on the origin, nature, and varieties of wine; being a complete manual of viticulture and oenology, Macmillan, London.
7. Parascandola, J. (2012) King of poisons: a history of arsenic, Potomac Books, Herndon, VA.
8. Michel, R.H., McGovern, P.E., Badler, V.R. (1993) The first wine & beer. Analytical Chemistry, 65 (8), 408-413.
9. Guasch-Jane, M.R., Andres-Lacueva, C., Jauregui, O., Lamuela-Raventos, R.M. (2006) The origin of the ancient Egyptian drink Shedeh revealed using LC/MS/MS. Journal of Archaeological Science, 33 (1), 98-101.
10. Anonymous (2009) E253-09a, Standard terminology relating to sensory evaluations of materials and products, ASTM International, West Conshohocken, PA.
11. DeMaria, S. and Ngai, J. (2010) The cell biology of smell. The Journal of Cell Biology, 191 (3), 443-452.
12. Dunkel, A., Steinhaus, M., Kotthoff, M., et al. (2014) Nature's chemical signatures in human olfaction: a foodborne perspective for future biotechnology. Angewandte Chemie International Edition, 53 (28), 7124-7143.
13. Buettner, A., Beer, A., Hannig, C., Settles, M. (2001) Observation of the swallowing process by application of videofluoroscopy and real-time magnetic resonance imaging-consequences for retronasal aroma stimulation. Chemical Senses, 26 (9), 1211-1219.
14. Chandrashekar, J., Hoon, M.A., Ryba, N.J.P., Zuker, C.S. (2006) The receptors and cells for mammalian taste. Nature, 444 (7117), 288-294.
15. Hufnagel, J.C. and Hofmann, T. (2008) Orosensory-directed identification of astringent mouthfeel and bitter-tasting compounds in red wine. Journal of Agricultural and Food Chemistry, 56 (4), 1376-1386.
16. Lawless, H.T. and Heymann, H. (2010) Sensory evaluation of food principles and practices. Springer, New York.
17. Schöbel, N., Radtke, D., Kyereme, J., et al. (2014) Astringency is a trigeminal sensation that involves the activation of G protein-coupled signaling by phenolic compounds. Chemical Senses, 39 (6), 471-487.
18. Runnebaum, R.C., Boulton, R.B., Powell, R.L., Heymann, H. (2011) Key constituents affecting wine body-an exploratory study. Journal of Sensory Studies, 26 (1), 62-70.
19. Schreier, P., Drawert, F., Junker, A. (1976) Identification of volatile constituents from grapes. Journal of Agricultural and Food Chemistry, 24 (2), 331-336.
20. Grosch, W. (2001) Evaluation of the key odorants of foods by dilution experiments, aroma models and omission. Chemical Senses, 26 (5), 533-545.
21. Guadagni, D.G., Buttery, R.G., Harris, J. (1966) Odour intensities of hop oil components. Journal of the Science of Food Agriculture, 17 (3), 142-144.
22. Rothe, M. and Thomas, B. (1963) Aromastoffe des brotes. Zeitschrift für Lebensmittel-

Untersuchung und Forschung, 119 (4), 302-310.

23. Benkwitz, F., Tominaga, T., Kilmartin, P.A., et al. (2012) Identifying the chemical composition related to the distinct aroma characteristics of New Zealand Sauvignon Blanc wines. American Journal of Enology and Viticulture, 63 (1), 62-72.
24. Guth, H. (1997) Quantitation and sensory studies of character impact odorants of different white wine varieties. Journal of Agricultural and Food Chemistry, 45 (8), 3027-3032.
25. Tominaga, T., Baltenweck-Guyot, R., Des Gachons, C.P., Dubourdieu, D. (2000) Contribution of volatile thiols to the aromas of white wines made from several *Vitis vinifera* grape varieties. American Journal of Enology and Viticulture, 51 (2), 178-181.
26. Buttery, R.G., Seifert, R.M., Guadagni, D.G., Ling, L.C. (1969) Characterization of some volatile constituents of bell peppers. Journal of Agricultural and Food Chemistry, 17 (6), 1322-1327.
27. Hein, K., Ebeler, S.E., Heymann, H. (2009) Perception of fruity and vegetative aromas in red wine. Journal of Sensory Studies, 24 (3), 441-455.
28. Guadagni, D. G., Buttery, R.G., Okano, S., Burr, H.K. (1963) Additive effect of sub-threshold concentrations of some organic compounds associated with food aromas. Nature, 200 (4913), 1288-1289.
29. Pozo-Bayón, M.Á. and Reineccius, G. (2009) Interactions between wine matrix macro-components and aroma compounds, in Wine chemistry and biochemistry (eds Moreno-Arribas, M.V. and Polo, M.C.), Springer, New York, pp. 417-436.
30. King, B.M., Duineveld, C.A.A., Arents, P., et al. (2007) Retronasal odor dependence on tastants in profiling studies of beverages. Food Quality and Preference, 18 (2), 286-295.
31. Delwiche, J. (2004) The impact of perceptual interactions on perceived flavor. Food Quality and Preference, 15 (2), 137-146.
32. Ferreira, V., Ortin, N., Escudero, A., et al. (2002) Chemical characterization of the aroma of Grenache rosé wines: aroma extract dilution analysis, quantitative determination, and sensory reconstitution studies. Journal of Agricultural and Food Chemistry, 50 (14), 4048-4054.
33. Amoore, J.E. (1980) Properties of the olfactory system, in Odorization (eds Suchomel, F.H. and Weatherly, J.W.), Institute of Gas Technology, Chicago, IL, pp. 31-35.
34. Stevens, J.C., Cain, W.S., Burke, R.J. (1988) Variability of olfactory thresholds. Chemical Senses, 13 (4), 643-653.

目 录

第一部分 葡萄酒的化学组成及其反应

第二部分　葡萄酒酿造化学

第三部分　案例研究：葡萄酒化学最新进展

第一部分
葡萄酒的化学组成及其反应

第1章　水和乙醇

1.1　引　　言

从宏观的角度看，葡萄酒是一种弱酸性的水-乙醇溶液。如表 1.1 所示，水和乙醇占干型葡萄酒的97%(*w*/*w*)。乙醇是葡萄酒中最主要的生物活性物质，它的存在使得微生物病原体不适合在葡萄酒和其他乙醇饮料中生长。了解葡萄酒的理化性质，首先需要回顾一下水和水-乙醇混合溶液的基本性质。有关水的独特性质的更加深入的讨论，包括食品化学相关的特性，可以在其他文献中找到[1]。

表 1.1　典型干型葡萄酒的化学组成

化合物	质量浓度	在葡萄酒中的主要作用
水	85%～89%	触觉(口感)
乙醇	9%～13%	触觉(辛辣/热，口感) 味道(涩味，苦味，甜味) 主要的基质组分
甘油	0.5%～1.5%	可忽略的；对甜味和酒体有微弱贡献
酸类	0.6%～1.0%	味道(酸)；缓冲 pH
糖类	0.1%～0.5%	味道(甜)；对口感产生微小影响
多酚类	0.1%～0.2%(红) 0.02%～0.05%(白)	颜色，口感(涩味)
多糖类	0.05%～0.1%	口感
矿物质	0.05%～0.2%	缓冲 pH；对风味产生微小影响
多数呈香组分	<0.001%	香味

1.2　水的化学和物理性质

水是一种氧的氢化物，但与元素周期表附近其他元素的氢化物相比，它有独特的性质，如表 1.2 所示。例如，水的沸点(100 ℃)远高于元素周期表附近其他邻近元素的氢化物 HF(19.5 ℃)、H_2S(−60 ℃)和 NH_3(−33 ℃)。因此，水在室温下以液体形式存在，而其他氢化物则为气体。类似地，与其他邻近的氢化物相比，水也具有比预期更高的蒸发热、比热容和冰点。

表 1.2 水、乙醇及其混合物[10%(*w*/*w*)乙醇水溶液]的物理性质

性质	水	乙醇	10%乙醇水溶液
100 kPa 下的沸点/℃	100	78	90.85
20 ℃下的密度/(g/mL)	0.998	0.789	0.983
表面张力/(mN/m)	73	22	48
20 ℃下的黏度/($\times 10^{-3}$Pa · s)	1.00	1.14	1.31

水的特性在很大程度上是由于它具有形成分子间氢键的能力，这导致了水能够产生比相关物质更强的分子-分子间的相互作用。

(1) 氧原子比氢原子电负性更强，O—H 键比 N—H 键或 S—H 键有更强极性。

(2) 水分子的几何结构和对称性允许每个水分子同时存在四个氢键。

水有形成强氢键的能力，这不仅解释了为什么它的沸点高于同系的氢化物，还解释了它表面张力高的原因。表面是指两相接触的区域，表面张力指的是在两个相之间创造一个额外的表面积所需要的力，如一滴水在蜡纸上分散开。

具有极性(或含有极性官能团)且能够形成氢键的化合物，被称为亲水(hydrophilic)性化合物，趋向于更容易溶于水，包括葡萄酒中多数糖以及 K^+、SO_4^{2-}等离子。对酒的风味形成有重要作用的许多化合物(尤其是风味物质)，其碳氢基团不能形成氢键，因此都是疏水性的。分子影像展示了水分子更易彼此间形成氢键，而与疏水溶质进行最低限度的相互作用。这对系统施加了秩序，而疏水化合物在水中的溶解往往是不理想的。

通俗地说，极性溶剂偏爱极性溶质，而不是非极性化合物(反之亦然)，这种现象又称为相似相溶。

1.3 乙醇和乙醇-水混合物的性质

水和乙醇是完全互溶的，也就是说，它们能够以任意比例随意相互混合。乙醇和水的混合会对水的结构产生深远的影响：因为乙醇是两亲的(amphiphilic)——它同时含有亲水基团(—OH)和疏水碳氢链(—CH_2CH_3)。浓度<17%(*v*/*v*，体积分数)

时(多数葡萄酒符合这种情况)，乙醇分子是分散的。—OH 基团能够替代一分子水参与氢键形成，而—CH_2CH_3 基团则最低限度与 H_2O 相互作用。在水中增加少量的乙醇将对基质性质产生多种影响：

(1) 降低沸点。因为形成氢键能力弱，乙醇(78 ℃)沸点相比水(100 ℃)较低(表 1.2)，乙醇和水的混合溶液的沸点介于两种纯物质之间，且因为拉乌尔定律(Raoult's law，26.4 节)而显示出负偏移。乙醇对沸点的影响是通过沸点测定法测定的，通过测量葡萄酒沸点可以计算乙醇浓度[2]。

(2) 降低表面张力。乙醇是两亲的，类似表面活性剂，也就是说，在水溶液中它在界面出现更多，从而导致表面张力下降(表 1.2)。在分子水平上，乙醇的碳氢尾部朝向非水相(空气、油等)。乙醇作为表面活性剂且更易挥发，其结果之一是葡萄酒和其他乙醇饮料会形成“酒泪”或“酒脚”①。另一个更重要的感官影响是乙醇可将其他非极性挥发物带至表面。这些物质随后挥发，导致气液两相中香气组分更快达到平衡(图 1.1[3])。一个实际的结果是，即使在静态条件下水上部顶空中挥发物浓度会高于酒的浓度，但在动态条件下浓度会显著降低，如一个杯子被反复嗅闻时。与此相反，葡萄酒顶空挥发物组成将保持相对稳定。

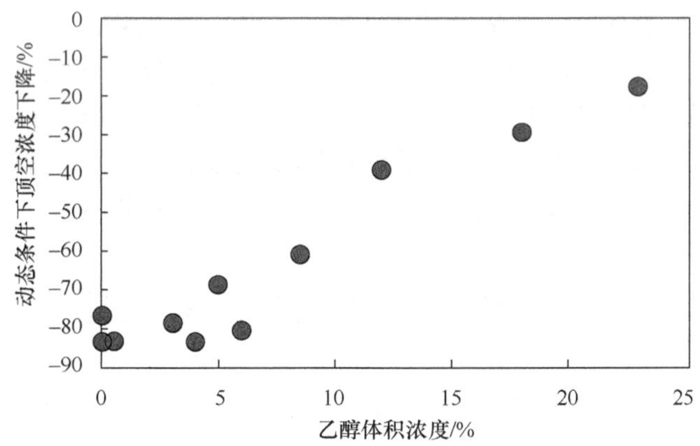

图 1.1 动态条件下(惰性气体连续吹扫顶空)丁酸乙酯顶空浓度下降。在较高的乙醇浓度下观察到下降较小，是由表面张力较低和顶空挥发物快速补充导致的。数据来自文献[3]

(3) 降低基质极性。乙醇和水的混合导致水结构和氢键被破坏。因此，疏水的挥发性化合物溶解在酒模拟溶液时，熵损失比溶解在纯水时减少。乙醇和溶质

---

① 酒泪是马兰戈尼效应(Marangoni effect)的例证，在这种效应下，液体从低表面张力的区域转移到高表面张力的区域。乙醇从葡萄酒表面蒸发会导致表面张力升高，这通过从液体中将乙醇丰富的葡萄酒迁移到液体表面来补偿。最终，这将导致在酒杯壁上形成一个圆环，由于重力作用，它会下落。

的疏水链相互作用，也会导致更大的焓变。因此，像香草醛(香草味，见表 1.3)这样的极性化合物在乙醇中具有更大的溶解度，而像氯化钠这样的极性溶质在乙醇中的溶解度较低，因为它们不太容易参与形成氢键。乙醇对溶解性的影响将在随后的章节中重新讨论，如酒石酸氢钾的沉淀(见第 4 章和 26.1 节)。

表 1.3 非极性分子(香草醛)和极性分子(氯化钠)在水和乙醇中的溶解性

化合物	25 ℃水中的溶解性	25 ℃乙醇中的溶解性
香草醛	1.06 g/L	364 g/L
氯化钠	365 g/L	0.65 g/L

(4) 增加黏度。乙醇比水的黏度更大(分别为 1.14 mPa · s、1.00 mPa · s，室温，见表 1.2)。向水中添加乙醇，会导致黏度增加至比单个组分时还高，乙醇浓度从 10% (*v*/*v*)增至 40% (*v*/*v*)，黏度从 1.31 mPa · s 最高增至 2.9 mPa · s②。乙醇和水混合也会导致总体积减少。例如，将各 50 mL 的两种溶剂混合，只能得到 96 mL 的终体积。这些现象发生的原因是乙醇添加会破坏纯水的晶格结构。

(5) 形成乙醇聚集物。在浓度达到 17% (*v*/*v*)时，可以将乙醇-水混合物描述为分子分散体系，例如，乙醇分子相互分离，完全被水分子包围。对于 17%～63% (*v*/*v*)的乙醇溶液，光谱数据说明，乙醇开始在溶液中形成分子聚集物，而不是真正的分子分散体系[4]。这些聚集物称为微胶类似物，与更广为人知的表面活性剂(如洗涤剂)相似。浓度大于 63%时，水会在乙醇中形成分子分散体系。

1.4 葡萄酒中典型的乙醇浓度

乙醇饮料中，乙醇是己糖(果糖、葡萄糖)通过酵母发酵形成的。

$$C_6H_{12}O_6\text{(己糖)} \longrightarrow 2CH_3CH_2OH + 2CO_2$$

在葡萄酒中，这些糖大多来源于葡萄果实，尽管在一些产区法律允许发酵前添加这些糖。原则上，1 mol 糖反应产生 2 mol 乙醇，但在生产中该值接近 1.8 mol。酒精发酵将会在后续章节中详细讨论(22.1 节)。为了质量控制以及法定义务③，葡萄酒生产通常通过测定乙醇浓度追踪发酵。大多数国家或葡萄酒产区对能够称为

② 相比之下，橄榄油和蜂蜜的黏度通常介于 80～5000 mPa · s。

③ 监管文件通常指的是“醇类”(alcohols)而不是“乙醇”(ethanol)，因为前者更容易被理解。然而，在这本书中，我们更愿意使用“乙醇”这个词，因为葡萄酒中还有其他醇类。

葡萄酒的产品的乙醇浓度设定了限制，而纳税编码也可能以乙醇浓度为基础④。

葡萄酒中多数组分的单位以 w/v(g/L)或 w/w(g/kg)表示，与这些组分不同，乙醇浓度在科研和商业领域中常以%(v/v)表示。每 1000 mL 乙醇浓度为 12%(v/v)的葡萄酒中含有 120 mL 纯乙醇。因为多数葡萄酒密度在 20 ℃接近 1.0 g/mL，所以体积分数通过与乙醇密度(0.789 g/mL，20 ℃)的关系，可以转化成质量浓度。因而密度为 1.0 g/mL、乙醇浓度为 12%的 1 L 葡萄酒中会含有乙醇(120 mL/L) × (0.789 g/mL)=94.7 g。干型葡萄酒的典型乙醇浓度介于 11%～14%(v/v)。因为发酵过程产生的乙醇总量由糖浓度决定,所以来自生长季节更长的温暖地区的葡萄酒，与寒冷地区相比，趋向于含有更高浓度的乙醇。红色酿酒葡萄常比白色酿酒葡萄收获更晚，导致红葡萄酒乙醇浓度常比白葡萄酒更高。近些年，采收含糖量更高的葡萄成为一种趋势[5]。1992～2007 年，不同葡萄酒产区的平均乙醇浓度上升了 0.3%～1.0%(v/v)[6]。

1.5 乙醇的感官作用

乙醇对葡萄酒味道的感官影响是多样的，见表 1.4。

表 1.4 葡萄酒中乙醇感官作用汇总

性质	注释
直接作用	
苦味	在葡萄酒研究中被普遍认为是乙醇的主要风味特性[7] 乙醇浓度为 10%(v/v)时主要的感觉[8]
辛辣味(“热”)	在葡萄酒研究中被普遍认为是乙醇的主要风味特性[7] 乙醇浓度为 21%(v/v)时主要的感觉[9] 通过激活 TRPV1 受体而被感知⑤
甜味	乙醇浓度为 4.2%(v/v)时主要的感觉[9]
醚-甜香	可能与其他气味产生叠加效应
可感知的黏度	将乙醇添加至脱醇的葡萄酒中至浓度为 10%(v/v)，会产生可被感知的最大黏度；而在葡萄酒的乙醇范围内影响微乎其微[10]

④ 从法律角度讲，乙醇是葡萄酒中唯一必须存在的化合物，因为在大多数国家，对干型餐酒的最低和最高乙醇浓度都是有规定的。在美国 CFR24.7 中，标有“餐酒”(table wine)标签的葡萄酒乙醇浓度必须介于 7%～14%。水分并不是必须要存在的，虽然并不清楚如何生产无水葡萄酒！

⑤ TRPV1 通道负责探测有害的高温以及辣椒中的辣椒素。

续表

性质	注释
非直接作用	
涩感	乙醇在高浓度时被认为有涩感，是因为它可使唾液变性沉淀。在真实的葡萄酒中，乙醇会导致涩感强度和持续时间减少，可能是因为乙醇破坏了蛋白质和单宁的相互作用[11]
味道	乙醇可以掩盖酸味[12]
香气	乙醇能够通过遮蔽或降低挥发性，使其他呈香组分的强度降低[18]

1.5.1　乙醇的主要味觉和触觉性质

乙醇似乎是决定干葡萄酒苦味的主要因素。例如，将乙醇浓度从8%增至14%，可以将感知的苦味在10分尺度评价中增加3分[13]。相比之下，添加儿茶素(一种与苦味相关的黄烷-三醇类物质)至浓度远高于葡萄酒中的含量(1500 mg/L)，仅导致苦味值上升1分。在另一项有关13款残糖小于10 g/L的干白葡萄酒的独立研究中，苦味强度差异很好地与乙醇浓度相关(范围为10.8%～14.4%)，而未发现苦味与酚类(范围为169～404 mg/L，以没食子酸计)的相关性[14]。

除苦味外，乙醇溶液也常常被描述为辛辣味和甜味[12]。主导的感觉会随浓度以及不同个体变化，但一般随浓度增加遵循甜→苦→辛辣模式[8,9]。尽管看似矛盾，但这些描述能够共存，例如，研究发现，相比任一单个物质，10%(*v*/*v*)的乙醇溶液可用3%的蔗糖和0.005%的奎宁的混合溶液更好地模拟[8]⑥。

1.5.2　乙醇和葡萄酒香味

乙醇单独被描述为具有果香或醚、溶剂类似味。乙醇浓度增加常被发现会降低香气强度，增加呈香组分阈值[15,16]。例如，利用7%乙醇替代10%乙醇的模拟酒重构实验，会导致果香和花香更加强烈，而且化合物在模拟酒溶液中的香味阈值比水溶液中高10～100倍[15]。这些现象可以用以下两种作用之一解释。

掩蔽：乙醇气味的存在降低了其他气味因认知作用而产生的感知强度；

基质效应：许多呈香组分是疏水的，所以相比于水，在乙醇中溶解性更好，挥发性更差，正如本章前边所描述过的原因。例如，两种常见发酵代谢物异戊醇和己酸乙酯的气液分配系数($K_{g,l}$)，在10%乙醇溶液中相比于纯水中减少了几乎2(图1.2)[17]。餐酒范围内乙醇含量变化产生的影响更为温和，在5%～17%(*v*/*v*)的

⑥ 苦味和甜味的受体结构相似，众所周知，在香精工业中，人工甜味剂兼有苦和甜风味(如阿巴斯甜)。

乙醇浓度范围内 $K_{g,l}$ 变化幅度低于 10%[18]。

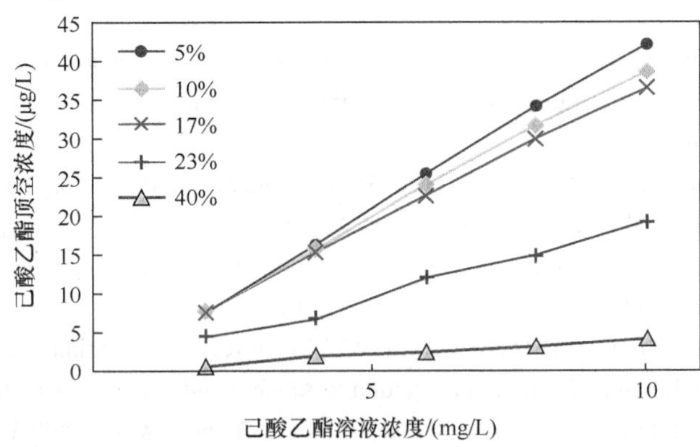

图 1.2　乙醇体积分数(5%～40%)对己酸乙酯挥发性的影响。数据来自文献[18]

呈香组分感官阈值在 10%的乙醇溶液中可能是纯水中的 10～100 倍[15]，这远远超过了基质效应引起挥发性下降为 1/2 所能解释的。因此，乙醇对葡萄酒的主要影响可能在神经生物学层面(遮蔽)，而非物理化学层面(挥发性下降)。但是，在蒸馏酒中，挥发性下降可能会对感官特性产生显著影响。水中乙醇的风味感官阈值被报道为 53 mg/L[19]，但这个数字并没有特别的意义，因为所有餐酒的乙醇浓度都远远超过这个值。更为重要的是差别阈值，也就是能够检测到可察觉的变化而必须添加到葡萄酒中的乙醇最低量。据说酿酒师常报告这种差异小至 0.1%(*v*/*v*)时可被察觉[20]。但是，在正式的感官研究中，至少 1%的差异，某些时候甚至高至 4%，才有可觉察的变化[21]。为理解这种矛盾，必须注意很多调查乙醇差别阈值的研究是通过将纯或近似纯的乙醇加至低醇葡萄酒中，而这与通常的酿酒实际不同。在多数酒庄中，乙醇浓度的差异常通过更低选择性的方法来识别，例如，使葡萄达到更高的糖度，或发酵后使用旋转蒸馏、反渗透/蒸馏以及相关技术降低乙醇含量。这些过程会导致葡萄酒中其他感官变化。

参 考 文 献

1. Franks，F.(1972) Water，a comprehensive treatise，Plenum Press，New York.
2. Zoecklein, B.W., Fugelsang, K.C., Gump, B.H., Nury, F.S.(1999) Wine analysis and production, Kluwer Academic/Plenum Publishers，New York.
3. Tsachaki，M.，Linforth，R.S.T.，Taylor，A.J.(2005) Dynamic headspace analysis of the release of volatile organic compounds from ethanolic systems by direct APCI-MS. Journal of Agricultural and Food Chemistry，53(21)，8328-8333.
4. Onori，G. and Santucci，A.(1996) Dynamical and structural properties of water/alcohol mixtures. Journal of Molecular Liquids，69(1)，161-181.
5. Alston，J.M.，Fuller，K.B.，Lapsley，J.T.，Soleas，G.(2011) Too much of a good thing? Causes

and consequences of increases in sugar content of California wine grapes. Journal of Wine Economics, 6(2), 135-159.

6. Alston, J.M., Fuller, K.B., Lapsley, J.T., et al.(2011) Splendide mendax: false label claims about high and rising alcohol content of wine. American Association of Wine Economists, AAWE Working Paper No. 82.
7. King, E.S., Dunn, R.L., Heymann, H.(2013) The influence of alcohol on the sensory perception of red wines. Food Quality and Preference, 28(1), 235-243.
8. Scinska, A., Koros, E., Habrat, B., et al.(2000) Bitter and sweet components of ethanol taste in humans. Drug and Alcohol Dependence, 60(2), 199-206.
9. Wilson, C.W.M., O'Brien, C., MacAirt, J.G.(1973) The effect of metronidazole on the human taste threshold to alcohol. British Journal of Addiction to Alcohol and Other Drugs, 68(2), 99-110.
10. Pickering, G.J., Heatherbell, D.A., Vanhanen, L.P., Barnes, M.F.(1998) The effect of ethanol concentration on the temporal perception of viscosity and density in white wine. American Journal of Enology and Viticulture, 49(3), 306-318.
11. Siebert, K.J., Carrasco, A., Lynn, P.Y.(1996) Formation of protein-polyphenol haze in beverages. Journal of Agricultural and Food Chemistry, 44(8), 1997-2005.
12. Martin, S. and Pangborn, R.M.(1970) Taste interaction of ethyl alcohol with sweet, salty, sour and bitter compounds. Journal of the Science of Food and Agriculture, 21(12), 653-655.
13. Fischer, U. and Noble, A.C.(1994) The effect of ethanol, catechin concentration, and pH on sourness and bitterness of wine. American Journal of Enology and Viticulture, 45(1), 6-10.
14. Sokolowsky, M. and Fischer, U.(2012) Evaluation of bitterness in white wine applying descriptive analysis, time-intensity analysis, and temporal dominance of sensations analysis. Analytica Chimica Acta, 732(1), 46-52.
15. Grosch, W.(2001) Evaluation of the key odorants of foods by dilution experiments, aroma models and omission. Chemical Senses, 26(5), 533-545.
16. Escudero, A., Campo, E., Farina, L., et al.(2007) Analytical characterization of the aroma of five premium red wines. Insights into the role of odor families and the concept of fruitiness of wines. Journal of Agricultural and Food Chemistry, 55(11), 4501-4510.
17. Athes, V., Lillo, M.P.Y., Bernard, C., et al.(2004) Comparison of experimental methods for measuring infinite dilution volatilities of aroma compounds in water/ethanol mixtures. Journal of Agricultural and Food Chemistry, 52(7), 2021-2027.
18. Conner, J.M., Birkmyre, L., Paterson, A., Piggott, J.R.(1998) Headspace concentrations of ethyl esters at different alcoholic strengths. Journal of the Science of Food and Agriculture, 77(1), 121-126.
19. Keith, E.S. and Powers, J.J.(1968) Determination of flavor threshold levels and sub-threshold, additive, and concentration effects. Journal of Food Science, 33(2), 213-218.
20. Goode, J.(2005) The science of wine: from vine to glass. University of California Press, Berkeley.
21. Meillon, S., Urbano, C., Schlich, P.(2009) Contribution of the temporal dominance of sensations(TDS) method to the sensory description of subtle differences in partially dealcoholized red wines. Food Quality and Preference, 20(7), 490-499.

第 2 章　碳水化合物

2.1　引　　言

碳水化合物是地球上含量最丰富的生物分子。通俗地说，糖是碳水化合物的同义词或者用来指代蔗糖(白砂糖，一种由葡萄糖和果糖组成的二糖)。食品化学以及本书中，糖一词将用来指低分子量的碳水化合物，特别是那些具有甜味的组分(如葡萄糖、蔗糖)。

糖类在生物学上很重要，因为它们是一种水溶性的能量来源。在大多数生物体内，葡萄糖被用作糖酵解过程的主要能量基质，而在人类和大多数其他动物体内，葡萄糖被用来在全身传递能量。在葡萄和许多其他植物中，糖类以蔗糖的形式运输，在果实成熟过程中以葡萄糖和果糖的形式积累(第 20 章)。这些糖类是酵母在酒精发酵过程中产生乙醇以及葡萄酒中能够贡献甜味的主要物质。糖类的高分子聚合物(多糖)是葡萄和其他植物细胞壁的主要组分。另外，非糖物质(苷元)和糖类通过共价键形成糖苷类物质，能够导致初始物质溶解性增加和其他化学变化(23.1 节)。

2.2　糖的命名、表示方法和存在形式

最简单的碳水化合物是单糖，包括醛糖(多羟基醛)和酮糖(多羟基甲基酮)。碳水化合物是指醛糖和酮糖的经验化学式 $C_x(H_2O)_x$，它们的通用结构见图 2.1。这些糖类可以通过以下特性进一步区分：

(1) 碳原子数。戊糖(5 个碳原子)和己糖(6 个碳原子)是葡萄酒中最常见的糖。

(2) 可发酵性。糖可根据能否在常规环境下被葡萄酒酵母发酵来进一步区分。

(3) 衍生物。单糖的基本结构可被氧化、还原等修饰。

醛糖

$$HOCH_2-(CHOH)_n-\overset{\overset{\displaystyle O}{\|}}{C}H$$

酮糖

$$HOCH_2-(CHOH)_{(n-1)}-\overset{\overset{\displaystyle O}{\|}}{C}-CH_2OH$$

图 2.1　醛糖和酮糖的一般结构

在葡萄中，数量上最重要的糖类是己糖：果糖(一种酮糖)和葡萄糖(一种醛糖)。这些物质是还原性糖，也就是说，它们在碱性条件下具有还原 Cu(Ⅱ)、Fe(Ⅲ)和

其他过渡金属离子的能力。该反应涉及醛糖醛基的氧化，但酮糖也可被测定，因为它们在碱性条件下可以异构化形成醛糖。重要的是，许多寡糖(如蔗糖)缺少反应性的羰基，不会被包含在还原糖的测定中。

在水溶液中，己糖和戊糖主要以半缩醛环存在，通过羰基和—OH 基的可逆分子内反应形成。反应产生的结构包括呋喃糖(五元环)或吡喃糖(六元环)。具体到每个环，半缩醛基团能够以两种立体异构体中的一种存在，称作端基异构体(α 和 β，见图 2.2)。不同形式间存在平衡，在室温下葡萄糖和果糖中含量最多的异构体为 β-吡喃结构。糖的半缩醛形式可与醇反应生成缩醛(第 9 章)。生成的物质称作糖苷。糖环上的半缩醛与另外一个糖上的—OH 基间的糖苷键导致二糖、三糖以及更大的多糖形成。例如，蔗糖是葡萄糖和果糖组成的二糖。糖命名更完整的描述可在基础生物化学或食品化学教材上找到[1]。

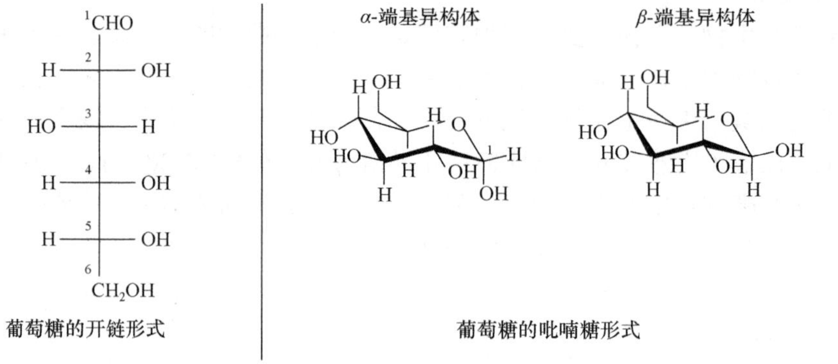

葡萄糖的开链形式　　葡萄糖的吡喃糖形式

图 2.2　葡萄糖，一种己糖，开链 Fischer 投影(左)和它的吡喃糖形式椅式构象(右)。左侧展示了己糖 C1～C6 的编号

葡萄酒中糖类的典型浓度见表 2.1，它们的结构式见图 2.3。葡萄中，果糖和葡萄糖浓度在转色前几乎不能检出，但随果实成熟度增加，至成熟时总浓度增至 180～250 g/kg(第 20 章)。葡萄酒工业中，常报告果汁中的总可溶性固形物(TSS)，而非单个糖含量。通常，TSS 测定利用密度或折光仪进行，采用蔗糖标准品校正。因为糖仅占可溶性固形物的 90%～95%，这些测定出的糖可更准确地描述为“表观糖”。TSS 的单位为°Brix，1°Brix=1%(w/w)可溶性固形物(以蔗糖计)，也可表示为 Baumé，1Baumé=1°Brix÷1.8。Baumé 是葡萄酒潜在酒度的粗略估算，即果实发酵至干的情况下可能达到的乙醇浓度(v/v)。

酒精发酵过程中，己糖大都转化为乙醇和 CO_2，但一些残糖(RS)仍可在葡萄酒中被检出。成品酒中残糖的潜在来源包括：

(1) 不完全发酵，可能是因为发酵停滞或因为糖不可发酵(如阿拉伯糖、木糖)；

(2) 发酵结束后添加蔗糖、葡萄醪或其他物质来回甜；

表 2.1　葡萄酒中主要糖类的浓度和味觉特性

糖或糖的衍生物	干型葡萄酒中的典型浓度 [a]/(g/L)	水中的味觉阈值/(g/L)[4-6]	10%(*w*/*w*)乙醇溶液的甜味强度[5] [b]	备注
糖类				
果糖	0.2～4	1.8～2.4	114	葡萄中主要的糖，己糖
葡萄糖	0.5～1	3.6～12	69	葡萄中主要的糖，己糖
蔗糖	0～0.2	3.6	100	葡萄糖和果糖的二糖
阿拉伯糖	0.5～1	2.5		非发酵产生的戊糖，糖苷类和果胶的组分
半乳糖	0.1	9.0		葡萄糖异构物，果胶的组分
鼠李糖	0.2～0.4			脱氧糖，形成糖苷
糖醇类				
甘油	7～10	5.2～7.7		发酵代谢物
甘露醇	0.01～0.05	7.3	69	葡萄腐烂或葡萄酒腐败的标志
阿拉伯糖醇		6.5		
山梨醇(葡萄糖醇)	0～0.05	6.2	51	
总肌醇类	0.2～0.7	3.2		
糖酸类				
葡糖酸	最高达 2[c]		酸	葡萄腐烂的标志
半乳糖酸	0.1～1		酸/涩	果胶的主要组分
2-酮葡糖酸	最高达 0.1[c]			葡萄腐烂的标志

a. 不同来源的糖和糖醇的浓度引自文献[7]。糖酸的数据来自文献[8]。

b. 蔗糖为参照，甜味强度为 100。

c. 染病腐烂的葡萄中含量高。

(3) 陈酿过程中糖苷类成分水解(23.1 节)；

(4) 萃取自橡木[2]。

残糖测得的种类随具体采用的方法而变。例如，酶法通常只能测定果糖、葡萄糖，可能还有蔗糖。基于铜还原测试的方法还会包括其他还原糖(如阿拉伯糖)，但不包括蔗糖。典型的干型餐酒残糖浓度介于 1～4 g/L，但甜酒可能高于 100 g/L(第 19 章)。因为酵母嗜好葡萄糖，果糖浓度常高于葡萄糖[3]，然而这种差异常常被回甜处理所遮掩。葡萄酒中许多其他单糖的浓度介于 0.1～1 g/L，包括阿拉伯糖、半乳糖和鼠李糖(表 2.1)。这些糖大部分不能被葡萄酒酵母菌株利用。

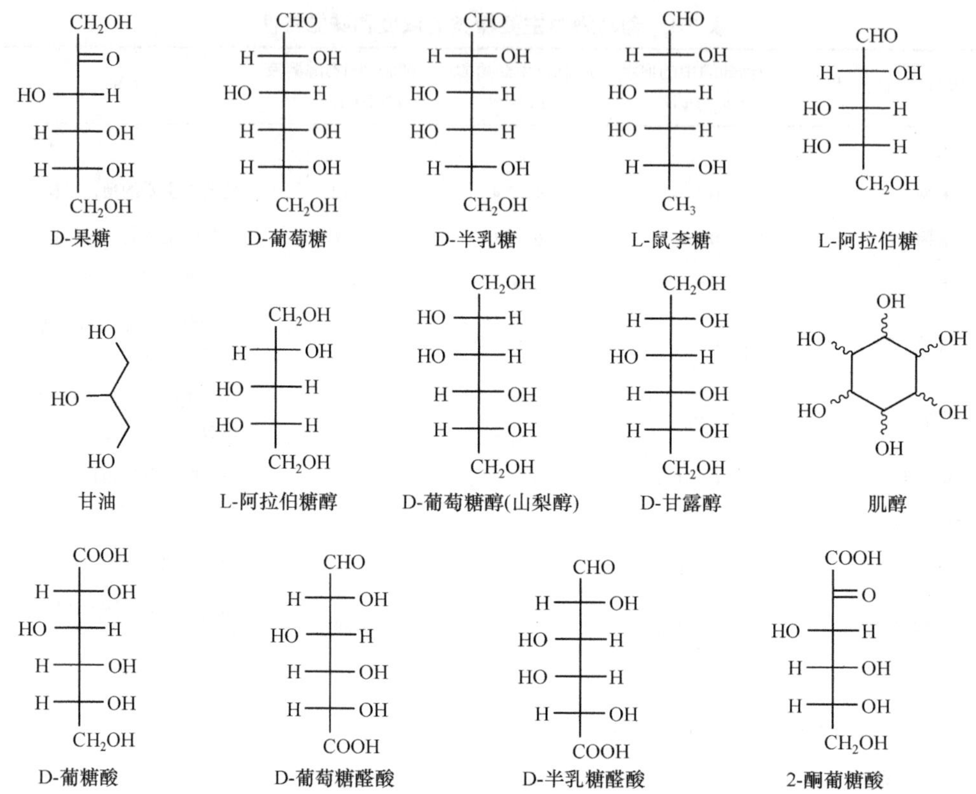

图 2.3　葡萄酒中发现的主要糖和糖类衍生物的结构

2.3　糖的物理、化学和感官特性

糖含有大量的—OH(图 2.3)，是亲水性的。单糖在水和乙醇中均是可溶的，但溶解性(特别是在乙醇中)会随着链长增加而降低[1]。糖在水溶液(包括葡萄酒)中能参与多种反应。葡萄醪和不稳定的葡萄酒中糖的酶促反应包括：糖酵解——糖的代谢(22.1 节)；酶促氧化生成糖酸或者酶促还原生成糖醇；糖苷键酶促水解，如蔗糖被转化酶水解产生葡萄糖和果糖。

成品酒中重要的非酶促反应包括：

(1) 糖苷键的酸水解。例如，将蔗糖加入葡萄酒中，室温 pH 3.0 储存两个月，约 50%被水解为果糖和葡萄糖[9]。

(2) 糖降解。在酸性条件下，特别是在高温条件下(第 25 章)，糖能够被降解为呋喃类羰基化合物[糠醛、5-羟甲基糠醛(HMF)、葫芦巴内酯]。

(3) 羰基化学。还原糖的羰基主要以半缩醛存在，因此反应性比其他羰基化合物低(第 9 章)。但是，羰基可同亚硫酸反应生成加合物(第 17 章)，与氨基反应生成褐变产物，就像在很多食品热加工中发生的反应(美拉德反应)，预期是可以忽略不计的，因为葡萄酒中 pH 低且氨基酸浓度低(第 5 章)。

大多数糖显著的风味性质是甜味(表 2.1)。许多单糖的甜味阈值介于 10～50 mM①[0.2%～1.0%(*w*/*w*)]。葡萄酒中发现的糖中，最甜的是果糖，浓度为 10%(*w*/*w*)时，果糖是葡萄糖甜度的 2 倍，比蔗糖甜 15%[5]。糖的甜感能增加酒体，掩盖其他味道和触感，如酸、苦、涩和辛辣感，反之亦然[10]。例如，增加柠檬酸溶液的糖浓度会导致酸感下降[11]。类似的观察结果也出现在了糖感官阈值附近进行葡萄酒重构和缺失的研究中，在这种情况下，增加糖的浓度会降低收敛性和酸味[6]。糖的甜味阈值也提供了一种依据，即根据对残留糖的定量分析，将葡萄酒贴上“干”或“甜”的标签。例如，在欧盟地区，“干”表示残糖低于 4 g/L，大致与葡萄酒中糖的识别阈值相对应②。

糖是不挥发的，没有香味，煮熟糖的甜蜜焦糖香是由降解产物如葫芦巴内酯带来的，见第 9 章的讨论。然而，糖对食物风味中非味道属性有着众所周知的影响。例如，在咖啡中，添加甜味剂会增加焦糖味的鼻后强度，同时降低烘烤味和咖啡味[12]。反之也会发生，甜香可以通过味觉增加对甜味的感知[13]。这种将信息从两种不同的感官模式组合起来的现象称为联觉(synesthesia)[14]。糖浓度高也可以减少溶质在水中的溶解度，进而对香味化合物的挥发性产生可量化的影响③。这些影响的程度通常很小，与水相比，三种有代表性的呈香组分(乙酸异戊酯、己酸乙酯和丁子香酚)在 15%(*w*/*v*)的蔗糖溶液中的挥发性增加小于 20%[15]。

2.3.1　糖醇类

多元醇是指含有多个—OH 而没有其他官能团的脂肪族化合物(图 2.3)。在一些教材中，这个词与糖醇是同义的，因为它们通常是由糖衍生而来的，并且通常是甜的。酒中主要的糖醇类是醛糖醇类(alditols)，它们是通过在发酵过程中把糖的羰基还原成醇而形成的。它们的英文命名是将相应的醛糖后缀中的-ose 替代为-itol。

葡萄酒中发现的主要糖醇是甘油，它常常是干型葡萄酒中除水和乙醇外含量

---

① M 表示 mol/L。

② 酸会影响甜味感知，所以可适当放宽，在某些欧盟地区高酸葡萄酒中可能含有残糖 9 g/L。而且在大多数新世界国家，使用“干”这个词是不受管制的。

③ 糖的盐析作用对葡萄酒香味影响较小，但会影响乙醇浓度的测定，因为乙醇的沸点测定依赖于乙醇-水混合溶液与水沸点的差异。糖的存在降低了葡萄酒沸点，从而导致错误的高表观乙醇含量，因此残糖(RS)>20 g/L 时需要采用校正因子校正。

最为丰富的化合物。甘油在所有的酒精发酵过程中都很常见，它在渗透调节和氧化还原平衡等方面有重要的生理功能(22.1 节)。甘油的浓度常在 7～10 g/L[16]，在高糖发酵如冰酒中也可能高于 15 g/L[17]。其他的糖醇，如甘露醇、阿拉伯糖醇和山梨醇，浓度范围在 20～300 mg/L(总量小于 1 g/L，表 2.1)。高浓度的糖醇可能是微生物腐败的迹象。例如，果糖酶促还原产生的甘露醇的浓度高表明乳酸腐败[18]。其他含量较多的多元醇包括 1,2-丙二醇和 2,3-丁二醇，分别由乳酸和乙偶姻还原生成。葡萄酒中发现的另外一类多元醇是肌醇类，它们含有全部羟基化的环己烷环。肌醇类是磷酸肌醇的组成部分，在酵母和其他真核生物的细胞膜和信号转导中被利用。在葡萄酒中可检出一种主要的肌(myo-)肌醇和两种次要的鲨(scyllo-)肌醇和黏质(chiro-)肌醇，它们的典型总浓度大约为 300 mg/L[19]。

糖醇在还原性的葡萄酒条件下在化学上和微生物上都是稳定的④。糖醇缺少有反应性的羰基基团，因此不会参与到糖类能够参与的亲电反应。在正常的葡萄酒条件下，糖醇似乎不会被商业酵母或乳酸菌(LAB)代谢，然而有很少一些腐败 LAB 能够降解甘油[18]。同等浓度下，糖醇的甜味强度是蔗糖的 50%(表 2.1)。在葡萄酒中，只有甘油浓度常高于自身味觉阈值(5.2 g/L)[4]。历史上，甘油被认为是贡献葡萄酒口感的重要因素，但其对口感的实际影响似乎很小。例如，添加浓度大于 25 g/L 的甘油至模拟酒溶液中才能引起可察觉的口感变化[4]，在一项白葡萄酒的非靶向研究中，没有发现甘油和酒体的相关性[20]。虽然这些结果引起了对甘油单独影响的质疑，但在一项红葡萄酒的重构实验中，将所有的糖醇(甘油、山梨醇、甘露醇以及其他糖醇)除去后，酒饱满度和酒体显著下降[6]。

2.3.2　糖酸类

醛糖酸(aldonic acid)含有一个替代醛基的羧基，化合物英文命名时将相应醛糖的-ose 后缀替换为-onic acid，如葡萄糖(glucose)和葡糖酸(gluconic acid)。容易混淆的是，酮糖的糖醛酸衍生物命名为醛糖酸的 oxo 衍生物，如 2-oxo-葡糖酸。糖醛酸(uronic acid)含有一个亲电的醛基，高浓度时会同 SO_2 结合(第 17 章)。这些糖酸类物质(图 2.3，表 2.1)一般通过酶促氧化形成，高浓度(特别是葡糖酸)与葡萄腐败微生物有关，如葡糖杆菌(*Gluconobacter*)[21]。半乳糖醛酸是一个例外，它在干型葡萄酒中含量常在数百 mg/L，可能是发酵中或结束后果胶水解产生的。

有关葡萄酒中的糖醛酸和糖酸的贡献的研究很少。它们能够对可滴定酸度产生贡献($pK_a \approx 3.5$)，但在其典型浓度(<0.5 g/L，以酒石酸计)下，它们对葡萄酒的感

---

④ 在其他食品中，如山梨醇和甘露醇等糖醇常被用作口香糖中的甜味剂，因为它们不能被口腔微生物发酵，因此不会诱发龋齿。糖醇也可以作为部分低热量产品使用，因为它们在消化过程中不容易被吸收，但这会有致泻的副作用。

官影响可以忽略不计。尽管这些组分在被醋酸菌和葡糖杆菌污染的葡萄酒中含量更高，但同时产生的其他异味(如挥发性酸)影响会更显著。

2.4　多　　糖

多糖是碳水化合物的聚合物。葡萄中主要的多糖是结构组分。

(1) 纤维素，一种不溶于水的 D-吡喃型葡萄糖的 β-(1→4)聚合物。

(2) 果胶，一种水溶的杂聚物，主要由 α-(1→4)D-半乳糖醛酸连接而成。

(3) 半纤维素，一种形式多样的与果胶有关的杂聚物，包含木糖、阿拉伯糖、半乳糖、葡萄糖和许多其他糖。

在葡萄酒中，多糖可能来源于葡萄和酵母的细胞壁(表 2.2)。由于它们的聚合性质，通常认为多糖不是单独的分子。相反，多糖常常依据大小(凝胶渗透色谱)或电荷(离子交换色谱)分离成不同部分并定量。每部分可进一步被水解从而确定糖的组成[22]。

表 2.2　葡萄酒中主要多糖的典型浓度和来源(引自文献[23])

类型	来源	浓度/(mg/L)		典型分子质量/kDa	酸碱性
		红葡萄酒	白葡萄酒		
鼠李糖半乳聚糖(RD-Ⅰ和 RD-Ⅱ)	葡萄	50～250	10～50	10	酸性
阿拉伯半乳糖蛋白(AGP)	葡萄	100～150	50～150	100～250	中性
甘露糖蛋白	酵母	100～150	100～150	50～500	中性

酿造过程中葡萄来源的多糖会降低葡萄酒产量和出汁率(第 19 章和第 21 章)，降低过滤效率，酿酒师常应用糖水化合物酶制剂来减少这些影响。因为降解或溶解性差，葡萄多糖在发酵中会被微生物来源的酶进一步降解，不能被高效地转移至葡萄酒中。

两个例外是鼠李糖半乳聚糖Ⅰ(RG-Ⅰ)和Ⅱ(RG-Ⅱ)，它们是包含有高比例的来自多种类型糖残基分支的果胶。阿拉伯半乳糖蛋白(AGP)主要包括阿拉伯糖、半乳糖和葡糖酸，以及大约 10%的富含羟基脯氨酸的蛋白质。相比其他果胶和半纤维素类物质，它们不易受水解影响。来源于酵母的主要多糖是甘露糖蛋白，它是酵母细胞壁的主要成分。它们在酵母自溶时被释放，因此带酒脚陈酿的葡萄酒中预计会有更高的浓度。它们主要由甘露糖组成，含有较少的蛋白质。有关多糖组成的更多的细节信息见文献[22, 23]。

多糖被广泛应用于食品工业，从而增加饮料的黏度和口感，通常比葡萄酒中的浓度高[1]。葡萄酒多糖对口感和其他风味性质影响的研究是一个十分活跃的研究领域。将分离的多糖组分添加至模拟酒后，发现酒体略微上升，而且酸性的 RG-Ⅱ组分会同时降低涩感[24]。多糖也会通过降低一些呈香组分的挥发性从而对葡萄酒香气产生适度的非直接影响[25]，虽然这种影响看起来是微弱的。甘露糖蛋白能抑制酒石酸钾结晶(26.1 节和第 27 章)，稳定起泡酒的泡沫[26]。最后，一些多糖和酒的缺陷有关。例如，由戊糖片球菌(*Pediococcus*)及其他细菌产生的 β-葡聚糖可以导致一种称为“黏性”(黏和油的质地)的肉眼可见的缺陷[18]，同时也会影响口感和可滤性。

参考文献

1. Brady，J.W.(2013) Introductory food chemistry，Comstock Pub. Associates，Ithaca，NY.
2. del Alamo，M.，Bernal，J.L.，del Nozal，M.J.，Gomez-Cordoves，C.(2000) Red wine aging in oak barrels: evolution of the monosaccharides content. Food Chemistry，71(2)，189-193.
3. Fugelsang，K.C. and Edwards，C.G.(2007) Wine microbiology practical applications and procedures，Springer，New York.
4. Noble，A.C. and Bursick，G.F.(1984) The contribution of glycerol to perceived viscosity and sweetness in white wine. American Journal of Enology and Viticulture，35(2)，110-112.
5. Belitz，H.D.，Grosch，W.，Schieberle，P.(2009) Food chemistry，Springer-Verlag，Berlin.
6. Hufnagel，J.C. and Hofmann，T.(2008) Quantitative reconstruction of the nonvolatile sensometabolome of a red wine. Journal of Agricultural and Food Chemistry，56(19)，9190-9199.
7. Liu，S.-Q. and Davis，C.R.(1994) Analysis of wine carbohydrates using capillary gas liquid chromatography. American Journal of Enology and Viticulture，45(2)，229-234.
8. Luz Sanz，M. and Martinez-Castro，I.(2009) Carbohydrates，in Wine chemistry and biochemistry(eds Moreno-Arribas M.V. and Polo M.C.)，Springer，New York，pp. xv，735 pp.
9. Wilker，K.L.(1992) Hydrolysis of sucrose in Eastern US table wines. American Journal of Enology and Viticulture,43(4)，381-383.
10. Lawless，H.T. and Heymann，H.(2010) Sensory evaluation of food principles and practices. Springer，New York.
11. McBride，R.L. and Johnson，R.L.(1987) Perception of sugar-acid mixtures in lemon juice drink. International Journal of Food Science and Technology，22(4)，399-408.
12. Chiralertpong，A.，Acree，T.E.，Barnard，J.，Siebert，K.J.(2008) Taste-odor integration in espresso coffee. Chemosensory Perception，1(2)，147-152.
13. Stevenson，R.J.，Prescott，J.，Boakes，R.A.(1999) Confusing tastes and smells: how odours can influence the perception of sweet and sour tastes. Chemical Senses，24(6)，627-635.
14. Auvray，M. and Spence，C.(2008) The multisensory perception of flavor. Consciousness and Cognition，17(3)，1016-1031.
15. Friel，E.N.，Linforth，R.S.T.，Taylor，A.J.(2000) An empirical model to predict the headspace concentration of volatile compounds above solutions containing sucrose. Food Chemistry，71(3)，

309-317.

16. Mattick, L.R. and Rice, A.C.(1970) Survey of the glycerol content of New York State wines. American Journal of Enology and Viticulture, 21(4), 213-215.
17. Pigeau, G.M., Bozza, E., Kaiser, K., Inglis, D.L.(2007) Concentration effect of Riesling Icewine juice on yeast performance and wine acidity. Journal of Applied Microbiology, 103(5), 1691-1698.
18. Bartowsky, E.J.(2009) Bacterial spoilage of wine and approaches to minimize it. Letters in Applied Microbiology, 48(2), 149-156.
19. Carlavilla, D., Villamiel, M., Martínez-Castro, I., Moreno-Arribas, M.V.(2006) Occurrence and significance of quercitol and other inositols in wines during oak wood aging. American Journal of Enology and Viticulture, 57(4), 468-473.
20. Skogerson, K., Runnebaum, R., Wohlgemuth, G., et al.(2009) Comparison of gas chromatography-coupled time-of-fflight mass spectrometry and 1H nuclear magnetic resonance spectroscopy metabolite identification in white wines from a sensory study investigating wine body. Journal of Agricultural and Food Chemistry, 57(15), 6899-6907.
21. Sponholz, W.R. and Dittrich, H.H.(1985) Origin of gluconic, 2-oxogluconic, and 5-oxogluconic, glucuronic and galacturonic acids in musts and wines. Vitis, 24(1), 51-58.
22. Vidal, S., Williams, P., Doco, T., et al.(2003) The polysaccharides of red wine: total fractionation and characterization. Carbohydrate Polymers, 54(4), 439-447.
23. Cheynier, V. and Sarni-Manchado, P.(2010) Wine taste and mouthfeel, in Managing wine quality, Vol. 1, Viticulture and wine quality(ed. Reynolds, A.G.), Woodhead Publishing and CRC Press, Oxford and Boca Raton, FL.
24. Vidal, S., Francis, L., Williams, P., et al.(2004) The mouth-feel properties of polysaccharides and anthocyanins in a wine like medium. Food Chemistry, 85(4), 519-525.
25. Villamor, R.R. and Ross, C.F.(2013) Wine matrix compounds affect perception of wine aromas, in Annual review of food science and technology, Vol. 4(eds Doyle, M.P. and Klaenhammer, T.R.), Annual Reviews, Palo Alto, CA, pp. 1-20.
26. Blasco, L., Vinas, M., Villa, T.G.(2011) Proteins influencing foam formation in wine and beer: the role of yeast. International Microbiology, 14(2), 61-71.

第 3 章　酸　　类

3.1　引　　言

大多数有机酸是含有碳链且至少有一个酸性羧基(—COOH)的弱酸(图 3.1，HA)。它们可能含有其他官能团，如醇、酮或者双键。分子量较低的有机酸(C_1～C_4)水溶性强，但随着碳链增长，水溶性会下降。有机酸广泛存在于植物界，它们会参与能量生成和氨基酸生物合成等初生代谢，也会参与果实的非基本作用，如响应渗透压和防止被捕食。葡萄酒中，有机酸具有两种重要作用：①它们是葡萄酒 pH 的主要决定因素，进而影响葡萄酒的外观、微生物稳定性和化学稳定性；②它们对味道(特别是酸味)有直接影响。

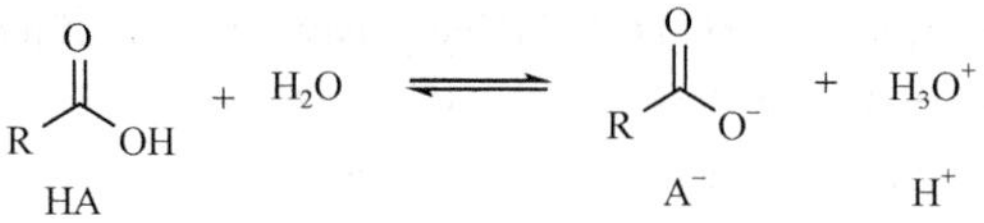

$$\underset{\mathrm{HA}}{\mathrm{R{-}C(=O){-}OH}} + H_2O \rightleftharpoons \underset{\mathrm{A^-}}{\mathrm{R{-}C(=O){-}O^-}} + \underset{\mathrm{H^+}}{H_3O^+}$$

图 3.1　涉及单质子弱有机酸(HA)形成相应共轭碱(A^-)的解离反应

3.2　葡萄酒中的有机酸

3.2.1　主要有机酸

表 3.1 中的 6 种酸占葡萄酒中总有机酸的 95%以上。这些组分可以从葡萄中萃取，也可由微生物代谢生成，或由酿酒师外源添加[1,2]。除乙酸外，它们是非挥发性的，在较早的文献中可能会被称为“固定酸”。同时，这些酸中许多是多质子型的，也就是说，它们含有不止一个—COOH 基团，因此每摩尔含有更多的 H^+等价物。

表 3.1　葡萄酒重要的主要有机酸的结构、参考浓度范围和感官特性[1-11]

酸 [a] (水中的 pK_a)	结构	浓度/ (g/L，典型)	感官描述 [b]	常见来源 [c]
乙酸 (4.76)	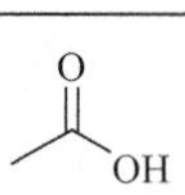 O OH	0.1～0.5，美国法规限量：1.4 g/L(红)、1.2 g/L(白)	醋味、辛辣味(阈值 200 mg/L)	Y，LAB，AAB

续表

酸[a] (水中的 pK_a)	结构	浓度/ (g/L，典型)	感官描述[b]	常见来源[c]
柠檬酸 (3.13，4.76，6.40)	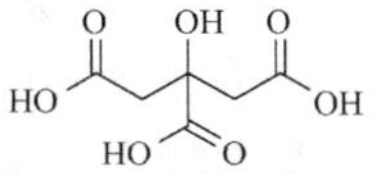	0.1～0.7	酸、涩	G,Y
L-乳酸[d] (3.86)	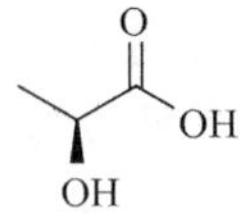	0～3	酸、涩	LAB
L-苹果酸[d] (3.40，5.11)	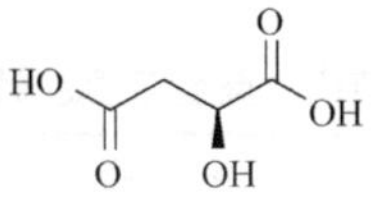	2～7(未成熟果实中含量可能更高)	酸、涩	G
琥珀酸 (4.21，5.64)	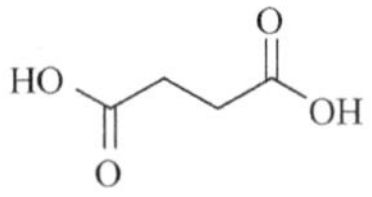	0.5～1.0	酸、咸、苦	Y
L-酒石酸[d] (2.98，4.34)	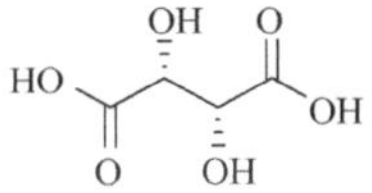	2～6	酸、涩	G

a. 展示了含有多个—COOH 基团的多质子酸多个 pK_a 值(如 pK_{a1}，pK_{a2} 等)。

b. 感官描述是指在简单基质(水或水醇溶液)中单一酸的感觉。

c. G=葡萄，Y=酵母，LAB=乳酸菌，AAB=醋酸菌；在许多产区，法规允许酿酒师添加酒石酸、苹果酸和柠檬酸(第 27 章)。

d. 手性化合物展示了主要的立体异构体的结构。对于乳酸，D-乳酸由乳酸菌糖代谢产生，可作为 LAB 破败的标志。

酒精发酵后，一般酒石酸和苹果酸在葡萄酒中的浓度最高。这两种组分是在葡萄生长的早期形成的，但它们在果实成熟和酿酒过程中的变化趋势不同：

(1) 苹果酸在转色前含量极高(>20 g/kg)，但在果实成熟过程中会被大量代谢。在温暖地区以及成熟度更高的果实中含量通常更低。苹果酸也会在发酵中被代谢，转化为乳酸，这在酿酒中具有特殊的重要性(22.1 节)。

(2) 酒石酸是在最初浆果细胞分裂时形成的，并在整个果实成熟中保持稳定：每个果实的浓度通常是恒定的。酿酒过程中酒石酸不被代谢，但沉淀等物理化学机制能够导致其损失(26.1 节)。

(3) 柠檬酸、琥珀酸和乙酸会作为酒精发酵的典型产物生成(22.1 节)。在高渗透压条件下乙酸合成会更多(22.1 节)，苹果酸-乳酸发酵(简称苹乳发酵，MLF)中也会增加(22.5 节)，极高的乙酸浓度表明乳酸或醋酸菌破败(22.5 节)。

3.2.2 少量发酵产生的挥发性酸和其他有机酸

在葡萄酒中已发现许多其他挥发性的脂肪族有机酸(表 3.2)，其中含量最丰富的(浓度为 mg/L 级)是偶数、直链的脂肪酸。它们是脂肪酸代谢的副产物，在所有的酒精发酵中都是常见的。短的支链脂肪酸(异戊酸、异丁酸)也以更低浓度存在。酵母合成这些挥发性有机酸，对很多生理条件(营养素状态、氧气可用性、温度)敏感，这将在 22.2 节详细讨论。其他酸将在以下章节讨论：①羟基肉桂酸及其衍生物(第 13 章、23.3 节)；②丙酮酸、α-酮戊二酸及其他 α-酮酸(第 9 章、22.1 节、22.3 节)；③抗坏血酸(第 24 章)；④山梨酸(第 18 章)。

表 3.2 葡萄酒中重要的微生物来源的痕量挥发脂肪酸的结构、典型浓度、阈值以及香味描述[1-11]

酸 (pK_a)	结构式	典型浓度 /(mg/L)	感官阈值 /(mg/L)	香味描述 a
丁酸 (4.83)		0.4～5	0.2	腐臭、汗味、奶酪
癸酸 (4.90)		0.06～8	1	脂肪、腐臭
己酸 (4.85)		0.8～4	0.4	脂肪、腐臭、奶酪
3-甲基丁酸 (4.77)		0.3～1	0.03	腐臭、汗味、奶酪
2-甲基丙酸 (4.84)		0.4～2	2	腐臭、黄油、奶酪
辛酸 (4.89)		0.6～5	0.5	脂肪、腐臭
丙酸 (4.87)		高达 100	8	辛辣、腐臭

a. 阈值和描述数据来自多种基质，包括水、水醇溶液、啤酒、白葡萄酒和红葡萄酒。

3.3 葡萄酒有机酸、pH 和酸度

毫无疑问，有机酸对葡萄酒最重要的作用是影响葡萄酒的酸度。有一些与酸度有关的指标被用于描述葡萄酒，见表 3.3。

表 3.3 葡萄酒和果汁重要的酸度相关指标汇总

指标	计算	干型葡萄酒典型浓度	关联
pH	$-\lg[H^+]$[a]	3.0～3.7[b]	高 pH 导致微生物稳定性和 SO_2 有效性降低(第 17 章)，花色苷色素颜色下降(第 16 章)，酸催化反应速率下降(第 25 章)
可滴定酸度(TA)	$[H^+]$+[COOH][c]	67～107 mEq/L (5～8 g/L，以酒石酸计)	与感知的酸味相关
总酸	[COOH]+$[COO^-]$	100～150 mEq/L	与缓冲能力相关
缓冲能力	使pH升高1所需要的OH^-浓度	25～75 mEq/pH 单位	数值低预示 TA 变化一定时，pH 变化更大

a. $[H^+]$是自由质子的浓度。

b. 通常红葡萄酒具有更高的 pH 范围(3.3～3.7)和更低的 TA 值(5～6.5 g/L)。

c. 生产中，可滴定酸度的测定是将葡萄酒样品滴定至 pH 终点(美国和澳大利亚为 pH 8.2；欧盟地区为 pH 7.0)。

3.3.1 pH、pK_a和酸的简单溶液

像葡萄酒这样的水溶液，弱有机酸只有部分解离，如图 3.1 所示。pH 是测定溶液中自由离子的浓度，并通过 pH=$-\lg[H^+]$来计算。特定酸的解离程度通过酸解离常数(K_a)描述，这里更大的 K_a 与更多的解离和更强的酸有关[式(3.1)]①。对于葡萄酒中的弱有机酸，K_a 远小于 1，常写作 pK_a(如$-\lg K_a$)。

$$K_a = \frac{[H^+][A^-]}{[HA]} \tag{3.1}$$

葡萄酒中主要酸在水中的 pK_a 值见表 3.1 和表 3.2。含有多个—COOH 基团的多质子酸中，每个基团都有一个 pK_a 值。这些表格和其他文献中的 pK_a 值往往是指在 20 ℃纯水稀溶液中的值，与真实葡萄酒略有区别。影响 pK_a 值的主要因素如下[12]：

(1) 乙醇。像乙醇这样极性更低的溶液，会导致较低的电离和较高的 pK_a 值。一般在含有 12%(v/v)乙醇的模拟溶液中，pK_a 常增加约 0.25 个单位，例如，在 12%(v/v)乙醇中酒石酸的 pK_{a1} 从 2.98 增至 3.23[13]。

(2) 离子强度。离子强度(I)衡量溶液中离子的浓度，离子强度高会导致 pK_a 值下降。离子强度被定义为

$$I = \frac{1}{2}\sum_{i=1}^{n} c_i z_i^2 \tag{3.2}$$

① 简言之，pH 描述溶液的酸度，pK_a 是某化合物在上述溶液中的性质。我们不会说“那个化合物的 pH 是……”，而会说“含有 10 g/L 某化合物的溶液的 pH 是……”。

式中，i 是离子种类数；n 是不同离子的总数；c 是特定离子的摩尔浓度；z 是特定离子电荷状态(如 K^+，$z=1$；Ca^{2+}，$z=2$)。在低离子强度的溶液中($I<0.1$M)，最常见的估算离子强度的修正 pK'_a 的方法来自 Debye-Hückel 方程②：

$$pK'_a = pK_a - \frac{0.15z^2\sqrt{I}}{1+\sqrt{I}} \tag{3.3}$$

多数葡萄酒离子强度估值为 0.075～0.085 M[14]。根据 Debye-Hückel 理论，这会导致单质子酸的 pK_a 和多质子酸的 pK_{a1} 下降约 0.1 个单位，对于多电荷阴离子的形成甚至下降更多[12]。

(3) 温度。弱酸解离的程度常常(但不总是)随温度增加而增加。对于弱有机酸，这些作用在常见的室温范围内往往十分微弱(pK_a 下降小于 0.1 个单位)。

乙醇和离子强度的影响会部分相互抵消，一个规律是，有机酸的第一个 pK_a 值将比水高 0.10～0.15 个单位，而第二个解离常数值低 0.10～0.15 个单位。

假设酸的浓度([HA])和 pK_a 值是已知的，仅含有单质子弱酸的简单水溶液的 pH 易于计算。因为等量的 H^+和 A^-随解离形成，x 替代$[H^+]$和$[A^-]$，$[HA]-x$ 代替酸平衡表达式中的分母[式(3.1)]。由此得出式(3.4)，然后可以用式(3.5)的二次公式来求解(只使用二次公式的正解)：

$$x^2 + K_a x - K_a[HA] = 0 \tag{3.4}$$

$$[H^+] = x = \frac{-K_a + \sqrt{K_a^2 - 4K_a[HA]}}{2} \tag{3.5}$$

计算$[H^+]$的简化版本是基于 HA 的解离程度很小的假设，也就是说，K_a 为 1×10^{-4} 或更低，而且$[HA]-x\approx[HA]$时：

$$[H^+] = \sqrt{K_a[HA]} \tag{3.6}$$

含有多种有机酸和或共轭碱(M^+COO^-)的溶液 pH 计算十分复杂，通常这些溶液 pH 是通过计算机用免费程序计算得到的[15]。

3.3.2 缓冲液和 pK_a

葡萄酒是缓冲溶液，也就是说，它是含有弱酸和共轭碱的混合物，因此，添加强酸或碱时 pH 变化是有限的。正是这种对 pH 变化的抵抗使得在品尝时可以感觉到弱酸溶液的酸味，如果是没有缓冲能力的溶液，唾液会使 H_3O^+被盐中和。当强酸(如 HCl)被添加至缓冲液中，它解离成 H_3O^+和 Cl^-，为了重新建立平衡，添加的 H_3O^+浓度必须降低，H_3O^+便与 A^-反应生成 HA，与原溶液相比，pH 仅略有下降。在添加碱时也会发生类似的反应。

② 在物理化学文献中，可以找到高离子强度系统更复杂的离子强度校正方法。

在任意 pH 下，弱酸 HA 及其共轭碱 A^-的相对浓度可以通过亨德森-哈塞尔巴尔赫(Henderson-Hasselbalch，H-H)方程计算：

$$pH = pK_a + \lg\left(\frac{[A^-]}{[HA]}\right) \tag{3.7}$$

根据 H-H 平衡，单质子酸遵循以下几点：

(1) 当 pH 比 pK_a大 1 个单位时，90%的弱酸是离子化的；

(2) 当 pH 等于 pK_a时，50%的弱酸是离子化的；

(3) 当 pH 比 pK_a小 1 个单位时，10%的弱酸是离子化的。

葡萄酒中酸的形式的分布更加复杂，因为果汁或随后酒精发酵中两种主要的酸(苹果酸和酒石酸)含有两个羧基基团(H_2A，双质子)。

两种酸的一级解离常数(pK_{a1})在正常葡萄酒 pH 的范围(如 3.0～4.0)，二级解离常数(pK_{a2})在 4.5～5 之间。在典型的葡萄酒中，这些酸主要以全部质子化(如 H_2A)的形式和关联的共轭碱形式存在(如 HA^-)，一小部分为全部离子化的形式(如 A^{2-}，见图 3.2)。

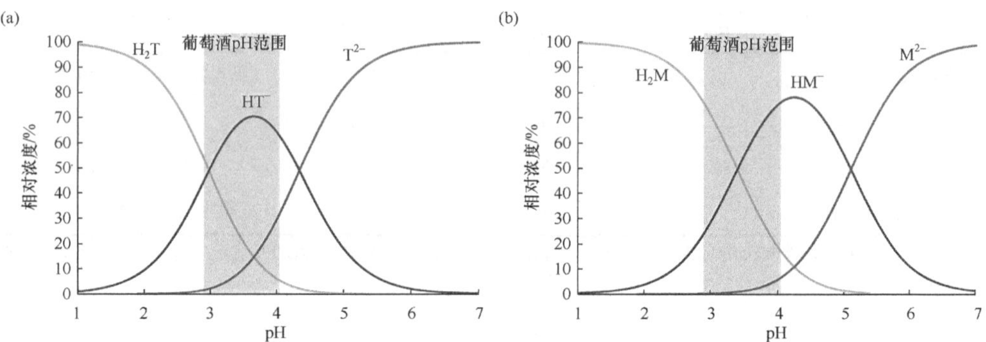

图 3.2 水溶液中的中性有机酸及其离子化形式相对浓度随 pH 变化：(a)酒石酸(H_2T)、酒石酸氢盐阴离子(HT^-)、酒石酸阴离子(T^{2-})；(b)苹果酸(H_2M)、苹果酸氢盐阴离子(HM^-)、苹果酸阴离子(M^{2-})

3.3.3 可滴定酸度

可滴定酸度(TA)是样品中可滴定的质子浓度。

(1) TA 是通过计量碱的浓度(通常是 NaOH)来测定的，需要将样品 pH 滴定至接近中性的特定值(终点 pH)。

(2) H-H 方程表明，pK_a值比滴定终点 pH 高 1 个 pH 单位的酸解离程度最低，最终对 TA 的贡献可以忽略不计。

(3) 因为葡萄酒滴定的终点通常为 pH 7.0 或 8.2，羧基(典型的，pK_a=3～5)会对 TA 产生贡献，而多酚则不会(pK_a = 9～11，第 11 章)。因此，TA 是测定自由

H^+以及不被解离弱有机酸基团浓度的加和([H^+]+[$COOH^-$])。

(4) TA 包含挥发和不挥发的酸。挥发性酸(VA)可通过滴定前蒸馏来单独测定。

常见的葡萄酒 TA 范围为每升 0.05～0.15 mol 可滴定的质子等价物(0.05～0.15 Eq/L)。相比之下，在葡萄酒典型的 pH 3～4 范围内，游离[H^+]可被忽略(0.001～0.0001 Eq/L)，大部分 TA 为不被解离的弱酸。在实践中，葡萄酒中酸的含量常以 g/L 为单位，并通常以酒石酸计(表 3.4)③。例如，如果葡萄酒含有 0.1 [H^+] Eq/L，以酒石酸计的浓度(摩尔质量为 150 g/mol，2 [H^+] Eq/mol)如下所示：

$$\mathrm{TA} = 0.1[\mathrm{H}^+]\mathrm{Eq/L} \times \frac{1}{2[\mathrm{H}^+]\mathrm{Eq/mol}} \times 150\ \mathrm{g/mol\ H_2T} = 7.5\ \mathrm{g/L\ H_2T} \qquad (3.8)$$

白葡萄酒典型的 pH 为 3.0～3.4，以酒石酸计的 TA 值为 6～9 g/L；而红葡萄酒的 pH 为 3.3～3.7，以酒石酸计的 TA 值为 5～8 g/L④。一些欧洲国家常以硫酸(98 g/mol，2 [H^+] Eq/mol)计。

表 3.4　葡萄酒和果汁重要的酸度指标汇总

有机酸	M_w /(g/mol)	可滴定质子的数量		转换因子，以酒石酸计 a/(g/L)	注释
		Eq/mol	g/Eq		
酒石酸	150	2	75	1.0	新世界葡萄酒生产国常用
苹果酸	134	2	67	1.12	苹果酒常用
柠檬酸	192	3	64	1.17	柑橘酒常用
硫酸	98	2	49	1.53	欧盟生产的葡萄酒常用

a. 将报道中以某种酸转化为酒石酸计含量的转化因子，如以柠檬酸计 1 g/L TA 溶液中含有以酒石酸计的 TA 1.17 g/L。

可滴定酸度(TA)对酿酒师的重要性在于葡萄酒中 TA 典型范围与感受到的酸度具有很好的相关性，如图 3.3 所示。pH 与 TA 无关，Plane 和他的同事们发现酸感与 TA(g/L)成比例而非 pH[16]。因为葡萄酒中 TA 的范围远超 pH 范围，TA 主导了酸感。虽然 TA 是葡萄酒酸感的极佳代表，但它也可能会被其他组分(如乙醇、糖)遮蔽。

3.3.4　总酸度

正如 Boulton 及其同事们定义的[17]，葡萄酒总酸度是指所有羧酸和羧酸盐基

③ 报道酸的浓度时使用“以酒石酸计”，对酿酒师更为方便，因为增酸时常添加酒石酸。

④ 需要说明一种溶液不需要含有报道的酸：写为“这款葡萄酒含有酸 7.5 g/L(以酒石酸计)”不是说“这款葡萄酒含有 7.5 g/L 酒石酸”，而是说“这款葡萄酒与 7.5 g/L 酒石酸溶液有相同的可滴定酸浓度”。

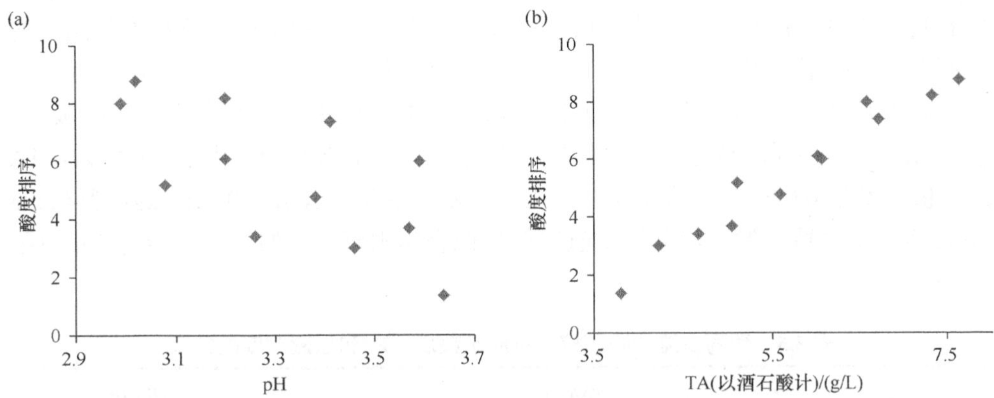

图 3.3　来自品评小组的酸度排序(高得分表示酸感更强)与 12 种模拟酒溶液的 pH(a)和 TA(b)的关系。这些模拟酒溶液含有不同浓度的酒石酸、苹果酸、氢氧化钾。数据来自文献[16]

团[COOH]+[COO⁻]的总浓度，单位为摩尔每升或酒石酸等价物每升⑤。在实践中，总酸度测定方式包括两种：①利用 HPLC 等技术测定单个有机酸的量，然后进行加和；②滴定前利用强阳离子交换树脂处理葡萄酒。总酸的重要性在于它与葡萄酒或果汁的缓冲能力有极好的相关性，这将在 3.3.5 节讨论。

总酸度通常高于 TA，二者(总酸度–可滴定酸度)的差值等于在特定 pH 下被中和的那部分酸，或者等于葡萄酒中金属阳离子的浓度[18]。如图 3.4 所示，TA-总

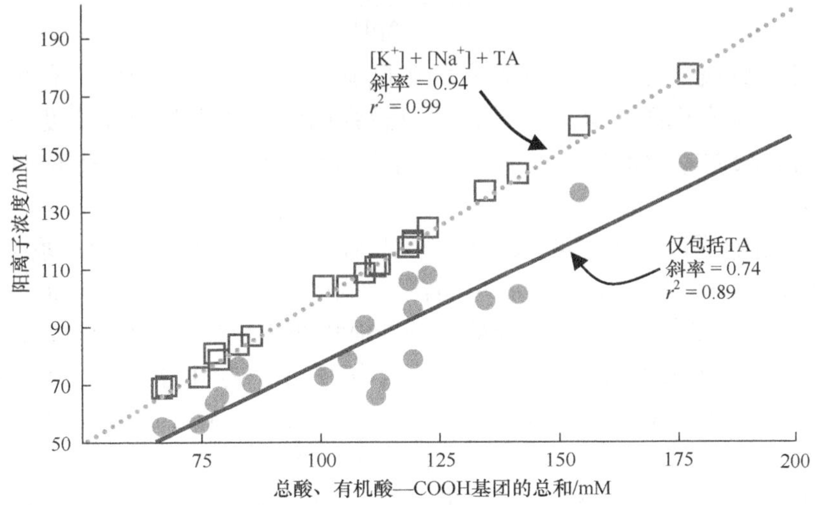

图 3.4　葡萄酒中总酸、TA 和其他金属阳离子的关系。TA 和总酸度的相关性较低，具有非一致性的斜率(实线)，因为部分可滴定的质子被 K^+和其他金属阳离子取代。将 TA 和主要的金属阳离子加和之后相关性增强(虚线)。数据来自文献[18]

⑤ 这里概念之间是有区别的，在一些教科书中总酸度被用作可滴定酸度的同义词。

酸的实线斜率只有 0.74，说明有机酸失去了平均约 1/4 的质子。添加摩尔当量的两种主要金属阳离子(K^+，Na^+)，将导致相关性更好，同时斜率接近 1(虚线)。

导致 K^+/H^+离子交换的栽培或酿造因素，如果实成熟或者压榨过程中 K^+吸收，会使 TA 减少的同时总酸度几乎保持不变(表 3.5)。自流汁和压榨汁中总酸与 TA 的差值分别是 0.029 Eq/L 和 0.037 Eq/L，该差值主要是 K^+/H^+(0.019 Eq/L 和 0.028 Eq/L)离子交换造成的。剩余的差值来自其他金属阳离子，如 Ca^{2+}，Na^+，Mg^{2+}(第 4 章)。

表 3.5　葡萄自流汁和压榨汁可滴定酸度、K^+和总酸浓度的关系

样品	pH	TA/(g/L) [以酒石酸计/(Eq/L)]	K^+浓度/(g/L)(Eq/L)	总酸度/(g/L) [以酒石酸计/(Eq/L)]
自流汁	3.50	5.01(0.066)	0.76(0.019)	7.10(0.095)
压榨汁	3.63	4.52(0.059)	1.10(0.028)	7.20(0.096)

3.3.5　缓冲能力

缓冲能力(BC)是指添加强酸或强碱时，溶液抵抗 pH 变化的能力，定义为

$$BC = \frac{\Delta TA}{\Delta pH} \tag{3.9}$$

葡萄酒的缓冲能力与缓冲物质的浓度有关，由于葡萄酒中具有缓冲能力的主要组分是有机酸及其共轭碱，所以较强的缓冲能力与较高浓度的总酸相关。葡萄酒缓冲能力的典型值为每 pH 单位 25～75 mEq/L(1.9～5.6 g/L，以酒石酸计)。

缓冲范围是可以观察到的缓冲pH范围。对于含有HA和A^-的简单系统来说，缓冲范围通常被定义为$pK_a \pm 1$的pH范围，最大的缓冲能力将在pH= pK_a时出现。但是，像葡萄酒那样含具有多种 pK_a 值的共轭酸-碱对的复杂系统，缓冲范围会拓宽，因此缓冲极大值不明显。如图 3.5 所示，缓冲能力在不同葡萄酒中有所差异，但在正常葡萄酒 pH 范围(3～5)内，特定葡萄酒缓冲能力通常是相对固定的(如 pH 和 TA 的线性关系)[19]。缓冲能力对酿酒师进行酸调整时的操作十分重要：缓冲能力强的葡萄酒需要去除或添加更多的酸来改变 pH，如果酿酒师想通过降低 pH 来减少葡萄酒微生物破败的风险，缓冲能力强则会带来一些问题。

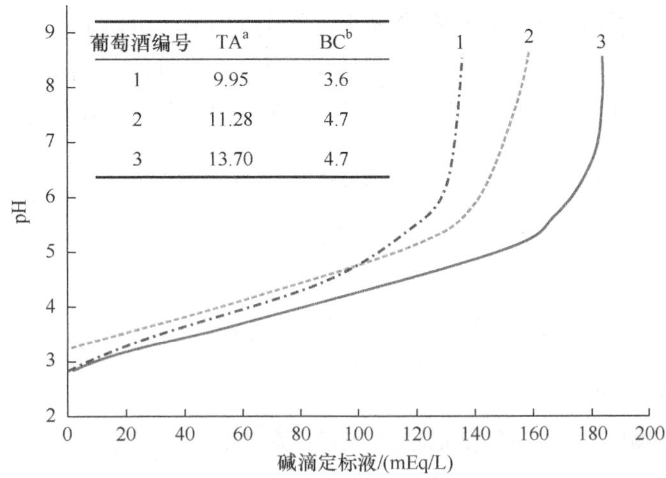

图 3.5 添加强碱时三种葡萄酒的滴定曲线。滴定终点为 pH 8.2，但需要注意的是，接近理想的终点出现在 pH 7.0。a. 可滴定酸度(g/L，以酒石酸计)。b. 缓冲能力(g/L，以酒石酸计，每 pH 单位)，其计算来自 pH 3 和 pH 5。数据来自文献[19]

3.4 酸 调 整

3.4.1 酸添加

在许多产区，酒石酸、柠檬酸、苹果酸或它们的混合物等常被添加到葡萄汁或葡萄酒中，而添加矿物酸如硫酸等在全世界都是被禁止的。所有这些酸都会导致 TA 增加。除此之外，添加酒石酸也会导致酒石酸氢钾沉淀，正如下面描述的，TA 的最终变化会比添加酸的总量小。

3.4.2 通过碳酸盐进行有机酸中和或/及沉淀

添加碳酸盐使可滴定酸度降低，pH 升高。在多数葡萄酒产区符合法规的碳酸盐(第 27 章)如下：①钾盐。$KHCO_3$ 或 K_2CO_3 最常应用。②钙盐。$CaCO_3$ 应用较少，是因为碳酸钙会引发不稳定问题(26.1 节)。

向葡萄酒中添加钾盐和钙盐，除了中和酸之外，也会导致酒石酸氢钾(KHT)或酒石酸钙(CaT)沉淀，这两种物质在低温的乙醇溶液中溶解性差(26.1 节)。沉淀会导致可滴定酸度和/或总酸度进一步下降。KHT 沉淀比 CaT 更为常见，原因有以下几点：①K^+在葡萄中浓度更高；②K^+盐在降酸时更加常用；③酒石酸氢根(HT^-)的浓度比酒石酸根(T^{2-})更为常见(图 3.2)。

KHT 沉淀常伴随着 TA 的减少而减少，因为 KHT 接受了一个可滴定质子从而影响 TA，但葡萄酒 pH 的升降取决于沉淀前的 pH。pH 低于 3.65 的葡萄酒的 pH 会下降，因为 H_2T/HT^-平衡右移，$[HT^-]$增加，导致$[H_3O^+]$增加，而 pH 高于 3.65 的葡萄酒的 pH 会上升，因为 HT^-/T^{2-}平衡左移，$[HT^-]$增加(图 3.6)[⑥]。

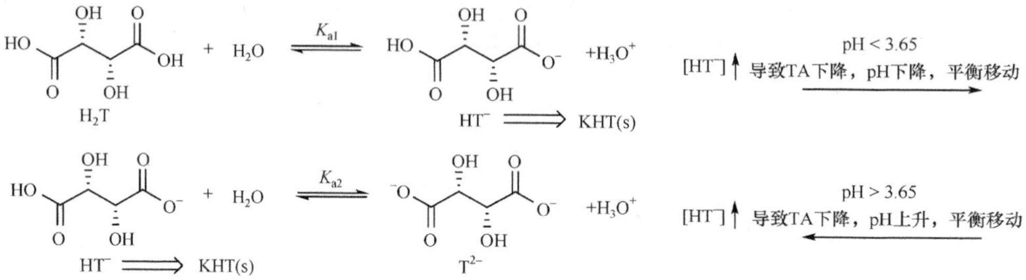

$$H_2T + H_2O \overset{K_{a1}}{\rightleftharpoons} HT^- + H_3O^+ \qquad HT^- \Longrightarrow KHT(s)$$

pH < 3.65
$[HT^-]\uparrow$ 导致TA下降，pH下降，平衡移动 →

$$HT^- + H_2O \overset{K_{a2}}{\rightleftharpoons} T^{2-} + H_3O^+ \qquad HT^- \Longrightarrow KHT(s)$$

pH > 3.65
$[HT^-]\uparrow$ 导致TA下降，pH上升，平衡移动 ←

图 3.6　酒石酸平衡以及酒石酸氢钾沉淀对葡萄酒可滴定酸度(TA)和 pH 的作用取决于葡萄酒初始 pH 是否低于 3.65

不同于 KHT 沉淀，CaT 沉淀不会影响 TA，因为该化合物不含可滴定质子。但是，pH 会下降，因为 CaT 是碱性的，总酸和缓冲能力也会下降。

酿酒师希望阻止 KHT、CaT 及其他不常见的有机酸盐在瓶中沉淀。影响这些盐稳定性的因素以及测定和防止不稳定性的策略将在 26.1 节详细讨论。

酿造中脱酸时一种较为罕见的沉淀是苹果酸钙(CaM)。苹果酸的 pK_{a2} 相对较高(5.11)，苹果酸分子的浓度在葡萄酒 pH 范围内可被忽略。但是，在一种称为“双盐降酸”的工艺中，葡萄酒的一部分(20%～30%)会近乎全部被 $CaCO_3$ 中和，这导致 pH>5 以及 CaM 和 CaT 沉淀[17]，由此产生的葡萄酒可以再添加回未经降酸的葡萄酒中。该过程会导致原来的酒 pH 升高，总酸度降低。

评估碳酸盐添加对可滴定酸度(TA)的影响时，需要单独考虑中和和沉淀。由中和导致的 pH 变化十分迅速且可化学计量。例如，将 1 g/L 的 $KHCO_3$(0.01 Eq/L)溶液添加至葡萄酒中，会中和 0.75 g/L(0.01 Eq/L)的 TA(以酒石酸计)。类似的评估可用于 K_2CO_3 或 $CaCO_3$，分别需要 0.69 g/L 或 0.5 g/L 达到 0.75 g/L $KHCO_3$ 所带来的变化。对于钾盐来说，KHT 沉淀是非定量的且发生更慢。KHT 每下降 1 mol/L 会导致 TA 下降 0.75 g/L。因此，如果平衡和沉淀都完全，每添加 1 g/L $KHCO_3$ 最终导致 TA 下降 1.5 g/L。

⑥ 理解 KHT 沉淀能使 pH 上升或下降的另一种方式是考虑添加(而不是去除)KHT 会发生什么。因为 KHT 是两性的(与酸和碱都可以反应)，KHT 溶液类似缓冲液，饱和时 pH 约为 3.65。如果将这种 KHT 溶液添加至 pH>3.65 的葡萄酒中，假设不产生沉淀，会产生什么影响？答案是 pH 降至介于 3.65 和原始葡萄酒间的数值，这是因为 KHT 溶液的缓冲能力。如果将前述实验反过来做，大量除去添加的 KHT，会产生什么影响？pH 会增至原始的 pH。如果葡萄酒原始 pH<3.65，这些作用将会相反。

3.4.3　生物降酸

乳酸菌将苹果酸转化为乳酸(苹果酸-乳酸发酵，MLF)是降低 TA 的常用手段(22.5 节)。与含有两个羧基的苹果酸相比，乳酸仅含有一个羧基，完全的 MLF 会导致初始苹果酸含量减少，pH 增加。即使葡萄酒中含有合理水平的 TA，MLF 也是有利的，因为含有等量$[H^+]$的乳酸和酒石酸溶液将比含有相同总量$[H^+]$的苹果酸溶液的 pH 更低(表 3.6)。苹果酸-乙醇转化——酵母将苹果酸代谢为乙醇和二氧化碳——也会在酒精发酵过程中一定限度地发生(22.1 节)。酒石酸在葡萄酒生产过程中通常是稳定的⑦，但在少数情况下，破败性乳酸菌也会将其降解，这种现象称为“tourné”(发酸的、变质的)。乳酸菌也可部分或全部降解柠檬酸(22.5 节)，但因为葡萄酒中柠檬酸浓度低，且其降解代谢终产物是乙酸，所以对 pH 和总酸的实际影响不大。

表 3.6　利用 $KHCO_3$ 或酒石酸调整模拟溶液后的可滴定酸度(假设没有沉淀产生)，TA 通过 CurtiPot 专业版软件计算[15]

基质	模拟酒溶液中酸的浓度 a			调整至 pH 3.5 后的 TA
	酒石酸	苹果酸	乳酸	
典型红酒，MLF 前	0.03 M(4.5 g/L)	0.02 M(2.7 g/L)	0	6.4 g/L
典型红酒，MLF 后	0.03 M	0	0.02 M(1.8 g/L)	5.3 g/L
高苹果酸红酒，MLF 前	0.03 M	0.06 M(8 g/L)	0	10.6 g/L
高苹果酸红酒，MLF 后	0.03 M	0	0.06 M(5.4 g/L)	7.2 g/L

a. 含有 1.3 g/L K^+和 10%乙醇的模拟酒溶液。

3.4.4　改变 pH 和 TA 的理化方法

电渗析法可用于降低可滴定酸度(TA)，同时最小程度影响 pH，阳离子交换树脂可用于增加 TA，同时降低 pH。这些方法将在 26.1 节讨论。

3.4.5　pH 和 TA 的平衡

酿酒师的意图通常是矛盾的，一方面希望保持低 pH(防止微生物破败)，另一方面不希望 TA 过高(避免酸感过强)。在葡萄酒中 TA 和 pH 呈反比关系，但相关性不好，主要有以下两个原因：

---

⑦ 酒石酸是十分稳定的，可以在考古样品中找到它。它在陶器碎片上的存在被认为是该容器含有葡萄酒的证据，因为没有其他常见的含有酒石酸的液体来源。

(1) 有机酸 pK_a 的变化。强酸(更低的 pK_a)对 TA 贡献相同的情况下，pH 下降更多。例如，基于图 3.2 所示的分布，相比于苹果酸，在溶液中添加一份等量的酒石酸，会引起 pH 下降更大(离子化更多，[H_3O^+]增加)，而二者都会导致类似的 TA 增加。

(2) 在给定 TA 时，较高的缓冲能力与较高的 pH 同时出现。这种缓冲能力是由于金属阳离子(如 K^+)和共轭碱存在。

当葡萄酒中含有高浓度相对更强的酸(如酒石酸)和低浓度相对更弱的酸(苹果酸、乳酸、琥珀酸、乙酸)以及共轭碱的盐时，低 TA 和 pH 的目标最易实现。如表 3.6 所示，利用 $KHCO_3$ 将 pH 调至 3.5 导致不同的最终 TA 值，这取决于初始酸的组成。含高苹果酸的红葡萄酒最终 TA 值更高，这是因为与酒石酸相比，苹果酸是相对较弱的酸(高 pK_a，pH 降低得少)。

在生产中进行高酸葡萄酒降酸时，如果仅需微调(1～3 g/L 酒石酸)且初始 pH 相对较低(pH<3.4)，常使用钾盐，利用这种方法进行 TA 大调整，会导致 pH 过度增高。高 TA 常由高浓度苹果酸导致，部分或完全 MLF 也通常用于降酸，但是，MLF 会改变其他感官性质，因此不是对所有类型的葡萄酒都适用(22.5 节)。对于含有极高苹果酸的葡萄酒而言，可组合使用多种技术[包括苹果酸钙沉淀(“双盐法”)、标准碳酸盐添加和 MLF]。

3.5 有机酸和 pH 在葡萄酒反应中的作用

在葡萄酒发酵和陈酿过程中，所有有机酸都可以与乙醇和其他醇发生酯化反应，部分酯具有重要的香气特性(第 7 章、22.2 节、第 25 章)。相反地，酯类也会被水解生成有机酸，这些平衡将在第 7 章讨论。较低 pH 也会导致葡萄酒中酸催化的反应加速(注意这种作用不依赖于 TA)：①糖苷键合香气前体的水解和/或重排会更快(第 8 章、23.1 节、第 25 章)；②酯的水解和形成会更快(第 7 章和第 25 章)；③许多涉及红葡萄酒多酚的反应会加快，包括聚合多酚的水解及其与类黄酮反应的羰基会被激活(第 16 章和第 25 章)；④pH 会影响酸性物质如花色苷(第 16 章)、SO_2(第 17 章)和 CO_2 等的平衡、反应活性和感官性质。

3.6 酸对感官的影响

葡萄酒中酸主要的感官贡献是增加感知的酸味。正如在 3.3 节讨论的，酸味与 TA 具有很好的相关性，仅同 pH 弱相关。低 pH 溶液也会诱发涩感[20]，可能是由于具有润滑作用的唾液蛋白发生了沉淀和功能丧失[21]⑧。此外，一些酸还具有酸味之外的特性，如琥珀酸有苦、咸味(表 3.1)。但是，在葡萄酒模拟体系(不是水-乙醇溶液)中，有关这些酸感之外的特性尚未得到很好的研究。

挥发性酸(VA)主要由乙酸组成(超过 90%)。乙酸浓度在葡萄酒中常常接近感官阈值(400 mg/L)，较高的浓度通常是细菌破败的结果(22.5 节)[22]。对于不同地区和酒种，具体法规各不相同，但一般限值在 1.0～1.5 g/L。评估挥发性酸对葡萄酒香气影响的复杂性在于它的浓度通常与相应的乙酯相关，而后者通常更有效。例如，乙酸单独具有刺激性的类似醋的味道，但是与挥发性酸相关的异味似乎主要由乙酸酯化生成的乙酸乙酯引起的(第 7 章)。此外，尽管其他大多数挥发性酸单独存在时，有干酪或腐臭的气味，但在真实葡萄酒中它们的感官贡献似乎表现在对酒特性的总体贡献上。

参 考 文 献

1. Fowles, G.W.A.(1992) Acids in grapes and wines: a review. Journal of Wine Research, 3(1), 25-41.
2. Swiegers，J.H.，Bartowsky，E.J.，Henschke，P.A.，Pretorius，I.S.(2005) Yeast and bacterial modulation of wine aroma and flavour. Australian Journal of Grape and Wine Research，11(2)，139-173.
3. Gardner，R.J.(1980) Lipid solubility and the sourness of acids: implications for models of the acid taste receptor. Chemical Senses，5(3)，185-194.
4. Sowalsky，R.A. and Noble，A.C.(1998) Comparison of the effects of concentration，pH and anion species on astringency and sourness of organic acids. Chemical Senses，23(3)，343-349.
5. Siebert，K.J.(1999) Modeling the flavor thresholds of organic acids in beer as a function of their molecular properties. Food Quality and Preference，10(2)，129-137.
6. Lambrechts，M.G. and Pretorius，I.S.(2000) Yeast and its importance to wine aroma-a review. South African Journal for Enology and Viticulture，21，97-129.
7. Francis，I.L. and Newton，J.L.(2005) Determining wine aroma from compositional data. Australian Journal of Grape and Wine Research，11(2)，114-126.
8. Da Conceicao Neta，E.R.，Johanningsmeier，S.D.，McFeeters，R.F.(2007) The chemistry and physiology of sour taste-a review. Journal of Food Science，72(2)，R33-R38.
9. Burdock, G.A.(2010) Fenaroli's handbook of flavor ingredients, 6th edn, CRC Press, Boca Raton, FL.
10. (2012) Dissociation constants of organic acids and bases，in CRC Handbook of Chemistry and Physics，93rd edn(ed. Haynes，W.M.)，CRC Press，Boca Raton，FL，pp. 5-94-5-103.
11. Ferreira，V.，Lopez，R.，Cacho，J.F.(2000) Quantitative determination of the odorants of young red wines from different grape varieties. Journal of the Science of Food and Agriculture，80(11)，

⑧ 这种涩味很容易在品尝柠檬汁时被感知(pH 2.2～5.5 柠檬酸)，除了强烈的酸味外，它还会引起口腔里的一种砂砾感。

1659-1667.

12. Reijenga, J., van Hoof, A., van Loon, A., Teunissen, B.(2013) Development of methods for the determination of p*K*(*a*) values. Analytical Chemistry Insights, 8, 53-71.
13. Usseglio-Tomasset, L. and Bosia, P.(1978) Determinazione delle constanti di dissociazione dei principali acidi del vino in soluzioni idroalcoliche di interesse enologico. Rivista Vitic Enol, 31(9), 380-403.
14. Abguéguen, O. and Boulton, R.B.(1993) The crystallization kinetics of calcium tartrate from model solutions and wines. American Journal of Enology and Viticulture, 44(1), 65-75.
15. Gutz, I.G.R. CurTiPot. Available from: http://www2.iq.usp.br/docente/gutz/Curtipot.html.
16. Plane, R.A., Mattick, L.R., Weirs, L.D.(1980) An acidity index for the taste of wines. American Journal of Enology and Viticulture, 31(3), 265-268.
17. Boulton, R.B., Singleton, V.L., Bisson, L.F., Kunkee, R.E.(1999) Principles and practices of winemaking, Kluwer Academic/Plenum Publishers, New York.
18. Boulton, R.(1980) The relationships between total acidity, titratable acidity and pH in wine. American Journal of Enology and Viticulture, 31(1), 76-80.
19. Mattick, L.R., Plane, R.A., Weirs, L.D.(1980) Lowering wine acidity with carbonates. American Journal of Enology and Viticulture, 31(4), 350-355.
20. Gawel, R.(1998) Red wine astringency; a review. Australian Journal of Grape and Wine Research, 4(2), 74-95.
21. Siebert, K.J. and Chassy, A.W.(2004) An alternate mechanism for the astringent sensation of acids. Food Qualityand Preference, 15(1), 13-18.
22. Bartowsky, E.J.(2009) Bacterial spoilage of wine and approaches to minimize it. Letters in Applied Microbiology,48(2), 149-156.

第4章 矿 物 质

4.1 引 言

矿物质是一种自然形成的固体物质，具有确定的化学成分和有序的原子结构。矿物质是岩石的主要成分，基于它们的含量可以分为：形成岩石的主要元素(如氧、硅、铁、镁、铝、钙、钾和钠)以及痕量元素(如氟、磷以及贵金属包括银和金)。矿物质是指可溶或可在基质中分散(如土壤或食品)的矿物成分，不包括碳、氢、氧、氮等组成有机分子的组分①。例如，硫酸铜溶液虽然缺乏有序结构，但它依然被认为含有矿物质。很多矿物质在食品标签上很常见(如钾、铁、钠)，它们是植物等生命体的重要营养元素。正因为它们广泛存在于自然界中，葡萄酒中的矿物质有多种来源，包括酿造中的加工助剂和添加剂，但主要还是来自葡萄浆果。

溶于葡萄酒中的矿物质主要来自钾(K)盐，也有少量铁(Fe)、钠(Na)、铜(Cu)、钙(Ca)、镁(Mg)、铝(Al)、锰(Mn)和锌(Zn)等的盐(表 4.1)。这些金属离子在溶液中带正电，对应的无机离子如磷酸根、硫酸根/亚硫酸根、硝酸根、溴离子、氯离子带负电[1]，使葡萄酒中矿物质含量达到 1.5～3 g/L②。在葡萄酒中也发现痕量的重金属如铅(Pb)、镉(Cd)和镍(Ni)；由于涉及葡萄酒的质量和健康(毒性)问题，在全球这些重金属和其他金属元素的浓度都是被管控的(包括限制添加剂和加工助剂的杂质)③。

表 4.1 葡萄酒中存在的主要元素的氧化状态、浓度范围及其对葡萄酒性质的潜在影响[2-9]

金属元素	氧化状态	浓度范围/(mg/L)	对葡萄酒性质的影响
Al	+3	ND[a]～14	形成浑浊、多酚复合体、味道
Ca	+2	7～310	沉淀伴随 pH 和缓冲能力下降
Cu	+1，+2	ND～3	氧化、形成浑浊、结合硫化物、多酚复合体、味道

① 用“矿物质”这个词来表示除了 C、H、N 和 O 之外的其他组分，有点过时了，但是在描述不同基质(尤其是食物)中无机成分的文献中仍有使用。

② 第 3 章讨论的有机酸也可以作为定量的重要阴离子，尽管它们不会被看作矿物质。

③ 案例机构通常是负责确定允许添加剂的机构，如澳大利亚和新西兰的食品标准管理部门、欧盟委员会和美国烟酒税收和贸易局。在一些国家，铅的典型最高限量为 100～300 μg/L，而铜的最大限量为 1～2 mg/L，但在某些情况下高达 5～10 mg/L。在特定国家的法规中没有限量规定时，默认是基于国际酿酒法典或食品化学品法典规定的杂质限量。

续表

金属元素	氧化状态	浓度范围/(mg/L)	对葡萄酒性质的影响
Fe	+2，+3	0.06～55	氧化、形成浑浊、多酚复合体
K	+1	125～3060	沉淀伴随 pH 变化和滴定酸浓度下降
Mg	+2	8～720	多酚复合体
Mn	+2，+3，+4，+6，+7	0.1～6	氧化
Na	+1	ND～320	味道
Pb	+2，+4	ND～1.25	潜在的健康影响
Zn	+2	ND～9	形成浑浊、味道

a. ND，未检出。

4.2 葡萄酒中金属元素的来源

葡萄酒中金属元素的来源是多样的，包括葡萄园土壤、喷雾剂和外源性污染物(如来自大气排放的 Pb，虽然随着逐步淘汰含铅燃料，这一趋势有所减弱)、澄清剂、酿造设备以及酿酒中的处理过程(表 4.2)。

表 4.2 影响葡萄酒化学和感官特性的金属元素的潜在来源[5,6,8,10,11]

金属元素	来源 [a]
Al	土壤(V)，膨润土(W)，金属合金(W)，过滤介质(W)
Ca	土壤(V)，肥料(V)，杀菌剂(V)，膨润土(W)，降酸(W)，澄清剂(W)，过滤介质(W)，水泥槽(W)
Cu	土壤(V)，杀菌剂(V)，肥料(V)，农药(V)，金属合金(W)，澄清剂(W)，稳定剂(W)，过滤介质(W)
Fe	土壤(V)，金属合金(W)，膨润土(W)，过滤介质(W)，澄清剂(W)，酵母补充剂(W)，稳定剂(W)
K	土壤(V)，肥料(V)，澄清剂(W)，稳定剂(W)，焦亚硫酸钾(W)
Mg	土壤(V)，膨润土(W)，水泥槽(W)，澄清剂(W)，酵母补充剂(W)
Mn	土壤(V)，杀菌剂(V)，肥料(V)，农药(V)，过滤介质(W)
Na	灌溉(V)，沿海环境(V)[b]，土壤(V)，膨润土(W)，焦亚硫酸钠(W)，稳定剂(W)，澄清剂(W)，阳离子交换(W)
Zn	土壤(V)，杀菌剂(V)，肥料(V)，农药(V)，金属合金(W)，澄清剂(W)，稳定剂(W)，过滤介质(W)，酵母补充剂(W)

a. 葡萄园(V)；酿造过程(W)。

b. 增大的浓度，可能来自土壤中增加的 Na 含量，但也可能是果实与盐气溶胶(saline aerosol，源自海浪)直接接触的潜在作用。

(1) 在浆果成熟过程中，葡萄酒中的碱和碱土金属(如 Na、K、Mg、Ca)会积聚，而葡萄是这些金属的主要来源。

(2) K 和 Ca 的碳酸盐也可在酒庄中被有意地添加到酒中，这些金属也可能在沉淀中流失，因为它们可以形成酒石酸盐(第 3 章和 26.1 节)。

(3) 酿造设备是过渡态和重金属(如来自割草机的 Cu 和 Pb、来自铸铁发酵罐的 Fe)的主要来源，但现代酒庄中使用不锈钢设备和塑料，大大减少了这种情况。然而，添加剂和加工助剂的杂质(如皂土，26.2 节)仍然会导致这些金属元素出现在葡萄酒中。由于酵母细胞的吸附，这些金属元素在发酵过程中也会减少。

4.3 金属元素涉及的反应

过渡金属涉及的最为重要的反应是与氧化还原有关的反应(第 11 章和第 24 章)，因为这些金属(尤其是铜和铁，还有锰)在葡萄酒中有催化作用[12-15]。这种反应性与不同金属的还原电位有关，也与葡萄酒 pH 条件下氧、酚类化合物和其他葡萄酒成分(例如，抗氧化剂如 SO_2 和抗坏血酸、配位体如碳酸根离子和水)有关[12]。总之，氧化还原反应是由金属(例如氧化还原对，如 Fe^{3+}/Fe^{2+})促进的，同时酚类物质被氧化，氧被还原成其他强氧化剂，包括不同反应性的自由基(通过单电子过程)。这些方面将在第 24 章进行更详细的讨论，下面简要总结过渡金属的作用：

(1) 还原态的过渡金属(如 Fe^{2+}或 Cu^{+})通过催化活性氧(ROS)形成来加速氧气和葡萄酒组分的反应。

(2) 这些金属离子通过激活氧气促进 ROS 形成，产生氢过氧自由基(HOO ·)，并通过过氧化氢(H_2O_2)的芬顿反应(Fenton reaction)生成高反应活性的羟基自由基(· OH)。

(3) 通过氧化还原循环将金属催化剂再生为必需的氧化态[14]，可以有效地促进酚类氧化和 ROS 的形成。

(4) 多种过渡金属的存在可使氧化还原循环具有协同效应[14]。

(5) 酚类物质可作为配体，结合过渡金属离子，从而影响(促进或减缓)氧化过程[16]。

过渡金属也与硫化物氧化还原反应有关，硫氧化可能导致二硫化物和三硫化物的生成(第 10 章)，金属的各种组合(特别是 Cu)导致储存在无氧(还原)条件下的葡萄酒中硫化氢和甲硫醇增加(第 30 章)[9]。但是，Cu 也会与硫化氢和硫醇(如甲硫醇和乙硫醇)形成不溶性的沉淀。添加少量的 Cu^{2+}如 $CuSO_4$(约 0.1～0.5 mg/L)可除去会对葡萄酒香气产生负面影响的不受欢迎的痕量含硫化合物(26.2 节)。这种处理是非特异的，然而，残留的铜会通过结合或者氧化还原反应影响最佳的硫醇浓度。

4.4 金属的感官作用

金属对葡萄酒性质的影响见表 4.1。过渡金属会通过与葡萄酒其他组分相互作用形成浑浊(即金属浑浊，26.2 节)[5,6]。当铁浓度大约为 10 mg/L 时，氧化产生的 Fe^{3+}会与酚类物质或者磷酸盐和蛋白质形成沉淀，尽管在使用现代设备时这种浓度的铁十分罕见。相对地，还原条件下约 1 mg/L 的铜就会导致不可溶的蛋白复合物。

铝和锌在上述 Fe^{3+}浓度时也会产生浑浊，这些金属在与引起浑浊浓度相当的含量范围内，被认为会产生不受欢迎的涩味和金属味④、苦味或酸味，钠可能会增加咸味，同时减少苦味和酸味[5,6,18,19]。酒石酸的 Ca^{2+}和 K^{+}沉淀可通过改变 pH 影响葡萄酒的味觉和口感特性，如酒石酸钾会降低可滴定酸度(第 3 章)。另外，过渡金属可通过增加氧化速率、形成挥发性和非挥发性组分(如乙醇、香气组分、多酚、添加的抗氧化剂)而间接改变葡萄酒香气和颜色，导致感官缺陷。另一种可能是金属会通过与花色苷形成复合体，改变最大吸光度来影响红酒颜色。虽然由天然或合成色素形成的金属花色苷在葡萄酒中的作用尚未得到很好的研究，但在其他体系中是众所周知的[6,7,20](图 4.1)。

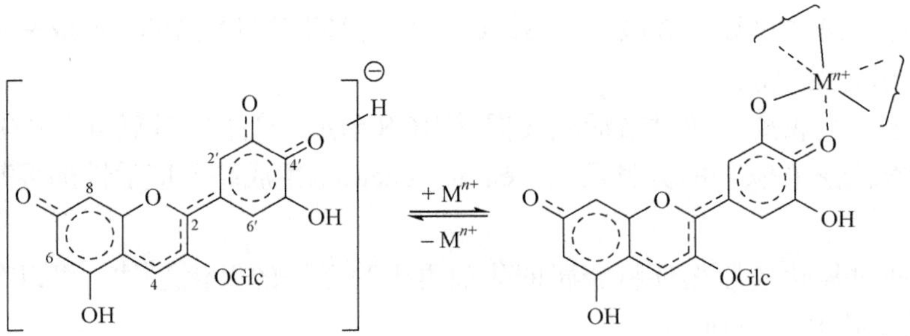

图 4.1 通过金属与花色苷的醌式阴离子(即醌式碱的去质子的形式，第 16 章)络合形成金属花色苷。虚线表示离域的电子，—H 表示 7、3′或 4′位的质子，可被氧攻击。M^{n+}表示二价或三价的金属阳离子如 Mg^{2+}、Al^{3+}或 Fe^{3+}

④ 金属味很可能是金属引起脂质氧化降解产生易挥发的羰基化合物所带来的鼻后感知的结果。在食品工业中，这种由金属催化的脂质氧化以及贡献“金属味的”香气化合物的生成是众所周知的。还有一种可能性是，金属的味道可能在没有鼻后组分的场合被一些人用作其他触觉或味觉的描述词，但是用来描述金属味道的术语语义需进一步探索[17]。

4.5 金属元素和葡萄酒真伪鉴别

铝、钡、锂、锰等金属的浓度取决于土壤类型和地质，钠、钾、钙、镁、铜、铁、锌等金属的浓度取决于土壤和酿造工艺，铅、铬、镍的浓度取决于金属设备或其他外源污染，因此可以使用光谱或者电感耦合等离子体质谱技术检测金属浓度，以此作为调查真实性的标志(尤其是产地)[5, 8, 21]。依据金属浓度，利用多元数据分析(化学计量学，第 32 章)可以开发酒样的模型和分类。这些方法的具体应用将在第 28 章进一步讨论。

参 考 文 献

1. Sirén，H.，Sirén，K.，Sirén，J.(2015) Evaluation of organic and inorganic compounds levels of red wines processed from Pinot Noir grapes. Analytical Chemistry Research，3，26-36.

2. Cox，R.J.，Eitenmiller，R.R.，Powers，J.J.(1977) Mineral content of some California wines. Journal of Food Science，42(3)，849-850.

3. Ough，C.S.，Crowell，E.A.，Benz，J.(1982) Metal content of California wines. Journal of Food Science，47(3), 825-828.

4. Aceto，M.，Abollino，O.，Bruzzoniti，M.C.，et al.(2002) Determination of metals in wine with atomic spectroscopy(flame-AAS，GF-AAS and ICP-AES); a review. Food Additives and Contaminants，19(2)，126-133.

5. Aceto，M.(2003) Metals in wine，in Reviews in food and nutrition toxicity(eds Preedy V.R. and Watson R.R.), Taylor & Francis，London，pp. 169-203.

6. Pohl，P.(2007) What do metals tell us about wine? Trends in Analytical Chemistry，26(9)，941-949.

7. Ibanez，J.G.，Carreon-Alvarez，A.，Barcena-Soto，M.，Casillas，N.(2008) Metals in alcoholic beverages: a review of sources，effects，concentrations，removal，speciation，and analysis. Journal of Food Composition and Analysis，21(8)，672-683.

8. Tariba，B.(2011) Metals in wine-impact on wine quality and health outcomes. Biological Trace Element Research，144(1-3)，143-156.

9. Viviers，M.Z.，Smith，M.E.，Wilkes，E.，Smith，P.(2013) Effects of five metals on the evolution of hydrogen sulfide，methanethiol，and dimethyl sulfide during anaerobic storage of Chardonnay and Shiraz wines. Journal of Agricultural and Food Chemistry，61(50)，12385-12396.

10. Zoecklein，B.W.，Fugelsang，K.C.，Gump，B.H.，Nury，F.S.(1995) Metals，cations and anions，in Wine analysis and production，Chapman and Hall，New York，pp. 199-208.

11. Bimpilas，A.，Tsimogiannis，D.，Balta-Brouma，K.，et al.(2015) Evolution of phenolic compounds and metal Content of wine during alcoholic fermentation and storage. Food Chemistry，178，164-171.

12. Danilewicz，J.C.(2003) Review of reaction mechanisms of oxygen and proposed intermediate reduction products in wine: central role of iron and copper. American Journal of Enology and

Viticulture，54(2)，73-85.

13. Waterhouse，A.L. and Laurie，V.F.(2006) Oxidation of wine phenolics: a critical evaluation and hypotheses. American Journal of Enology and Viticulture，57(3)，306-313.
14. Danilewicz，J.C.(2007) Interaction of sulfur dioxide，polyphenols，and oxygen in a wine-model system: central role of iron and copper. American Journal of Enology and Viticulture，58(1)，53-60.
15. Danilewicz，J.C.(2012) Review of oxidative processes in wine and value of reduction potentials in enology. American Journal of Enology and Viticulture，63(1)，1-10.
16. Dangles，O.(2012) Antioxidant activity of plant phenols: chemical mechanisms and biological significance. Current Organic Chemistry，16(6)，692-714.
17. Lawless，H.T.，Schlake，S.，Smythe，J.，et al.(2004) Metallic taste and retronasal smell. Chemical Senses，29(1)，25-33.
18. Breslin，P.A.S.(1996) Interactions among salty，sour and bitter compounds. Trends in Food Science and Technology，7(12)，390-399.
19. Keast，R.S.J. and Breslin，P.A.S.(2002) An overview of binary taste-taste interactions. Food Quality and Preference，14(2)，111-124.
20. Brouillard，R.，Chassaing，S.，Isorez，G.，et al.(2010) The visible flavonoids or anthocyanins: from research to applications，in Recent advances in polyphenol research，Wiley-Blackwell，pp. 1-22.
21. Sauvage，L.，Frank，D.，Stearne，J.，Millikan，M.B.(2002) Trace metal studies of selected white wines: an alternative approach. Analytica Chimica Acta，458(1)，223-230.

第 5 章　胺类、氨基酸和蛋白质

5.1　引　　言

胺类，以含有孤对电子的氮原子为特征，是一类由氨(NH_3)衍生而来的化合物，分别取代 1、2 或 3 个氢，产生初级、次级和三级胺。对氨基氮进行额外的烃基替换，生成季铵阳离子，而氨基酸质子化则生成氨基阳离子。胺也会存在于含有额外官能团(如羧基、羰基、硫醇等)的分子中，在葡萄中，最主要的含氨基的物质是氨基酸及其聚合物(如蛋白质)。

5.2　胺　　类

孤对电子的存在导致胺和其他含胺化合物表现为弱碱。与酸类似(第 3 章)，碱被质子化的难易程度可以用平衡常数来描述。常报道共轭酸的 pK_a 值，pK_a 值高表明共轭酸较弱和氨基碱性较强。不同胺类的 pK_a 值见表 5.1。

表 5.1　弱碱性含氮化合物的代表性结构和酸度常数

化合物类型	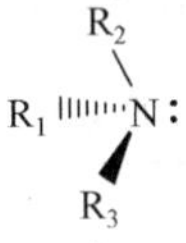 胺	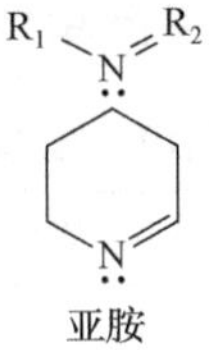 亚胺	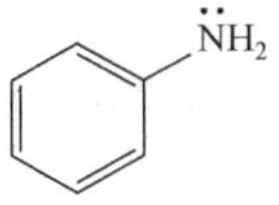 芳胺	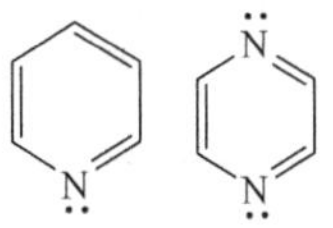 杂环胺
对应弱酸的典型 pK_a	9～11	5～7	2～6	吡啶(左)：5 吡嗪(右)：0.6
葡萄酒中的实例	α-氨基酸的氨基	2-乙酰-3,4,5,6-四氢吡啶	氨茴酸甲酯	3-异丁基-2-甲氧基吡嗪

氨基酸和许多其他胺类分子中氮孤对电子在葡萄酒 pH 下是质子化的，因此许多涉及氨基作为亲核物质的食品化学反应预计会发生得十分缓慢，如氨基酸与糖发生的美拉德反应。具有低 pK_a 值的胺类在葡萄酒中挥发性很小，因此没有气味。

在葡萄酒和葡萄汁 pH 下，氨基酸和多肽含有多个离子化基团。例如，含有中性烃链(如亮氨酸、甘氨酸)的简单氨基酸有两个可电离的基团：羧基(pK_{a1} 约为 2)和氨基(pK_{a2} 约为 9～10，—NH_3^+的共轭酸)。应用亨德森-哈塞尔巴尔赫方程，可揭示果汁或葡萄酒中的大多数氨基酸和蛋白质以两性离子(同一分子同时具有正负电荷)存在。

在给定 pH 下，一个两性离子的电荷可根据它的等电点(pI)确定，存在以下可能性：①pH<pI，蛋白质(或氨基酸)带正电；②pH=pI，蛋白质不带电；③pH>pI，蛋白质带负电。

pI 对于葡萄酒和食品体系的重要性在于它定义了蛋白质溶解度最小时的 pH①。许多葡萄酒中蛋白质的 pI 值恰在葡萄酒 pH 以上，范围为 4～6[1]，因此在葡萄酒和葡萄汁中蛋白质带正电，所以能够通过非共价作用与带负电的分子或氢键受体如皂土和多酚相结合。这些性质将在 26.2 节详细讨论。

5.3　葡萄酒中的氨基酸及其相关的含氮化合物

葡萄醪和葡萄酒中主要的含氮化合物见表 5.2，包括以下几种[2]：

(1) 铵盐(NH_4^+)，发酵过程中可利用氮的主要来源；

(2) 氨基酸，同时含有羧基基团(R—COOH)和氨基基团(R—NH_2 或 R—NH—R′)；

(3) 蛋白质，氨基酸通过酰胺基团(R—CONH—R′)连接而成的聚合物，通常含有 100 个以上氨基酸单体；

(4) 寡肽，通常是指含有 2～20 个氨基酸单体并通过酰胺键连接而成的聚合物。

表 5.2　葡萄醪和葡萄酒中主要含氮化合物的浓度

含氮化合物	葡萄醪中的浓度[3-5]			葡萄酒中的浓度/(mg/L)
	质量浓度/(mg/L)	质量浓度/(mg/L)(以 N 计)	是否对酵母可同化氮(YAN)有贡献	
铵	100±45	79±35	是	比葡萄醪低
α-氨基酸(不含脯氨酸)	843±51	135±51	是	
脯氨酸	高达 4000	高达 500	否	与葡萄醪类似
谷胱甘肽(主要寡肽)	15～100	3～15	是	ND～27[5]
蛋白质	20～250	3～15	否	30～275[4,6]

① 大多数奶酪制作工艺的第一步是：通过酸化降低牛奶 pH 或者通过蛋白酶作用提升酪蛋白 pI 值，使牛奶中酪蛋白形成沉淀(凝乳)。上述两种方式都会使酪蛋白 pI 值接近牛奶的 pH。

5.3.1　氨基酸和铵根离子

葡萄醪中，可溶性氮主要以铵根和游离氨基酸存在。酵母需要氮来发挥多种作用——主要作为蛋白质、细胞壁和核酸的组成部分②——而铵根和游离氨基酸在酒精发酵过程中充当主要的氮源。葡萄醪中多种代表性氨基酸的结构如图 5.1 所示。葡萄和葡萄酒中多数氨基酸是 α-氨基酸，即氨基基团与唯一碳原子连接成键(R—NH_2)，且酸根和氨基都与同一个碳原子键合。葡萄和葡萄酒中的大多数氨基酸都是蛋白质源的，也就是说，氨基酸有一个对应的密码子，利用它们可合成蛋白质。葡萄醪中也发现了少量的非蛋白氨基酸，特别是 γ-氨基丁酸(GABA)，它的浓度可达 580 mg/L[7]③。

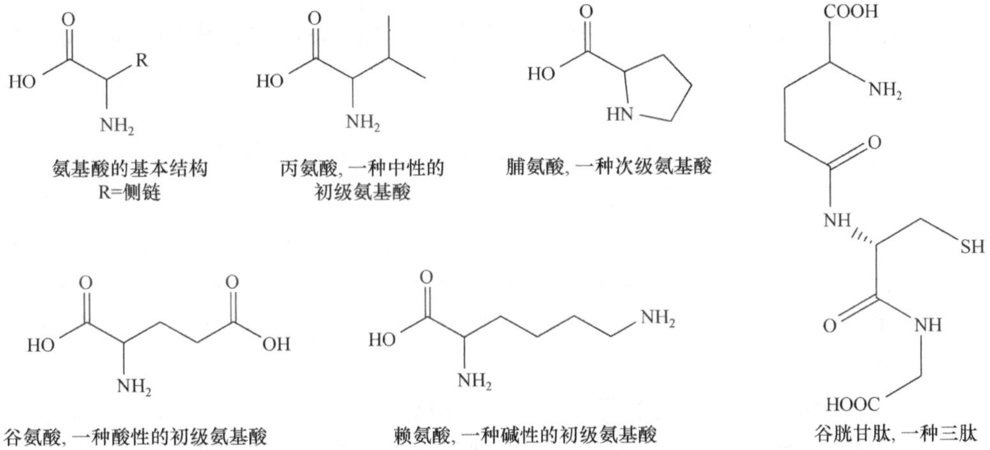

氨基酸的基本结构 R=侧链

丙氨酸, 一种中性的初级氨基酸

脯氨酸, 一种次级氨基酸

谷氨酸, 一种酸性的初级氨基酸

赖氨酸, 一种碱性的初级氨基酸

谷胱甘肽, 一种三肽

图 5.1　葡萄醪中主要的含氮化合物的基本结构：脯氨酸、主要 α-氨基酸和谷胱甘肽(三肽)

葡萄醪中主要的氨基酸是脯氨酸，浓度可达 4000 mg/L，其次是精氨酸、缬氨酸和丙氨酸[2,8]。并非所有的氨基酸都能被酵母均等地作为氮源利用，特别是次级氨基酸(脯氨酸和羟脯氨酸)在厌氧条件下不能被很好地利用。酵母可同化氮(YAN)被定义为[3]

$$\text{YAN(mg/L)} = \text{铵盐中氮含量(mg/L)} + \text{初级氨基酸中氮含量(mg/L)} \quad (5.1)$$

YAN 对氮源代谢的重要性将在 22.3 节详细描述。影响葡萄醪中铵根离子、氨基酸和 YAN 浓度的主要因素已有文献综述[2]，包括品种和生长条件以及发酵前添加磷酸氢二胺(DAP)或者其他添加物的影响。

② 对面包酵母包装上的营养数据进行调查后发现，酵母干重中大约有 50%是蛋白质。氮元素约占蛋白质的 1/6。

③ GABA 可被代谢为 γ-丁内酯(GBL)，在第 7 章脚注中，将讨论其作为迷幻药的作用。葡萄酒中发现的天然 GABA 浓度通常远低于掺假饮品中的浓度(2000 mg/L 或更多)。

成品酒中的铵根和 α-氨基酸的浓度通常因被酵母利用而低于葡萄醪中的浓度[9]。针对 128 瓶商品酒的调查发现，YAN 浓度范围在 11～586 mg/L(以 N 计)。成品酒中高浓度的 YAN 可能是由葡萄醪中添加过量氮导致的[10]，通常不鼓励这种做法，因为这可能导致微生物不稳定[11]。在葡萄酒中，多数氨基酸浓度比它们的阈值低 1～2 个数量级[12]。模拟酒中仅脯氨酸("甜的")和谷氨酸("鲜的")接近阈值，但重构实验表明，去除所有的氨基酸对葡萄酒风味没有影响[12]。有趣的是，葡萄酒中的脯氨酸被报道与干白葡萄酒的酒体(body)感知相关[13]，这可能是因为脯氨酸是果实成熟的标志物。

5.3.2 寡肽

葡萄和葡萄酒中被研究得最充分的寡肽是谷胱甘肽(GSH，图 5.1)。GSH 是由甘氨酸、半胱氨酸和谷氨酰胺组成的三肽。GSH 可由多种微生物、植物和动物合成，在防止氧化破坏和有毒物代谢中具有重要作用。关于影响葡萄和葡萄酒中 GSH 的因素已有全面综述[14]。发酵葡萄中的 GSH(表 5.2)被酵母作为氮源利用。但是，在发酵中酵母也会合成大量的 GSH——酿酒酵母细胞内 GSH 含量可占其干重的 1%[15]——部分会被分泌至胞外。虽然作为氮源的作用较小，但 GSH 在与 *o*-醌类反应中作为亲核试剂，在抑制褐变以及其他氧化反应中发挥着重要作用(第 13 章和第 24 章)，GSH 也可与己醛或者其他不饱和醛形成 *S*-谷胱甘肽连接物(第 10 章和 23.2 节)。

目前已知酵母自溶会向葡萄酒中释放其他寡肽，但是，它们的贡献并未被很好地研究过。最近发现一种酵母自溶时由热激蛋白降解产生的寡肽(分子质量小于 3 kDa)具有甜味[16]，该发现有助于解释为什么带酒脚陈酿的葡萄酒即使其糖浓度处于亚阈值水平，也常伴有较低的涩味或酸味(柔和)。

5.3.3 蛋白质

据报道，白葡萄醪和葡萄酒中蛋白质浓度分别在 20～250 mg/L 和 30～275 mg/L，然而应谨慎看待这些数值，因为常见的葡萄酒蛋白质分析方法会被干扰[1]。葡萄酒中分子质量大于 3 kDa 的肽，包含所有的蛋白质，在葡萄酒浓度下对风味没有贡献[16]。但是，大多数可溶性蛋白是热不稳定的，会变性产生浑浊。在白葡萄酒沉淀中发现了两类分子质量介于 21～32 kDa 的葡萄蛋白[17]，这将在 26.2 节详细讨论。

(1) 几丁质酶、葡萄聚糖酶以及其他的致病相关蛋白(PR)，在葡萄染病时含量增加；

(2) 奇异果甜蛋白，与葡萄果实成熟和软化有关。

酿酒酵母(*Saccharomyces cerevisiae*)缺乏强有力的蛋白水解活性，因此葡萄的蛋白质不能被用作氮源。但是，大多数蛋白质在发酵中很少被提取到，可能是被酒渣和酒脚吸附。白葡萄酒中蛋白质浓度可通过使用澄清剂特别是皂土进一步降低(26.2 节)。酵母来源的蛋白质并非是白葡萄酒中主要的蛋白质[4]。但是甘露糖蛋白(浓度通常在 100～150 mg/L，含 30%蛋白质)对葡萄酒蛋白含量可能有一些贡献，特别是当为了抑制酒石酸钾沉淀而添加外源时(26.1 节)。

红葡萄酒中葡萄和酵母来源的蛋白质很少像白葡萄酒中那样被深入研究，部分原因是从经济角度看，解决白葡萄酒的蛋白质浑浊问题显得更为重要；另一部分原因是常用的蛋白定量比色法用于红葡萄酒时需要校正。据报道，红葡萄酒中蛋白质浓度在 50～100 mg/L 之间[18]。蛋白质可与葡萄或葡萄酒单宁结合(第 14 章)，酿酒师就是利用这种特性在酒窖管理过程中降低单宁浓度(26.2 节)。红葡萄酒较低的蛋白质浓度可能是因为蛋白质在浸渍过程中与单宁相结合。反之，葡萄酒中高浓度的蛋白质与成品酒中低浓度的单宁具有相关性[19]。

5.4　对健康有影响的含氮化合物

5.4.1　生物胺

发酵产品中，生物胺是一类由氨基酸脱羧产生的物质。商业和野生酵母形成生物胺的能力比较弱，葡萄酒中生物胺主要是由乳酸菌产生的[20]，特别是有破败作用的片球菌属(*Pedioccocus*)的部分菌株(22.5 节)。

红葡萄酒中主要的生物胺(组胺、酪胺、尸胺)如表 5.3 所示，其在红葡萄酒中的总浓度通常小于 50 mg/L，比德国酸菜及许多其他乳酸发酵食品低一个数量级。因为苹果酸-乳酸发酵在白葡萄酒中不常见，白葡萄酒中生物胺的浓度通常比红葡萄酒更低(总量小于 4 mg/L)[21]。抑制生物胺产生的主要策略已经在其他文献中综述[22]，包括：利用不含氨基酸脱羧酶的起始细菌培养物；防止腐败细菌生长；降低氨基酸前体浓度，也就是在发酵中避免添加过量氮源。

表 5.3　葡萄酒中主要的生物胺

生物胺[a] (相应氨基酸)	结构	代表性浓度均值[24,26] (范围)/(mg/L)
尸胺(鸟氨酸)	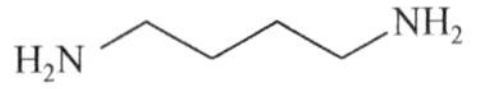 H_2N … NH_2	19.4(2.9～122)
酪胺(酪氨酸)	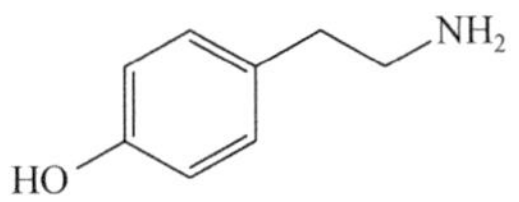 HO … NH_2	3.5(1.1～10.7)

续表

生物胺[a] (相应氨基酸)	结构	代表性浓度均值[24,26] (范围)/(mg/L)
组胺(组氨酸)	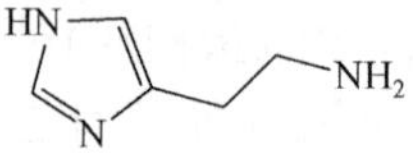 HN NH$_2$ N	7.2(0.5～26.9)
吲哚[b](色氨酸)	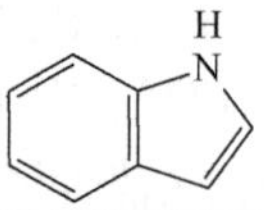 H N	健康葡萄酒：1～10 μg/L 缺陷葡萄酒：高达 350 μg/L

a. 常见名称。

b. 吲哚不是典型的生物胺，因为它并非由氨基酸脱羧产生。但是，它是发酵中由微生物经未知路径代谢色氨酸而来的。

生物胺，特别是组胺，具有众所周知的对健康不利的影响，在高浓度时可导致头痛、心悸、腹泻以及其他不良作用[21]，它们被认为是“喝红酒头痛”现象的潜在根源，欧盟建议组胺含量的上限为 10 mg/L，尽管组胺与头痛的相关性仍未被证实[23]。

吲哚并非生物胺，但也是由微生物氨基酸(色氨酸)代谢产生的。不同于生物胺，吲哚含有一个杂环胺，在葡萄酒 pH 下主要以具有香味的挥发形式存在。在多数葡萄酒中吲哚浓度为 1～10 μg/L[24]，较高浓度时高达 350 μg/L[24]，可能是由发酵停滞导致的，当浓度高于 30 μg/L 时会产生“塑料”(plastic)异味[25]。

5.4.2　氨基甲酸乙酯

氨基甲酸乙酯(EC)是一种已知的致癌物，在许多发酵产品中都含有可被检测的量[27]。在加拿大，EC 在餐酒中必须低于 30 μg/L，在餐后甜酒中须低于 100 μg/L，而在美国，行业自发建立了 15 μg/L 的标准。葡萄酒中已发现了两条 EC 产生的关键路径：①主要路径涉及酵母代谢精氨酸释放尿素；②次要路径为乳酸菌降解精氨酸产生瓜氨酸[2]。尿素和瓜氨酸均可非酶促分解并与乙醇生成 EC(图 5.2)。这些前体转化为 EC 是非定量(<10%)的且高度依赖于温度(第 25 章)。在一项 27 款葡萄酒的调查中，将储藏温度从 20 ℃升至 40 ℃，EC 产生速率上升 20～40 倍[28]。此外，凡是提高尿素、瓜氨酸前体(精氨酸)的因素，如葡萄园过量施肥，都可能提高葡萄酒 EC 含量[2]。已经有许多降低 EC 的策略，包括 EC 或尿素的酶促降解和吸附剂的使用[29]。

O　H$_2$N　NH$_2$　+　CH_3CH_2OH　⟶　O　O　NH$_2$　+　NH_3

图 5.2　尿素与乙醇反应生成氨基甲酸乙酯和氨

5.5　具有香味活性的胺类

除吲哚外，前文列出的胺类对葡萄酒香味的贡献可被忽略，因为它们的氮原子的孤对电子在葡萄酒 pH 下是被质子化的，致使胺有非挥发性。葡萄来源的两类胺的 pK_a 值小于 3，是因为诱导影响(甲氧基吡嗪)或共振(苯胺衍生物)，所以在葡萄酒 pH 下是可挥发的。这两类物质均是主要的呈香组分(见本章引言)，对品种香气产生贡献。另外一类物质，即微生物形成的环亚胺，在葡萄酒 pH 下是不挥发的($pK_a = 5$～7)，但在口腔 pH 下可以去质子化从而具有香气活性。

5.5.1　品种特有的胺类——甲氧基吡嗪和狐臭味氨基苯衍生物

3-烷基-2-甲氧基吡嗪也称甲氧基吡嗪、吡嗪或 MPs，具有植物味、泥土味(表 5.4)。与葡萄酒中已发现的其他组分相比，某些组分具有非常低的阈值(大约 1 ng/L)。在葡萄中高于阈值的 MPs 是 3-异丁基-2-甲氧基吡嗪(IBMP，甜椒味)和 3-异丙基-2-甲氧基吡嗪(IPMP，豌豆味)。其他吡嗪，包括 3-*sec*-丁基-2-甲氧基吡嗪(sBMP)、3-乙基-2-甲氧基吡嗪(EMP)和 2,5-二甲基-3-甲氧基吡嗪(DMMP)也在葡萄和葡萄酒中被发现，但常低于它们相应的感官阈值[30,31]。除葡萄外，葡萄酒中的 IPMP 和许多其他 MPs 也可能来自昆虫如多彩亚洲瓢虫(*Harmonia axyridis*)或七星瓢虫(*Coccinella septempunctata*)的发酵污染[32]。最后，在污染的瓶塞中也检出 2-甲氧基-3,5-二甲基吡嗪(鼠臭味、真菌味)，这将在第 18 章详细讨论。

表 5.4　葡萄酒中主要果实来源的胺类风味物质的性质汇总

名称	结构	波尔多品种中的典型浓度[33-36]	葡萄酒中的阈值[33,37,38]	香气描述
3-异丙基-2-甲氧基吡嗪(IPMP)	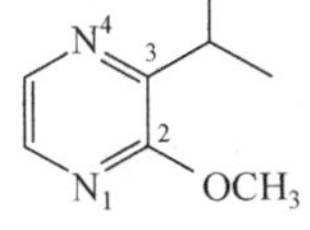 吡嗪环(N1、2、3、N4 编号)，3 位异丙基，2 位 OCH_3	<0.5～5.6 ng/L	0.3～2 ng/L	竹笋、泥土、豌豆
3-异丁基-2-甲氧基吡嗪(IBMP)	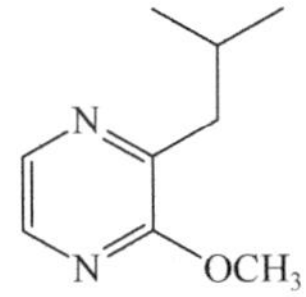 吡嗪环，3 位异丁基，2 位 OCH_3	4～30 ng/L	2 ng/L(察觉) 8～16 ng/L(识别)	圆青椒、植物
氨茴酸甲酯(MA)	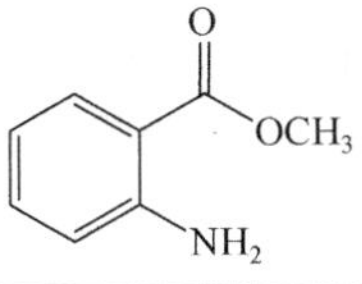 苯环，$C(=O)OCH_3$，邻位 NH_2	600～3000 μg/L(美洲种 *labruscana*) 0.06～0.6 μg/L(欧亚种 *vinifera*)	300 μg/L	葡萄香精

续表

名称	结构	波尔多品种中的典型浓度[33-36]	葡萄酒中的阈值[33,37,38]	香气描述
邻氨基苯乙酮 (*o*-AAP)	(结构式：O，NH_2)	8～12 μg/L(美洲种 *labruscana*) <0.5 μg/L(欧亚种 *vinifera*) 0.8～13 μg/L(ATA)	0.5 μg/L	玉米饼、樟脑丸、金合欢

MPs 能增加某些葡萄酒风格的复杂性或典型性，如长相思葡萄酒，但酿酒师的兴趣常常是避免过量 MP 来避免其对果香的掩盖，特别是对于红葡萄酒[39]。

已知葡萄果实中的 MPs 浓度取决于基因型，在波尔多品种如赤霞珠和长相思中，常常检出超阈值的 MPs 浓度。MPs 在转色前 1～2 周达到最大浓度，随后在成熟过程中下降。通常成熟时较低浓度的 MPs 与较温暖干燥和较长生长季节、转色前较好的果穗曝光以及较贫瘠的地块有关[40]。在葡萄果实中，MPs 大都位于葡萄果皮和果梗中，在浸皮发酵过程中容易被浸出[41]。MPs 在发酵后看似是稳定的，因为陈酿与 MPs 浓度无关[42]，广泛应用的澄清剂也不能选择性地移除 MPs[43]。与葡萄酒中其他主要的芳香环化合物(多酚)相比，MPs 的反应性较弱，因为 MPs 环上氮原子具有较强的负电性，从而使环对亲电加成更不敏感(第 11 章)。

两种苯胺类衍生物，氨茴酸甲酯(MA，葡萄香精味)和邻-氨基苯乙酮(*o*-AAP，金合欢味、樟脑丸味)，在大果粒的美洲葡萄品种及其后代中，如在美洲种(*V. labruscana*)的康可和尼亚加拉葡萄中，其含量远高于阈值(表 5.4)。MA 和 *o*-AAP 是康可及其相关美洲种葡萄中狐臭味的关键组分④，在特定的具有狐臭味的葡萄种[如卡托巴、圆叶葡萄(*V. rotundifolia*)]中 MA 低于阈值 [47]。最近的研究表明，*o*-AAP 是关键的狐臭味组分[45]⑤。其他非含氮化合物，如呋喃酮和甲基呋喃酮(草莓味、焦糖味)，虽然它们主要是橡木烘烤时糖降解的产物(第 25 章)，但可能会对美洲种葡萄固有特性有一定贡献[49]。在欧亚种葡萄酒中也可检出 MA 和 *o*-AAP，但一般在亚阈值浓度，有一个例外就是在德国被称为 UTA(untypische alterungsnote)

---

④ 早在 17 世纪 20 年代，欧洲移民就用狐臭味描述像美洲葡萄和圆叶葡萄等大果粒的野生美洲葡萄[44]，对此最可能的解释是欧洲人把这些种葡萄的香气与欧洲狐狸的麝香气味联系了起来。这一说法因为下面事实更具可信性：*o*-AAP 存在于像日本鼬鼠那样的食肉动物的肛腺[45]，而 MA 和 *o*-AAP 均可阻止鸟类的摄食[46]。多种其他特性(大果粒、厚果皮、向下生长、厚果肉、深颜色)支持这种假设:大果粒的葡萄不是由鸟类，而是像浣熊这样的小型哺乳动物选择而来的。

⑤ 1964 年，*o*-AAP 是过期奶粉中关键异味成分，这一发现在知名期刊 *Nature* 上发表足以令人兴奋[48]。

的非典型陈酿(ATA)的葡萄酒中，其浓度高于阈值[50]。早期关于 ATA/UTA 的研究表明，干旱和缺氮都会诱导葡萄形成吲哚-3-乙酸(IAA)，模拟溶液的研究表明，IAA 在陈酿阶段，经氧化路径会形成 *o*-AAP，但是近期有研究质疑了这些假说[50]。

氨茴酸甲酯(MA)是非常稳定的，相比于康可葡萄果实和低年份的康可葡萄酒中的浓度，在 5 年酒龄的康可和尼亚加拉葡萄酒中其浓度高于阈值(2～3 mg/L)[47]。基于热动力学预测，在陈酿过程中，氨茴酸甲酯应在酸催化的水解和醇解反应下消失，并形成邻氨基苯甲酸和氨茴酸乙酯(第 25 章)。与脂肪族酯类相比，MA 的水解动力学较慢，可能是由于羰基的共振稳定使碳的部分正电荷较少，或者是由于邻位取代而阻断接近羧基，造成空间障碍[51]。

5.5.2　鼠臭味的亚胺

如表 5.5 所示，在葡萄酒中已检出许多环亚胺：2-乙基-3,4,5,6-四氢吡啶(ETHP)、2-乙酰基-3,4,5,6-四氢吡啶(ATHP)和 2-乙酰基二氢吡咯(APY)。在葡萄酒中这些组分是不挥发的，但在口腔中它们可以去质子化为可挥发的，从而呈现鼠臭味、纸板味、饼干味等鼻后香味。这些组分也出现在烘焙制品如面包皮中，并且对风味具有积极贡献。环亚胺主要是通过腐败微生物降解具有多个氮的氨基酸(如鸟氨酸、赖氨酸)生成的，这将在 22.5 节详细讨论。

表 5.5　葡萄酒中鼠臭味的环胺类

鼠臭味的化合物	结构	鼻后阈值/(μg/L)[52]	报道的最大浓度/(μg/L)[52]
2-乙基-3,4,5,6-四氢吡啶(ETHP)	N	150	162
2-乙酰基-3,4,5,6-四氢吡啶(ATHP)	N O	16	108
2-乙酰基二氢吡咯(APY)	N O	0.1	7.8

参 考 文 献

1. Marchal, R. and Waters, E.J.(2011) New directions in stabilization, clarification, and fining of white wines, in Managing wine quality, Vol. 2, Oenology and wine quality(ed. Reynolds, A.G.), Woodhead Publishing and CRC Press, Oxford and Boca Raton, FL.

2. Bell, S.J. and Henschke, P.A.(2005) Implications of nitrogen nutrition for grapes, fermentation and wine. Australian Journal of Grape and Wine Research, 11(3), 242-295.

3. Dukes, B.C. and Butzke, C.E.(1998) Rapid determination of primary amino acids in grape juice using an *o*-phthaldialdehyde/*n*-acetyl-l-cysteine spectrophotometric assay. American Journal of Enology and Viticulture, 49(2), 125-134.

4. Bayly, F.C. and Berg, H.W.(1967) Grape and wine proteins of white wine varietals. American Journal of Enology and Viticulture, 18(1), 18-32.

5. Fracassetti, D., Lawrence, N., Tredoux, A.G.J., et al.(2011) Quantification of glutathione, catechin and caffeic acid in grape juice and wine by a novel ultra-performance liquid chromatography method. Food Chemistry, 128(4), 1136-1142.

6. Santoro, M.(1995) Fractionation and characterization of must and wine proteins. American Journal of Enology and Viticulture, 46(2), 250-254.

7. Wurz, R.E.M., Kepner, R.E., Webb, A.D.(1988) The biosynthesis of certain gamma-lactones from glutamic acid by film yeast activity on the surface of flor sherry. American Journal of Enology and Viticulture, 39(3), 234-238.

8. Spayd, S.E. and Andersen-Bagge, J.(1996) Free amino acid composition of grape juice from 12 *Vitis vinifera* cultivars in Washington. American Journal of Enology and Viticulture, 47(4), 389-402.

9. Huang, Z. and Ough, C.S.(1991) Amino-acid profiles of commercial grape juices and wines. American Journal of Enology and Viticulture, 42(3), 261-267.

10. Jiranek, V., Langridge, P., Henschke, P.A.(1995) Amino acid and ammonium utilization by *Saccharomyces cerevisiae* wine yeasts from a chemically defined medium. American Journal of Enology and Viticulture, 46(1), 75-83.

11. Fugelsang, K.C. and Edwards, C.G.(2007) Wine microbiology practical applications and procedures, Springer, New York.

12. Hufnagel, J.C. and Hofmann, T.(2008) Quantitative reconstruction of the nonvolatile sensometabolome of a red wine. Journal of Agricultural and Food Chemistry, 56(19), 9190-9199.

13. Skogerson, K., Runnebaum, R., Wohlgemuth, G., et al.(2009) Comparison of gas chromatography-coupled time-of-flight mass spectrometry and ^{1}H nuclear magnetic resonance spectroscopy metabolite identification in white wines from a sensory study investigating wine body. Journal of Agricultural and Food Chemistry, 57(15), 6899-6907.

14. Kritzinger, E.C., Bauer, F.F., du Toit, W.J.(2012) Role of glutathione in winemaking: a review. Journal of Agricultural and Food Chemistry, 61(2), 269-277.

15. Bachhawat, A., Ganguli, D., Kaur, J., et al.(2009) Glutathione production in yeast, in Yeast biotechnology: diversity and applications(eds Satyanarayana, T. and Kunze, G.), Springer, Netherlands, pp. 259-280.

16. Marchal, A., Marullo, P., Moine, V., Dubourdieu, D.(2011) Influence of yeast macromolecules on sweetness in dry wines: role of the *Saccharomyces cerevisiae* protein Hsp12. Journal of Agricultural and Food Chemistry, 59(5),2004-2010.

17. Waters, E.J., Shirley, N.J., Williams, P.J.(1996) Nuisance proteins of wine are grape

pathogenesis-related proteins. Journal of Agricultural and Food Chemistry, 44(1), 3-5.

18. Smith, M.R., Penner, M.H., Bennett, S.E., Bakalinsky, A.T.(2011) Quantitative colorimetric assay for total protein applied to the red wine Pinot Noir. Journal of Agricultural and Food Chemistry, 59(13), 6871-6876.
19. Springer, L.F. and Sacks, G.L.(2014) Limits on red wine tannin extraction and additions: the role of pathogenesis- related proteins. 65th ASEV National Conference, 62(3), 390A-391.
20. Landete, J.M., Ferrer, S., Pardo, I.(2007) Biogenic amine production by lactic acid bacteria, acetic bacteria and yeast isolated from wine. Food Control, 18(12), 1569-1574.
21. Peña-Gallego, A., Hernández-Orte, P., Cacho, J., Ferreira, V.(2011) High-performance liquid chromatography analysis of amines in must and wine: a review. Food Reviews International, 28(1), 71-96.
22. Guo, Y.-Y., Yang, Y.-P., Peng, Q., Han, Y.(2015) Biogenic amines in wine: a review. International Journal of Food Science and Technology, 50(7), 1523-1532.
23. Kanny, G., Gerbaux, V., Olszewski, A., et al.(2001) No correlation between wine intolerance and histamine content of wine. Journal of Allergy and Clinical Immunology, 107(2), 375-378.
24. Capone, D.L., Van Leeuwen, K.A., Pardon, K.H., et al.(2010) Identification and analysis of 2-chloro-6-methylphenol, 2,6-dichlorophenol and indole: causes of taints and off-flavours in wines. Australian Journal of Grape and Wine Research, 16(1), 210-217.
25. Arevalo-Villena, M., Bartowsky, E.J., Capone, D., Sefton, M.A.(2010) Production of indole by wine-associated microorganisms under oenological conditions. Food Microbiology, 27(5), 685-690.
26. Konakovsky, V., Focke, M., Hoffmann-Sommergruber, K., et al.(2011) Levels of histamine and other biogenic amines in high-quality red wines. Food Additives and Contaminants: Part A, 28(4), 408-416.
27. Ough, C.S.(1976) Ethyl carbamate in fermented beverages and foods. 1. Naturally occuring ethyl carbamate. Journal of Agricultural and Food Chemistry, 24(2), 323-328.
28. Kodama, S., Suzuki, T., Fujinawa, S., et al.(1994) Urea contribution to ethyl carbamate formation in commercial wines during storage. American Journal of Enology and Viticulture, 45(1), 17-24.
29. Zhao, X., Du, G., Zou, H., et al.(2013) Progress in preventing the accumulation of ethyl carbamate in alcoholic beverages. Trends in Food Science and Technology, 32(2), 97-107.
30. Lacey, M.J., Allen, M.S., Harris, R.L.N., Brown, W.V.(1991) Methoxypyrazines in Sauvignon Blanc grapes and wines. American Journal of Enology and Viticulture, 42(2), 103-108.
31. Botezatu, A. and Pickering, G.J.(2012) Determination of ortho- and retronasal detection thresholds and odor impact of 2,5-dimethyl-3-methoxypyrazine in wine. Journal of Food Science, 77(11), S394-S398.
32. Botezatu, A.I., Kotseridis, Y., Inglis, D., Pickering, G.J.(2013) Occurrence and contribution of alkyl methoxypyrazines in wine tainted by *Harmonia axyridis* and *Coccinella septempunctata*. Journal of the Science of Food and Agriculture, 93(4), 803-810.
33. Roujou de Boubee, D., Van Leeuwen, C., Dubourdieu, D.(2000) Organoleptic impact of 2-methoxy-3-isobutylpyrazine on red Bordeaux and Loire wines. Effect of environmental

conditions on concentrations in grapes during ripening. Journal of Agricultural and Food Chemistry, 48(10), 4830-4834.

34. Aubry, V., Etievant, P.X., Ginies, C., Henry, R.(1997) Quantitative determination of potent flavor compounds in Burgundy Pinot noir wines using a stable isotope dilution assay. Journal of Agricultural and Food Chemistry, 45(6), 2120-2123.
35. Panighel, A., Dalla Vedova, A., De Rosso, M., et al.(2010) A solid-phase microextraction gas chromatography/ion trap tandem mass spectrometry method for simultaneous determination of " foxy smelling compounds " and 3-alkyl-2-methoxypyrazines in grape juice. Rapid Communications in Mass Spectrometry, 24(14), 2023-2029.
36. Dollmann, B., Wichmann, D., Schmitt, A., et al.(1996) Quantitative analysis of 2-aminoacetophenone in off-flavored wines by stable isotope dilution assay. Journal of AOAC International, 79(2), 583-586.
37. Allen, M.S., Lacey, M.J., Harris, R.L.N., Brown, W.V.(1991) Contribution of methoxypyrazines to Sauvignon Blanc wine aroma. American Journal of Enology and Viticulture, 42(2), 109-112.
38. Pickering, G.J., Ker, K., Soleas, G.J.(2007) Determination of the critical stages of processing and tolerance limits for *Harmonia axyridis* for "ladybug taint" in wine. Vitis, 46(2), 85-90.
39. Hein, K., Ebeler, S.E., Heymann, H.(2009) Perception of fruity and vegetative aromas in red wine. Journal of Sensory Studies, 24(3), 441-455.
40. Scheiner, J.J., Vanden Heuvel, J.E., Sacks, G.L.(2009) How viticultural factors affect methoxypyrazines. Wines and Vines, Nov, 113-117.
41. Ryona, I., Pan, B.S., Sacks, G.L.(2009) Rapid measurement of 3-alkyl-2-methoxypyrazine content of winegrapes to predict levels in resultant wines. Journal of Agricultural and Food Chemistry, 57(18), 8250-8257.
42. Alberts, P., Stander, M.A., Paul, S.O., de Villiers, A.(2009) Survey of 3-alkyl-2-methoxypyrazine content of South African Sauvignon blanc wines using a novel LC-APCI-MS/MS method. Journal of Agricultural and Food Chemistry, 57(20), 9347-9355.
43. Pickering, G., Lin, J., Reynolds, A., et al.(2006) The evaluation of remedial treatments for wine affected by *Harmonia axyridis*. International Journal of Food Science and Technology, 41(1), 77-86.
44. Pinney, T.(1989) A history of wine in America: from the beginnings to prohibition, University of California Press,Berkeley, CA.
45. Acree, T.E., Lavin, E.H., Nishida, R., Watanabe, S.(1990) *O*-amino acetophenone as the foxy smelling component of *labruscana* grapes, in Flavor science and technology, 6th Weurman Symposium, Geneva, Switzerland,pp. 49-52.
46. Mason, J.R., Clark, L., Shah, P.S.(1991) Ortho-aminoacetophenone repellency to birds: similarities to methyl anthranilate. The Journal of Wildlife Management, 55(2), 334-340.
47. Nelson, R.R., Acree, T.E., Lee, C.Y., Butts, R.M.(1977) Methyl anthranilate as an aroma constituent of American wine. Journal of Food Science, 42(1), 57-59.
48. Parks, O.W., Schwartz, D.P., Keeney, M.(1964) Identification of *o*-aminoacetophenone as a flavour compound in stale dry milk. Nature, 202(4928), 185-187.

49. Rapp，A.(1998) Volatile flavour of wine: correlation between instrumental analysis and sensory perception. Nahrung-Food，42(6)，351-363.

50. Linsenmeier，A.，Rauhut，D.，Sponholz，W.R.(2010) Ageing and flavour deterioration in wine，in Managing wine quality，Vol. 2，Oenology and wine quality(ed. Reynolds，A.G.)，Woodhead Publishing and CRC Press，Oxford and Boca Raton，FL.

51. Chapman，N.B.，Shorter，J.，Utley，J.H.P.(1963) The separation of polar and steric effects. Part II. The basic and the acidic hydrolysis of substituted methyl benzoates. Journal of the Chemical Society，241，1291-1299.

52. Snowdon，E.M.，Bowyer，M.C.，Grbin，P.R.，Bowyer，P.K.(2006) Mousy off-flavor: a review. Journal of Agricultural and Food Chemistry，54(18)，6465-6474.

第6章 高 级 醇

6.1 引 言

这里的高级醇指的是含 2 个以上 C 原子的挥发性醇类①，其作为酵母氨基酸代谢的副产物，常见于所有酒精发酵产品(如啤酒、葡萄酒、苹果酒等)中。高级醇不包括像甘油那样的多醇和其他糖醇(第 2 章)、挥发酚(第 12 章)、源于葡萄果实的品种香气物质(如单萜醇，第 8 章)。除了发酵产生的高级醇外，本章也将讨论源于葡萄果实的 C_6 醇类(如 1-己醇)和甲醇，它们和发酵产生的高级醇有相似的化学属性。

6.2 高级醇属性

高级醇是两性分子，既有一个非极性的烃基，又有一个极性的羟基。本章将要讨论的多数高级醇具有中度非极性、低挥发性和微水溶性，但极易溶于水的正丙醇除外。

高级醇在葡萄酒环境下没有强烈的反应活性，因为醇羟基在葡萄酒 pH 下是弱亲核体。它们是含氧物质的最高级还原形态，在葡萄酒还原环境下通常比较稳定。高级醇参与的最重要的反应如下：

(1) 酯化反应。高级醇能和羧酸结合生成酯类(第 7 章)。在发酵过程中，通过乙酰基转移酶催化的酯化反应能够产生超过阈值浓度的乙酸酯(22.3 节)。在储酒过程中，高级醇的酯化反应可在非酶促作用下通过酸解机制发生，但通常由此产生的酯类浓度远低于阈值，没有明显感官重要性。

(2) 作为氧化反应底物。高级醇可以被氧化产生相应的醛类，其中许多能够贡献氧化味。其反应机制将在第 24 章讨论。

---

① 高级醇有时被称为杂油醇(fusel alcohol)。fusel 在德语中表示“坏的液体”，可能源自 fuseln(动词)：“把……变糟”。历史上，“杂油”(fusel oil)或“酒尾”(tail)馏分(即蒸馏大部分乙醇后回收的挥发物)受到了 19 世纪以来化学家们相当大的关注。该馏分中约 50%为杂油醇，从经济角度看这是重要的，因为它们的存在降低了烈酒的价格。1864 年，Henry Watts[1]在关于杂油的章节中，用一大半篇幅讨论了如何使烈酒“脱杂油”，相关物质不仅包括熟悉的木炭，还包括牛奶、肥皂、漂白剂以及其他物质。

6.3 高级醇的来源和浓度

大部分高级醇是酵母菌氨基酸代谢的副产物，是氨基酸通过 α-酮酸代谢路径合成和分解产生的。在某些环境下，如氮含量受限时，α-酮酸经过脱羧被还原成高级醇。该过程可以是合成代谢，酮酸骨架经酵母菌代谢糖而合成；也可以是分解代谢，则现有的氨基酸降解。这将在后面详细讨论(22.3 节)。

高级醇的典型浓度见表 6.1，这些高级醇几乎不存在于葡萄果实中，只产生于发酵过程中。多数高级醇和一种特殊氨基酸有清晰的结构对应关系。

表 6.1 发酵产生的重要高级醇特性概要

名称/结构	相关氨基酸	典型浓度范围/(mg/L)	模拟酒中阈值/(mg/L)[2]	气味描述
2-甲基-1-丙醇(异丁醇)	缬氨酸	25～87[a]	40	溶剂味
2-甲基-1-丁醇(活性戊醇)[c,d]	异亮氨酸	16～31[b]	1.2[3] [e]	溶剂味，杂醇油味
3-甲基-1-丁醇(异戊醇)[c]	亮氨酸	84～333[b]	30	溶剂味，杂醇油味
3-甲硫基-1-丙醇(甲硫基丙醇)	蛋氨酸	0.16～2.4[a]	1	煮马铃薯味
2-苯乙醇(β-苯乙醇)	苯丙氨酸	40～153[a]	14	玫瑰花味、蜂蜜味

a. 西班牙红葡萄酒[2]。

b. 纽约州白葡萄酒[4]。

c. “戊”泛指戊烷烃链(5 个碳)。

d. 以 *R*/*S* 对映异构体混合物形式存在。阈值指其外消旋混合物。

e. 水中阈值。

由于在发酵过程中高级醇的产生是酵母菌基础氮代谢的一部分，其产量取决于发酵条件和养分含量。促进产生高级醇的因素与氨基酸代谢密切相关，包括以下几个方面[5]：①酵母可同化氮含量低，或缺乏与氨基酸合成相关的养分；②悬浮物浓度过高；③发酵温度过高；④某些酵母菌株。

此外，这些高级醇含量取决于初始相关氨基酸的含量。所有这些因素都将在22.3 节详细讨论。少量的 2-苯乙醇来自其糖苷态前体物(23.1 节)，但该路径不是葡萄酒 2-苯乙醇的主要来源[6]。发酵结束后的陈酿期间，表 6.1 中的高级醇似乎保持稳定。例如，在 5～18 ℃环境下瓶储 1 年后，异戊醇、异丁醇和 2-苯乙醇含量没有显著变化[7]。

除了 2-苯乙醇(有玫瑰花、蜂蜜气味)，其他高级醇在其单独存在下都没有令人愉悦的气味。重构实验表明单个高级醇的影响很小。例如，在重构的模拟歌海娜桃红葡萄酒中去除特定的高级醇，会有一种可被感知但难以描述的差异[8]，而在模拟琼瑶浆葡萄酒中却没有显著影响[9]。另外，异戊醇、2-苯乙醇或者甲硫醇的浓度和红葡萄质量得分并没有相关性[10]，极有可能是高级醇对所有葡萄酒(通常的发酵饮料)的"葡萄酒特性"都有一定的贡献，但它们不太可能是有影响力的气味物质。它们的重要作用可能是作为底物生成更有气味特点的物质，如乙酸酯类和醛类(第 7 章和第 9 章)。

6.4　六碳醇类

一些六碳(C_6)醇类和醛类是在葡萄和其他植物受机械损伤后由酶促作用产生的，如葡萄破碎、割草坪或者咀嚼新鲜西芹。在完整的葡萄果实(或其他植物组织)中，这类物质并非大量存在，但可在不饱和脂肪酸酶促氧化反应中产生。这类物质具有典型的草本植物味和青草味，也被称为绿叶气味物质(green leaf volatile，GLV)。C_6 物质的形成似乎是植物应对机械伤害的普遍反应，很可能是植物间或内部的信号导致抵抗食草动物的成分如单宁含量增加[11]。

葡萄和很多其他植物体通过酶促脂质氧化路径生成 C_6 类物质，这将在本书 23.3 节详细讨论。该路径生成的主要产物是 C_6 醛类和醇类，但多数 C_6 醛类在发酵过程中消失(22.1 节和 23.3 节)，典型的 C_6 醇类物质浓度如表 6.2 所示。1-己醇和邻-3-己烯醇在发酵后仍能保持感官阈值左右或以上浓度，在脱香和中性葡萄酒中加入红葡萄酒中典型浓度的这两种物质(1.48mg/L 1-己醇和 234μg/L 邻-3-己烯醇)，对香气没有显著影响。在含有阈值浓度左右的 3-异丁基-2-甲氧基吡嗪(IBMP)的葡萄酒中，加入同等浓度的上述物质(第 5 章)，葡萄酒的香气描述从泥土味变成青椒味[13]，说明它们可能有香气叠加作用。多变量分析也表明，C_6 类物质和生青味或者叶子气味具有相关性[12]，这可能也间接地基于这样一个事实：葡萄成熟度越高，在破碎中生成的 C_6 类香气物质越少。

表 6.2　葡萄酒中 C_6 醇类典型浓度

名称	酒源	典型浓度范围[a] /(μg/L)	阈值[b] /(μg/L)[9]
1-己醇 (正己醇)[c]	西班牙红葡萄酒[2] 马尔堡(新西兰)长相思[12]	2100～13800 1327～3739	8000
cis-3-己烯醇 ((*Z*)-3-己烯醇)	西班牙红葡萄酒 马尔堡(新西兰)长相思	8～651 331～711	400
trans-3-己烯醇 ((*E*)-3-己烯醇)	马尔堡(新西兰)长相思	66～130	1550[d]
cis-2-己烯醇 ((*Z*)-2-己烯醇)	马尔堡(新西兰)长相思	6～18	未知
trans-2-己烯醇 ((*E*)-2-己烯醇)	马尔堡(新西兰)长相思	ND～8	400[d]

a. 新西兰长相思酒中含量为 95%置信区间。

b. 在 10%乙醇浓度下测得阈值。

c. 表中所有 C_6 醇类的—OH 均在 1 位，如 *cis*-3-己烯醇是 *cis*-3-己烯-1-醇。

d. 水中阈值(Leffingwell)。

6.5　甲　　醇

根据其来源和葡萄酒化学特性，甲醇的相关内容不适合放在任何其他章节，因为它具有—OH 官能团和挥发性，所以放在本章讨论。与高级醇不同，甲醇不是酵母菌发酵代谢产物，而是由果胶中甲基化的半乳糖醛酸酸解或酶解产生，果胶是葡萄中重要的多糖(第 2 章)，能从酯化的果胶中水解释放甲醇的酶是果胶酯酶(pectin esterases，PE)或果胶甲基酯酶(pectin methylesterases，PME)，这类酶存在于葡萄这样的水果中[14]②，在发酵过程中可被酿酒酵母或其他酵母释放出来[15]，或者由酿酒师为了增加萃取物而添加的外源酶释放。因此甲醇含量在众多果汁和果酒中可以达到 mg/L 水平，尤其是果胶含量高的水果或者使用了果胶酶处理的酒。

甲醇在人体中被乙醇脱氢酶代谢生成甲醛，甲醛可以导致神经毒理反应(如失明)甚至死亡。甲醇的最大安全摄入量大约为 2 g，大约 8 g 会导致急性中毒[16]③。

② 在果汁加工的其他领域，天然果胶中的甲基酯酶会被热处理灭活，不仅仅是因为它们产生甲醇，而且因为它们可能对产品质量有害，如果胶甲基酯酶会导致橙汁失去浑浊状态，这是由于脱酯作用增加了果胶的溶解性。

③ 在人体中，甲醇与甲醛的代谢利用了与乙醇代谢相同的脱氢酶。乙醇可以抑制甲醇代谢以及有毒甲醛的形成，因为脱氢酶对乙醇亲和力比甲醇高 20 倍。然而，甲醇通过替代途径排出缓慢(通过排尿和呼吸每小时减少 1%～2%)，使用乙醇治疗甲醇中毒需要持续较长时间，直到甲醇下降到血液中的安全浓度为止[16]。

尽管多数产酒国增加了甲醇限量要求，但许多国家(包括美国)的限量要求只在蒸馏酒中被明确标识。欧盟对红葡萄酒中甲醇限量为 400 mg/L，桃红和白葡萄酒中为 250 mg/L，这相当于消费 20 L 红葡萄酒才能达到甲醇中毒量，商业葡萄酒极少能达到这个限量。1976 年发表的一篇关于 20 个左右的商业葡萄酒中甲醇含量的调查综述(图 6.1)[17]④报道了红葡萄餐酒中甲醇含量范围是 21～194 mg/L，白葡萄餐酒是 16～80 mg/L，一款意大利红葡萄餐酒中甲醇含量最高，为 635 mg/L。

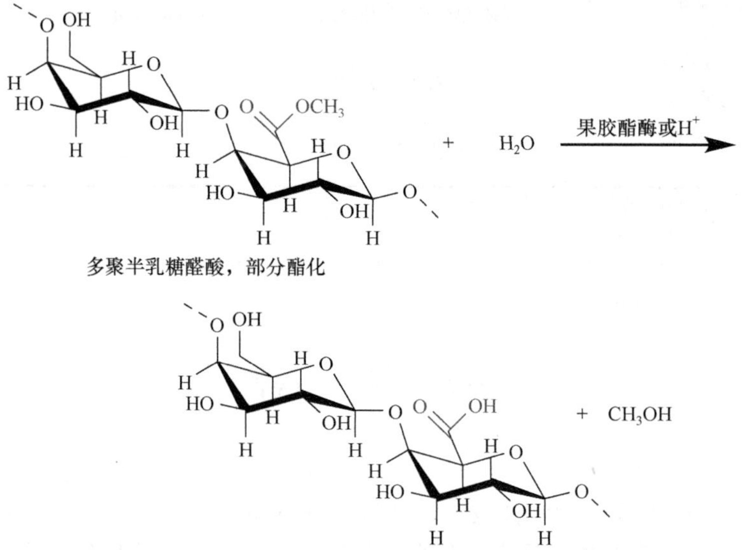

果胶酯酶或H^+

多聚半乳糖醛酸，部分酯化

图 6.1　由酯化的多聚半乳糖醛酸生成甲醇的水解反应[17]

因甲醇来源于果胶水解，在发酵过程中甲醇含量可从初始的微量迅速增加。据研究报道[17-19]，影响葡萄酒甲醇最终含量的因素如下。

(1) 葡萄品种。富含果胶的葡萄，如美洲种康可(第 20 章)葡萄，将会产生较高含量的甲醇(可达 500 mg/L)[18]。同样，用富含果胶的水果如李子做果酒，可产生 0.15%(*v*/*v*)的甲醇[20]。

(2) 果胶酶。选用这些酶主要是因为它们破坏糖苷键(如半乳糖醛酸酶，第 2 章)，多数商业果胶酶制品也有果胶甲基酯酶(PME)活性，使用果胶酶能使甲醇含量增加 50%以上[19]。

(3) 浸渍时间和发酵温度。多数果胶都和皮渣紧密连接，发酵过程中长时间接触葡萄细胞壁会增加甲醇含量。有报道指出，浸渍 8 h 后压榨汁中甲醇含量比发酵开始前 64 h 增长了 50～60 mg/L[17]。通常较高发酵温度也会促进果胶水解，

④ 国际上还未见关于餐酒中甲醇的元分析(meta-analyses)的报道，可能是因为人们对葡萄酒中常见的低水平甲醇所造成的危险还缺乏关注。

尽管高温如热浸渍能使果胶甲基酯酶失活[18]。

浸渍时间和发酵温度的影响基本解释了上述红、白葡萄餐酒中平均甲醇含量的不同。在蒸馏过程中甲醇会进一步富集，26.4 节会对此进行讨论。

参 考 文 献

1. Watts, H.(1864) A dictionary of chemistry and the allied branches of other sciences, Vol. 2, William Wood & Co., New York.
2. Ferreira, V., Lopez, R., Cacho, J.F.(2000) Quantitative determination of the odorants of young red wines from different grape varieties. Journal of the Science of Food and Agriculture, 80(11), 1659-1667.
3. Czerny, M., Christlbauer, M., Christlbauer, M., et al.(2008) Re-investigation on odour thresholds of key food aroma compounds and development of an aroma language based on odour qualities of defined aqueous odorant solutions.European Food Research and Technology, 228(2), 265-273.
4. Lee, C.Y. and Cooley, H.J.(1981) Higher-alcohol contents in New York wines. American Journal of Enology and Viticulture, 32(3), 244-246.
5. Bell, S.J. and Henschke, P.A.(2005) Implications of nitrogen nutrition for grapes, fermentation and wine. Australian Journal of Grape and Wine Research, 11(3), 242-295.
6. Ugliano, M., Bartowsky, E.J., McCarthy, J., et al.(2006) Hydrolysis and transformation of grape glycosidically bound volatile compounds during fermentation with three *Saccharomyces* yeast strains. Journal of Agricultural and Food Chemistry, 54(17), 6322-6331.
7. Makhotkina, O. and Kilmartin, P.A.(2012) Hydrolysis and formation of volatile esters in New Zealand Sauvignon blanc wine. Food Chemistry, 135(2), 486-493.
8. Ferreira, V., Ortin, N., Escudero, A., et al.(2002) Chemical characterization of the aroma of Grenache rose wines: aroma extract dilution analysis, quantitative determination, and sensory reconstitution studies. Journal of Agricultural and Food Chemistry, 50(14), 4048-4054.
9. Guth, H.(1997) Quantitation and sensory studies of character impact odorants of different white wine varieties. Journal of Agricultural and Food Chemistry, 45(8), 3027-3032.
10. Ferreira, V., San Juan, F., Escudero, A., et al.(2009) Modeling quality of premium Spanish red wines from gas chromatography－olfactometry data. Journal of Agricultural and Food Chemistry, 57(16), 7490-7498.
11. Matsui, K.(2006) Green leaf volatiles: hydroperoxide lyase pathway of oxylipin metabolism. Current Opinion in Plant Biology, 9(3), 274-280.
12. Benkwitz, F., Tominaga, T., Kilmartin, P.A., et al.(2012) Identifying the chemical composition related to the distinct aroma characteristics of New Zealand Sauvignon blanc wines. American Journal of Enology and Viticulture, 63(1), 62-72.
13. Escudero, A., Campo, E., Farina, L., et al.(2007) Analytical characterization of the aroma of five premium red wines. Insights into the role of odor families and the concept of fruitiness of wines. Journal of Agricultural and Food Chemistry, 55(11), 4501-4510.
14. Barnavon, L., Doco, T., Terrier, N., et al.(2001) Involvement of pectin methyl-esterase during the ripening of grape berries: partial cDNA isolation, transcript expression and changes in the

degree of methyl-esterification of cell wall pectins. Phytochemistry，58(5)，693-701.

15. Jayani，R.S.，Saxena，S.，Gupta，R.(2005) Microbial pectinolytic enzymes: a review. Process Biochemistry，40(9)，2931-2944.

16. Paine，A. and Davan，A.D.(2001) Defining a tolerable concentration of methanol in alcoholic drinks. Human and Experimental Toxicology，20(11)，563-568.

17. Gnekow，B. and Ough，C.S.(1976) Methanol in wines-source and amounts. American Journal of Enology and Viticulture，27(1)，1-6.

18. Lee，C.Y.，Robinson，W.B.，Van Buren，J.P.，et al.(1975) Methanol in wines in relation to processing and variety. American Journal of Enology and Viticulture，26(4)，184-187.

19. Cabaroglu，T.(2005) Methanol contents of Turkish varietal wines and effect of processing. Food Control，16(2)，177-181.

20. Zhang，H.，Woodams，E.E.，Hang，Y.D.(2012) Factors affecting the methanol content and yield of plum brandy. Journal of Food Science，77(4)，T79-T82.

第7章　酯　　类

7.1　引　　言

事实上，酯类是著名的花香和成熟果香的贡献者，酯类也是酒精发酵的典型副产物，对大多数乙醇饮料香气至关重要，葡萄酒也不例外①，尽管酯类总含量很低(<0.1%，*w*/*w*)。一些酯类能产生苦味，或者作为风味前体物参与酚类物质反应。在葡萄酒中，大多数酯类属于第二级或第三级风味物质(见导论)，它们本身不存在于葡萄果实中，但分别产生于发酵和陈酿过程中。葡萄酒中重要的两大类酯类是乙酯类和乙酸酯类，5 元环的环酯类(*γ*-内酯)也对葡萄酒香气有贡献(图 7.1)。

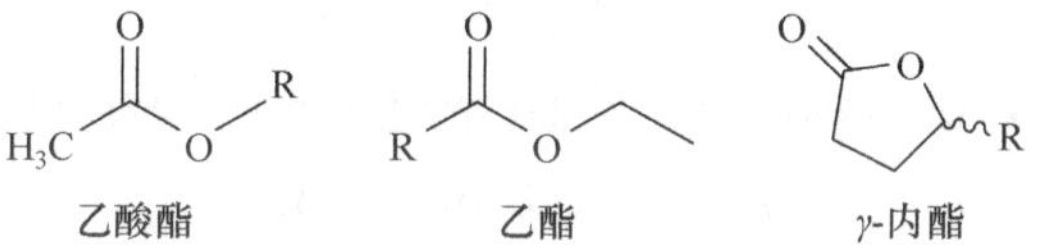

乙酸酯　　乙酯　　*γ*-内酯

图 7.1　对葡萄酒香气有贡献的主要酯类的结构通式

7.2　酯类的化学性质

酯官能团的特点是具有与烷氧基(—OR)共价结合的羰基(C═O，图 7.1)。酯的羰基比较稳定，因为其与—OR 具有共振稳定作用。因此，酯羰基和亲核物质如亚硫酸氢盐(HSO_3^-)的反应比醛羰基和酮羰基更难进行。

在葡萄酒和相关饮料中，酯类通过羧酸(R—COOH)和醇(R′—OH)反应形成(图 7.2)②。酯类生成反应被称为酯化反应，相反的过程被称为酯解反应。在葡萄酒中，这些反应可以在发酵过程中通过酶促作用发生(22.2 节和 22.3 节)，也可以在发酵后通过非酶作用-酸催化反应发生(第 25 章)。酸催化的酯化反应机制展示在图 7.3 中。

---

① 基于 GC-MS/O 的研究，酯类被认为对餐酒、加烈酒、朗姆酒、皮斯科、龙舌兰、啤酒、波本威士忌、清酒、苹果酒、法国白兰地和其他白兰地，以及除了伏特加以外几乎所有乙醇饮料的香气都有贡献。

② 对于储存在乙醇中的植物材料(如香草荚)也是如此。香草萃取物中许多重要的挥发物是由香草来源的羧酸类成分酯化而产生的。

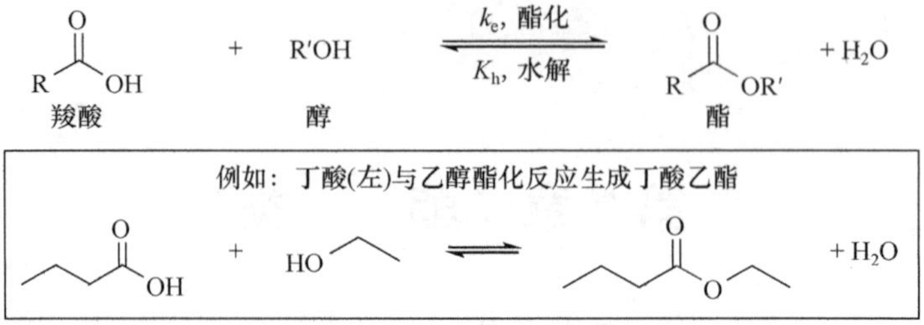

图 7.2　酯类合成和水解反应通式(上)以及生成丁酸乙酯的酯化反应(下)

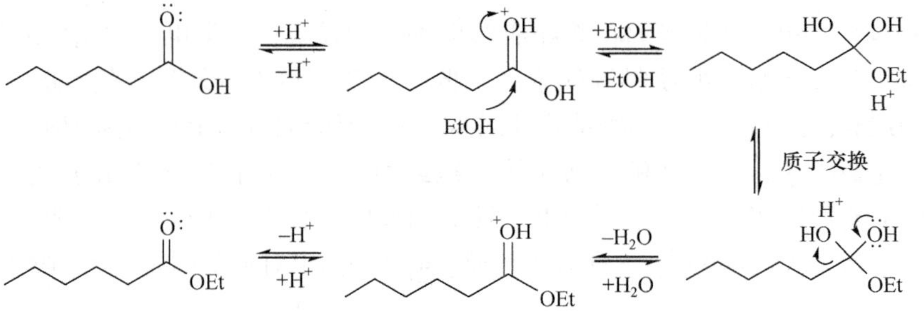

图 7.3　酸催化的醇(乙醇)和羧酸(己酸)生成酯(己酸乙酯)的酯化反应机制。所有步骤都是可逆的，可逆反应即酯水解反应

酯化反应通常是可逆的，就是说，水解反应和酯化反应总是以可测量的速率发生。在葡萄酒陈酿时羧酸、醇和酯的相对比例最终达到平衡。酯生成的平衡常数取决于酯化反应速率常数(k_e)和逆向水解反应速率常数(k_h)的比例，也取决于反应物的比例：

$$K_{eq} = \frac{k_e}{k_h} = \frac{[酯][水]}{[醇][酸]} \tag{7.1}$$

对于大多数非环酯类，K_{eq}=4 是个公认值[1]。由于系统将会趋向平衡(质量作用定律)，在葡萄酒陈酿期间，单一酯的浓度会根据初始酸、酯、醇的浓度而增加或减少。水含量通常是恒定的，大约为 50 M。式(7.1)可被用来预测葡萄酒中酯类的平衡浓度以及在陈酿中将会发生的变化。举例如下：

(1) 脂肪酸乙酯，如己酸乙酯，在葡萄酒陈酿过程中只有轻微增加或减少。以己酸乙酯为例，在一种典型葡萄酒中，乙醇浓度为 100 g/L(2 M)，依据式(7.1)，估计 K_{eq}=4，[酯]/[酸]的比例大约为 1∶6。发酵结束后，一种典型葡萄酒中大约含有 0.01 mM(1.44 mg/L)己酸乙酯和 0.05 mM(5.8 mg/L)己酸，即比例为 1∶5。因此，己酸乙酯在陈酿过程中会轻微增加。

(2) 乙酸酯类，如乙酸异戊酯，在发酵结束后通常浓度远大于平衡后，因此在陈酿过程中含量减少。以乙酸异戊酯为例：在一种典型葡萄酒中，乙酸浓度为

0.5 g/L(8.3 mM)，因此[酯]/[醇]比例大约是 1∶1600。然而在发酵结束后，一种典型葡萄酒中含有 0.01 mM(1.3 mg/L)乙酸异戊酯和 1 mM(90 mg/L)异戊醇，即比例为 1∶100。因此，乙酸异戊酯在储酒过程中的减少量高于一个数量级。

(3) 有机酸乙酯和其他更复杂的酸类在葡萄酒陈酿过程中增加量可超过一个数量级，因为在发酵结束后这些酯类含量迅速变得微不足道。

(4) 内酯类，尤其是橡木内酯，在葡萄酒陈酿过程中含量增加，因为其闭合环非常有利于热力学稳定(见 7.4 节)。

在模拟葡萄酒中，酯水解将遵循准一级反应动力学③：

$$\ln[C]=\ln[C_0]-kt \quad 或 \quad \lg[C]=\lg[C_0]-\frac{kt}{2.303} \tag{7.2}$$

式中，C 是指定时间 t 时酯的浓度；C_0 是酯的初始浓度。酯降解 50%所需时间(半衰期，$t_{1/2}$)和 k 成反比：

$$t_{1/2}=\frac{0.693}{k} \tag{7.3}$$

假定酯含量远大于其对应的酸含量，即酯化作用忽略不计，则可以通过 lg[C]对 t(图 7.4)的斜率计算出 k 和 $t_{1/2}$。各种酯类在不同 pH 和乙醇浓度的 k 和 $t_{1/2}$ 值已制成表列[2]。

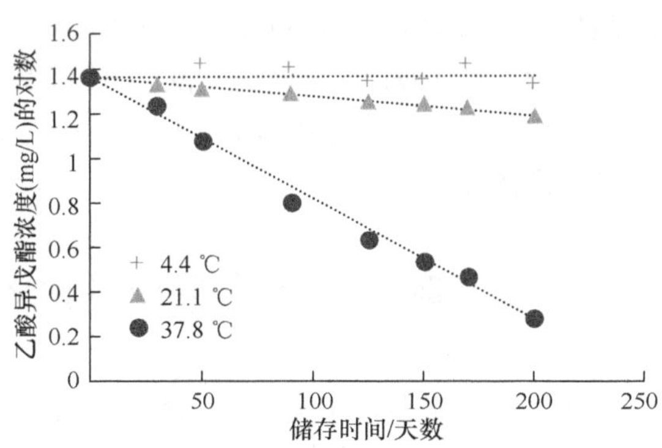

图 7.4　模拟酒中不同温度下乙酸异戊酯随时间水解变化。数据来自文献[1]

在常规葡萄酒 pH(3.4～3.7)和室温下，大多数脂肪酸酯类的半衰期为几个月，已了解一些因素影响酯合成和水解动力学[1]，但重要的是这些因素不会显著改变平衡常数。这将在第 25 章进一步详细讨论。

(1) pH。葡萄酒中的酯化反应是酸催化反应(图 7.3)，因此降低 pH 可以增加酯化速率，增加的幅度大体上与[H$^+$]变化量成比例。例如，在一个模拟酒溶液中，

③ 这个反应是伪一阶的，因为即使速率常数依赖于水、H$^+$和酯浓度，也只有最后酯在水解过程中显著变化。由于类似的原因，伪一阶比率也可以用于描述乙醇的酯化反应。

pH 从 2.9 增加到 4.1，导致乙酸异戊酯水解的半衰期从 60 天增加到了 570 天[1]。文献[2]综述了经过预测和计算的依赖 pH 的酯水解时间。

(2) 温度。较高温度也会增加反应速率(图 7.4)，温度增加 10 ℃，大体上使水解速率增加一倍(E_a=45～65 kJ/mol，更多关于反应能的内容见第 25 章)。温度对于酯化反应速率增加幅度的影响大体相似。

(3) 底物。长碳链酯类能更快地达到反应平衡。例如，在模拟酒中，癸酸乙酯的水解速率大约是辛酸乙酯的 3 倍，是己酸乙酯的 15 倍。据观测，共轭酸类如山梨酸的酯化反应很慢[3]，推测是因为羰基基团具有共轭稳定性。

7.3 葡萄果实中的酯类

很多水果在成熟过程中积累了超过阈值浓度的酯类，推测这是为了吸引食果动物④。相比之下，大多数葡萄果实只积累了非常微量的挥发性酯类：在一篇关于赤霞珠和雷司令浆果的研究报道中，果实成熟过程中只有己酸甲酯和丁酸-(*Z*)-3-己烯酯被检测到，酯类总量<1 mg/kg [5]。这些源于葡萄果实的酯类在发酵和陈酿过程中被水解，其后对葡萄酒风味的影响将微不足道。有一个例外值得注意，氨茴酸甲酯(MA)在成熟的美洲种和圆叶葡萄中贡献狐臭味(第 5 章)。

在葡萄果实中，羟基肉桂酸类(HCA，如香豆酸)主要以其酒石酸酯的形式存在，这些酯类没有香气，它们的作用将在第 13 章讨论。一些黄烷-3-醇类物质以没食子酸酯的形式存在，将在第 14 章论述。

7.4 发酵和陈酿过程中形成的酯类

葡萄酒中大多数具有香气的酯类是在发酵和陈酿过程中通过羧酸类的酶促或非酶促酯化反应形成的。影响这些反应的因素将在本章稍后讨论。

7.4.1 乙酯和乙酸酯类

葡萄酒中所有的羧酸类和酯类都具有发生酯化的潜在性。在葡萄酒中这两类物质有几十种(如果不是几百种)，因此可以在酒中发现上千种不同的酯类(有些只是浓度极小)。因为乙醇是葡萄酒中最主要的醇，因此酒中大多数酯类为乙酯，最

---

④ 例如，成熟香蕉(*Musa*)中酯类物质浓度范围为 57～89 mg/kg，主要由乙酸异戊酯、丁酸异戊酯和丁酸丁酯组成[4]。

有代表性的是脂肪酸乙酯(FAEE)。脂肪酸产自酵母代谢(第 22 章)，它们的浓度和感官特性在第 3 章讨论。气味活性值(OAV)较高的一系列脂肪酸乙酯列于表 7.1。

表 7.1 葡萄酒中主要脂肪酸乙酯的结构、气味描述、阈值和浓度范围

范例	结构	气味描述[a]	气味阈值[b] /(μg/L)	浓度范围[c] /(μg/L)
乙酸乙酯	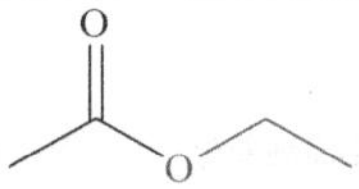	指甲油、果味	12000	5000～63000[d]
丁酸乙酯	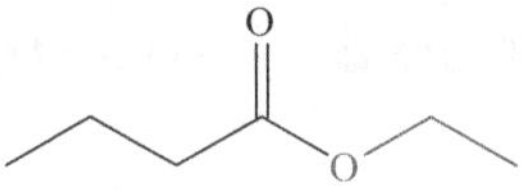	苹果、果味	20	70～540
己酸乙酯	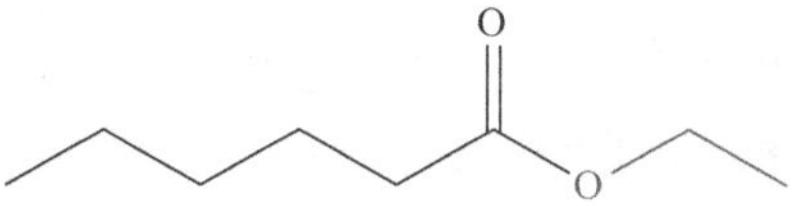	生青、苹果	14	150～1500
辛酸乙酯	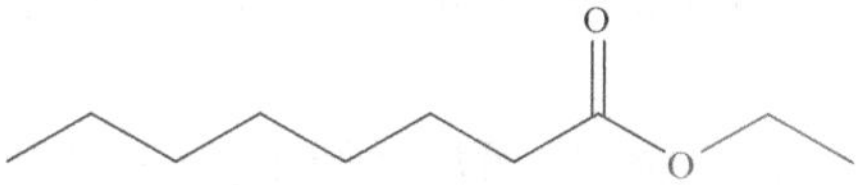	果味、桃子	5	140～2500
癸酸乙酯	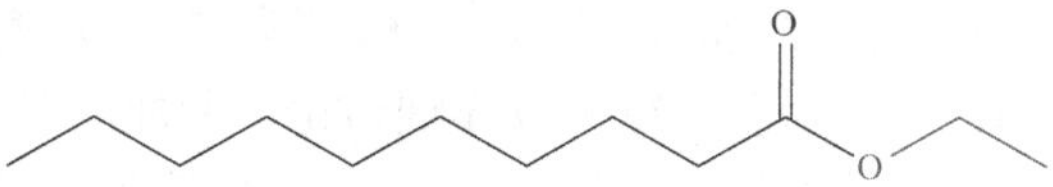	果味	200	14～910
异丁酸乙酯	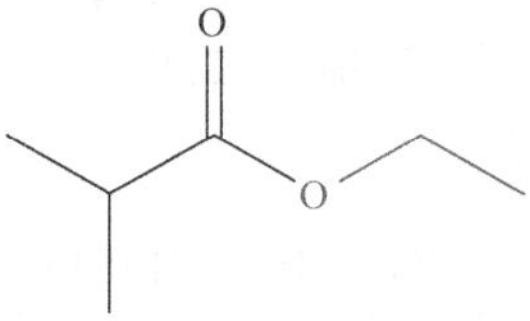	甜香	15	10～120
2-甲基丁酸乙酯	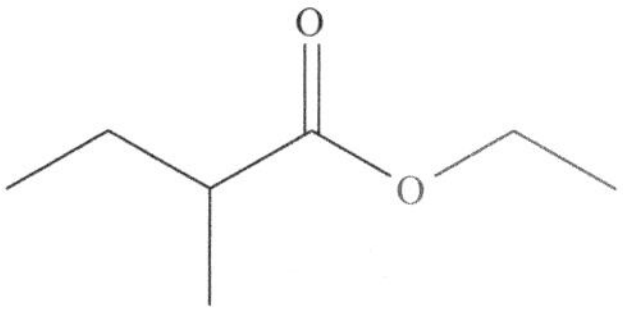	苹果	18	不详
异戊酸乙酯	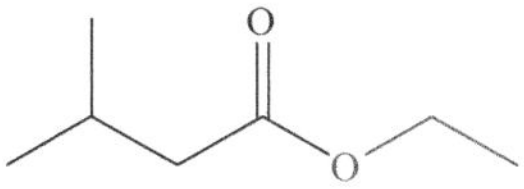	果味	3	2～30
3-甲基戊酸乙酯	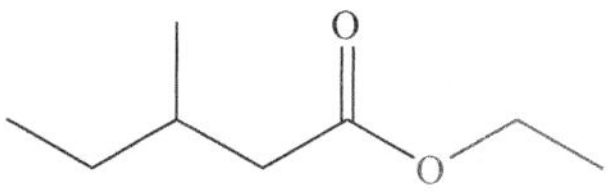	草莓	0.5[e]	30 ng/L[e]

续表

范例	结构	气味描述 a	气味阈值 b /(μg/L)	浓度范围 c /(μg/L)
4-甲基戊酸乙酯	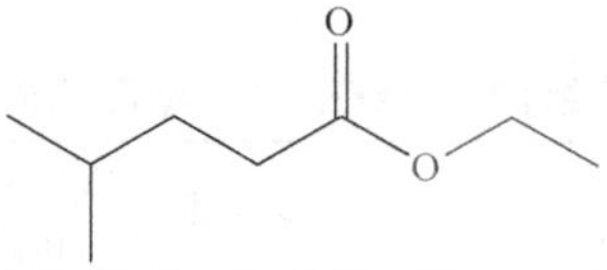	草莓	0.75c	230 ng/Le

a. 香气描述引自 Flavornet(www.flavornet.org)和文献[6]。

b. 模拟酒中感官阈值引自文献[7]和[8]。

c. 浓度范围根据西班牙的红葡萄酒[9]和新西兰的长相思白葡萄酒总结[10]。平均值引自文献[10]。

d. 葡萄酒中的高浓度值可能是因为微生物腐败，如被醋酸菌感染。

e. 在两个陈酿型红葡萄酒(>5 年)中的浓度。除了 4-甲基戊酸乙酯，在低年份红葡萄酒中均检测不到。

除了脂肪酸乙酯，其他一些乙酯可形成于陈酿期间，并在葡萄酒中被感知：①乳酸乙酯、苹果酸单乙酯、苹果酸双乙酯和其他葡萄酒主要有机酸乙酯类；②肉桂酸乙酯、香草酸乙酯以及肉桂酸和酚酸相关乙酯；③山梨酸乙酯、苯乙酸乙酯，如下面记述的与葡萄酒缺陷相关的乙酯；④亮氨酸乙酯、缬氨酸乙酯和其他氨基酸乙酯类。

在葡萄酒中，除了乙酯类，挥发性酯类浓度通常远低于它们的感官阈值。有个例外是乙酸酯类，它们的特征是具有乙酰基(表 7.2)。乙酸酯类是在发酵过程中通过酶促催化醇类的乙酰化而形成[11]，这将在 22.3 节详细讨论。参加乙酰化反应的醇类通常是氨基酸合成的副产物(如异戊醇、2-苯乙醇)或源于葡萄果实(如 1-己醇、*cis*-3-己烯-1-醇)，这在第 6 章已有描述。3-巯基己醇源于发酵的果香硫醇，也能被乙酰化而形成对应的乙酸酯(第 10 章)。

表 7.2　葡萄酒中主要乙酸酯的结构、气味描述、阈值和浓度范围

范例	结构	气味描述 a	酒中阈值/(μg/L) [11]	浓度范围/(μg/L)[11]
乙酸-2-甲基丙酯(乙酸异丁酯)	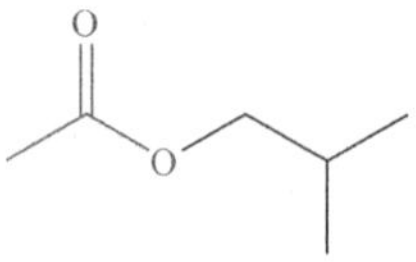	香蕉、樱桃	1600	NDb～170
乙酸-3-甲基丁酯(乙酸异戊酯)	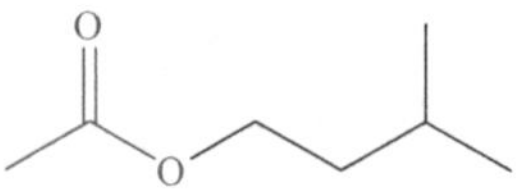	香蕉	160	30～5500
乙酸己酯	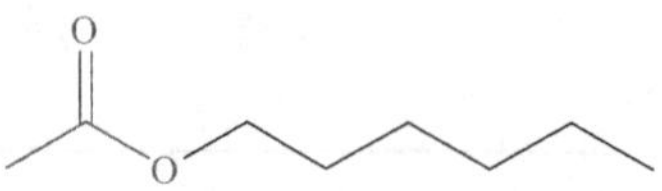	青苹果、甜香	1800	ND～260

续表

范例	结构	气味描述[a]	酒中阈值/(μg/L)[11]	浓度范围/(μg/L)[11]
乙酸-2-苯乙酯		蜂蜜、玫瑰花	2400	ND～260

a. 香气描述引自 Flavornet(www.flavornet.org)。

b. ND，未检出。

脂肪酸乙酯类和乙酸酯类在发酵中的形成受多种因素影响，这将在后面章节详细讨论。简单地说，因素包括以下几点。

(1) 脂肪酸乙酯的浓度受发酵中形成的游离脂肪酸浓度影响，游离脂肪酸浓度受葡萄醪组成、可溶性固形物含量、可利用氧量、温度、酵母种类、酶促酯化程度影响(22.2 节)。

(2) 乙酸酯类的浓度受可利用的醇类底物量、能酯化高级醇生成乙酸酯的乙酰转移酶活性影响(22.3 节)。

如 7.1 节和第 25 章所述，乙酸酯类在储酒过程中逐渐减少，脂肪酸乙酯类大体上保持稳定，其他葡萄酒羧酸酯类(如有机酸酯类)逐渐增加。增加或减少的速率(即接近平衡时的速率)在较低 pH 和较高温度下将会加速，其原因在前面已讨论。

7.4.2 脂肪族γ-内酯类

羧酸和醇基团(羟羧酸)分子内缩合形成的环酯类被称为内酯。理论上，内酯环可包含 3 个到无限大数量的原子，但在葡萄酒中最重要的内酯是具有热力学稳定环结构的，特别是具有 5 个原子的内酯(γ-内酯)，其次是具有 6 个原子的内酯(δ-内酯)。

最重要的一类是未被取代的 γ-内酯，如表 7.3 所示，除了 γ-丁内酯(R═H)外，这些内酯类以对映异构体的形式存在，它们之间具有细微的感官差异。在大多数葡萄酒中，对映异构体的分布几乎为外消旋(60∶40)[12]，立体化学结构区别通常可以忽略。相对而言，关于这些未被取代的内酯类产生的影响因素仍鲜有报道。丁内酯似乎是由酵母分解代谢谷氨酸产生的[13]。对于其他内酯，γ-羟基羧酸前体物的来源仍未被很好地研究。一些其他酯类(如辛内酯、壬内酯类、癸内酯)同样被发现于啤酒中，所以它们很可能是在发酵过程中从头合成的。通常与白葡萄酒和贵腐酒相比，红葡萄酒含有更高浓度的长链内酯，壬内酯可达 59 μg/L，对此尚未有清楚的解释[12]。

表 7.3　葡萄酒中主要内酯的结构、气味描述、感官阈值和浓度范围

范例	结构	气味描述[a]	感官阈值/(μg/L)[14,15][b]	浓度范围/(μg/L)[8,12,14,16]
γ-丁内酯(C_4)	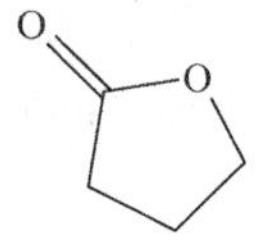	焦糖，甜香	未知(高)	4100～21400
γ-辛内酯(C_8)	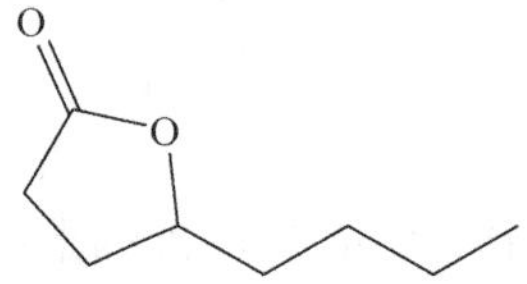	椰子	7	<0.1～5
γ-壬内酯(C_9)	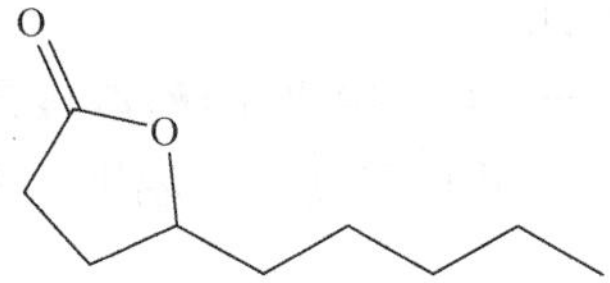	桃	25	2～30
γ-癸内酯(C_{10})	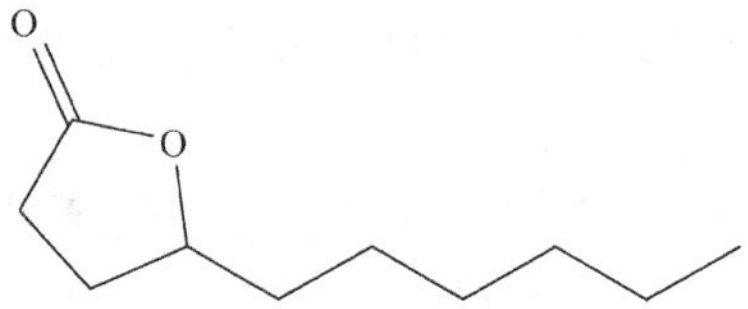	脂肪，桃	0.7	<0.1～1.5
γ-十二内酯(C_{12})	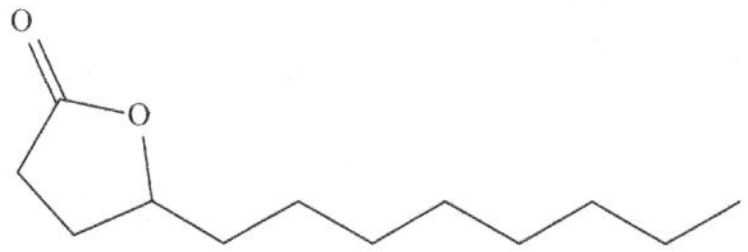	椰子	7	<0.1～20
(4*S*,5*S*)-3-甲基-γ-辛内酯(*cis*-橡木内酯)	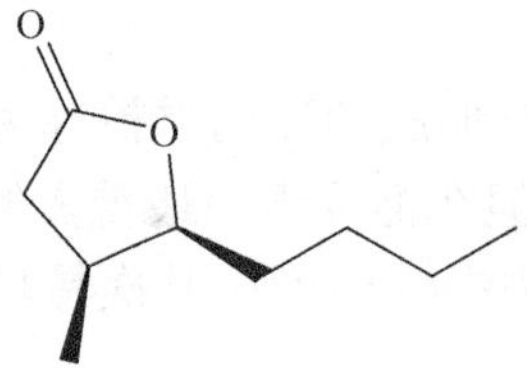	椰子	25	<0.1～700
(4*S*,5*R*)-3-甲基-γ-辛内酯(*trans*-橡木内酯)	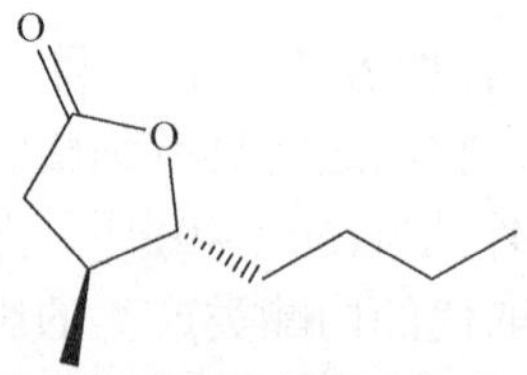	椰子	110	<0.02～350

a. 引自 Flavornet(www.flavornet.org)和文献[15]。

b. 在模拟酒中，如未标明，则为外消旋混合物。

第二重要的一类脂肪族内酯是源于橡木的 3-甲基-γ-辛内酯，也被称为橡木内酯或威士忌内酯(表 7.3)。这类物质以 4 种对映异构体的形式存在，其中 2 个是葡萄酒中的主要存在形式：(4*S*,5*S*)-异构体和(4*S*,5*R*)-异构体，分别称为 *cis*-橡木内酯

和 *trans*-橡木内酯。在未接触橡木的葡萄酒中通常未检测到这些物质，但它们可以在酒与木桶或其替代物(如橡木板、橡木片)接触过程中被萃取出来。

在橡木和橡木处理过的葡萄酒中，*cis*-橡木内酯含量的影响因素在第 25 章详细讨论。简言之，在未烘烤的橡木中橡木内酯含量为 10～100 mg/kg，大多数(>75%)以 *cis*-异构体形式存在[17]。在葡萄酒中，可检出 *cis*-异构体含量接近 700 μg/L，通常是 *trans*-异构体含量的 2 倍(气味活性值是其 10 倍)。

类似于一些单萜类(23.1 节)，橡木内酯来源于非挥发性的前体物，其中一个是内酯的开放环形式：3-(*S*)-甲基-4-羟基羧酸(图 7.5)。从前体物到橡木内酯的形成过程由酸催化，和其他酯类类似，同样是不可逆的。形成 *trans*-异构体的内酯化速率是形成 *cis*-异构体的 10 倍以上(在 pH 2.9 和室温下半衰期分别为 3 h 和 40 h)，很可能是由于 *trans*-异构体具有更强的热力学稳定性[18]。如此的内酯化速率，即便葡萄酒已不再接触橡木，橡木内酯仍可以继续形成，橡木风味可以继续加强，*trans*-异构体较快的生成速率也解释了储酒过程中 *cis/trans* 异构体比例下降的现象。这些羧酸前体物或形成于高温分解(烘烤过程)，或形成于木桶中 3-甲基-4-羟基羧酸糖苷结合物的水解，尤其是没食子酰葡萄糖苷(橡木中含量可达 500 mg/kg)、芸香糖苷和葡萄糖苷(图 7.5)[19]。葡萄糖苷比游离的 3-甲基-4-羟基羧酸糖苷更稳定，在模拟条件下转化成橡木内酯可超过 1 年[19]。其他有气味的内酯类包括葡萄酒内酯(第 8 章和第 25 章)和葫芦巴内酯(第 9 章)将在后面讨论。

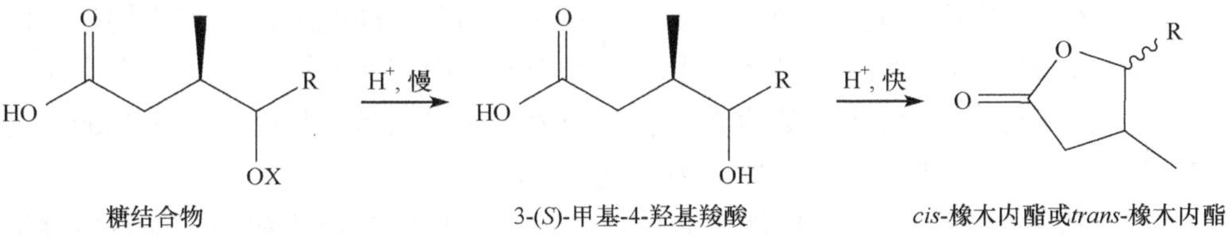

图 7.5　在酸性水溶液中，由 3-(*S*)-甲基-4-羟基羧酸发生内酯化生成 *cis*-橡木内酯和 *trans*-橡木内酯，源自文献[19]。羧酸前体物来自橡木或形成于陈酿过程中的糖结合物(X=没食子酰葡萄糖苷、芸香糖苷或葡萄糖苷)

7.5　感 官 影 响

在多数气相色谱-嗅闻(GC-O)研究中，直链和支链的脂肪酸乙酯总是归类于最重要的香气物质(气味活性值)，尤其是丁酸乙酯、己酸乙酯、辛酸乙酯和 2-/3-甲基丁酸乙酯。通常去除任意一种脂肪酸乙酯对总体香气影响较小，但组合起来这些物质为葡萄酒贡献了红色浆果和黑色浆果的风味[20]。多数其他有机酸酯类，如酒石酸二乙酯或琥珀酸二乙酯，含有较低的挥发性，感官阈值远大于在葡萄酒中的浓度，尽管不能排除其附加的贡献。

小部分乙酯类和对应的酸类可能引起某些葡萄酒呈现异味(见第 18 章)，举例如下：

(1) 众所周知，高浓度的乙酸乙酯和乙酸贡献了挥发酸味，一种具有刺鼻的指甲水味和醋味的葡萄酒缺陷[21]。

(2) 据报道，苯乙酸乙酯和苯乙酸是葡萄酒中典型的气味物质，产生于酸腐葡萄[22]。

(3) 山梨酸乙酯形成于山梨酸(一种防腐剂)的酯化过程，据报道，在陈酿中可产生蜡烛、菠萝气味[3]。

与协同发挥作用的乙酯类形成对比，乙酸酯类(尤其是乙酸异戊酯)在低年份的葡萄酒中可以孤立地对果香产生影响。从一个重构(reconstituted)的歌海娜桃红葡萄酒中去除乙酸异戊酯，可以使果香减弱[7]，在马家婆(Maccabeo)白葡萄酒中加入 1 倍的乙酸异戊酯，则可以增加香蕉气味[23]。然而，由于乙酸酯类的浓度通常具有很强的关联性，这些实验并不能反映真实性，迄今仍未见关于乙酸酯类有选择地被忽略的重构实验报道。值得特别考虑的是，乙酸酯中具有多官能团的硫醇和乙酸-3-巯基己酯(3-MHA)，其浓度和百香果的香气具有强烈的相关性(第 10 章)。如前文所述，在葡萄酒陈酿过程中，乙酸酯类浓度会通过酸解降低至阈值以下，因此其对陈酿葡萄酒香气的影响较小。

C_8～C_{12}的内酯具有相似的桃、果味、椰子的香气，即便通过叠加作用达到阈值浓度，对葡萄酒香气影响仍然较小[24]。由于这些内酯在发酵中产生并存在于大多数葡萄酒中，它们可能对葡萄酒特有的葡萄酒味有贡献。尽管 γ-丁内酯的浓度相对较高，但很可能不会影响葡萄酒香气⑤。

由于橡木内酯的 *cis*-异构体具有较低阈值，并且在多数葡萄酒中都有较高浓度，它们对葡萄酒和橡木陈酿的饮料香气具有较深的影响。据报道，在霞多丽葡萄酒中 *cis*-橡木内酯和椰子香气呈正相关，在赤霞珠葡萄酒中和椰子、香草、浆果、黑巧克力香气呈正相关[17]。橡木内酯浓度和消费者对橡木处理过的葡萄酒喜爱程度相关，但有一点，据报道当红葡萄酒中 *cis*-异构体和 *trans*-异构体的外消旋混合物浓度大于 235 μg/L 时，它们反而降低了消费者喜爱程度[25]。

参 考 文 献

1. Ramey，D.D. and Ough，C.S.(1980) Volatile ester hydrolysis or formation during storage of model

⑤ 在葡萄酒和其他饮料中，γ-丁内酯(GBL)及其开环形式γ-羟基丁酸(GHB)有被称为“迷幻药”的作用[16]。葡萄酒中发现的天然存在可被转移至体内的 GBL 和 GHB 的总浓度，远低于非法添加饮品中的浓度(2000 mg/L 或更多)。

solutions and wines. Journal of Agricultural and Food Chemistry, 28(5), 928-934.

2. Rayne, S. and Forest, K.(2011) Estimated carboxylic acid ester hydrolysis rate constants for food and beverage aroma compounds. Nature Proceedings. doi: 10.1038/npre.2011.6471.1.
3. Derosa, T., Margheri, G., Moret, I., et al.(1983) Sorbic acid as a preservative in sparkling wine-its efficacy and adverse flavor effect associated with ethyl sorbate formation. American Journal of Enology and Viticulture, 34(2), 98-102.
4. Nogueira, J.M.F., Fernandes, P.J.P., Nascimento, A.M.D.(2003) Composition of volatiles of banana cultivars from Madeira Island. Phytochemical Analysis, 14(2), 87-90.
5. Kalua, C.M. and Boss, P.K.(2009) Evolution of volatile compounds during the development of Cabernet Sauvignon grapes(*Vitis vinifera* L.). Journal of Agricultural and Food Chemistry, 57(9), 3818-3830.
6. Campo, E., Ferreira, V., Escudero, A., Cacho, J.(2005) Prediction of the wine sensory properties related to grape variety from dynamic-headspace gas chromatography-olfactometry data. Journal of Agricultural and Food Chemistry, 53(14), 5682-5690.
7. Ferreira, V., Ortin, N., Escudero, A., et al.(2002) Chemical characterization of the aroma of Grenache rose wines: aroma extract dilution analysis, quantitative determination, and sensory reconstitution studies. Journal of Agricultural and Food Chemistry, 50(14), 4048-4054.
8. San Juan, F., Cacho, J., Ferreira, V., Escudero, A.(2012) Aroma chemical composition of red wines from different price categories and its relationship to quality. Journal of Agricultural and Food Chemistry, 60(20), 5045-5056.
9. Ferreira, V., Lopez, R., Cacho, J.F.(2000) Quantitative determination of the odorants of young red wines from different grape varieties. Journal of the Science of Food and Agriculture, 80(11), 1659-1667.
10. Benkwitz, F., Tominaga, T., Kilmartin, P.A., et al.(2012) Identifying the chemical composition related to the distinct aroma characteristics of New Zealand Sauvignon Blanc wines. American Journal of Enology and Viticulture, 63(1), 62-72.
11. Sumby, K.M., Grbin, P.R., Jiranek, V.(2010) Microbial modulation of aromatic esters in wine: current knowledge and future prospects. Food Chemistry, 121(1), 1-16.
12. Cooke, R.C., Capone, D.L., van Leeuwen, K.A., et al.(2009) Quantification of several 4-alkyl substituted gammalactones in Australian wines. Journal of Agricultural and Food Chemistry, 57(2), 348-352.
13. Wurz, R.E.M., Kepner, R.E., Webb, A.D.(1988) The biosynthesis of certain gamma-lactones from glutamic acid by film yeast activity on the surface of flor sherry. American Journal of Enology and Viticulture, 39(3), 234-238.
14. Ferreira, V., Jarauta, I., Ortega, L., Cacho, J.(2004) Simple strategy for the optimization of solid-phase extraction procedures through the use of solid-liquid distribution coefficients. Application to the determination of aliphatic lactones in wine. Journal of Chromatography A, 1025(2), 147-156.
15. Spillman, P.J., Sefton, M.A., Gawel, R.(2004) The contribution of volatile compounds derived during oak barrel maturation to the aroma of a Chardonnay and Cabernet Sauvignon wine.

Australian Journal of Grape and Wine Research，10(3)，227-235.

16. Elliott，S. and Burgess，V.(2005) The presence of gamma-hydroxybutyric acid(GHB) and gamma-butyrolactone(GBL) in alcoholic and non-alcoholic beverages. Forensic Science International，151(2-3)，289-292.
17. Pollnitz, A.P., Jones, G.P., Sefton, M.A.(1999) Determination of oak lactones in barrel-aged wines and in oak extracts by stable isotope dilution analysis. Journal of Chromatography A，857(1-2)，239-246.
18. Wilkinson, K.L., Elsey, G.M., Prager, R.H., et al.(2004) Rates of formation of *cis*- and *trans*-oak lactone from 3-methyl-4-hydroxyoctanoic acid. Journal of Agricultural and Food Chemistry，52(13)，4213-4218.
19. Wilkinson，K.L.，Prida，A.，Hayasaka，Y.(2013) Role of glycoconjugates of 3-methyl-4-hydroxyoctanoic acid in the evolution of oak lactone in wine during oak maturation. Journal of Agricultural and Food Chemistry，61(18)，4411-4416.
20. Lytra，G.，Tempere，S.，de Revel，G.，Barbe，J.C.(2012) Impact of perceptive interactions on red wine fruity aroma. Journal of Agricultural and Food Chemistry，60(50)，12260-12269.
21. Fugelsang，K.C. and Edwards，C.G.(2007) Wine microbiology practical applications and procedures，Springer，New York.
22. Campo，E.，Saenz-Navajas，M.P.，Cacho，J.，Ferreira，V.(2012) Consumer rejection threshold of ethyl phenylacetate and phenylacetic acid，compounds responsible for the sweet-like off odour in wines made from sour rotten grapes. Australian Journal of Grape and Wine Research，18(3)，280-286.
23. Escudero，A.，Gogorza，B.，Melus，M.A.，et al.(2004) Characterization of the aroma of a wine from Maccabeo. Key role played by compounds with low odor activity values. Journal of Agricultural and Food Chemistry，52(11)，3516-3524.
24. Ferreira，V.(2010) Volatile aroma compounds and wine sensory attributes，in Managing wine quality, Vol. 1, Viticulture and wine quality(ed. Reynolds, A.G.), Woodhead Publishing and CRC Press，Oxford and Boca Raton，FL.
25. Chatonnet, P., Boidron, J.N., Pons, M.(1990) Maturation of red wines in oak barrels - evolution of some volatile compounds and their aromatic impact. Sciences Des Aliments，10(3)，565-587.

第 8 章　类异戊二烯

8.1　引　　言

类异戊二烯包括广泛而复杂的一大类以异戊二烯(2-甲基-1，3-丁二烯)为重复出现单元的碳氢化合物和它们的含氧衍生物(相比较，萜类是指含氧萜烯，尽管二者通常含义相同)。碳骨架包含简单的异戊二烯单元，产生了 C_5 倍数的化合物(图 8.1)，或者通过某个片段(如甲基)的丢失或位移而形成 C_5 基本单元的衍生物。类异戊二烯可以以饱和/不饱和、环状/非环烃形式存在，可以含有醇、醛、酮、酯、醚和羧酸官能团。挥发性类异戊二烯是通过酶催化的萜类路径产生的次级代谢产物，是广泛存在于植物中的香气和风味物质[1,2]。

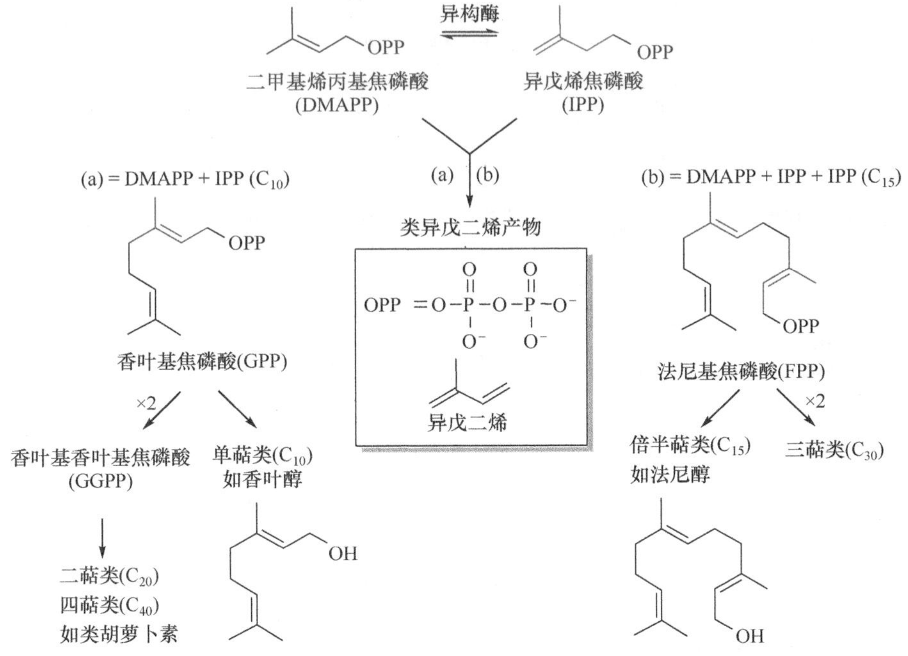

图 8.1　由活性异戊二烯单元(DMAPP 和 IPP)生成变化多样、以 C_5 结构为基础的一类自然产物的类萜生物合成途径示意图

8.2　类异戊二烯基本化学和感官性质

对葡萄酒香气非常重要的类异戊二烯有单萜(C_{10}化合物)、倍半萜(C_{15}化合物)和C_{13}-降异戊二烯(从四萜衍生出来的C_{13}化合物①)(表 8.1)。其中大部分组分都散发出诱人的香气,并表现出葡萄品种的依赖性。类异戊二烯往往是非极性化合物，与碳氢结构相比，氧化作用增加了化合物水溶性(如单萜月桂烯，lg$P$=4.3，水中溶解度为 0.004 g/L；它的醇衍生物香叶醇，lg$P$=3.6，水中溶解度为 0.4 g/L)。虽然脂肪烃形式的类异戊二烯通常没有较高活性,但不同官能团的存在(即烯烃、醇、酮)使活性增强，从而有利于生成新的香气物质(图 8.2)。

表 8.1　葡萄酒中不同种类的类异戊二烯的结构、香气描述、阈值和浓度范围[3-18]

举例 a	结构 b	香气描述 c	阈值 c/(μg/L)	浓度范围 d,e/(μg/L)
单萜				
葡萄酒内酯	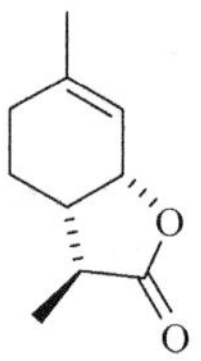	椰子，木味，甜香	0.01	0.1f
(−)-*cis*-氧化玫瑰	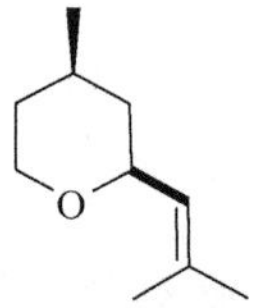	花香，生青，玫瑰	0.2	痕量～22
桉树脑 (桉油精)	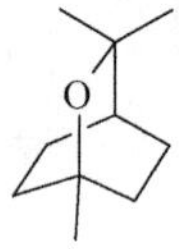	桉树味，新鲜	1.1	ND～33
里那醇	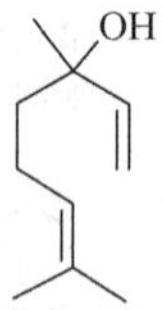	花香，柑橘	25	ND～370

① 更具体地说，被称为类胡萝卜素的C_{40}异戊二烯类色素被裂解，从而产生一系列结构各异、碳链长度和功能均有不同的化合物，统称为脱辅基类胡萝卜素(如降异戊二烯类)。这些化合物包括植物激素脱落酸(C_{15})、维生素 A(C_{20}类视黄醇)，以及含有C_9、C_{10}、C_{11}和C_{13}碳骨架的挥发性化合物。挥发性异戊二烯类化合物是一种重要的天然香气风味分子，其中C_{13}-降异戊二烯类化合物是最广泛的类胡萝卜素来源的化合物。

续表

举例[a]	结构[b]	香气描述[c]	阈值[c]/(μg/L)	浓度范围[d,e]/(μg/L)
香叶醇	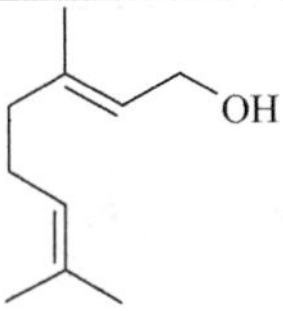 OH	花香，柑橘	30	ND～290
香茅醇	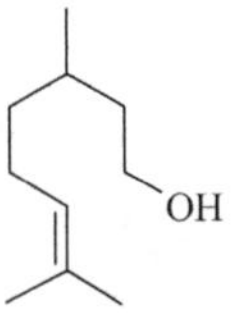 OH	玫瑰，柑橘	100	1～50
脱氢里那醇	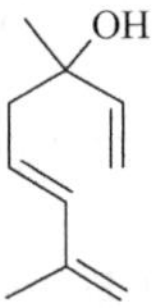 OH	花香，柑橘	110	3～240
α-萜品醇	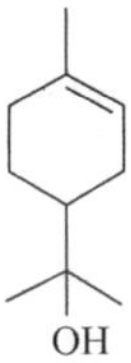 OH	丁香	250	ND～400
橙花醇	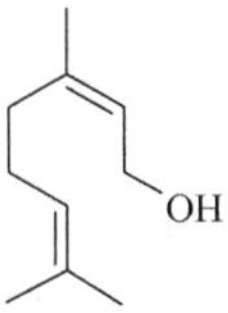 OH	花香，生青	400	ND～360
倍半萜				
(−)-莎草奥酮	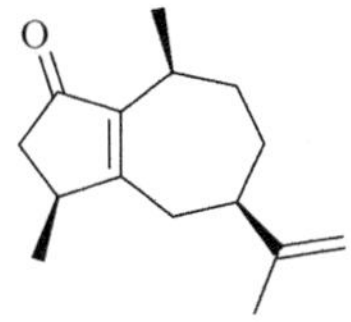 O	黑胡椒	0.016	痕量～0.56
橙花叔醇	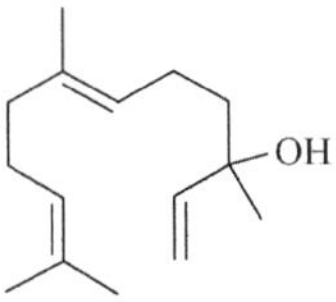 OH	花香，苹果，生青	10	ND～29
法尼醇	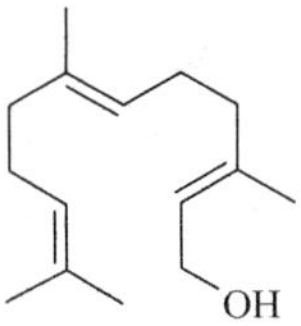 OH	花香，玫瑰	20	ND～180

续表

举例[a]	结构[b]	香气描述[c]	阈值[c]/(μg/L)	浓度范围[d,e]/(μg/L)
C_{13}-降异戊二烯				
β-大马士酮	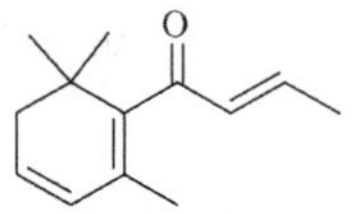	煮苹果，榅桲，花香	0.050	0.3～45
β-紫罗兰酮	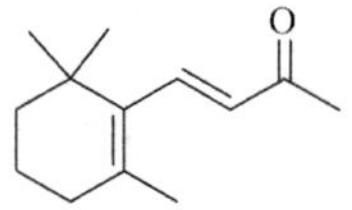	紫罗兰，木味，树莓	0.090	ND～18
TDN	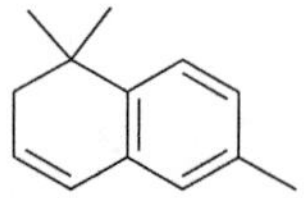	煤油，汽油	2	ND～54

a. 在文献中广泛使用的名称，因为系统名称太复杂，如香叶醇是(*E*)-3,7-二甲基-2,6-辛二烯-1-醇，β-大马士酮是(*E*)-1-(2,6,6-三甲基-1,3-环己二烯-1-基)-2-丁烯-1-酮。

b. 展示了那些有数据报道的单个立体异构体的化学结构。值得注意的是，其他具有手性中心的物质也以立体异构体形式存在，但不总是单独研究，常作为单一组分一起报道。

c. 香气描述和阈值可能涉及模拟体系如空气、水、水醇溶液、白或红葡萄酒。

d. 痕量，指存在但不能定量。

e. ND，未检出。

f. 在 2 种葡萄酒研究中均检测到。

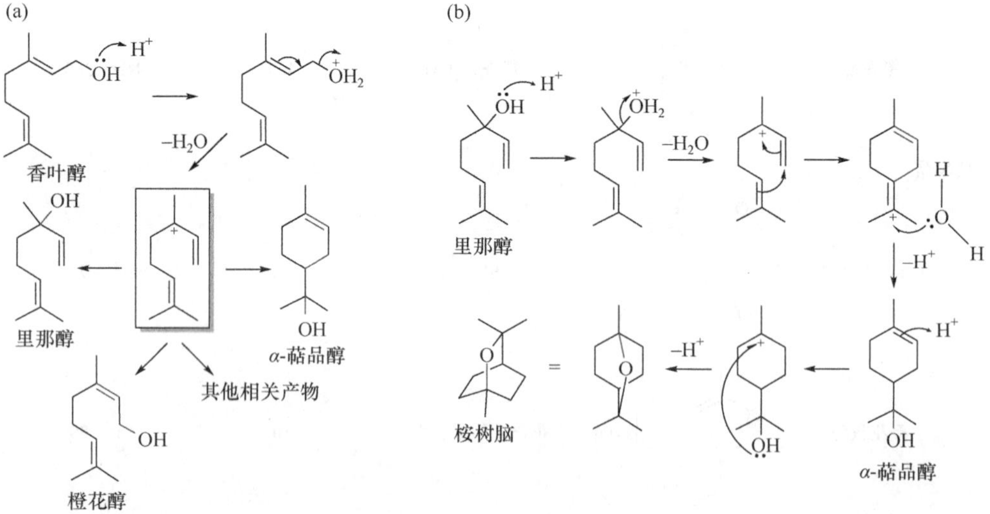

图 8.2　单萜通过碳正离子中间产物的酸催化反应：(a)香叶醇水解及一系列的重排生成其他单萜，包括里那醇、α-萜品醇、橙花醇；(b)源于葡萄的里那醇通过水解和分子内环化生成桉树脑

在葡萄果实中，类异戊二烯通常以结合态水溶性结构的形式存在(即非挥发性的糖苷)，其中很多在温和的葡萄酒酸度下可以水解释放出糖苷(23.1 节)。有些糖

苷在葡萄酒 pH 下不能有效地水解(例如未活化的醇类，如香茅醇)，需要更为苛刻的条件如更低 pH 和更高温度。与之对比，在正常葡萄酒发酵环境下这些糖苷受酶促降解(即来自酵母或商业添加的糖苷酶)，产生了相应的挥发性物质(第 25 章)，提供不同的香气成分，结果很可能改变了葡萄酒的香气指纹。

8.3　单　　萜

葡萄酒中重要单萜的特性如表 8.1 所示，这一类类异戊二烯通常与麝香型葡萄品种酿造的白葡萄酒息息相关，因为在这些葡萄酒中，其浓度超过其阈值 100 倍[8]。单萜也在非麝香芳香型品种如塔明娜和雷司令，甚至在中性品种包括赤霞珠、美乐、霞多丽和长相思酒中被发现超出了其阈值的浓度[8]。来源于葡萄果实且对葡萄酒香气极其重要的单萜类包括：里那醇、香叶醇(贡献多数麝香品种的“花香”特征)和(–)-*cis*-氧化玫瑰(贡献琼瑶浆葡萄酒中“荔枝”特征[19])。表 8.2 中突出显示了特定葡萄品种对葡萄酒中这三种香气物质浓度的影响。在葡萄酒中，葡萄酒内酯只以 8 种立体异构体中的一种形式存在[20]，也可能是葡萄酒品种香气的一个重要贡献者[21,22]，一般被描述为椰子味和木味，但关于其在葡萄酒中的典型浓度目前仍未见文献报道。据报道，葡萄酒内酯在施埃博和琼瑶浆葡萄酒中的浓度超过了其阈值[6]，很可能是由葡萄的酸或葡萄糖酯的酸催化环化反应产生的[23](第 25 章)。在葡萄醪和葡萄酒中，也检测到香茅醇、橙花醇、α-萜品醇和几十种其他单萜(有些单萜如柠檬烯、对伞花烃、γ-萜品烯和月桂烯②)[5]，但它们的浓度通常远小于阈值。值得一提的是，单萜在葡萄果实中可以以游离态形式存在，但大多数以糖苷态(可达总数的 95%)或多羟基前体物的形式存在(23.1 节)，后两者都是没有气味的。

表 8.2　不同品种葡萄酒中里那醇、香叶醇和(–)-*cis*-氧化玫瑰的典型浓度[6,14,18,19,24-26]

葡萄品种	葡萄酒中浓度范围/(μg/L)		
	里那醇	香叶醇	(–)*cis*-氧化玫瑰
玫瑰香	78～462	44～256	ND
琼瑶浆	60～225	45～221	8～21
雷司令	ND[a]～230	ND～109	ND
长相思	10-58	ND～6	NR[b]

a. ND，未检出。
b. NR，未报道。

② 这些单萜类化合物非极性的性质使其在酿酒过程中萃取受限，并且由于挥发或与固态组分结合而造成损失。

除了品种的主要影响外，种植环境也对葡萄果实中单萜含量有一定影响。除此之外，葡萄酒中其绝对或相对浓度还受到葡萄的萃取程度以及发酵、陈酿过程中前体物或游离挥发物转化程度的影响[5,8]。如 23.1 节进一步描述的，前体物水解和重排受到温度、乙醇含量、pH 的影响。简言之，通过改变单萜组成影响葡萄酒香气的因素包括以下几点：

(1) 萃取。延长皮渣接触时间、增强压榨力度、提高温度以及使用果胶酶都可以增强游离态和结合态单萜的萃取程度。

(2) 酶促转化。如同发酵过程中添加外源糖苷酶一样，微生物也能水解糖苷态单萜，另外，在发酵过程中，微生物能够导致烯烃类的酶促降解和醇类乙酰化。

(3) 化学转化。前体物的酸催化水解或重排产生了一系列的单萜③，这些单萜可以在常见的葡萄酒 pH 和温度下进一步反应[图 8.2(a)]，pH 降低和温度升高(如高温瞬时杀菌或陈酿)能加速这些反应④。

葡萄酒中多数单萜都来自葡萄果实的次生代谢，但桉树脑(桉油精，表 8.1)却有另一种来源，尽管在葡萄酒中它的含量非常有限。桉树脑是桉树叶中主要的香精油，因此，可以设想桉树脑是由 α-萜品醇的酸催化环化反应生成的，α-萜品醇则来自里那醇(或柠檬烯)[图 8.2(b)]，这类物质的转化可发生在酸性模拟酒环境中，从而产生了少量的桉树脑[13]。如前文所示[27]，桉树脑较为重要的另一个来源是，生长在葡萄园附近的桉树产生的桉树脑通过空气传播转移[16]。然而，在红葡萄酒中，桉树脑最重要的来源似乎是在红葡萄酒发酵过程中出现的桉树叶和其他物质[即除了葡萄以外的材料(material other than grapes，MOG)，如葡萄叶和梗](图 8.3)。这类研究强

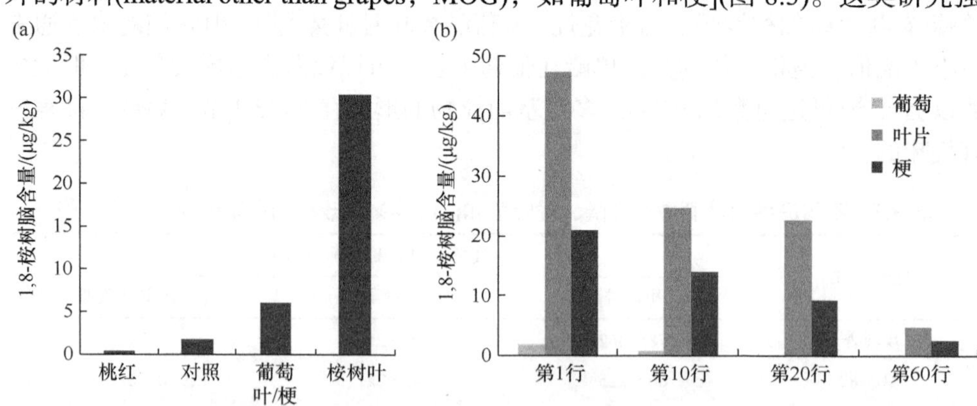

图 8.3 (a)西拉葡萄酒中的桉树脑含量，不接触皮渣(如桃红)、带皮浸渍(对照)、添加小比例的葡萄叶及果梗(葡萄叶/梗)、桉树叶和树皮(桉树叶)一起浸渍；(b)从西拉果实、葡萄叶、果梗中萃取出的桉树脑含量，样品取自于葡萄园中距离一排桉树渐远的葡萄行中，60 行最远。数据来自文献[16]

③ 酸水解产物与糖苷酶水解产物不同，后者倾向于更好地保存葡萄中天然单萜的轮廓。

④ 同样地，分析中使用的隔离条件会对改变葡萄酒中单萜类化合物表观分布的反应有贡献。

调了考虑葡萄酒香气不同来源(即环境)的必要性，这些来源并不与葡萄、酵母代谢或者成熟、储藏现象(超越了已知的外源污染物，第 18 章)有明确的关联。

8.4 倍半萜

葡萄酒中许多倍半萜已被鉴定为游离态挥发物，包括法尼醇、橙花叔醇和莎草奥酮(表 8.1)。基于羟基化的衍生体在其他植物中的存在形式，推测它们以糖苷态形式存在[28]，这一假设得到了支持：在苹乳发酵或葡萄糖苷态萃取物的水解过程中法尼醇浓度增加 [29]。然而，相比其他类异戊二烯次生代谢，迄今未鉴定到一个糖苷态倍半萜。在葡萄酒中已检测到的倍半萜有 α-雪松烯、α-法尼烯、α-依兰烯和 α-愈创木烯，但相对于它们的感官阈值，其含量非常低，且未有深入研究。尽管如此，就像植物界普遍存在的那样，在葡萄果实中也存在功能性的倍半萜及其相关物质的生物合成物(在一定程度上被酵母合成)，这些葡萄品种包括赤霞珠、西拉、雷司令、琼瑶浆和一些原产葡萄牙的品种(如文献[30]～[32])。

从风味角度看，葡萄酒中最值得注意的倍半萜是莎草奥酮，其是一个重要的香气物质。莎草奥酮具有黑胡椒的气味和极低的感官阈值(16 ng/L)，最先在香附子(*Cyperus rotundus*，该二环酮因此得名)精油中被鉴定出来，它也大量存在于黑胡椒和白胡椒中，在多种草本植物中含量较低[33]。莎草奥酮在西拉葡萄酒中最先被鉴定(达 145 ng/L)出来[33]，随后在其他许多葡萄酒中也有发现，如赤霞珠、杜瑞夫(也称小西拉，Durif)、慕合怀特(Mourvedre)、维斯琳娜(Vespolina)和司棋派蒂诺(Schioppettino)(在后两个品种中可达 560 ng/L)。它也存在于白葡萄酒中，特别是绿维特丽娜(Gruner Veltliner，可达 266 ng/L)[34]。

除葡萄品种之外，莎草奥酮含量随葡萄成熟度增加而增加，冷凉产区和冷凉年份通常有较高含量；类似地，据报道，即使在同一果穗中，遮蔽和降低果实温度都可能促进莎草奥酮含量升高[35,36]。和类黄酮类似(第 11 章)，莎草奥酮主要存在于葡萄果皮中，这也解释了其在红葡萄酒中有较高含量的现象。莎草奥酮具有高疏水性，大约 90%与酒泥和皮渣结合，在过滤操作中会进一步损失[37]。与葡萄果实单独发酵相比，带葡萄叶和果梗发酵能增加莎草奥酮含量(6 倍)[16]。这再次支持了上述关于桉树脑的观点，即在发酵过程中葡萄之外的原料(非葡萄树原料)会对葡萄酒香气产生重要的影响。

8.5 C_{13}-降异戊二烯

大量 C_{13}-降异戊二烯已经在所有重要的国际品种葡萄酒中被发现，如霞多丽、雷司令、赛美蓉、长相思、赤霞珠、黑比诺和西拉[11]。从感官角度看，对葡萄酒香气有比较重要贡献的似乎是β-大马士酮、β-紫罗兰酮和 TDN(表 8.1)，尽管也检测出其他一些 C_{13}-降异戊二烯[葡螺烷、雷司令醛、猕猴桃醇和(*E*)-1-(2,3,6-三甲苯基)-1,3-丁二烯(TPB)]。降异戊二烯(特别是 C_{13} 衍生物，C_9～C_{11} 也存在)是广泛存在的香精香料物质，由类胡萝卜素(C_{40})如新叶黄素和β-胡萝卜素[38]的酶促或化学裂解产生，或直接或通过中间糖苷产物产生。

和其他类异戊二烯类物质一样，葡萄和葡萄酒基质的酸性特点(酶的存在/发酵行为)意味着类胡萝卜素衍生的前体物会发生重要的转化，从而产生一系列物质并最终影响葡萄酒的香气，例如，β-大马士酮的合成涉及以下步骤：葡萄果实中新叶黄素被氧化裂解产生蚱蜢酮，随后被酶促还原成丙二烯三醇中间产物，最后在发酵过程中被酸催化水解(也可能是糖基化中间产物，23.1 节)产生β-大马士酮[图 8.4(a)]。相比较，β-紫罗兰酮可以在葡萄果实中通过β-胡萝卜素直接氧化裂解产生[图 8.4(b)]。类胡萝卜素裂解双加氧酶(CCD)负责一系列类胡萝卜素物质的定向氧化降解，产生不同种类的降异戊二烯和多烯等主要裂解产物[1,11,39]。

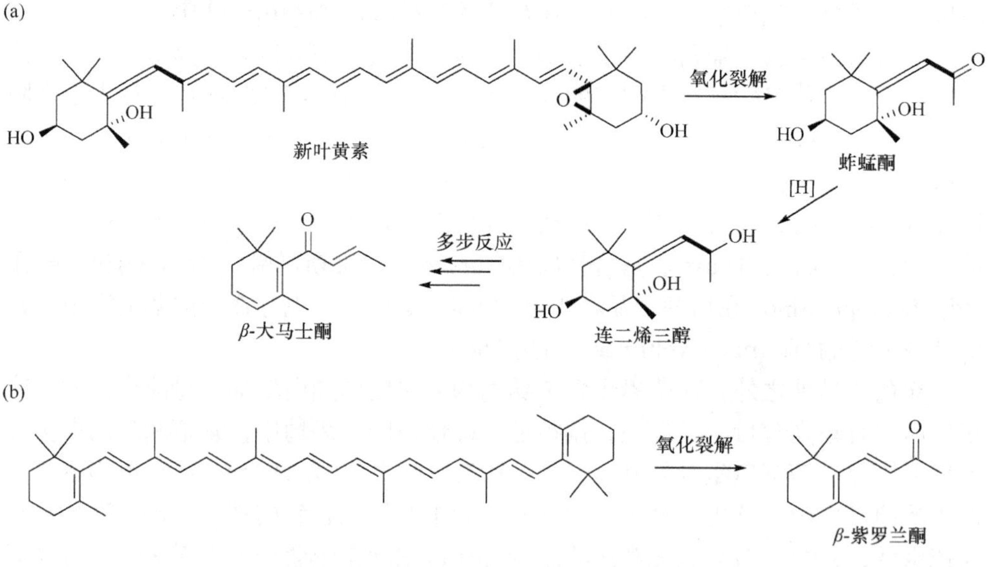

(a)

新叶黄素　氧化裂解　蚱蜢酮　[H]　连二烯三醇　多步反应　β-大马士酮

(b)

氧化裂解　β-紫罗兰酮

图 8.4　生成 C_{13}-降异戊二烯的类胡萝卜素氧化降解路径：(a)由新叶黄素经还原(标记为[H])和酸催化水解(23.1 节)形成β-大马士酮；(b)由β-胡萝卜素直接产生两分子的β-紫罗兰酮(α-胡萝卜素产生 1 分子α-紫罗兰酮和 1 分子β-紫罗兰酮)

C_{13}-降异戊二烯中，研究最多的是 TDN 和β-大马士酮。TDN 具有煤油气味，其感官阈值为 2 μg/L(表 8.1)。TDN 已被发现于许多品种葡萄酒中，在霞多丽、长相思、黑比诺和赤霞珠中有接近阈值的浓度(在非雷司令酒中平均值为 1.3 μg/L，最大值是品丽珠酒中的 6.4 μg/L)[14]。然而，TDN 与雷司令葡萄酒尤其是陈年雷司令葡萄酒密切相关，浓度可超过 50 μg/L，并主导了该品种葡萄酒的香气。TDN

在低年份的雷司令酒中的平均值为 6.4 μg/L，最大值为 17.1μg/L，但这种在较低浓度即刚超阈值时的感官特征并不很清晰[14]，似乎这种浓度并没有引起消费者抗拒[40]。抛开葡萄品种，影响 TDN 的因素如下：

(1) 葡萄酒龄、pH 和储藏温度。在葡萄果实中 TDN 浓度非常低，但在葡萄酒陈酿过程中可以通过雷司令醛和糖苷态前体物的酸催化水解产生[11,14]。较陈年的葡萄酒、较低 pH 的葡萄酒和在较高温度下储藏的酒都具有更高浓度的 TDN(第 25 章)。

(2) 种植条件。果穗曝光度和较温暖的生长环境可提高 TDN 前体物含量 2～4 倍，这种效应的生物机制还不清楚，但可能和类胡萝卜素组成改变或裂解有关。

(3) 吸附。TDN 一旦合成，则较为稳定，可随时间积累超过 50 μg/L。然而作为一种强非极性物质，它可能由于被非极性包装材料吸收而消失⑤(即软木塞或合成塞对香气物质的吸附作用[41])。

β-大马士酮(煮苹果味)在葡萄酒中被广泛发现，不同于 TDN，*β*-大马士酮浓度似乎不取决于品种[42]。尽管 *β*-大马士酮在水中具有很低的感官阈值，经常被报道在葡萄酒中具有比其他物质都高的气味活性值，但它不是重要的香气物质，在一个葡萄酒中它的气味几乎从来不是主要的感官特征[42]。除此之外，它似乎对其他气味物质感知有修饰作用——低浓度的 *β*-大马士酮可以增强酯类产生的果香，抑制甲氧基吡嗪类的生青味[43]。同时，*β*-大马士酮的感官阈值强烈地依赖于基质，据报道，它在红葡萄酒中的感官阈值比水中的阈值高 3 个数量级[44]。对于所有物质来说，气味活性值仅仅为评价一个气味物质影响力提供指导(见导论)，这种说法也特别适用于 *β*-大马士酮。

参考文献

1. Schwab，W.，Davidovich-Rikanati，R.，Lewinsohn，E.(2008) Biosynthesis of plant-derived flavor compounds. The Plant Journal，54(4)，712-732.
2. Martin，D.M.，Chiang，A.，Lund，S.T.，Bohlmann，J.(2012) Biosynthesis of wine aroma: transcript profiles of hydroxymethylbutenyl diphosphate reductase，geranyl diphosphate synthase，and linalool/nerolidol synthase parallel monoterpenol glycoside accumulation in Gewürztraminer grapes. Planta，236(3)，919-929.
3. Ribereau-Gayon，P.，Boidron，J.N.，Terrier，A.(1975) Aroma of Muscat grape varieties. Journal of Agricultural and Food Chemistry，23(6)，1042-1047.
4. Ohloff，G.(1978) Importance of minor components in flavors and fragrances. Perfumer and Flavorist，3，11-22.

⑤ 其他非极性化合物也是这样，如萘和长链乙基酯，它们被软木塞和(尤其是)合成塞吸收，而不被螺旋帽吸收。极性更强的组分，如来自橡木的挥发物、短链乙酯和甲氧基吡嗪趋向于不被瓶塞类型影响。在酿酒过程中疏水表面对非极性香气组分的吸收似乎是一种普遍适用的现象。

5. Marais, J.(1983) Terpenes in the aroma of grapes and wines: a review. South African Journal for Enology and Viticulture, 4(2), 49-58.

6. Guth, H.(1997) Quantitation and sensory studies of character impact odorants of different white wine varieties. Journal of Agricultural and Food Chemistry, 45(8), 3027-3032.

7. Ferreira, V., López, R., Cacho, J.F.(2000) Quantitative determination of the odorants of young red wines from different grape varieties. Journal of the Science of Food and Agriculture, 80(11), 1659-1667.

8. Mateo, J.J. and Jimenez, M.(2000) Monoterpenes in grape juice and wines. Journal of Chromatography A, 881(1-2), 557-567.

9. Castro Vázquez, L., Pérez-Coello, M.S., Cabezudo, M.D.(2002) Effects of enzyme treatment and skin extraction on varietal volatiles in Spanish wines made from Chardonnay, Muscat, Airén, and Macabeo grapes. Analytica Chimica Acta, 458(1), 39-44.

10. Coelho, E., Perestrelo, R., Neng, N.R., et al.(2008) Optimisation of stir bar sorptive extraction and liquid desorption combined with large volume injection-gas chromatography-quadrupole mass spectrometry for the determination of volatile compounds in wines. Analytica Chimica Acta, 624(1), 79-89.

11. Mendes-Pinto, M.M.(2009) Carotenoid breakdown products the-norisoprenoids-in wine aroma. Archives of Biochemistry and Biophysics, 483(2), 236-245.

12. Burdock, G.A.(2010) Fenaroli's handbook of flavor ingredients, 6th edn, CRC Press, Boca Raton, FL.

13. Capone, D.L., Van Leeuwen, K., Taylor, D.K., et al.(2011) Evolution and occurrence of 1,8-cineole(eucalyptol) in Australian wine. Journal of Agricultural and Food Chemistry, 59, 953-959.

14. Sacks, G.L., Gates, M.J., Ferry, F.X., et al.(2012) Sensory threshold of 1,1,6-trimethyl-1, 2-dihydronaphthalene(TDN) and concentrations in young Riesling and non-Riesling wines. Journal of Agricultural and Food Chemistry, 60(12), 2998-3004.

15. Bowen, A.J. and Reynolds, A.G.(2012) Odor potency of aroma compounds in Riesling and Vidal blanc table wines and icewines by Gas Chromatography-Olfactometry-Mass Spectrometry. Journal of Agricultural and Food Chemistry, 60(11), 2874-2883.

16. Capone, D.L., Jeffery, D.W., Sefton, M.A.(2012) Vineyard and fermentation studies to elucidate the origin of 1,8-cineole in Australian red wine. Journal of Agricultural and Food Chemistry, 60(9), 2281-2287.

17. Coetzee, C., Lisjak, K., Nicolau, L., et al.(2013) Oxygen and sulfur dioxide additions to Sauvignon blanc must: effect on must and wine composition. Flavour and Fragrance Journal, 28(3), 155-167.

18. Paula Barros, E., Moreira, N., Elias Pereira, G., et al.(2012) Development and validation of automatic HS-SPME with a gas chromatography-ion trap/mass spectrometry method for analysis of volatiles in wines. Talanta, 101, 177-186.

19. Ong, P.K.C. and Acree, T.E.(1999) Similarities in the aroma chemistry of Gewürztraminer variety wines and lychee(*Litchi chinesis* Sonn.) fruit. Journal of Agricultural and Food Chemistry, 47(2),

665-670.

20. Guth，H.(1996) Determination of the configuration of wine lactone. Helvetica Chimica Acta，79(6)，1559-1571.
21. Guth，H.(1997) Identification of character impact odorants of different white wine varieties. Journal of Agricultural and Food Chemistry，45(8)，3022-3026.
22. López，R.，Ferreira，V.，Hernández，P.，Cacho，J.F.(1999) Identification of impact odorants of young red wines made with Merlot，Cabernet Sauvignon and Grenache grape varieties: a comparative study. Journal of the Science of Food and Agriculture，79(11)，1461-1467.
23. Giaccio，J.，Capone，D.L.，Hakansson，A.E.，et al.(2011) The formation of wine lactone from grape-derived secondary metabolites. Journal of Agricultural and Food Chemistry，59(2)，660-664.
24. Selli，S.，Canbas，A.，Cabaroglu，T.，et al.(2006) Aroma components of cv. Muscat of Bornova wines and influence of skin contact treatment. Food Chemistry，94(3)，319-326.
25. Kozina，B.，Karoglan，M.，Herjavec，S.，et al.(2008) Influence of basal leaf removal on the chemical composition of Sauvignon Blanc and Riesling wines. Journal of Food Agriculture and Environment，6(1)，28-33.
26. Jouanneau，S.，Weaver，R.J.，Nicolau，L.，et al.(2012) Subregional survey of aroma compounds in Marlborough Sauvignon Blanc wines. Australian Journal of Grape and Wine Research，18(3)，329-343.
27. Herve，E.，Price，S.，Burns，G.(eds)(2003) Eucalyptol in wines showing a "*Eucalyptus*" aroma. VIIème Symposium International d'OEnologie，Actualités OEnologiques，19-21 June 2003，Bordeaux，France，Tec & Doc Lavoisier，Paris.
28. Stahl-Biskup，E.，Intert，F.，Holthuijzen，J.，et al.(1993) Glycosidically bound volatiles——a review 1986-1991. Flavour and Fragrance Journal，8(2)，61-80.
29. Ugliano，M. and Moio，L.(2006) The influence of malolactic fermentation and *Oenococcus oeni* strain on glycosidic aroma precursors and related volatile compounds of red wine. Journal of the Science of Food and Agriculture，86(14)，2468-2476.
30. Parker，M.，Pollnitz，A.P.，Cozzolino，D.，et al.(2007) Identification and quantification of a marker compound for "Pepper" aroma and flavor in Shiraz grape berries by combination of chemometrics and gas chromatography-mass spectrometry. Journal of Agricultural and Food Chemistry，55(15)，5948-5955.
31. Coelho，E.，Coimbra，M.A.，Nogueira，J.M.F.，Rocha，S.M.(2009) Quantification approach for assessment of sparkling wine volatiles from different soils，ripening stages，and varieties by stir bar sorptive extraction with liquid desorption. Analytica Chimica Acta，635(2)，214-221.
32. May，B. and Wüst，M.(2012) Temporal development of sesquiterpene hydrocarbon profiles of different grape varieties during ripening. Flavour and Fragrance Journal，27(4)，280-285.
33. Wood，C.，Siebert，T.E.，Parker，M.，et al.(2008) From wine to pepper: Rotundone，an obscure sesquiterpene，is a potent spicy aroma compound. Journal of Agricultural and Food Chemistry，56(10)，3738-3744.
34. Mattivi，F.，Caputi，L.，Carlin，S.，et al.(2011) Effective analysis of rotundone at below-threshold

levels in red and white wines using solid-phase microextraction gas chromatography/tandem mass spectrometry. Rapid Communications in Mass Spectrometry，25(4)，483-488.

35. Scarlett，N.J.，Bramley，R.G.V.，Siebert，T.E.(2014) Within-vineyard variation in the 'pepper' compound rotundone is spatially structured and related to variation in the land underlying the vineyard. Australian Journal of Grape and Wine Research，20，214-222.

36. Zhang，P.，Barlow，S.，Krstic，M.，et al.(2015) Within-vineyard，within-vine，and within-bunch variability of the rotundone concentration in berries of *Vitis vinifera* L. cv. Shiraz. Journal of Agricultural and Food Chemistry，63(17)，4276-4283.

37. Caputi，L.，Carlin，S.，Ghiglieno，I.，et al.(2011) Relationship of changes in rotundone content during grape ripening and winemaking to manipulation of the "peppery" character of wine. Journal of Agricultural and Food Chemistry，59(10)，5565-5571.

38. Winterhalter，P. and Rouseff，R.(2001) Carotenoid-derived aroma compounds: an introduction，in Carotenoidderived aroma compounds，American Chemical Society，pp. 1-17.

39. Walter，M.，Floss，D.，Strack，D.(2010) Apocarotenoids: hormones，mycorrhizal metabolites and aroma volatiles. Planta，232(1)，1-17.

40. Ross，C.F.，Zwink，A.C.，Castro，L.，Harrison，R.(2014) Odour detection threshold and consumer rejection of 1,1,6-trimethyl-1,2-dihydronaphthalene in 1-year-old Riesling wines. Australian Journal of Grape and Wine Research，20(3)，335-339.

41. Capone，D.，Sefton，M.，Pretorius，I.，Høj，P.(2003) Flavour "scalping" by wine bottle closures——the "winemaking" continues post vineyard and winery. Australia and New Zealand Wine Industry Journal，18(5)，16，18-20.

42. Sefton，M.A.，Skouroumounis，G.K.，Elsey，G.M.，Taylor，D.K.(2011) Occurrence，sensory impact，formation，and fate of damascenone in grapes，wines，and other foods and beverages. Journal of Agricultural and Food Chemistry，59(18)，9717-9746.

43. Escudero，A.，Campo，E.，Farina，L.，et al.(2007) Analytical characterization of the aroma of five premium red wines. Insights into the role of odor families and the concept of fruitiness of wines. Journal of Agricultural and Food Chemistry，55(11)，4501-4510.

44. Pineau，B.，Barbe，J.C.，Van Leeuwen，C.，Dubourdieu，D.(2007) Which impact for beta-damascenone on red wines aroma? Journal of Agricultural and Food Chemistry，55(10)，4103-4108.

第 9 章　醛类、酮类及相关化合物

9.1　引　　言

醛类和酮类产自发酵代谢产物及其氧化产物，很多时候很难辨识其来源。但是，一旦葡萄酒达到微生物稳定，额外的醛类和酮类则来源于非酶氧化路径，通常是对应的醇类氧化路径，也来源于非直接路径，如带有 α-二羰基的氨基酸的反应[1](图 9.1)。在压榨后的葡萄汁中也可以检测到来源于葡萄果实的醛类，尤其是葡萄果实脂肪酸类酶促氧化形成的 C_6 醛类(第 6 章和 23.3 节)，这些物质在葡萄酒发酵过程中会被还原为对应的醇类。

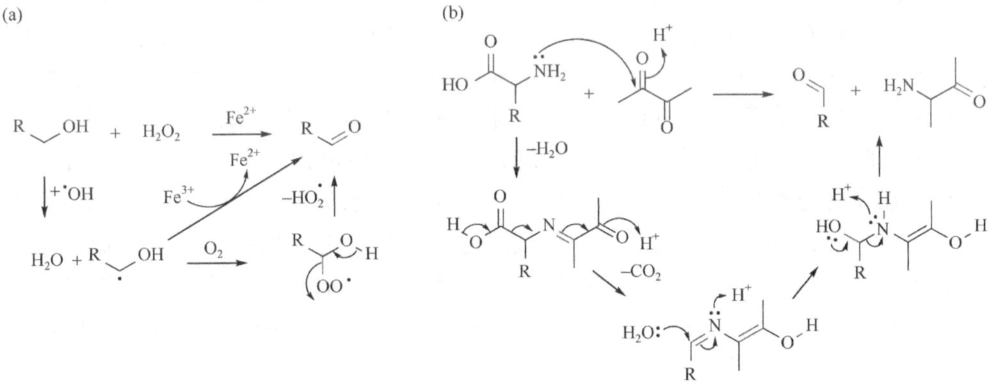

(a)

R⌒OH + H_2O_2 —Fe^{2+}→ R⌒=O

(b)

图 9.1　生成醛类和酮类的两条路径：(a)醇类的 Fenton 氧化路径；(b)氨基酸与双乙酰(葡萄酒常见成分)的 Strecker 反应(注意：烯醇的异构互变生成了 α-氨基酸酮，另一个产物未显示)

这类物质的主要性质如下：

(1) 醛类、α-二酮以及(较小程度上)酮类的羰基碳均带正电，尤其是在酸溶液中，这些物质是具有很强反应活性的亲电试剂(第 10 章)。由于葡萄酒富含亲核物质(如酚类、亚硫酸盐)，这些最具反应活性的羰基化合物在葡萄酒中的积累不会增多，它们与其他物质反应，成为葡萄酒陈酿过程的一部分；这类羰基化合物显著积累是葡萄酒高度氧化的标志(第 24 章)①。

---

① 有些葡萄酒的风格是以“氧化”香气为代表的，如雪利酒或马德拉酒是在有或没有酵母存在下与空气接触的结果。

(2) 挥发性的醛类和酮类的感官阈值通常是相应醇类的 1/100～1/1000，因此程度微小的氧化可以影响葡萄酒香气。

(3) 醛类和酮类可与重亚硫酸盐(生成磺酸盐，第 17 章)、醇类(生成半缩醛和缩醛)合成可逆的加合物，或加到黄烷酮的 A 环上形成加合物，或形成两个酚类结构的桥(第 24 章)②。

(4) 生成可逆的磺酸盐的反应会减弱有气味的羰基化合物的感官知觉，因此感官研究应该控制磺酸盐的浓度。

9.2 乙 醛

乙醛是葡萄酒醛类中被记载最多也是含量最高的，它与乙醇的化学性质相关联，通过乙醇氧化可大量生成乙醛。在标准的佐餐葡萄酒中乙醛浓度范围是 20～100 mg/L，经常在感官阈值浓度水平(40～100 mg/L)。然而它也是较强的 SO_2 结合物($K_d=1\times10^{-6}$，第 17 章)，当葡萄酒中存在 SO_2 时，只有不足 1%的乙醛以游离挥发物形式存在，因此乙醛对餐酒的重要性可能微不足道，但对含低浓度 SO_2 的葡萄酒如雪利酒有贡献[2]。乙醛的感官描述随含量不同而不同，低含量时能增加果香味；但较高含量时，可让人想起坚果；更高含量时闻起来像烂苹果(表 9.1)。乙醛是由酵母在酒精发酵过程中产生的，是生成乙醇过程的倒数第二步(22.1 节)，因此，在发酵过程中产生乙醛的总量几乎等于产生乙醇的物质的量(大约 2 M 或 90 g/L)。然而，因为大多数乙醛立刻被酵母还原成乙醇，据报道，在红葡萄酒中其最终浓度平均为 25 mg/L，白葡萄酒中平均为 40 mg/L[3]，且随酵母菌株和葡萄汁初始 SO_2 浓度而有所变化(第 17 章)。发酵结束后，乙醇通过 Fenton 反应也可氧化产生额外的甲醛(图 9.1)。

9.3 中短链醛类

9.3.1 高级醇衍生的醛类

高级醇很容易被氧化成醛类，由于葡萄酒中高级醇浓度较高(几百 mg/L，第 6 章)，某些可以氧化产生超过阈值浓度的有气味的醛类。短支链醛类(C_4 和 C_5)，包括 2-甲基戊醛和 2-/3-甲基丁醛，具有果干、木头味和甜香、杂醇类型的香气(表 9.1)，这些物质在很多葡萄酒中被发现，在任意陈年的葡萄酒中都存在，其中在陈年的波特酒和雪利酒中含量特别高。在新酒中这些醛类的含量在 5～10 μg/L，

② 红葡萄酒颜色的适宜发展取决于氧化产物与单宁和花青素之间的反应，见第 25 章。

但在陈年的氧化酒中，其含量可高达 20～80 μg/L[4]。和乙醛类似，这些醛类已被证明可参与类黄酮的反应[15]。

甲硫基丙醛(煮马铃薯味)和苯乙醛(花香)是非常强势的醛类，是由相应的醇氧化产生的，而相应的醇则分别来源于甲硫氨酸和苯丙氨酸(第 6 章)，这两种醛具有煮蔬菜、蜂蜜和其他发酵食物的香气。在陈年葡萄酒中这两种醛的含量通常较高，且与品质下降[4]和氧化特性[9]强烈相关。

表 9.1　葡萄酒中的醛类和酮类(引自文献[3-14])

名称	结构	香气描述	阈值/(μg/L)	浓度范围/(μg/L)
乙醛	CH_3CHO	果味至烂苹果	100	ND～21100
2-甲基丙醛(异丁醛)		香蕉、甜瓜、清漆、奶酪	6	1～200
2-甲基丁醛		青草、果香	16	3～100
3-甲基丁醛(异戊醛)		未成熟香蕉、苹果、奶酪、戊烷味	4	40～250
辛醛	$CH_3(CH_2)_6CHO$	柑橘	2.5	0.04～6
壬醛	$CH_3(CH_2)_7CHO$	柑橘	2.5	0.05～9
癸醛	$CH_3(CH_2)_8CHO$	柑橘	1.25	0.07～1.6
(*E*)-2-辛烯醛	$H_3C(CH_2)_4CH{=}CHCHO$		3	0.04～4
(*E*)-2-壬烯醛	$H_3C(CH_2)_5CH{=}CHCHO$	油脂	0.6	0.1～9
甲硫基丙醛[9]		煮马铃薯、卷心菜	0.5	0.5～80
苯乙醛		花香	1	2.5～130

续表

名称	结构	香气描述	阈值/(μg/L)	浓度范围/(μg/L)
双乙酰	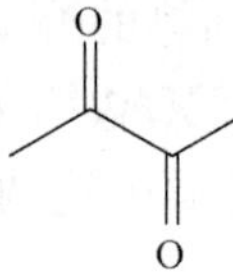	黄油	100	5～7500
乙偶姻	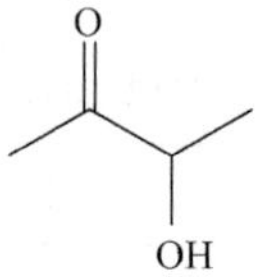	黄油、奶油	15000	100～60000
糠醛	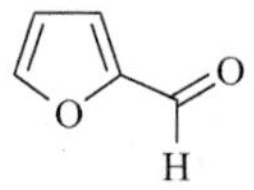	焦糖	15000	0～5000
葫芦巴内酯	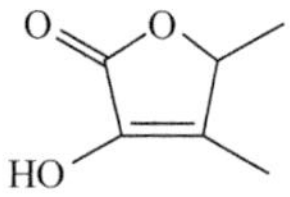	枫糖	8	1～6
3-甲基-2,4-壬二酮	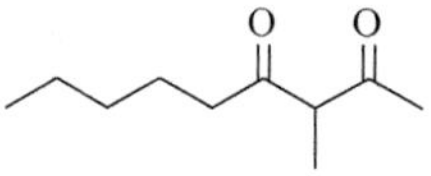	西梅干、薄荷、茴香	0.016	0.004～0.3
1,1-二乙氧基乙烷	$CH_3CH(OCH_2CH_3)_2$	甘草糖、绿水果	1400	500～70000
2-甲基-4-羟甲基二氧戊环和二氧己环异构体	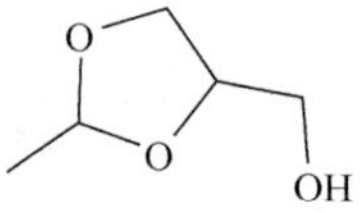	甜香、波特酒	100000(4个异构体混合)	200～1400
非挥发物				
丙酮酸	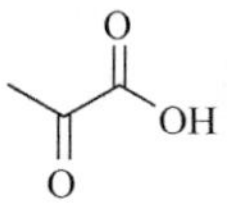			平均浓度：14000，红葡萄酒；25000，白葡萄酒
乙醛酸	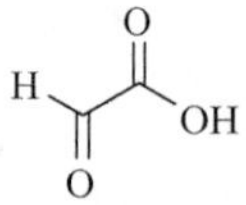			NR[a]
乙二醛	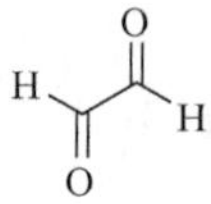			100～2000
甲基乙二醛	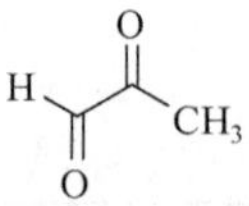			100～1000

a. 未见报道，推测以反应产物存在。

9.3.2 中链醛类

中链醛类(C_8～C_{10})存在于许多食物中，能赋予葡萄酒柑橘的气味(表 9.1)，这类物质被添加到许多食物、化妆品和清洁剂中，因此它们在现代环境中普遍存在③。它们的浓度通常和指定酒有关，感官效果往往是附加的。但是，由于含量较低，中链醛类被认为对感官特征的影响很小，即使不含这类物质的酒也会有相似的柑橘香气[7]。

9.3.3 (*E*)-2-烯醛

有一类 *α*, *β*-不饱和醛，在 2 号位有一个(*E*)-(反式)-双键。葡萄酒中含量最多的(*E*)-2-烯醛是中等长度碳链(C_6～C_9)的，其中(*E*)-2-壬烯醛含量最高。C_6 形式的(*E*)-2-烯醛[(*E*)-2-已烯醛，青草味]是由亚麻酸酶促氧化产生的，在葡萄醪中含量达到最高(23.3 节)，但在发酵过程中被大量代谢。其他(*E*)-2-烯醛类物质具有蘑菇、霉菌、泥土、灰尘气味(表 9.1)。在发酵结束的葡萄酒中，这类物质很可能来源于不饱和脂肪酸的非酶降解。(*E*)-2-烯醛通常与负面香气特征和葡萄酒低价位相关，在大多数葡萄酒中，其浓度没有超过阈值水平，除非被氧化或者经过长时间陈酿。

9.3.4 1,2-或*α*-二羰基化合物

这类化合物含有两个相邻的羰基基团，许多这类物质是由微生物代谢产生的。例如，双乙酰(黄油味)主要由乳酸菌代谢产生(22.5 节)，它和葡萄酒中黄油气味相关(表 9.1)。乙偶姻是略为强势的 *α*-羟基羰基化合物，它与双乙酰紧密相关，通过还原双乙酰中的一个羰基基团形成，而 2,3-丁二醇则需要进一步还原。通过双乙酰对乙偶姻的比例可判断乳酸氧化的程度[16]，这类物质被认为和硫醇反应产生强势的具有烘烤和草本植物气味的杂环类物质[17]。在商业葡萄酒中双乙酰典型浓度为 0.2～2.5 mg/L，但在苹乳发酵过程中可达该浓度的 2～3 倍。如图 9.1 所示，双乙酰和其他 1,2-二羰基化合物都可以和氨基酸发生 Strecker 反应，产生其他具有气味的醛类物质。

乙二醛和甲基乙二醛既可以来自微生物代谢，也可以来自非生物氧化过程，如美拉德反应[18]，这两种物质在葡萄酒中的浓度范围为 0.1～2 mg/L。和其他醛类类似，预计其浓度会因为乙二醛与类黄酮反应而随时间降低。乙二醛接近无味，但它的一些次级反应可能会形成具有气味的杂环类物质，如噻唑[19]。除了含量较多的 *α*-二羰基化合物如双乙酰和乙二醛外，类似的还有 2,3-戊二酮以及苯甲酰甲

③ 含 8～13 个碳的合成醛类是 1921 年 Ernest Beaux 创造的著名香水香奈儿 5 号的关键创新。

醛。在苹乳发酵过程中，所有这些物质含量都增加，但随后如果葡萄酒带酒脚陈酿，这些物质会由于酶促还原其含量减少(22.5 节)，如果葡萄酒被过滤，含量则相对稳定[8]。

最近在葡萄酒中鉴定出中等碳链的 β-二酮——3-甲基-2,4-壬二酮，这是在一个关于氧化的陈年红葡萄酒的李子干气味特征的研究中被发现的，该物质在模拟酒中的气味描述取决于其浓度，同时包含了薄荷和茴香味[20]。其在模拟酒中的感官阈值极低，只有 16 ng/L；在陈年波尔多红葡萄酒中，该物质浓度似乎可以在其阈值之上。因此，3-甲基-2,4-壬二酮可能是陈年葡萄酒香气特征的一个典型贡献者。虽然已知在大豆油中它的合成与不饱和脂肪酸有关，但在葡萄酒中的来源尚不清楚。

9.4　复杂的羰基化合物

大量的羰基化合物来自复杂前体物分子如有机酸的氧化，有机酸氧化可产生高度功能化的产物。这些前体物中许多本身就产自氧化反应，但也是发酵过程中微生物代谢的产物，因此，在一款特定葡萄酒中它们的来源很难辨别。通常这些物质因其多重氧化基团而不具有香气，但它们的重要性在于其反应活性，以及通过与花色苷和/或单宁反应来保护葡萄酒颜色、收敛性(第 14、16、25 章)。

据报道葡萄酒中存在一些 α-酮基羧酸(如 α-酮酸，22.3 节)，其相对较高的含量可能有利于结合 SO_2(第 17 章)。丙酮酸产生于酵母代谢(22.1 节)，也产生于乳酸和苹果酸的 Fenton 氧化反应，它可与花色苷反应生成稳定色素(第 16 章)，因而引起人们很大的兴趣。已报道的典型丙酮酸含量范围很大，发酵结束后其含量为 100 mg/L，商业红葡萄酒中均值为 14 mg/L，白葡萄酒中其均值为 25 mg/L[21]。在白葡萄酒中其有较高的含量很可能是由于酚类物质含量较低，因为这些酚类物质能和丙酮酸发生反应。葡萄酒中的乙醛酸很少被直接检测[22]，但已观察到它和类黄酮反应的许多产物[23](第 24 章)。据 Fenton 推测[24]，乙醛酸产生于酒石酸的 Fenton 氧化反应。α-酮戊二酸是氮代谢的一个重要中间产物(22.3 节)，在白葡萄酒中的典型浓度为 22 mg/L，红葡萄酒中为 74 mg/L[21]。

葫芦巴内酯是一个强势的香气物质，能让人想起枫糖，是氧化型葡萄酒如波特酒、黄葡萄酒和雪利酒的一个重要香气组分，但在白葡萄酒中似乎能减少品种香气④。研究表明，葫芦巴内酯在干型葡萄酒中产生于 2-酮基丁酸(产生于酵母代

④ 葫芦巴内酯在葫芦巴中含量很高，葫芦巴是一种地中海、中东和印度菜的常见香料。2009 年，在曼哈顿空气中弥漫着一种枫糖浆的气味，开始一些人怀疑是恐怖分子的化学武器袭击，最终确定是在新泽西州伯根县的一家工厂加工葫芦巴所致。

谢或者抗坏血酸降解)和乙醛的反应[25]。在餐酒中，葫芦巴内酯的含量通常低于其在干白葡萄酒中的阈值(8 μg/L)，但在氧化型酒中含量要高很多[26]。在甜型、热氧化葡萄酒如马德拉(Madeira)酒中的含量高达 2000 μg/L。葡萄酒中葫芦巴内酯在高糖、高温环境下的形成机制尚未明确。

糠醛及其衍生物存在于许多类型的酒中，如加热的葡萄酒(如马德拉)⑤，或经木桶陈酿的酒，醛类形成于木桶烘烤过程中(第 25 章)。在马德拉酒那样煮过的酒中，这类物质主要通过糖类的酸催化降解产生(机制见第 25 章)，这样的酒含有与麦芽酚和甲基环戊烯醇酮有关的醛类，这些醛类也可以来自糖类的降解[27]。霞多丽葡萄酒从首轮使用的木桶中(陈酿 6 个月)萃取出来的糠醛浓度为 2～6 mg/L，在相同橡木桶中，第二次使用时只萃取出 0.2～1.1 mg/L[28]；在第一年使用的橡木桶中萃取出的 5-甲基糠醛为 0.4～1.0 mg/L，第二年为 0.1～0.4 mg/L(第 25 章介绍更多的橡木萃取物)。据报道，在马德拉酒中糠醛浓度为 1～24 mg/L，羟甲基糠醛为 1～74 mg/L[29]。

其他一些种类的羰基化合物也曾经被认为对葡萄酒香气十分重要，但其呈现的浓度远在阈值之下，如雪利酒中的索洛酮。苯甲醛(杏仁膏味、樱桃味)的含量通常远低于其感官阈值 2000 μg/L[30]，但在涂了环氧树脂涂层的罐中陈酿的葡萄酒中可能会超过其阈值，然而它可能对碳浸渍法酿造的葡萄酒特征香气有所贡献。

9.5　羰基反应活性

由于醛类和酮类的亲电性质，这类物质的通用反应为添加水和/或醇而形成水合物[如 $R_2C(OH)_2$]、半缩醛[如 $R_2C(OH)OR'$，$R'\neq H$]或缩醛[如 $R_2C(OR')_2$，$R'\neq H$，R′基团可不同，提供混合的乙缩醛](第 2 章)。在水和酸存在下，这些水合物和半缩醛很快会与母羰基化合物达到平衡，但缩醛则因为它们独立的半缩醛而需较长的平衡时间。葡萄酒中混合缩醛的常见例子是：糖苷形态的醇类和酚类，如香叶醇和槲皮素的糖苷态(第 8 章和第 15 章)，但这里重点介绍更简单的、挥发性的缩醛的反应。

最简单的缩醛是 1,1-二乙氧基乙烷，其产生于乙醇和乙醛的反应(图 9.2)。据报道，它在某些葡萄酒中含量超过其阈值，在模拟酒中具有苹果和甘草汁的气味[31](表 9.1)。它的初始浓度取决于产生的乙醛的量(如通过乙醇氧化)，乙醛量随着氧化反应减缓而减少，乙醛也会被其他反应消耗掉，如与黄酮类的反应(图 9.3)或微生物代谢。

---

⑤ 糠醛和羟甲基糠醛(HMF)也是果汁工业中(如在橙汁生产中)过度热处理的典型标志性组分。

$$CH_3CH_2OH + CH_3CHO \underset{H^+}{\rightleftharpoons} CH_3CHOH(OCH_2CH_3) + CH_3CH(OCH_2CH_3)_2$$

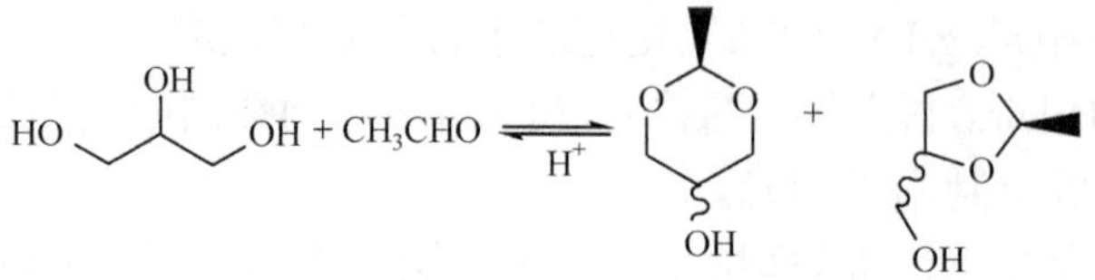

$$HOCH_2CH(OH)CH_2OH + CH_3CHO \underset{H^+}{\rightleftharpoons}$$

顺式和反式异构体

图 9.2　在酸性水醇溶液中乙缩醛平衡

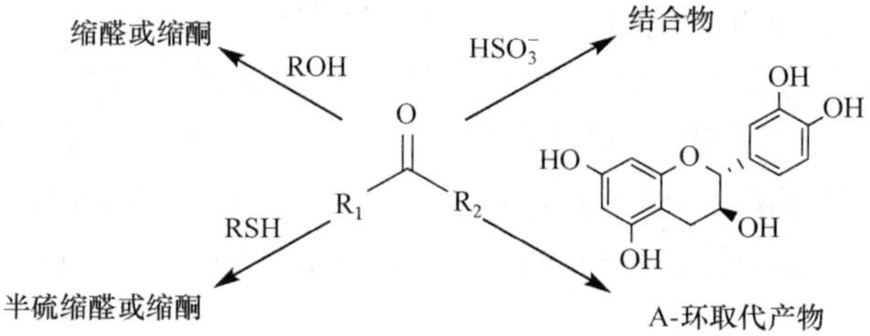

缩醛或缩酮　ROH　HSO_3^-　结合物　RSH　半硫缩醛或缩酮　A-环取代产物

图 9.3　葡萄酒中羰基化合物可能发生的反应

乙醛也与其他醇类发生反应，如与葡萄酒中含量最多的多元醇甘油反应(第 2 章和 22.1 节)。由于甘油分子的羟基在 3 个不同位置上，因此，它可以形成 2 种不同的环形缩醛：二氧戊环和二氧己环(图 9.2)[32]。这些环状结构有顺式和反式((*Z*)-和(*E*)-)异构体，每种又包含 2 个立体异构体，共有 4 种物质，其香气被描述为"甜香"和"陈年波特"(表 9.1)。这些产物具有相当的极性，除非酒已经被氧化到相当的程度，否则其香气影响力较弱。但它们也被建议作为葡萄酒氧化或储酒条件较差的标志[11]。另一个相关的环状缩醛是由乙醛和 2,3-丁二醇/还原态的二乙酰(和乙偶姻)产生的 2,4,5-三甲基-1,3-二氧戊环，在关于氧化酒的研究中该物质已被多次报道[33]，它似乎能贡献生青味和醛味特征。葡萄酒中类似的气味被认为产生于乙醛和其他多醇反应生成的缩醛。除了这些缩醛外，醛类和酮类在葡萄酒中部分以水合态形式存在，因为这些形式能迅速达到平衡，用分析手段如气相色谱一般检测不到水合态，因为其在注射进样过程中已发生脱水。

羰基化合物也可与葡萄酒中其他亲核物质发生可逆反应，这些亲核物质包括重亚硫酸盐、类黄酮的间苯三酚环以及硫醇(图 9.3)，羰基化合物代表一类主要的 SO_2 键合物，这些 SO_2 的键合态减弱了其抗微生物和抗氧化活性(第 17 章)[34]。对羰基化合物和类黄酮的反应已有很好的论述[35](第 14 章和第 16 章)，但与硫醇的反应尚未被很好地研究[36](第 24 章)。关于醛类或酮类的任何分析都应考虑这些不同种类的副产物在分析过程中释放出羰基的可能性。

参 考 文 献

1. Pripis-Nicolau, L., de Revel, G., Bertrand, A., Maujean, A.(2000) Formation of flavor components by the reaction of amino acid and carbonyl compounds in mild conditions. Journal of Agricultural and Food Chemistry, 48(9), 3761-3766.
2. Escudero, A., Asensio, E., Cacho, J., Ferreira, V.(2002) Sensory and chemical changes of young white wines stored under oxygen. An assessment of the role played by aldehydes and some other important odorants. Food Chemistry, 77(3), 325-331.
3. Jackowetz, J.N. and Mira de Ordu.a, R.(2013) Survey of SO_2 binding carbonyls in 237 red and white table wines. Food Control, 32(2), 687-692.
4. Cullere, L., Cacho, J., Ferreira, V.(2007) An assessment of the role played by some oxidation-related aldehydes in wine aroma. Journal of Agricultural and Food Chemistry, 55(3), 876-881.
5. San Juan, F., Cacho, J., Ferreira, V., Escudero, A.(2012) Aroma chemical composition of red wines from different price categories and its relationship to quality. Journal of Agricultural and Food Chemistry, 60(20), 5045-5056.
6. Bartowsky, E.J., Francis, I.L., Bellon, J.R., Henschke, P.A.(2002) Is buttery aroma perception in wines predictable from the diacetyl concentration? Australian Journal of Grape and Wine Research, 8(3), 180-185.
7. Cullere, L., Ferreira, V., Cacho, J.(2011) Analysis, occurrence and potential sensory significance of aliphatic aldehydes in white wines. Food Chemistry, 127(3), 1397-1403.
8. de Revel, G., Pripis-Nicolau, L., Barbe, J.C., Bertrand, A.(2000) The detection of alpha-dicarbonyl compounds in wine by formation of quinoxaline derivatives. Journal of the Science of Food and Agriculture, 80(1), 102-108.
9. San-Juan, F., Ferreira, V., Cacho, J., Escudero, A.(2011) Quality and aromatic sensory descriptors (mainly fresh and dry fruit character) of Spanish red wines can be predicted from their aroma-active chemical composition. Journal of Agricultural and Food Chemistry, 59(14), 7916-7924.
10. Lavigne, V., Pons, A., Darriet, P., Dubourdieu, D.(2008) Changes in the sotolon content of dry white wines during barrel and bottle aging. Journal of Agricultural and Food Chemistry, 56(8), 2688-2693.
11. Ferreira, A.C.D., Barbe, J.C., Bertrand, A.(2002) Heterocyclic acetals from glycerol and acetaldehyde in port wines: evolution with aging. Journal of Agricultural and Food Chemistry, 50(9), 2560-2564.
12. Pons, A., Lavigne, V., Darriet, P., Dubourdieu, D.(2011) Determination of 3-methyl-2, 4-nonanedione in red wines using methanol chemical ionization ion trap mass spectrometry. Journal of Chromatography A, 1218(39), 7023-7030.
13. Guth, H.(1997) Quantitation and sensory studies of character impact odorants of different white wine varieties. Journal of Agricultural and Food Chemistry, 45(8), 3027-3032.
14. Cutzach, I., Chatonnet, P., Dubourdieu, D.(2000) Influence of storage conditions on the formation of some volatile compounds in white fortified wines(vins doux naturels) during the aging process. Journal of Agricultural and Food Chemistry, 48(6), 2340-2345.

15. Pissarra, J., Lourenco, S., Gonzalez-Paramas, A.M., et al.(2004) Structural characterization of new malvidin 3-glucoside-catechin aryl/alkyl-linked pigments. Journal of Agricultural and Food Chemistry, 52(17), 5519-5526.
16. Nielsen, J.C. and Richelieu, M.(1999) Control of flavor development in wine during and after malolactic fermentation by *Oenococcus oeni*. Applied and Environmental Microbiology, 65(2), 740-745.
17. Marchand, S., de Revel, G., Bertrand, A.(2000) Approaches to wine aroma: release of aroma compounds from reactions between cysteine and carbonyl compounds in wine. Journal of Agricultural and Food Chemistry, 48(10), 4890-4895.
18. Wang, Y. and Ho, C.T.(2012) Flavour chemistry of methylglyoxal and glyoxal. Chemical Society Reviews, 41(11), 4140-4149.
19. de Revel, G., Marchand, S., Bertrand, A.(2004) Identification of Maillard-type aroma compounds in winelike model systems of cysteine-carbonyls: cccurrence in wine, in Nutraceutical beverages: chemistry, nutrition, and health effects(eds Shahidi, F. and Weerasinghe, D.K.), American Chemical Society, Washington, pp. 353-364.
20. Pons, A., Lavigne, V., Eric, F., et al.(2008) Identification of volatile compounds responsible for prune aroma in prematurely aged red wines. Journal of Agricultural and Food Chemistry, 56(13), 5285-5290.
21. Jackowetz, J.N. and de Orduna, R.M.(2013) Improved sample preparation and rapid UHPLC analysis of SO_2 binding carbonyls in wine by derivatisation to 2,4-dinitrophenylhydrazine. Food Chemistry, 139(1-4), 100-104.
22. Blouin, J.(1966) Contribution to study of binding of sulphur dioxide in musts and wines. I. Annales de Technologie Agricole, 15(3), 223-287.
23. Es-Safi, N.E., Le Guerneve, C., Cheynier, V., Moutounet, M.(2000) New phenolic compounds formed by evolution of (+)-catechin and glyoxylic acid in hydroalcoholic solution and their implication in color changes of grapederived foods. Journal of Agricultural and Food Chemistry, 48(9), 4233-4240.
24. Fenton, H.(1894) Oxidation of tartaric acid in the presence of iron. Journal of the Chemical Society, 75, 1-11.
25. Pons, A., Lavigne, V., Landais, Y., et al.(2010) Identification of a Sotolon Pathway in dry white wines. Journal of Agricultural and Food Chemistry, 58(12), 7273-7279.
26. Moyano, L., Zea, L., Moreno, J.A., Medina, M.(2010) Evaluation of the active odorants in Amontillado sherry wines during the aging process. Journal of Agricultural and Food Chemistry, 58(11), 6900-6904.
27. Belitz, H.D., Grosch, W., Schieberle, P.(2009) Food Chemistry, Springer-Verlag, Berlin.
28. Towey, J.P. and Waterhouse, A.L.(1996) The extraction of volatile compounds from French and American oak barrels in Chardonnay during three successive vintages. American Journal of Enology and Viticulture, 47, 163-172.
29. Camara, J.S., Alves, M.A., Marques, J.C.(2006) Changes in volatile composition of Madeira wines during their oxidative ageing. Analytica Chimica Acta, 563(1-2), 188-197.

30. Peinado, R.A., Moreno, J., Bueno, J.E., et al.(2004) Comparative study of aromatic compounds in two young white wines subjected to pre-fermentative cryomaceration. Food Chemistry, 84(4), 585-590.
31. Moyano, L., Zea, L., Moreno, J., Medina, M.(2002) Analytical study of aromatic series in sherry wines subjected to biological aging. Journal of Agricultural and Food Chemistry, 50(25), 7356-7361.
32. Peterson, A.L., Gambuti, A., Waterhouse, A.L.(2015) Rapid analysis of heterocyclic acetals in wine by stable isotope dilution gas chromatography-mass spectrometry. Tetrahedron, 71(20), 3032-3038.
33. Escudero, A., Cacho, J., Ferreira, V.(2000) Isolation and identification of odorants generated in wine during its oxidation: a gas chromatography-olfactometric study. European Food Research and Technology, 211(2), 105-110.
34. Han, G.M., Wang, H., Webb, M.R., Waterhouse, A.L.(2015) A rapid, one step preparation for measuring selected free plus SO_2-bound wine carbonyls by HPLC-DAD/MS. Talanta, 134, 596-602.
35. Drinkine, J., Lopes, P., Kennedy, J.A., et al.(2007) Analysis of ethylidene-bridged flavan-3-ols in wine. Journal of Agricultural and Food Chemistry, 55(4), 1109-1116.
36. Sonni, F., Clark, A.C., Prenzler, P.D., et al.(2011) Antioxidant action of glutathione and the ascorbic acid/glutathione pair in a model white wine. Journal of Agricultural and Food Chemistry, 59(8), 3940-3949.

第 10 章　硫醇和相关的硫化物

10.1　引　　言

与氧和氮相同，硫是一种常见的杂原子，存在于从自然来源获得的有机分子中。硫元素在元素周期表中位于氧元素下方，因此具有类似的电子结构，并可形成类似的化合物，如许多有机化合物[醇(ROH)和硫醇(RSH)]，但由于其 d 轨道的存在及形成复合键的能力(如硫元素可以扩展至八偶体)，硫会呈现不同的性质。此外，硫原子比氧原子更大，电负性更弱，与含氧类似物相比，这些将影响含硫化合物的相对反应活性。本章将讨论氧化还原状态⩽0 的含硫化合物，也称为硫的“还原”形式，这与葡萄酒香气和葡萄酒氧化还原化学有关。有关二氧化硫(SO_2)的化学性质，将在第 17 章讨论。

10.1.1　重要化合物的性质和反应

与氧类似物相比，硫化合物的化学性质更容易讨论。类似于氧，硫的主要氧化价态为−2，但也有其他价态(高达+6，表 10.1)。因此，硫化合物参与的反应大多数是氧化还原反应，涉及氧化态的变化。葡萄酒中还原态的含硫化合物的主要化学性质概述如下：

(1) 硫醇的亲核性。硫醇的亲核性高于醇，其原因在于：与氧相比，硫原子价电子与原子核的距离更大，所以更加极化，同时硫的电负性较低，意味着它的孤对电子更容易形成键。作为亲核试剂，硫醇可以参与与亲电试剂如醛类和醌类的反应。

(2) S—H 键比 O—H 键极性弱，这导致氢键成键能力更弱，如 H_2O(液态)和 H_2S(气态)在室温下的性质(更多的相关内容见第 1 章)。

(3) 硫醇的酸度。S—H 键比 O—H 键弱，硫醇盐中较大的硫原子上的负电荷具有较强的解离作用，所以 H_2S 和硫醇的酸性比 H_2O 和醇类强(如乙硫醇的 pK_a=8.5，对应的乙醇的 pK_a=15.9)。

(4) 硫醇/重亚硫酸盐的氧化还原化学。C—S 键与 C—O 键强度相似，而 C═S

键比 C═O 键弱，S—S 键(250 kJ/mol)比 O—O 键强(150 kJ/mol)[①]。S—S 键可由硫醇氧化产生二硫化物(RSSR)而形成[②]，二硫桥对蛋白质的结构和功能十分重要。

(5) 与过渡金属的反应。金属离子(如铜和铁)将促进形成类似二硫化物的氧化还原反应，并参与金属硫化物和硫-金属复合物的形成。

表 10.1　葡萄酒中含硫化合物参与的化学反应

氧化价态[a]	化合物类型	反应实例[b]
–2	硫化物	$2H_2S + CO_2 \xrightarrow{H^+} CS_2 + 2H_2O$
		H_2S + ROH 或 RCHO $\xrightarrow{H^+}$ RSH + H_2O
	硫醇	$2RSH \xrightarrow{[O]} RSSR$
		RSH+亲电物质 ⟶ RS-亲电物质
		$RSH \xrightarrow{Cu^+/Cu^{2+}} CuSR$
	烷基硫醚	R–S–R $\xrightarrow{[O]}$ R–S(=O)–R
	硫代酯	R–C(=O)–SR′ + H_2O $\xrightarrow{H^+}$ R′SH + R–C(=O)–OH
–1	烷基二硫化物	$RSSR \xrightarrow{[H]} 2RSH$
		RSSR + R′SH ⟶ RSSR′ + RSH
0	亚砜	R–S(=O)–R $\xrightarrow{[H]}$ R–S–R

a. 也可能有+4 价态(如二氧化硫、重亚硫酸盐和亚硫酸盐)和+6 价态(如硫酸盐)的氧化态；涉及这些化合物的反应在他处描述。

b. 可能涉及化学和/或酶促转化，其中部分是假定的；[O] = 氧化，[H] = 还原。

10.1.2　含硫化合物与葡萄酒香气

与葡萄酒香气相关的含硫化合物主要是葡萄成分或其他底物在微生物作用下产生的，葡萄栽培、酿酒和储藏对不同风格酒中的含硫化合物都有影响，由此产生的多样性对葡萄酒感官特性和品质均有重要作用。多种类型的挥发性硫化合物

① 这种额外的键强导致了与氧的显著差异，硫原子具有成环的倾向(与其他硫原子连接成键)，如同元素硫中的环状 S_8 同素异形体。在非金属元素中，这种相似原子间成键或成环的能力只有碳可以与其相比。

② 注意 S—S 键对包括其他硫醇在内的亲核试剂的攻击十分敏感，可通过硫醇-二硫化物交换而生成混合的二硫化物(如 RSSR)和其他硫醇。

(主要是还原状态的硫化合物，也就是氧化价态为–1 或–2 的化合物，表 10.1)对葡萄酒以及其他食物(如大蒜、卷心菜、烤肉)和饮料(如咖啡、啤酒)的香气十分重要[1]。挥发性硫化合物的香气描述和检测阈值十分宽泛，对葡萄酒香气的影响可能是积极的或消极的，这取决于化合物的性质和浓度。表 10.2 概述了在葡萄酒中发现的挥发性硫化合物的特性。

表 10.2　在葡萄酒中发现的挥发性硫化合物的指示性气味描述、阈值和气味活性值[2–8]

化合物类型	实例 a	结构式	香气描述	阈值/(ng/L)	OAV(最大)
硫醚	硫化氢(H_2S)	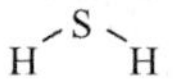	臭鸡蛋	1000	35
烷基硫醇	甲基硫醇(MeSH)		腐败	2000	8
	乙基硫醇(EtSH)	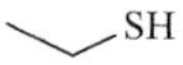	洋葱、橡胶	1000	19
烷基硫醚	二甲基硫醚(DMS)	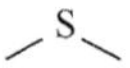	卷心菜、芦笋、松露	25000	30
	二乙基硫醚(DES)	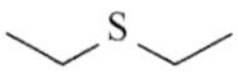	大蒜、橡胶	1000	30
	3-甲硫基-1-丙醇		马铃薯、花椰菜	1000000	6
烷基二硫化物	二甲基二硫化物(DMDS)	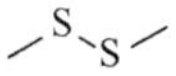	洋葱、卷心菜、芦笋	29000	<1
	二乙基二硫化物(DEDS)	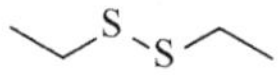	洋葱	4000	22
硫代酯	硫代乙酸甲酯(MeSAc)	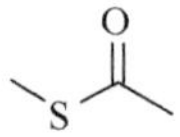	奶酪、鸡蛋	50000	2
	硫代乙酸乙酯(EtSAc)	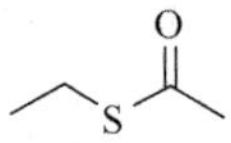	大蒜、洋葱	10000	18
多官能团硫醇	3-巯基-1-乙醇(3-MH)	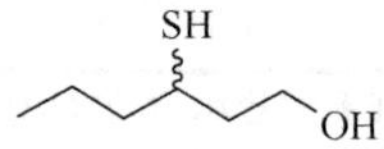	西柚、西番莲	60	310
	乙酸-3-巯基己酯(3-MHA)	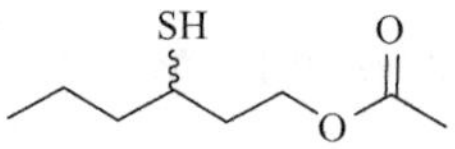	西番莲、黄杨	4	625
	4-巯基-4-甲基-2-戊酮(4-MMP)	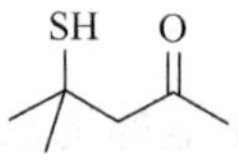	黄杨、番石榴	3	30
	4-巯基-4-甲基-2-戊醇(4-MMPOH)	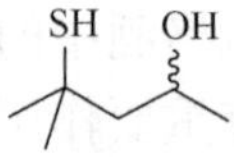	柑橘	55	2
S-杂环	苯并噻唑(BT)	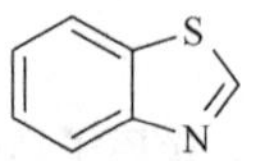	橡胶	50	<1
	2-甲基四氢噻吩-3-酮(MTHT)	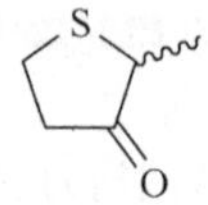	天然气、硫磺	90	5

续表

化合物类型	实例[a]	结构式	香气描述	阈值/(ng/L)	OAV(最大)
芳香环硫醇	苯甲硫醇(BMT)	SH	烟熏、打火石	0.3	440(1330)[b]
	2-呋喃甲硫醇[(2-糠硫醇(FFT)]	O SH	焙烤咖啡	0.4	560(13750)[b]
	2-甲基-3-呋喃硫醇(MFT)	O SH	煮过的肉	3	66

a. 现在更倾向于采用 IUPAC 命名法中的“磺酰基”(sulfanyl)(如 RS—，R≠H)和“硫醇”(thiol)(如 RSH，R≠H)，以取代这些化合物在已废弃的系统命名法中的“巯基”(mercapto)和“硫基醇”(mercaptan)，然而，因为熟知度高，旧的术语目前仍可互换使用；例如，在文献中 3-巯基-1-己醇表示为 3-磺酰基-1-己醇(3-SH)，用 methanethiol 表示 methyl mercaptan。IUPAC 命名法中的前缀“thio”表示氧原子被硫原子取代(如 thioacetate，硫代乙酸盐)，所以“sulfanyl”(磺酰基)用于 3-(methylsulfanyl)propan-1-ol(methionol，甲基硫醇)的系统名，而非“thio”；两种前缀在文献中均能找到，3-(methylthio)propan-1-ol 也用于指代甲硫醇。手性化合物用它们的外消旋体表示。

b. 来自一项陈酿香槟葡萄酒的研究(瓶储长达 27 年)[9]。

表 10.2 列出的含硫呈香组分在葡萄果实中常不能被检出，但在酿造过程中可根据它们的来源归类，有些化合物的前体可以追溯到葡萄(葡萄品种)，而另一些化合物则来自酵母代谢产物(发酵)，或在大容器(如橡木桶)或瓶中储存葡萄酒时产生。大多数情况下，这些前体物是不挥发的有机硫化物，以氨基酸、多肽及其偶合物形式存在，这些不挥发的前体物将在随后描述含硫香气组分时介绍，发酵过程中硫化合物转化的相关内容将在 22.4 节介绍。无机硫化物(如亚硫酸盐、硫酸盐或硫元素)被酵母代谢后也会在很大程度上影响葡萄酒香气，因此，亚硫酸/二氧化硫对酿酒具有整体的重要性，这将在第 17 章单独介绍。

10.2　品种特异的含硫化合物——多官能团硫醇

一些贡献葡萄酒香气的硫醇来自葡萄浆果。果香硫醇如 3-巯基-1-己醇(3-mercaptohexan-1-ol，3-MH)、乙酸-3-巯基己酯(3-mercaptohexyl acetate，3-MHA)和 4-巯基-4-甲基-2-戊酮(4-mercapto-4-methylpentan-2-one，4-MMP)，具有令人愉悦的柑橘和热带水果味(表 10.2)，对特定葡萄品种尤为重要。这些硫醇因带有额外的含氧官能团而被记为多官能团的硫醇，并且它们以极低的感官阈值(通常 OAV 高)和对葡萄酒香气的重大影响而广为人知。多官能团硫醇的种类随着新物质的鉴定和评价一直在增加(如 2-甲基-1-丁醇、1-戊醇和 1-庚醇的 3-磺酰基形式)，但对此的了解多数来自于关键呈香组分 4-MMP 和 3-MH/3-MHA 的研究，这些组分在长相思葡萄中含量丰富[8,10,11]。上述及其类似的硫醇也对柚子、西番莲、番石榴、黄杨木和金雀花等水果和植物的香气有重要贡献。除 3-MHA 和其他来自 3-磺酰基醇酰化而来的 *O*-乙酰化的衍生物之外，在发酵过程中果香硫醇能够从不挥发的、葡萄来源的前体物(氨基酸 *S*-结合物)中释放[8,11–13](23.2 节)。

4-MMP 以及更为广泛的 3-MH 和 3-MHA 的阈值低至 ng/L 水平，其浓度常超出它们的阈值(表 10.2)，这三种影响呈香的组分对新鲜长相思葡萄酒品种香气尤为重要，在施尤利贝(Scheurebe)、鸽笼白(Colombard)、雷司令(Riesling)、赛美蓉(Semillon)、小和大芒生(petit and gros Manseng)、琼瑶浆(Gewurztraminer)、麝香(Muscat)、歌海娜(Grenache)、美乐(Merlot)、西拉(Syrah)和赤霞珠(Cabernet Sauvignon)等品种酿造的白(含贵腐)、红和桃红葡萄酒中都能鉴定出这些组分[8,10,11](表 10.3)。值得注意的是，3-MH 和 3-MHA(和其他的手性硫醇)存在成对的对映异构体，其比例不一定是 50：50(即外消旋混合物)，对单个异构体的研究显示，正如我们对这些手性香气分子所期望的，它们在水醇介质中的香气阈值和香气品质略有差异[14]。据报道，(*R*)-3-MH 的阈值为 50 ng/L，带有橘子皮和西番莲香味，而(*S*)-3-MH 阈值为 60 ng/L，具有西柚香味。对于乙酸酯，(*R*)-3-MHA 阈值稍高，为 9 ng/L，带有西番莲香味，(*S*)-3-MHA 阈值仅为 2.5 ng/L，具有黄杨木味。因此，3-MH 和 3-MHA 异构体间的比例能够影响葡萄酒的整体果香、植物味以及热带香[15]。此外，3-MH/3-MHA 的浓度与长相思葡萄的热带/西番莲特征风味有很好的相关性[3,16]。

表 10.3 葡萄品种对葡萄酒中 3-MH、3-MHA 和 4-MMP 典型浓度的影响[3,5,17-19]

葡萄品种	葡萄酒中的浓度范围/(ng/L)		
	3-MH	3-MHA	4-MMP
长相思	25.8～18700	ND[a]～2510	<0.6～87.9
红品种混酿[b]	678～11500	4.62～154	4.83～54.2
贵腐酒[c]	2330～9650	ND	8.5～40
琼瑶浆	1340～3280	0.5～5.7	ND～15
雷司令	407～562	ND～6.4	ND～7.6

a. ND，未检出。

b. 不同比例的西拉、歌海娜、慕合怀特、神索和佳丽酿。

c. 长相思或赛美蓉。

果香硫醇可参与表 10.1 中的许多反应，其中与 *o*-醌类的亲核加成已得到很好的研究[11,20,21]。果香硫醇由于与多酚发生氧化反应产生 *o*-醌类，其含量减少，这与谷胱甘肽(GSH)反应生成 GRP 类似(第 11 章和第 24 章)。事实上，正如第 24 章描述的，GSH 有利于保护葡萄酒中的果香硫醇[22]。

硫醇也会参与一些特殊的硫醇——二硫化物化学反应并随后氧化[8]；例如，在苏玳(Sauternes)产区的贵腐酒中检测到3,3′-二硫代双(1-己醇)与其手性氧化产物(3-丙基-1,2-氧硫杂环戊烷及其 2-氧化物：3-丙基-γ-亚磺内酯，图 10.1)，它们来自 3-MH 的氧化[23]。与果香硫醇自身相比，这些二硫化物及其氧化产物(也可能是在香气化合物提取和分析时生成的[24])可能会有不同的识别阈值和香气特性。

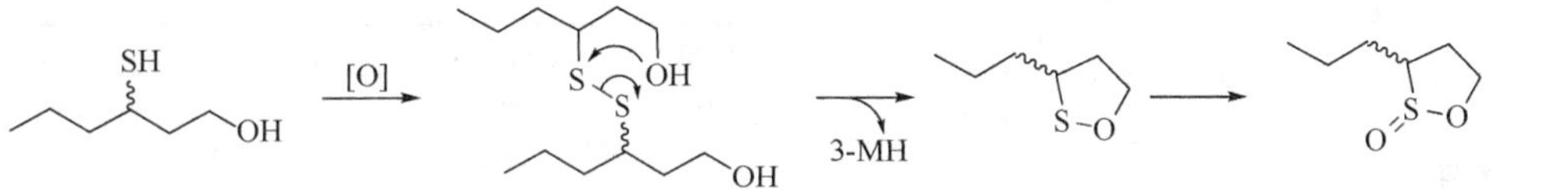

图 10.1　来自 3-MH 氧化及其二硫化物热歧化的含硫化合物

在葡萄酒陈酿中，除发生氧化反应外，含有硫醇的乙酸酯也会发生水解反应，如 3-MHA 水解为 3-MH 和乙酸；和其他乙酸酯类一样，高温可增加 3-MHA 的水解速率，从而产生重要影响[25]。这些乙酸酯比相应的水解产物具有更浓的香味，所以水解作用会导致香气强度下降。关于影响酯水解的因素在第 7 章有详细讨论。

10.3　发酵产生的含硫香气化合物

许多含硫香气组分是发酵产生的普通产物，如 H_2S、甲基硫醇(MeSH)、二甲基硫醚(DMS)、二甲基二硫化物(DMDS)、硫代乙酸盐、甲基硫醇和杂环化合物(表 10.2)；多硫化物如二甲基三硫化物和二甲基四硫化物也已被鉴定出来。这些组分常对葡萄酒香气有负面影响，且常与酵母产生 H_2S 有关。酵母可以利用多种葡萄来源的硫元素(有机的或无机的，包括硫杀菌剂、谷胱甘肽和 SO_2，但不包括主要的 SO_4^{2-})合成 H_2S，进而用于合成含硫氨基酸[26]。因此，发酵条件、营养剂和酵母菌种均会对这些硫化物的生物合成有很大的影响(22.4 节)，在最适条件下其产量更大。这些含硫香气成分对一些食品和饮料(特别是那些涉及发酵的)如啤酒、苹果酒、奶酪、热加工食品和蔬菜的香味也很重要[1]。与葡萄酒香气特别相关的是低分子量、低沸点的发酵产生的硫化物，这些化合物阈值低至 μg/L 水平，而在葡萄酒中它们的浓度接近阈值或更高(表 10.2)。含量低时，相对较丰富的组分如 H_2S 和 DMS 会对葡萄酒香气产生积极作用；H_2S 可形成新鲜葡萄酒的部分发酵香，而 DMS 浓度可达 100 μg/L，会增加葡萄酒的果香感知[4,26,27]。当葡萄酒中发酵产生的硫化物浓度过高时(如 OAV>1)，特别是它们同时存在时，会使葡萄酒呈现还原味，还原性的气味与臭鸡蛋、腐败物(污水)、洋葱、大蒜以及煮熟/罐装的蔬菜中的还原形式硫化物有关(如–1 或–2 价氧化态，表 10.1)。如表 10.4 所示，特定硫化物(如 H_2S，MeSH 和 DMS)的存在可以告诉人们一款葡萄酒是否被感知到还原味，许多商业瓶装酒具有强烈的还原味。

表 10.4　在具有明显还原味特征的商业瓶装白葡萄酒和红葡萄酒中鉴定的挥发性化合物。已除去 DMDS，EtSH，EtSAc 和 DEDS，因为它们未在多数酒样中检出(数据来自文献[4])

品种 (评估的编号)	浓度范围/(μg/L)					
	硫化氢(H_2S)	甲基硫醇 (MeSH)	硫代乙酸甲酯(MeSAc)	二甲基硫醚 (DMS)	二硫化碳 (CS_2)	二乙基硫醚 (DES)
白葡萄酒						
霞多丽(4)	1.5～5.0	3.0～8.0	ND[a]～7.0	20.0～185.0	0.5～5.0	ND
灰比诺(1)	2.0	3.0	ND	11.0	0.5	ND
雷司令(10)	0.5～35.0	ND～3.0	ND	11.0～37.1	ND～21.1	ND～0.4
长相思(6)	0.8～4.0	1.7～6.0	ND	25.0～118.2	1.0～13.5	ND～0.4
长相思、赛美蓉(4)	2.0～13.0	1.0～4.0	ND～2.1	25.0～76.0	0.5～14.8	ND～0.4
小味儿多(1)	1.0	1.6	ND	47.7	18.6	0.4
维欧尼(1)	0.5	3.0	ND	78.0	6.0	ND
红葡萄酒						
卡门、内美乐(2)	0.5～0.8	0.4～1.0	ND	102.5～106.0	3.5～15.6	ND～0.4
赤霞珠(5)	ND～1.6	ND～1.5	ND～10.0	88.0～379.5	3.0～20.0	ND～0.4
杜瑞夫(1)	2.0	2.0	18.0	61.0	1.0	ND
歌海娜、西拉、美乐(1)	0.7	0.7	ND	111.0	18.0	0.4
美乐(3)	0.5～1.2	ND～1.6	3.0～8.0	48.0～235.0	8.0～17.0	ND～0.4
桑娇维塞(1)	ND	ND	ND	68.0	4.0	ND
西拉(22)	ND～8.7	ND～5.0	ND～12.5	28.0～765.0	2.0～45.1	ND～0.5
西拉混酿(4)	ND～1.0	1.0～1.2	ND	57.0～228.4	2.0-17.4	ND～0.4

a. ND，未检出。

在适宜 H_2S 合成的条件下，其他发酵产生的硫化物浓度也会升高，如二硫化碳(CS_2)、乙基硫醇、二乙基二硫化物和硫代乙酸盐也与还原味有关。如下所述，只有装瓶和储藏后葡萄酒香气缺陷可能变得明显[28](如 H_2S 或 DMS 增加)，但为了更好地了解瓶塞、酒氧化还原状态的影响和感官的叠加或遮掩效应及其他因素的影响，仍需对发酵产生的硫化物进行更多研究。

发酵产生的硫化物如硫醇和硫代乙酸盐会参与之前描述的果香硫醇相似的反应[26, 29]。硫代乙酸甲酯和乙酯会随着时间水解[30]从而释放更香的硫醇，硫醇也可能被氧化为相应的二硫化物、三硫化物以及可能的混合物(这些化合物也可能是在分析过程中产生的)。这些化合物可能构成了一种潜在的“蓄水池”，可以在葡萄酒无氧陈酿过程中形成恶臭的硫醇——这种假说将在第 30 章进行更详细的讨论。与果香硫醇类似，低分子量硫醇和 H_2S 因与 *o*-醌发生反应而使其含量降低[31]，含量降低的程度在其他硫化物如 GSH 存在时会受限[32]。作为一种烷基硫化物，DMS 的化学性质与本章讨论的其他化合物差异很大。DMS 似乎不易被氧化，在葡萄酒陈酿过程中，它的浓度会由于 *S*-甲基-甲硫氨酸的水解而升高(23.3 节)[33]。

由于多数低分子量的硫化物都具有不受欢迎的还原味，酿酒师采用多种方式将其从葡萄酒中除去。最常见的，因为 Cu^{2+}(以硫酸铜的形式)可以与 H_2S 和硫醇形成相应的不溶性硫化物，而不是形成二烃硫化物、二-(或多-)硫化物或硫代乙酸甲盐(26.2 节)，Cu^{2+}被用于从葡萄酒中除去 H_2S 和硫醇③。葡萄酒带酒脚陈酿，可能有助于吸附并降低发酵产生的硫化物含量，然而带酒脚陈酿，添加 SO_2 时要格外小心，因为某些情况下亚硫酸盐还原酶在发酵停止后仍可催化产生 H_2S(22.4 节)。

10.4　其他含硫香气化合物

除了发酵产生的以及来源于果实的含硫化合物外，其他许多含硫芳香化合物也可以在葡萄陈酿过程中产生。含有芳香环的苯甲硫醇(BMT)、2-呋喃甲硫醇(FFT)和 2-甲基-3-呋喃硫醇(MFT)的阈值低至 ng/L(在某些葡萄酒中具有很高的 OAV)，它们是特别重要的呈香组分，分别贡献烟熏/打火石、焙烤咖啡以及肉(或烤面包)等香味(表 10.2)。自然地，BMT、FFT 和 MFT 对独行菜(garden cress)、肉、海鲜、果汁、烘烤过的坚果以及咖啡等食品饮料的香气都有重要贡献[1]。在陈酿葡萄酒中这些硫醇浓度往往较高，它们也在香槟和霞多丽、长相思、赛美蓉等白葡萄酒和赤霞珠、美乐等红葡萄酒中被检出[10]。

2-呋喃甲硫醇(FFT)被认为主要是通过 H_2S(来自发酵)与萃取自橡木桶的呋喃醛反应产生的(第 25 章)，因此，在橡木桶中发酵的葡萄酒中其含量特别高[34]。支持这一点的是，呋喃醛和 FFT 之间有显著相关，且与橡木烘烤程度和橡木桶储存时间都具有极高的相关性[34]。此外，烘烤过的木桶中呋喃基前体也可以通过酸催化的糖降解反应产生[35]。与之对应，苯甲硫醇(BMT)和苯甲醛(来自苯甲醇)相关性不高，BMT 表现为与葡萄品种有强烈的依赖性，说明它产生于一条不同(未知)

---

③ 预测 Cu(Ⅱ)硫醇[铜硫醇盐，如 $Cu(SR)_2$]不是稳定的复合物。Cu^{2+}或者通过形成 $Cu(SR)_2$(这将不成比例地产生不溶性 CuSR，并伴随着生成 RSSR)，或者在 SO_2(或抗坏血酸盐)存在的情况下被还原为 Cu^+(随后产生 CuSR)，最终使硫醇浓度降低。

的路径[36]。

目前尚未清楚葡萄酒中 2-甲基-3-呋喃硫醇(MFT)的形成途径，但其在其他食品中，在加热下产自半胱氨酸(或 H_2S)和戊糖参与的美拉德反应[37]，该反应还产生了 FFT。有趣的是，已经在木糖(提供呋喃醇)与半胱氨酸的美拉德反应中鉴定到FFT、MFT及其半胱氨酸的*S*-结合物(与果香硫醇的前体物相似，23.2节)[38](图 10.2)。葡萄酒中这些偶联物是否对FFT和MFT的形成有作用，目前还不清楚，但这很可能需要一种酶促的硫解过程，考虑到陈酿的影响，这很难合理解释。

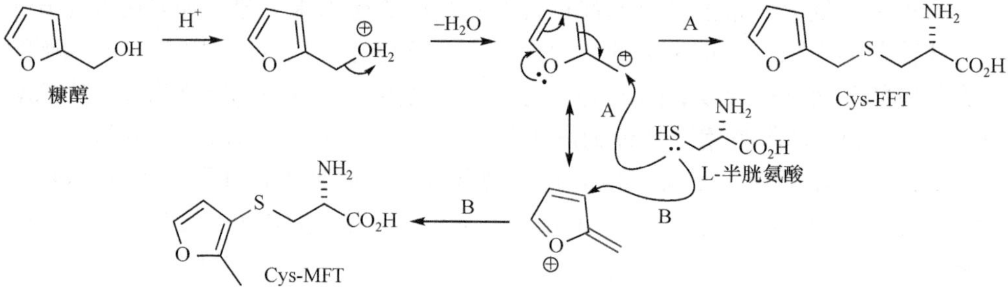

图 10.2　从木糖(或糠醇)和L-半胱氨酸反应中分离鉴定的没有香味的FFT和半胱氨酸的*S*-结合物(Cys-FFT，途径 A)及 MFT 和半胱氨酸的*S*-结合物(Cys-MFT，途径 B)形成的假定机制

虽然没有具体的研究可以考证，但在葡萄酒中 BMT、FFT 和 MFT 的反应性被认为与其他的硫醇类似，对葡萄酒香气的贡献有类似的理论指导。氧化被认为可导致二硫化物的生成(应考虑分析的假象)，可以确信 BMT、FFT 和 MFT 能与*o*-醌类反应，这与 3-MH、H_2S 和 GSH 相似。

化学原理：亲核物质和亲电物质

亲核性是指亲核物质(如亲核或者富含电子物质)的相对活性及其提供电子对与亲电物质形成新化学键的能力。亲核物质中心(如 S，O，N，C═C)电子对的可用性越大，其反应活性越强。亲核试剂也是路易斯碱(Lewis bases)，它们的反应性受以下因素影响：

(1) 在一段时间内增加电负性，会降低孤对电子的可得性以及亲核性(如 N 比 O 更加亲核，亲核性与碱性一致)。

(2) 较高的电子密度增加了电子对可得性，即阴离子比其中性形式的亲核性更强(如 RS^-比 RSH 更亲核，亲核性与碱性一致)。

(3) 增加极化率(如减轻大原子的电子云畸变)会增强其亲核性(如 RSH 比 ROH 更亲核，亲核性与碱性相反)。

亲电性指亲电物质的相对反应性(如亲电、缺乏电子)及其接受电子并与亲核物质形成新化学键的能力。亲电物质中心越缺乏电子(如 H^+，特别是 C═O 中的C、花色素阳离子、醌)，反应性越强。亲电试剂也是路易斯酸，它们的活性受到以下因素影响：

(1) 增加特定原子正电荷，可增强亲电性(如碳正离子是比极性的中性分子更好的亲电物质)。

(2) 增加化学键极性(或称极化率，如 Cl—Cl 或 O—O)会导致更强的局部正电荷，可增强其亲电性(如 $^{\delta+}C = O^{\delta-} \leftrightarrow {}^{+}C—O^{-}$亲电性比 $^{\delta+}C—O^{\delta-}H$ 强)。

(3) 空轨道(如金属离子)或与离去基团相连的异裂基团(即离去基团保留了电子对)，电负性会增加(如 $C—{}^{+}OH_2$ 的电负性比 C—OH 强，因为 H_2O 是比 OH^{-} 更好的离去基团)。

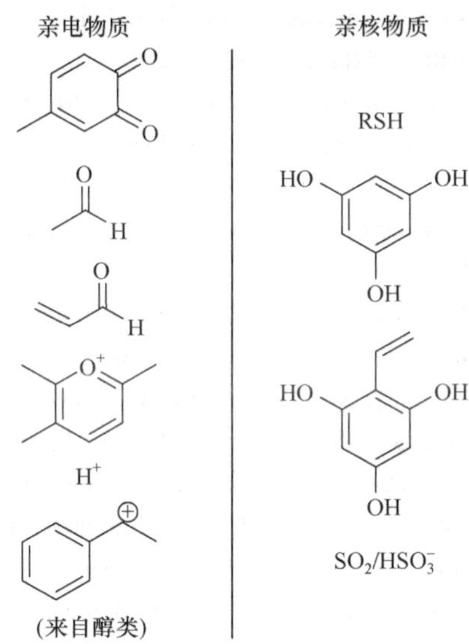

葡萄酒中常见的亲电物质和亲核物质

葡萄酒中的多数亲电物质来自氧化，但在葡萄酒的酸性环境中，质子是最重要的亲电物质。多数亲核物质是硫醇以及类黄酮物质的间苯三酚 A 环。硫醇或间苯三酚的结合态(如乙烯基间苯三酚)也是有效的亲核物质。虽然在其他许多食品体系中胺类是重要的亲核物质，但葡萄酒的低 pH(氨基的质子化)消除了它的亲核性。

参 考 文 献

1. McGorran，R.J.(2011) The significance of volatile sulfur compounds in food flavors，in Volatile sulfur compounds in food(eds Qian，M.C.，Fan，X.，Mahattanatawee，K.)，American Chemical Society，Washington，DC，pp. 3-31.

2. Mestres，M.，Busto，O.，Guasch，J.(2000) Analysis of organic sulfur compounds in wine aroma. Journal of Chromatography A，881(1-2)，569-581.

3. Lund，C.M.，Thompson，M.K.，Benkwitz，F.，et al.(2009) New Zealand Sauvignon Blanc distinct

flavor characteristics: sensory, chemical, and consumer aspects. American Journal of Enology and Viticulture, 60(1), 1-12.

4. Siebert, T.E., Solomon, M.R., Pollnitz, A.P., Jeffery, D.W.(2010) Selective determination of volatile sulfur compounds in wine by gas chromatography with sulfur chemiluminescence detection. Journal of Agricultural and Food Chemistry, 58(17), 9454-9462.
5. Mateo-Vivaracho, L., Zapata, J., Cacho, J., Ferreira, V.(2010) Analysis, occurrence, and potential sensory significance of five polyfunctional mercaptans in white wines. Journal of Agricultural and Food Chemistry, 58(18), 10184-10194.
6. Tominaga, T. and Dubourdieu, D.(2006) A novel method for quantification of 2-methyl-3-furanthiol and 2-furanmethanethiol in wines made from *Vitis viniferagrape* varieties. Journal of Agricultural and Food Chemistry, 54(1), 29-33.
7. Bailly, S., Jerkovic, V., Marchand-Brynaert, J., Collin, S.(2006) Aroma extraction dilution analysis of Sauternes wines. Key role of polyfunctional thiols. Journal of Agricultural and Food Chemistry, 54(19), 7227-7234.
8. Roland, A., Schneider, R., Razungles, A., Cavelier, F.(2011) Varietal thiols in wine: discovery, analysis and applications. Chemical Reviews, 111(11), 7355-7376.
9. Tominaga, T., Guimbertau, G., Dubourdieu, D.(2003) Role of certain volatile thiols in the bouquet of aged Champagne wines. Journal of Agricultural and Food Chemistry, 51(4), 1016-1020.
10. Dubourdieu, D. and Tominaga, T.(2009) Polyfunctional thiol compounds, in Wine chemistry and biochemistry(eds Moreno-Arribas, M.V. and Polo, M.C.), Springer, New York, pp. 275-293.
11. Coetzee, C. and du Toit, W.J.(2012) A comprehensive review on Sauvignon Blanc aroma with a focus on certain positive volatile thiols. Food Research International, 45(1), 287-298.
12. Capone, D.L., Sefton, M.A., Jeffery, D.W.(2012) Analytical investigations of wine odorant 3-mercaptohexan-1-ol and its precursors, in Flavor chemistry of wine and other alcoholic beverages, American Chemical Society, pp. 15-35.
13. Peña-Gallego, A., Hernández-Orte, P., Cacho, J., Ferreira, V.(2012) *S*-cysteinylated and *S*-glutathionylated thiol precursors in grapes. A review. Food Chemistry, 131(1), 1-13.
14. Tominaga, T., Niclass, Y., Frerot, E., Dubourdieu, D.(2006) Stereoisomeric distribution of 3-mercaptohexan-1-ol and 3-mercaptohexyl acetate in dry and sweet white wines made from *Vitis vinifera*(Var. Sauvignon Blanc and Semillon). Journal of Agricultural and Food Chemistry, 54(19), 7251-7255.
15. King, E.S., Osidacz, P., Curtin, C., et al.(2011) Assessing desirable levels of sensory properties in Sauvignon Blanc wines-consumer preferences and contribution of key aroma compounds. Australian Journal of Grape and Wine Research, 17(2), 169-180.
16. Benkwitz, F., Tominaga, T., Kilmartin, P.A., et al.(2012) Identifying the chemical composition related to the distinct aroma characteristics of New Zealand Sauvignon Blanc wines. American Journal of Enology and Viticulture, 63(1), 62-72.
17. Tominaga, T., Baltenweck-Guyot, R., Peyrot des Gachons, C., Dubourdieu, D.(2000) Contribution of volatile thiols to the aromas of white wines made from several *Vitis vinifera* grape varieties. American Journal of Enology and Viticulture, 51(2), 178-181.

18. Rigou，P.，Triay，A.，Razungles，A.(2014) Influence of volatile thiols in the development of blackcurrant aroma in red wine. Food Chemistry，142，242-248.

19. Sarrazin，E.，Shinkaruk，S.，Tominaga，T.，et al.(2007) Odorous impact of volatile thiols on the aroma of young botrytized sweet wines: identification and quantification of new sulfanyl alcohols. Journal of Agricultural and Food Chemistry，55(4)，1437-1444.

20. Nikolantonaki，M.，Chichuc，I.，Teissedre，P.-L.，Darriet，P.(2010) Reactivity of volatile thiols with polyphenols in a wine-model medium: impact of oxygen，iron，and sulfur dioxide. Analytica Chimica Acta，660(1-2)，102-109.

21. Laurie，V.F.，Zúñiga，M.C.，Carrasco-Sánchez，V.，et al.(2012) Reactivity of 3-sulfanyl-1-hexanol and catechol-containing phenolics *in vitro*. Food Chemistry，131(4)，1510-1516.

22. Kritzinger，E.C.，Bauer，F.F.，du Toit，W.J.(2013) Role of glutathione in winemaking: a review. Journal of Agricultural and Food Chemistry，61(2)，269-277.

23. Sarrazin，E.，Shinkaruk，S.，Pons，M.，et al.(2010) Elucidation of the 1,3-sulfanylalcohol oxidation mechanism: an unusual identification of the disulfide of 3-sulfanylhexanol in Sauternes botrytized wines. Journal of Agricultural and Food Chemistry，58(19)，10606-10613.

24. Hofmann，T.，Schieberle，P.，Grosch，W.(1996) Model studies on the oxidative stability of odor-active thiols occurring in food flavors. Journal of Agricultural and Food Chemistry，44(1)，251-255.

25. Makhotkina，O. and Kilmartin，P.A.(2012) Hydrolysis and formation of volatile esters in New Zealand Sauvignon Blanc wine. Food Chemistry，135(2)，486-493.

26. Rauhut，D.(2009) Usage and formation of sulphur compounds，in Biology of microorganisms on grapes，in must and in wine(eds König，H.，Unden，G.，Fröhlich，J.)，Springer-Verlag，Berlin and Heidelberg，pp. 181-207.

27. Ugliano，M. and Henschke，P.A.(2009) Yeasts and wine flavour，in Wine chemistry and biochemistry(eds Moreno-Arribas，M.V. and Polo，M.C.)，Springer，New York，pp. 313-392.

28. Limmer，A.(2005) Suggestions for dealing with post-bottling sulfides. The Australian and New Zealand Grapegrower and Winemaker，503，67-76.

29. Vermeulen，C.，Gijs，L.，Collin，S.(2005) Sensorial contribution and formation pathways of thiols in foods: a review. Food Reviews International，21(1)，69-137.

30. Leppänen，O.A.，Denslow，J.，Ronkainen，P.P.(1980) Determination of thiolacetates and some other volatile sulfur compounds in alcoholic beverages. Journal of Agricultural and Food Chemistry，28(2)，359-362.

31. Nikolantonaki，M. and Waterhouse，A.L.(2012) A method to quantify quinone reaction rates with wine relevant nucleophiles: a key to the understanding of oxidative loss of varietal thiols. Journal of Agricultural and Food Chemistry，60(34)，8484-8491.

32. Ugliano，M.，Henschke，P.A.，Waters，E.J.(2012) Fermentation and post-fermentation factors affecting odor-active sulfur compounds during wine bottle storage，in Flavor chemistry of wine and other alcoholic beverages，American Chemical Society，Washington，DC，pp. 189-200.

33. Segurel，M.A.，Razungles，A.J.，Riou，C.，et al.(2005) Ability of possible DMS precursors to release DMS during wine aging and in the conditions of heat-alkaline treatment. Journal of

Agricultural and Food Chemistry，53(7)，2637-2645.
34. Blanchard, L., Tominaga, T., Dubourdieu, D.(2001) Formation of furfurylthiol exhibiting a strong coffee aroma during oak barrel fermentation from furfural released by toasted staves. Journal of Agricultural and Food Chemistry，49(10)，4833-4835.
35. Pereira, V., Albuquerque, F.M., Ferreira, A.C., et al.(2011) Evolution of 5-hydroxymethylfurfural(HMF) and furfural(F) in fortified wines submitted to overheating conditions. Food Research International，44(1)，71-76.
36. Tominaga，T.，Guimbertau，G.，Dubourdieu，D.(2003) Contribution of benzenemethanethiol to smoky aroma of certain *Vitis vinifera* L. wines. Journal of Agricultural and Food Chemistry，51(5)，1373-1376.
37. Mottram，D.S.(2007) The Maillard reaction: source of flavour in thermally processed foods，in Flavours and Fragrances(ed. Berger，R.G.)，Springer，Berlin，pp. 269-283.
38. Cerny，C. and Guntz-Dubini，R.(2013) Formation of cysteine-*S*-conjugates in the Maillard reaction of cysteine and xylose. Food Chemistry，141(2)，1078-1086.

第 11 章　酚类物质简介

11.1　引　　言

葡萄酒中绝大多数酚类化合物来源于葡萄浆果，葡萄酒生产或陈酿过程中所使用的橡木或其他木质可能并非其主要来源。鉴于酚类物质对葡萄酒稳定性和感官属性的重要性，在文献中经常可以看到有关葡萄和葡萄酒酚类物质的综述[1-7]。大部分酚类化合物为非挥发性物质，但也有少部分具有挥发性，且以有气味的形式存在，这些物质将在第 12 章单独论述。酚类物质普遍存在于植物界，所有植物源食品至少都含有少量的酚类物质。除了葡萄和葡萄酒外，含酚类物质的食品还有咖啡、茶、巧克力、水果以及少量蔬菜。蒸馏酒不含酚类物质，除非蒸馏后经过浸渍工艺，如威士忌中含有的某些酚类物质来源于陈酿过程中所使用的木桶。

与脂肪醇和水类似，酚类物质参与氢键结合并表现为弱酸性，然而，因为苯环中 π 电子的感应环流作用，酚质子酸性更强，pK_a 大约为 10(乙醇的 pK_a=15.9)，但在 pH 3～4 的葡萄酒中，酚类物质的电离作用太小以致不能作为一个反应因素。对邻苯二酚来说，酚容易氧化为醌，这一重要的化学过程将在第 24 章详述。酚的芳香环易发生芳香族亲电取代(见第 10 章有关葡萄酒的亲电物质和亲核物质概述部分)，例如，类似氯的亲电体(图 11.1)能够加到苯环上形成卤代酚，随后的微生物活动能使酚基甲氧基化形成卤代苯甲醚，如 2,4,6-三氯苯甲醚，即葡萄酒木塞污染的产物(第 18 章)。黄烷醇中富含电子的间苯三酚基团与亲电体具有非常好的反应活性(第 14 章)。

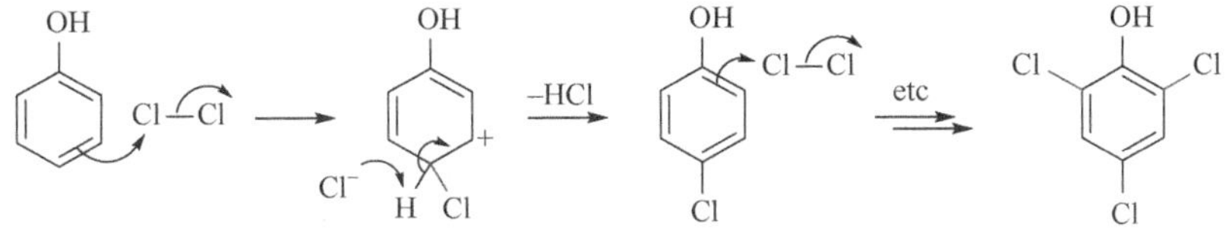

图 11.1　酚和卤族元素(如清洗过程所用漂白剂中所含的氯)的芳香族亲电取代反应

命名系统非常复杂，主要术语如下：

(1) 酚类(phenols)和酚醛物质(phenolics)包含所有芳香环上带有羟基的化合物，最简单的酚为一个芳香环上带有一个或多个羟基，如愈创木酚和咖啡酸。

(2) 多酚(polyphenols)是指在一个单一结构中带有多个苯环的一类化合物，葡萄酒中的大部分酚类物质包含于此，如表儿茶素和白藜芦醇。类黄酮是带有非常独特的 C_6-C_3-C_6 三环结构的多酚，其结构见 11.3 节。

(3) 单宁(tannin)被广泛用于(包括本书)描述所有的聚合多酚，然而，从严格的化学角度来看，单宁这一术语并未被定义为一个化学结构，而是代以说明某一物质的独特功能，也就是具有将动物皮转变为皮革(通过交联)的能力。从植物体获得的多酚化合物通常具有高的分子质量(分子质量>1200 Da)，这些提取物通常是黄烷-3-醇低聚体和聚合多酚的复杂结合体，准确的名称是缩合单宁，存在于葡萄中；或水解单宁，存在于橡木中。因为缩合单宁在加酸水解后产生花色素，所以缩合单宁也被称作原花色素。水解单宁(如鞣酸)是没食子酸的低聚体形式，根据其是由没食子酸组成还是由鞣花酸组成，水解单宁可以特指没食子单宁或鞣花单宁。在欧亚种葡萄(*V. vinifera*)中未发现这类低聚体，但其存在于橡木和圆叶葡萄中。葡萄和葡萄酒中的一些酚结构基元的名称如表 11.1 所示。

表 11.1　葡萄酒中酚类化合物中的简单酚结构基元，其命名为理解更复杂的名称提供了指导

结构基元	名称	备注
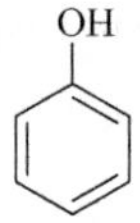 OH（苯环）	苯酚	最简单的酚类物质，官能团仅存在于葡萄的几类酚类物质中
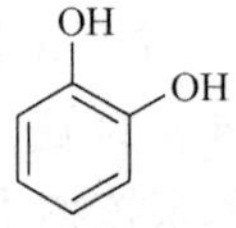 OH, OH（苯环）	邻苯二酚或儿茶酚	邻苯二酚官能团很常见，因为其容易被氧化，所以这个官能团很重要(第 24 章)
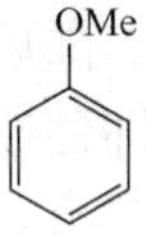 OMe（苯环）	苯甲醚	通常不存在于与葡萄酒相关的酚类物质中
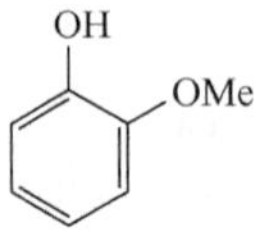 OH, OMe（苯环）	愈创木酚	常见于葡萄和葡萄酒的大部分酚类物质中
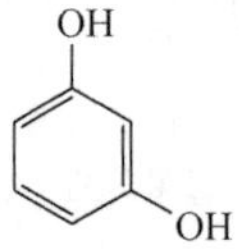 OH, OH（苯环）	间苯二酚	res 常用于描述包括这个官能团的物质，如白藜芦醇
 OH, OH（苯环）	对苯二酚	在葡萄和葡萄酒中未发现

续表

结构基元	名称	备注
OH OH OH	邻苯三酚	常见于葡萄和葡萄酒的酚类物质中，同邻苯二酚一样容易氧化
OMe OH OMe	二甲氧基苯酚	存在于二甲花翠素的 B 环
OH HO　OH	间苯三酚	存在于类黄酮的 A 环，因在有氧条件下提供 π 键，所以具有很强的亲核特性

在本章和接下来的章节中，有关酚类物质更详细的描述基于在欧亚种葡萄和葡萄酒中所发现的化合物种类和水平。影响酚类物质含量的因素包括[8-10]：①葡萄品种(遗传)；②地点，特别是气候、土壤、坡向、曝光和海拔(环境)；③葡萄树体、果穗和浆果(同一地点上株内和株间存在很大变化)。

葡萄的酚类物质主要存在于浆果的果皮和种子中，而在果汁和果肉中其浓度非常低。红葡萄的总酚浓度比白葡萄高，这是因为在红葡萄的果皮中含有花色苷(图 11.2)。一般来说，白葡萄酒是用葡萄的快速压榨汁酿造而成的，而红葡萄酒是用带有果皮和种子的葡萄汁发酵而成，因此白葡萄酒的酚类物质浓度低于红葡萄酒(第 21 章)。因为酚类物质的感官影响，所以酿酒师尝试控制葡萄酒酿造过程中不同类型酚类物质的量和相对浸出量，这种控制是利用浸提工艺和添加蛋白质或其他制剂来结合和沉淀单宁实现的，前者被称作浸渍(第 21 章)，后者被称作澄清(26.2 节)。总之，葡萄酒中的酚类物质被归为两类：类黄酮和非类黄酮酚。

许多葡萄酚类物质通过发酵反应以及在随后存储期间的化学反应改变化学结构，如糖苷水解、酸催化重排、氧化反应以及和氧化产物反生反应。所有的酚类物质对氧化反应都很敏感，在铁离子存在的情况下与氧反应生成醌类化合物和过氧化氢，这两类产物会继续氧化(第 24 章)。酚类化合物转化为氧化产物的反应特性使其具有氧化和抗氧化两方面的复杂作用：它们的存在能加快氧的消耗速率和一些氧化产物的生成，同时还能减少某些(通常是不希望的)氧化变化的发生(第 24 章)。

葡萄酒的总酚含量差别很大，但总的来说，在白葡萄酒中大约是 200 mg/L 没食子酸当量，而在准备饮用的红葡萄酒中大约是 2000 mg/L 没食子酸当量。用于

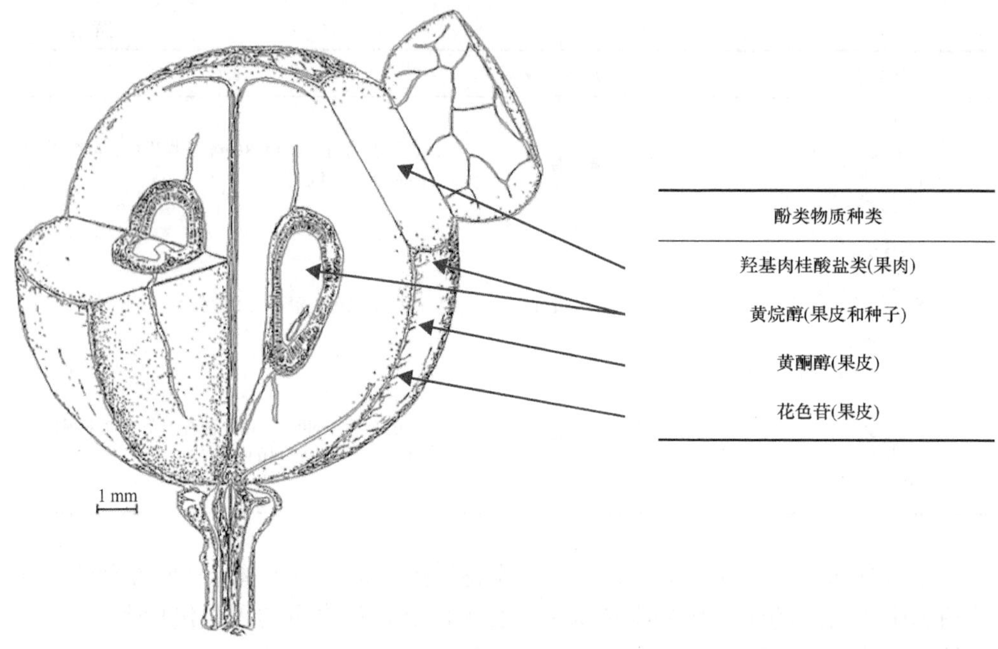

图 11.2　葡萄酚类物质的组织来源[11]

长时间陈酿的红葡萄酒，其总酚能达到 3500 mg/L 或更多，但超过这个范围，葡萄酒会非常涩，一直到陈酿降低了可感知的单宁含量(第 33 章)。总酚的分析可以通过色谱实现，最常用的方法是由福林酚法或测定 280 nm 处的吸光度[12, 13]。

(1) 测量 280 nm 处的吸光度，方法快速，不受糖分干扰，因此常用于发酵过程或日常真伪检测。但对于不同葡萄酒中在 280 nm 处的定量比较是有局限的，因为不同酚类化合物的摩尔吸收系数(消光系数)有很大的差别。

(2) 福林酚法能给出定量结果，能更好地反映真实的总酚浓度，更适合不同葡萄酒的比较。然而，糖是一种干扰。

对酚含量低的葡萄酒来说，包括许多白葡萄酒，这两种测定方法都存在干扰问题。

11.2　非类黄酮酚

羟基肉桂酸是葡萄汁中的主要酚，也是白葡萄酒中的主要酚类物质，其在红葡萄酒和白葡萄酒中的水平相近(第 13 章)。这些物质，特别是咖啡酸，在破碎过程中最先发生酶促氧化，随后在葡萄浆中褐变(第 13 章和第 24 章)。在葡萄和葡萄酒中有三种常见的羟基肉桂酸：香豆酸(4-羟基肉桂酸，由苯酚衍生而来)、咖啡酸(邻苯二酚取代苯酚)和阿魏酸(愈创木酚取代苯酚)。

苯甲酸是大多数新发酵葡萄酒的次要成分。主要的苯甲酸——没食子酸，在陈酿过程中可以从橡木浸提至酒中，或在陈酿过程中由橡木的可水解单宁或葡萄的原花色素水解产生。

芪类物质包括葡萄酒中最著名的酚类化合物白藜芦醇。这类物质因真菌感染和其他胁迫而产生，存在于整个葡萄植株，也存在于果皮中。白藜芦醇以葡萄糖苷形式产生，其苷元似乎能寡聚化而成为有抗真菌活性的葡萄素(viniferin)。

11.3 类 黄 酮

类黄酮具有多个含有羟基的芳香环，因此是多酚。类黄酮具有典型的三环结构，中间的含氧环(C 环)具有不同的氧化状态，以定义类黄酮化合物的类别。C 环沿着一个 C—C 键结合到一个芳香环(A 环)上，再和另一个芳香环(B 环)通过单键连接，如图 11.3 所示。葡萄和葡萄酒中的类黄酮化合物在 A 环上具有相同的羟基取代基，分别位于 5 位和 7 位。根据 C 环上氧化状态和取代基团的不同可定义不同类别的类黄酮。

(1) 黄烷-3-醇是含量最丰富的类黄酮化合物。“黄烷”指饱和 C 环，“-3-醇”表示 C3 位置上的羟基基团。其包括简单的单体儿茶素，但大部分黄烷-3-醇以寡聚和多聚原花色素的形式存在于果皮和种子中。这些大分子物质构成了红葡萄酒中大约一半的酚类物质，但在白葡萄酒中的浓度却极低(第 14 章)。

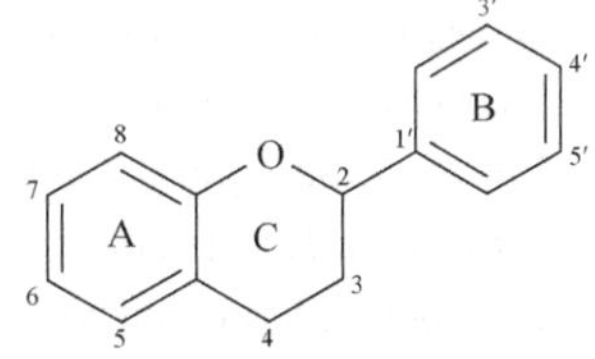

图 11.3 具有 C_6-C_3-C_6 结构的类黄酮核心结构

(2) 黄酮醇在 C4 位置上有一个羰基，C2 和 C3 之间有不饱和键(“黄酮”)以及在 C3 位置上有一个羟基。黄酮醇存在于果皮中，起到防晒的功能，转色期前高曝光的果实中黄酮醇含量增加(第 15 章)。

(3) 花色苷是红色的多酚物质，其特征是整个芳香环带正电荷。虽然其对味觉的直接影响微乎其微，但质量较好的红葡萄酒通常含有较高水平的花色苷，并且与缩合单宁反应能生成稳定的红葡萄酒色素(第 16 章)。

B 环上的取代模式定义了上述类别的各个组分。常规取代模式是 4′位置有一个羟基，同时 3′位置和/或 5′位置加氧取代，这些氧可以是羟基或甲氧基。因此，各类组分的数量相对较少；然而，“游离”的类黄酮结构也可以进一步取代(通常在羟基上连接糖苷)，这样就产生了许多额外化合物。

葡萄酒中的类黄酮化合物是在发酵和其他浸渍工艺中从葡萄果皮和种子中浸

提到的，构成了红葡萄酒中酚类物质的大部分(第 21 章)。乙醇是一种很好的多酚提取溶剂，经过 4～10 天的常规发酵过程，大量的多酚被浸提到红葡萄酒中。因为白葡萄酒是用葡萄汁酿制而成，所以其类黄酮水平很低，不足红葡萄酒中的 5%。一般来说，大约一半的多酚在浸渍过程中从果皮和种子进入红葡萄酒中，剩余的留在皮渣中。

参考文献

1. Singleton, V.L. and Esau, P.(1969) Phenolic substances in grapes and wine, and their significance, Academic, New York.
2. Singleton, V.L.(1982) Grape and wine phenolics; background and prospects, in Proceedings of the Symposium of the University of Calififornia, Davis, Grape and Wine Centennial, 1980, Department of Viticulture and Enology, University of California, Davis, CA, pp. 215-227.
3. Somers, T.C. and Vérette, E.(1988) Phenolic composition of natural wine types, in Modern methods of plant analysis, wine analysis(eds Liskens, H.G. and Jackson, J.F.), Springer-Verlag, Berlin, pp. 219.
4. Ribereau-Gayon, P. and Glories, Y.(1991) Phenolics in grapes and wines, in Proceedings of the Sixth Australian Wine Industry Technical Conference, pp. 247-256.
5. Fulcrand, H., Duenas, M., Salas, E., Cheynier, V.(2006) Phenolic reactions during winemaking and aging. American Journal of Enology and Viticulture, 57(3), 289-297.
6. Kennedy, J.A.(2008) Grape and wine phenolics: observations and recent findings. Ciencia e Investigacion Agraria, 35(2), 107-120.
7. Casassa, L.F. and Harbertson, J.F.(2014) Extraction, evolution, and sensory impact of phenolic compounds during red wine maceration. Annual Review of Food Science and Technology, 5(1), 83-109.
8. Reynolds, A.G.(2010) Viticultural and vineyard management practices and their effects on grape and wine quality, in Managing wine quality, Vol. 1, Viticulture and wine quality(ed. Reynolds, A.G.), Woodhead Publishing and CRC Press, Oxford and Boca Raton, FL.
9. Young, P.R. and Vivier, M.A.(2010) Genetics and genomic approaches to improve wine quality, in Managing wine quality, Vol. 1, Viticulture and wine quality(ed. Reynolds, A.G.), Woodhead Publishing and CRC Press, Oxford and Boca Raton, FL.
10. Reynolds, A.G. and Heuvel, J.E.V.(2009) Influence of grapevine training systems on vine growth and fruit composition: a review. American Journal of Enology and Viticulture, 60(3), 251-268.
11. Coombe, B.G.(1987) Distribution of solutes within the developing grape berry in relation to its morphology. American Journal of Enology and Viticulture, 38(2), 120-127.
12. Zoecklein, B.W., Fugelsang, K.C., Gump, B.H., Nury, F.S.(1999) Wine analysis and production, Springer, New York.
13. Harbertson, J.F. and Spayd, S.(2006) Measuring phenolics in the winery. American Journal of Enology and Viticulture, 57(3), 280-288.

第 12 章　挥发性酚

12.1　引　　言

挥发性酚对多种食品和饮料(包括葡萄酒)的气味特性有贡献，对烟熏食品的风味和吸引力尤其重要[1]，历史上应用木柴烟熏是防止食物变质的一种有效方式①。用木材(尤其是橡木)制作的木桶或容器常用于葡萄和乙醇饮料的陈酿和储存，挥发性酚是从烘烤橡木中萃取得到的最重要的感官化合物[2](第 25 章)。葡萄酒中的挥发性酚可能由来源于葡萄中的前体物质通过微生物或化学过程转化形成。许多强效挥发性卤代酚对葡萄酒香气不利，它们来源于外源的添加物，这将在第 18 章叙述。

12.2　结构和化学性质

挥发性酚为低分子量芳香②醇，在反应性上与其他酚具有某些相似性(第 11 章)。挥发性酚包括酚及其烷基、甲氧基、乙烯基、烯丙基、醛(表 12.1)和卤化物等取代基的衍生物(第 18 章)。挥发性酚由于带有羟基，因此具有氢键结合能力。但受环上不同取代基的影响，总体来说挥发性酚具有中等的疏水性(如愈创木酚，$\lg P$=1.3，溶解度为 15.3 g/L；4-乙烯基愈创木酚，$\lg P = 2.2$，溶解度 = 3.0 g/L)。与葡萄酒中的其他酚类化合物相比[如多酚和羟基肉桂酸(HCA)]，挥发性酚的浓度低得多，且简单的邻二元酚(即儿茶酚)非常少，说明这类化合物不太可能在氧化过程(通过形成醌，第 24 章)中发挥作用。除芳香族亲电取代反应外(第 11 章)，挥发性酚通常是稳定的分子，尽管活性官能团能够进行通常的酶促转换(即醛和烯烃减少)，并且它们能够结合形成酚-*O*-糖苷(可能会被水解，23.1 节)。基于不同挥发性酚的疏水程度，它们可能会被吸附到如木材、酵母细胞壁或酒糟，或用于改善葡萄酒品质的固相多聚体的疏水表面。

---

① 烟中的挥发性酚具有抗菌和抗氧化特性，有助于食品保藏(主要是肉和鱼)，特别是结合干燥与固化方法。

② 从化学角度看，芳香指的是带苯环结构的芳香族化合物，而不是气味或香气。

表 12.1　葡萄酒中常见挥发性酚的标志性气味描述、阈值和气味活性值(OAV)[8,11-18]

化合物 a	结构	气味描述 b	阈值 b/(μg/L)	OAV(最大)	主要来源 c
苯酚	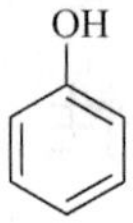	化学味，油墨味	30	4	L
愈创木酚 (2-甲氧基酚)	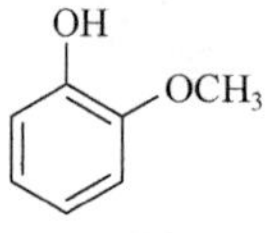	烟熏味，甜味	23	3	L
4-甲基愈创木酚 (2-甲氧基-4-甲酚)	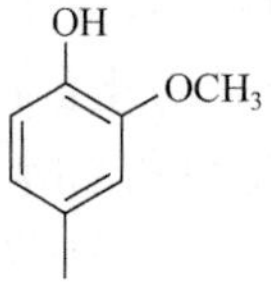	烟熏味	21	3	L
紫丁香酚 (2，6-二甲氧基酚)	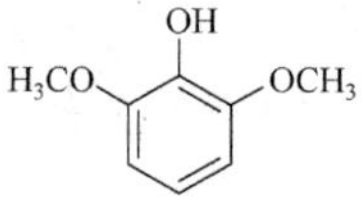	烟熏味，药物味	57	8	L
丁子香酚 (4-烯丙基-2-甲氧基酚)	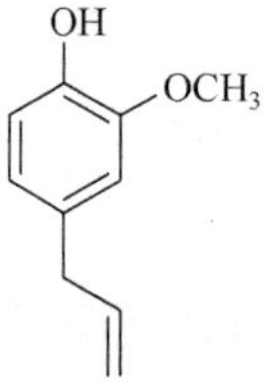	香料味，丁香味	6	15	L
香草醛 (4-羟基-3-甲氧基苯甲醛)	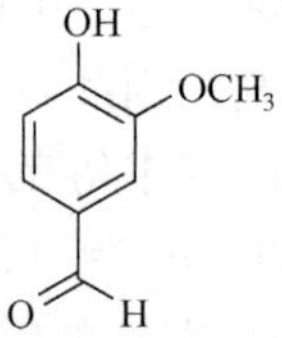	香草味	200	5	L
间苯甲酚 (3-甲基酚)	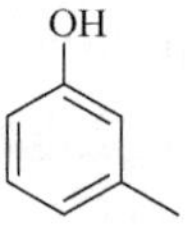	皮革味	20	8	L
4-乙基苯酚 (4-EP)	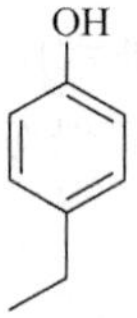	皮革味，马厩味	440	6	B
4-乙烯基苯酚 (4-VP)	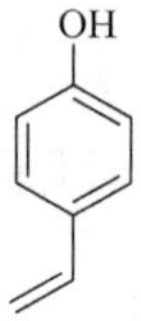	药物味，苯酚味	180	27	S

续表

化合物[a]	结构	气味描述[b]	阈值[b]/(μg/L)	OAV(最大)	主要来源[c]
4-乙基愈创木酚 (4-EG)	OH, OCH_3	香料味，丁香味	33	13	B
4-乙烯基愈创木酚 (4-VG)	OH, OCH_3	烟熏味	40	10	S

a. 括弧外是这些化合物在文献中被广泛使用的通用名称，括弧中为系统命名法名称(或通用缩写)。

b. 描述词和阈值数据参考了不同的基质，包括水、红葡萄酒或白葡萄酒。

c. L，木质素降解(即橡木或烟熏)；B，酒香酵母活动；S，酿酒酵母活动。

12.3 葡萄酒中的浓度和感官影响

葡萄酒中的挥发性酚浓度在 μg/L～mg/L(高于阈值)范围内，并且能赋予葡萄酒烟熏味、药物味/清洁剂气味、香草味、香料味和皮革味(表 12.1)。酚羟基的存在对苯环型物质的气味有很大影响，羟基化酚较其甲基化取代物(甲苯)具有更低的阈值。与羟基相关的环取代基位置对这些化合物的香气特性及感官阈值具有重要的作用。例如，羟基的间位单烷基取代(如间苯甲酚)较邻位和对位单烷基取代具有更低的嗅觉阈值，且不同的同分异构体及不同的烷基链长度(如 4-甲基愈创木酚与丁子香酚)其气味描述也不同。相较而言，通常邻位卤代化合物(第 18 章)比其同分异构体或甲基化取代物有更低的阈值，且气味特征取决于它们的取代模式[9,10]。

12.4 葡萄酒中的来源及对挥发性酚轮廓的影响

12.4.1 橡木储存

一些挥发性酚(表 12.1)，包括苯酚、愈创木酚、紫丁香酚、香草醛、甲苯酚和丁子香酚，是在陈酿过程中从与葡萄酒接触的烘烤橡木(如橡木桶、橡木片或橡木板)中萃取得到的。这些化合物由木质素的热降解产生，通常在合适的浓度时对葡萄酒香气具有积极贡献。与此类似，加热其他含有木质素的食品(如烤咖啡或烤花生、啤酒和威士忌的麦芽烘焙)会产生对这些食品的气味特性具有贡献的挥发性酚③。烘烤橡木时的加热程度(即橡木桶的烘烤度，表 12.2)和时间会影响葡萄酒中的木质素降解产物的含量，葡萄酒的乙醇含量、桶龄、橡木原产地以及橡木板材的风干处理同样也有影响(第 25 章)[19,20]。一般来说，干红葡萄酒会进行橡木接触处理，但白葡萄酒却很少进行这样的处理，霞多丽、赛美蓉和贵腐白葡萄酒则是例外。表 12.3 列出了橡木处理的葡萄酒中常见的挥发性酚的浓度范围。

表 12.2　用轻度、中度和重度烘烤橡木桶得到的橡木屑在模拟酒溶液(乙醇体积分数：12%，5 g/L 酒石酸，pH 调至 3.5)中浸渍 2 周后萃取得到的挥发性酚含量，数据来自文献[21]

化合物	不同烘烤度的平均含量/(μg/g)(RSD/%)		
	轻度	中度	重度
苯酚	0.47(102)	0.83(17)	0.41(101)
愈创木酚	0.45(72)	1.26(13)	0.40(60)
4-甲基愈创木酚	0.80(28)	1.72(23)	0.74(20)
紫丁香酚	0.94(74)	3.66(10)	0.83(61)
丁子香酚	1.87(84)	1.27(58)	1.65(75)
香草醛	27.27(18)	49.81(47)	25.45(12)
4-乙基苯酚	0.30(78)	0.29(13)	0.26(72)
4-乙基愈创木酚	0.04(55)	0.14(23)	0.04(38)
4-乙烯基愈创木酚	0.13(42)	0.17(66)	0.12(37)

表 12.3　用烘烤橡木陈酿的不同葡萄品种的葡萄酒中部分挥发性酚类化合物的浓度[14,18,22,23]

化合物	浓度范围/(μg/L)			
	霞多丽 [a]	丹魄 [b]	赤霞珠 [c]	美乐 [d]
愈创木酚	3～28	25～76	5～44	16～139
4-甲基愈创木酚	1～8	16～66	<1～16	5～32
紫丁香酚	—[e]	—	—	68～488
丁子香酚	10～26	30～96	13～52	ND[f]～19[g]
香草醛	198～388	347～854	9～369	77～236

③ 这些化合物天然存在于木材燃烧的烟中，并赋予烟熏食品以独特的风味。例如，苏格兰威士忌生产中用泥炭火烘焙麦芽，可以产生 mg/L 水平的 *o*-甲苯酚、*m*-甲苯酚和 *p*-甲苯酚，这些化合物也具有猪场和养牛场的“谷仓”气味。

续表

化合物	浓度范围/(μg/L)			
	霞多丽[a]	丹魄[b]	赤霞珠[c]	美乐[d]
4-乙基苯酚	ND～1	8～251	630～1850	—
4-乙烯基苯酚	7～76	1406～2521	1～5	—
4-乙基愈创木酚	ND～5	5～105	22～306	—
4-乙烯基愈创木酚	5～30	178～409	1～3	—

a. 在中度烘烤的法国和美国橡木桶中陈酿 55 周。
b. 在中度烘烤的西班牙、法国和美国橡木桶中陈酿 52 周。
c. 在中度烘烤的法国和美国橡木桶中陈酿 52 周和 93 周。
d. 在不锈钢罐中添加轻度至重度烘烤的法国橡木屑陈酿 52 周。
e. 一，未报道。
f. ND，未检测到。
g. 丁子香酚+异丁子香酚。

12.4.2 发酵——来自葡萄果实糖苷态的释放

在烘烤的橡木中经由木质素降解形成的化合物也天然存在于木材燃烧的烟中。因此，当葡萄被葡萄园附近的丛林大火(野火)的烟污染后[25]，挥发性酚能够在葡萄酒中产生令人不愉悦的香气和风味特性(药物味、烟熏味、烟余味[24])。在靠近易发丛林大火或森林大火地带的酿酒葡萄产区，如澳大利亚、北美和南非的部分地区，烟污染是最受关注的问题。最初，关注的焦点是挥发性化合物本身，且愈创木酚和 4-甲基愈创木酚被看作烟污染的标志化合物，但这些化合物在橡木处理过的葡萄酒中浓度更高[17](如比较表 12.3 和表 12.4)。进一步研究发现，源自烟的其他挥发性酚能够在葡萄叶片或浆果中以糖苷态形式存在。这些非挥发性糖苷态酚能储存在葡萄果实中[26]，在发酵或储存过程中被酸或酶水解，随后将挥发性化合物释放到葡萄酒中[27](23.1 节)。由于口腔中微生物的作用，这些糖苷态化合物能够在口腔中被释放出来(因此能够经后鼻腔被感知)[17,28]，外源挥发性化合物被葡萄浆果糖苷化现象以及在发酵和储存(或酶解)过程中的释放，已被延伸至在葡萄园中人为将橡木提取物使用到葡萄植株的研究中[29–31]。

表 12.4 用遭受丛林大火烟熏影响的葡萄酿造的、未经橡木陈酿的葡萄酒中挥发性酚类化合物的平均浓度(标准差)，数据来自文献[17]

化合物	平均浓度/(μg/L)(SD)			
	对照($N=3$)[a]	黑比诺($N=9$)	赤霞珠($N=2$)	西拉($N=3$)
愈创木酚	5.0(1.7)	18.2(14.7)	23.5(10.6)	32.7(4.9)
4-甲基愈创木酚	2.3(3.2)	3.8(2.7)	5.0(0)	4.7(4.0)

续表

化合物	平均浓度/(μg/L)(SD)			
	对照($N=3$)[a]	黑比诺($N=9$)	赤霞珠($N=2$)	西拉($N=3$)
4-乙烯基愈创木酚	未检出	4.9(4.6)	2.0(2.8)	5.7(3.1)
紫丁香酚	9.7(5.5)	16.9(6.0)	19.5(4.9)	19.3(4.0)
4-甲基紫丁香酚	2.0(2.0)	5.1(2.3)	7.5(3.5)	6.0(5.2)
4-烯丙基紫丁香酚	8.3(9.1)	10.7(5.6)	4.0(2.8)	8.7(7.4)
苯酚	2.7(3.1)	24.3(15.9)	34.5(7.8)	28.7(13.2)
o-苯甲酚	2.7(3.1)	10.1(6.4)	7.5(2.1)	5.0(1.7)
m-苯甲酚	2.0(1.7)	7.1(2.9)	7.5(0.7)	2.3(0.6)
p-苯甲酚	0.7(1.2)	5.0(0.9)	3.5(0.7)	2.0(1.0)

a. 葡萄酒样品数，对照葡萄酒为黑比诺($N=2$)和赤霞珠($N=1$)。

12.4.3　发酵——羟基肉桂酸的代谢

挥发性酚也能通过酵母对源于葡萄的物质的作用而产生，这是酿酒师所面临的一个巨大挑战。葡萄酒中羟基肉桂酸的代谢(第 13 章)产生骚(Brett)味化合物，如来自 4-乙烯基衍生物的 4-乙基苯酚(4-EP)和 4-乙基愈创木酚(4-EG)(表 12.1)[32]，它们和木质素高温分解过程中的少量形成有鲜明的对比。前体酸下游的路径包括羟基肉桂酸的酶促脱羧[通过酿酒酵母(*Saccharomyces*)或酒香酵母(*Brettanomyces*)]，由 *p*-香豆酸和阿魏酸分别生成 4-乙烯基苯酚(4-VP)和 4-乙烯基愈创木酚(4-VG)(表 12.1)，随后通过酒香酵母还原乙烯基形成 4-EP/4-EG(23.3 节)。尽管骚味腐败化合物的相对浓度取决于葡萄品种和葡萄酒风格，但其通常反映了前体酸的浓度(23.3 节)。通常，4-EP 与 4-EG 的比例约为 8 : 1[33]。这些化合物表现出叠加效应，尽管由于其他挥发性酚的存在或因为掩盖作用，如异戊酸和异丁酸[34]，预测其感官影响非常复杂，但它们是骚味的主要贡献者。表 12.3 显示了不同葡萄酒中与骚味相关的挥发性酚的浓度，在木桶陈酿阶段，高浓度的乙基取代物是酒香酵母活动的特殊标志。在这个阶段(同时也在进行苹乳发酵)，葡萄酒对酒香酵母腐败非常敏感，这是因为 SO_2 浓度低，氧气进入缓慢，以及潜在的不良卫生条件，特别是木桶老旧。

参 考 文 献

1. Maga，J.A.(1987) The flavor chemistry of wood smoke. Food Reviews International，3(1-2)，139-183.

2. Maga，J.A.(1989) The contribution of wood to the flavor of alcoholic beverages. Food Reviews

International, 5(1), 39-99.

3. Barrera-García, V.D., Gougeon, R.D., Voilley, A., Chassagne, D.(2006) Sorption behavior of volatile phenols at the oak wood/wine interface in a model system. Journal of Agricultural and Food Chemistry, 54(11), 3982-3989.
4. Jiménez-Moreno, N. and Ancín-Azpilicueta, C.(2009) Sorption of volatile phenols by yeast cell walls. International Journal of Wine Research, 1, 11-18.
5. Chassagne, D., Guilloux-Benatier, M., Alexandre, H., Voilley, A.(2005) Sorption of wine volatile phenols by yeast lees. Food Chemistry, 91(1), 39-44.
6. Fudge, A.L., Ristic, R., Wollan, D., Wilkinson, K.L.(2011) Amelioration of smoke taint in wine by reverse osmosis and solid phase adsorption. Australian Journal of Grape and Wine Research, 17(2), S41-S48.
7. Larcher, R., Puecher, C., Rohregger, S., et al.(2012) 4-Ethylphenol and 4-ethylguaiacol depletion in wine using esterified cellulose. Food Chemistry, 132(4), 2126-2130.
8. Czerny, M., Brueckner, R., Kirchhoff, E., et al.(2011) The Influence of molecular structure on odor qualities and odor detection thresholds of volatile alkylated phenols. Chemical Senses, 36(6), 539-553.
9. Strube, A., Buettner, A., Czerny, M.(2012) Influence of chemical structure on absolute odour thresholds and odour characteristics of *ortho*- and *para*-halogenated phenols and cresols. Flavour and Fragrance Journal, 27(4), 304-312.
10. Capone D.L., Van Leeuwen K.A., Pardon K.H., et al.(2010) Identification and analysis of 2-chloro-6-methylphenol,2,6-dichlorophenol and indole: causes of taints and off-flavours in wines. Australian Journal of Grape and Wine Research, 16(1), 210-217.
11. Chatonnet, P., Dubourdieu, D., Boidron, J.-N., Lavigne, V.(1993) Synthesis of volatile phenols by *Saccharomyces cerevisiae* in wines. Journal of the Science of Food and Agriculture, 62(2), 191-202.
12. López, R., Aznar, M., Cacho, J., Ferreira, V.(2002) Determination of minor and trace volatile compounds in wine by solid-phase extraction and gas chromatography with mass spectrometric detection. Journal of Chromatography A, 966(1-2), 167-177.
13. Culleré L., Escudero A., Cacho J., Ferreira V.(2004) Gas chromatography-olfactometry and chemical quantitative study of the aroma of six premium quality Spanish aged red wines. Journal of Agricultural and Food Chemistry, 52(6), 1653-1660.
14. Fernandez de Simon, B., Cadahia, E., Sanz, M., et al.(2008) Volatile compounds and sensorial characterization of wines from four Spanish denominations of origin, aged in Spanish Rebollo(*Quercus pyrenaica* Willd.) oak wood barrels. Journal of Agricultural and Food Chemistry, 56(19), 9046-9055.
15. Prida, A. and Chatonnet, P.(2010) Impact of oak-derived compounds on the olfactory perception of barrel-aged wines. American Journal of Enology and Viticulture, 61(3), 408-413.
16. Fernández de Simón, B., Cadahía, E., Muiño, I., et al.(2010) Volatile composition of toasted oak chips and staves and of red wine aged with them. American Journal of Enology and Viticulture, 61(2), 157-165.

17. Parker, M., Osidacz, P., Baldock, G.A., et al.(2012) Contribution of several volatile phenols and their glycoconjugates to smoke-related sensory properties of red wine. Journal of Agricultural and Food Chemistry, 60(10), 2629-2637.

18. Chira, K. and Teissedre, P.-L.(2013) Extraction of oak volatiles and ellagitannins compounds and sensory profile of wine aged with French winewoods subjected to different toasting methods: behaviour during storage. Food Chemistry, 140(1-2), 168-177.

19. Garde-Cerdán, T. and Ancín-Azpilicueta, C.(2006) Review of quality factors on wine ageing in oak barrels. Trends in Food Science and Technology, 17(8), 438-447.

20. Pérez-Coello, M.S. and Díaz-Maroto, M.C.(2009) Volatile compounds and wine aging, in Wine chemistry and biochemistry(eds Moreno-Arribas, M.V. and Polo, M.C.), Springer, New York, pp. 295-311.

21. Chatonnet, P., Cutzach, I., Pons, M., Dubourdieu, D.(1999) Monitoring toasting intensity of barrels by chromatographic analysis of volatile compounds from toasted oak wood. Journal of Agricultural and Food Chemistry, 47(10), 4310-4318.

22. Spillman, P.J., Sefton, M.A., Gawel, R.(2004) The effect of oak wood source, location of seasoning and coopering on the composition of volatile compounds in oak-matured wines. Australian Journal of Grape and Wine Research, 10(3), 216-226.

23. Garde Cerdán, T., Rodríguez Mozaz, S., Ancín Azpilicueta, C.(2002) Volatile composition of aged wine in used barrels of French oak and of American oak. Food Research International, 35(7), 603-610.

24. Ristic, R., Boss, P., Wilkinson, K.(2015) Influence of fruit maturity at harvest on the intensity of smoke taint in wine. Molecules, 20(5), 8913.

25. Jiranek V.(2011) Smoke taint compounds in wine: nature, origin, measurement and amelioration of affected wines. Australian Journal of Grape and Wine Research, 17(2), S2-S4.

26. Hayasaka, Y., Baldock, G.A., Parker, M., et al.(2010) Glycosylation of smoke-derived volatile phenols in grapes as a consequence of grapevine exposure to bushfire smoke. Journal of Agricultural and Food Chemistry, 58(20), 10989-10998.

27. Kennison, K.R., Gibberd, M.R., Pollnitz, A.P., Wilkinson, K.L.(2008) Smoke-derived taint in wine: the release of smoke-derived volatile phenols during fermentation of Merlot juice following grapevine exposure to smoke. Journal of Agricultural and Food Chemistry, 56(16), 7379-7383.

28. Mayr, C.M., Parker, M., Baldock, G.A., et al.(2014) Determination of the importance of in-mouth release of volatile phenol glycoconjugates to the flavor of smoke-tainted wines. Journal of Agricultural and Food Chemistry, 62(11), 2327-2336.

29. Martínez-Gil, A.M., Garde-Cerdán, T., Martínez, L., et al.(2011) Effect of oak extract application to Verdejo grapevines on grape and wine aroma. Journal of Agricultural and Food Chemistry, 59(7), 3253-3263.

30. Martínez-Gil, A.M., Garde-Cerdán, T., Zalacain, A., et al.(2012) Applications of an oak extract on Petit Verdot grapevines. Influence on grape and wine volatile compounds. Food Chemistry, 132(4), 1836-1845.

31. Martínez-Gil, A.M., Angenieux, M., Pardo-García, A.I., et al.(2013) Glycosidic aroma precursors of Syrah and Chardonnay grapes after an oak extract application to the grapevines. Food Chemistry, 138(2-3), 956-965.
32. Oelofse, A., Pretorius, I.S., du Toit, M.(2008) Significance of *Brettanomyces* and *Dekkera* during winemaking: a synoptic review. South African Journal for Enology and Viticulture, 29(2), 128-144.
33. Chatonnet, P., Dubourdieu, D., Boidron, J.N., Pons, M.(1992) The origin of ethylphenols in wines. Journal of the Science of Food and Agriculture, 60(2), 165-178.
34. Romano, A., Perello, M.C., Lonvaud-Funel, A., et al.(2009) Sensory and analytical re-evaluation of "Brett character." Food Chemistry, 114(1), 15-19.

第 13 章　非类黄酮酚

13.1　引　　言

非类黄酮酚包括一些对葡萄酒来说重要的亚类物质，特别是羟基肉桂酸类、芪类和苯甲酸类。羟基肉桂酸类和芪类存在于葡萄中，而苯甲酸类存在于葡萄和橡木中，所以橡木处理过的葡萄酒含有额外的橡木源酚类物质。

13.2　羟基肉桂酸

羟基肉桂酸是一类在酚环与羧基之间存在共轭双键的酚酸物质。最常见的三种羟基肉桂酸为香豆酸、咖啡酸和阿魏酸，但这些简单的羟基肉桂酸并不存在于葡萄浆果中，它们以酒石酸酯的形式存在。酿酒师对这类酯采用惯用名，分别是 *p*-香豆酸、咖啡酸和阿魏酸(表 13.1)。这些物质存在于葡萄果肉中，因而存在于葡萄汁和葡萄酒中。植物主要产生反式羟基肉桂酸，但其顺式异构体可由光诱导产生，因此在葡萄酒中的量不同[1,2]。所有的植物性食品中都包括羟基肉桂酸，尽管酒石酸酯相对并不常见，但酒石酸酯的存在表明果汁来源于葡萄。

表 13.1　羟基肉桂酸以酒石酸酯的形式存在于葡萄中，酒石酸酯的酶促水解会在葡萄酒中产生游离酸

名称	结构	代表性含量 (葡萄汁/葡萄酒)/(mg/L)
香豆酸 香豆酸酒石酸酯	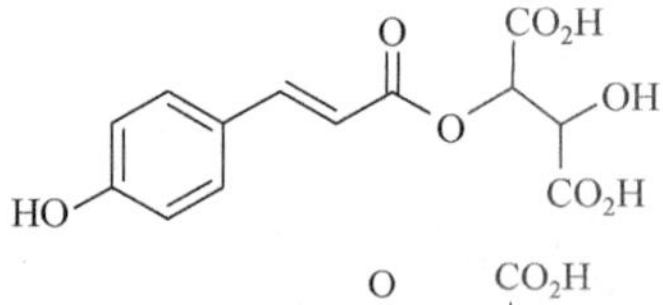	20/15
咖啡酸 咖啡酸酒石酸酯	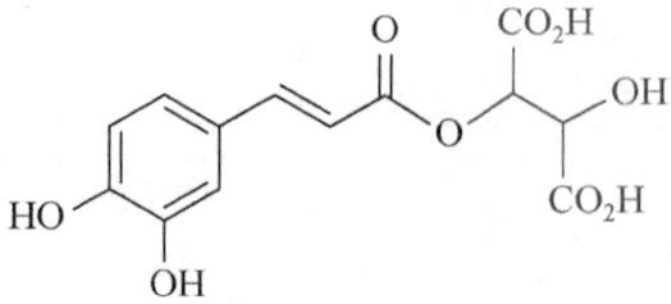	170/40
阿魏酸 阿魏酸酒石酸酯	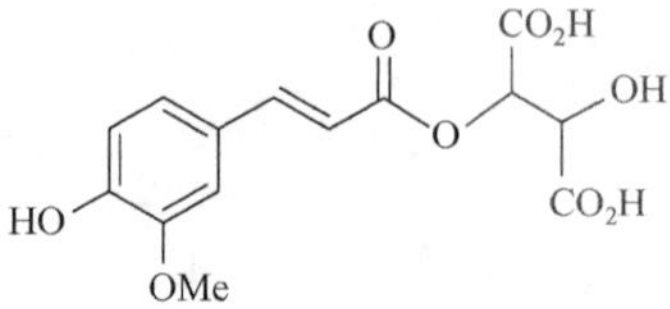	5/4

就其功能性而言，来源于葡萄果实的酒石酸酯容易水解，尽管水解反应在成品葡萄酒的酸性环境下非常缓慢，但依然会被乳酸菌及其他微生物产生的羟基肉桂酸水解酶加速水解(23.3 节)。水解作用释放出简单的羟基肉桂酸，这在新发酵的葡萄酒中很容易检测到[3]。相反，游离酸及酒石酸酯衍生物(含有游离的羧酸)在葡萄酒中会与乙醇发生部分酯化反应[4](第 7 章和第 25 章)。此外，葡萄汁与葡萄酒中的咖啡酸及其酒石酸酯对氧化作用很敏感，而接下来的反应会导致褐变及许多其他后果(第 24 章)。

据报道，各种形式的羟基肉桂酸在水中呈现苦味和涩味[5]，但 Noble 等发现，这些化合物在葡萄酒中的浓度低于其感官阈值[6]。

13.3 羟基苯甲酸

在葡萄中未检测到没食子酸，但在葡萄酒中没食子酸是由缩合单宁和水解单宁的没食子酸酯水解而来(图 13.1)[7]。在长时间陈酿过程中，没食子酸是稳定的，能在老龄葡萄酒中检测到。在常见的佐餐红葡萄酒中，没食子酸浓度约为 70 mg/L，而在白葡萄酒中较少，约为 10 mg/L[8]。此外，还存在少量的丁香酸、原儿茶酸和香草酸。在考古样品中，丁香酸常被用来鉴定其前体物二甲花翠素(来源于葡萄酒)的存在[9]。作为羧酸，这类酚酸在有乙醇的条件下发生酸催化的酯化反应，产生

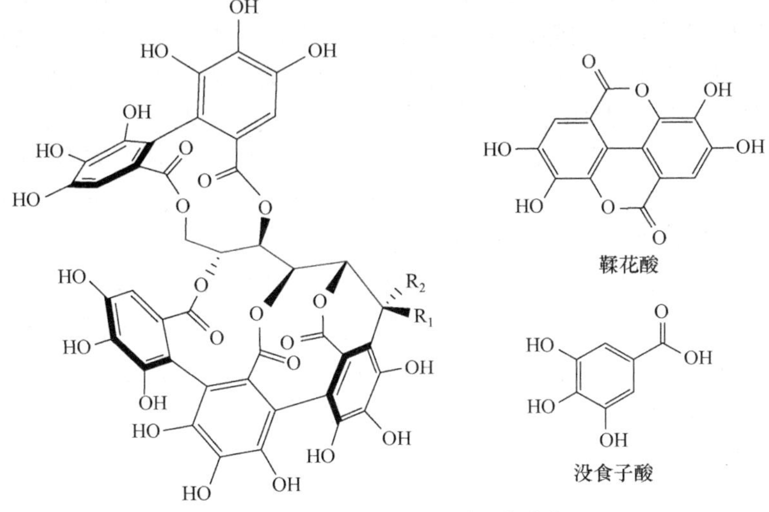

图 13.1 栎木鞣花素、栗木鞣花素以及鞣花酸和没食子酸，糖基分子突出显示

部分乙酯(第 7 章和第 25 章)。与羟基肉桂酸类似，带有邻苯二酚或没食子酰官能团的酸(11 章)对于氧化作用同样敏感。

水解单宁是由葡萄糖的没食子酸酯和鞣花酸酯组成(图 13.1)。水解单宁根据其酚酸构成进一步分为没食子单宁或鞣花单宁，但大多数植物来源的水解单宁是这两类物质的混合物。“水解”这一术语源于这样一个事实：在温和的条件下，酯键比缩合单宁①的黄烷间连接键更容易水解，且在陈酿过程中水解单宁将产生其组成成分没食子酸和鞣花酸。这些物质从橡木浸提到葡萄酒，主要是栗木鞣花素(castalagin)、栎木鞣花素(vescalagin)和栎树素(roburins)，其浓度在新木桶陈酿 6 个月后的白葡萄酒中能达到几 mg/L，而在陈酿 2 年或 2 年以上的红葡萄酒中能达到 2～20 mg/L[10](第 25 章)。在欧亚种葡萄中未发现水解单宁，但能在其他果实中检测到，如树莓或圆叶葡萄。葡萄酒中橡木单宁的味觉影响可能很小[11]。当葡萄酒中的鞣花单宁水解时，如果鞣花酸水平过高就会发生沉淀，在圆叶葡萄酒中有这种现象。

13.4　芪　　类

葡萄中主要的芪类物质是白藜芦醇，它是葡萄植株响应葡萄孢属(*Botrytis*)感染和其他真菌侵染而产生的，以糖苷化的形式存在[12]。实际上，抗真菌物质是白藜芦醇的寡聚体，也就是葡萄素(viniferins)。白藜芦醇以几种形式存在，包括顺式和反式异构体以及对应的葡萄糖苷(图 13.2)。葡萄似乎能合成反式白藜芦醇，而光能够诱导顺/反异构[13]。白藜芦醇衍生物主要在葡萄果皮中，因而在红葡萄酒中也大量存在。尽管新梢中也存在大量白藜芦醇，但这与葡萄酒酿造无关。所有形式的白藜芦醇的总量在红葡萄酒中约为 7 mg/L[14]，在桃红葡萄酒中约为 2 mg/L，而在白葡萄酒中约为 0.5 mg/L[15]。白藜芦醇作为葡萄酒中的一种能够降低心脏病和癌症发生率的化合物，自 1997 年在 *Science* 报道以来，受到了广泛关注[16]，而且葡萄酒经人体代谢后，白藜芦醇在尿液中可以作为一种标记[17]。大量的后续报道表明，白藜芦醇还有其他益处，但通常来说，10～100 杯葡萄酒的剂量才会表现出疗效(动物实验)，部分原因是其吸收较差。对葡萄酒酿造而言，重要的是白藜芦醇，尤其是甲氧基化衍生物——紫檀芪(图 13.2)，对野生酵母和醋酸杆菌(*Acetobacter*)具有明显的抑菌作用[18]。

---

① 缩合单宁(原花色素，第 14 章)也可以被水解，但需要强烈的条件(高温、低 pH)和较长的时间，才能达到同样的降解度。

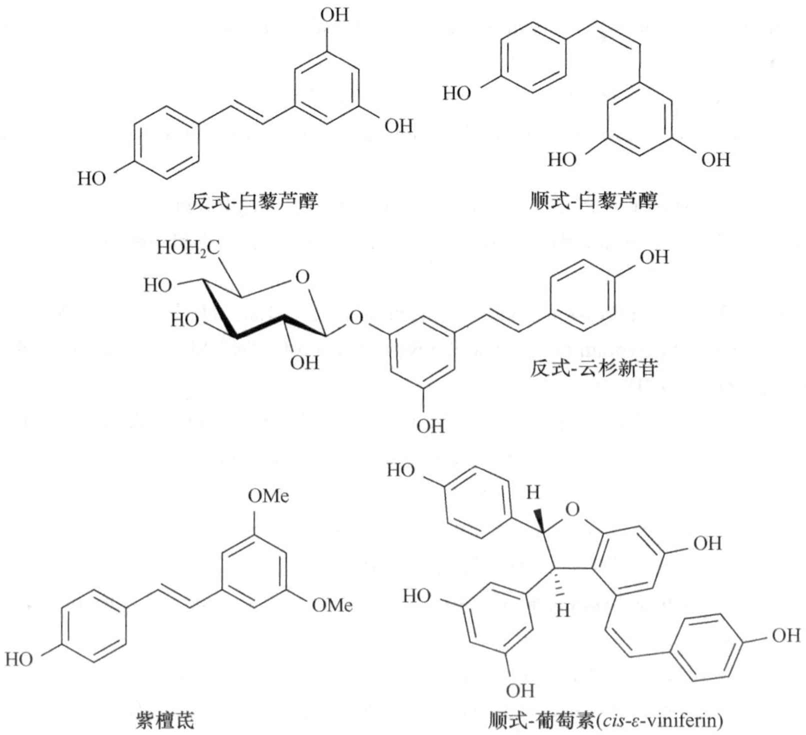

反式-白藜芦醇　　　　顺式-白藜芦醇

反式-云杉新苷

紫檀芪　　　　顺式-葡萄素(*cis*-ε-viniferin)

图 13.2　葡萄酒中的代表性芪类物质，包括大量存在的白藜芦醇同分异构体，以及白藜芦醇葡萄糖苷(反式-云杉新苷)、双甲氧化的类似物(紫檀芪)和葡萄素

参考文献

1. Baranowski, J.D. and Nagel, C.W.(1981) Isolation and identification of the hydroxycinnamic acid-derivatives in white Riesling wine. American Journal of Enology and Viticulture, 32(1), 5-13.
2. Ritchey, J.G. and Waterhouse, A.L.(1999) A standard red wine: monomeric phenolic analysis of commercial Cabernet Sauvignon wines. American Journal of Enology and Viticulture, 50(1), 91-100.
3. Rentzsch, M., Schwarz, M., Winterhalter, P., Hermosin-Gutierrez, I.(2007) Formation of hydroxyphenyl-pyranoanthocyanins in Grenache wines: precursor levels and evolution during aging. Journal of Agricultural and Food Chemistry, 55(12), 4883-4888.
4. Somers, T.C., Vérette, E., Pocock, K.F.(1987) Hydroxycinnamate esters of *V. vinifera*: changes during white vinification and effects of exogenous enzyme hydrolysis. Journal of the Science of Food and Agriculture, 40(1), 67-78.
5. Hufnagel, J.C. and Hofmann, T.(2008) Orosensory-directed identification of astringent mouthfeel and bitter-tasting compounds in red wine. Journal of Agricultural and Food Chemistry, 56(4), 1376-1386.
6. Verette, E., Noble, A.C., Somers, C.T.(1988) Hydroxycinnamates of *Vitis vinifera*: sensory

assessment in relation to bitterness in white wine. Journal of the Science of Food and Agriculture, 45(3), 267-272.

7. Chira, K., Pacella, N., Jourdes, M., Teissedre, P.L.(2011) Chemical and sensory evaluation of Bordeaux wines(Cabernet-Sauvignon and Merlot) and correlation with wine age. Food Chemistry, 126(4), 1971-1977.

8. Teissedre, P.L., Frankel, E.N., Waterhouse, A.L., et al.(1996) Inhibition of *in vitro* human LDL oxidation by phenolic antioxidants from grapes and wine. Journal of the Science of Food and Agriculture, 70(1), 55-61.

9. Guasch-Jane, M.R., Andres-Lacueva, C., Jauregui, O., Lamuela-Raventos, R.M.(2006) The origin of the ancient Egyptian drink Shedeh revealed using LC/MS/MS. Journal of Archaeological Science, 33(1), 98-101.

10. Garcia-Estevez, I., Escribano-Bailon, M.T., Rivas-Gonzalo, J.C., Alcalde-Eon, C.(2012) Validation of a mass spectrometry method to quantify oak ellagitannins in wine samples. Journal of Agricultural and Food Chemistry, 60(6), 1373-1379.

11. Glabasnia, A. and Hofmann, T.(2006) Sensory-directed identification of taste-active ellagitannins in American(*Quercus alba* L.) and European oak wood(*Quercus robur* L.) and quantitative analysis in bourbon whiskey and oak-matured red wines. Journal of Agricultural and Food Chemistry, 54(9), 3380-3390.

12. Joshi, V.K. and Devi, M.P.(2009) Resveratrol: importance, role, contents in wine and factors influencing its production. Proceedings of the National Academy of Sciences India Section B-Biological Sciences, 79, 212-226.

13. Trela, B.C. and Waterhouse, A.L.(1996) Resveratrol: isomeric molar absorptivities and stability. Journal of Agricultural and Food Chemistry, 44(5), 1253-1257.

14. Lamuela-Raventos, R.M., Romero Perez, A.I., Waterhouse, A.L., de la Torre-Boronat, M.C.(1995) Direct HPLC analysis of *cis*- and *trans*-resveratrol and piceid isomers in Spanish Red *Vitis vinifera* wines. Journal of Agricultural and Food Chemistry, 42(2), 281-283.

15. Romero-Perez, A.I., Lamuela-Raventos, R.M., Waterhouse, A.L., de la Torre-Boronat, M.C.(1996) Levels of *cis*- and *trans*-resveratrol and their glycosides in white and rose *Vitis vinifera* wines from Spain. Journal of Agricultural and Food Chemistry, 44(8), 2124-2128.

16. Jang, M., Cai, L., Udeani, G.O., et al.(1997) Cancer chemopreventive activity of resveratrol, a natural product derived from grapes. Science, 275(5297), 218-220.

17. Zamora-Ros, R., Urpi-Sarda, M., Lamuela-Raventos, R.M., et al.(2009) Resveratrol metabolites in urine as abiomarker of wine intake in free-living subjects: the PREDIMED Study. Free Radical Biology and Medicine, 46(12), 1562-1566.

18. Pastorkova, E., Zakova, T., Landa, P., et al.(2013) Growth inhibitory effect of grape phenolics against wine spoilage yeasts and acetic acid bacteria. International Journal of Food Microbiology, 161(3), 209-213.

第 14 章　黄烷-3-醇和缩合单宁

14.1　引　　言

黄烷-3-醇是葡萄中含量最丰富的一类类黄酮，主要分布在种子和浆果的果皮中。黄烷醇广泛存在于食品中，在西方饮食中，巧克力、茶和苹果是其主要来源。黄烷-3-醇中的数字“3”指的是醇羟基位于 C3 位置(图 14.1)。C4 位是醇羟基取代的黄烷醇以痕量存在，虽然这类黄烷醇具有高的反应活性，但鲜有报道。值得注意的是，相对于所连接的 B 环，黄烷-3-醇在 C2 和 C3 位上存在顺式和反式同分异构体，这是该亚类化合物独有的特征，从而产生 C 环异构体。当两种天然形式都存在时，用前缀“epi-”标注顺式形式。天然形式为(2*R*)型立体结构，但在葡萄酒的酸性环境下，C2 可因 C 环上氧原子的酸质子化作用而平衡。因此，在葡萄酒中也存在(2*S*)形式的黄烷-3-醇，引起儿茶素部分外消旋化[1]。

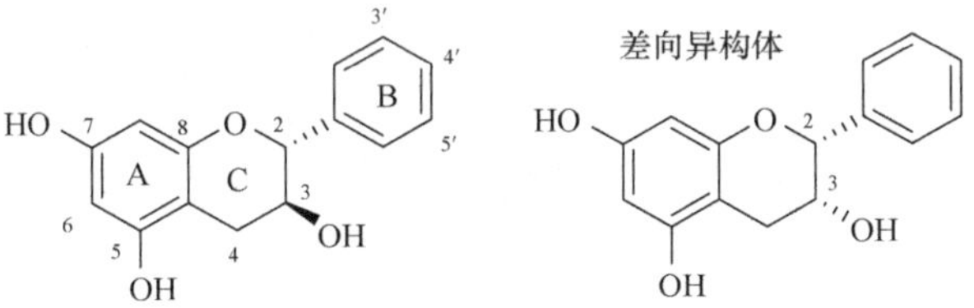

差向异构体

图 14.1　黄烷-3-醇的母环

在 B 环上，仅发现“正常的”3′,4′-二羟基取代和“没食子化的”3′,4′,5′-三羟基取代两种黄烷醇。因此，C 环是顺式取代且 B 环是三羟基取代的黄烷-3-醇是表棓儿茶素。C3 位上也有取代，图 14.2 展示了黄烷-3-醇 C3 位取代基是没食子酸酯的例子。能够检测到黄烷-3-醇糖苷，但因其含量低而不能定量[2]。在葡萄中已发现 5 种不同的单体黄烷醇(图 14.2)，其在葡萄浆果中的分布因品种而异，种子和果皮中的黄烷醇种类也有差异[3](表 14.1)。

表 14.1　葡萄酒中黄烷-3-醇单体组成

酿酒葡萄品种	儿茶素(Cat)	表儿茶素(EC)	表棓儿茶素(EGC)	表儿茶素没食子酸酯(ECG)	棓儿茶素(GC)	参考文献
丹魄	16	10	未报道	未报道	未报道	[6]
格拉西亚诺(Graciano)	33	34	未报道	未报道	未报道	

续表

酿酒葡萄品种	儿茶素(Cat)	表儿茶素(EC)	表棓儿茶素(EGC)	表儿茶素没食子酸酯(ECG)	棓儿茶素(GC)	参考文献
赤霞珠	42	20	未报道	未报道	未报道	
美乐	27	19	未报道	未报道	未报道	
赤霞珠	19	58	20	2	未报道	[7]
丹娜(Tannat)	43	65	60	0	14	[8]
黑达沃拉(Nero D'Avola)	25	32	未报道	未报道	未报道	[9]
赤霞珠	38	16	未报道	未报道	未报道	[10]
西拉	43	51	未报道	未报道	未报道	
丹魄	27	54	未报道	未报道	未报道	

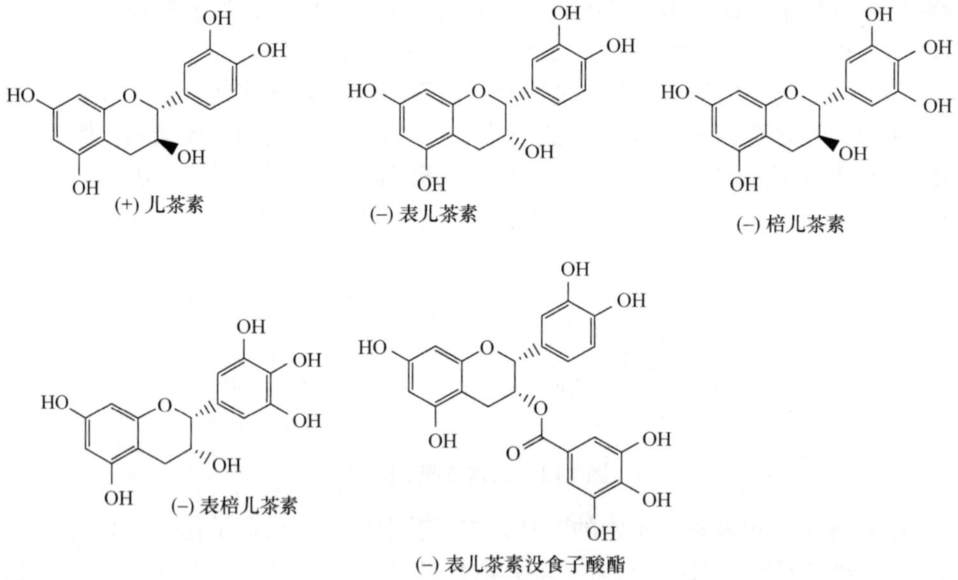

(+) 儿茶素

(–) 表儿茶素

(–) 棓儿茶素

(–) 表棓儿茶素

(–) 表儿茶素没食子酸酯

图 14.2 葡萄酒中来源于葡萄的单体黄烷-3-醇

14.2 单体儿茶素

据报道，赤霞珠葡萄酒中儿茶素和表儿茶素的浓度为 37～80 mg/L，通常以儿茶素为主(表 14.1，图 14.2)[4]。相反，表棓儿茶素、棓儿茶素和表儿茶素没食子酸酯则少量存在于葡萄酒中[5]。尽管这些物质含量相对较少，但可被特异性分析和准确定量，因此可作为判别酚类物质是从果皮还是种子浸提的标记物。这与黄烷-3-醇的寡聚物特别是聚合物的测定相反。分析葡萄酒中单体黄烷醇的常用方法是直接用酒样进行 HPLC 分离[4]。

尽管儿茶素是微量组分，但常被用作反应模型来预测寡聚物和聚合物的丰度，描述黄烷-3-醇的反应一般基于儿茶素的反应，例如，与乙醛的反应首次证实了儿茶素通过乙醛形成桥联二聚体[11]，且儿茶素还被用来描述黄烷醇的氧化[12]。据报道，高温条件下通过打开 C 环，儿茶素和表儿茶素发生异构而产生差向对映体，如(+)-儿茶素异构为(+)-表儿茶素[13]。然而，在新葡萄酒的酒渣中尚未观察到对映体[14]。

14.3　寡聚原花色素和多聚缩合单宁

在普通红葡萄酒中，酚类物质中大部分(约 25%～50%)是以黄烷-3-醇的寡聚体(具有不同聚合度和组分的原花色素)和多聚体(缩合单宁)形式存在[15]。这些组分可能是通过黄烷-3-醇单元之间生化缩合形成，但至今尚未证实存在负责形成这些连接键的酶[16]，尽管现阶段与原花色素生物合成相关的基因已经成为研究焦点[17]。这种缩合是在黄烷-3-醇亚单元之间形成共价键，最常见的连接方式是 C4→C8(如原花青素 B1)和 C4→C6(如原花青素 B5)(图 14.3)。表儿茶素是构成葡萄和葡萄酒中缩合单宁的主要单元，儿茶素次之(常作为起始单元，即 C4 位上没有连接键的单元)。

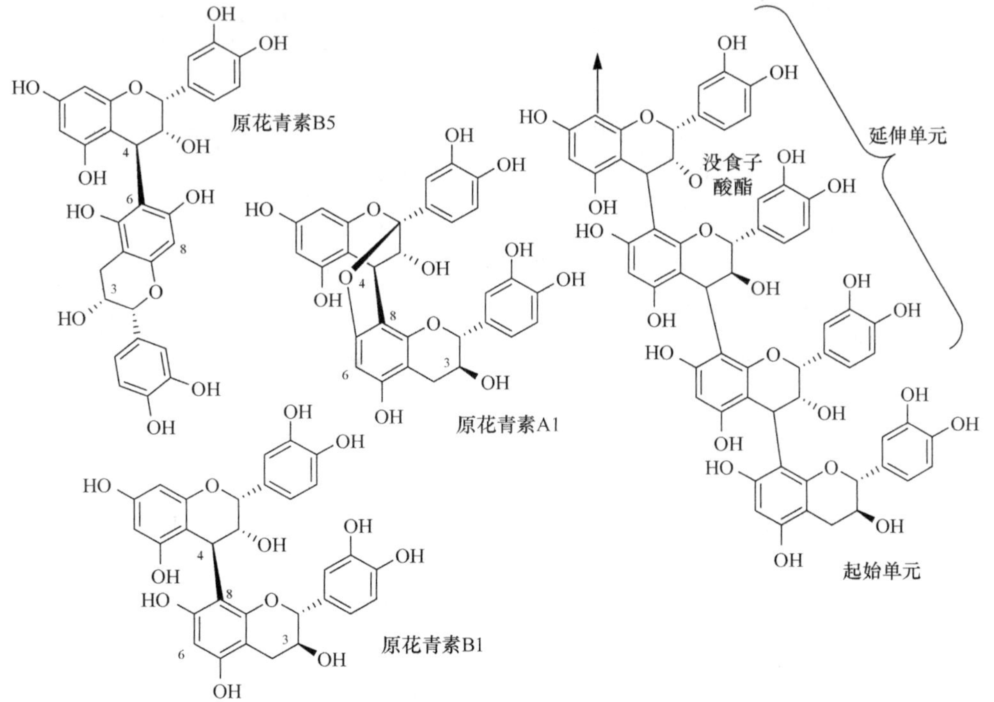

图 14.3　黄烷-3-醇的缩合形式

原花色素是统称，包括原花青素和原花翠素。这些名称是源于这类物质经强无机酸处理后可分解成 B 环含有各自取代基的两种特定花色素，也就是 3′,4′-二羟基化的儿茶素和表儿茶素生成花青素，3′,4′,5′-三羟基化的棓儿茶素亚单元产生花翠素(第 16 章，图 14.4)[18]①。只有两种产物产生是因为酸处理可使没食子酸酯水解并消除 C 环上的立体化学差异(正常结构对差向结构)(图 14.4)。该方法常用来测定添加物中原花色素的量，从而得到基于花青素吸收值校准后的 OPC 值。一种更温和的方法是用稀酸催化裂解 4→8 和 4→6 的黄烷间的连接键，然后用亲核试剂捕获 4 位上的活性碳正离子，产生具有原始立体化学构型并保留 C3 位酯取代的所有亚单元[19](实验数据见表 14.2)。除了检测亚单元组成外，该方法还可用来估算平均聚合度(DP)，即比较释放的起始单元(C4 位未修饰)量和延伸单元量(C4 位修饰)。例如，一个四聚体可产生三个被修饰的延伸单元和一个起始单元。因信息量大，该法被广泛应用。实际上，在亲核试剂间苯三酚或苄硫醇存在下，原花色素的裂解(称为间苯三酚裂解或硫

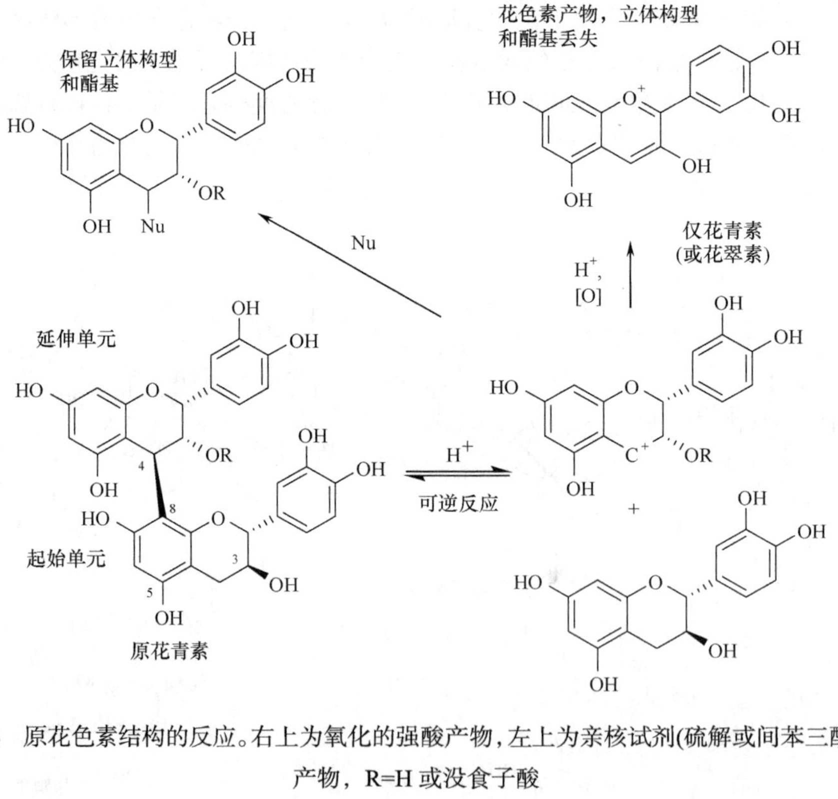

图 14.4 原花色素结构的反应。右上为氧化的强酸产物，左上为亲核试剂(硫解或间苯三酚裂解)产物，R=H 或没食子酸

① 这一现象最生动的烹饪实例是西班牙榅桲果冻的制作，无色的榅桲果实蒸煮后因原花色素水解，变为红色的果酱。然而，氧化反应对花色素的形成来说是必需的，所以痕量的铁是必要的，而使用净化水可能使颜色形成失败。

解)可以用来比较种子来源的没食子酸酯和果皮来源的表棓儿茶素的比例，以评价葡萄酒酿造过程中种子和果皮的提取率[20]。但测定含有大量 A 型连接键的原花色素，以及被氧化或被花色苷修饰过的原花色素时，此法有一定的局限性，在这种情况下获得的正常产物量很低(第 24 章)。相同的化学反应步骤对研究葡萄酒中原花色素的连续重排是很重要的，请参阅下文关于芳香族亲电取代部分的描述。

表 14.2　赤霞珠葡萄酒的原花色素组成，亚单元组成用聚合度表示[32]，极性液相色谱分离后进行间苯三酚裂解

平均聚合度	原花色素浓度/(mg/L)[a]	延伸单元				起始单元	
		EGC	Cat	EC	ECG	Cat	EC
5	37.6	33.0	4.0	60.4	2.6	81.6	18.4
6	60.1	32.5	4.0	61.1	2.5	81.3	18.7
7	60.7	32.3	4.2	60.9	2.7	82.0	18.0
8	39.0	32.4	3.4	61.5	2.8	82.3	17.7
9	189.3	36.0	2.9	58.4	2.8	80.0	20.0
10	18.9	36.6	3.0	57.6	2.8	79.3	20.7
11	14.7	35.6	3.3	58.0	3.2	76.2	23.8
12	6.4	34.2	2.8	60.1	2.9	75.0	25.0
13	26.8	34.0	2.9	60.0	3.1	75.7	24.3
14	16.0	37.6	2.9	56.6	2.9	77.5	22.5
15	124.0	39.6	2.4	54.7	3.3	81.0	19.0
总计	593.5						

a. HPLC 测定。

葡萄种子中也含有 A 型原花色素，也就是在一个亚单元的 C7 位上的氧原子和上一个单元 C2 位之间有一个额外的连接键[21, 22](图 14.3)。模拟溶液在氧化条件下可得到 A 型原花色素[23]，所以氧化陈酿可能有助于增加 A 型原花色素的含量。

14.3.1　葡萄酒中原花色素的作用

原花色素是衡量葡萄和葡萄酒的质量指标，具有以下重要作用：

(1) 在陈酿型红葡萄酒中，与花色苷反应生成部分稳定的红葡萄酒色素(第 16 章和第 25 章)。

(2) 原花色素作为高浓度的酚类化合物，既可加速耗氧速率，也可与氧化产物反应(第 24 章)。将 B 环上的邻苯二酚基团氧化为邻醌产物，进而与其他酚类物质反应，主要通过亲核的 A 环产生新键。

(3) 由于 A 环的亲核性，原花色素可与许多氧化产物发生反应，如醌和醛，从根本上清除氧化产物并避免其积累。

(4) 原花色素与红葡萄酒的涩感(即口腔中感知到的柔顺感消失)高度相关，如 14.4 节所述。

14.3.2　葡萄果实和葡萄酒中原花色素的浓度和测定

据报道，葡萄中原花色素的浓度通常在 0.5～1.5 g/L，但具体值取决于测定方法。发酵过程中原花色素不能被完全浸出(第 21 章)，红葡萄酒的原花色素的浓度通常不足葡萄中原花色素浓度的 50%。因为葡萄浸渍工艺和单宁可提取性的差异，红葡萄酒中的原花色素浓度与对应的葡萄中原花色素的浓度吻合性通常较差。白葡萄酒的原花色素浓度非常低，在 10～50 mg/L 之间，在高度压榨流出液中通常具有较高的浓度。

测量原花色素含量的方法很多，使得比较文献中原花色素浓度变得复杂[24]。这个问题的出现不仅是因为原花色素自身的复杂性，也因为没有标准参考物质，甚至是标准化的定义。尽管原花色素在 280 nm 波长处有强烈吸收，但由于其他酚类物质的存在，在单一紫外波长下直接测定原花色素浓度并不恰当。已发表的方法通常会详细说明提取或分离步骤[25]，然后以以下几种方法中的一种分析：

(1) 经典的单宁分析是依据原花色素与醛类物质(如香草醛)的缩合反应生成有色产物[26]，此方法也可检测到单体，但不常用于葡萄酒分析。

(2) 在紫外-可见光谱测定之前，用蛋白质[27]或多糖[28]沉淀和分离原花色素，此方法与感知到的涩感吻合性好，后面将详细描述。

(3) 使用极性或凝胶渗透柱直接进行 HPLC 测定[29, 30]，两者均是基于分子大小进行分离。

(4) 先将原花色素裂解为修饰后的单体，再进行 HPLC 分析，如以上所述的间苯三酚裂解法。

(5) 最后，利用紫外-可见光谱测量结合多元统计，并对上述方法进行校准(第 32 章)[31]。

对于同一批葡萄酒样品，任何两种分析方法之间的相关性都不同，例如，正相 HPLC 法和蛋白质沉淀法显示出显著的相关性($r = 0.93$)，但与醛类缩合法比较，相关性较低($r < 0.7$)[33]。此外，即使方法间显示出显著的相关性，常量因子仍可能不同，例如，使用甲基纤维素代替蛋白质作为沉淀剂分离原花色素，得到的测量值为蛋白质的 3 倍多[34]。进行葡萄原花色素含量测定时，各方法之间的相关性更弱[35]，可能是因为葡萄果实固体的存在，使原花色素的提取变化更大。因此建议在大量关于葡萄酒酿造过程或葡萄生长条件对这些化合物影响的研究中，比较原花色素的绝对浓度时要谨慎，如参考文献[36]，尤其是当测定方法不同时。

14.4　感官影响

黄烷-3-醇单体具有苦味和涩味，随着聚合度增加到二聚体和三聚体，苦味降低，涩味增强[37, 38]。红葡萄酒的液相色谱-味觉(LC-taste)研究已经鉴定出聚合组分(命名为原花青素)是大部分葡萄酒涩味的来源，并注意到较小和较大分子量的亚组分也表现出不同的感官响应[39]。如上所述，单宁的一些分析方法基于蛋白质[27]或改性碳水化合物[28]与单宁之间的相互作用，这些方法在感知到的涩感和测定的单宁浓度之间通常表现出极好的相关性($r^2 > 0.8$)[34]。陈酿会使单宁水解，并与葡萄酒中的其他成分反应(第 25 章)，由此产生的修饰单宁更具疏水性，涩感更弱，间苯三酚裂解后得到的聚合度值更低[40]。单宁感官品评所面临的其他挑战将在第 33 章进一步讨论。

化学原理：芳香族亲电取代

芳香环最重要的反应之一是芳香族亲电取代(EAS)。在该反应中，通常是带有正电荷的亲电试剂在苯环未被取代的位置上反应以置换质子；质子取代亲电试剂的可逆反应也可发生。

该反应发生的前提是亲电试剂具有反应活性，同时也依赖于芳香环的亲核特性。后者是基于环上的其他取代基是否有助于苯环上的电子失活或使电子转移以失活。亲电试剂与具有较高电子密度分子的反应更快。作为酚或烷基化取代的氧是强活化剂，所以苯甲醚的反应速率比苯快 100 倍。

类黄酮的 A 环上有三个氧原子，与亲电试剂有很高的反应活性。此外，氧原子的交替排布增加了这种效应，利用反应的过渡态共振结构可以证明这一点。在过渡态中，亲电试剂与环键合，正电荷分布在芳香环的周围。相对于反应位点来说，电荷集中分布在 C2、C4 和 C6 位上，所以能够稳定这几个位置上正电荷的取代基，对反应的影响最大。氧原子可以通过其孤对电子进入芳香环的 π 轨道而起到稳定作用，因此，对芳香族亲电取代来说，A 环上交替排列的氧原子使其成为最具反应活性的芳香环。

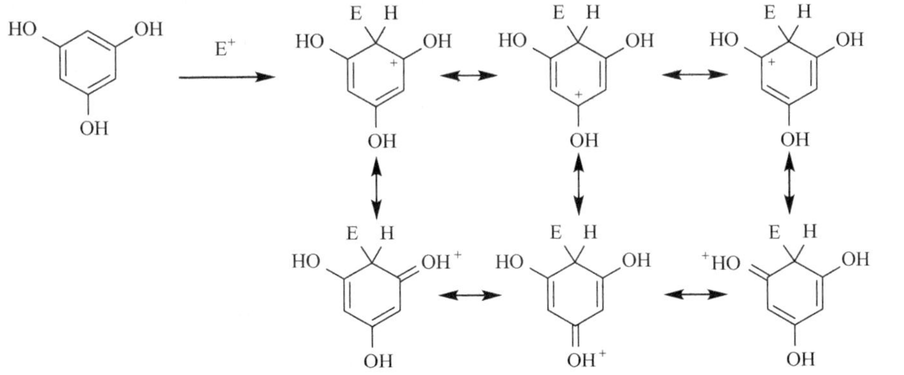

加入间苯三酚后亲电体的共振结构，显示电荷移位使中间体稳定

葡萄酒化学中 EAS 的两个重要实例涉及黄烷-3-醇，黄烷-3-醇对亲电子试剂最具反应活性。当其被葡萄酒中的酸质子化后，乙醛成为强效亲电子试剂，在黄烷-3-

醇的 C6 和 C8 位发生反应，形成新的共价键。在葡萄酒 pH 下，苄醇产物质子化生成苄型碳，这类碳是非常好的亲电试剂，所以发生第二个 EAS，在两个黄烷醇结构间形成桥联。几乎所有的醛都可以发生类似反应，EAS 是香草醛法定量缩合单宁的依据(尽管香草醛不产生桥联结构)。第二个实例是原花色素链的断裂与重新形成[41]，儿茶素单元的 C4 位和另一个儿茶素单元的 C8 位之间的键可以源于酸的质子所引起的 EAS 断裂，释放出的苄基阳离子随后可与其他位置不同儿茶素单元的 A 环反应，使原花色素链发生重排。当反应大量形成某一种单体时，则这种单体在平衡后的样品中是主要的起始单元[42]，同时原花色素的平均聚合度也会下降。如果还存在其他亲核试剂，可形成额外产物[43]，花色苷就是一个例子(第 16 章)。

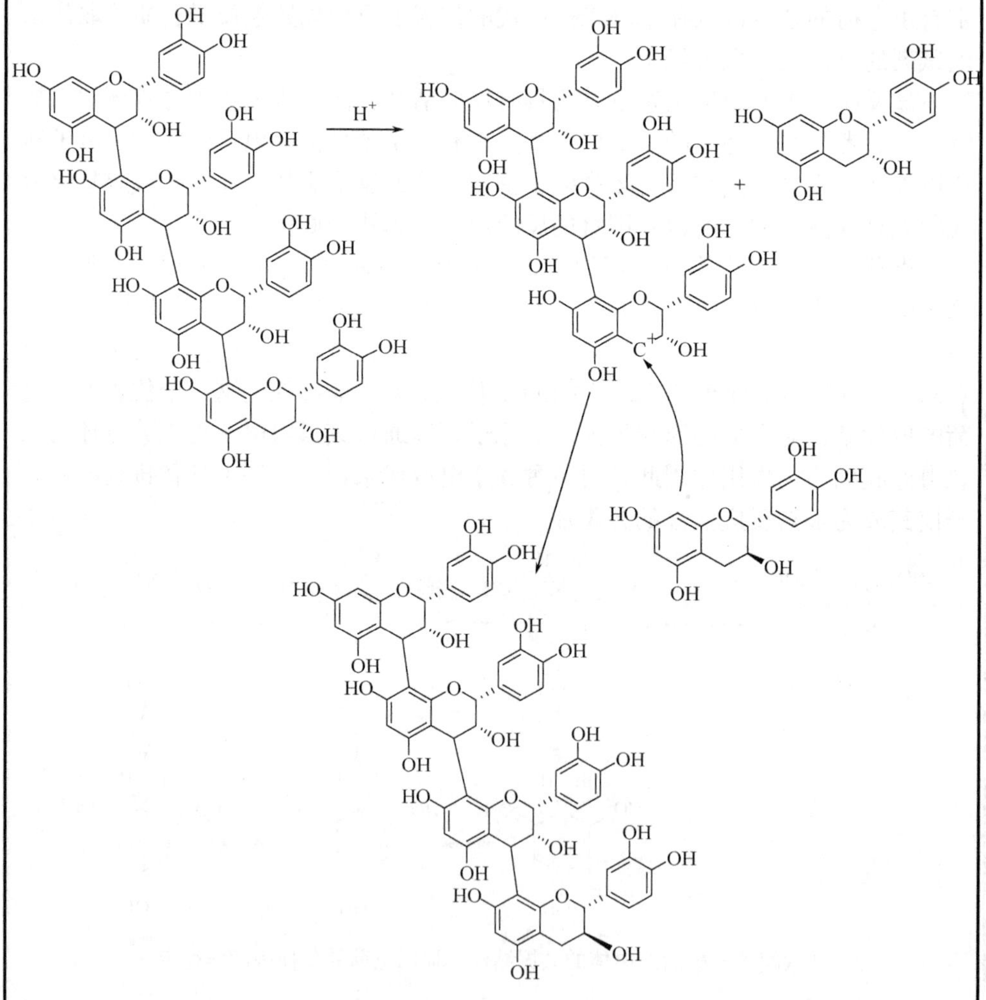

酸催化的原花色素寡聚物再形成，葡萄酒中不断发生这个过程

参 考 文 献

1. Nay, B., Monti, J.P., Nuhrich, A., et al.(2000) Methods in synthesis of flavonoids. Part 2: High yield access to both enantiomers of catechin. Tetrahedron Letters, 41(47), 9049-9051.
2. Delcambre, A. and Saucier, C.(2012) Identification of new flavan-3-ol monoglycosides by UHPLC-ESI-Q-TOF in grapes and wine. Journal of Mass Spectrometry, 47(6), 727-736.
3. Mattivi, F., Vrhovsek, U., Masuero, D., Trainotti, D.(2009) Differences in the amount and structure of extractable skin and seed tannins amongst red grape varieties. Australian Journal of Grape and Wine Research, 15(1), 27-35.
4. Ritchey, J.G. and Waterhouse, A.L.(1999) A standard red wine: monomeric phenolic analysis of commercial Cabernet Sauvignon wines. American Journal of Enology and Viticulture, 50(1), 91-100.
5. Ricardo da Silva, J.M., Rosec, J.P., Bourzeix, M., Heredia, N.(1990) Separation and quantitative determination of grape and wine procyanidins by high-performance reversed phase liquid chromatography. Journal of the Science of Food and Agriculture, 53(1), 85-92.
6. Monagas, M., Suarez, R., Gomez-Cordoves, C., Bartolome, B.(2005) Simultaneous determination of nonanthocyanin phenolic compounds in red wines by HPLC-DAD/ESI-MS. American Journal of Enology and Viticulture, 56(2), 139-147.
7. Canals, R., Llaudy, M.D.C., Canals, J.M., Zamora, F.(2008) Influence of the elimination and addition of seeds on the colour, phenolic composition and astringency of red wine. European Food Research and Technology, 226(5), 1183-1190.
8. Boido, E., Garcia-Marino, M., Dellacassa, E., et al.(2011) Characterisation and evolution of grape polyphenol profiles of *Vitis vinifera* L. cv. Tannat during ripening and vinification. Australian Journal of Grape and Wine Research, 17(3), 383-393.
9. La Torre, G.L., Saitta, M., Vilasi, F., et al.(2006) Direct determination of phenolic compounds in Sicilian wines by liquid chromatography with PDA and MS detection. Food Chemistry, 94(4), 640-650.
10. Gutierrez, I.H., Lorenzo, E.S.P., Espinosa, A.V.(2005) Phenolic composition and magnitude of copigmentation in young and shortly aged red wines made from the cultivars, Cabernet Sauvignon, Cencibel, and Syrah. FoodChemistry, 92(2), 269-283.
11. Saucier, C., Little, D., Golries, Y.(1997) First evidence of acetaldehyde-flavanol condensation products in red wine. American Journal of Enology and Viticulture, 48(3), 370-373.
12. Guyot, S., Cheynier, V., Souquet, J.-M., Moutounet, M.(1995) Influence of pH on the enzymatic oxidation of (+)-catechin in model systems. Journal of Agricultural and Food Chemistry, 43(9), 2458-2462.
13. Wang, H.F. and Helliwell, K.(2000) Epimerisation of catechins in green tea infusions. Food Chemistry, 70(3), 337-344.
14. Rockenbach, I.I., Jungfer, E., Ritter, C., et al.(2012) Characterization of flavan-3-ols in seeds of grape pomace by CE, HPLC-DAD-MS^n and LC-ESI-FTICR-MS. Food Research International, 48(2), 848-855.

15. Singleton, V.L.(1992) Tannins and the qualities of wines, in Plant Polyphenols(eds Hemingway, R.W. and Laks, P.E.), Plenum Press, New York, pp. 859-880.

16. Dixon, R.A., Xie, D.Y., Sharma, S.B.(2005) Proanthocyanidins-a final frontier in flavonoid research? New Phytologist, 165(1), 9-28.

17. Hancock, K.R., Collette, V., Fraser, K., et al.(2012) Expression of the R2R3-MYB transcription factor TaMYB14 from Trifolium arvense activates proanthocyanidin biosynthesis in the legumes Trifolium repens and Medicago sativa. Plant Physiology, 159(3), 1204-1220.

18. Porter, L.J., Hrstich, L.N., Chan, B.G.(1986) The conversion of procyanidins and prodelphinidins to cyanidin and delphinidin. Phytochemistry, 25(1), 223-230.

19. Kennedy, J.A. and Jones, G.P.(2001) Analysis of proanthocyanidin cleavage products following acid-catalysis in the presence of excess phloroglucinol. Journal of Agricultural and Food Chemistry, 49(4), 1740-1746.

20. Des Gachons, C.P. and Kennedy, J.A.(2003) Direct method for determining seed and skin proanthocyanidin extraction into red wine. Journal of Agricultural and Food Chemistry, 51(20), 5877-5881.

21. Passos, C.P., Cardoso, S.M., Domingues, M.R.M., et al.(2007) Evidence for galloylated type-A procyanidins in grape seeds. Food Chemistry, 105(4), 1457-1467.

22. De Marchi, F., Seraglia, R., Molin, L., et al.(2014) Study of isobaric grape seed proanthocyanidins by MALDI-TOFMS. Journal of Mass Spectrometry, 49(9), 826-830.

23. He, F., Pan, Q.H., Shi, Y., Duan, C.Q.(2008) Chemical synthesis of proanthocyanidins *in vitro* and their reactions in aging wines. Molecules, 13(12), 3007-3032.

24. Herderich, M.J. and Smith, P.A.(2005) Analysis of grape and wine tannins: methods, applications and challenges. Australian Journal of Grape and Wine Research, 11(2), 205-214.

25. Jeffery, D.W., Mercurio, M.D., Herderich, M.J., et al.(2008) Rapid isolation of red wine polymeric polyphenols by solid-phase extraction. Journal of Agricultural and Food Chemistry, 56(8), 2571-2580.

26. Caceres-Mella, A., Pena-Neira, A., Narvaez-Bastias, J., et al.(2013) Comparison of analytical methods for measuring proanthocyanidins in wines and their relationship with perceived astringency. International Journal of FoodScience and Technology, 48(12), 2588-2594.

27. Harbertson, J.F., Picciotto, E.A., Adams, D.O.(2003) Measurement of polymeric pigments in grape berry extracts and wines using a protein precipitation assay combined with bisulfite bleaching. American Journal of Enology and Viticulture, 54(4), 301-306.

28. Sarneckis, C.J., Dambergs, R.G., Jones, P., et al.(2006) Quantification of condensed tannins by precipitation with methyl cellulose: development and validation of an optimised tool for grape and wine analysis. Australian Journal of Grape and Wine Research, 12(1), 39-49.

29. Waterhouse, A.L., Ignelzi, S., Shirley, J.R.(2000) A comparison of methods for quantifying oligomeric proanthocyanidins from grape seed extracts. American Journal of Enology and Viticulture, 51(4), 383-389.

30. Kennedy, J.A. and Taylor, A.W.(2003) Analysis of proanthocyanidins by high-performance gel permeation chromatography. Journal of Chromatography A, 995(1-2), 99-107.

31. Dambergs, R.G., Mercurio, M.D., Kassara, S., et al.(2012) Rapid measurement of methyl cellulose precipitable tannins using ultraviolet spectroscopy with chemometrics: application to red wine and inter-laboratory calibration transfer. Applied Spectroscopy, 66(6), 656-664.

32. Hanlin, R.L., Kelm, M.A., Wilkinson, K.L., Downey, M.O.(2011) Detailed characterization of proanthocyanidins in skin, seeds, and wine of Shiraz and Cabernet Sauvignon wine grapes(*Vitis vinifera*). Journal of Agricultural and Food Chemistry, 59(24), 13265-13276.

33. De Beer, D., Harbertson, J.F., Kilmartin, P.A., et al.(2004) Phenolics: a comparison of diverse analytical methods. American Journal of Enology and Viticulture, 55(4), 389-400.

34. Mercurio, M.D. and Smith, P.A.(2008) Tannin quantification in red grapes and wine: comparison of polysaccharide- and protein-based tannin precipitation techniques and their ability to model wine astringency. Journal of Agricultural and Food Chemistry, 56(14), 5528-5537.

35. Seddon, T.J. and Downey, M.O.(2008) Comparison of analytical methods for the determination of condensed tannins in grape skin. Australian Journal of Grape and Wine Research, 14(1), 54-61.

36. Downey, M., Mazza, M., Seddon, T.J., et al.(2012) Variation in condensed tannin content, composition and polymer length distribution in the skin of 36 grape cultivars. Current Bioactive Compounds, 8(3), 200-217.

37. Peleg, H., Gacon, K., Schlich, P., Noble, A.C.(1999) Bitterness and astringency of flavan-3-ol monomers, dimmers and trimers. Journal of the Science of Food and Agriculture, 79(8), 1123-1128.

38. Robichaud, J.L. and Noble, A.C.(1990) Astringency and bitterness of selected phenolics in wine. Journal of the Science of Food and Agriculture, 53(3), 343-353.

39. Hufnagel, J.C. and Hofmann, T.(2008) Orosensory-directed identification of astringent mouthfeel and bitter-tasting compounds in red wine. Journal of Agricultural and Food Chemistry, 56(4), 1376-1386.

40. McRae, J.M., Schulkin, A., Kassara, S., et al.(2013) Sensory properties of wine tannin fractions: implications for in-mouth sensory properties. Journal of Agricultural and Food Chemistry, 61(3), 719-727.

41. Lea, A.G.H.(1978) The phenolics of ciders: oligomeric and polymeric procyanidins. Journal of the Science of Food and Agriculture, 29(5), 471-477.

42. Vidal, S., Cartalade, D., Souquet, J.-M., et al.(2002) Changes in proanthocyanidin chain length in winelike model solutions. Journal of Agricultural and Food Chemistry, 50(8), 2261-2266.

43. Foo, L.Y., McGraw, G.W., Hemingway, R.W.(1983) Condensed tannins-preferential substitution at the interflavanoid bond by sulfite ion. Journal of the Chemical Society-Chemical Communications, (12), 672-673.

第15章 黄 酮 醇

15.1 引 言

在自然界中，黄酮醇可能是最具多样性的非聚合类黄酮物质。尽管黄酮醇的糖苷配基数量有限(在葡萄和葡萄酒中仅有6种),但因取代位置和糖种类方面的不同，黄酮醇具有丰富的糖苷多样性。葡萄中主要的苷元包括槲皮素、杨梅酮、西伯利亚落叶松黄酮和山柰酚，通常还有少量异鼠李素和丁香亭(图15.1)，尽管后者在一些品种中也有较高的量。此外，由于黄酮醇在未成熟果实中的光保护作用，其总浓度相对于葡萄中的其他化合物，对果实曝光的响应最强烈、提高最稳定。

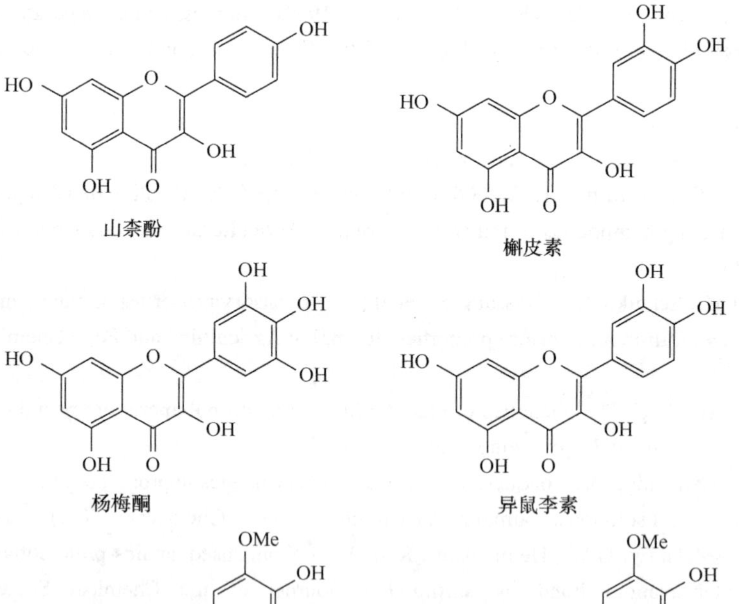

图15.1 葡萄酒中的黄酮醇苷元

15.2 黄酮醇的浓度

黄酮醇广泛存在于植物源食品中，并且总是以糖苷形式存在于包括葡萄在内的植物中，分布于葡萄果皮中。葡萄中的主要糖苷包括 3-*O*-葡萄糖苷和 3-*O*-葡萄糖醛酸苷，在葡萄酒中也同样存在[1]。

葡萄酒中的黄酮醇浓度取决于对果皮的浸提效果，所以白葡萄酒中黄酮醇的浓度比红葡萄酒低。葡萄酒储存期间(第 25 章)糖苷水解，使葡萄酒中主要糖苷和苷元浓度的研究变得复杂，且苷元浓度随时间而增加，然而，大量葡萄酒样的调查报告提供了有意义的参考值(表 15.1)。

表 15.1 红葡萄酒和白葡萄酒中的黄酮醇含量(mg/L)，**数据来自文献[1, 2]**

黄酮醇	红葡萄酒		白葡萄酒	
	范围	平均值	范围	平均值
槲皮素-3-半乳糖苷	ND～6	2	ND	ND
槲皮素-3-葡萄糖苷	ND～14	2	ND	ND
槲皮素-3-葡萄糖醛酸苷	ND～113	17	ND	ND
异鼠李素-3-葡萄糖苷	ND～4	1	ND～0.14	ND
丁香亭-3-葡萄糖苷	1～27	7	ND	ND
西伯利亚落叶松黄酮-3-葡萄糖苷	1～23	6		
杨梅酮-3-葡萄糖醛酸苷	1～12	3.5		
杨梅酮-3-葡萄糖苷	1～57	15		
杨梅酮	2.70～28.78	11.59	ND	ND
槲皮素	3.49～37.36	16.18	ND～2.05	ND
西伯利亚落叶松黄酮	0.32～4.77	1.81	ND	ND
山柰酚	ND～2.46	0.82	ND	ND
异鼠李素	ND～18.12	3.45	ND	ND
总糖苷	1.42～55.69	16.16	ND～0.80	0.05
总苷元	7.42～76.51	33.85	ND～2.26	0.12

注：ND，未检出或未定量；空白格，无数据。

对 91 个葡萄品种进行代谢组学研究，水解所有糖苷，以便所有黄酮醇仅以苷元定量，结果表明，杨梅酮的平均含量与槲皮素大致相同，约为 12 mg/kg，其他四种苷元的含量较低(1～2 mg/kg)。然而，有些品种的杨梅酮或槲皮素含量相差很大，有的甚至相差 3～4 倍[3]。该研究还发现，白葡萄品种中不包含 B 环含三个含氧取代基的黄酮醇，说明白葡萄的黄酮醇 3′,5′-羟化酶活性丧失[3]。

15.3 葡萄生长条件和葡萄酒酿造对黄酮醇的影响

以黑比诺为试验材料的前期研究表明，浆果曝光显著提高黄酮醇含量[4]。这一发现后来在美乐葡萄上被证实，曝光果穗比遮光果穗的黄酮醇含量增加 10 倍左右，但温度对其没有影响[5]。曝光上调黄酮醇合成酶基因的表达[6]。黄酮醇在 360 nm 有最大紫外吸收，而且主要分布于浆果的最外层细胞中，表明植物合成这些化合物是将其作为天然防晒剂。因为黄酮醇与葡萄曝光相关，而曝光已被证明与许多其他质量参数相关，所以黄酮醇的浓度已被建议作为红色葡萄的综合质量指标[7]。

如前所述，黄酮醇是在浸渍过程中从果皮中提取出来的，因此在红葡萄酒中其浓度较高。尽管糖苷具有良好的溶解度，但是槲皮素的水溶性极差。随着葡萄酒陈酿，糖苷被水解(第 25 章)，生成的槲皮素易沉淀并在瓶中形成浑浊物或沉积物。偶尔也有报道葡萄酒中含有芦丁，也就是槲皮素-3-*O*-芸香糖苷，但详细研究表明，虽然芦丁存在于葡萄中，但在葡萄酒中 1～2 天内被水解，而其他糖苷则相对稳定[2]。黄酮醇苷元可以用聚乙烯聚吡咯烷酮(PVPP)处理去除，但对于糖苷的去除效果不明显[8]。然而，虽然可以测量葡萄酒中槲皮素的浓度，但其远高于模拟葡萄酒溶液中饱和点的浓度。一些葡萄酒，如桑娇维赛，在陈酿过程中会产生槲皮素沉淀，可能是由于糖苷水解造成过饱和。已经证明，黄酮醇可与花色苷产生很强的辅色效果(第 16 章)，尤其是槲皮素，这可能解释了黄酮醇在过饱和状态下的稳定性，尽管在葡萄酒中黄酮醇对辅色的相对重要性仍在争议中[9]。

黄酮醇味苦，但仍不清楚其在葡萄酒中的浓度水平对风味是否具有很大贡献。在一项关于不同葡萄酒的多元统计研究中，并未发现苦味与高水平黄酮醇之间存在相关性[10]，也可能是由于其他化合物可以遮盖黄酮醇的作用。在另一项研究中，通过添加酚类物质，发现苦味与高浓度的黄酮醇有关[11]。其他研究还发现，黄酮醇具有柔和的涩味，这个概念将在第 33 章讨论[12]。

葡萄还含有少量的二氢黄酮醇(黄烷酮醇)，这类物质最先由 Trousdale 和 Singleton 报道[13]，近期也有其他研究者的报道[2, 14]。

参 考 文 献

1. Castillo-Munoz, N., Gomez-Alonso, S., Garcia-Romero, E., Hermosin-Gutierrez, I.(2007) Flavonol profiles of *Vitis vinifera* red grapes and their single-cultivar wines. Journal of Agricultural and

Food Chemistry, 55(3), 992-1002.

2. Jeffery, D.W., Parker, M., Smith, P.A.(2008) Flavonol composition of Australian red and white wines determined by high-performance liquid chromatography. Australian Journal of Grape and Wine Research, 14(3), 153-161.

3. Mattivi, F., Guzzon, R., Vrhovsek, U., et al.(2006) Metabolite profiling of grape: flavonols and anthocyanins. Journal of Agricultural and Food Chemistry, 54(20), 7692-7702.

4. Price, S.F., Breen, P.J., Valladao, M., Watson, B.T.(1995) Cluster sun exposure and quercetin in Pinot noir grapes and wine. American Journal of Enology and Viticulture, 46(2), 187-194.

5. Spayd, S.E., Tarara, J.M., Mee, D.L., Ferguson, J.C.(2002) Separation of sunlight and temperature effects on the composition of *Vitis vinifera* cv. Merlot berries. American Journal of Enology and Viticulture, 53(3), 171-182.

6. Downey, M.O., Harvey, J.S., Robinson, S.P.(2004) The effect of bunch shading on berry development and flavonoid accumulation in Shiraz grapes. Australian Journal of Grape and Wine Research, 10(1), 55-73.

7. Ritchey, J.G. and Waterhouse, A.L.(1999) A standard red wine: monomeric phenolic analysis of commercial Cabernet Sauvignon wines. American Journal of Enology and Viticulture, 50(1), 91-100.

8. Laborde, B., Moine-Ledoux, V., Richard, T., et al.(2006) PVPP-polyphenol complexes: a molecular approach. Journal of Agricultural and Food Chemistry, 54(12), 4383-4389.

9. Lambert, S.G., Asenstorfer, R.E., Williamson, N.M., et al.(2011) Copigmentation between malvidin-3-glucoside and some wine constituents and its importance to colour expression in red wine. Food Chemistry, 125(1), 106-115.

10. Saenz-Navajas, M.P., Ferreira, V., Dizy, M., Fernandez-Zurbano, P.(2010) Characterization of taste-active fractions in red wine combining HPLC fractionation, sensory analysis and ultra performance liquid chromatography coupled with mass spectrometry detection. Analytica Chimica Acta, 673(2), 151-159.

11. Preys, S., Mazerolles, G., Courcoux, P., et al.(2006) Relationship between polyphenolic composition and some sensory properties in red wines using multiway analyses. Analytica Chimica Acta, 563(1-2), 126-136.

12. Hufnagel, J.C. and Hofmann, T.(2008) Orosensory-directed identification of astringent mouthfeel and bitter-tasting compounds in red wine. Journal of Agricultural and Food Chemistry, 56(4), 1376-1386.

13. Trousdale, E.K. and Singleton, V.L.(1983) Astilbin and engeletin in grapes and wine. Phytochemistry, 22(2), 619-620.

14. Vitrac, X., Castagnino, C., Waffo-Teguo, P., et al.(2001) Polyphenols newly extracted in red wine from southwestern France by centrifugal partition chromatography. Journal of Agricultural and Food Chemistry, 49(12), 5934-5938.

第 16 章　花　色　苷

16.1　引　　言

花色苷是红色和黑色葡萄及红葡萄酒的呈色物质，许多植物的红色和蓝色也归因于花色苷，尤其是在花和果实中。红色被感知是由于绿色可见光(520 nm)的吸收，这是由完全共轭的含有 10 个π电子(即芳香环)的类黄酮 A 环-C 环结构造成的，同时其也与 B 环交叉共轭①。如果共轭结构被破坏，颜色就会消失。例如，当花色苷与亚硫酸氢盐、水或其他亲核试剂反应时，花色苷的结构和化学性质因花色苷具有与常见的葡萄酒组分共价和非共价结合能力而变得更复杂。单体花色苷与羰基化合物和单宁反应生成稳定的红葡萄酒色素，在一些书籍中也称为聚合色素。尽管在某些 5 年以上的葡萄酒中可以检测到少量单体花色苷，但在大多数陈酿几年的红葡萄酒中，颜色的主要来源是稳定的红葡萄酒色素。

16.2　结构和存在形式

花色素指的是简单的类黄酮环结构，因为花色素不稳定，在葡萄或葡萄酒中不能检出，或仅有痕量。花色苷是指糖基化的花色素，这些花色苷也被称为单体色素，以区分其与缩合单宁和其他化合物反应形成的红葡萄酒色素(16.5 节)。在欧亚种葡萄中，花色苷的最主要形式是 3-*O*-葡萄糖苷(图 16.1)。在美洲种葡萄和杂种葡萄中(第 31 章)也存在 3,5-*O*-双葡萄糖苷，双糖苷的存在可用于鉴别葡萄酒酿造过程中非欧亚种葡萄的使用。与花色素相连的葡萄糖可以在糖分子 6-位上通过酯化进一步发生取代，取代基是乙酰基或香豆酰基，也发现有少量的咖啡酰基[1](图 16.1)。

---

① 有机色素化合物具有高度的单键和双键交替(共轭)结构。番茄、辣椒、西瓜和茄属一些成员或葫芦科植物的红色和黄色是因为含有类胡萝卜素(第 10 章)。类胡萝卜素由 40 个碳原子构成，这些碳原子主要以共轭双键排列。类胡萝卜素无极性，用番茄生产的果酒几乎无色。

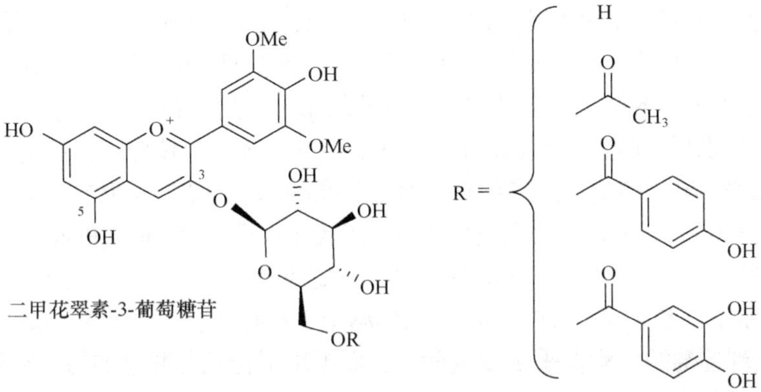

图 16.1 花色苷的结构，图中为二甲花翠素-3-葡萄糖苷，它是许多葡萄的主要花色苷。单糖苷(R=H，M3G)含量最高，但也存在不同量的乙酰基和香豆酰基取代花色苷，以及痕量咖啡酰基取代花色苷，这取决于葡萄品种

红葡萄花色苷主要有五种糖苷配基，它们在B环上的取代方式不同(图16.2)，葡萄中不含有在4′位仅有一个羟基取代的芹菜苷元(apigenin)。鉴于上面提到的B环取代和酰基化，在任何特定的红葡萄中都可能检测到10～15种花色苷。花色苷组成因品种而异，因此可以尝试利用花色苷轮廓来鉴定新酿造红葡萄酒所用的葡萄品种[2]。例如，黑比诺的典型特征是没有酰基化形式的花色苷。令人遗憾的是，这些来源于葡萄的单体花色苷在陈酿过程中消失，因此不能用该方法区分陈酿葡萄酒(第28章)。在大多数红葡萄和红葡萄酒的花色苷中，二甲花翠素-3-葡萄糖苷(M3G)及其衍生物在红葡萄和红葡萄酒的花色苷组成中占主导地位，所以大多数研究集中在这一种花色苷的反应活性和相互作用上，但是，从这些研究中所得到的信息通常也适用于其他花色苷。

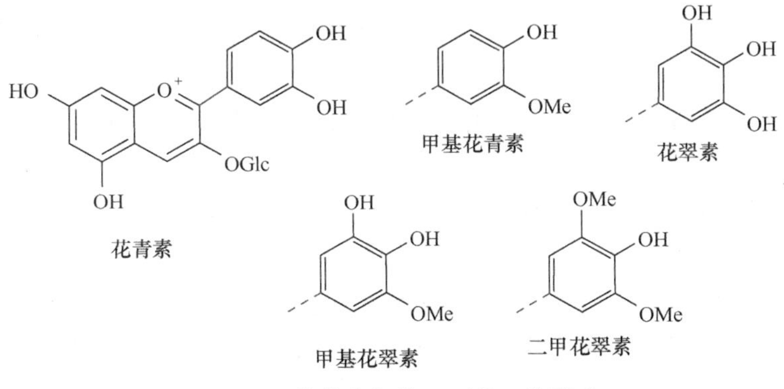

图 16.2 葡萄花色苷B环的5种形式

存在于葡萄酒和相似溶液中的花色苷，以多种形式存在，这取决于pH依赖的平衡，其相对比例显著影响溶液的颜色。花色镁离子(flavylium)(2-苯基苯并吡喃阳离子

或 2-苯并吡喃阳离子)带正电荷的 C 环具有亲电性，C2 和 C4 位可以与葡萄酒中的亲核体反应，常见的是与水和亚硫酸氢盐的反应，在这两种情况下，当共轭双键被破坏后，花色鲜离子的红色就会消失。当溶液的 pH 升高，花色鲜离子像酸一样处于平衡之中，与水反应时，当亲核的水分子失去一个质子后，转变成无色的中性形式，也就是甲醇假碱(图 16.3)。花色鲜离子-假碱平衡的 pK_a为 2.7，通常在葡萄酒 PH = 3.7 的条件下，90%的花色苷变为无色形式[3]。在低 pH 下，所有形式的花色苷都转变为花色鲜阳离子，便于利用 520 nm 处的光吸收定量花色苷。此外，还有一种醌形式，具有紫色色调，pK_a = 4.7，在高 pH 的葡萄酒中少量存在。一个研究小组基于在葡萄酒 pH 下发现葡萄酒色素似乎是零电荷，从而提出了花色苷颜色的另一种解释[4]。

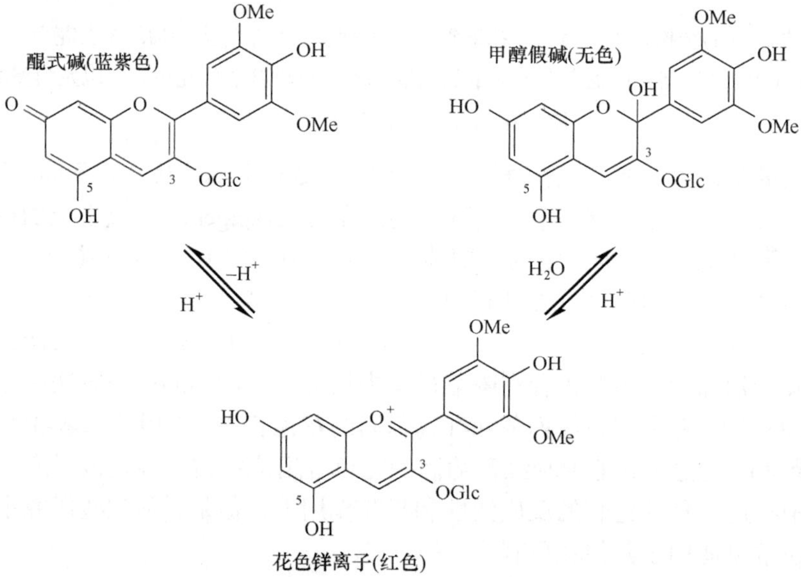

醌式碱(蓝紫色)　甲醇假碱(无色)

$-H^+$　H^+　H_2O　H^+

花色鲜离子(红色)

图 16.3　花色苷的平衡形式

16.3　非共价相互作用：辅色作用

花色苷可与溶液中的其他酚类物质形成非共价相互作用，这种效应也称辅色作用。与非芳香族甲醇碱相比，辅色作用使芳香族花色苷的呈色更稳定。辅色作用表现为含有花色苷溶液(如红葡萄酒)的吸光度通常大于根据花色苷浓度和溶液 pH 预测的吸光度[5]。辅因子与花色苷的相互作用可以用以下关系描述：

$$\text{花色苷} + \text{辅因子} \xrightleftharpoons{K_d} [\text{辅色化复合物}]$$

K_d 是花色苷和辅因子的结合常数。通常，最好的辅因子(最大程度增强颜色)是有平面芳香结构的物质，因为非平面结构将受到位阻效应的不利影响。例如，平面槲皮素的结合常数为 2900 M^{-1}，而非平面儿茶素的结合常数为 90 M^{-1}。因为辅色作用反应有两个分子，随着葡萄酒被稀释，辅色化复合物将迅速耗尽(如葡萄酒稀释 2 倍将导致辅色化复合物稀释 4 倍)，这会导致葡萄酒的颜色偏离比尔定律。

关于辅色化复合物中化学键的性质已经提出了多种解释。与单独的花色苷溶液相比，这些辅色化复合物的形成增加了以花色鲜离子形式存在的花色苷比例，如同降低 pH 一样。一种可能的解释是电荷转移络合作用，当溶液中两种芳环物质具有不同的电子密度时，发生络合作用(图 16.4)[6]。在葡萄酒中，某一种花色苷的花色鲜离子形式带有正电荷且缺少电子，而葡萄酒中的其他酚类化合物由于酚基团是强的电子供体，所以通常富含电子。另一种解释是辅色化作用主要是疏水性的，也就是说，平面芳香化合物分子的表面以π-π垛叠的形式排列[7]。对于葡萄酒中的辅色化复合物来说，电荷转移和疏水作用可能都有贡献。

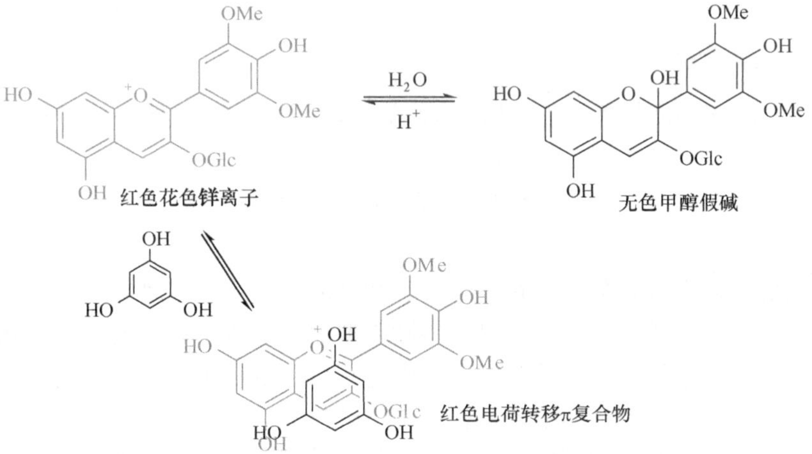

图 16.4　二甲花翠素-3-葡萄糖苷和间苯三酚的电荷转移复合物模型，具有使花色苷平衡向灰色形式移动的效果。灰色代表花色鲜离子。为了简化，间苯三酚作为富含电子的物质，但在葡萄酒中并不存在

在葡萄酒 pH 下，有大量的无色假碱(大约 90%)，所以观测到的辅色效应可能非常显著：吸光度加倍是正常现象，花色苷含量的比色分析必须校正辅色效应的影响。然而，在低 pH 下，仅存在花色鲜离子形式，所以这种情况下观测到的辅色作用对吸光度和红移的贡献很小。最后一个复杂的问题是花色苷能够自缔合，当花色苷浓度高时会产生强的辅色作用[8]。

16.4　亚硫酸氢盐的漂白

花色鲜离子形式的花色苷在 C4 位与亲核试剂亚硫酸盐(第 17 章)反应(图 16.5)，与水不同的是，水是添加在 C2 位上形成假碱(图 16.3)。然而，总体效应与加水相同，都会因共轭结构的破坏而损失颜色，由此造成的红色消失被称为“漂白”[9]。在 C4 位形成共价键可以阻止亚硫酸氢盐的加入，并减弱这种漂白作用。由于葡萄酒样品中通常含有亚硫酸盐，因此在采用光谱分析定量花色苷时，必须消除这种漂白作用[5]。

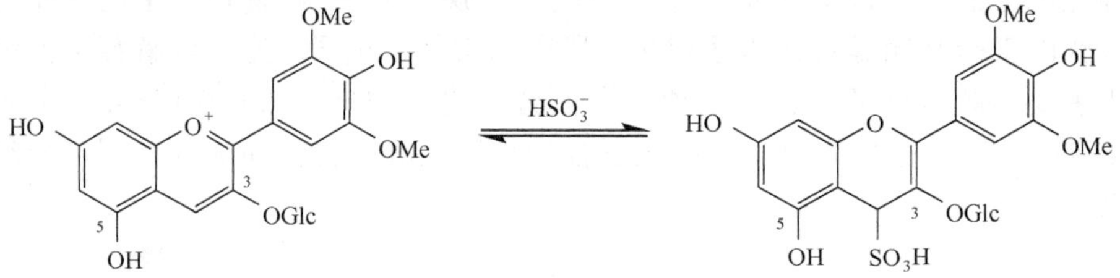

图 16.5　在花色鲜离子的 C4 位引入亚硫酸氢盐来漂白二甲花翠素-3-葡萄糖苷

16.5　葡萄酒色素

在发酵过程中及发酵后，花色苷与红葡萄酒基质中的各种物质反应形成修饰色素。一些反应是酸催化的，而另一些则需要氧化过程。一些特定的产物是可以定性的，但是还不能对所有的葡萄酒色素进行全面的特征描述，下述任何途径的相对重要性尚未确定。具体细节将在第 25 章讨论。

尽管总花色苷的平均摩尔吸光率因花色苷转化为葡萄酒色素而减少[10]，但所产生的葡萄酒色素对葡萄酒颜色具有重要作用，因为这种色素是稳定的，稳定这一描述语涵盖了许多常见现象：①在长期储存过程中，葡萄酒色素不易降解。②在葡萄酒 pH 下，葡萄酒色素吸收更强烈，且其吸光特性对 pH 的依赖性更小。③葡萄酒色素不易被亚硫酸氢盐漂白。

在一些书籍中，修饰后的葡萄酒色素也被称作聚合色素(也有其他术语)，尽管这个术语含义模糊。最初，“聚合色素”用来表示不能被亚硫酸氢盐漂白的任何葡萄酒色素，因为人们认为不可漂白的物质仅是多聚缩合单宁和花色苷的反应产物[11]。在一些检测试验中，这种操作性定义还在使用[12]。然而，像 vitisin 这样的稳态葡萄酒色素不需要与“多聚”缩合单宁反应就能形成。聚合物色素也被用于描述色谱分离到的高分子量色素，如 HPLC 色谱图中后面的洗脱峰。虽然这样定义在字面上更贴切，但并不是所有这类高分子量物质都表现出与主要葡萄酒色素相关的特性，如抵抗 SO_2 漂白[13]。

最简单的葡萄酒色素是在类黄酮的 A 环上发生芳香族亲电取代后形成的。第一种情形被称作 T-A(单宁-花色苷)型，在原花色素的黄烷间连接键断裂过程中形成的亲电阳离子(第 14 章)与花色苷假碱的 A 环发生反应，生成一系列二聚体到多聚体色素。图 16.6 举例说明由原花色素三聚体形成 T-A 型色素[14]。这个反应的发生是因为葡萄酒中大约 90%的花色苷以中性假碱形式存在(图 16.4)，所以其可以作为亲核试剂去攻击类黄酮的亲电 C4 阳离子。

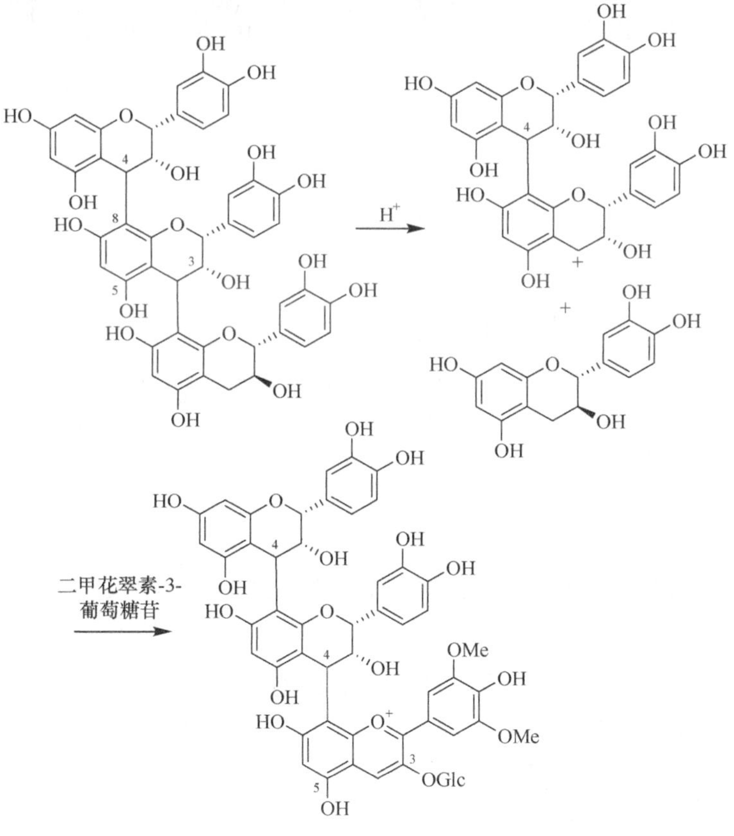

图 16.6　花色苷和原花青素通过缩合形成 T-A 型葡萄酒色素

花色鎓离子形式的花色苷表现出亲电特性，在 C4 位与原花色素的亲核 A 环直接反应，形成 A-T(花色苷-单宁)型色素(图 16.7)。这一反应破坏了花色鎓阳离子的芳香族化合物结构特性，生成无色的花色苷-黄烷醇加合物，这种产物可能被氧化形成芳香性 C 环并恢复颜色，然后反应形成呫吨鎓(xanthylium)阳离子(第 25

章)。虽然有一些研究迹象表明，上述反应到形成花色苷-黄烷醇加合物就停止，会导致无色[14]。

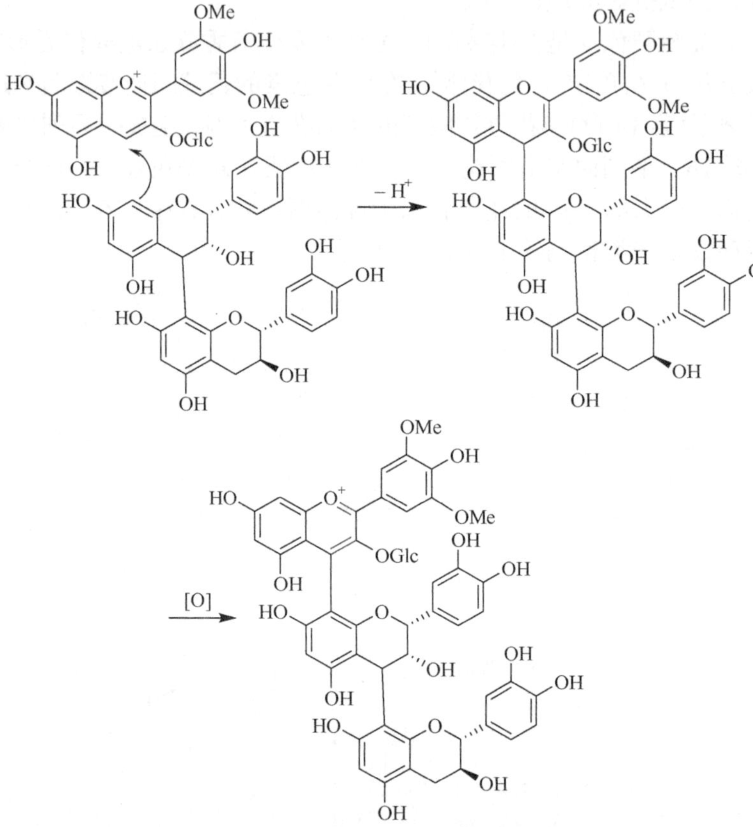

图 16.7　A-T 型葡萄酒色素的形成，使花色苷转变成无色的花色苷-黄烷醇加合物(中间)，氧化作用可能使花色苷恢复为有色的花色鎓离子形式

葡萄酒氧化(第 24 章)和发酵产生的活性物质，以多种方式修饰花色苷并形成新的色素。最简单的物质是乙醛，它是在发酵过程中由酵母代谢糖分产生的，或者是在葡萄酒储存过程中通过乙醇氧化产生的。乙醛是一种很好的亲电体，可以起到桥联两个类黄酮 A 环的作用(图 16.8)。这些类黄酮可以是两个黄烷醇，一个黄烷醇和一个花色苷，或两个花色苷[15]②。这些乙烯桥联的色素表现出红移效应(紫色)，不易被 SO_2 和水亲核加成(和颜色损失)。然而，这个反应是可逆的，能够释放出花色苷。其他醛类也可以发生类似反应，如甘油氧化形成的

② 在美国(27 CFR 24.246)，添加乙醛稳定果汁(非葡萄酒)的颜色是合法的，尽管该方法未被广泛使用。

甘油醛(第 3 章)，可以与花色苷和黄烷醇反应形成类似的色素[16]。

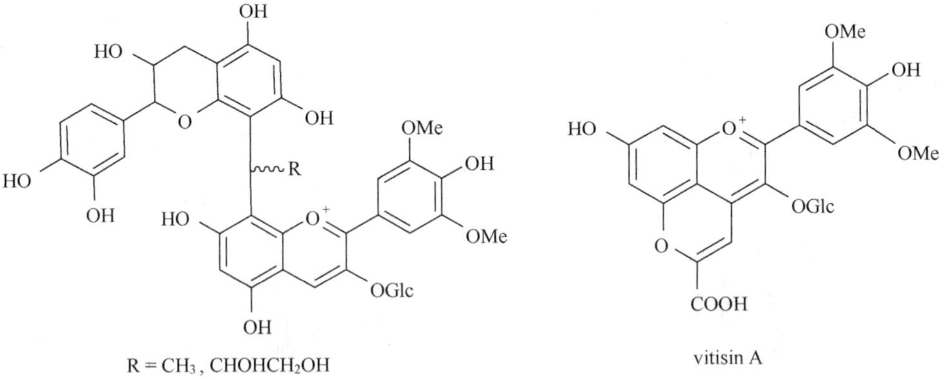

R = CH_3, $CHOHCH_2OH$

vitisin A

图 16.8 由花色苷衍生的葡萄酒色素，如乙醛参与的由乙基桥联的二甲花翠素-3-葡萄糖苷与黄烷-3-醇二聚体，以及 M3G 和丙酮酸缩合形成的 vitisin A

在发酵或储存过程中形成的亲电体也能够形成吡喃花色苷，其含有额外的吡喃环。图 16.8 显示的是丙酮酸和二甲花翠素-3-葡萄糖苷反应形成 vitisin A 的典型结构[17]。吡喃花色苷型色素 C4 位被封锁：vitisin A 似乎能完全耐受 SO_2 浓度高达 250 mg/L 的漂白作用；vitisin B(乙醛代替丙酮酸)在 SO_2 浓度为 200 mg/L 时有 50%被漂白；而二甲花翠素-3-葡萄糖苷在 SO_2 浓度为 50 mg/L 时有 80%被漂白。在 pH = 2 和 pH = 4 的溶液中，两种 vitisin 的吸光强度仅有约 10%的差异，而花色苷则变化 40%[18]。在长期储存过程中，这些吡喃花色苷表现也更稳定。

除了氧化产物之外，羟基肉桂酸可以直接与花色苷反应，形成花色苷 5-OH 环化形式的 pinotin[19]，这是另外一种酚基吡喃型花色苷(图 16.9)。pinotin 的特点是酚环与衍生色素新的吡喃环相连。这类产物可以长时间存在，因而对陈酿型葡萄酒的红色有贡献。

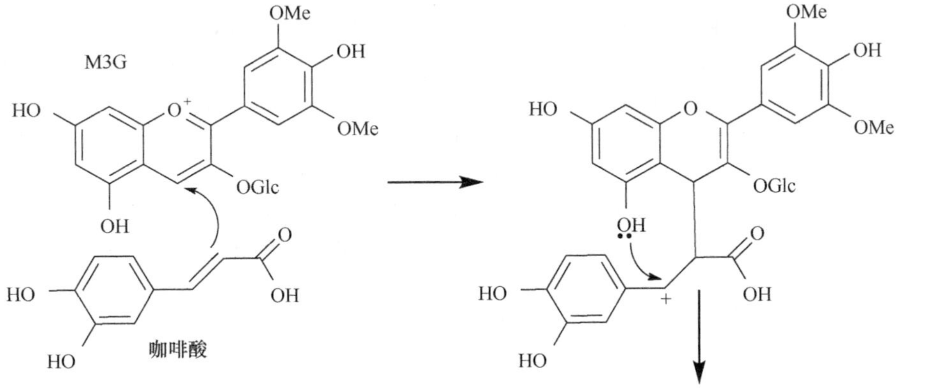

M3G

咖啡酸

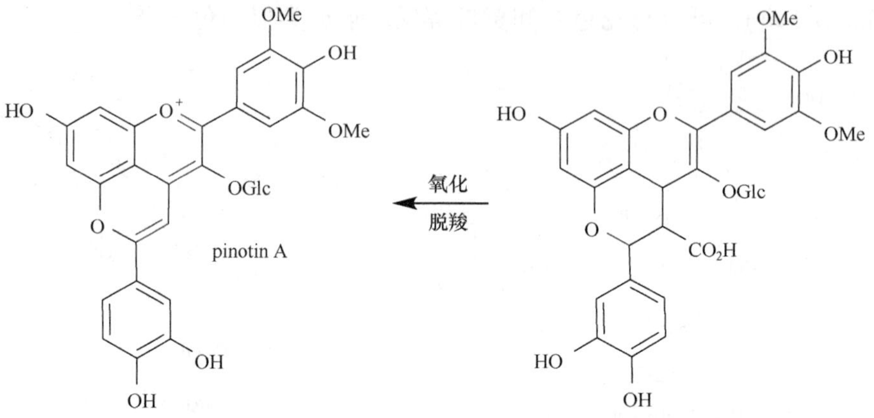

图 16.9　二甲花翠素-3-葡萄糖苷与咖啡酸反应形成 pinotin A

花色苷类化合物成员很多，以及葡萄糖苷上有不同取代基，使葡萄酒的花色苷化学性质变得很复杂；加上花色苷与水和亚硫酸氢盐的平衡、辅色作用和形成葡萄酒色素的诸多反应，因而难以预测陈酿过程中花色苷的化学变化(第 25 章)。

参 考 文 献

1. Mattivi，F.，Guzzon，R.，Vrhovsek，U.，et al.(2006) Metabolite profiling of grape: flavonols and anthocyanins. Journal of Agricultural and Food Chemistry，54(20)，7692-7702.

2. Eder，R.，Wendelin，S.，Barna，J.(1994) Classification of red wine cultivars by means of anthocyanin analysis. 1st report: application of multivariate statistical methods for differentiation of grape samples. Mitteilungen Klosterneuburg，44(6)，201-212.

3. Brouillard，R. and Delaporte，B.(1977) Chemistry of anthocyanin pigments. 2. Kinetic and thermodynamic study of proton-transfer，hydration，and tautomeric reactions of malvidin 3-glucoside. Journal of the American Chemical Society，99(26)，8461-8468.

4. Asenstorfer，R.E.，Iland，P.G.，Tate，M.E.，Jones，G.P.(2003) Charge equilibria and p*K*(a) of malvidin-3-glucoside by electrophoresis. Analytical Biochemistry，318(2)，291-299.

5. Boulton，R.(2001) The copigmentation of anthocyanins and its role in the color of red wine: a critical review. American Journal of Enology and Viticulture，52(2)，67-87.

6. Castaneda-Ovando，A.，Pacheco-Hernandez，M.D.，Paez-Hernandez，M.E.，et al.(2009) Chemical studies of anthocyanins: a review. Food Chemistry，113(4)，859-871.

7. Kunsagi-Mate，S.，May，B.，Tschiersch，C.，et al.(2011) Transformation of stacked pi-pi-stabilized malvidin-3-*O*-glucoside-catechin complexes towards polymeric structures followed by anisotropy decay study. Food Research International，44(1)，23-27.

8. Lambert，S.G.，Asenstorfer，R.E.，Williamson，N.M.，et al.(2011) Copigmentation between malvidin-3-glucoside and some wine constituents and its importance to colour expression in red wine. Food Chemistry，125(1)，106-115.

9. Timberlake, C.F. and Bridle, P.(1967) Flavylium salts anthocyanidins and anthocyanins. 2. Reactions with sulphur dioxide. Journal of the Science of Food and Agriculture, 18(10), 479-485.

10. Zimman, A. and Waterhouse, A.L.(2004) Incorporation of malvidin-3-glucoside into high molecular weight polyphenols during fermentation and wine aging. American Journal of Enology and Viticulture, 55(2), 139-146.

11. Somers, T.C.(1971) The polymeric nature of wine pigments. Phytochemistry, 10(9), 2175-2186.

12. Harbertson, J.F. and Spayd, S.(2006) Measuring phenolics in the winery. American Journal of Enology and Viticulture, 57(3), 280-288.

13. Versari, A., Boulton, R.B., Parpinello, G.P.(2007) Analysis of SO_2-resistant polymeric pigments in red wines by high-performance liquid chromatography. American Journal of Enology and Viticulture, 58(4), 523-525.

14. Hayasaka, Y. and Kennedy, J.A.(2003) Mass spectrometric evidence for the formation of pigmented polymers in red wine. Australian Journal of Grape and Wine Research, 9(3), 210-220.

15. Escribano-Bailon, T., Alvarez-Garcia, M., Rivas-Gonzalo, J.C., et al.(2001) Color and stability of pigments derived from the acetaldehyde-mediated condensation between malvidin 3-*O*-glucoside and (+)-catechin. Journal of Agricultural and Food Chemistry, 49(3), 1213-1217.

16. Laurie, V.F. and Waterhouse, A.L.(2006) Glyceraldehyde bridging between flavanols and malvidin-3-glucoside in model solutions. Journal of Agricultural and Food Chemistry, 54(24), 9105-9111.

17. Fulcrand, H., Benabdeljalil, C., Rigaud, J., et al.(1998) A new class of wine pigments generated by reaction between pyruvic acid and grape anthocyanins. Phytochemistry, 47(7), 1401-1407.

18. Bakker, J. and Timberlake, C.F.(1997) Isolation, identification, and characterization of new color-stable anthocyanins occurring in some red wines. Journal of Agricultural and Food Chemistry, 45(1), 35-43.

19. Schwarz, M., Wabnitz, T.C., Winterhalter, P.(2003) Pathway leading to the formation of anthocyanin-vinylphenol adducts and related pigments in red wines. Journal of Agricultural and Food Chemistry, 51(12), 3682-3687.

第 17 章　二 氧 化 硫

17.1　引言和术语

二氧化硫(SO_2)具有抗菌和抗氧化特性，所以被酿酒师用作防腐剂已经有几百年的历史[1]。在葡萄酒行业，术语 “亚硫酸盐”、“SO_2” 和 “二氧化硫” 经常互换使用。从严格的化学角度来说，SO_2 仅指中性、易挥发的物质。然而，SO_2 在水溶液中表现为弱二元酸性质，而在葡萄酒 pH 条件下，通常以亚硫酸氢离子(HSO_3^-)形式存在。SO_2 在葡萄酒中的主要作用概述如下：

(1) 亲核体。HSO_3^- 能与葡萄酒中醛类和其他亲电体形成共价加合物。

(2) 还原剂/抗氧化剂。SO_2 是葡萄酒中还原性最强的化合物之一。SO_2 不与 O_2 直接反应，而是以 HSO_3^- 形式与氧化副产物反应，HSO_3^- 在此过程中的具体化学变化将在第 24 章讨论。

(3) 酶的失活。HSO_3^- 形式的 SO_2 可以抑制多种酶的活性。例如，SO_2 抑制多酚氧化酶(PPO)的活性，减缓引起葡萄汁氧化褐变的反应(第 24 章)。

(4) 抗菌。分子态 SO_2 抑制多种微生物的生长，包括酵母菌和细菌。其机制是靶点的，可能包括辅因子和维生素(NAD^+、FAD、硫胺素)的还原、蛋白质中二硫键的还原、与核酸反应[2]。

SO_2 在葡萄酒中以多种形式存在，如表 17.1 所示。关于这些不同形式的定义将在本章后面详述。

表 17.1　葡萄酒中不同类型 SO_2 特性

SO_2 形式	重要性	目标浓度或限量(以 SO_2 当量表示)
分子态	杀菌	微生物稳定性：在葡萄酒中为 0.6～0.8 mg/L [2] 刺激性感官阈值：2 mg/L [3]
游离亚硫酸氢离子(HSO_3^-)	抗氧化	防止葡萄酒氧化：游离态 SO_2(大部分是 HSO_3^-)为 20～40 mg/L
	有规定(不常见)	游离态 SO_2 在少数葡萄酒产区有规定，如加拿大，<70 mg/L
亚硫酸离子(SO_3^{2-})	重要性微不足道，在葡萄酒 pH 下，其比例小于总 SO_2 的 1%	
结合态亚硫酸氢加合物	对总 SO_2 有贡献；可能有轻微的抗菌活性[4] 弱键加合物释放出游离亚硫酸后，可以增加游离态 SO_2	

续表

SO_2形式	重要性	目标浓度或限量(以 SO_2 当量表示)
总量(游离态+结合态 SO_2)	有规定	大多数国家有规定：美国，所有葡萄酒<350 mg/L，“未加硫”葡萄酒<10 mg/L；澳大利亚，低糖葡萄酒(糖分：35 g/L)<300 mg/L，甜葡萄酒<250 mg/L

17.2　二氧化硫的酸碱性质

在水溶液中因水合作用，SO_2 表现为弱酸，并形成共轭碱(HSO_3^-， SO_3^{2-})①，如图 17.1 所示。

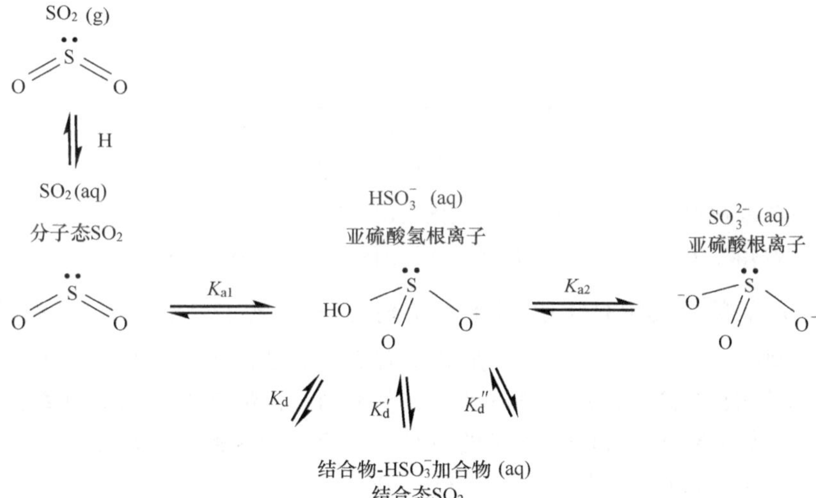

图 17.1　SO_2形态的平衡。20℃水中，pK_{a1}=1.8，pK_{a2}=7.0[5]，Henry 常数(H)为 0.38atm/M[6]
1atm=1.01325×10^{5}Pa

根据 pK_{a1}，利用 Henderson-Hasselbalch 方程式(第 3 章)可以计算不同形态 SO_2 的相对浓度。在实际酒体中，SO_2 的 pK_{a1} 和 pK_{a2}(分别为约 1.8 和 7)通常是参考其在 20℃水中的值[7]。然而，正如第 3 章提到的，弱酸(包括 SO_2)的 pK_a 值随着乙醇浓度和温度的升高而增加，随着离子强度的升高而减少。根据经验推导得到的校正系数和表中所列的模拟葡萄酒溶液中 SO_2 的 pK_a 值是在不同温度下得到的[8]。温度为 20℃，在常见的葡萄酒乙醇浓度(10%～14%，v/v)和离子强度(0.03～0.08 M)

① 更确切地说，HSO_3^- 和 SO_3^{2-} 是 H_2O 和 SO_2 反应生成的 H_2SO_3 的共轭碱。但是，H_2SO_3 分解很快，其未被表征或从自然界中分离得到，但光谱学证据证明其存在于木卫一(木星的一个卫星)上。

下，pK_{a1}值在 1.85～2.00，比常用值要高 0.05～0.2 个单位(图 17.2)。虽然这个差异很微小，但 0.1 个 pH 单位的误差，将会导致分子态 SO_2 产生 30%的误差，用式(17.1)可以计算。

$$[\text{分子态}SO_2] = \frac{[\text{游离态}SO_2]}{1+10^{pH-pK_{a1}}} \tag{17.1}$$

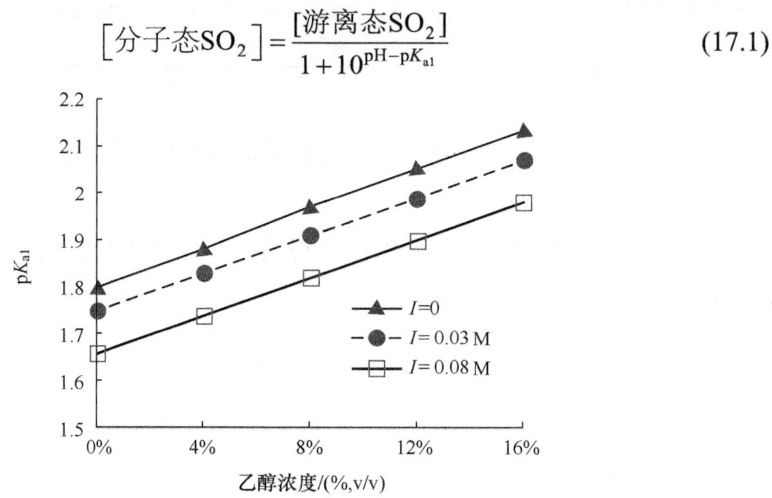

图 17.2　三种离子强度(I)下乙醇浓度对二氧化硫 pK_{a1} 的影响，数据来自文献[8]。$I = 0$，对应纯的水醇溶液；$I = 0.03$ M，主要数据来自文献[8]；$I= 0.08$ M，主要数据来自文献[9]

在通常葡萄酒 pH(3～4)条件下，游离态 SO_2 的主要形式为亚硫酸氢离子(HSO_3^-)(>90%)，中性分子态 SO_2 形式也有少许贡献，而亚硫酸离子(SO_3^{2-})的浓度在葡萄酒 pH 下较小，常忽略不计。在葡萄酒厂，最常测量的是游离态 SO_2，也就是分子态 SO_2 和亚硫酸氢离子的总和。分子态 SO_2 和游离态 SO_2 的关系可由 Henderson-Hasselbalch 方程式得到[式(17.1)]。

式(17.1)可用于确定不同 pH 下为达到不同浓度的分子态 SO_2 所需要的游离态 SO_2 的量(图 17.3)。低 pH 条件与高 pH 条件相比，分子态 SO_2 所占的比例更高。例如，基于 pK_a = 1.9(12%乙醇，20℃，I = 0.08 M)，游离态 SO_2 中分子态所占的比例随 pH 升高，从 pH 3(7.7%)到 pH 3.3(3.8%)再到 pH 3.6(1.9%)，逐渐下降。

如表 17.1 所示，游离态 SO_2 和分子态 SO_2 在葡萄酒中的作用不同。为避免葡萄酒氧化，游离态 SO_2 的常规目标浓度为 20～40 mg/L，至少 0.6 mg/L 的分子态 SO_2 才可以预防干型葡萄酒的微生物腐败，至少 0.8 mg/L 的分子态 SO_2 才可以预防甜型葡萄酒的腐败。分子态 SO_2 的感官阈值为 2 mg/L，所以酿酒师通常要使分子态 SO_2 低于这个水平。这一限制特别具有挑战性，因为同时还要使葡萄酒具有低 pH。如图 17.3 所示，pH 2.9 的葡萄酒，需要游离态 SO_2 浓度低于 20 mg/L(氧化临界点)，才能使分子态 SO_2 水平低于 2 mg/L(感官阈值)。

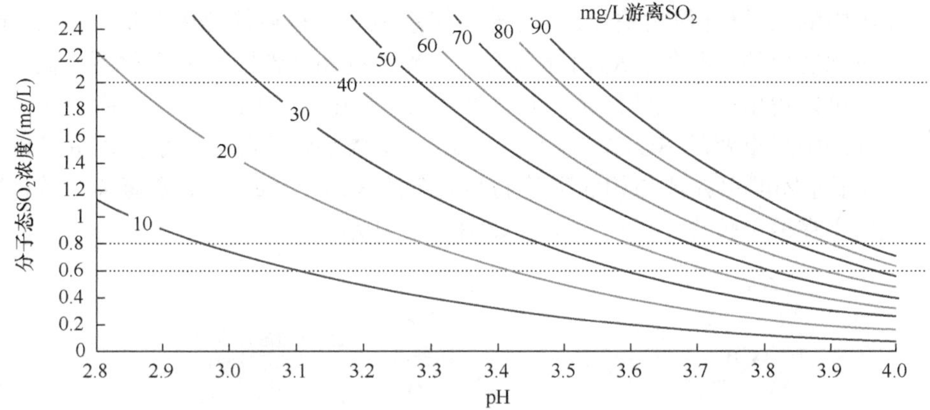

图 17.3 不同游离态 SO_2 浓度下，分子态 SO_2 的等浓度曲线随 pH 的变化，根据 Henderson-Hasselbalch 方程在纯水中测定($pK_a = 1.8$)。虚线表示分子态 SO_2 的常规目标浓度范围(0.6～0.8 mg/L)和感官阈值(2 mg/L)

17.3 磺酸盐加合物、结合态 SO_2 和抗氧化作用

HSO_3^- 是一种弱亲核体，容易与弱亲电体形成共价加合物，生成磺酸盐加合物。加合物的形成会导致 SO_2 和亲电体的活性降低。亲电体和其亚硫酸加合物之间的平衡常被表示为解离而非合成(图 17.4)。葡萄酒中主要的 SO_2 结合物以及一些具有结合能力的低浓度气味物质在水相中的 K_d 值已确定(表 17.2)。

$$\text{亚硫酸氢盐加合物} \underset{}{\overset{K_d}{\rightleftharpoons}} HSO_3^- + E\ (\text{亲电体})$$

$$K_d = \frac{[E][HSO_3^-]}{[\text{加合物}]}$$

图 17.4 亚硫酸氢根与亲电体结合物的平衡

表 17.2 文献[10-12]中重要的 SO_2 结合亲电体的解离常数(K_d)

主要的 SO_2 结合物		SO_2 结合的其他气味物质	
亲电体	K_d/M^{-1}	亲电体	K_d/M^{-1}
葡萄糖	2.2×10^{-1}	二乙酰	1.4×10^{-4}
果糖	1.5	β-大马士酮	未知
乙偶姻	8.0×10^{-2}	β-紫罗兰酮	2.1×10^{-4}
半乳糖醛酸	1.6×10^{-2}	己醛	3.5×10^{-6}
α-酮戊二酸	4.9×10^{-4}	反式-2-戊烯醛	8.3×10^{-3}
丙酮酸	1.4×10^{-4}	反式-2-壬烯醛	未知
乙醛	1.5×10^{-6}		
花色苷[a]	1.0×10^{-5}		

a. 花青素-3-葡萄糖苷的花色锌离子形式[5]。

文献中的 K_d 值有很大差异，有时甚至相差 10 倍，这可能是由定量游离态 SO_2 的方法不同造成的。此外，K_d 值随温度、乙醇含量和其他因素的变化而变化。但是，还是可以得出一些大致结论。除了在第 16 章中讨论的与 SO_2 反应的花色苷外，葡萄酒中最重要的 SO_2 结合物(K_d 值最小)是羰基化合物，特别是乙醛等饱和醛。供电子基团的存在或与相邻羰基的共轭会使 K_d 值增加。亚硫酸氢离子结合羰基可能发生在两个位点中的一个上，如图 17.5 所示。

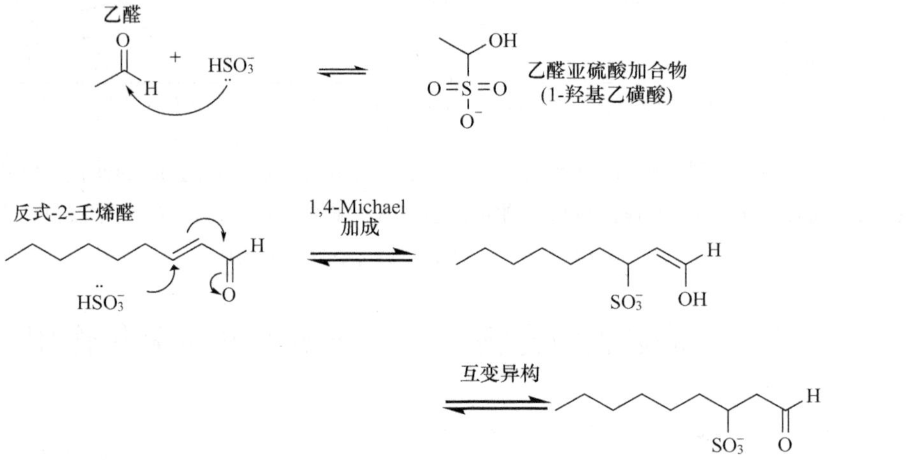

乙醛 + HSO_3^- ⇌ 乙醛亚硫酸加合物(1-羟基乙磺酸)

反式-2-壬烯醛 + HSO_3^- ⇌(1,4-Michael 加成) ⇌(互变异构)

图 17.5　亚硫酸加合物的形成：与饱和醛(乙醛)羰基的加成反应，与不饱和醛(反式-2-壬烯醛)的 1,4-Michael 加成反应

(1) 亲核体直接加成到羰基上(1,2-加成)，如乙醛的饱和羰基。

(2) Michael 加成：加成到不饱和的共轭羰基上(1,4-加成)，如(*E*)-2-烯醛和 β-大马士酮。

根据解离常数，SO_2 结合物可分为弱或强结合。这样分类有些武断，但 $K_d < 1\times10^{-5}$ 的 SO_2 结合物通常被称作强结合物，相当于在含有常规游离态 SO_2 浓度(20～40 mg/L，或约 0.5 mol/L)的瓶装葡萄酒中，有超过 95%的 SO_2 以结合态存在。在白葡萄酒中，只有乙醛是 SO_2 强结合物，其他物质(丙酮酸、α-酮戊二酸)都是弱结合物。在红葡萄酒中，一些花色苷可能是强结合物，但这种评价因花色苷的种类繁多和 pH 依赖性而变得复杂(第 16 章)。利用 K_d 值可以计算葡萄酒中某一结合物的结合态和游离态的相对分配，并且可以预测在溶液中添加或除去结合物或 SO_2 后，新结合的物质的浓度(表 17.3)。大部分葡萄酒中主要的 SO_2 结合物是乙醛，因为它具有很强的结合能力和相对高的浓度[13]。一个例外可能是在一些甜葡萄酒(或葡萄醪)中，葡萄糖浓度超过 50 g/L，在这样的浓度下，SO_2 总量的大约 50%会与葡萄糖结合。

表 17.3 主要的 SO_2 结合物在白葡萄酒中的浓度，数据来自文献[13]中的 127 款白葡萄酒

SO_2 结合物	平均浓度/(mg/L)	结合态结合物浓度/%[a]	结合态 SO_2 浓度/%[a]
乙醛	40 ± 3	99.6	71.5 ± 4.3
丙酮酸	25 ± 2	77	16.7 ± 1.6
α-酮戊二酸	31 ± 3	49	7.6 ± 0.9
半乳糖醛酸	267 ± 13	2.8	2.7 ± 0.2
葡萄糖	4750 ± 648	0.22	1.5 ± 0.3
			总计 = 100
			平均值 = 81.2 mg/L 结合态 SO_2

a. SO_2 结合的计算是根据本表中所列的葡萄酒中含有的结合物的平均浓度，游离态 SO_2 浓度为 30 mg/L，K_d 值源于表 17.2。

如第 24 章所述，随着葡萄酒氧化，游离态亚硫酸氢离子也会减少，或者是与 H_2O_2 反应，或者是与乙醛或其他亲电体形成加合物。SO_2 加合物形成的反应是可逆的，因此合成反应和解离反应在连续不断进行。图 17.6 描述了葡萄酒中的 SO_2 组分在氧化之后(如在葡萄酒中加入 H_2O_2)的重新分配，氧化反应会使亚硫酸氢离子和分子态 SO_2 的浓度降低。最后，弱结合的 SO_2 加合物会发生水解，部分补充了游离态 SO_2。因此，弱结合的 SO_2 可被认为是游离态 SO_2 的存储库，它可以提供某些超越“真正”游离态 SO_2 浓度下的抗氧化保护，即使是在游离态 SO_2 浓度非常低的情况下。

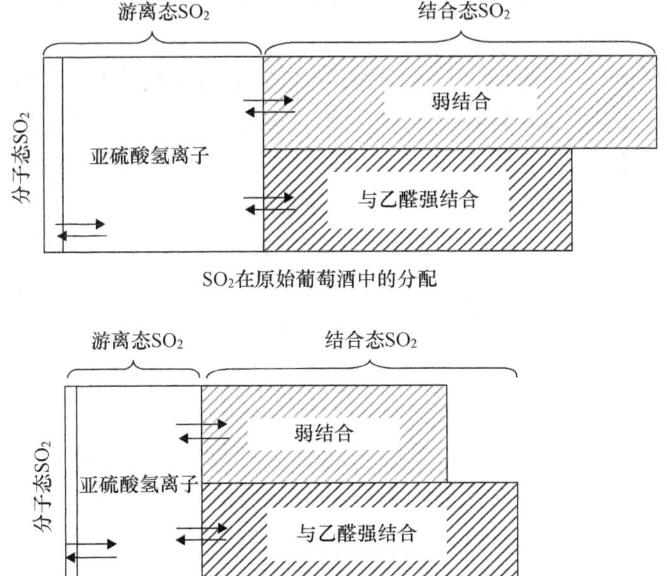

图 17.6 白葡萄酒氧化前后不同形态 SO_2 分配的示意图

因为葡萄酒中的 SO_2 结合物的强度不同，所以在葡萄酒中添加 SO_2 会导致游离态 SO_2 难于量化，有时甚至是不可预测地增加(图 17.7)。刚发酵完的葡萄酒中加入 SO_2 通常是按照约 50 mg/L 的量进行初次添加，添加的 SO_2 通常有一半以上会转变成结合态，尤其当高浓度的游离态乙醛存在时。再次添加 SO_2 会使游离态 SO_2/结合态 SO_2 的相对比例增加，这是因为 SO_2 结合物已经趋于饱和。

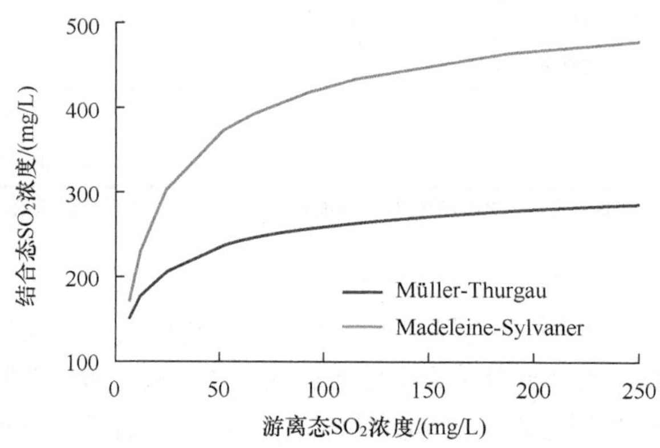

图 17.7 两种代表性葡萄酒[米勒-图高(Müller-Thurgau)和玛德琳-西万尼(Madeleine-Sylvaner)]添加游离态 SO_2 后，结合态 SO_2 的浓度变化，数据来自文献[11]

17.4 葡萄酒中 SO_2 的主要来源和浓度

即使在葡萄酒中不添加 SO_2，酒精发酵结束后也会产生少量的 SO_2(通常为 10～20 mg/L)，这些 SO_2 是在氨基酸生物合成过程中形成的[14](22.3 节)。发酵结束时的游离 SO_2 浓度通常低于检测限，因为大部分添加的 SO_2 或酵母生物合成释放的 SO_2 能与乙醛等发酵代谢产物结合。通常情况下，每添加 10 mg/L 的 SO_2，由于与乙醛结合，发酵结束时总 SO_2 增加 5 mg/L[15]。因此，发酵前添加 SO_2 也会导致发酵后有高浓度的醛类物质。

然而，在大多数葡萄酒中，绝大部分 SO_2 是在发酵前或发酵后通过外源添加的，经常以偏重亚硫酸钾(KMBS)或气体 SO_2 的形式添加(第 27 章)。商品白葡萄酒和红葡萄酒中的 SO_2 平均总浓度分别为 80 mg/L 和 60 mg/L[16]。尽管有些情况与此相反，但白葡萄酒的 SO_2 总浓度平均要比红葡萄酒高。通常灌装时白葡萄酒的 SO_2 浓度比红葡萄高，或者是因为白葡萄酒可能含有更多的残糖，或者是因为氧化对白葡萄酒的香气和颜色具有更不利的影响。此外，乙醛作为最重要的结合物，在白葡萄酒中的平均浓度(40 mg/L)要高于红葡萄酒(25 mg/L)[15]。

17.5　分子态 SO_2、游离态 SO_2 和总 SO_2 的测定

在葡萄酒厂，游离态和分子态 SO_2 浓度常作为一项质量控制措施定期测定(每周或每月)。下面概述了三种测量游离态和分子态 SO_2 的常用方法。对这些方法的详细说明可以在葡萄酒分析教科书中找到，如参考文献[17, 18]。

(1) 将氧化剂直接加入葡萄酒中进行滴定或比色分析。最常用的方法是碘量滴定法，用淀粉指示剂(Ripper 法)或电位计确定滴定终点。

(2) 酸化样品使 SO_2 转化为分子态，然后分离、定量分子态 SO_2。最常用的方法是通气氧化法(A-O)，酸化样品的 SO_2 被蒸馏到含有 H_2O_2 的接收瓶中生成硫酸，然后用滴定法定量。

(3) 在不调整样品 pH 或稀释样品的情况下分离、定量游离态 SO_2(分子态或亚硫酸氢离子)，这些方法在葡萄酒行业中并未广泛应用，包括 HSO_3^- 的毛细管电泳检测、利用 GC-MS 或分光光度法定量顶空 SO_2 [6]。

包括稀释、改变 pH 和/或基于破坏游离态 SO_2[方法(1)或(2)]的测定方法，可能会使游离态 SO_2 的测定结果偏高，因为弱结合的 SO_2 加合物会解离，并被当作游离态 SO_2 定量。据报道，乙醛加合物解离的半衰期(1.5 h)大约比弱加合物的半衰期高一个数量级，特别是花色苷-亚硫酸氢盐加合物(约 10 min)[5,19]。因此，葡萄酒行业所用的主要方法似乎都会高估葡萄酒中游离态 SO_2：白葡萄酒平均高 15%，红葡萄酒平均高 2 倍[6]。红葡萄酒出现严重误差的原因可能是花色苷-亚硫酸氢盐加合物的解离。对于常见的 SO_2 浓度和 pH(3～3.8)，大约有 70%～85%的单体花色苷以结合 SO_2 加合物的形式存在[20]，如上所述，这些加合物在分析过程中能较快地解离。

这些不真实测量值的派生影响仍然未知。与非破坏性的方法相比，A-O 法[方法(2)]及相关方法可能更适合于预测葡萄酒中 SO_2 的抗氧化能力，因为弱结合形式能部分补充游离态 SO_2。然而，利用 A-O 法和其他经典方法测定的花色苷-亚硫酸氢盐部分仅表现出微弱的抗菌活性，因此这些方法似乎不适合预测红葡萄酒中微生物的稳定性的研究[21]。尽管如此，A-O 法及相关方法(如流动注射分析)在不同实验室间其测定结果是可重复的[22]②。如第 9 章所述，当 SO_2 存在时，醛和酮的分析可能存在互补性问题。

在使用上述任何一个方法时，在分析之前或在分析过程中，通过破坏结合态形式的 SO_2 可以测定总 SO_2，这可以利用下列方式实现：用碱处理样品使 SO_2 转化为 SO_3^{2-}，样品酸化之前水解加合物(与碘量滴定法一起使用)或加热样品破坏加

② 这使人想起了一句谚语：“经常出错，从不怀疑。”

合物(用于 A-O 法)。

17.6 感官影响

分子态 SO_2 在水相中的存在形式与其挥发态形式处于平衡之中。在 21℃的水中，亨利常数 $H = 0.38$ atm/M 或 $K_{g,1} = 0.016$[6]。挥发性 SO_2 会在鼻腔中产生刺激、灼烧的感觉③，葡萄酒中分子态 SO_2 的感官阈值是 2 mg/L[3]。据报道，HSO_3^- 和结合态 SO_2 的直接感官影响极小。但是，SO_2 结合具有重要的间接影响，因为许多气味活性物质为羰基化合物，其结合的磺酸盐加合物具有非挥发性。有时可能更希望有这种结合，因为通常情况下乙醛和其他醛具有氧化味，但这也意味着要损失许多香气化合物的香味活性，如具有果香气味的β-大马士酮(第 8 章)[23]。

参考文献

1. McGovern, P.E.(2003) Ancient wine: the search for the origins of viniculture, Princeton University Press, Princeton, NJ.
2. Fugelsang, K.C. and Edwards, C.G.(2007) Wine microbiology practical applications and procedures, Springer, New York.
3. Ribereau-Gayon, P., Glories, Y., Maujean, A., Dubourdieu, D.(2006) Handbook of enology, Vol. 2, The chemistry of wine stabilization and treatments, 2nd edn, John Wiley & Sons, Chichester, UK.
4. Wells, A. and Osborne, J.P.(2012) Impact of acetaldehyde- and pyruvic acid-bound sulphur dioxide on wine lactic acid bacteria. Letters in Applied Microbiology, 54(3), 187-194.
5. Brouillard, R. and El Hage Chahine, J.M.(1980) Chemistry of anthocyanin pigments. 6. Kinetic and thermodynamic study of hydrogen sulfite addition to cyanin-formation of a highly stable Meisenheimer-type adduct derived from a 2-phenylbenzopyrylium salt. Journal of the American Chemical Society, 102(16), 5375-5378.
6. Coelho, J.M., Howe, P.A., Sacks, G.L.(2015) A headspace gas detection tube method for measurement of SO_2 in wine without disruption of sulfur dioxide equilibria. American Journal of Enology and Viticulture, 66(3), 257-265.
7. Zoecklein, B.W., Fugelsang, K.C., Gump, B.H., Nury, F.S.(1999) Wine analysis and production, Kluwer Academic/Plenum Publishers, New York.
8. Usseglio-Tomasset, L. and Bosia, P.(1984) La prima costante di dissociazione dell'acido solforoso [nei vini]. Vini d'Italia, 26(5), 7-14.

③ 负责该化学感觉的受体尚未确定，但可能与 CO_2 类似，也就是 TRPA 1 热感受器被扩散和胞内酸化所激发。

9. Abguéguen, O. and Boulton, R.B.(1993) The crystallization kinetics of calcium tartrate from model solutions and wines. American Journal of Enology and Viticulture, 44(1), 65-75.

10. Blouin, J.(1966) Contribution to study of binding of sulphur dioxide in musts and wines. Annales de Technologie Agricole, 15(3), 223-287.

11. Burroughs, L.F. and Sparks, A.H.(1973) Sulphite-binding power of wines and ciders. I. Equilibrium constants for the dissociation of carbonyl bisulphite compounds. Journal of the Science of Food and Agriculture, 24(2), 187-198.

12. de Azevedo, L.C., Reis, M.M., Motta, L.F., et al.(2007) Evaluation of the formation and stability of hydroxyalkylsulfonic acids in wines. Journal of Agricultural and Food Chemistry, 55(21), 8670-8680.

13. Jackowetz, J.N. and Mira de Ordu.a, R.(2013) Survey of SO_2 binding carbonyls in 237 red and white table wines. Food Control, 32(2), 687-692.

14. Fleet, G.H.(1993) Wine microbiology and biotechnology, Harwood Academic Publishers, Chur, Philadelphia, PA.

15. Jackowetz, J.N., Dierschke, S., de Orduna, R.M.(2011) Multifactorial analysis of acetaldehyde kinetics during alcoholic fermentation by *Saccharomyces cerevisiae*. Food Research International, 44(1), 310-316.

16. Peterson, G.F., Kirrane, M., Hill, N., Agapito, A.(2000) A comprehensive survey of the total sulfur dioxide concentrations of American wines. American Journal of Enology and Viticulture, 51(2), 189-191.

17. Zoecklein, B.W., Fugelsang, K.C., Gump, B.H., Nury, F.S.(1995) Wine analysis and production, Chapman & Hall, New York.

18. Iland, P.(2004) Chemical analysis of grapes and wine: techniques and concepts. Patrick Iland Wine Promotions Pty Ltd, Campbelltown, SA, Australia.

19. Boulton, R.B., Singleton, V.L., Bisson, L.F., Kunkee, R.E.(1999) Principles and practices of winemaking, Kluwer Academic/Plenum Publishers, New York.

20. Usseglio-Tomasset, L., Ciolfi, G., di Stefano, R.(1982) The influence of the presence of anthocyanins on the antiseptic activity of sulfur dioxide towards yeasts. Vini d'Italia, 24(137), 86-94.

21. Howe, P.A.(2015) Re-thinking free and molecular sulfur dioxide measurements in wine. PhD Thesis, Department of Food Science, Cornell University, Ithaca, NY.

22. Sullivan, J.J., Hollingworth, T.A., Wekell, M.M., et al.(1990) Determination of free(pH 2.2) sulfite in wines by flow injection analysis: collaborative study. Journal of the Association of Official Analytical Chemists, 73(2), 223-226.

23. Daniel, M.A., Elsey, G.M., Capone, D.L., et al.(2004) Fate of damascenone in wine: the role of SO_2. Journal of Agricultural and Food Chemistry, 52(26), 8127-8131.

第 18 章　污染、异味和真菌毒素

18.1　引　　言

不愉悦的风味和香味是消费者拒绝葡萄酒和其他食品的主要原因。即使不是全部，许多风味化合物的贡献可能是或消极的，当某一给定化合物的浓度超过特定产品的标准时，其就是产品质量差的标志，或者令人不悦①。通常，这类风味被分为两类：

(1) 污染。相关的风味物质来源于外部污染，也就是环境。污染经常是由包装过程的污染引起的，也可能是设备、添加剂、加工助剂、空气(或其他气体)或产品外部的微生物活动引起的。

(2) 异味。来源于原始产品中物质的生化或非酶促变化②。异味通常是由不当的处理和储存(如光、氧化作用、温度、微生物数量、加工操作)引起的，异味可能比因意外污染造成的污染味更容易避免。

本章主要关注由外部(外源)污染造成的污染化合物。污染化合物通常比异味影响更大，但任何一种缺陷都会导致满足需要的产品属性降低，而不是用这些不愉悦的化合物创建一个独特特征。Ridgway 等总结了常见食品的污染化合物，包括其来源、描述符和阈值[1]，而 Boutou 和 Chatonnet 则报道了有关葡萄酒的相关数据[2]。来源于发酵性含硫化合物和氧化作用所产生的异味或通常在葡萄酒生产过程中形成的相关化合物，在本书的其他章节(和参考文献，如文献[3])有详细描述，为方便起见，本章结尾处编辑了交叉引用表(表 18.2)。

大部分与葡萄酒污染有关的化合物已在其他食品中鉴定出。然而，尽管进行了广泛研究，但这些污染的来源并不容易确定，本章所展示的化合物根据其疑似或已知来源进行了分类。引起香味和风味缺陷的化合物可能具有各种各样的官能团，但通常包含共同的、以低感官阈值闻名的结构基元(如硫、氮或卤族原子)。来源于农药、液压油及其他烃类、油漆、树脂和增塑剂、金属和发酵罐冷却用的卤水，或者为操控感官属性而故意掺假等的污染，在此不进行讨论(更多信息见文

---

① 也可以表述为“好的”或“坏的”风味化合物和“药品”，这取决于其剂量。

② 不一定能区分出污染味和异味之间的差异，因为引起不愉悦的香味或风味的原因尚不明确。

献，如文献[3-6])。虽然本章主要关注影响感官品质的化合物，但也将讨论某些对健康有害的污染物，如来自染病葡萄的真菌毒素。

18.2　常见的葡萄酒污染

18.2.1　软木塞或木质引起的污染

软木塞污染是葡萄酒中最常见、可能也是了解最清楚的污染，因此餐馆在评价葡萄酒时，软木塞污染也是一个关注项。其主要成分是具有强烈泥土/陈腐/发霉气味的 2,4,6-三氯苯甲醚(TCA，表 18.1)。除了具有不愉悦的香味外，TCA 还可抑制嗅觉信号传导，从而干扰其他气味物质的感知[14]。TCA 的形成需要以下条件：①2,4,6-三氯苯酚(TCP)，其来源在后面有更详细的描述；②微生物，能将 TCP 甲基化形成 TCA。

表 18.1　葡萄酒污染的主要化合物的参考气味描述、阈值和气味值[2,7-13]a

化合物 b	结构	气味描述	阈值/(ng/L)	OVA(最高值)
2,4,6-三氯苯甲醚(TCA)	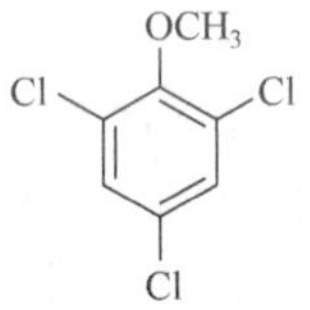	霉味，泥土味	2	12
2,4,6-三溴苯甲醚(TBA)	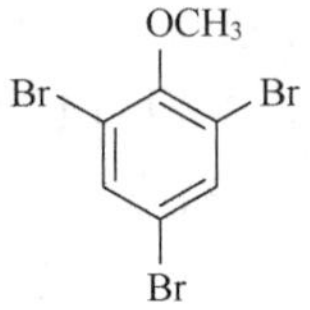	霉味，泥土味	8	5
2,6-二氯苯酚(2,6-DCP)	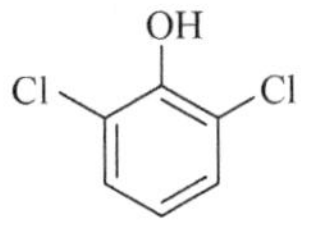	塑料味，药物味	32	6
6-氯-*o*-甲酚(6-CC)	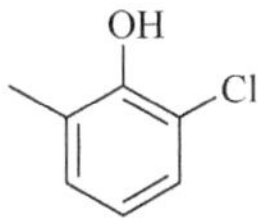	消毒剂味	70	7
土臭素	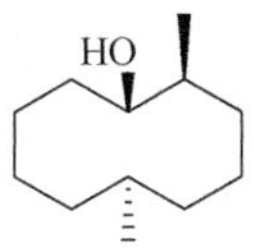	泥土味	50	6
1-辛烯-3-酮	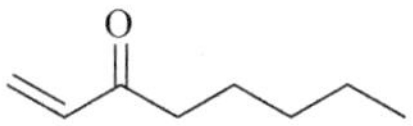	蘑菇味	70	6

续表

化合物[b]	结构	气味描述	阈值/(ng/L)	OVA(最高值)
1-辛烯-3-醇	OH	蘑菇味	40000	5
2-甲基异莰醇(MIB)	OH	泥土味	55	3[c]
2-甲氧基-3,5-二甲基吡嗪(MDMP)	N N OCH_3	真菌感染味，泥土味	2	2(7[d])

a. 描述符和阈值参考了不同基质，包括水、模拟葡萄酒、红葡萄酒或白葡萄酒。

b. 文献中广泛使用通用名称，因为系统命名法中名称更复杂，例如，土臭素是(4*S*,4*αS*,8*αR*)-4,8*α*-二甲基-1,2,3,4,5,6,7,8-八氢萘乙酰胺-4*α*-醇。

c. 指在红葡萄醪中。虽然常见于腐烂的葡萄和葡萄醪中，但发酵后检测不到 MIB，或者是因为被酵母代谢，与酒泥结合，或者是其他机制。

d. 储存在不锈钢罐并与轻度烘烤的橡木片接触的葡萄酒，如果橡木中含有 MDMP，在传统木桶加工所使用的温度很容易将其去除。

虽然软木塞是 TCA 显而易见的来源，但所有含木质的材料都是其潜在来源，包括橡木桶(图 18.1)或加工助剂/设备、硬纸板包装材料，甚至葡萄酒厂本身(如木结构)。相关卤代苯甲醚，如二氯苯甲醚、四氯苯甲醚、五氯苯甲醚或 TBA，和 TCA 一样，都来自各自的卤代酚，也能导致软木塞污染。在软木塞中已经鉴定出一些非卤代苯甲醚污染物，如土臭素、1-辛烯-3-酮和 1-辛烯-3-醇、MIB 和 MDMP，这些污染物通常由霉菌产生，与 TCA 类似，具有霉味或泥土味[2,15](表 18.1)。3-异丙基-2-甲氧基吡嗪(IPMP)和愈创木酚对软木塞衍生的污染也有贡献，但通常有其他来源，这将在其他章节讨论(第 5 章和第 12 章)。因为软木塞污染物是由微

图 18.1 污染的潜在来源包括：用来生产软木塞的带皮软木(a)、软木塞(置于一块软木树皮中)(b)、橡木桶(桶塞四周的变色污点是生长的霉菌)(c)；图片来源：(b) 经过 Duc-Truc Pham 允许，(c) 经过 Paul Grbin 允许

生物引起的，所以当检测到软木塞污染时，通常上述化合物不止存在一种，尽管 TCA 最受关注[15]。

TCA 从软木塞和其他被污染材料到葡萄酒的转移已得到深入研究，而且预计 TCA 是研究其他卤代苯甲醚的很好参照物。一般而言，含有 TCA 的材料必须与葡萄酒直接接触，或者至少要靠得很近以实现空气转移(TCA 蒸气也能以这种方式污染软木塞[16])，目前还没有证据证明 TCA 能以其他方式在瓶装酒中形成。同样，TBA 借助于空气污染葡萄酒和其他材料，如软木塞、木桶和酿酒设备[7]。

许多因素影响从软木塞转移到葡萄酒中的 TCA 量。TCA 浓度在软木塞和其他材料中的分布不同(如表面或内部)，并且在密封的瓶子中，TCA 从上向下迁移至整个软木塞的速度非常缓慢，以致认为这个转移路径未必会发生。转移率也受 TCA 在被污染基质中移动的难易和被污染基质的极性影响[15]③。因为卤代苯甲醚是高度非极性化合物(如 TCA，$\lg P = 3.7$，水溶解度为 0.01 g/L)，用未被污染的软木塞和其他类似的疏水性材料，如塑料，可以有效地去除被污染葡萄酒中的 TCA。相反，具有吡嗪、醇、酮等官能团的强极性软木塞污染化合物，因其溶解度高、对软木塞的亲和力低，所以更容易被转移到葡萄酒中[15]。TCA 和土臭素能存留在瓶装葡萄酒中，其他软木塞污染物也同样相当稳定。

18.2.2　葡萄酒厂其他来源的污染

作为 TCA 和其他卤代苯甲醚母体化合物的卤代苯酚，因其具有杀灭生物的性能而被广泛用作木材防腐剂。因此，TCP 和 TCP 的溴化等价物 2,4,6-三溴苯酚(TBP，在许多产品中也被用作阻燃剂)是广泛存在的环境污染物。另外，卤代苯酚是苯酚和卤素通过芳香族亲电取代形成的(第 11 章)，由此衍生一系列被取代的氯苯酚、溴苯酚。例如，亲电体氯(如氯漂白剂、氯气)与含有苯酚的材料(如木材、硬纸板、塑料、清洁用品)接触，就能形成氯酚，随后污染葡萄酒酿造助剂和添加剂，或直接污染葡萄酒。例如，有报道指出，软木塞漂白(即次氯酸盐洗涤)是 TCP(最终转变成 TCA)的常见来源[8]，尽管大部分软木塞制造商已不再采用这个方法。除了作为卤代苯甲醚的前体，卤代苯酚本身也是污染化合物，通常具有塑料/化工/药

---

③ 软木塞中 TCA(和其他污染物质)的常用质量控制是进行浸泡测试：将软木塞样品浸泡在乙醇溶液或中性葡萄酒中，取浸提液进行感官或仪器分析。然而，这个方法具有局限性，因为来自一个批次被筛选的软木塞数量相对较少(如 5 个软木塞)，所以未考虑软木塞个体间的变化。此外，污染物可能并不是均匀地分布在软木塞中，浸泡测试未考虑经过几个月储存 TCA 从软木塞基质内部向外移动，这将低估葡萄酒受到污染的可能性。相反，强极性化合物如 MDMP，在浸泡试验过程中更容易浸出，这可能高估了其潜在的危害性。因此，浸泡试验条件并不能完全仿真瓶装葡萄酒中所发生的变化，但能够为短期储存后的葡萄酒提供受 TCA(或其他疏水性化合物)污染的危险指示。

物味，但阈值比卤代苯甲醚高，尽管也存在强效但阈值低的卤代苯酚，如 2,6-DCP 和 6-CC[17](表 18.1)④。与 TCA 类似，葡萄酒污染的最可能途径是直接与被污染的材料接触，尽管在受污染的环境中处理葡萄酒时空气转移也是有可能的⑤。

18.2.3 来自葡萄园的污染

除了在被污染的软木塞中出现，在被污染的葡萄中[如灰霉菌(*Botrytis cinerea*)，图 18.2]，也能发现高水平的土臭素、1-辛烯-3-酮、1-辛烯-3-醇和 MIB 等霉味代谢物[9]。这些化合物的浓度在发酵过程中会降低 90%[10]。

图 18.2 来自葡萄园的污染源：(a) 葡萄浆果上的灰霉菌(Botrytis)；(b) 葡萄果穗上的白粉病；(c) 葡萄浆果上的 MALB；(d) MALB 漂浮在红葡萄果醪中；(e) 丛林大火的烟雾漂浮在葡萄园附近。图片由 Tijana Petrovic(a)、Bruce Bordelon(b，d)、Erik Glemser(c)和 Tony Mills(e)惠赠

(1) 含有羰基的引起霉味的污染化合物，如酮、1-辛烯-3-酮，几乎降低到强度较弱的醇类的水平，如 1-辛烯-3-醇(22.1 节)；

(2) 叔醇和 MIB 降低至低于检测限的水平，可能是由于碳正离子的形成和随后的脱水/降解；

---

④ 通常在可疑葡萄酒中可能鉴定出若干种氯苯酚，相对于浓度来说，这些物质的阈值高，以致很难将污染物归因于它们(因此未列于表 18.1 中)。根据它们的效能，如 2,6-DCP 和 6-CC 等化合物可能是氯苯酚污染的主要原因，但在受到污染的葡萄酒的每一次分析中，不一定检测这些化合物。

⑤ 饮用水供给和分配系统可能也是卤代苯酚(和卤代苯甲醚)污染的一个来源。在所有其他潜在来源中，这一转移路径在葡萄酒厂不太可能发生，如与啤酒厂相比，因为在葡萄酒酿造过程中被合并的水量相当少。

(3) 其他霉味代谢物的损失大约为 50%，可能部分是因为在发酵过程中的挥发或吸附到酵母残渣上。

总的来说，土臭素和 1-辛烯-3-醇似乎是这些不良风味化合物中最稳定的，也最有可能是用染病葡萄酿造的葡萄酒带来的污染。来自腐烂葡萄的一些其他泥土味化合物(如葑酮、葑醇、2-辛烯-1-醇、1-庚醇)，如果在发酵后浓度水平足够高，也可能带来污染问题[2,9,18]。在发酵前除了去除腐烂葡萄果穗外，葡萄酒改良技术仅限于用活性炭或其他常用的澄清剂澄清，选择性地除去这些化合物似乎还面临着挑战，尽管热处理有可能用于土臭素的矫正[19](26.2 节)。

葡萄园中昆虫造成的葡萄果实污染也能导致污染味，最主要的多色亚洲瓢虫(MALB，图 18.2)，污染是由其排出的 3-异丙基-2-甲氧基吡嗪(IPMP)所致。前面的章节已经涵盖了昆虫污染起作用的甲氧基吡嗪(第 5 章)。其他昆虫，如千足虫、地蜈蚣及其排泄物[20]，毫无疑问也能污染葡萄和葡萄酒，但缺乏其污染程度和起作用化合物方面的信息。

发生在葡萄园的烟污染是丛林大火(野火)的烟雾污染葡萄引起的(图 18.2)，从而赋予葡萄酒以不良的烟味、灰烬味和药物味，这一后果是由于烟中的挥发性酚被转移到葡萄浆果，随后被糖基化，第 12 章对此有详细论述。

如果葡萄果实暴露在葡萄园附近桉属(*Eucalyptus*)植物散发的 1,8-桉叶素中，则桉树香味可能出现在红葡萄酒中(第 8 章)。虽然这说明葡萄园中的外源挥发物具有污染葡萄和葡萄酒的可能(如存在关于葡萄被附近食品加工厂污染的传闻)，但还不清楚 1,8-桉叶素污染是否会提高消费者的不满意度。在红葡萄酒中添加不同量的 1,8-桉叶素标品，对少量消费者的调查表明，对受试的大部分消费者而言，存在于受到桉树影响的葡萄酒中的 1,8-桉叶素浓度，并未达到令人不愉悦的水平(更多信息见文献[21]及其引用的文献)。

真菌毒素是葡萄园因真菌病害而产生的另一类化合物[9]，对真菌毒素的关注不是因为其对风味的不良影响，而是因为对人类健康的关注。曲霉属真菌(*Aspergillus* spp.)产生的赭曲霉毒素 A(OTA)，就是一个与人类致癌物有牵连、与肝脏和肾脏中毒有关的代谢物[22]。在欧盟，据估计葡萄酒消费是仅次于谷物的 OTA 第二膳食来源。有利于曲霉生长的条件(温暖、潮湿)通常具有较高浓度的 OTA。葡萄酒中的 OTA 可以通过物理[如除去发霉的葡萄果穗、轻压榨或过滤(最有效的处理)]、化学[如膨润土、壳聚糖、木炭等澄清剂，或橡木制品(目前研究最多的补救措施)]或微生物(如酵母或细菌，通过吸附而不是代谢)方法控制[19]。然而，许多研究表明，OTA 的平均浓度远低于欧盟规定的限量(2 μg/L)，因此几乎不需要对 OTA 进行矫正。

18.3 葡萄酒的异味

异味化合物来源于葡萄酒成分的化学或微生物转化，因此，即使在健康的葡萄酒中也能鉴定出这些物质，但其浓度足够低，以致不能被感官感受到，或降低消费者的消费意愿。以吲哚为例，超过阈值的浓度仅出现在未达标的发酵(即停滞或迟缓)中(第 5 章)。最常见的葡萄酒异味化合物包括与挥发性酸度有关的醋酸和醋酸乙酯、与还原味有关的硫化物如 H_2S、赋予植物味或鼠味的含氮化合物、氧化形成的羰基化合物、酒香酵母引起腐败的特征化合物乙基苯酚。这些化合物会在其他章节描述，如表 18.2 所示。需要指出的是，这些化合物是葡萄酒的常见成分，对某些风格的葡萄酒或特定的消费者群体或葡萄酒专家来说，可能并不被认为是异味(见文献[23, 24])。例如，与 Brett 味相关的乙基苯酚，其浓度在一些非常昂贵的法国红葡萄酒中远高于其阈值，但其可能被看作葡萄酒风格的一部分，而非缺陷。同样，氧化味完全适于在雪利酒中，正如苏特恩(Sauternes)贵腐葡萄酒具有较高挥发酸一样。

表 18.2 描述葡萄酒中一些常见异味化合物的章节的交叉引用

异味	香气描述	化合物	所在章序号
挥发酸	醋味	乙酸	3
	洗甲水味	乙酸乙酯	6
鼠味	鼠味，硬纸板味，饼干味	环状亚胺	5
非典型陈酿味、狐臭味	金合欢味，樟脑味	邻-氨基苯乙酮	5
氧化味	烂苹果味，生青味，泥土味	各种醛，葫芦巴内酯	9
还原味	臭鸡蛋味，腐败味，洋葱味，植物味	各种硫化物	10
Brett 味	皮革味，马厩味，香料味	4-乙基苯酚、4-乙基愈创木酚	12

异味使人联想到压碎的天竺葵叶味(天竺葵污染)，这归因于 2-乙醚-3,5-己二烯[25]，这是一种不饱和二乙醚，其阈值为 100 ng/L[26]，它来自于防腐剂山梨酸[(2*E*,4*E*)-2,4-己二烯酸]在乳酸菌(22.5 节)的作用下，经还原和重排(参考第 8 章的类异戊二烯重排及第 10 章的亲核体和亲电体)形成(图 18.3)。山梨酸或山梨酸盐被用于抑制甜葡萄酒中酿酒酵母的生长，但充足的 SO_2 和装瓶时的无菌条件对于预防细菌生长和天竺葵异味的产生可能是必要的。因此，山梨酸不应该添加到即将进行苹乳发酵的葡萄酒中，否则会影响任何其他细菌的活动(即使是无意的)。

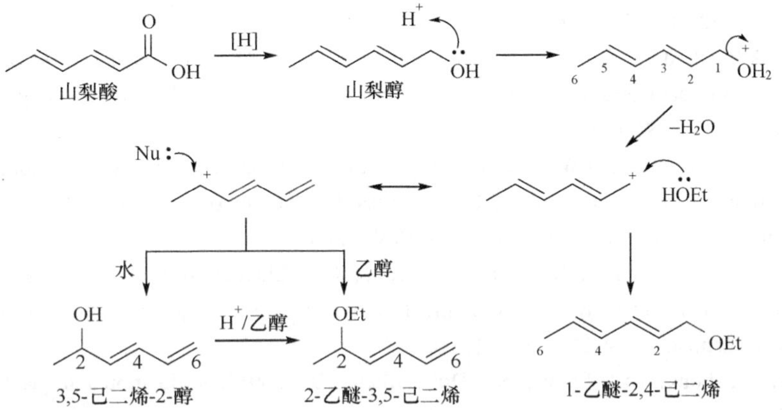

山梨酸 [H] 山梨醇 H^+ OH OH_2 $-H_2O$

Nu: HOEt

水　乙醇

3,5-己二烯-2-醇　H^+/乙醇　2-乙醚-3,5-己二烯　1-乙醚-2,4-己二烯

图 18.3　天竺葵异味的形成

山梨酸经微生物还原(用[H]表示)形成相应的醇，酸催化的重排形成难闻的醚，即 2-乙醚-3,5-己二烯，这个过程可能是直接通过将乙醇亲核体(Nu:)加入到来自于质子化山梨醇的次级碳正离子中间体上完成的；或通过将乙醇加入质子化的 3,5-己二烯-2-醇的 C2 位置间接完成，此时的亲核体为水。乙醇加入初级碳正离子中间体会生成 1-乙醚-2,4-己二烯(即山梨醇二乙醚)，这种醚和两种二烯醇可能对异味有部分贡献[25]

参 考 文 献

1. Ridgway, K., Lalljie, S.P.D., Smith, R.M.(2010) Analysis of food taints and off-flavours: a review. Food Additives and Contaminants: Part A: Chemistry, Analysis, Control, Exposure & Risk Assessment, 27(2), 146-168.
2. Boutou, S. and Chatonnet, P.(2007) Rapid headspace solid-phase microextraction/gas chromatographic/mass spectrometric assay for the quantitative determination of some of the main odorants causing off-flavours in wine. Journal of Chromatography A, 1141(1), 19.
3. Hudelson, J.(2011) Wine faults: causes, effects, cures, The Wine Appreciation Guild, San Francisco, CA.
4. Jackson, R.S.(2008) Postfermentation treatments and related topics, in Wine science: principles and applications, Academic Press, San Diego, CA, pp. 418-519.
5. Cowey, G., Coulter, A., Holdstock, M.(2009) Don't get contaminated this vintage! AWRI Technical Review, 178, 22-27.
6. Ribéreau-Gayon, P., Glories, Y., Maujean, A., Dubourdieu, D.(2006) Chemical nature, origins and consequences of the main organoleptic defects, in Handbook of enology: the chemistry of wine stabilization and treatments, 2nd edn(eds Ribéreau-Gayon, P., Glories, Y., Maujean, A., Dubourdieu, D.), John Wiley & Sons, Ltd, Chichester, UK, pp. 233-284.
7. Chatonnet, P., Bonnet, S., Boutou, S., Labadie, M.D.(2004) Identification and responsibility of 2,4,6-tribromoanisole in musty, corked odors in wine. Journal of Agricultural and Food

Chemistry, 52(5), 1255-1262.

8. Pollnitz, A.P., Pardon, K.H., Liacopoulos, D., et al.(1996) The analysis of 2,4,6-trichloroanisole and other chloroanisoles in tainted wines and corks. Australian Journal of Grape and Wine Research, 2(3), 184-190.

9. Steel, C.C., Blackman, J.W., Schmidtke, L.M.(2013) Grapevine bunch rots: impacts on wine composition, quality, and potential procedures for the removal of wine faults. Journal of Agricultural and Food Chemistry, 61(22), 5189-5206.

10. La Guerche, S., Dauphin, B., Pons, M., et al.(2006) Characterization of some mushroom and earthy off-odors microbially induced by the development of rot on grapes. Journal of Agricultural and Food Chemistry, 54(24), 9193-9200.

11. Darriet, P., Pons, M., Lamy, S., Dubourdieu, D.(2000) Identification and quantification of geosmin, an earthy odorant contaminating wines. Journal of Agricultural and Food Chemistry, 48(10), 4835-4838.

12. Pons, M., Dauphin, B., La Guerche, S., et al.(2011) Identification of impact odorants contributing to fresh mushroom off-flavor in wines: incidence of their reactivity with nitrogen compounds on the decrease of the olfactory defect. Journal of Agricultural and Food Chemistry, 59(7), 3264-3272.

13. Bowen, A.J. and Reynolds, A.G.(2012) Odor potency of aroma compounds in Riesling and Vidal blanc table wines and icewines by gas chromatography-olfactometry-mass spectrometry. Journal of Agricultural and Food Chemistry, 60(11), 2874-2883.

14. Takeuchi, H., Kato, H., Kurahashi, T.(2013) 2,4,6-Trichloroanisole is a potent suppressor of olfactory signal transduction. Proceedings of the National Academy of Sciences, 110(40), 16235-16240.

15. Sefton, M.A. and Simpson, R.F.(2005) Compounds causing cork taint and the factors affecting their transfer from natural cork closures to wine—a review. Australian Journal of Grape and Wine Research, 11(2), 226-240.

16. Barker, D.A., Capone, D.L., Pollnitz, A.P., et al.(2001) Absorption of 2,4,6-trichloroanisole by wine corks via the vapour phase in an enclosed environment. Australian Journal of Grape and Wine Research, 7(1), 40-46.

17. Capone, D.L., Van Leeuwen, K.A., Pardon, K.H., et al.(2010) Identification and analysis of 2-chloro-6-methylphenol, 2,6-dichlorophenol and indole: causes of taints and off-flavours in wines. Australian Journal of Grape and Wine Research, 16(1), 210-217.

18. Sadoughi, N., Schmidtke, L.M., Antalick, G., et al.(2015) Gas chromatography-mass spectrometry method optimized using response surface modeling for the quantitation of fungal off-flavors in grapes and wine. Journal of Agricultural and Food Chemistry, 63(11), 2877-2885.

19. La Guerche, S.(2004) Recherches sur les déviations organoleptiques des moûts et des vins associées au développement de pourritures sur les raisins: étude particulière de la géosmine. PhD Thesis, Universitéde Bordeaux II, France.

20. Kehrli, P., Karp, J., Burdet, J.P., et al.(2012) Impact of processed earwigs and their faeces on the aroma and taste of "Chasselas" and "Pinot Noir" wines. Vitis, 51(2), 87-93.

21. Capone, D.L., Jeffery, D.W., Sefton, M.A.(2012) Vineyard and fermentation studies to elucidate the origin of 1,8-cineole in Australian red wine. Journal of Agricultural and Food Chemistry, 60(9), 2281-2287.
22. Quintela, S., Villarán, M.C., López de Armentia, I., Elejalde, E.(2013) Ochratoxin A removal in wine: a review. Food Control, 30(2), 439-445.
23. Goode, J.(2005) *Brettanomyces*, in the science of wine: from vine to glass, University of California Press, Los Angeles, CA, pp. 136-143.
24. Jackson, R.S.(2009) Olfactory sensations, in Wine tasting: a professional handbook, 2nd edn, Academic Press, San Diego, CA, pp. 55-128.
25. Crowell, E.A. and Guymon, J.F.(1975) Wine constituents arising from sorbic acid addition, and identification of 2-ethoxyhexa-3,5-diene as source of geranium-like off-odor. American Journal of Enology and Viticulture, 26(2), 97-102.
26. Wurdig, G.(1977) Technologie du traitement a l'acide sorbique. Bulletin de l'OIV, 50, 547-558.

第二部分
葡萄酒酿造化学

第 19 章　葡萄酒生产概述

19.1　引　　言

葡萄酒生产(葡萄酒酿造)是指将葡萄果实转化为目标风格葡萄酒的过程中所采用的技术和工艺。这一过程涉及的内容很多，其中一次发酵，即酒精发酵是在酵母作用下将葡萄糖转化为乙醇，同时由于葡萄果实中其他许多成分的浸出及微生物代谢，还伴随着其他一系列重要的化学变化。二次发酵，即苹果酸-乳酸发酵(MLF)，可以与酒精发酵同时发生或在其后发生，也是一些类型的葡萄酒所需要的。生产技术的不同取决于原料是白色葡萄还是红色葡萄以及想要生产的葡萄酒类型(表 19.1)。

表 19.1　世界上主要的葡萄酒风格分类[1]

葡萄酒类型		颜色	残留糖浓度/(g/L)	乙醇体积分数/%	实例
白葡萄酒					
无气	干型	稻草黄到金黄	<9	8～14.5	雷司令，霞多丽，赛美蓉，长相思，鸽笼白，绿维特利纳，扎比安奴，白诗南
	甜型	浅黄到金黄	9～0(半甜型)		雷司令，琼瑶浆，赛美蓉
			30～200(甜型)		雷司令，冰酒，苏特恩，托卡伊
起泡酒	干型到半甜型	稻草黄到琥珀黄(桃红葡萄酒：粉红到淡红)	0～50		香槟，霞多丽/黑比诺/莫尼耶比诺[a]，雷司令，长相思，卡瓦，普罗塞克
强化酒	干型	稻草黄到琥珀黄	0～30	15～20.5	菲诺和阿蒙提那多雪利酒
	甜型		100～300		欧罗索和佩德罗-西梅内斯(Pedro Ximénez)雪利酒[b]，托佩克
红葡萄酒					
无气	干型	暗红到红色/褐色	<7.5	8～14.5	歌海娜，美乐，赤霞珠，丹魄，增芳德，桑娇维塞，马尔贝克，黑比诺，西拉

续表

葡萄酒类型		颜色	残留糖浓度/(g/L)	乙醇体积分数/%	实例
起泡酒	半甜型		7.5～30	8～14.5	黑比诺，西拉，赤霞珠
加烈酒	甜型	红色/金黄到深棕	100～300	18～22	宝石红波特，茶色波特和年份波特酒，棕色麝香酒

a. 在这些传统的香槟葡萄品种中，前两个更常用于起泡葡萄酒的酿造。

b. 雪利酒(Pedro Ximénez，PX)非常甜，残留糖可高达 450 g/L。

一些特种葡萄酒有独特的生产步骤，如典型起泡酒的生产，涉及二次酒精发酵，或是在加压情况下添加 CO_2 以引发碳酸化作用(气泡)。另外，还有加强型葡萄酒，即添加葡萄发酵产生的乙醇以提高乙醇终浓度，可以在一次发酵期间添加(会终止发酵)或者发干后添加。

葡萄酒酿造并不是在发酵终止后就结束了，接下来还要进行一系列的澄清、稳定、成熟、陈酿和包装等操作。本章介绍葡萄酒生产的概况，并与之后的章节密切联系，其中详述了在葡萄酒酿造各个阶段发生的过程及其化学变化。

19.2 基本工艺流程

白葡萄酒和红葡萄酒酿造的基本步骤如图 19.1 和图 19.2 所示。白葡萄酒和红葡萄酒典型生产工艺的主要区别简单总结如下。

(1) 白葡萄经过除梗破碎并挤压出汁，一般不会长时间与葡萄固体相接触(即没有浸渍步骤)。

(2) 红葡萄经过除梗破碎，未发酵的葡萄汁(果汁和葡萄固体)在果皮、葡萄籽和葡萄汁都存在的情况下进行浸渍和发酵(第 21 章)。

(3) 白葡萄酒通常要避免多酚的浸出，而这恰恰是红葡萄酒生产所需要的。

(4) 白葡萄酒发酵采用较低的温度以便控制香气特性，而红葡萄酒采用较高的温度来促进固体成分的浸出。

(5) 白葡萄酒发酵大多要隔绝氧气，而红葡萄酒酿造则需要通气。

(6) 与白葡萄酒不同，大多数红葡萄酒需经过苹果酸-乳酸发酵和橡木的作用，而只有某些特定类型的白葡萄酒才需要进行这些操作。

(7) 红葡萄酒要在罐或橡木桶中经过一段时间的成熟，从而稳定颜色、改善口感。

(8) 白葡萄酒出品时间会比红葡萄酒早很多，因为红葡萄酒一般需要一个成熟过程。

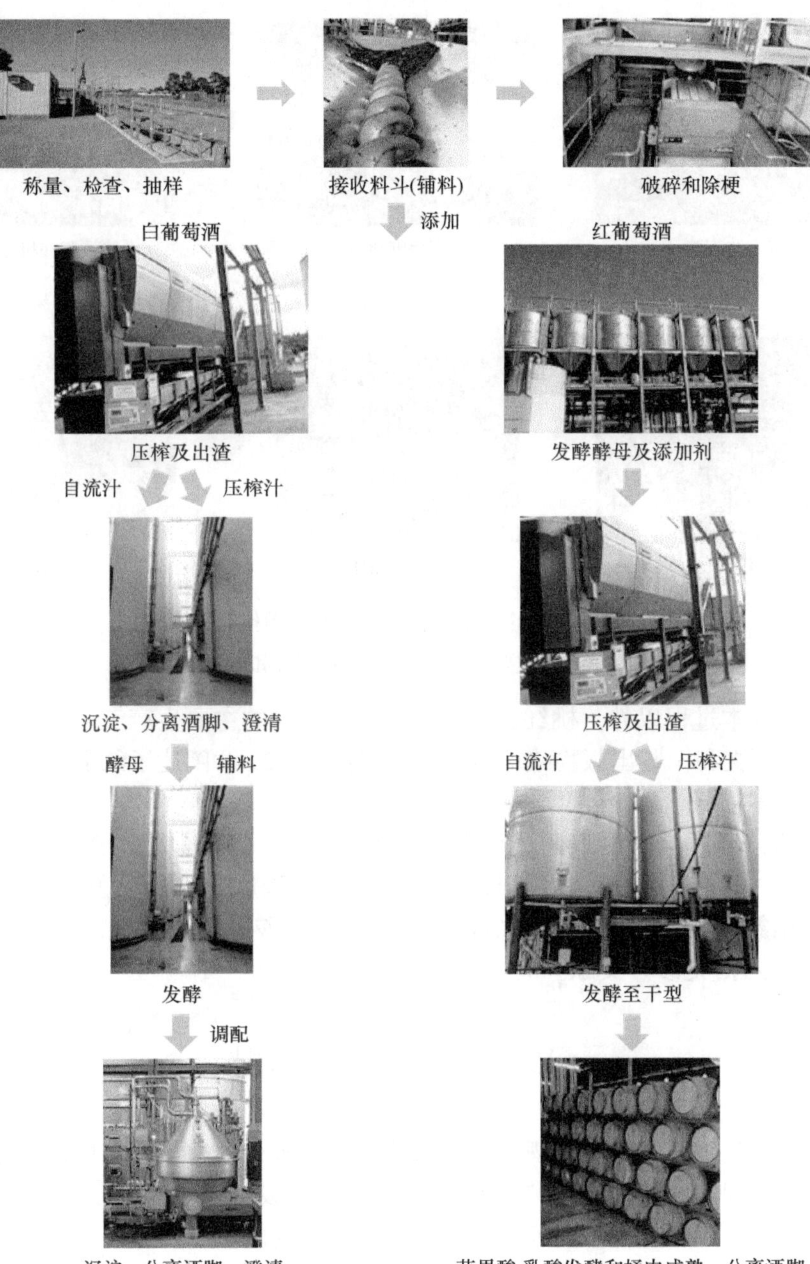

图 19.1　酒厂发酵操作流程的示意图
辅料可以是酒石酸、单宁、糖、SO_2和酶，添加剂通常是磷酸二氢铵形式的营养物质，调配主要用酒石酸、碳酸盐和SO_2。可能出现上述以外的澄清步骤，并且可以通过许多途径在整个过程不同阶段加入橡木(和一些白葡萄酒中的苹乳发酵)。其余操作详见图 19.2

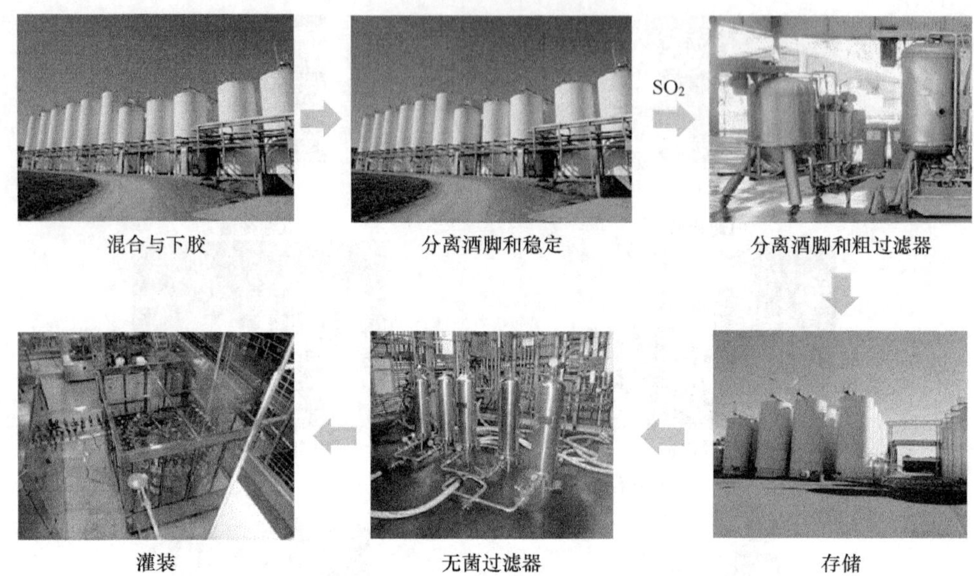

图 19.2 完整的商业葡萄酒厂发酵后操作流程示意图
调配主要涉及单宁酸、碳酸盐和 SO_2

除了基本过程以外，桃红、起泡和加强葡萄酒的主要生产工艺会有其他的变化，详见下文和一些出版物(如参考文献[2-4])。第 21 章阐述了红葡萄酒酿造技术的更多具体细节。

大部分酒厂会监测酿酒过程中的一系列参数，以确保生产工艺质量水平得到控制，主要测量指标涉及温度、pH、可滴定酸度、残糖、发酵动力学、酵母可同化氮、乙醇、游离硫和结合态 SO_2、苹果酸和挥发性酸。这些测定的综合信息详见相关参考文献[5-9]。

19.3 详细工艺流程

葡萄一旦被采收并运到酒厂，就开始进行各种处理并最终将葡萄转化为葡萄酒。这些流程需要图 19.1 和图 19.2 列出的一系列设备；表 19.2①进一步列出了通用设备。世界各地生产不同葡萄酒时使用了一系列的罐和发酵罐，19.4 节对此会进行更加详细的描述。

① 在表中未详述的其他许多设备中，制冷源很常见，如泵、软管、观察镜、阀门、货架板、清洁/消毒设备、混合/搅拌器、活塞和其他酒厂基础设施(如静态葡萄醪运输线、集合管、传送带、分拣台、容积可变罐、锅炉等)。

表 19.2　酿酒流程、目的及每个处理阶段所需设备

流程	目的	典型设备
葡萄称重、检查、抽样	葡萄称重和评估(如检查病害或葡萄以外的杂物)，确定基本成分参数(如 pH、总酸、可溶性固形物、颜色)，粒选果实为特定的葡萄酒风格/质量等级	地秤，葡萄自动采样机/分析仪(如玛萨利公司生产的设备)，或基础实验设备(如折光仪、pH 计、自动滴定仪、分光光度计和温度计)
葡萄倒进料斗	将葡萄从采摘箱中转移出来，开始处理	起重机或者叉车，接收料斗将葡萄螺旋输送到下一个阶段
葡萄除梗和破碎[a]	葡萄除梗并破碎，得到未发酵的葡萄汁(即葡萄汁和固体成分)	破碎机/除梗机，可以添加辅料的配料泵，控制未发酵葡萄汁温度的热交换器
压榨产生自流汁和压榨汁[b]	提取并将液体(葡萄汁或葡萄酒)与葡萄固体(皮渣)分离	筛选机或拖轮，压榨机(不同种类可用)
白葡萄汁澄清	促进沉淀，并除去果汁中大部分悬浮固体成分(如蛋白质、多糖、葡萄碎渣、微生物菌落、脂肪酸)	罐(用于冷却沉淀)和澄清设备(如离心机和过滤装置)
发酵[b]	葡萄糖转化为乙醇(或者苹果酸转化为乳酸)	发酵罐
红葡萄酒成熟	稳定色泽，改善口感	罐或桶，可能是微氧系统
沉淀和分离	除去酵母沉淀和其他沉淀物(如磷酸盐、酒石酸盐、胶体等)	罐和澄清设备(如离心机和过滤装置)[c]
混合与下胶	根据不同的组分和感官特性调配所需葡萄酒风格	罐和澄清设备
稳定	达到葡萄酒的冷热稳定	用于酒石酸盐稳定的罐或专门的设备(如电渗析、离子交换、连续过程)
粗滤	降低葡萄酒的浊度	过滤装置
存储	在装瓶前，维持葡萄酒良好的储存环境	罐
无菌过滤和灌装	生产在包装中保持微生物学稳定的、清澈的产品	过滤装置和灌装线

a. 对于某些葡萄酒类型，葡萄可能会整串压榨，不需要该步骤。

b. 这些处理的顺序取决于生产的是红葡萄酒还是白葡萄酒，这里列出的顺序(即发酵之前进行压榨)是用于白葡萄酒生产；红葡萄酒生产是在发酵之后压榨。

c. 这个阶段除了罐内沉淀，还可能包括进一步的澄清操作，尤其是对白葡萄酒。

与红葡萄酒相反，大部分白葡萄酒和桃红葡萄酒是在不含葡萄固体成分(葡萄皮和葡萄籽)的情况下发酵的。在发酵前，将葡萄汁压榨并与葡萄原料的其余部分分离。刚压榨完时，果汁由于果肉、葡萄皮碎片和其他悬浮不溶物的存在呈现浑浊，生产高品质白葡萄酒要求在发酵前进行果汁澄清——用澄清的果汁所生产的葡萄酒含有更高浓度的“水果”酯、更低的高级醇，以及低分子量的硫化物等(22.2～22.4 节)。然而，过度澄清会导致发酵抑制和中止[②]，酿酒师通常会将悬浮固体控制在较小比例(体积的 0.5%)，以确保良好的发酵特点。澄清可以通过以下几种方法进行：

(1) 最常见的澄清是通过冷却沉淀实现的，果汁在罐内保持一段时间的低温(如 5 ℃)。该过程简单，主要基于大部分不溶固体(多糖、蛋白质、多酚)的密度比果汁大。一旦澄清充分，果汁就可以分离至另一个罐中。使用果胶酶可以分解细胞壁多糖并加快沉降速度，从而提高澄清效果(第 21 章)。

(2) 离心分离能实现与冷却沉淀同样的效果，虽然需要更多的设备，但其用时较短。

(3) 浮选法：向浑浊的果汁中添加明胶(26.2 节)，使之与多糖和多酚形成絮凝物，接着充气并缓慢地向罐内释放压力，沉淀物会浮至表面——类似做高汤时在汤锅壁上形成蛋白质浮渣，然后从罐底吸出澄清的果汁。

(4) 也可使用过滤，通常使用大容量硅藻土深层过滤。

(5) 在冷却沉淀之后，可以通过上述相同的澄清步骤从罐底回收葡萄汁，但通常这种葡萄汁品质较低。

19.4 罐子与发酵容器

用于葡萄酒生产的罐子尺寸和发酵罐种类取决于酒厂的规模(即破碎的容积)和生产的葡萄酒类型(如红葡萄酒、白葡萄酒和起泡葡萄酒)。现代酒厂中的罐通常是用不锈钢制成的，用于储存葡萄汁或葡萄酒以便进行冷却沉淀、稳定、成熟、调配和灌装。罐子容量从几百升(包括可变容量的设计)到几十万升，一些较大的酒厂有容量一百万升甚至更大的罐子。小罐子会放置在室内，但是大酒厂会设有超大的室外罐区(图 19.2)，包括隔热和制冷罐以维持温度。不同尺寸的罐子不仅可以用于区分不同批次的葡萄酒，还可以使罐子保持填满状态以尽量减小气隙(即液面上方的空隙)，限制酒与空气接触，从而减少氧化或者酸败发生(22.5 节和第 24 章)。惰性气体覆盖(通常是 CO_2 或者 N_2，或者两者的混

② 目前尚未清楚过度澄清葡萄汁减缓发酵动力的原因，可能是因为悬浮固体为 CO_2 提供了一个成核位置(高浓度可能有毒性)，或者因为它们有助于在发酵过程中分散酵母菌，避免局部营养不足。无论如何，发酵减缓似乎不是由于去除营养物，因为过度澄清的葡萄汁发酵速度可以通过添加硅藻土这样的惰性固体来恢复。

合气体[③])用于在转移葡萄酒和储存期间排除空气，可以在打开罐盖之后使用固态 CO_2(干冰)粉末置换顶空中的空气。

橡木桶和大桶是罐的传统形式，通常用于葡萄酒成熟期间的储存，主要是为了吸收橡木中的风味成分(第 12 章和第 25 章)，也让氧气缓慢地进入桶中，促进红葡萄酒的成熟和稳定(第 24 章和第 25 章)。与萃取橡木风味的目的不同，一些烈酒和大多数加强型葡萄酒会在旧橡木桶中陈酿多年以便使组分浓缩和发生缓慢的化学反应，并在某些情况下促进氧化变化。近年来，食品级的聚乙烯已被用于制造较小的罐，用于酒的储存或者熟化；塑料可以允许空气缓慢地进入以模仿橡木桶的效果。用橡木替代品(如橡木片、橡木板、橡木粉)在一定程度上可以获得期待的橡木成分(第 27 章)，而且考虑橡木桶采购和维护的成本，这种方法可能更适合于一些酒厂。

发酵罐与储酒罐可能相同，尤其是佐餐白葡萄酒的生产，或许更具体的就像在红葡萄酒酿造期间用于浸渍的罐(图 19.3)，需要通过不同的容器设计来促进皮渣帽(发酵期间上升到顶部的葡萄皮)中颜色和单宁的浸提，可以有开放式的[图 19.3(a)、(d)]或者旋转式的[图 19.3(b)]发酵罐，在这些罐中，定期的机械作用使皮渣帽淹没和浸渍；用封闭式静态发酵罐[图 19.3(c)]也可以得到类似的效果，在一定的时间间隔内，通过机械泵送正在发酵的葡萄汁至罐顶来喷淋皮渣以促进提取[图 19.3(e)所示的开放式发酵罐的倒罐]。在通常情况下，操作可以自动化，酿酒师会根据使用的发酵罐采取多组合的皮渣帽管理技术。在红葡萄酒生产中，一旦完成浸渍，需要除去葡萄固体成分(皮渣和果渣)并从罐子中排干，罐子的设计可有助于这些操作，如罐底部的大门、转臂、开放式的顶部、能倾斜或提升的发酵罐。此外，通过对建筑或直接对罐子或通过一个热交换器进行升温或制冷来控制发酵温度。

以上提到的发酵罐通常是不锈钢制且容量较大(能装 50 t 甚至更多)，而橡木也很普遍，可用于制作较小容量的发酵容器，在一些葡萄酒厂中可见到其他材料制成的发酵罐，很有特色，如混凝土或石头(通常用蜡密封或者用某种方式包裹起来的方形的开放式发酵池，或者其他卵形或长圆形的发酵罐)、塑料发酵罐(立方体或蛋形聚乙烯)、陶罐(双耳瓶通常用蜂蜡包裹起来)，但是这些罐都比不锈钢罐小，而且生产一些特定起泡葡萄酒需要在酒精发酵后采用压力容器向酒中加入或维持高水平的 CO_2，而在其他情况下，则通过瓶内发酵碳酸化(19.6 节)。

③ 需要注意，这些气体在葡萄酒中的溶解性与温度有关。CO_2 比 N_2 更易溶于葡萄酒，通常酒中溶解一些 CO_2 会产生爽口的感觉。相比红葡萄酒，静止白葡萄酒通常需要更多溶解的 CO_2，所以 CO_2 经常用于白葡萄酒，而 N_2 经常用于红葡萄酒，但是如果将这些气体混合，则可以得到一些特定口感的特殊葡萄酒。

图 19.3　红葡萄酒发酵例子：(a)5 t 的开放式发酵罐，可以通过起重机提升并送至压榨；(b)60 t 的旋转发酵罐；(c)50 t 的封闭式静态转臂 Potter(SWAP)发酵罐；(d)6 t 混凝土开放式发酵罐，用“向下板”使皮渣帽浸没；(e)在一个开放式发酵罐中泵送喷淋皮渣帽

19.5　发酵后工艺

在葡萄酒酿造过程中，特别是发酵后有许多可能的操作，如图 19.1、图 19.2 和表 19.2 所示，主要流程在以下的几个章节中有更完整的描述：①成熟：第 21 章。②陈酿：第 25 章。③冷稳定：26.1 节。④澄清：26.2 节。⑤过滤：26.3 节。

19.6　特种葡萄酒

特种葡萄酒经过加工过程，最终其化学成分和感官性能会产生特定变化。最常见的两种特种葡萄酒是起泡葡萄酒和加强型葡萄酒。

19.6.1　起泡葡萄酒

作为最广泛饮用的特种葡萄酒，起泡葡萄酒的生产是在一个密封容器里(如密封的瓶或罐)向干型基酒(通常是混合调配，以特酿著称)中添加酵母和糖进行二次发酵，这样乙醇和 CO_2 都得到吸收和保留④，起泡葡萄酒的传统生产方式(香槟法)⑤包括以下几个步骤[2]。

(1) 提前采收果实：16～18°Brix，并发酵至干，作为基酒。

(2) 将基酒混合成特酿，并与酵母和糖一起加入瓶中，对于利口酒，4 g/L 糖产生 1 bar 的压力，通常添加糖 32 g/L，随着二次发酵可产生 8 bar 压力。

(3) 二次发酵在密闭瓶子中进行，接着在瓶中与酵母残渣一起陈酿 1～4 年甚至更长的时间。酵母在此期间会自溶(第 25 章)。

(4) 从瓶中去除酵母：瓶子每隔一定时间细微旋转，通过转瓶将酵母残渣集中到瓶颈处⑥。

(5) 冷冻葡萄酒，通过冷冻、吐酒泥去除酵母残渣，这一过程除了去除酵母之外，还会损失一部分 CO_2(大约 2 bar)。

(6) 添加少量的糖，也可能添加包含柠檬酸/抗坏血酸、白兰地和 SO_2 等，瓶子在约 6 bar 的压力下再密封。

也有一些能替代瓶内发酵的方法，在查尔曼法加工中，在大型加压罐中进行二次发酵然后装瓶。在转移法中，二次发酵在瓶内进行，但是重新装瓶前，瓶内的酒要在压力下倒入罐子。

---

④ 对于需要快速生产的起泡葡萄酒而言，在 CO_2 的压力下进行灌装(类似软饮料生产)可以使葡萄酒碳酸化。在大多数国家中，这样的葡萄酒必须标记“汽酒”，以便将其与起泡葡萄酒区分开来，起泡葡萄酒的碳酸化来自二次发酵；如美国法规 27CFR 24.10 (2014)所述。

⑤ 这个术语来源于法国地区香槟酒的生产方法。原产地控制(Appellation d’Origine Contrôlée)的起泡葡萄酒可以在瓶子上合法使用香槟一词，而其他地方生产的起泡葡萄酒则不行。在美国，附加地理条件使用该词仍然是合法的，如“加利福尼亚香槟”，但很少有生产者这样做。

⑥ 转瓶除渣法是凯歌香槟酒厂发明的，经典的过程是将瓶子放在木板的洞中，每天旋转 1/8 圈，缓慢地从水平移动变为垂直。第一个转瓶除渣法的木板是因为凯歌夫人在餐桌上切孔而创造的，这种说法有可能是杜撰的。20 世纪末之前人们一直采用这种方法，一直到机器发展到能从瓶中将酵母清除出去，该过程才改变。

经过长时间酒泥陈酿的起泡葡萄酒除了有 CO_2 产生的刺痛感和酸味外，还由于酵母自溶而有强化型葡萄酒的香气和风味，如烤面包味增强。这些效果在第 25 章有更详细的讨论。

19.6.2　加强型葡萄酒

葡萄酒在生产过程中会用蒸馏酒进行强化[3](更多关于蒸馏的信息可见 26.4 节)，添加烈酒能终止发酵并提高葡萄酒的乙醇终浓度(强化酒通常为 15%～22%，*v*/*v*)，而且还能充当防腐剂。因此，即便在有氧情况下，加强型葡萄酒微生物败坏的风险仍然很低(醋酸菌和细菌，详见 22.5 节)。由于可以长期运输和储存，这些葡萄酒在历史上是很重要的。加强型葡萄酒可以根据添加烈酒的时间进一步分类。

(1) 发酵之前或者开始后立刻添加(皮诺甜酒，莫卡斯特雷尔-德瓦伦西亚麝香型葡萄酒)。早期加强生产的中等乙醇浓度的甜型葡萄酒，通常被称为蜜甜尔(Mistelles)。发酵产生的乙醇几乎可以忽略不计，葡萄成分的提取量低，不产生发酵相关的香气化合物或产生量很少，这些葡萄酒陈酿于旧橡木桶中。

(2) 发酵结束前添加(波特酒、马德拉酒)。其以中止发酵(mutage)法知名，这种方式生产出高乙醇浓度的甜型葡萄酒，因为这些葡萄酒一般储存于部分填充了旧橡木的桶中，它们通常具有与氧化反应相关的高浓度化合物(第 24 章)，一些类型的酒(如马德拉酒)由于高温储存而含有高浓度的糖降解产物。

(3) 发酵结束时添加(如雪利酒、黄葡萄酒)。这种方式通常用于生产干型加强葡萄酒。在某些类型酒(如菲诺雪利酒)的生产中，乙醇含量仅增加到 15 %(*v*/*v*)以允许表面酵母生长，从而使乙醇酶促氧化产生高浓度的乙醛，乙醛可以反过来与其他组分反应进一步形成特征化合物，如葫芦巴内酯(第 9 章)。还有一些类型的高乙醇浓度葡萄酒被完全暴露在空气中，以产生非酶促氧化产物(第 24 章)。

参考文献

1. Iland，P.，Gago，P.，Caillard，A.，Dry，P.(2009) A taste of the world of wine，Patrick Iland Wine Promotions，Adelaide,SA，Australia.

2. Howe，P.(2003) Sparkling wines，in Fermented beverage production，2nd edn(eds Lea，A.G.H. and Piggott，J.R.)，Kluwer Academic/Plenum Publishers，New York，pp. 139-155.

3. Reader，H.P. and Dominguez，M.(2003) Fortified wines: Sherry，Port and Madeira，in Fermented beverage production，2nd edn(eds Lea，A.G.H. and Piggott，J.R.)，Kluwer Academic/Plenum Publishers，New York，pp. 157-194.

4. Rankine，B.C.(2004) Winemaking procedures，in Making good wine，Pan Macmillan Australia，Sydney，NSW，Australia，pp. 44-78.

5. Iland，P.，Bruer，N.，Ewart，A.，et al.(2004) Monitoring the winemaking process from grapes to

wine: techniques and concepts, Patrick Iland Wine Promotions, Adelaide, SA, Australia.

6. Iland, P., Bruer, N., Edwards, G., et al.(2004) Chemical analysis of grapes and wine: techniques and concepts, Patrick Iland Wine Promotions, Adelaide, SA, Australia.
7. International Organisation of Vine and Wine(2012) Compendium of international methods of wine and must analysis, Vol. 1, OIV, Paris, France.
8. International Organisation of Vine and Wine(2012) Compendium of international methods of wine and must analysis, Vol. 2, OIV, Paris, France.
9. Zoecklein, B.W., Fugelsang, K.C., Gump, B.H., Nury, F.S.(1995) Wine analysis and production, 1st edn, Chapman and Hall, New York.

第 20 章　葡萄浆成分概述

20.1　取　　样

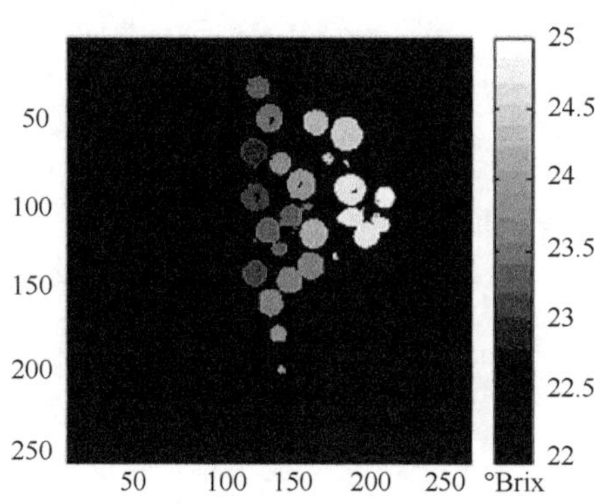

图 20.1　一穗葡萄的果实糖含量(°Brix)的磁共振成像。来源于文献[2]，经美国化学学会许可使用

酿酒葡萄的糖含量一般在 18 %～25 %(*w/w*)之间，但在同一个葡萄园甚至是同一穗葡萄上，糖含量标准差通常可达到±2 %(图 20.1)，这可能与葡萄开花和坐果时间不一致有关[1]，甚至单个葡萄粒之间也存在糖含量差异[2]，其结果就是并不是所有葡萄都能同时成熟。其他组分也有类似情况，如颜色[1]和一些香气成分(如莎草奥酮，第 8 章)在同一葡萄园里的差异可达到 10 倍[3]，因此对于研究者和酿酒师来说，依据少量和没有代表的样品去预测一个葡萄园葡萄浆果的糖度和其他指标是非常有挑战性的，在测定任何指标时，都必须评估采样量(粒或穗)，以便确定分析结果是否有高的精密度，采样必须尽可能有代表性从而获得可接受的准确度[4,5]。

20.2　糖

除了水之外，糖是成熟葡萄中含量最高的物质，主要以果糖和葡萄糖形式存在，二者的物质的量含量相同，因为它们都是由叶片光合作用的产物——蔗糖水解而产生的。除此之外，葡萄中也含有少量的戊糖和其他糖(第 2 章)。在葡萄转色前，糖含量很低，但随后快速积累，采收期糖度可达到25%(*w/w*)或者更高。糖含量是预测葡萄组分和成熟度时普遍采用的指标，部分原因是糖含量决定了最终乙醇含量。在一个地区内，可以通过营养生长量(代表叶面积和光合作用活性)与即将成熟的葡萄产量之比来预测浆果成熟可达到的糖含量[6]，温度越高，生长季越长，越利于光合作用。因此，酿酒葡萄要达到适宜糖含量，一个限制因素就是生长季的温度(积温就是这样一个指标)[7]；由此可见，在凉爽地区葡萄酒酿造中额外加糖的现象比较普遍。

与糖有关的是多糖，主要来自果实细胞壁(第 2 章)，在美洲种葡萄中，果胶和相关的结构多糖含量可达 1%，而在欧亚种葡萄中含量大多在 0.1%～0.2%。用酶处理可以水解一些多糖，并且增加其在葡萄醪及葡萄酒中的含量[8](第 21 章和 23.1 节)。普通的果胶酶能水解果胶并产生约 1 g/L 的半乳糖醛酸(第 2 章)，由于它不能被发酵利用，可以保留到最终的葡萄酒中。除了果胶，葡萄皮还含有半纤维素和纤维素，与部分半乳糖醛酸一起被浸提到酒中。多糖通常指的是纤维素[9]，是果渣鲜重的主要组成成分(百分之几)(图 20.2)。

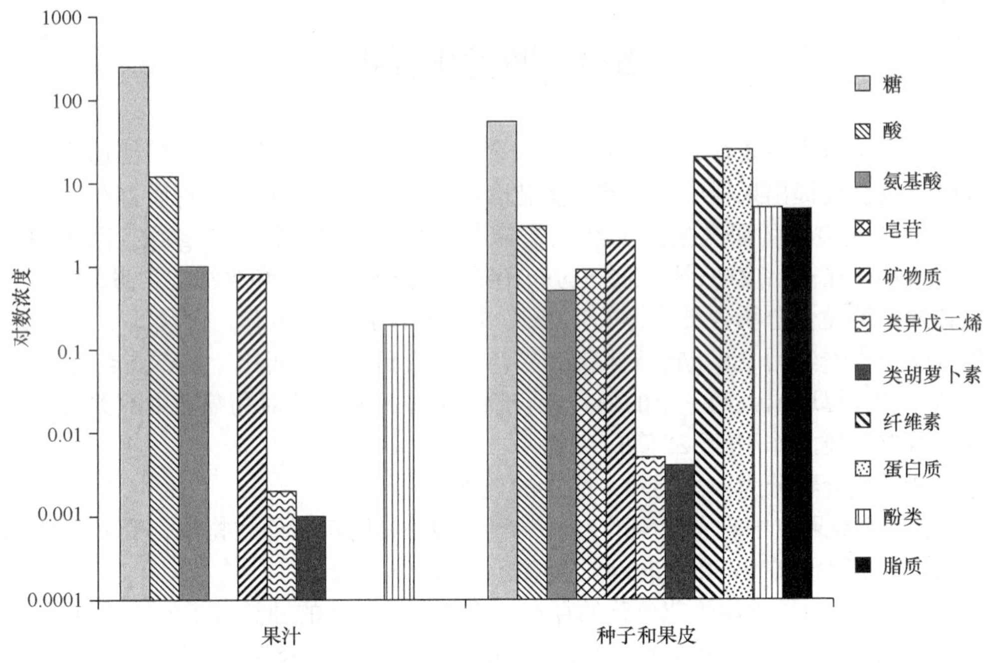

图 20.2　葡萄汁(g/L)和葡萄果皮、种子(g/kg)的化学成分对比

20.3　酸

葡萄含有大量的有机酸(第 3 章)，含量可达 10 g/kg 或更多，它们大部分可以保留在葡萄酒中①，有机酸对于葡萄酒和葡萄汁的口感很重要，其造成的低 pH 可减少许多腐败现象和病原微生物滋生的风险。酒石酸是最主要的酸，也是葡萄汁的关键标志，苹果酸对酸度也有重要贡献，葡萄中还有一些含量较低的酸，如柠

① 在第 3 章中讨论过，这里的总酸 10 g/kg 与可滴定酸度(TA)不同。TA 更低，在 6～9 g/kg 之间，因为葡萄将可滴定的质子替换为 K^+和其他矿质元素。

檬酸和抗坏血酸，而柠檬酸也可以在酵母代谢中合成。一些痕量的酸也被报道(第 3 章)[3]。在葡萄酒酿造过程中，接种乳酸菌进行苹果酸-乳酸发酵时，苹果酸和柠檬酸都可被乳酸菌代谢(22.5 节)。苹果酸和酒石酸都在转色前积累，其含量随着浆果成熟和糖积累而降低，不仅是因为呼吸作用和苹果酸损失，而且与果实膨大导致的酸稀释有关。在温度较高的地区，果实中苹果酸降解速率增大，因此在凉爽气候下生长的葡萄或是采收较早的葡萄所榨出的葡萄汁或酿造的葡萄酒往往含有较高的酸度[11]。这解释了为什么在一些温暖的产区，葡萄酒酿造中加酸非常常见，而在凉爽产区，葡萄需要采取各种方法来降低酸度(第 3 章)。

20.4 酚类化合物

酚类化合物主要存在于葡萄果皮和种子中(第 11 章)，但如果是整穗葡萄进行发酵，则会浸提出果梗中的一些酚类化合物。不同品种之间酚类物质存在一些差异，一个代表性的研究报道了红色葡萄中含有酚类化合物 5.6 g/kg，其中 1/3 (1.9 g/kg)存在于果皮中，约 2/3(3.5 g/kg)存在于种子中，果肉和果汁中含量低于 5 %。白葡萄中酚类化合物含量约为 3.8 g/kg，果皮由于没有花色苷，含量低于 1 g/kg，但种子中含量约为 2.8 g/kg，果肉和果汁中的含量同样很低[12]。传统的红葡萄酒酿造工艺只提取出大约一半的酚类化合物，其中浸渍工艺对葡萄酒中酚类化合物的提取有重要的作用(第 21 章)。

酚类化合物分为四大类和一些小的类别。

(1) 葡萄果皮中含有黄酮醇，黄酮醇作为一种防御紫外线物质，受光照诱导合成[13]，其含量在 1～80 mg/kg 之间(第 15 章)[14]。

(2) 红葡萄果皮由于花色苷的存在而着色，花色苷的种类有 5～15 种或者更多，根据 B 环基团、糖基化及葡萄糖基的酰基化不同，分为不同的花色苷(第 16 章)。不同红葡萄品种中花色苷的含量差异很大，在 200～6000 mg/kg 之间[14]，颜色较深的葡萄或果肉呈红色的品种(染色品种，Teinturier)中含量更高。

(3) 黄烷-3-醇单体及其聚合体(原花青素，也称聚合单宁)是主要酚类化合物组分，它们主要存在于葡萄皮和种子中，含葡萄浆果中大约一半的酚类化合物(第 14 章)。在成熟过程中，由于种皮的氧化反应，种子中可提取的单宁(和黄烷-3-醇单体)含量降低——从种子的颜色由绿色变成棕色可以看出[15]。测定单宁的方法有很多(第 14 章和第 33 章)，色谱法测定了 37 个葡萄品种，单宁的平均含量为 1.3 g/kg [16]。

(4) 对羟基肉桂酸乙酯是果肉和果汁中主要的酚类物质，也是白葡萄汁和白葡萄酒中最主要的酚类；一项关于 28 种葡萄品种(包括白葡萄和红葡萄)的调查显示，对羟基肉桂酸乙酯的平均含量为 178 mg/kg，其含量范围在 85～400 mg/kg 之间[17]。

20.5　含氮化合物

氨基酸和铵盐是葡萄中最主要的含氮化合物，含量差异很大[果汁中含量在 300～5000 mg/L 之间，氮含量在 40～700 mg/L 之间(第 5 章)]。这些化合物对酵母氮代谢和蛋白质及其他关键大分子的合成起到关键作用。但是，只有大约一半是α-氨基酸，其在发酵过程中可以被代谢，也称为酵母可同化氮(YAN)，其余的是脯氨酸，不能被酵母利用(22.3 节)。氨基酸的种类因葡萄品种和环境因素不同而改变[18]，当葡萄浆中酵母可同化氮过低以致无法完成发酵时，则需要额外添加氮源，常用的是磷酸氢二铵(22.3 节)。

葡萄果实的蛋白质组学分析显示其中含有多种酶和其他蛋白质[19]，但是这些物质含量很低(<50 mg/kg)。果实中一些蛋白质有酶活性，包括影响果实在酒厂中因损伤或破碎引起果汁褐变的氧化酶[20]，以及几丁质酶、酯酶、葡萄糖苷酶、果胶酶、葡聚糖水解酶[21]，一些酶将在本书中进行介绍(第 21 章、23.1 节)。类甜蛋白和几丁质酶在响应真菌侵染时产生(即病程相关蛋白)，当受到诱导时，这些蛋白质成为主要的蛋白质[22]，含量可达 300 mg/kg 果实鲜重(FW)(第 5 章)。这些蛋白质会使白葡萄酒变得浑浊(26.2 节)，并且可能与葡萄单宁结合，降低可萃取率(第 21 章)。葡萄还含有寡肽，其中重要的是谷胱甘肽，其因含有巯基官能团而成为一种关键的抗氧化剂(第 5 章)。一篇研究报道了葡萄中谷胱甘肽的含量大约在 15～100 mg/L，平均含量为 44 mg/L [23]。最后，葡萄中含有少量的生物胺，包括异戊胺、乙胺、胍基丁胺、丙二胺和亚精胺，含量为 3～5 mg/kg [24]。

20.6　脂质和蜡质

脂质是葡萄种子的重要组成成分，在果皮和果肉中含量较低。葡萄汁中总量为 1.5～2.5 g/kg FW，赤霞珠中主要的脂质是糖脂和磷脂质，包括棕榈酸、硬脂酸、亚油酸和亚麻酸[25]。但是，在中性和极性脂质中检测到了 20 多种脂肪酸，并且欧亚种葡萄赤霞珠中的不饱和脂肪酸比杂交品种中的含量高，杂交品种中饱和脂肪酸占主导。尽管不饱和脂肪酸的含量很低，但油酸、亚麻酸、亚油酸尤为重要，一是因为它们是合成 C_6 醇和 C_6 醛的底物(23.3 节)，二是因为它们是酵母细胞膜的必需物质，因此对酵母的生长极其重要(22.2 节)。

葡萄果皮的外部被一层蜡状角质层包裹，这是一种由几微米厚的三萜(又称皂苷或植物甾醇)组成的防止水分蒸发的屏障。这些三萜种类复杂，主要是齐墩果酸和相关的化合物如熊果酸、α-香树素及其他成分[26]。另外，蜡质层还含有长链醇、酯、醛、烃类及其他物质[26]。葡萄果实中的蜡质含量很高，新鲜果实中含量为 1～2 g/kg，但由于其疏水性，其中的成分极少能溶解到葡萄酒中，即使是在红葡萄酒中，也只有少量能被浸提出来。

20.7　矿物质和维生素

葡萄酒中的矿物质主要作为酸盐的平衡离子存在(第 3 章)。

(1) 果汁中主要的阳离子是钾(1～2 g/kg 葡萄)，钙含量比钾低很多(100 mg/kg)，果汁中还含有镁(70 mg/kg)、钠(20 mg/kg)、铁(3 mg/kg)[28]。

(2) 葡萄果汁中还含有几种阴离子：磷酸根(200 mg/L)、硫酸根(260 mg/L，以 K_2SO_4 计)、氯离子(232 mg/L，以 NaCl 计)及少量的硝酸盐[29]。盐碱地的葡萄果汁中的矿物质可以变化 10 倍以上，NaCl 含量可高达 1800 mg/L，K_2SO_4 含量可高达 1200 mg/L [29]。

(3) 葡萄中含有许多维生素，大部分能被酵母利用，之后几乎全部回到葡萄酒中[30]。美国农业部营养评估显示，新鲜葡萄含有维生素 C(32 mg/kg)、维生素 B_3(1.8 mg/kg)、维生素 B_6(0.86 mg/kg)、维生素 B_2(0.7 mg/kg)、维生素 B_1(0.69 mg/kg)、叶酸(20 μg/kg)、维生素 A(30 μg/kg)[28]。酿酒葡萄中的含量类似，其中生物素为 1～3 μg/L，泛酸为 0.5 mg/L[31]。

20.8　降异戊二烯

许多植物中含有类胡萝卜素，但是在葡萄果实中含量很低。类胡萝卜素作为 C_{13}-降异戊二烯香气物质的前体物受到关注(第 8 章和 23.1 节)。葡萄中含有 5 种主要的类胡萝卜素，成熟葡萄中类胡萝卜素总量在 0.4～2.5 mg/kg 之间[32]。

类异戊二烯是一类物质的总称，包括单萜、倍半萜和 C_{13}-降异戊二烯，其中许多都是葡萄酒中重要的香气贡献者(第 8 章)。C_{13}-降异戊二烯在转色之后或在类胡萝卜素完全降解之后立即开始积累，在几周之内含量达到峰值[33]。其他类异戊二烯在转色后几周开始积累直到商业成熟。尽管许多异戊二烯，特别是 C_{13}-降异戊二烯，以非挥发性的糖苷结合态存在，一部分的单萜以游离态存在，成为麝香型葡萄中的特征香气(第 8 章)[34]。其在不同葡萄品种中含量差异很大。例如，在麝香葡萄家族含量很高，成熟的葡萄中结合态和游离态的单萜含量为 1～6 mg/kg[35]，其中游离态里那醇和香叶醇远远超出感官阈值(第 8 章)。其他葡萄品种，如雷司令中含量接近阈值(总量为 0.05～0.2 mg/kg)，大部分葡萄品种中的含量极低，难以被感知。

20.9 不溶性物质

不溶性的葡萄组织，包括果皮和种子，存在于葡萄中，但是这些成分不能溶解到葡萄酒中。种子质量平均占葡萄质量的 4%，果皮质量平均占 11% [16]。葡萄果皮的总体评估显示，葡萄果皮干重的 22.6%在浓硫酸中是不可溶的[36]，作者用气相核磁共振研究了剩余的物质，其中有纤维素和蜡质，但是不含木质素。其他有关果渣的研究也报道了相似的结果，在白葡萄皮的果渣中，可溶性糖含量占很大一部分，约为 50%，干物质中不溶性多糖占 25%。另外，在红葡萄皮的果渣中，可溶性糖仅占总量的一小部分，干物质中不溶性多糖占 50%。单宁和其他多酚是剩余物质中的特征物质[37]。种子质量的一半是由被称为中性洗涤纤维(NMR)的多糖组成，但该物质由于高度木质化，不能作为一种可利用的能量来源(如被动物食用)。种子中还含有约 12%天然蛋白质、12%脂质、5%灰分(主要由钾、钙、磷酸盐、硫酸盐、镁组成)[38]。

参 考 文 献

1. Pagay，V. and Cheng，L.(2010) Variability in berry maturation of Concord and Cabernet franc in a cool climate. American Journal of Enology and Viticulture，61(1)，61-67.

2. Andaur，J.E.，Guesalaga，A.R.，Agosin，E.E.，et al.(2004) Magnetic resonance imaging for nondestructive analysis of wine grapes. Journal of Agricultural and Food Chemistry，52(2)，165-170.

3. Zhang，P.，Barlow，S.，Krstic，M.，et al.(2015) Within-vineyard，within-vine，and within-bunch variability of the rotundone concentration in berries of *Vitis vinifera* L. cv. Shiraz. Journal of Agricultural and Food Chemistry，63(17)，4276-4283.

4. Wolpert，J.A. and Howell，G.S.(1984) Sampling Vidal Blanc grapes. II. Sampling for precise estimates of soluble solids and titratable acidity of juice. American Journal of Enology and Viticulture，35(4)，242-246.

5. Meyers，J.M. and Vanden Heuvel，J.E.(2014) Use of normalized difference vegetation index images to optimize vineyard sampling protocols. American Journal of Enology and Viticulture，65(2)，250-253.

6. Bravdo，B.，Hepner，Y.，Loinger，C.，et al.(1984) Effect of crop level on growth，yield and wine quality of a high yielding carignane vineyard. American Journal of Enology and Viticulture，35(4)，247-252.

7. McIntyre，G.N.，Kliewer，W.M.，Lider，L.A.(1987) Some limitations of the degree day system as used in viticulture in California. American Journal of Enology and Viticulture，38(2)，128-132.

8. Ducasse，M.A.，Canal-Llauberes，R.M.，de Lumley，M.，et al.(2010) Effect of macerating enzyme treatment on the polyphenol and polysaccharide composition of red wines. Food Chemistry，

118(2), 369-376.

9. Diaz-Rubio, M.E. and Saura-Calixto, F.(2006) Dietary fiber in wine. American Journal of Enology and Viticulture, 57(1), 69-72.

10. Kliewer, W.M.(1966) Sugars and organic acids of *Vitis vinifera*. Plant Physiology, 41(6), 923.

11. Lakso, A.N. and Kliewer, W.M.(1975) Influence of temperature on malic acid metabolism in grape berries. 1. Enzyme responses. Plant Physiology, 56(3), 370-372.

12. Singleton, V.L. and Esau, P.(1969) Phenolic substances in grapes and wine, and their significance, Academic, New York.

13. Price, S.F., Breen, P.J., Valladao, M., Watson, B.T.(1995) Cluster sun exposure and quercetin in Pinot noir grapes and wine. American Journal of Enology and Viticulture, 46, 187-194.

14. Mattivi, F., Guzzon, R., Vrhovsek, U., et al.(2006) Metabolite profiling of grape: flavonols and anthocyanins. Journal of Agricultural and Food Chemistry, 54(20), 7692-7702.

15. Kennedy, J.A., Matthews, M.A., Waterhouse, A.L.(2000) Changes in grape seed polyphenols during fruit ripening. Phytochemistry, 55(1), 77-85.

16. Travaglia, F., Bordiga, M., Locatelli, M., et al.(2011) Polymeric proanthocyanidins in skins and seeds of 37 *Vitis vinifera* L. cultivars: a methodological comparative study. Journal of Food Science, 76(5), C742-C749.

17. Cheynier, V., Souquet, J.M., Moutounet, M.(1989) Glutathione content and glutathione to hydroxycinnamic acid ratio in *Vitis vinifera* grapes and musts. American Journal of Enology and Viticulture, 40, 320-324.

18. Huang, Z. and Ough, C.S.(1991) Amino-acid profiles of commercial grape juices and wines. American Journal of Enology and Viticulture, 42(3), 261-267.

19. Negri, A.S., Prinsi, B., Scienza, A., et al.(2008) Analysis of grape berry cell wall proteome: a comparative evalua-tion of extraction methods. Journal of Plant Physiology, 165(13), 1379-1389.

20. Macheix, J.J., Sapis, J.C., Fleuriet, A.(1991) Phenolic-compounds and polyphenoloxidase in relation to browning in grapes and wines. Critical Reviews in Food Science and Nutrition, 30(4), 441-486.

21. Vincenzi, S., Tolin, S., Cocolin, L., et al.(2012) Proteins and enzymatic activities in Erbaluce grape berries with different response to the withering process. Analytica Chimica Acta, 732, 130-136.

22. Salzman, R.A., Tikhonova, I., Bordelon, B.P., et al.(1998) Coordinate accumulation of antifungal proteins and hexoses constitutes a developmentally controlled defense response during fruit ripening in grape. Plant Physiology, 117(2), 465-472.

23. Fracassetti, D., Lawrence, N., Tredoux, A.G.J., et al.(2011) Quantification of glutathione, catechin and caffeic acid in grape juice and wine by a novel ultra-performance liquid chromatography method. Food Chemistry, 128(4), 1136-1142.

24. Smit, I., Pfliehinger, M., Binner, A., et al.(2014) Nitrogen fertilisation increases biogenic amines and amino acid concentrations in *Vitis vinifera* var. Riesling musts and wines. Journal of the Science of Food and Agriculture, 94(10), 2064-2072.

25. Gallander, J.F. and Peng, A.C.(1980) Lipid and fatty-acid compositions of different grape types. American Journal of Enology and Viticulture, 31(1), 24-27.

26. Pensec, F., Paczkowski, C., Grabarczyk, M., et al.(2014) Changes in the triterpenoid content of cuticular waxes during fruit ripening of eight grape(*Vitis vinifera*) cultivars grown in the Upper Rhine Valley. Journal of Agricultural and Food Chemistry, 62(32), 7998-8007.

27. Grncarevic, M. and Radler, F.(1971) Review of surface lipids of grapes and their importance in drying process. American Journal of Enology and Viticulture, 22(2), 80-86.

28. US Department of Agriculture.(2014) A.R.S. USDA National Nutrient Database for Standard Reference, Release 27, http://www.ars.usda.gov/ba/bhnrc/ndl.

29. Leske, P.A., Sas, A.N., Coulter, A.D., et al.(1997) The composition of Australian grape juice: chloride, sodium and sulfate ions. Australian Journal of Grape and Wine Research, 3(1), 26-30.

30. Ough, C.S. and Amerine, M.A.(1988) Methods for analysis of musts and wines, 2nd edn, Wiley-Interscience, New York.

31. Hagen, K.M., Keller, M., Edwards, C.G.(2008) Survey of biotin, pantothenic acid, and assimilable nitrogen in winegrapes from the Pacific Northwest. American Journal of Enology and Viticulture, 59(4), 432-436.

32. Oliveira, C., Ferreira, A.C.S., Pinto, M.M., et al.(2003) Carotenoid compounds in grapes and their relationship to plant water status. Journal of Agricultural and Food Chemistry, 51(20), 5967-5971.

33. Ryona, I. and Sacks, G.L.(2013) Behavior of glycosylated monoterpenes, C_{13}-norisoprenoids, and benzenoids in *Vitis vinifera* cv. Riesling during ripening and following hedging, in Carotenoid cleavage products, American Chemical Society, pp. 109-124.

34. Hjelmeland, A.K. and Ebeler, S.E.(2015) Glycosidically bound volatile aroma compounds in grapes and wine: a review. American Journal of Enology and Viticulture, 66(1), 1-11.

35. Mateo, J.J. and Jimenez, M.(2000) Monoterpenes in grape juice and wines. Journal of Chromatography A, 881(1-2), 557-567.

36. Mendes, J.A.S., Prozil, S.O., Evtuguin, D.V., Lopes, L.P.C.(2013) Towards comprehensive utilization of winemak-ing residues: characterization of grape skins from red grape pomaces of variety Touriga Nacional. Industrial Crops and Products, 43(0), 25-32.

37. Deng, Q., Penner, M.H., Zhao, Y.(2011) Chemical composition of dietary fiber and polyphenols of five different varieties of wine grape pomace skins. Food Research International, 44(9), 2712-2720.

38. Spanghero, M., Salem, A.Z.M., Robinson, P.H.(2009) Chemical composition, including secondary metabolites, and rumen fermentability of seeds and pulp of Californian(USA) and Italian grape pomaces. Animal Feed Science and Technology, 152(3-4), 243-255.

第 21 章　葡萄组分的浸渍和提取

21.1　引　　言

葡萄酒酿造过程中，对果皮、果肉和种子中的化学成分进行了不完全和可变的提取，因此，即使忽略发酵及其产生的乙醇和其他代谢产物，葡萄酒的成分也与最初葡萄有很大不同，酿酒师将这个提取过程称为浸渍，描述包括了葡萄汁的物理操作及其引起的化学提取操作。浸渍通常也称果皮接触(skin contact)，尤其是在讨论芳香型品种发酵前的短时浸渍时更多地使用该术语(23.1 节)。就目的而言，本章将会重点关注未经微生物代谢修饰的浸提产物，当然也会不可避免地讨论一些转化产物。此外，虽然这个部分涉及浸渍过程对葡萄酒成分的影响，但在许多情况下，相比浸渍工艺，最初葡萄果实中成分对酒的影响更大，如在解释品种间果实来源香气化合物的差异时会提及这一点。

许多变量对浸提过程有重要的影响，其中时间和温度的影响最大[1]。除了这些基本参数以外，葡萄固形物中化合物的浸提会因一系列的化学和物理操作而增强，如酶处理、混合、压榨、加热、冷冻、高压脉冲、应用微波甚至施加脉冲电场等。这些过程对果皮成分的提取几乎没有选择性。虽然浸渍/浸提过程增加了风味前体物含量，这些前体物会在之后葡萄酒酿造过程中转化，但以下主要介绍在葡萄中经过简单浸提之后还基本保持不变的成分(第 23 章)。

在浸渍中研究较多的化合物是多酚，尤其是缩合单宁和花色苷，如图 21.1 所示，

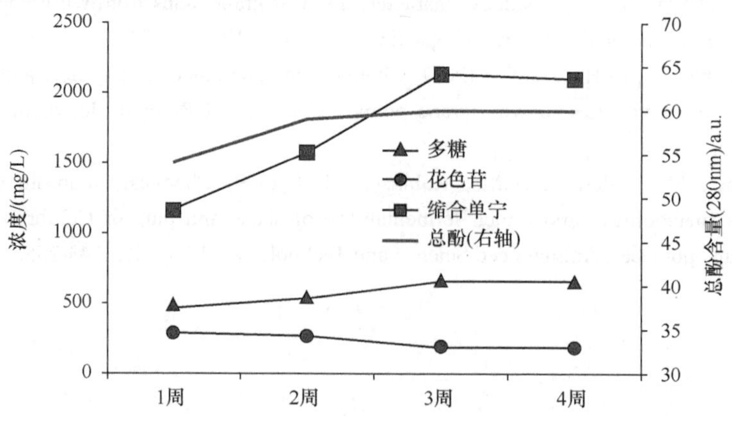

图 21.1　在延长浸渍过程中主要成分的提取量。数据来自文献[2]

发酵后延长浸渍将会增加缩合单宁含量而减少花色苷含量，从而增加或维持了总酚含量；多糖是一种经常被忽视但却是很重要的成分，它也会随着浸渍时间延长而增加；其他物质的浸提将会依赖于浸渍的环境，以下提到的数据中大部分都是可用的。

21.1.1　浸渍期间浸提的基本特征

在解读葡萄酒酿造浸提数据时，应该了解一些普遍原则，在浸渍过程中组分浸提系数(F)为：$F=m_{葡萄酒}/m_{葡萄}$，或者化合物在葡萄酒中的量与初始在葡萄中量的比。如果在浸渍过程中多个时间点测量 $m_{葡萄酒}$，就可以推导出一个浸提率函数，并且通过适当的方程(如菲克扩散定律)对这些函数进行建模，拟合指数模型的数据，就可得到浸提系数和平衡时的单宁浓度(图 21.2)[3]。

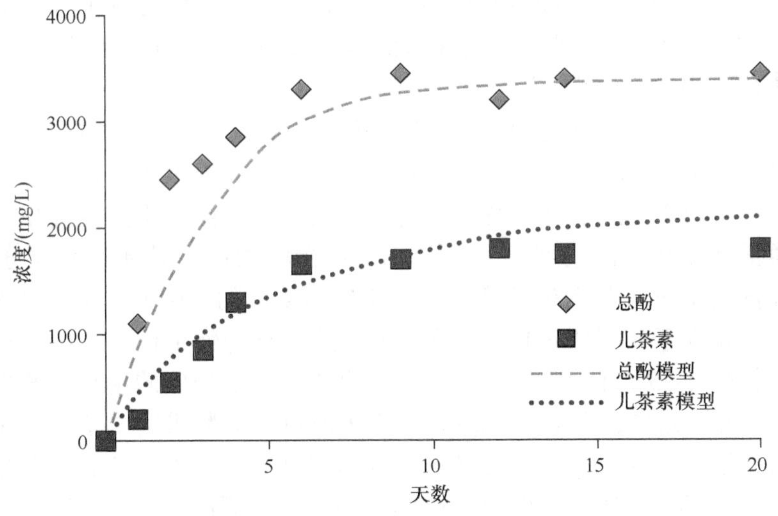

图 21.2　浸提的总酚和儿茶素测量与建模。数据来自文献[3]

浸提系数通常会随着浸渍时间的延长以及温度和其他参数的增加而增加。然而，假设浸渍条件相同，特定化合物的浸提率和浸提系数在很大程度上取决于三个因素。

(1) 位置：通常破碎后果肉中的化合物会立刻浸提出来，果皮中的化合物要经过几天的浸提才能达到最大值，而种子中的化合物可能要用几周时间。

(2) 极性：如葡萄酒这样的水醇溶液是极性溶剂，极性物质如糖、酸、多酚、醇等易溶，而非极性物质可溶解在葡萄酒中，但不能被快速浸提，它们的溶解阈值低，能溶解出来的量通常远低于这个阈值。对于某些化合物，其浸提率很小，直到产生足够的乙醇时才能得以溶解。

(3) 分子大小。

表观浸提系数会因下列因素而改变。

(1) 重新吸附到果皮及其他组织上。

(2) 反应性损失，如结合态即糖苷的水解，或者与葡萄酒中其他化合物如乙醛发生反应。

21.1.2 酚类化合物的浸提

浸渍中最引人关注的葡萄成分就是酚类物质(第 11 章)，已经有许多综述涉及这个主题[4]。在浆果中，大多数酚类物质都存在于葡萄果皮和种子中，浸提工艺对于它们进入葡萄酒是必不可少的。其中，缩合单宁和色素(花色苷)受到的关注最多，因为它们是红葡萄酒质量的重要组分(第 11 章)，通常可改变浸渍方式的目标(图 21.1)。而果皮中黄酮醇的浸提通常会被忽略，但也有一些研究表明特定浸渍技术会影响其浸提；另外，大约 50%的羟基肉桂酸酯存在于果汁中(第 13 章)，所以在浸渍研究中很少测定它们。

缩合单宁是黄烷-3-醇家族的一部分(第 14 章)，该家族所有化合物会被一起浸提出来，所以增强单宁提取的任何工艺都会同样地增加单体儿茶素和低聚原花青素的浸出[5]。种子单宁的浸提需要延续数周，而从果皮浸提单宁则非常迅速，通常会在几天内达到最大值[3]。由于酚类物质(及其他葡萄成分)浸提之后会相继发生反应，因此对其浸提进行定量是复杂的。例如，酿酒过程中花色苷增加的量要少于从固体中提取的量，因为这些化合物可以参与的反应范围很广(第 16 章和第 25 章)。然而，可以将葡萄酒中特定物质的量与葡萄中的量进行比较，得出组分浸提系数。Singleton 首次报道了葡萄果肉中单位质量组织酚类物质的含量约为 40 mg/kg(新鲜浆果)，红果皮中为 1800 mg/kg(白色果皮仅为一半)，种子中约为 3500 mg/kg[6]。在典型的红葡萄酒酿造过程中，假定葡萄酒的质量是所用葡萄的 80%，最后葡萄酒中会有这些物质的 30%～50%(总酚含量为 2000～3500 mg/L)。

尽管葡萄果实与葡萄酒中的花色苷有很好的相关性，假设浸渍条件相似，葡萄单宁往往与葡萄酒单宁相关性不大，尤其是在品种之间(图 21.3)。关于葡萄品种单宁浸提系数的变，可能的解释如下。

(1) 葡萄单宁检测时，并不总是能区分种子和果皮单宁，但前者浸提比后者慢得多。

(2) 葡萄果实中酚类物质的量通常是用含水丙酮提取物(如 70%, *v/v*)确定的。最近的研究表明，某些酚类物质可通过酸处理释放[9]，葡萄酒的酸性环境有利于酚类物质的浸提。

(3) 葡萄细胞壁物质在被浸提到发酵醪之后，可以重新与单宁结合[10]。

(4) 花色苷可以与单宁形成复合物(第 16 章)，提高单宁的可浸提率[11]。

(5) 葡萄中主要的可溶性蛋白质可以与单宁结合而减少单宁的浸提[12]。

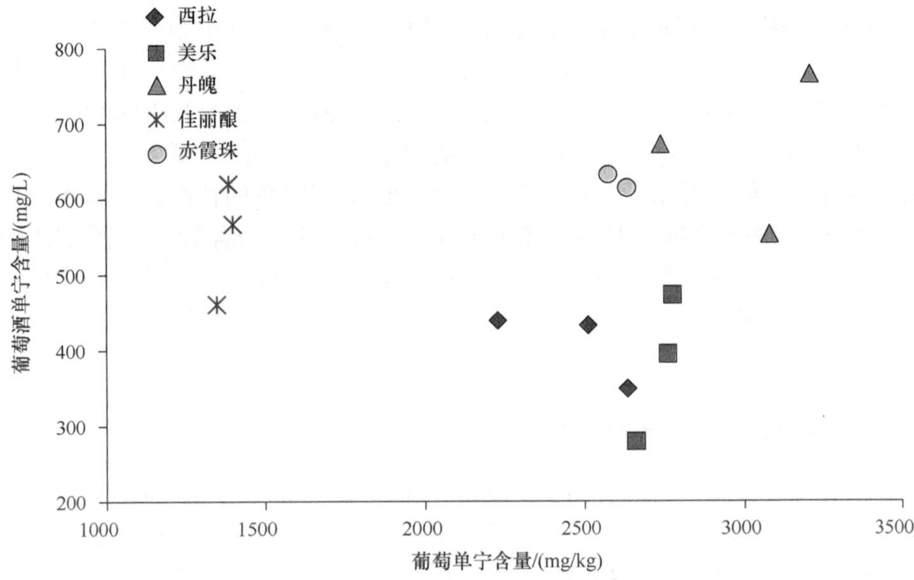

图 21.3　数据来自文献[8]的表 S2 和表 S4。转载得到 John Wiley 和 Sons 的许可

过去的酿酒习惯与现在有明显不同，过去酿造白葡萄酒时，通常在整个发酵过程中大量浸渍果皮，由此产生的橙色葡萄酒因具有更高的抗氧化酚含量而具有更长的寿命，那时使用的容器排氧效果不好。然而，白葡萄酒中较高的酚类物质会增加氧化褐变的可能性，并且会通过形成醌类物质导致挥发性硫醇消失①(第 24 章)[13]。橙色葡萄酒具有较高收敛性，更类似于红葡萄酒，而不是白葡萄酒。橙色葡萄酒在当前的葡萄酒市场中比较少见，对于许多白葡萄酒饮用者来说并不熟悉②。

---

① 麝香型葡萄品种以单萜化合物的特征性香气命名，已有数千年的历史。相比之下，长相思主要依赖于果香硫醇特有的香气，自 16 世纪以来就一直是有名的品种。在使用软木瓶塞、玻璃瓶和亚硫酸盐之前的时代，葡萄酒生产和储存面临高度氧化的危险，使硫醇难以保留，生产出来的酒质量一般。

② 这种传统风格在格鲁吉亚和中亚附近地区以及一些东欧国家都有发现。还有一些西方酿酒师为了回应市场的兴趣而生产橙色葡萄酒。

21.1.3 多糖的浸提

与酚类相比，浸渍对多糖的影响常常被忽视。葡萄多糖来源于浆果的细胞壁，似乎对葡萄酒在口中的物理感觉(即口感)[14]以及一些香气化合物的挥发性影响较小(第 2 章)。多糖，特别是果胶，半纤维素和纤维素是葡萄细胞壁的主要结构成分(第 20 章)，但这些成分大多数回收率很差，在发酵过程中只有一小部分果胶物质(大约 0.1%，*w/w*)被浸提出来，它们主要是鼠李糖聚半乳糖胺(RG)和阿拉伯半乳聚糖蛋白(AGP)，它们在葡萄酒中的浓度和作用已经在第 2 章中有所描述。这两类多糖都具有能充分溶解且在发酵中可耐受酸和酶降解的特性，从而在成品葡萄酒中残留。与种子多酚相似，随浸渍时间延长，这两种多糖含量增加(图 21.1)[2]。由于大多数葡萄多糖保留在皮渣中，果皮表面可以起到吸附剂的作用而吸附多酚，否则，这些多酚将会溶解在酒中。水解葡萄果皮中的多糖，可以提高出汁率，并改善果汁的澄清度。

21.1.4 香气物质及其前体的浸提

葡萄中大多数香气物质(如单萜类化合物、邻氨基苯甲酸甲酯、罗汉酮、2-异丁基-3-甲氧基吡嗪)主要存在于果皮中，其含量随浸渍时间延长而增加，由于它们的分子量低且容易扩散，这些化合物通常会很快达到最大浓度(2～3 天)。浸渍也会增加挥发性物质前体物的浓度，如糖苷、羟基肉桂酸和 *S*-共轭物(第 23 章)。与主要的香气物质相似，香气前体物浓度通常会在发酵开始后迅速达到最大值。

21.1.5 阳离子的浸提

浸渍会导致金属阳离子与质子进行交换，有许多文献报道指出，浸渍会促进金属阳离子和 pH 升高(第 3 章)，但随着与果皮的接触，高钾果汁中初始钾含量开始有所减少，接着趋于稳定。在不同 pH 下的分析表明，在较高浓度乙醇中，氢离子与果皮中的果胶进行离子交换，从而抑制钾的浸提[15]。

21.2 发酵前的处理

许多发酵前浸渍工艺设计是为了增加化合物的释放或增加出汁率，这些工艺也引起葡萄组织结构的物理或化学变化，例如，Gonzáles-Neves 等研究了酶和冷浸渍对美乐、丹娜和西拉葡萄发酵的影响[16]，结果呈现较大标准偏差，表明酶和冷浸渍对不同葡萄品种的影响存在很大差异(图 21.4)。

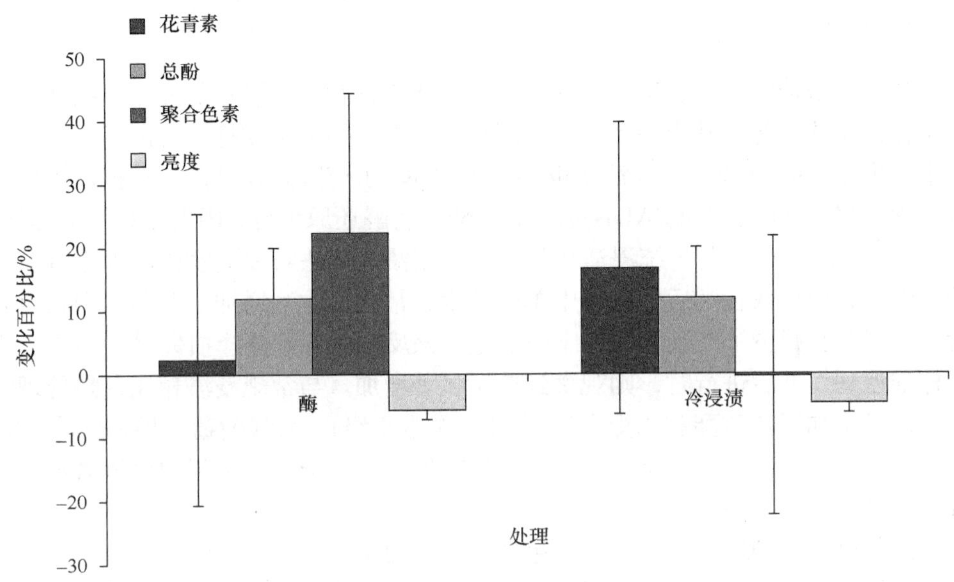

图 21.4　冷浸渍及酶添加处理对三个葡萄品种的葡萄酒酚类物质、色泽参数平均值和标准偏差影响的比较。数据来自文献[16]

21.2.1　浸渍酶的使用

提高出汁率最常见的方法是使用酶降解细胞壁多糖，据报道，这种方法可增加果汁 10%～30%[17,18]。这些酶制剂兼有多聚半乳糖醛酸酶、果胶酯酶和果胶裂解酶及其他酶的活性(23.1 节)，可能对香气和/或酚类物质有较大影响(有时是有意的)(第 27 章)。果胶酶处理的一个主要副作用就是从果胶甲酯中释放出甲醇，使酒中甲醇含量略有增加(第 6 章)。在蒸馏过程中，甲醇会进一步浓缩(26.4 节)。

果胶酶会导致葡萄来源的阿拉伯半乳聚糖蛋白(AGP)和高分子量的阿拉伯聚糖组分显著降低，而且被低分子量的鼠李糖半乳糖醛酸聚糖Ⅱ(RGⅡ)和其他小分子所取代[20]。多糖的组成受到酶处理的影响，也就是说，组成单元发生了改变。通常酶制剂应用会导致残留多糖中阿拉伯糖和半乳糖的量降低[21]。

红葡萄的酶处理增加了葡萄酒中多酚含量。Ducasse 等的研究表明，总酚浓度可适度增加约 10%，颜色增加 10%～20%，主要是由于聚合色素增加；单宁持续增加约 20%，这也解释了为什么酶处理后葡萄酒涩味加重[20]。对于此种现象，可能至少有两种解释(不相互排斥)：多糖特别是含阿拉伯糖和半乳糖较高的多糖，已经发现它们的含量减少会使葡萄酒呈现适度的涩感[22]，所以酶降解多糖会增加葡萄酒涩味，在单宁-蛋白质结合分析中产生较高的响应。另外，降解多糖会使浆果组织中单宁暴露，增加了单宁的浸提率。

21.2.2　加热

热浸渍酿造法是在发酵前加热白葡萄醪或红葡萄醪，然后压榨。在一些地区，这是很常用的工艺，其中一个主要应用是减少微生物数量或抑制霉菌污染的葡萄醪中产生褐变的酶。但是，灭活酶也会减少 C_6 醇的产生(第 6 章)[23]，有报道指出，过热灭活将钝化醛脱氢酶(ADH)活性，该酶可将醛还原为醇，因而维持了 C_6 醛的含量水平(22.1 节)。与传统浸渍法相比，热浸渍酿造法对酚类物质浸提也有深刻的影响，它会导致在随后的压榨中单宁减少，最终该方法增加了葡萄酒中花色苷含量，因为它减少了花色苷与单宁的反应，该反应会导致色泽损失[24]。另外，当压榨推迟到发酵后进行时，则观察到单宁显著增加。与常规浸渍相比，热处理的副作用是增加了乙酸酯和乙酯含量(增加一个数量级)，增强葡萄酒果香气味[23]，究其原因，仍无法确定这是由于固体含量较低还是由于发酵过程中接触氧较少造成(22.2 节和 22.3 节)。

闪蒸也是一种现代浸渍技术，包括加热葡萄醪、将其释放到真空中、导致葡萄组织细胞破裂。该技术增加了成品酒中富含阿拉伯糖和半乳糖的多糖，而类似的纯热处理几乎没有这种效果[21]。该技术对于增加果汁中多酚含量(5 倍以上)和后续葡萄酒中某些种子成分含量(1.2～2 倍)极其有效[25]。正如所预料的，果汁来源的羟基肉桂酸酯或花色苷没有增加，因为它们本来就很容易通过正常浸渍浸提出来，但难以浸提的来源于种子的单宁和儿茶素有所提高。据报道，与常规浸渍法相比，闪蒸还能提高出汁率[18]。

21.2.3　其他物理方法浸提

对葡萄醪的其他一些物理处理也已有过探索，它们广谱性或选择性地增强浸提的能力。在果蔬加工中，最近的一项创新是使用脉冲电场(PEF)来破坏细胞壁，对于葡萄而言，脉冲电场可提高出汁率[26]，增加单宁和花色苷的浸提率[27]。一些报道指出，虽然单宁浸提率可能提高，但葡萄酒涩感仍然比较弱[28, 29]，可能是由于同步浸提的多糖也比较多。还有一些报道涉及香气的影响[30]。相关的已经研究的技术还有超声波[31]、微波[32]和冷冻[33]，它们在葡萄酒和模拟体系中有不同的和适度的效果，但已经证实，冷冻整个或粉碎的浆果可以增加挥发性香气物质的提取[34]。

21.2.4　发酵前简单的果皮接触

增加浸提的一个基本方法是在发酵前让固体/果汁先接触，对于白葡萄酒而言，果皮接触通常是在压榨和发酵之前，使压碎的葡萄与果皮接触数小时，其主要目的是增加香气化合物及其前体物的浸提，但少数研究关注了白葡萄的酚类化合物，发现冷浸渍增加了黄烷-3-醇和黄酮醇[35]以及总酚和多糖含量。然而，由此产生的差异对口味或口感影响很小[36]。与果皮接触对葡萄来源的挥发性物质有显著影响，Airén 的一项研究表明，除了果皮黄酮醇和种子酚类物质有微量增加，这种方法还增加了葡萄酒中的单萜化合物(第 8 章)[37]。

也有关于各种发酵前处理对果香硫醇影响的研究，尤其是在长相思中，如前所述，现在已经明确，机器采收后果皮浸渍数小时，能使成品葡萄酒中含有更多的果香硫醇——3-巯基己醇(3-MH)(第 10 章)，由于葡萄果实中 3-MH 含量几乎可以忽略，因此认为，这可能是浸提出了葡萄果皮中的香气前体物，而非直接增加了游离态香气物质[39]。在机械采收和/或发酵前果皮接触期间，可能酶促氧化将浆果中的α-亚麻酸转化为(E)-2-己烯醛(23.3 节)[40]，在随后浸渍过程中氧的引入增加了 3-MH 的含量[41]，23.2 节介绍了从 2-己烯醛到 3-MH 的相关步骤。无论其机理如何，果皮接触和压榨都能提高不同长相思果汁中 3-MH 前体的最终含量水平[42]；在用圆叶葡萄进行果皮接触 48 h 后，几种有气味的果香硫醇含量增加了 4 倍[43]。

对于红葡萄，发酵前果皮接触(即冷浸渍)有时在果皮发酵前完成。冷浸渍可能会持续数天，据说是为了改变成品葡萄酒的酚类物质组分或感官特性，这种做法在酿酒师之间存在争议，有倡导者，也有反对者[44]。有一篇综述引用了许多参考文献，并得出结论：在低温(10～15 ℃)下，冷浸渍对成品酒影响不大[4]。随后的报道显示出不同的效果，Alvarez 等观察到冷浸渍的效果依赖于葡萄品种[33]；Apolinar-Valiente 等进行类似的观察后发现，冷浸渍对多糖的影响不大[45]，在四组处理中，仅有一例增加 10%；Koyama 观察到很低的种子提取物含量[46]。相比之下，其他研究人员发现，冷浸渍增加了成品酒中可提取的种子和果皮原花色素含量[47,48]。

冷冻、干冰处理或冷浸渍对几个欧亚种葡萄酒中发酵产生的酯和高级醇(特别是 C_6 醇，如 1-己醇)都有一定的影响[49]，这些将在 22.2 节、22.3 节和 23.3 节中有更详细的阐述。

总之，发酵前浸渍包括许多不同的改变浸提的工艺。然而，这一过程有天然的和外加的酶的存在以及潜在的非酶促反应或意外的微生物活动，它不是一个简单的化学提取过程，而是一个复杂的相互作用的系统。

21.3　发酵期间的浸渍

在红葡萄酒酿造中，浸渍过程通常以花色苷和单宁的提取为目的。在发酵过程中，由于果皮组织的再吸附或形成葡萄酒色素的反应，花色苷的提取通常在 3～5 天达到峰值，然后下降(图 21.5)。单宁的浸提也受限于果皮组织的再吸附，分子量较大的原花色素会与果肉细胞壁紧密结合[10]。

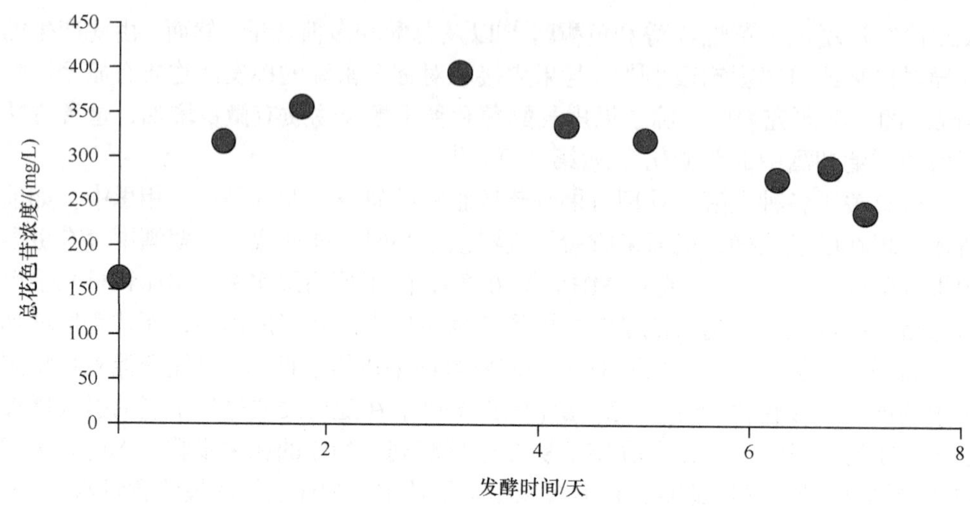

图 21.5 发酵过程中花色苷的典型浸提曲线。数据来自文献[50]

21.3.1 时间和温度

与发酵前浸渍一样，延长时间和提高温度通常都会提高浸提系数和浸提率，乙醇的产生也将有利于更好地浸提。由于更高温度和其他因素都可提高发酵速率(及乙醇产生量)，所以通常很难将发酵条件的变量与浸提速率分开。一般来说，随着温度升高，总酚和单个酚类物质的提取量都会增加(表 21.1)，但有报道随着发酵温度升高，花色苷或增加或减少。花色苷变化可能是由于以下因素：①花色苷浸提比单宁快，因此提高温度可能对提取本身的影响可以忽略不计；②花色苷可能会由于高温反应而损失，例如，由于酵母产生羰基代谢物的量增加，醛与花色苷和单宁发生反应而形成聚合色素(第 24 章)。

表 21.1 发酵浸渍对红葡萄酒组分的影响

处理	对照[a]	相对于对照的变化[c]					分析时间[e]	备注[f]	参考文献
		总酚	单宁	花色苷	葡萄酒色素[d]	颜色			
27℃	12℃	—	—	—	—	+100%	130 d	38L，PN	[51]
25℃	15℃	–23%	—	—	—	–1%	约 1 mo	3L，6 d，CS	[52]
32℃	24℃	—	+11%	NS[b]	NS	NS	18 mo	22800L，7d，CS	[1]
30℃	20℃	—	—	NS	+50%	–50%	225 d	40kg，7d，5d，PN	[53]
30℃	15℃	+32%	—	+21%	—	+20%	2.5 y	35L，脱汁葡萄皮渣，PN	[54]

续表

处理	对照[a]	相对于对照的变化[c]					分析时间[e]	备注[f]	参考文献
		总酚	单宁	花色苷	葡萄酒色素[d]	颜色			
沥淌工艺[g]	传统的	−5%	+%	NS	−9%	+26%	4 mo	250L，12d，Mencia	[55]
佳尼美德发酵罐[h]	传统的	−13%	−23%	NS	−9%	+16%	4 mo	250L，12d，Mencia	[55]
浸渍发酵(3 天和 6 天)之后压榨取汁	3 d	−5%	—	—	—	+6%	约 1 mo	3L，25℃，CS	[52]
浸渍发酵(7 天和 10 天)之后压榨取汁	7 d	—	13%	—	—	+19%	10 mo	38L，25℃，CS	[56]
浸渍发酵(4 天和 10 天)之后压榨取汁	4 d	—	—	+13%	+88%	+54%	12 mo	120L，Monastrell	[57]
喷淋	压帽		−10%	−11%	—	—		180kg，25℃，Pinotage	[58]
旋转	喷淋	—	—	−4%	—	−8%	24 mo	5℃，Vinhão	[59]

a. 对照组。

b. NS，没有显著性差异。

c. 各种方法。

d. 不可漂白的色素。

e. 发酵后经历的时间(d，天；mo，月；y，年)。

f. 发酵时间或温度、葡萄品种(CS，赤霞珠；PN，黑比诺；Mencia，门西亚；Monastrell，莫纳斯特莱；Pinotage，品诺塔吉；Vinhão，维毫)。

g. 沥淌工艺是指边排空发酵罐边将液体倒回酒帽上。

h. 佳尼美德发酵罐是一种通常用于葡萄酒生产的复杂半连续提取装置。

如图 21.5 所示，发酵过程中花色苷浓度先增加后下降。Zimman 和 Waterhouse 在冷浸渍第 3 天引入 ^{14}C 标记的二甲花翠素-3-*O*-葡萄糖苷，结果显示，即使在浸提最大时，花色苷也有一半不在溶液中，而是与葡萄固体结合。压榨后，花色苷含量持续下降，但溶液中放射性水平恒定，这是由于形成了可溶性花色苷衍生物(第 16 章和第 25 章)[50]。

21.3.2　混合固体和液体

将葡萄固体混合到正在发酵的葡萄醪中的工艺有多种，且富有创造性，其目的在于增强或改变单宁、颜色和其他酚类物质的浸提效果(第 19 章)。与发酵温度一样，人们很少直接关注这些技术是如何改变从葡萄固体中浸提的非酚类化合物的。通常将这些新技术与标准压帽(踩皮)工艺进行比较，将皮渣帽与葡萄汁或者喷淋进行物理混合，将葡萄醪液体泵送到酒帽上以促进浸提过程。大多数变量对整体酚类浸提有一定的影响[1]，而且所观察到的影响是高度可变的，这可能是因为浆果的组成不同或这些机械过程难以控制。但是，波特酒生产采用了连续浸渍技术(即佳尼美德系统)，这种极端技术使得在发酵初期几天的浸提过程中，颜色加深、单宁提取率和浸提系数增加[60]。要归纳特定处理的效果非常困难，需要通过对特定来源果实进行实验，才能获得恰当地使用这些发酵方案的经验。一个典型的观察显示，不同的浸渍工艺在发酵或延长浸渍后立即产生很大差异，但是在瓶储过程中这种差异缩小[59]，所以刚浸渍得到的观察值是有问题的。表 21.1 展示了许多典型处理以及发酵与分析之间时间差引起的变化。

由于种子和果皮多酚组成不同，因此在浸渍过程中改变这些组织的比例会产生可检测到的影响。在赤霞珠发酵过程中，反复分离出葡萄酒，又返回到同一罐子中(沥淌工艺)，可降低种子内容物至大约 80%，该处理也降低了原花青素含量和表儿茶素没食子酸酯与表没食子儿茶素的比例，使酒颜色变深，同时减少花色苷含量、减轻苦味和涩味[61]。一个对美乐的类似的研究则表明，颜色变化不大，但原花青素含有更多的表没食子儿茶素亚基[62]。除酚类物质的浸提外，在红葡萄汁发酵过程中除去固体物质对一些香气物质有显著影响，观察到有增加的，也有减少的[63]。

21.3.3　碳浸渍

除了物理浸渍方法之外，碳浸渍(CM)是一种众所周知的改变红葡萄汁浸渍的工艺。在碳浸渍中，一小部分葡萄被压碎放入一个发酵罐中，剩余的则整串放入其中，该罐用二氧化碳密封，以诱导葡萄果实厌氧发酵其中的糖。大约一个星期后，将葡萄破碎并压入另一个罐中以完成酵母发酵。用这种技术酿造的葡萄酒花色苷含量较低，颜色更加鲜亮，但色调相似，碳浸渍葡萄酒色度值更高[64]。这些葡萄酒由于酯类物质含量较高，贡献了强烈的水果香气，且具有非常不同的香气轮廓[65]，类似于从热处理的葡萄酒中观察到的。

21.4　发酵后的浸渍

在需要高含量单宁的特定风格葡萄酒中，酒精发酵完成后通常延长浸渍(EM)；由于此时发酵的酒精达到最大浓度，种子单宁可继续溶解到酒中(图 21.6)。然而，在酒精发酵结束后，葡萄酒不再被释放的二氧化碳所保护，因此，这种浸渍通常是在封闭系统中进行的，几乎没有空气暴露，因为浮在葡萄酒上的任何固体都可以在有氧条件下促进醋酸杆菌的生长和醋酸的生成(22.5 节)。

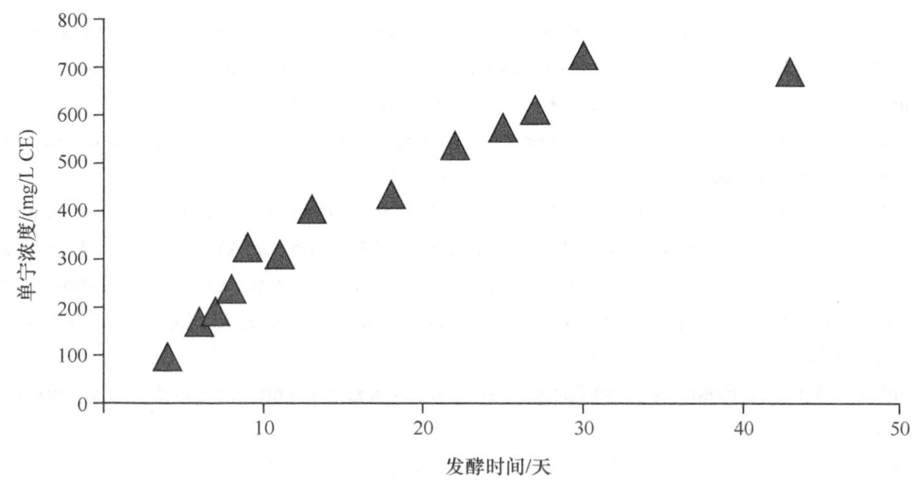

图 21.6 延长浸渍过程中单宁的浓度。数据来自文献[66]

有一个研究非常详细地比较了在总浸渍时间分别为10天和30天时进行压榨，在种子和果皮中可利用的单宁中，延长浸渍可将种子浸提率从 11%增加到 18%，但果皮单宁保持恒定，并且在 540 天后葡萄酒中的浸提水平都没有改变。EM 导致花色苷回收率较差，并且在第一年陈酿过程中聚合色素形成加速，在 540 天后与对照组含量相似，因此在那个时间点延长浸渍的酒中聚合色素的颜色分数更高[66]。Yokotsuka 等也观察到类似的现象[67]。另有一项研究还发现，延长浸渍导致颜色和原花青素增加，但来自硫解的产物较少，这表明在延长浸渍的过程中产生了更多的不规则连接，延长浸渍与收敛性增加有关[68]。

这些结果表明，延长浸渍主要是一种物理化学提取过程，对酵母或葡萄中酶活性的影响很小。虽然在发酵期间产生的可溶性酚类物质与醛/酮的反应还在继续，但葡萄固体中的组分与葡萄酒慢慢达到了平衡。

对于其他成分，在几乎所有的情况下，延长浸渍时间基本都可以提高葡萄酒中多糖含量(图 21.1)[2]。最后，延长果皮接触时间也被看作增加含胡椒味化合物的品种中莎草奥酮含量的一种手段，因为莎草奥酮主要在果皮中积累，有很强的非极性，很难被浸提出来(约 10%)[69]。

参 考 文 献

1. Zimman，A.，Joslin，W.S.，Lyon，M.L.，et al.(2002) Maceration variables affecting phenolic composition in commercialscale Cabernet Sauvignon winemaking trials. American Journal of Enology and Viticulture，53(2)，93-98.

2. Gil，M.，Kontoudakis，N.，Gonzalez，E.，et al.(2012) Influence of grape maturity and maceration

length on color，polyphenolic composition，and polysaccharide content of Cabernet Sauvignon and Tempranillo wines. Journal of Agricultural and Food Chemistry，60(32)，7988-8001.

3. Andrich，G.，Zinnai，A.，Venturi，E.，Fiorentini，R.(2005) A tentative mathematical model to describe the evolution of phenolic compounds during the maceration of Sangiovese and Merlot grapes. Italian Journal of Food Science，17(1)，45-58.

4. Sacchi，K.L.，Bisson，L.F.，Adams，D.O.(2005) A review of the effect of winemaking techniques on phenolic extraction in red wines. American Journal of Enology and Viticulture，56(3)，197-206.

5. Sun，B.S.，Pinto，T.，Leandro，M.C.，et al.(1999) Transfer of catechins and proanthocyanidins from solid parts of the grape cluster into wine. American Journal of Enology and Viticulture，50(2)，179-184.

6. Singleton，V.L. and Esau，P.(1969) Phenolic substances in grapes and wine，and their significance，Academic,New York.

7. Singleton，V.L.(1982) Grape and wine phenolics; background and prospects，in Proceedings of the Symposium of the University of California，Davis，Grape and Wine Centennial，1980，Department of Viticulture and Enology，University of California，Davis，CA，pp. 215-227.

8. Fragoso，S.，Guasch，J.，Ace.a，L.，et al.(2011) Prediction of red wine colour and phenolic parameters from the analysis of its grape extract. International Journal of Food Science and Technology，46(12)，2569-2575.

9. Rustioni，L.，Fiori，S.，Failla，O.(2014) Evaluation of tannins interactions in grape(*Vitis vinifera* L.) skins. Food Chemistry，159，323-327.

10. Bindon，K.A.，Smith，P.A.，Holt，H.，Kennedy，J.A.(2010) Interaction between grape-derived proanthocyanidins and cell wall material. 2. Implications for vinification. Journal of Agricultural and Food Chemistry，58(19)，10736-10746.

11. Singleton，V.L. and Trousdale，E.K.(1992) Anthocyanin-tannin interactions explaining the differenced in polymeric phenols between white and red wines. American Journal of Enology and Viticulture，43(1)，63-70.

12. Springer，L.E.，Stahlecker，A.C.，Sherwood，R.W.，Sacks，G.L.(2015) Limits on red wine tannin extraction and addition. Part II: Role of pathogenesis related proteins in Terroir，in American Society for Enology and Viticulture 66th National Conference，Portland，Oregon，p. 61.

13. Merida，J.，Moyano，L.，Millan，C.，Medina，M.(1991) Extraction of phenolic compounds in controlled macerations of Pedro Ximenez grapes. Vitis，30，117-127.

14. Vidal，S.，Francis，L.，Williams，P.，et al.(2004) The mouth-feel properties of polysaccharides and anthocyanins in a wine like medium. Food Chemistry，85(4)，519-525.

15. Harbertson，J.F. and Harwood，E.D.(2009) Partitioning of potassium during commercial-scale red wine fermentations and model wine extractions. American Journal of Enology and Viticulture，60(1)，43-49.

16. Gonzalez-Neves，G.，Gil，G.，Favre，G.，et al.(2013) Influence of winemaking procedure and grape variety on the colour and composition of young red wines. South African Journal of Enology and Viticulture，34(1)，138-146.

17. Haight，K.G. and Gump，B.H.(1994) The use of macerating enzymes in grape juice processing.

American Journal of Enology and Viticulture, 45(1), 113-116.

18. Paranjpe, S.S., Ferruzzi, M., Morgan, M.T.(2012) Effect of a flash vacuum expansion process on grape juice yield and quality. LWT-Food Science and Technology, 48(2), 147-155.
19. Bisson, L.F. and Butzke, C.E.(1996) Technical enzymes for wine production. Agro Food Industry Hi-Tech, 7(3), 11-14.
20. Ducasse, M.A., Canal-Llauberes, R.M., de Lumley, M., et al.(2010) Effect of macerating enzyme treatment on the polyphenol and polysaccharide composition of red wines. Food Chemistry, 118(2), 369-376.
21. Doco, T., Williams, P., Cheynier, V.(2007) Effect of flash release and pectinolytic enzyme treatments on wine polysaccharide composition. Journal of Agricultural and Food Chemistry, 55(16), 6643-6649.
22. Quijada-Morin, N., Williams, P., Rivas-Gonzalo, J.C., et al.(2014) Polyphenolic, polysaccharide and oligosaccharide composition of Tempranillo red wines and their relationship with the perceived astringency. Food Chemistry, 154, 44-51.
23. Fischer, U., Strasser, M., Gutzler, K.(2000) Impact of fermentation technology on the phenolic and volatile composition of German red wines. International Journal of Food Science and Technology, 35(1), 81-94.
24. Gao, L., Girard, B., Mazza, G., Reynolds, A.G.(1997) Changes in anthocyanins and color characteristics of Pinot noir wines during different vinification processes. Journal of Agricultural and Food Chemistry, 45(6), 2003-2008.
25. Morel-Salmi, C., Souquet, J.M., Bes, M., Cheynier, V.(2006) Effect of flash release treatment on phenolic extraction and wine composition. Journal of Agricultural and Food Chemistry, 54(12), 4270-4276.
26. Praporscic, I., Lebovka, N., Vorobiev, E., Mietton-Peuchot, M.(2007) Pulsed electric field enhanced expression and juice quality of white grapes. Separation and Purification Technology, 52(3), 520-526.
27. Lopez, N., Puertolas, E., Hernandez-Orte, P., et al.(2009) Effect of a pulsed electric field treatment on the anthocyanins composition and other quality parameters of Cabernet Sauvignon freshly fermented model wines obtained after different maceration times. LWT-Food Science and Technology, 42(7), 1225-1231.
28. Delsart, C., Ghidossi, R., Poupot, C., et al.(2012) Enhanced extraction of phenolic compounds from Merlot grapes by pulsed electric field treatment. American Journal of Enology and Viticulture, 63(2), 205-211.
29. Luengo, E., Franco, E., Ballesteros, F., et al.(2014) Winery trial on application of pulsed electric fields for improving vinification of Garnacha grapes. Food and Bioprocess Technology, 7(5), 1457-1464.
30. Garde-Cerdan, T., Gonzalez-Arenzana, L., Lopez, N., et al.(2013) Effect of different pulsed electric field treatments on the volatile composition of Graciano, Tempranillo and Grenache grape varieties. Innovative Food Science and Emerging Technologies, 20, 91-99.
31. Tiwari, B.K., Patras, A., Brunton, N., et al.(2010) Effect of ultrasound processing on anthocyanins

and color of red grape juice. Ultrasonics Sonochemistry，17(3)，598-604.

32. Ghassempour，A.，Heydari，R.，Talebpour，Z.，et al.(2008) Study of new extraction methods for separation of anthocyanins from red grape skins: analysis by HPLC and LC-MS/MS. Journal of Liquid Chromatography and Related Technologies，31(17)，2686-2703.
33. Alvarez，I.，Aleixandre，J.L.，Garcia，M.J.，Lizama，V.(2006) Impact of prefermentative maceration on the phenolic and volatile compounds in Monastrell red wines. Analytica Chimica Acta，563(1-2)，109-115.
34. Bavcar，D.，Cesnik，H.B.，Cus，F.，et al.(2011) Impact of alternative skin contact procedures on the aroma composition of white wine. South African Journal of Enology and Viticulture，32(2)，190-203.
35. Caceres-Mella，A.，Pena-Neira，A.，Parraguez，J.，et al.(2013) Effect of inert gas and prefermentative treatment with polyvinylpolypyrrolidone on the phenolic composition of Chilean Sauvignon blanc wines. Journal of the Science of Food and Agriculture，93(8)，1928-1934.
36. Gawel，R.，Day，M.，Van Sluyter，S.C.，et al.(2014) White wine taste and mouthfeel as affected by juice extraction and processing. Journal of Agricultural and Food Chemistry，62(41)，10008-10014.
37. Cejudo-Bastante，M.J.，Castro-Vazquez，L.，Hermosin-Gutierrez，I.，Perez-Coello，M.S.(2011) Combined effects of prefermentative skin maceration and oxygen addition of must on color-related phenolics，volatile composition，and sensory characteristics of Airen white wine. Journal of Agricultural and Food Chemistry，59(22)，12171-12182.
38. Allen，T.，Herbst-Johnstone，M.，Girault，M.，et al.(2011) Influence of grape-harvesting steps on varietal thiol aromas in Sauvignon blanc wines. Journal of Agricultural and Food Chemistry，59(19)，10641-10650.
39. Capone，D.L.，Sefton，M.A.，Jeffery，D.W.(2012) Analytical investigations of wine odorant 3-mercaptohexan-1-ol and its precursors，in Flavor chemistry of wine and other alcoholic beverages，American Chemical Society，Washington，DC，pp. 15-35.
40. Podolyan，A.，White，J.，Jordan，B.，Winefield，C.(2010) Identification of the lipoxygenase gene family from *Vitis vinifera* and biochemical characterisation of two 13-lipoxygenases expressed in grape berries of Sauvignon Blanc. Functional Plant Biology，37(8)，767-784.
41. Larcher，R.，Nicolini，G.，Tonidandel，L.，et al.(2013) Influence of oxygen availability during skin-contact maceration on the formation of precursors of 3-mercaptohexan-1-ol in Muller-Thurgau and Sauvignon Blanc grapes. Australian Journal of Grape and Wine Research，19(3)，342-348.
42. Maggu，M.，Winz，R.，Kilmartin，P.A.，et al.(2007) Effect of skin contact and pressure on the composition of Sauvignon blanc must. Journal of Agricultural and Food Chemistry，55(25)，10281-10288.
43. Gurbuz，O.，Rouseff，J.，Talcott，S.T.，Rouseff，R.(2013) Identification of Muscadine wine sulfur volatiles: pectinase versus skin-contact maceration. Journal of Agricultural and Food Chemistry，61(3)，532-539.
44. Cutler，L.(2009) Industry Roundtable: Fermentation Techniques. Wine Communications Group

[cited December 20, 2013]; Available from: http://www.winebusiness.com/wbm/?go=getArticle&dataId=62843.

45. Apolinar-Valiente, R., Williams, P., Romero-Cascales, I., et al.(2013) Polysaccharide composition of Monastrell red wines from four different Spanish Terroirs: effect of wine-making techniques. Journal of Agricultural and Food Chemistry, 61(10), 2538-2547.
46. Koyama, K., Goto-Yamamoto, N, Hashizume, K.(2007) Influence of maceration temperature in red wine vinification on extraction of phenolics from berry skins and seeds of grape(*Vitis vinifera*). Bioscience Biotechnology and Biochemistry, 71(4), 958-965.
47. Des Gachons, C.P. and Kennedy, J.A.(2003) Direct method for determining seed and skin proanthocyanidin extraction into red wine. Journal of Agricultural and Food Chemistry, 51(20), 5877-5881.
48. Favre, G., Pe.a-Neira, á., Baldi, C., et al.(2014) Low molecular-weight phenols in Tannat wines made by alternative winemaking procedures. Food Chemistry, 158(0), 504-512.
49. Moreno-Perez, A., Vila-Lopez, R., Fernandez-Fernandez, J.I., et al.(2013) Influence of cold pre-fermentation treatments on the major volatile compounds of three wine varieties. Food Chemistry, 139(1-4), 770-776.
50. Zimman, A. and Waterhouse, A.L.(2004) Incorporation of malvidin-3-glucoside into high molecular weight polyphenols during fermentation and wine aging. American Journal of Enology and Viticulture, 55(2), 139-146.
51. Ough, C.S. and Amerine, M.A.(1961) Studies on controlled fermentation. V. Effects on color, composition, and quality of red wines. American Journal of Enology and Viticulture, 12(1), 9-19.
52. Sener, H. and Yildirim, H.K.(2013) Influence of different maceration time and temperatures on total phenols, colour and sensory properties of Cabernet Sauvignon wines. Food Science and Technology International, 19(6), 523-533.
53. Girard, B., Yuksel, D., Cliff, M.A., et al.(2001) Vinification effects on the sensory, colour and GC profiles of Pinot noir wines from British Columbia. Food Research International, 34(6), 483-499.
54. Girard, B., Kopp, T.G., Reynolds, A.G., Cliff, M.(1997) Influence of vinification treatments on aroma constituents and sensory descriptors of Pinot noir wines. American Journal of Enology and Viticulture, 48(2), 198-206.
55. Vazquez, E.S., Segade, S.R., Fernandez, I.O.(2010) Effect of the winemaking technique on phenolic composition and chromatic characteristics in young red wines. European Food Research and Technology, 231(5), 789-802.
56. Ough, C.S. and Amerine, M.A.(1961) Studies with controlled fermentation. VI. Effects of temperature and handling on rates, composition and quality of wines. American Journal of Enology and Viticulture, 12(3), 117-128.
57. Gomez-Plaza, E., Gil-Munoz, R., Lopez-Roca, J.M., et al.(2001) Phenolic compounds and color stability of red wines: effect of skin maceration time. American Journal of Enology and Viticulture, 52(3), 266-270.
58. Marais, J.(2003) Effect of different wine-making techniques on the composition and quality of

Pinotage wine. II. Juice/skin mixing practices. South African Journal of Enology and Viticulture, 24(2), 76-79.

59. Castillo-Sanchez, J.J., Mejuto, J.C., Garrido, J., Garcia-Falcon, S.(2006) Influence of wine-making protocol and fining agents on the evolution of the anthocyanin content, colour and general organoleptic quality of Vinhao wines. Food Chemistry, 97(1), 130-136.
60. Garde-Cerdan, T., Jarauta, I., Salinas, M.R., Ancin-Azpilicueta, C.(2008) Comparative study of the volatile composition in wines obtained from traditional vinification and from the Ganimede method. Journal of the Science of Food and Agriculture, 88(10), 1777-1785.
61. Canals, R., Llaudy, M.D.C., Canals, J.M., Zamora, F.(2008) Influence of the elimination and addition of seeds on the colour, phenolic composition and astringency of red wine. European Food Research and Technology, 226(5), 1183-1190.
62. Lee, J.M., Kennedy, J.A., Devlin, C., et al.(2008) Effect of early seed removal during fermentation on proanthocyanidin extraction in red wine: a commercial production example. Food Chemistry, 107(3), 1270-1273.
63. Callejon, R.M., Margulies, B., Hirson, G.D., Ebeler, S.E.(2012) Dynamic changes in volatile compounds duringfermentation of Cabernet Sauvignon grapes with and without skins. American Journal of Enology and Viticulture, 63(3), 301-312.
64. Gomez-Miguez, M. and Heredia, F.J.(2004) Effect of the maceration technique on the relationships between anthocyanin composition and objective color of Syrah wines. Journal of Agricultural and Food Chemistry, 52(16), 5117-5123.
65. Etaio, I., Elortondo, F.J.P., Albisu, M., et al.(2008) Effect of winemaking process and addition of white grapes on the sensory and physicochemical characteristics of young red wines. Australian Journal of Grape and Wine Research, 14(3), 211-222.
66. Casassa, L.F., Beaver, C.W., Mireles, M.S., Harbertson, J.F.(2013) Effect of extended maceration and ethanol concentration on the extraction and evolution of phenolics, colour components and sensory attributes of Merlot wines. Australian Journal of Grape and Wine Research, 19(1), 25-39.
67. Yokotsuka, K., Sato, M., Ueno, N., Singleton, V.L.(2000) Colour and sensory characteristics of Merlot red wines caused by prolonged pomace contact. Journal of Wine Research, 11(1), 7-18.
68. Cadot, Y., Caillé, S., Samson, A., et al.(2012) Sensory representation of typicality of Cabernet franc wines related to phenolic composition: impact of ripening stage and maceration time. Analytica Chimica Acta, 732, 91-99.
69. Caputi, L., Carlin, S., Ghiglieno, I., et al.(2011) Relationship of changes in rotundone content during grape ripening and winemaking to manipulation of the "peppery" character of wine. Journal of Agricultural and Food Chemistry, 59(10), 5565-5571.

第 22 章　葡萄酒发酵的生物化学

本章介绍酒精发酵过程中发生的主要(生物)化学反应，以及这些化学反应在形成葡萄酒风味物质和其他重要化合物中的作用(见导论)。这里讨论的化合物主要是发酵所需的基本营养物质(如糖、氨基酸、必需维生素和矿物质)，换句话说，就是普遍存在于所有乙醇饮料中的化合物。主要内容如下。

(1) 糖酵解和三羧酸(Krebs)循环的中间产物乙醇和发酵有机酸的产生；

(2) 辅酶 A 硫酯的形成和代谢——脂肪酸及其酯的产生；

(3) 氨基酸代谢——高级醇及其乙酸酯的产生；

(4) 硫的同化，特别是它在氨基酸生物合成中的作用——有害硫化氢的产生；

(5) 乳酸菌代谢的关键底物——苹果酸、柠檬酸、糖以及腐败细菌的影响。

22.1　糖　酵　解

22.1.1　引言

糖酵解是指六碳已糖(如果糖、葡萄糖)代谢生成丙酮酸的过程。生物化学教材里已经详细地讨论了这个话题[1]，本书只讨论与葡萄酒化学有关的重要问题。酵母利用糖酵解途径有两个原因：一是为了产生腺苷三磷酸(ATP)形式的能量；二是为了合成自身生长和其他生理功能所必需的物质，如脂质、多糖、蛋白质、核酸等。

糖酵解产生过量的还原性物质，特别是还原型烟酰胺腺嘌呤二核苷酸(NADH)和相关的代谢物。在有氧条件下，许多真核生物都进行呼吸作用，其中 NADH 通过外部电子受体(通常为 O_2)转化为其氧化形式(NAD^+)。这种代谢过程可以产生大量的能量，每个已糖约产生 36 个 ATP。通过已糖氧化(磷酸戊糖途径)可以产生相关的氧化还原对，即烟酰胺腺嘌呤二核苷酸磷酸(NADPH)及其氧化形式($NADP^+$)。除产生能量外，这些化合物还具有还原剂的作用，NADH 主要参与分解代谢，NADPH 主要参与合成代谢。

在发酵过程中，不涉及外部电子受体，而在人类和其他哺乳动物中，丙酮酸被还原并在无氧呼吸期间再生 NAD^+，产生乳酸。在酵母中，丙酮酸被脱羧成乙醛，然后被还原成乙醇。这个反应的净方程式是：

$$己糖+2ADP \longrightarrow 2\ 乙醇+2CO_2+2ATP \tag{22.1.1}$$

发酵产生的 ATP 比有氧呼吸少得多，并且大多数真核生物仅依赖在厌氧条件下的发酵。然而，如果在培养基中存在足够的葡萄糖，即使在好氧条件下，酵母菌也可进行发酵①。糖酵解最主要的结果是由己糖产生乙醇，但也伴随着糖酵解副产物的产生，如产生甘油和乙酸(图 22.1.1)。除此之外，还可以产生少量的对风味有重要贡献的物质，发酵葡萄醪由于还原环境和 CO_2 气体夹带的挥发物而发生变化。

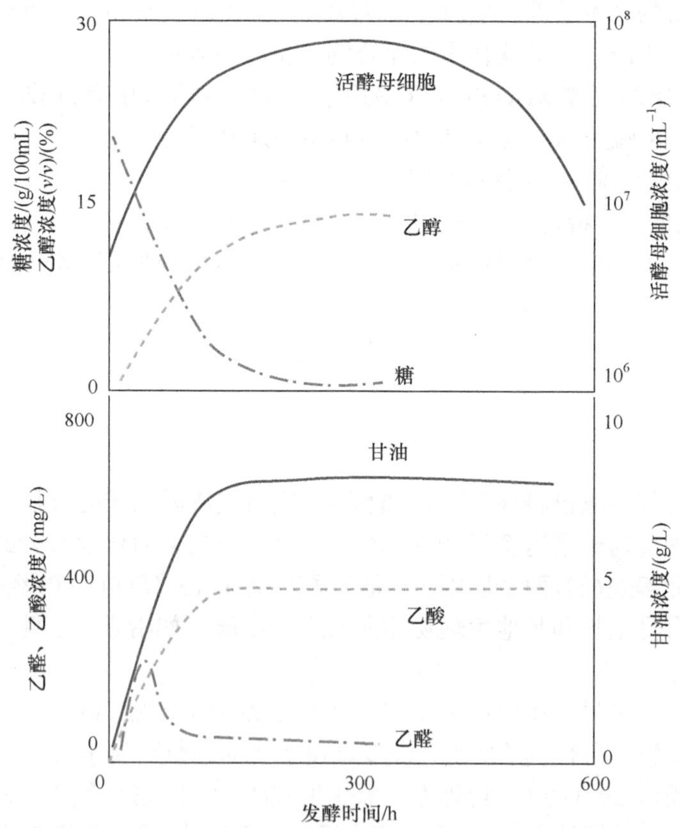

图 22.1.1 在霞多丽(Chardonnay)葡萄汁的发酵过程中，糖(己糖+葡萄糖)、活酵母细胞和关键的糖酵解代谢物的浓度变化。活细胞数在生长期增加，在稳定期达到平稳状态，在衰退期减少。注意：在酵母适应葡萄汁环境的过程中会发生初始延迟(滞后期)[3]

① 这种有氧发酵行为，也称 Crabtree 效应，可能由于乙醇的防腐特性，这种行为已经在酵母中进化，具有一种对其他微生物的竞争优势。有报道称，根据遗传分析，这种性状可能在白垩纪末期与肉质果实同时进化[2]。

22.1.2　糖酵解和酒精发酵

酿酒酵母(*S. cerevisae*)可以在有限种类的碳水化合物上生长，如葡萄糖、果糖、甘露糖、半乳糖、麦芽糖、蔗糖和蜜二糖[4]，其中葡萄糖是酵母菌生长的首选底物，其次是果糖，而这两种也是葡萄汁中最主要的两类糖。在培养基中葡萄糖的存在会导致酵母基因表达和代谢发生重大变化，可归类为葡萄糖诱导或葡萄糖阻遏[5]。葡萄糖诱导导致糖酵解和发酵所必需的酶表达增加，而葡萄糖抑制则导致呼吸作用所必需的酶活性降低。

酵母利用葡萄糖和果糖的第一步是通过膜结合转运蛋白(在酵母中至少有 17 种[6])将这些糖主动转运到酵母细胞中。酿酒酵母转运葡萄糖的效率要高于果糖，因此酿酒酵母也被认为是“亲葡糖性的”。虽然在葡萄汁中葡萄糖和果糖的浓度大致相等，但发酵结束时果糖的浓度会高于葡萄糖(第 2 章)。

进入酵母细胞后，葡萄糖或其他己糖都将经过糖酵解途径(图 22.1.2)，该途径最初的步骤是底物磷酸化产生两种 C_3 化合物：磷酸二羟丙酮(DHAP)和甘油醛-3-磷酸(G3P)，这一过程消耗两个 ATP，接着 DHAP 在酶作用下转化成 G3P，后者经过几个步骤转化为丙酮酸。糖酵解的后续步骤产生 4 个 ATP，共形成了 2 个 ATP

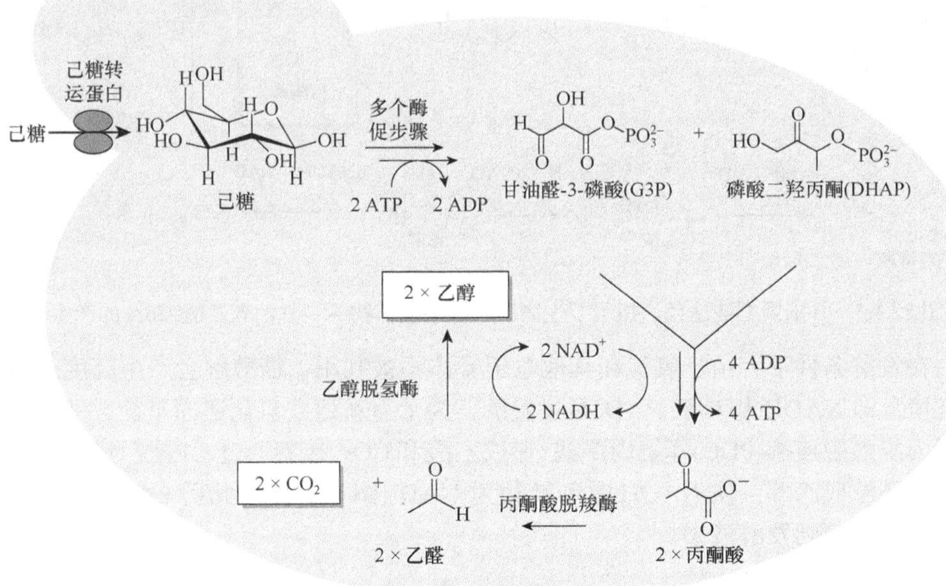

图 22.1.2　糖酵解途径及其随后乙醇的形成以恢复 NADH: NAD+氧化还原平衡。己糖的利用需要通过己糖转运蛋白主动转运进入细胞

的净能量。这些步骤还会生成 2 个 NADH，并为每个己糖的等价物消耗 2 个 NAD^+，从葡萄糖到丙酮酸的过程被称为 Embden-Meyerhof-Parnas(EMP)途径[1]。在有氧条件下，大部分丙酮酸将进入线粒体，进一步被丙酮酸脱氢酶(PDH)脱羧形成乙酰-CoA，乙酰-CoA 包含不稳定的高能硫酯键(图 22.1.3)，因此，它在本章后面将要介绍的几种化合物的生物合成中具有重要的作用。在有氧呼吸过程中，大部分乙酰-CoA 进入 Krebs 循环。在生物化学教材(如参考文献[1])中有对 EMP 途径和 Krebs 循环的详尽描述，这里不再赘述。

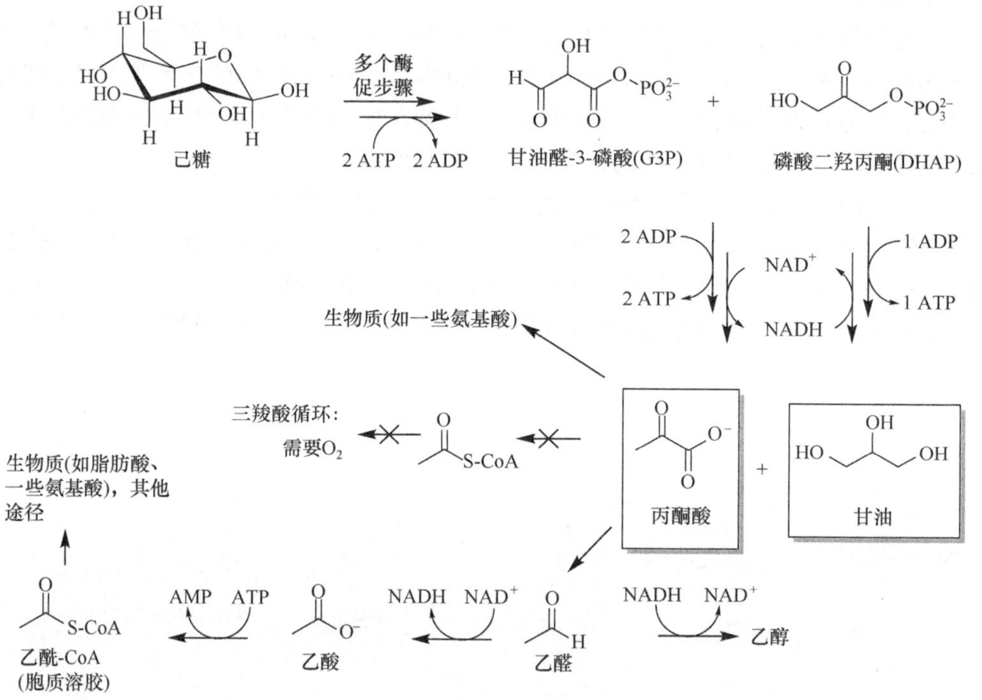

图 22.1.3　甘油丙酮酸途径，指示了生物质合成的前体物——甘油和乙酰-CoA 的产生

在发酵条件下，由于氧气和其他电子受体不被利用，糖酵解会产生高度还原的环境，即 NADH 相对于 NAD^+是过量的，为了重新建立氧化还原平衡，酵母将通过丙酮酸脱羧酶(PDC)降解丙酮酸，形成乙醛和 CO_2，接着通过乙醇脱氢酶(ADH)将乙醛还原成乙醇，使 NADH 重新转化为 NAD^+(图 22.1.2)。此后 CO_2 和乙醇从酵母细胞扩散到发酵液中。

22.1.3　甘油丙酮酸发酵

基于 Gay-Lussac 方程的化学计量[即 1 mol 己糖转化为 2 mol 乙醇和 2 mol CO_2，反应(22.1.1)]，含己糖 200 g/L 的葡萄汁 1 L(1.07 kg)发酵完全，则可产出乙醇浓度约为 105 g/L(13.2%，v/v)的葡萄酒 970 mL，而实际上商业酵母菌株产生的乙醇仅为 11.8%～12.1% (v/v)[7]，为理论最大值的约 90%②。虽然乙醇和 CO_2 代表发酵的主要产物，但酵母细胞需要消耗一部分碳源合成其生长所需要的生物质如脂质、蛋白质和 DNA，并在此过程中产生其他代谢物如甘油和乙酸(表 22.1.1)。

表 22.1.1　在 28 ℃和两种不同葡萄糖浓度(240 g/L 和 280 g/L)下的酒精发酵对数生长期主要发酵产物的摩尔产率(产物与葡萄糖含碳摩尔质量的比)[8]

产物	240 g/L 葡萄糖	280 g/L 葡萄糖	理论最大值(Gay-Lussac 方程)
乙醇	0.557	0.541	0.667
CO_2	0.292	0.287	0.333
甘油	0.054	0.064	
乙酸	0.006	0.009	
生物质	0.086	0.095	
碳水化合物	0.028	0.025	
蛋白质	0.042	0.039	
其他(如琥珀酸)	0.006	0.003	

生物质总产量消耗了糖含量的大约 1%[4]，脂肪酸和大部分氨基酸的许多基本骨架都是由丙酮酸合成的，这些化合物是酵母生长所必需的，但是丙酮酸合成会导致酵母细胞内 NADH 产生过量[9]，酵母的解决方案除了形成乙醛和乙醇之外，就是将一部分磷酸二羟丙酮从丙酮酸合成途径中分离出来，再通过两个步骤将磷酸二羟丙酮还原为甘油(图 22.1.3)，偶联的甘油/丙酮酸合成途径被称为甘油丙酮酸发酵。在甘油丙酮酸发酵中，虽然每分子己糖只产生 1 个 ATP，但允许丙酮酸转移到乙醇合成以外的途径，并维持 NADH：NAD^+平衡(表 22.1.2)。例如，丙酮酸可以转化为乙酰-CoA 和脂肪酸(22.2 节)，同时伴随着乙醇产生和保持 NADH：NAD^+平衡(图 22.1.3)。

表 22.1.2　酒精发酵和甘油丙酮酸发酵期间 ATP 能量和 NADH：NAD^+平衡

糖代谢物	ATP 净合成	NADH：NAD^+平衡
丙酮酸	+2 ATP	−2 NAD^+，+2 NADH
乙醇，来自丙酮酸	0	+2 NAD^+，−2 NADH

② 在酒厂进行发酵之前预测乙醇产量要更加复杂，因为葡萄中糖度测量通常是以°Brix[每 100 g 果汁中糖的质量(g)]为单位的“可溶性固形物”测量，这些值基于密度等物理测量值，其他溶质(如酸和矿物质)的存在通常会使测得的糖浓度比实际高出 5%～10%。由于 CO_2 的夹带，少量乙醇(相当于 0.1%～0.2%，v/v)也可能以蒸气形式流失。最后一个复杂情况是，干化葡萄中果皮糖含量较高，糖浓度可能会被低估。

续表

糖代谢物	ATP 净合成	NADH : NAD⁺平衡
酒精发酵过程中每摩尔糖的总量	+2 ATP	不变
丙三醇	0 ATP	+1 NAD^+，−1 NADH
丙酮酸(用于生物质)	+1 ATP	−1 NAD^+，+1 NADH
甘油丙酮酸发酵过程中每摩尔糖的总量	+1 ATP	不变

甘油也是酵母应对高渗透胁迫时产生的一种保护剂。例如，当葡萄汁中糖浓度从 224 g/L 提高大约 1.5 倍(344 g/L)时，乙醇含量适度增加(从 12.2%增加至 14.8%)，而甘油增加超过 50%(从 7.4 g/L 增加至 11.7 g/L)[3]。如果所有的丙酮酸转化成乙醛并接着转化成乙醇，提高甘油产量则会导致 NAD^+/NADH 过量，这时酵母可能通过形成乙酰-CoA 及其后续进行 Krebs 循环来恢复氧化还原平衡，但是如本章后文所述，这些途径在发酵条件下并不活跃，而是一部分乙醛被乙醛脱氢酶氧化形成乙酸，使 NAD(P)H 再生(图 22.1.3)[10]。下列现象就说明这一点，高糖(含糖 344 g/L)发酵会产生乙酸 1.0 g/L，相比之下，在 224 g/L 糖发酵时仅产生乙酸 0.39 g/L。因为这一点，研发转基因酵母将底物转移到甘油途径以生产低醇葡萄酒的策略通常因过量乙酸的产生而受到影响[9]。

葡萄汁中添加高浓度的亚硫酸氢盐也会导致甘油增加，亚硫酸会与乙醛或其他羰基化合物结合，从而使部分乙醛等不能作为电子受体(第 17 章)③。如前面章节所述，在生产中，为防止褐变，向葡萄汁中加入 SO_2，但亚硫酸氢盐-羰基加合物的形成(第 9 章)导致成品酒中结合态 SO_2 含量不可逆地增加。

22.1.4　琥珀酸和其他 Krebs 循环的中间产物

如上文所述，糖酵解创造了一个强还原环境，还原型辅因子相对于氧化型过量(如 NADH 相比于 NAD^+过量)。乙醛(对乙醇)和磷酸二羟丙酮(对甘油)的还原代表了酵母再生氧化形式的 NADH 和其他氧化还原辅因子的主要途径。再生 $NAD(P)^+$的其他次要途径包括将其他醛类还原成醇类，如氨基酸代谢过程中形成的高级醇(22.3 节)，还有还原乙偶姻生成的 2,3-丁二醇(22.5 节)。

另一种可能参与氧化还原辅因子循环的代谢物是琥珀酸。琥珀酸是发酵产生的(第 3 章)，通常含量为 0.5～1.0 g/L，是仅次于甘油的含量最丰富的发酵副产物。在有氧呼吸条件下，来自糖酵解途径的丙酮酸被代谢成乙酰-CoA，然后进入 Krebs 循环(图 22.1.3)。Krebs 循环利用乙酰-CoA 的自由能来产生大量过量的 NADH 和其他还原化合物(如 $FADH_2$)。最终，由糖酵解和 Krebs 循环形成的还原性化合物

③ 在工业微生物学领域，自 1915 年以来一直使用亚硫酸氢盐发酵以诱导甘油形成，并将其用于生产硝酸甘油炸药。

在电子传递链(ETC)中被氧化，从而产生大量的 ATP[1]。在发酵条件下，Krebs 循环中的几种酶活性极低，尤其是柠檬酸裂解酶和琥珀酸脱氢酶(图 22.1.4)。在发酵条件下 Krebs 循环就像两个独立的分支,大多数琥珀酸是通过延胡索酸(还原分支)或琥珀酰基-CoA(氧化分支)形成。

在葡萄酒发酵过程中,大部分琥珀酸(75%)似乎是通过 Krebs 循环的还原分支由丙酮酸形成的[11]。简言之，2 mol 丙酮酸代谢形成草酰乙酸，随后通过苹果酸和延胡索酸转化为琥珀酸，草酰乙酸也可由天冬氨酸通过酶促转氨作用形成(22.3 节)，介质中高浓度的天冬氨酸会导致琥珀酸增加[12]。此外，葡萄中的一部分苹果酸可以进入细胞，并通过还原分支代谢成琥珀酸[12]。其余的琥珀酸似乎是由 Krebs 循环的氧化分支形成的，特别是来自谷氨酸的部分(图 22.1.4)[12]。琥珀酸

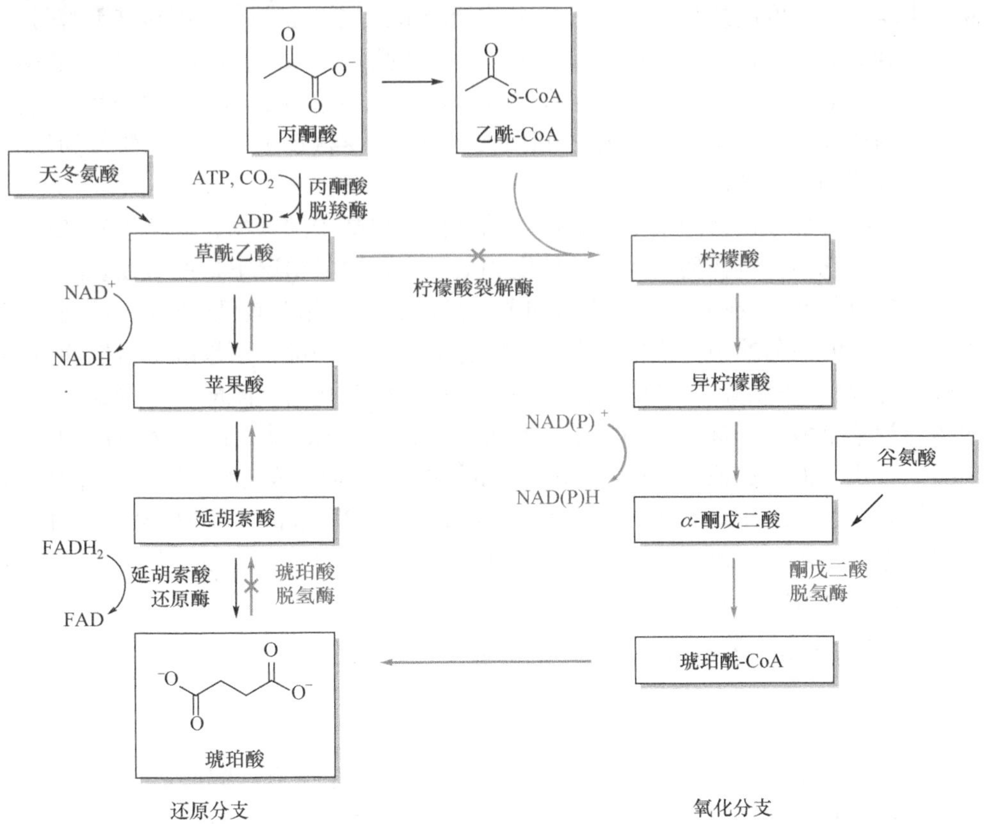

图 22.1.4　Krebs 循环，又名三羧酸(TCA)循环或柠檬酸循环。在有氧条件下，灰色箭头显示正常顺时针方向的 Krebs 循环，其中乙酰-CoA 作为循环的一部分参加柠檬酸的合成。在厌氧条件下，如“×”标记所示，氧化分支中的某些酶被抑制(琥珀酸脱氢酶、柠檬酸裂解酶)，并且该循环分成两个独立的分支，琥珀酸通过还原分支合成积累(黑色箭头)。$NAD(P)^+$/NAD(P)H 表示 NAD^+/NADH 或 $NADP^+$/NADPH

还可通过γ-氨基丁酸代谢支路(GABA shunt)形成，其可将γ-氨基丁酸以接近 1∶1 的物质的量比转化为琥珀酸[13]。但是由于γ-氨基丁酸浓度通常小于 100 mg/L(第 5 章)，在大多数发酵过程中，GABA shunt 是琥珀酸合成的次要途径。

尽管在葡萄酒和其他发酵饮料中琥珀酸浓度很高，但对其积累的原因仍存在争议，从葡萄糖开始，通过还原分支途径产生琥珀酸，导致净产生 4 当量的 NADH(还原形式)，这看起来与酵母需要再生氧化型辅因子相反，然而，这个途径也会产生 2 当量的脂肪酸合成所必需的 FAD(氧化形式)(22.2 节)。缺乏延胡索酸还原酶的酵母在发酵条件下不能生长[14]，该证据进一步支持了琥珀酸的形成是 FAD 再生和脂肪酸合成的必要条件的假说[11]。

酵母菌株的选择对琥珀酸的积累尤其重要，在发酵相同的葡萄醪时，不同菌株产生琥珀酸浓度的差异可以超过一个数量级(0.2～1.7 g/L)[12]。用转基因酵母可以观察到更高浓度的琥珀酸[15]。促进酵母生长的因素，如通气和不饱和脂肪酸，也可以导致琥珀酸含量增加，并且在不同酵母菌株中生物量产生和琥珀酸之间存在一定的相关性[16]。如上文所述，利用天冬氨酸、γ-氨基丁酸和谷氨酸作为氮源也可导致琥珀酸量增加。

在发酵过程中也会产生 Krebs 循环的其他有机酸中间产物，如苹果酸和柠檬酸，但由于它们各自在葡萄汁中的浓度相对较高，通常情况下这些酸在发酵过程中含量略有降低④。在酵母中苹果酸向琥珀酸的转化率相对较低(<5%)，但在含高浓度苹果酸的葡萄醪中，琥珀酸产生量略有提高[12]。一部分苹果酸也可以通过苹果酸发酵被酵母降解，这其中苹果酸通过草酰乙酸转化为丙酮酸，负责这种转化的酶称为苹果酸酶，该过程与糖酵解相似，会产生还原型辅因子[NAD(P)H]和丙酮酸[17]。由于商业酿酒酵母(*S. cerevisiae*)菌株中苹果酸的转运量低，苹果酸酶活性也较低，这一过程效率低下，有研究表明，苹果酸降解最大值为 18%[18]，但在其他酵母如 *Schizosaccharomyces pombe* 中则可达到 100%。如 22.5 节所述，柠檬酸和苹果酸都可能被乳酸菌代谢。

22.1.5 从葡萄酒化学视角看糖酵解的结果

1. 糖的损耗和发酵代谢物的形成

如上文所述，糖的发酵将产生一系列代谢物，这是所有乙醇饮料(葡萄酒、苹果酒、清酒等)共同的特点，最显著的是作为主要产物的乙醇，而甘油和几种有机酸是再生氧化还原辅因子的副产物。此外，还通过乙酰-CoA 产生香气物质，如来自脂肪酸代谢的脂肪族香气物质及其相应的乙酯(22.2 节)，以及来自氨基酸代谢的几种高级醇和乙酸酯(22.3 节)。

---

④ 在低内源酸浓度的介质中(如清酒生产)，琥珀酸和其他有机酸是可滴定酸度的主要贡献者。

2. 不饱和化合物的酶促还原

发酵液中强烈的还原环境⑤是由 NADH : NAD^+不平衡和释放的CO_2排出氧气引起的。为了恢复氧化还原平衡，酵母会将许多醛(及少量的酮)还原为相应的醇，包括其他氧化还原反应。在数量上，乙醛是还原反应的主要底物，已经在酵母中鉴定到 7 种醇脱氢酶(Adh1～7)同工酶，它们对羰基底物具有选择性。例如，Adh1p 不仅能够还原乙醛，还能够还原其他的最多含有 10 个碳原子的直链醛。Adh6p 能够还原直链和支链伯醛以及取代苯甲醛和肉桂醛[19]。所以，最初存在于葡萄汁或在发酵早期形成的醛或酮，其浓度在发酵结束时会降低几个数量级，这些变化可能对葡萄酒香气产生重大影响，因为通常羰基化合物的感官阈值是其相应醇的 1/100～1/10000(如第 9 章)。举例如下：

(1) 来自葡萄中脂肪酸酶促氧化产生的青草味和绿色气味的 C_6 醛类化合物。例如，(*E*)-2-己烯醛和己醛，浓度将从高于 500 mg/L 降到几乎检测不到(第 6 章)[20]。

(2) 腐烂葡萄中，具有蘑菇气味的真菌代谢物 1-辛烯-3-酮的浓度可达 1 μg/L，但在发酵后几乎检测不到(第 18 章)[21]。

(3) 木桶发酵的葡萄酒比木桶陈酿的葡萄酒的橡木香味更弱，这是由于木质素衍生的醛(如香草醛、糠醛)被还原成气味较弱的醇(第 9、12、27 章)[22]。

在发酵葡萄汁中，除了常见的与羰基化合物转化为醇类有关的生化变化和感官变化之外，发酵的还原特性偶尔被酿酒师用来“更新”氧化的葡萄酒。酿酒师在发酵前将一小部分氧化的葡萄酒加入新鲜葡萄汁中，氧化葡萄酒中存在的羰基化合物将被还原，并且所得的葡萄酒更易于销售。

一些烯烃在发酵过程中也能被还原，使酒的香气轮廓进一步复杂化，如单萜烯香叶醇可以被 NADPH 依赖性酶 Oye2p 部分还原为其单不饱和脂肪酸和香气较弱的类似物香茅醇(第 8 章)[23]。

3. CO_2 夹带的挥发性物质

根据理想气体定律⑥和式(22.1.1)中确定的化学计量数，当发酵至干时，含有己糖 200 g/kg 的 1 L 葡萄汁将产生大约 55 L 的 CO_2 气体(25 ℃)。这种气体从发酵罐中逸散，将从发酵葡萄醪中去除(夹带)挥发性物质。发酵过程中损失的挥发性物质的量可以根据以下两点建模：

(1) 化合物的挥发性，其由亨利系数(*H*)描述。通常非极性化合物分子越小、越多，蒸气压越高。对于一个特定的化合物，其挥发性随着温度的升高而增加，

⑤ 注意，这是本章第三次提到发酵的还原环境，这是一个重要的概念。

⑥ 即 $PV=nRT$；在 P=1 atm，n≈2.22 mol，R=0.08206 L · atm/(mol · K)和 T=298.15 K(即 25 ℃)的条件下求解 V(以升为单位)。

随着乙醇浓度的增加而减少(第 1 章)。

(2) 化合物形成的时机，例如，假设它们具有相似的挥发性，预计最初存在于葡萄汁中的化合物比发酵结束时形成的化合物损失的程度更大。

亨利系数的差异很好地解释了夹带损失的差异。例如，发酵过程中 99%以上的高挥发性 H_2S(H=0.1 Mbar)可能因夹带而损失。相比之下，在 20 ℃发酵过程中，46%的已酸乙酯(H=3 Mbar)和 0.6%的异丁醇(H=100 Mbar)会损失掉[24]。而发酵温度升高到 30 ℃将使已酸乙酯和异丁醇的损失分别增加到 71%和 1.3%。随着酵母脂肪酸生物合成的变化(22.2 节)，这些结果解释了为什么在生产一些葡萄酒特别是果味白葡萄酒时使用较冷的发酵温度。

4. 热量的形成

发酵是一个放热过程⑦，化学计量学中已糖转化为乙醇和 CO_2 的反应，$\Delta H=-67$ kJ/mol。换句话说，假定系统没有热损失，每发酵 1%(*w*/*w*, °Brix)的糖将使发酵温度升高大约 1.3 ℃。在实践中，由于 CO_2 的释放，一些热量会因对流而散失，但发酵罐通常装有冷却装置，可以避免发酵温度过高。较高温度对最终的葡萄酒化学有如下几个影响：

(1) 增加亨利定律系数和挥发损失；

(2) 萃取率提高和分配系数改变，增加了如酚类化合物的萃取(第 21 章)；

(3) 改变关键代谢产物如脂肪酸(22.2 节)和高级醇(22.3 节)的形成。

参 考 文 献

1. Lehninger, A.L., Nelson, D.L., Cox, M.M.(2013) Lehninger principles of biochemistry, W.H. Freeman, New York.

2. Thomson, J.M., Gaucher, E.A., Burgan, M.F., et al.(2005) Resurrecting ancestral alcohol dehydrogenases from yeast. Nature Genetics, 37(6), 630-635.

3. Frohman, C.A. and Mira de Orduña, R.(2013) Cellular viability and kinetics of osmotic stress associated metabolites of *Saccharomyces cerevisiae* during traditional batch and fed-batch alcoholic fermentations at constant sugar concentrations. Food Research International, 53(1), 551-555.

4. Lea, A., Piggott, G.H., Raymond, J.(2003) Fermented beverage production, Kluwer Academic /Plenum, New York.

5. Horak, J.(2013) Regulations of sugar transporters: insights from yeast. Current Genetics, 59(1-2), 1-31.

6. Barnett, J.A. and Entian, K.D.(2005) A history of research on yeasts. 9: Regulation of sugar metabolism. Yeast, 22(11), 835-894.

---

⑦ 热和 CO_2 的产生解释了拉丁语中“发酵”的词根(*fervere*，“热沸腾”)，这是一种神秘的现象，直到 19 世纪 60 年代路易斯 · 巴斯德(Louis Pasteur)确定了酵母负责发酵。

7. Palacios, A., Raginel, F., Ortiz-Julien, A.(2007) Can the selection of *Saccharomyces cerevisiae* yeast lead to variations in the final alcohol degree of wines. Australian and New Zealand Grapegrower and Winemaker, 527, 71-75.
8. Quirós, M., Martínez-Moreno, R., Albiol, J., et al.(2013) Metabolic flux analysis during the exponential growth phase of *Saccharomyces cerevisiae* in wine fermentations. PloS One, 8(8), e71909.
9. Michnick, S., Roustan, J.-L., Remize, F., et al.(1997) Modulation of glycerol and ethanol yields during alcoholic fermentation in *Saccharomyces cerevisiae* strains overexpressed or disrupted for GPD1 encoding glycerol 3-phosphate dehydrogenase. Yeast, 13(9), 783-793.
10. Eglinton, J.M., Heinrich, A.J., Pollnitz, A.P., et al.(2002) Decreasing acetic acid accumulation by a glycerol overproducing strain of *Saccharomyces cerevisiae* by deleting the ALD6 aldehyde dehydrogenase gene. Yeast, 19(4), 295-301.
11. Camarasa, C., Grivet, J.-P., Dequin, S.(2003) Investigation by ^{13}C-NMR and tricarboxylic acid(TCA) deletion mutant analysis of pathways for succinate formation in *Saccharomyces cerevisiae* during anaerobic fermentation. Microbiology, 149(9), 2669-2678.
12. Heerde, E. and Radler, F.(1978) Metabolism of the anaerobic formation of succinic acid by *Saccharomyces cerevisiae*. Archives of Microbiology, 117(3), 269-276.
13. Bach, B., Sauvage, F.-X., Dequin, S., Camarasa, C.(2009) Role of γ-aminobutyric acid as a source of nitrogen and succinate in wine. American Journal of Enology and Viticulture, 60(4), 508-516.
14. Arikawa, Y., Kuroyanagi, T., Shimosaka, M., et al.(1999) Effect of gene disruptions of the TCA cycle on production of succinic acid in *Saccharomyces cerevisiae*. Journal of Bioscience and Bioengineering, 87(1), 28-36.
15. Raab, A.M., Gebhardt, G., Bolotina, N., et al.(2010) Metabolic engineering of *Saccharomyces cerevisiae* for the biotechnological production of succinic acid. Metabolic Engineering, 12(6), 518-525.
16. Barbosa, C., Lage, P., Vilela, A., et al.(2014) Phenotypic and metabolic traits of commercial *Saccharomyces cerevisiae* yeasts. AMB Express, 4(1), 1-14.
17. Volschenk, H., van Vuuren, H.J.J., Viljoen-Bloom, M.(2003) Malo-ethanolic fermentation in *Saccharomyces* and *Schizosaccharomyces*. Current Genetics, 43(6), 379-391.
18. Redzepovic, S., Orlic, S., Majdak, A., et al.(2003) Differential malic acid degradation by selected strains of *Saccharomyces* during alcoholic fermentation. International Journal of Food Microbiology, 83(1), 49-61.
19. De Smidt, O., Du Preez, J.C., Albertyn, J.(2008) The alcohol dehydrogenases of *Saccharomyces cerevisiae*: a comprehensive review. FEMS Yeast Research, 8(7), 967-978.
20. Joslin, W.S. and Ough, C.S.(1978) Cause and fate of certain C6 compounds formed enzymatically in macerated grape leaves during harvest and wine fermentation. American Journal of Enology and Viticulture, 29(1), 11-17.
21. La Guerche, S., Dauphin, B., Pons, M., et al.(2006) Characterization of some mushroom and earthy off-odors microbially induced by the development of rot on grapes. Journal of Agricultural and Food Chemistry, 54(24), 9193-9200.
22. Chatonnet, P., Dubourdieu, D., Boidron, J.N.(1992) Incidence of fermentation and aging

conditions of dry white wines in barrels on their composition in substances yielded by oak wood. Sciences Des Aliments, 12(4), 665-685.

23. Steyer, D., Erny, C., Claudel, P., et al.(2013) Genetic analysis of geraniol metabolism during fermentation. Food Microbiology, 33(2), 228-234.

24. Mouret, J.R., Morakul, S., Nicolle, P., et al.(2012) Gas-liquid transfer of aroma compounds during winemaking fermentations. LWT-Food Science and Technology, 49(2), 238-244.

22.2 脂肪酸代谢

22.2.1 引言

脂质是一组多元化的生物分子，具有可溶于非极性溶剂(如氯仿)的共同特性，它们占酵母干重的 7%～15%[1]。虽然脂质构成了一大类化合物，但脂肪酸尤其具有定量和感官的重要性。在酿酒酵母中，大多数脂肪酸(>99%)被甘油酯化以形成甘油单酯、甘油二酯和甘油三酯，或被甘油磷酸酯基酯化形成甘油磷脂(也称磷脂，PL)，仅有少量脂肪酸以游离脂肪酸(FFA)形式存在[2](图 22.2.1)。尽管中链脂肪酸(MCFA)(第 3 章)及其酯(第 7 章)对葡萄酒的感官特性有最深刻的影响，但酵母的甘油磷脂中大部分是长链脂肪酸，特别是饱和脂肪酸(SFA)棕榈酸酯(16 个碳，零双键，命名为 16：0)和硬脂酸酯(18：0)以及不饱和脂肪酸(UFA)油酸酯(18：1)(图 22.2.1)。酵母和其他真核生物的细胞膜中 70%由甘油磷脂组成，形成双层膜结构，其中极性的“头部”面对细胞内或细胞外基质，疏水的尾部在双层内部彼此相对(图 22.2.2)[3, 4]。由此产生的细胞膜(厚 5～9 nm)很大程度上不受极性组分被动扩散的影响。

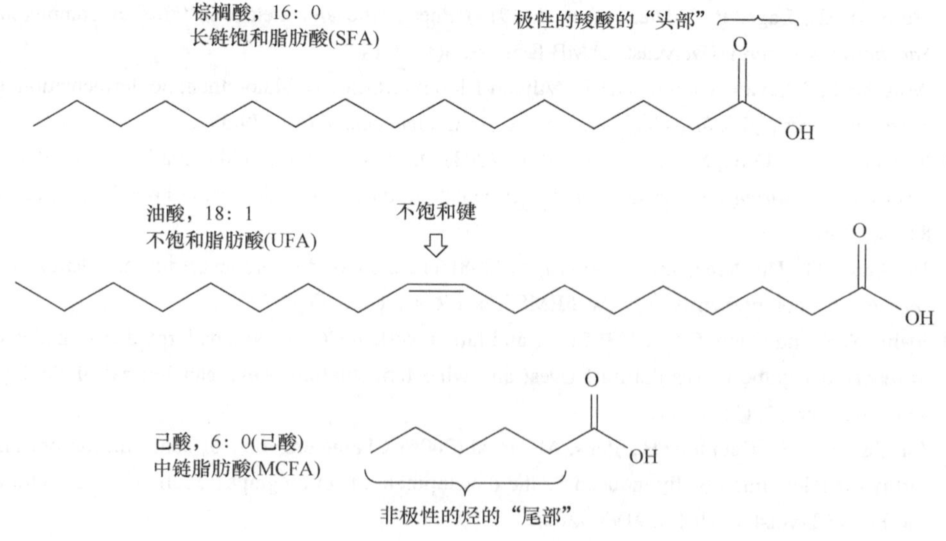

图 22.2.1 由酵母产生的典型游离脂肪酸的结构

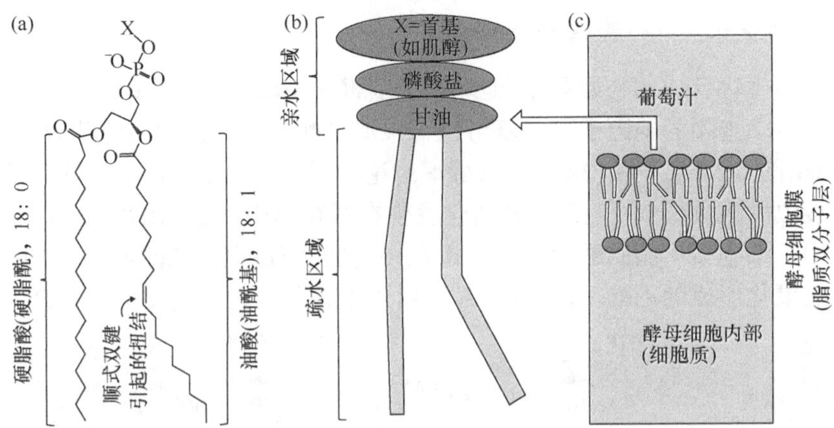

图 22.2.2　(a) 硬脂酸和油酸的结构；(b) 典型的磷脂结构示意图，示出饱和(硬脂酸)和不饱和的(油酸)的脂肪酸的构象及其疏水性和亲水性区域的位置；(c) 磷脂双分子层膜结构分隔葡萄汁和酵母细胞质的示意图。不饱和脂肪酸的存在导致双层结构较为松散。改编自参考文献[4]

22.2.2　长链脂肪酸的代谢

在生物化学教材中可以找到长链脂肪酸生物合成的详细说明[5, 6]。本章中的描述只关注最终影响葡萄酒风味化学的关键细节；脂肪酸生物合成中相关化学过程的关键步骤总结在图 22.2.3 中[7]。

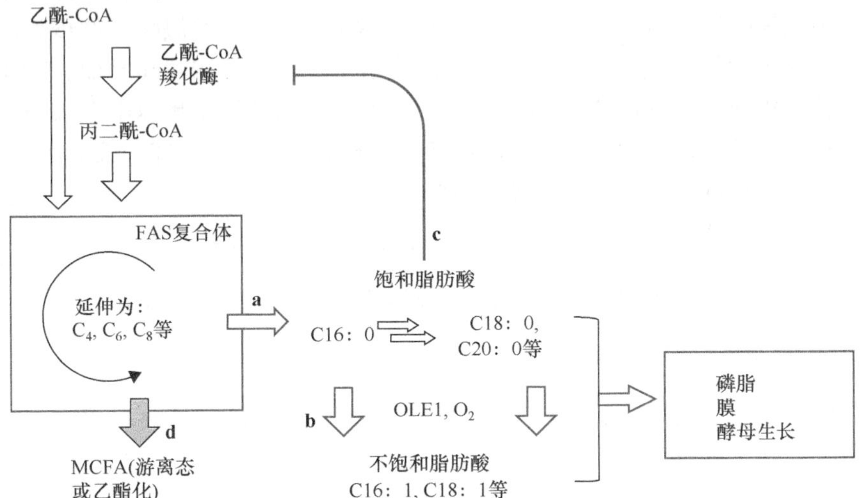

图 22.2.3　酵母脂肪酸生物合成概述。**a.** 棕榈酸酯(16：0)在脂肪酸合酶(FAS)复合物中经底物乙酰-CoA 和丙二酰-CoA 的连续的二碳延伸步骤合成；**b.** 从 FAS 释放后，棕榈酸酯(16：0)可以被继续延伸或去饱和，并作为生长期期间形成磷脂(PL)的底物；**c.** 在厌氧条件下，无法进行去饱和，并且 PL 合成停止，导致饱和脂肪酸(SFA)积累，这抑制了乙酰-CoA 的初始形成步骤；**d.** 抑制了 FAS 的活性，导致中间产物中链脂肪酸(MCFA)的释放

1. 起始步骤——辅酶 A 硫酯的形成

脂肪酸生物合成的初始和中间步骤利用辅酶 A(CoA)，辅酶 A 是一种带有活性巯基(—SH)基团的辅因子，巯基可以与羧酸被酶促酯化产生硫酯化合物，包括乙酰-CoA(图 22.2.4)。在 22.1 节糖酵解讨论中提到了乙酰-CoA，尽管乙酰-CoA 可以直接由丙酮酸形成，但是这种转化发生在线粒体内，而乙酰-CoA 在发酵条件下不能用于细胞质中脂肪酸合成[8]。相反，酒精发酵过程中乙酰-CoA 的主要来源是由乙醛氧化形成的乙酸。乙酰-CoA 随后可被转化为丙二酰-CoA(图 22.2.3)。

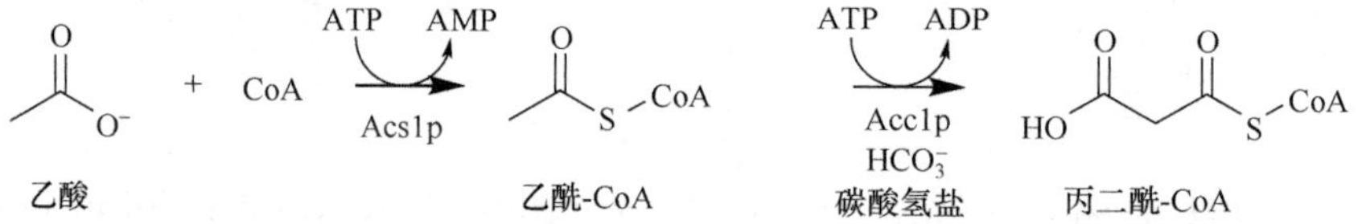

乙酸 + CoA —(ATP → AMP; Acs1p)→ 乙酰-CoA —(ATP → ADP; Acc1p; HCO_3^- 碳酸氢盐)→ 丙二酰-CoA

图 22.2.4　依赖 ATP 的乙酰-CoA 和丙二酰-CoA 合成途径，这两个物质是脂肪酸的组成部分。乙酰-CoA 由乙酸和辅酶 A(CoA)在乙酰-CoA 合酶(Acs1p)的催化下合成。随后通过乙酰-CoA 羧化酶(Acc1p)乙酰-CoA 和碳酸氢盐形成丙二酰-CoA

2. 中间步骤——在脂肪酸合酶的催化下合成棕榈酸

乙酰-CoA 和丙二酰-CoA 合成后，在脂肪酸合成酶多酶复合体(FAS，图 22.2.3)中形成棕榈酸酯(16：0)。该途径从乙酰-CoA 到丙二酰-CoA 的酶促延伸开始，形成四碳中间体(图 22.2.4)，接着另一分子丙二酰-CoA 加入类似的延伸步骤形成六碳、八碳等中间体，最终形成棕榈酸并释放出来。由于棕榈酸和其他脂肪酸是在涉及二碳“组块”的连续步骤中合成的，所以酵母和其他生物体中大部分脂肪酸都是直链和偶数碳的。该反应需要的还原当量 NADPH 主要来源于磷酸戊糖途径，该途径也形成核酸[6]。棕榈酸合成的净反应如下：

$$\begin{aligned}&\text{乙酰-CoA} + 7\text{丙二酰-CoA} + 14\text{NADPH} + 14\text{H}^+ \longrightarrow \\ &\text{棕榈酸酯}(16\text{：}0) + 7\text{CO}_2 + 8\text{CoA} + 14\text{NADP}^+ + 6\text{H}_2\text{O}\end{aligned} \tag{22.2.1}$$

3. 最终步骤——延伸和去饱和

在棕榈酸合成之后，具有大于 16 个碳的游离态长链脂肪酸可以通过在脂肪酸合成酶复合体之外延伸形成，并且可以通过氧依赖的去饱和酶(如 Ole1p)形成不饱和脂肪酸(特别是油酸酯，18：1)[9]。在商业干酵母中，有(半)氧条件下产生的不饱和脂肪酸的浓度可能接近 70%，但在厌氧的酿酒条件下浓度要低得多[10]。即使在氧气充足的情况下，酿酒酵母也不能产生高浓度(脂肪酸浓度低于 2%)的多不饱和脂肪酸[如亚油酸(18：2)或亚麻酸(18：3)]，但一些非酿酒酵母可能产生大量的多不饱和脂肪酸[1]。

支链和奇数碳的脂肪酸可以通过与直链脂肪酸类似的途径形成，只是用适当的酰基-CoA 基团取代了乙酰-CoA[11]。例如，异戊酰-CoA 可以作为较长支链脂肪酸的起始点，这种化合物可以通过异戊酸的 CoA 酰化反应合成，异戊酸则通过亮氨酸的 Ehrlich 降解和随后的氧化合成，这类似于形成高级醇(22.3 节)的途径。具有奇数碳原子的脂肪酸可以从丙酰-CoA 开始形成，很可能通过α-酮丁酸(2-氧丁酸)合成，而α-酮丁酸是苏氨酸的 Ehrlich 降解形成的中间体[12]。

在酵母生长期，游离态脂肪酸将被转化为相应的脂肪酸-CoA 硫酯，并整合到生长酵母细胞的磷脂的双分子层中(图 22.2.2)。在整个发酵过程中，酵母会调整自身细胞膜的游离态脂肪酸组成以适应环境的变化[13]。尤其是膜蛋白和其他细胞膜组分的最佳作用是获得适宜的流体双层膜，膜流动性指的是其无序的程度[14]。膜流动性大致随着脂肪酸组分熔点的降低而增加(即较高熔点的饱和脂肪酸具有较低的膜流动性)，而且也会随甾醇浓度增加而增加①。对于一个既定双层膜组分，较低温度将导致膜流动性降低。像酵母这样的变温微生物(即内部温度随着周围介质温度而变化)可通过改变其细胞膜组成以抑制流动性的下降并恢复原始的流体特性，一个共同反应就是提高低熔点的不饱和脂肪酸(UFA)与高熔点的饱和脂肪酸(SFA)的比例②，在较冷发酵条件(13～25 ℃)下，酿酒酵母中不饱和脂肪酸/饱和脂肪酸比例大约增加一倍[10]③。乙醇存在也导致酵母中 UFA/SFA 出现类似的增加现象[16]，因此在发酵过程中不饱和脂肪酸含量往往都会升高[13]。

由于不饱和脂肪酸有利于膜流动，商业酿酒酵母在有氧条件下产生的 UFA/SFA 比例可以是 2∶1 或更大[1]。但是，如上所述，形成不饱和脂肪酸需要氧气，并且在常规发酵条件下，UFA/SFA 接近 1∶1，不饱和脂肪酸的有限供应可能成为磷脂生物合成和酵母生长的最终限制因素(图 22.2.3)，尤其是当酵母生长不受其他营养缺陷(如氮缺乏)限制时。因此，在发酵的前 3～6 天，特别是在高度厌氧条件下，游离态脂肪酸合成和酵母生长通常会停止。

22.2.3　中链脂肪酸和乙酯

脂肪酸代谢主要产物(长链脂肪酸和磷脂)仅微溶于水，挥发性低，对成品葡

① 甾醇又称类固醇，代表除了磷脂以外的细胞膜中发现的另一类主要脂质。许多生物体会产生甾醇来修饰脂质膜的功能，但各个物种的具体结构会有所不同——酵母菌和其他真菌产生麦角甾醇，植物产生植物甾醇，哺乳动物(包括人类)产生胆固醇。如本章稍后所述，酵母可以将植物甾醇加入其膜中，但添加胆固醇对发酵效率的影响尚未被评估。

② 与橄榄油[主要是油酸(18：1)，熔点 13 ℃]相比，黄油[主要是硬脂酸(18：0)，熔点 70 ℃]也可以观察到这种熔融行为的差异。

③ UFA/SFA 比例与降温的逆相关性可扩展到高等动物。Farkas 等[15]观察到，鸟类、鱼类和哺乳动物脑组织中硬脂酸与油酸的比例与 5～41 ℃范围内的生物体温度密切相关。

萄酒的影响可以忽略不计。相反，作为脂肪酸代谢次生副产物的中链脂肪酸(MCFAs，C_4～C_{12})及其相应的酯，由于其溶解性和挥发性较大，可能对葡萄酒风味产生显著影响。

如上所述，假设发酵过程中链脂肪酸的积累与不饱和脂肪酸和固醇的消耗及脂肪酸生物合成的停滞有关[7]，将导致长链饱和酰基-CoA化合物的累积，使脂肪酸合成的初始阶段受到抑制。在这些条件下，中链脂肪酸以游离形式和/或乙酯结合形式从脂肪酸合酶复合体中释放出来，接着从酵母细胞中分泌到酒中[17]④。

中链脂肪酸对酵母和其他微生物是有毒的，一定浓度则可能导致发酵停滞或迟缓[20, 21]。在葡萄酒pH下中链脂肪酸可渗透酵母细胞膜，导致细胞内酸化，也可以嵌入膜中，对膜的性质产生不利影响。通常可以向发酵中止或迟缓的体系中加入不饱和脂肪酸或甾醇，以提高发酵速率[22]，这可能是因为重新启动了磷脂的生物合成并从发酵培养基中除去了中链脂肪酸。在商业葡萄酒生产中，可能通过通气[23]或添加酵母壳(或酵母“鬼”，即酵母细胞壁材料)来达到这些效果。

1. 中链脂肪酸的乙酯

中链脂肪酸的乙酯是葡萄酒中水果类香气的主要贡献者。如第7章所述，在佐餐葡萄酒中中链脂肪酸与其对应乙酯的预期物质的量比约为6：1，由于酸催化的酯化和水解反应，在陈酿过程中物质的量比将慢慢接近均衡。然而，在发酵过程中，中链脂肪酸乙酯也可以通过中链脂肪酸-CoA与乙醇酶促缩合反应形成[24](图22.2.5)。与游离中链脂肪酸的酯化反应相比，中链脂肪酸-CoA的酯化反应在能量上是有利的，因此在发酵结束时乙酯与游离酸的比例通常会超过平衡预期(第7章)。

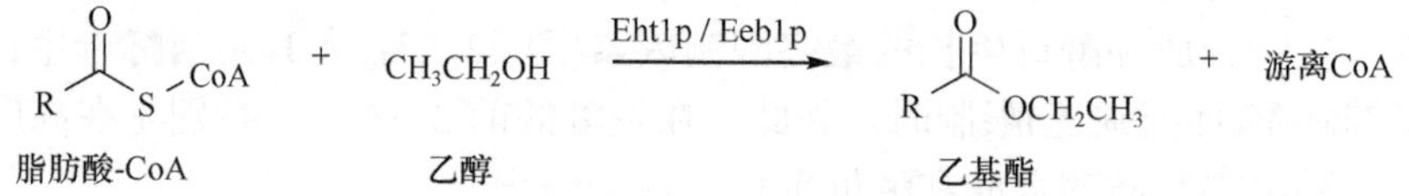

$$\underset{\text{脂肪酸-CoA}}{R-C(=O)-S-CoA} + \underset{\text{乙醇}}{CH_3CH_2OH} \xrightarrow{\text{Eht1p / Eeb1p}} \underset{\text{乙基酯}}{R-C(=O)-OCH_2CH_3} + \text{游离CoA}$$

图22.2.5　由脂肪酸-CoA和乙醇酶促形成乙酯

在酵母中已经鉴定了分别由基因*EHT1*和*EEB1*编码的两种酰基-CoA：乙醇-*O*-酰基转移酶Eht1p和Eeb1p，缺乏这些基因的菌株仅产生浓度为1/10的己酸乙酯和相关乙酯[24]。但是，基因过表达仅使乙酯微量增加[25](<50%)或根本不增加[24]，这可能是因为Eht1p和Ehb1p也具有酯水解活性。

---

④ 在这些条件下中链脂肪酸释放的原因仍然存在争议，这可能是酵母再生CoA的策略。中链脂肪酸释放的另一种假设是，它们可以在需要增加膜流动性的情况下替代不饱和脂肪酸[18]。但这似乎不太可能，因为大多数中链脂肪酸分泌到细胞外[17]，并且在低温下没有观察到酵母细胞膜中链脂肪酸含量增加[19]。

2. 中链脂肪酸和中链脂肪酸乙酯产生的时机

在常规发酵条件下，中链脂肪酸及其乙酯的产生始于酵母生长，并在对数生长期结束时达到峰值，一旦大部分糖被消耗，中链脂肪酸及其乙酯都会在稳态期减少，这可能是因为细胞死亡导致不饱和脂肪酸释放，从而重启脂肪酸合酶复合体中的脂肪酸生物合成[7]。图 22.2.6 显示了发酵过程中己酸乙酯的峰值和衰减，第二个峰对应于下降阶段(细胞死亡)的即将开始，也许代表了酵母细胞自溶后细胞内己酸乙酯的释放。

22.2.4 中链脂肪酸及其乙酯在葡萄酒酿造过程中增加

中链脂肪酸乙酯浓度与酶活性的相关性并不强，所以认为该酯类在葡萄酒中浓度很大程度上取决于中链脂肪酸浓度[7]。与之不同的是，乙酸酯的产生高度依赖于酶活性(Atf1p 等)，而对底物浓度的依赖性较小(22.3 节)。在发酵过程中，酿酒师若想提高中链脂肪酸的产量，可以通过以下增加不饱和脂肪酸需求量和减少其供给量的方法来实现。

(1) 厌氧条件抑制了不饱和脂肪酸的酶促合成，将阻抑脂肪酸的合成，最终导致更多中链脂肪酸释放[27]。

(2) 较低温度增加了酵母对不饱和脂肪酸的需求，导致长链脂肪酸合成提前终止，从而使较多的中链脂肪酸释放(图 22.2.7)。

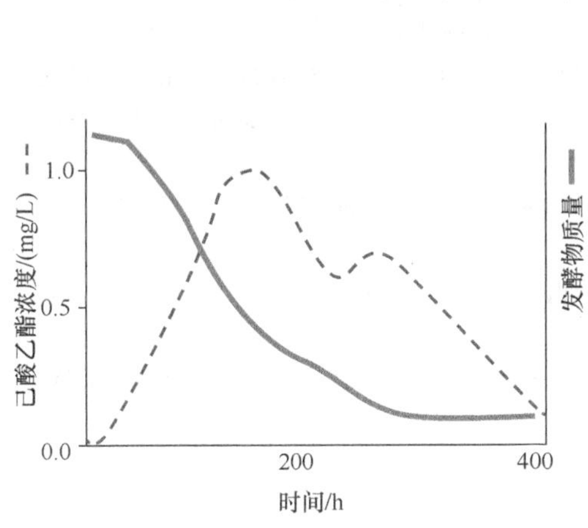

图 22.2.6 发酵过程中己酸乙酯浓度与发酵时间的函数关系。发酵物减少表示发酵进程和糖的消耗。数据来自文献[26]

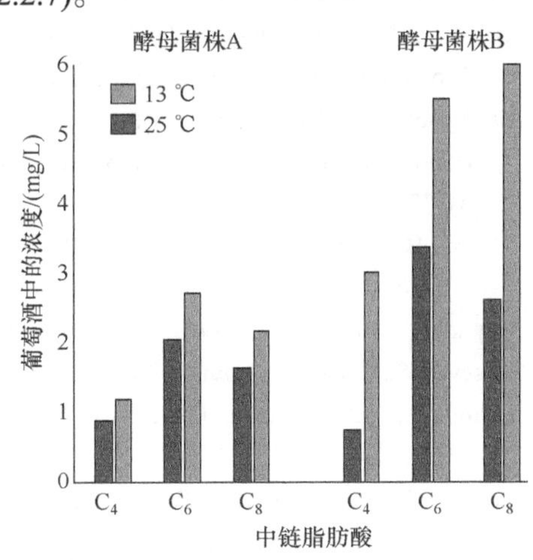

图 22.2.7 发酵温度(13 ℃, 25 ℃)和酵母菌株(A, B)对葡萄酒中链脂肪酸浓度的影响。C_4，丁酸；C_6，己酸；C_8，辛酸。数据来自文献[10]

(3) 在发酵完全之前中止发酵可以防止中链脂肪酸乙酯及相应中链脂肪酸的进一步代谢(图 22.2.6)。

(4) 澄清除去葡萄固态物，以减少不饱和脂肪酸或甾醇的来源，因为这些化合物会重启长链脂肪酸的合成，因而减少了中链脂肪酸的释放[28]。

(5) 在类似的发酵条件下，不同酵母菌株产生中链脂肪酸的量可能相差大约一个数量级，可能是因为对不饱和脂肪酸的需求不同(图 22.2.7)。

这些发酵条件(减少氧气、降低温度、清除葡萄固形物、选择合适的酵母菌株)，都是高级白葡萄酒生产通用的工艺⑤。

这些工艺参数对发酵结束时中链脂肪酸乙酯的影响往往被物理化学因素复杂化。例如，据报道，当发酵温度从 14 ℃升至 26 ℃时癸酸乙酯增加超过 2 倍，而己酸乙酯不受影响，据称这是因为在较低温度下非极性较强的癸酸乙酯向胞外的扩散受到限制[29]。考虑到 CO_2 气体夹带，低温也会减少发酵过程中挥发物的损失，当然，由于中链脂肪酸(MCFA)的挥发性低，经 CO_2 夹带造成的损失可以忽略不计。但是，在发酵过程中，中链脂肪酸乙酯可能会因挥发而损失 50%以上(22.1 节)。较低的发酵温度具有物理化学作用(较少挥发)和生理作用(增强酵母的 MCFA 生物合成)，而每种作用的相对重要性并不明确。在陈酿期间，MCFA 与其乙酯的相对比例将趋于平衡，预计在发酵过程中影响中链脂肪酸产生的因素，其重要性更加持久。

参 考 文 献

1. Halasz, A. and Lasztity, R.(1990) Use of yeast biomass in food production, Taylor & Francis.
2. Ramsay, A.M. and Douglas, L.J.(1979) Effects of phosphate limitation of growth on the cell-wall and lipid composition of *Saccharomyces cerevisiae*. Journal of General Microbiology, 110(1), 185-191.
3. de Kroon, A.I.P.M., Rijken, P.J., De Smet, C.H.(2013) Checks and balances in membrane phospholipid class and acyl chain homeostasis, the yeast perspective. Progress in Lipid Research, 52(4), 374-394.
4. Alberts, B., Johnson, A., Lewis, J.(2002) Molecular biology of the cell, 4th edn, Garland Science, New York.
5. Stipanuk, M.H.(2013) Biochemical, physiological, and molecular aspects of human nutrition, Elsevier/Saunders, St. Louis, MO.
6. Lehninger, A.L., Nelson, D.L., Cox, M.M.(2013) Lehninger principles of biochemistry, W.H. Freeman, New York.
7. Saerens, S.M.G., Delvaux, F.R., Verstrepen, K.J., Thevelein, J.M.(2010) Production and biological function of volatile esters in *Saccharomyces cerevisiae*. Microbial Biotechnology, 3(2), 165-177.
8. Chen, Y., Siewers, V., Nielsen, J.(2012) Profiling of cytosolic and peroxisomal acetyl-CoA metabolism in *Saccharomyces cerevisiae*. PloS One, 7(8), e42475.
9. Sajbidor, J.(1997) Effect of some environmental factors on the content and composition of

⑤ 酿酒师面临的一个挑战是，低温、低固形物含量、厌氧条件对酵母也会产生更多的胁迫，因此存在更大的发酵停滞和延迟的风险。

microbial membrane lipids. Critical Reviews in Biotechnology, 17(2), 87-103.

10. Torija, M.J., Betran, G., Novo, M., et al.(2003) Effects of fermentation temperature and *Saccharomyces* species on the cell fatty acid composition and presence of volatile compounds in wine. International Journal of Food Microbiology, 85(1-2), 127-136.
11. Horning, M.G., Martin, D.B., Karmen, A., Vagelos, P.R.(1960) Synthesis of branched-chain and odd-numbered fatty acids from malonyl-CoA. Biochemical and Biophysical Research Communications, 3(1), 101-106.
12. Luttik, M.A.H., Kötter, P., Salomons, F.A., et al.(2000) The *Saccharomyces cerevisiae* ICL2 gene encodes a mitochondrial 2-methylisocitrate lyase involved in propionyl-coenzyme A metabolism. Journal of Bacteriology, 182(24), 7007-7013.
13. Henderson, C.M. and Block, D.E.(2014) Examining the role of membrane lipid composition in determining the ethanol tolerance of *Saccharomyces cerevisiae*. Applied and Environmental Microbiology, 80(10), 2966-2972.
14. Los, D.A. and Murata, N.(2004) Membrane fluidity and its roles in the perception of environmental signals. Biochimica et Biophysica Acta(BBA)-Biomembranes, 1666(1-2), 142-157.
15. Farkas, T., Kitajka, K., Fodor, E. et al.(2000) Docosahexaenoic acid-containing phospholipid molecular species in brains of vertebrates. Proceedings of the National Academy of Sciences, 97(12), 6362-6366.
16. Weber, F.J. and de Bont, J.A.M.(1996) Adaptation mechanisms of microorganisms to the toxic effects of organic solvents on membranes. Biochimica et Biophysica Acta(BBA)—Reviews on Biomembranes, 1286(3), 225-245.
17. Bardi, L., Cocito, C., Marzona, M.(1999) *Saccharomyces cerevisiae* cell fatty acid composition and release during fermentation without aeration and in absence of exogenous lipids. International Journal of Food Microbiology, 47(1-2), 133-140.
18. Chapman, D. and Hoffmann, W.(1980) Enzyme function and membrane lipids. Biochemical Society Transactions, 8(1), 32-34.
19. Torija, M.J., Beltran, G., Novo, M. et al.(2003) Effects of fermentation temperature and *Saccharomyces* species on the cell fatty acid composition and presence of volatile compounds in wine. International Journal of Food Microbiology, 85(1), 127-136.
20. Fugelsang, K.C. and Edwards, C.G.(2007) Wine microbiology practical applications and procedures, Springer, New York.
21. Viegas, C.A., Rosa, M.F., Sa-Correia, I., Novais, J.M.(1989) Inhibition of yeast growth by octanoic and decanoic acids produced during ethanolic fermentation. Applied and Environmental Microbiology, 55(1), 21-28.
22. Landolfo, S., Zara, G., Zara, S., et al.(2010) Oleic acid and ergosterol supplementation mitigates oxidative stress in wine strains of *Saccharomyces cerevisiae*. International Journal of Food Microbiology, 141(3), 229-235.
23. Sablayrolles, J.-M., Dubois, C., Manginot, C., et al.(1996) Effectiveness of combined ammoniacal nitrogen and oxygen additions for completion of sluggish and stuck wine fermentations. Journal of Fermentation and Bioengineering, 82(4), 377-381.

24. Saerens, S.M., Verstrepen, K.J., Van Laere, S.D., et al.(2006) The *Saccharomyces cerevisiae* *EHT1* and *EEB1* genes encode novel enzymes with medium-chain fatty acid ethyl ester synthesis and hydrolysis capacity. Journal of Biological Chemistry, 281(7), 4446-4456.
25. Lilly, M., Bauer, F.F., Lambrechts, M.G., et al.(2006) The effect of increased yeast alcohol acetyltransferase and esterase activity on the flavour profiles of wine and distillates. Yeast, 23(9), 641-659.
26. Vianna, E. and Ebeler, S.E.(2001) Monitoring ester formation in grape juice fermentations using solid phase microextraction coupled with gas chromatography-mass spectrometry. Journal of Agricultural and Food Chemistry, 49(2), 589-595.
27. Dufour, J.P., Malcorps, P.H., Silcock, P.(2008) Control of ester synthesis during brewery fermentation, in Brewing yeast fermentation performance, Blackwell Science, pp. 213-233.
28. Edwards, C.G., Beelman, R.B., Bartley, C.E., McConnell, A.L.(1990) Production of decanoic acid and other volatile compounds and the growth of yeast and malolactic bacteria during vinification. American Journal of Enology and Viticulture, 41(1), 48-56.
29. Saerens, S.M.G., Delvaux, F., Verstrepen, K.J., et al.(2008) Parameters affecting ethyl ester production by *Saccharomyces cerevisiae* during fermentation. Applied and Environmental Microbiology, 74(2), 454-461.

22.3 氨基酸代谢

22.3.1 引言

酵母生长所必需的氨基酸及其多聚物(如蛋白质)的生物合成代表了发酵期间的主要氮吸收，蛋白质(酶)是关键代谢途径所必需的，糖蛋白则是酵母细胞壁的结构成分(甘露糖蛋白)。与葡萄汁中其他营养素如碳水化合物、硫和磷相比，氮含量通常较低，且以一种可被酵母吸收的形式存在(即能够掺入)。因此，发酵液中可利用氮的含量常常是酵母生长和发酵速率的限制因素，利用氮的缺乏可使发酵迟缓或停滞和异味形成。酿酒师可以在葡萄汁中外加氮源(通常是无机氮)以在一定程度上解决这一不足，但过度纠正则可能导致微生物不稳定、有毒物质或者不良气味产生。

22.3.2 氮的吸收和降解产物抑制

正如第 5 章所述，葡萄汁含有几类含氮化合物，但在厌氧条件下，它们不能全部为酵母所利用[1]。

(1) 在发酵条件下，酵母可利用铵盐(NH_4^+)和大部分主要氨基酸(如亮氨酸、谷氨酸、缬氨酸)作为氮源，这些氮源(即无机氮和游离氨基氮，FAN)统称为酵母可同化氮(YAN)。

(2) 次要氨基酸(脯氨酸和羟脯氨酸)在厌氧条件下难以被利用，因为这些化合物的代谢需要氧气。例如，在霞多丽葡萄发酵过程中，主要氨基酸的消耗量大于 90%，而脯氨酸的消耗量则低于 10%[2]。

(3) 蛋白质和寡肽(谷胱甘肽除外)通常不是很好的氮源，因为在葡萄酒 pH 下酿酒酵母中蛋白酶活性较低，但某些酵母菌株(特别是像念珠菌这样的腐败酵母)含有在酸性条件下仍可保持较高活性的含天冬氨酸的蛋白酶[3]。

酵母可同化氮不能通过被动扩散进入细胞，而是通过称为通透酶的膜蛋白进行主动转运，这些膜蛋白包括对很多氨基酸具有广谱亲和力的一般氨基酸通透酶(Gap1p)和对特定氮源具有高亲和力的几种选择性通透酶，如 Mep1p、Mep2p 和 Mep3p 对 NH_4^+具有选择性[4, 5]。虽然酵母可以在多种无机和有机氮源中生长，但在葡萄汁中并不是所有形式的酵母可同化氮(YAN)都能同等地被优先选择，不同氮源有不同的利用速率[5]。通常优选氮源与非优选氮源的分配是基于相对生长速率或氨基酸消耗速率，但一种更现代的鉴定优选氮源的方法是它是否降低了对其他氮源吸收或代谢的必需基因(如 *GAP1*)的表达[6]，这些变化统称为氮调节或氮分解代谢抑制(nitrogen catabolite repression，NCR)[5]。

引起最强氮分解代谢抑制效应的优选氮源是天冬酰胺和谷氨酰胺，其次是 NH_4^+和谷氨酸[6]，这些氮源对酵母菌的益处似乎与它们在氨基酸代谢中所起的中心作用有关，它们只需较少的中间步骤从头合成(图 22.3.1)。关于酵母氨基酸合成

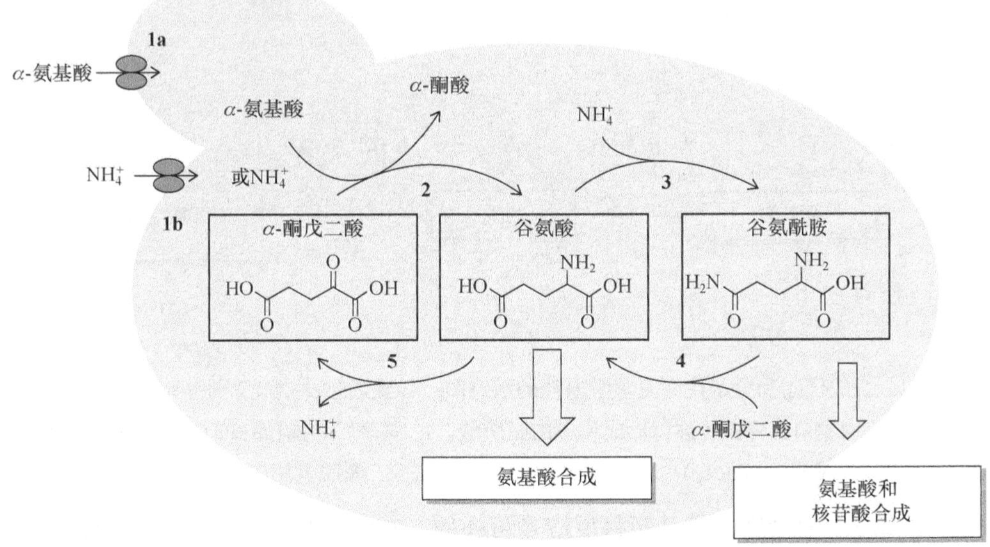

图 22.3.1　酵母中氮摄取和代谢的示意图。**1a**. 氨基酸通透酶(如 Gap1p)；**1b**. 铵通透酶(Mep1p/2p/3p)；**2**. 转氨酶(Bat1p / 2p，Gdh1p)；**3**. 谷氨酰胺合成酶(Gln1p)；**4**. 谷氨酸合成酶 GOGAT(Glt1p)；**5**. 谷氨酸脱氢酶(Gdh2p)

的更详细的说明可以在其他文献中找到[1, 5, 7]。简言之，谷氨酸(85%)和谷氨酰胺(15%)是氨基酸生物合成的主要氮源供体，它们可分别由α-酮戊二酸和谷氨酸再生(图 22.3.1)，反之，谷氨酸是以其他α-氨基酸作为氮源供体由α-酮戊二酸合成的。如下所述，这些反应组合构成连续循环将氮掺入碳骨架中，从而将通用氮源转化为必需氨基酸。

22.3.3 氨基酸的合成、分解和碳骨架

与人类只能从饮食中摄入某些必需氨基酸不同，如果给酵母提供碳源、氮源以及必要辅因子，酵母可以合成其功能和生长所必需的所有氨基酸。氨基酸的生物合成途径始于葡萄糖，一直到形成α-酮酸的倒数第二步(也称碳骨架)[1, 5, 7]，α-酮酸随后可以接受来自谷氨酸或谷氨酰胺的氨基以形成氨基酸(图 22.3.2)。

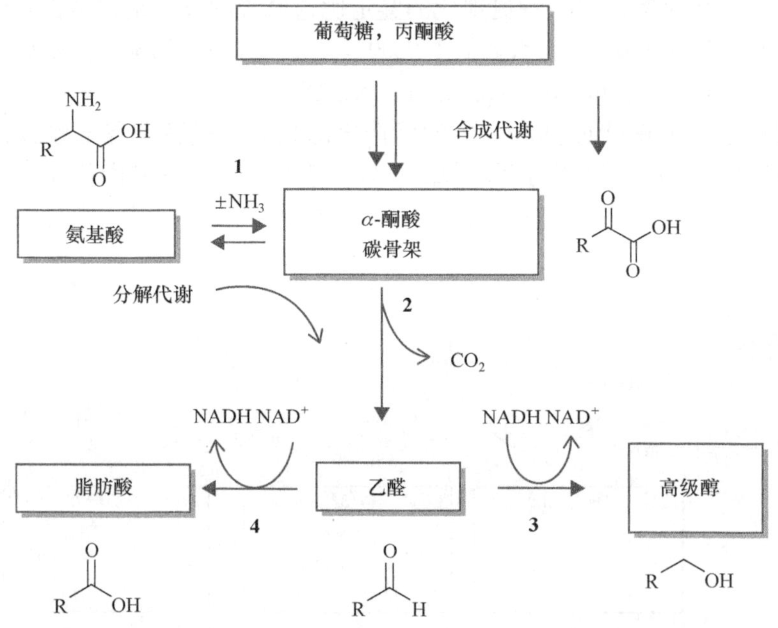

图 22.3.2 合成代谢和分解代谢氨基酸途径的示意图，导致通过α-酮酸碳骨架形成高级醇。小部分碳骨架(约 1%)也将被转移以形成相应的脂肪酸。**1**. 氨基转移酶(如 Bat1 / 2p)；**2**. α-酮酸脱羧酶(如 Pdc1p)；**3**. 醇脱氢酶(如 Adh1p)；**4**. 醛脱氢酶(如 Ald1p)

图 22.3.2 中最后的氨基转移反应是可逆的，在氮有限的情况下，平衡将转为利于氨基酸分解代谢为相应α-酮酸的方向[8]。分解代谢释放的氮又可以用于不同氨基酸的合成(如重新形成谷氨酸)，因此认为，分解代谢使酵母可利用几乎所有氨基酸作为氮源。

22.3.4　高级醇的产生

氨基酸的合成和分解途径都会产生α-酮酸，但是即使在酵母可同化氮源较少的情况下，这些化合物也不会大量累积。图 22.3.2 显示了亮氨酸、异亮氨酸、缬氨酸、苯丙氨酸和甲硫氨酸产生相应α-酮酸并形成相应的高级醇(或称杂醇油，第 6 章)的过程①。简而言之，α-酮酸脱羧形成相应的醛，然后酶促还原形成高级醇或酶促氧化形成羧酸(脂肪酸)[8]。在厌氧(还原)发酵条件下，更倾向于高级醇合成途径，例如，在利用苯丙氨酸作为氮源的模拟发酵中，超过 99%的苯基丙酮酸(α-酮酸)生成了 2-苯基乙醇(高级醇)，其余的形成了苯乙酸(羧酸)[10]。葡萄酒中高级醇的典型浓度和感官特性在第 6 章已有综述，已知影响高级醇产生的几个因素如下，在其他文献中有更详细的综述[1]。

(1) 较低的酵母可同化氮含量有利于平衡向α-酮酸合成方向，从而提高高级醇产量，刺激酵母生长但限制氮可利用率的发酵条件也将增加高级醇的产生，这可能是由于增加了对氨基酸合成的需求。

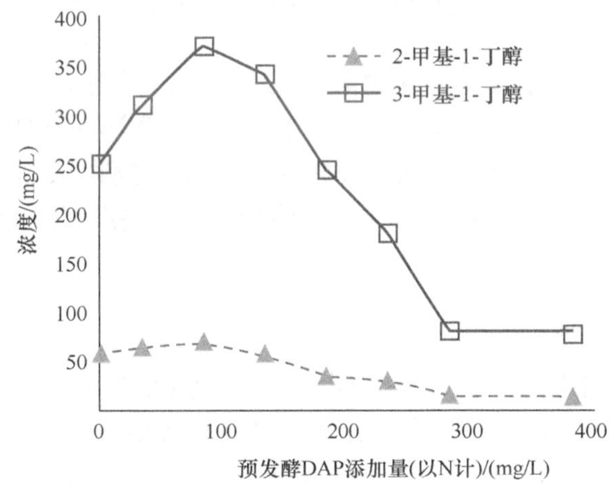

图 22.3.3　增加酵母可同化氮(YAN)含量对高级醇产生的影响。采用酵母菌株 AWRI 796 进行实验，发酵前培养基中含有 YAN 117 mg/L，随加入的磷酸二氢铵(DAP)含量增加，其他高级醇如 2-苯基乙醇和 2-甲基-1-丙醇显示出类似的变化。来自 Vilanova 等的数据[16]

(2) 不同酵母菌株产生高级醇的绝对量和相对量不同，如采用三个不同的酵母菌株发酵相同的葡萄汁(Airén)，3-甲基-1-丁醇(异戊醇)、2-甲基-1-丙醇(异丁醇)和甲硫醇含量差异可达 2 倍(图 22.3.3)[11]。

(3) 高浓度的特定前体氨基酸将导致相应高级醇形成量增加(第 6 章)，如在培

① 从氨基酸到高级醇的分解代谢反应通常称为 Ehrlich 途径，以纪念首先提出该途径的科学家 Felix Ehrlich[9]。

养基中使用缬氨酸作为唯一的氮源时，主要形成 2-甲基-1-丙醇[12]，葡萄酒中甲硫醇浓度与葡萄汁中的甲硫氨酸含量相关[13]。但葡萄酒中高级醇浓度往往与其相应的必需氨基酸相关性较弱[14]，用 ^{13}C 标记的示踪研究表明，葡萄酒中 75%以上的高级醇是通过合成代谢途径产生的[15]。

α-酮酸碳骨架降解为高级醇而不是循环到其他代谢物，其原因目前尚不清楚，但有人提出了几种假设来解释其对酵母的益处[8]：

(1) 与转氨基反应有关的平衡常数大致是一致的，除去过量的α-酮酸有利于氨基酸完全脱氨且更加高效。

(2) 酵母生长导致了 NADH : NAD^+过量，为了恢复氧化还原平衡，酵母不得不以减少 ATP 产量为代价将糖酵解产物转移至甘油(22.1 节)。若以氨基酸分解代谢产生的醛作为电子受体，酵母可恢复氧化还原平衡而又不损失 ATP 产量。

(3) 某些高级醇(如 2-苯基乙醇、色氨醇)在酵母中可能具有群体感应和信号传导的作用[8]。

除了 Ehrlich 途径之外，另外两个氨基酸分解途径对于葡萄酒化学而言也很重要：

(1) 含硫氨基酸(半胱氨酸和蛋氨酸)的分解，在这个途径中，C—S 键裂解分别产生α-酮酸、NH_4^+和具有恶臭的硫化氢(H_2S)或甲硫醇(CH_3SH)(第 10 章)。

(2) 精氨酸被代谢降解为鸟氨酸和尿素，在低氮条件下，尿素随后被酵母用作氮源。但在含氮丰富的食品中，尿素可能积累并最终形成可能使人类致癌的氨基甲酸乙酯(第 5 章)。

22.3.5　乙酸酯的形成

乙酸酯的合成不同于由脂肪酸代谢产生的乙酯(22.2 节)。乙酸酯由高级醇与乙酰-CoA 的酶促反应形成，葡萄果实来源的 3-巯基己醇(第 10 章)和 1-己醇(第 6 章)也会发生类似的乙酰化反应，该反应由乙酰转移酶，特别是 Atf1p 催化(图 22.3.4)。如第 7 章所述，乙酸酯通常具有水果味或花香味，是低年份葡萄酒发酵香的重要贡献者。

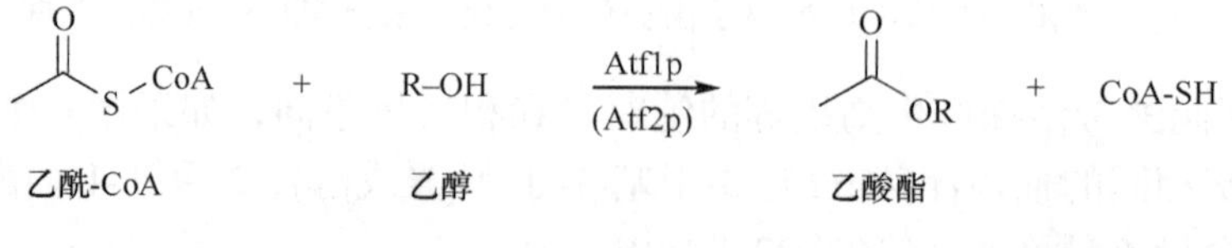

$$CH_3C(=O)S\text{-}CoA + R\text{–}OH \xrightarrow[\text{(Atf2p)}]{\text{Atf1p}} CH_3C(=O)OR + CoA\text{-}SH$$

乙酰-CoA　　乙醇　　乙酸酯

图 22.3.4　酵母中乙酰转移酶(Atf1p 和 Atf2p)催化的由乙酰-CoA 和高级醇形成乙酸酯的反应

高级醇发生乙酰化的比例较低，有实验表明，将 1-己醇、1-辛醇和其他醇添加到葡萄酒中，仅有 0.2%～1.0%(摩尔分数)转化为相应的乙酸酯[17]。大部分数据表明，发酵过程中乙酸酯的产生更多地受到 *ATF1* 基因表达而不是醇底物可用率的影响[18]，这可能是因为转化效率太低。相比之下，对于乙酯的合成，脂肪酸底物的可利用率似乎更为重要(22.2 节)。

有几种方法可用于调节乙酸酯的合成。即使在相同的发酵条件下，商业酵母菌株的乙酸酯产量也不同，其差异甚至可达一个数量级[19]，这种差异可能是由 Atf1p 活性变化所致，遗传改造的酵母中过量表达 *ATF1* 会导致乙酸酯合成量呈数量级增加(图 22.3.5)[20]。不同的乙酰转移酶(Atf2p)或者与乙酯合成相关的酶基因(Eht1p，22.2 节)的过表达，都会导致乙酸酯浓度的微小增加。表达高酯酶活性的菌株(如高活性的 Iahlp，图 22.3.5)产生乙酸酯量减少。

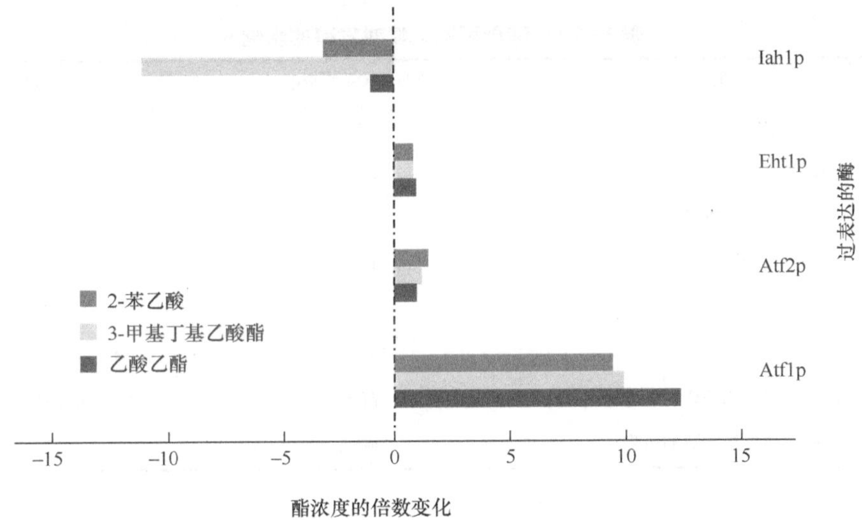

图 22.3.5　遗传改造的酵母菌中参与酯代谢的基因过表达对乙酸酯合成的影响。过表达 Atf1p 的酵母菌合成乙酸酯的量最大，这是由于 Atf1p 在催化相应高级醇乙酰化中起关键作用(图 22.3.4)。Iah1p 具有酯酶活性，因此该基因过表达导致乙酸酯减少。数据来自文献[20]

发酵条件也可能影响 *ATF1* 的表达，最值得关注的是，通气和添加不饱和脂肪酸是减少乙酸酯产生的常见手段[14]，这些条件可以下调基因表达量 4 倍以上[21]。高温也可以减少乙酸酯的形成，据报道，当发酵温度从 20 ℃升至 30 ℃时，乙酸异戊酯总产量降低了 30%[22]，加上高温下挥发性增强而导致的额外损失，在最终葡萄酒中其浓度可能降低一半(22.1.1 小节)，这些因素同样也减少了脂肪酸乙酯的产生(22.2 节)。这就部分解释了为什么在酿造果味白葡萄酒时通常采用澄清葡萄汁，尽量减少氧气接触以及采用较低发酵温度等工艺。

22.3.6　葡萄酒中的酵母可同化氮的需求、添加方法及其后果

表 22.3.1 归纳了低浓度酵母可同化氮(YAN)对发酵效果的影响，通常情况下，

YAN 越低，发酵动力越低，最终残留糖含量越高(图 22.3.6)，尽管低 YAN 所造成的这个和其他许多的后果(如较高的 H_2S 和杂醇油)都不是所希望的，但葡萄汁中过高的 YAN 含量会导致发酵结束时仍有较多的 YAN(图 22.3.6)，这将带来更大的风险(如造成微生物稳定性降低、氨基甲酸乙酯或生物胺生成量增加)。但通常 YAN 不足造成的后果对酿酒师而言更为直接、明显(如发酵停滞或发酵缓慢、异味形成)，因此，人们更关注 YAN 的最小必需量。YAN 的推荐值通常为 150～200 mg/L，但具体因使用目的不同而异，据报道，为避免在发酵结束时检测到残留氮，YAN 浓度一般低至 70～140 mg/L，而为避免可发酵糖残留，建议浓度为 267 mg/L[1]。

表 22.3.1 酵母可同化氮对发酵的影响[1]

结果	降低 YAN 的影响	参考文献
硫化氢产生量	增加	22.4 节
由活性β-裂解酶释放硫醇	增加	23.2 节
发酵速度和生物量产生量	降低	[26]
高级醇产生量	增加	本章
乙酸产生量	降低	22.1 节
酯类产生量	降低	本节和 22.2 节
潜在的氨基甲酸乙酯或生物胺含量	降低	第 5 章
发酵后微生物腐败的风险	降低	[27]

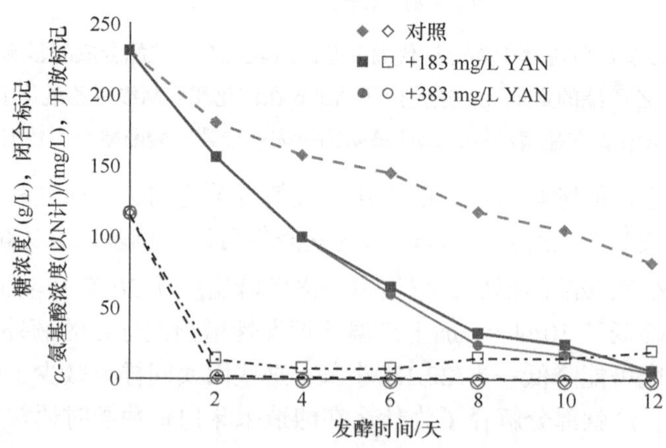

图 22.3.6 添加磷酸二氢铵对葡萄酒模拟体系中残留α-氨基酸氮和发酵动力学的影响。用 AWRI 796 酵母菌株发酵，实心标记指糖浓度，空心标记指α-氨基酸氮浓度。处理是：对照(菱形，YAN= 117 mg/L N，不添加 DAP)；+DAP，183 mg/L N(方形，总 YAN 为 300 mg/L)；+DAP，383 mg/L N(圆形，总 YAN 为 500 mg/L)。数据来自文献[16]

通常通过添加磷酸氢二铵(DAP)等无机氮的形式增加酵母可同化氮[23]。虽然也可买到更复杂的氮源如酵母自溶产物，但这些制剂中氨基酸含量往往低于 10 mg/L，其作用微乎其微[24]。氮源的添加可以在发酵起始之前也可在发酵之后，一般推荐在发酵进行的前半部分添加，因为随乙醇产生，酵母通过透过酶吸收氮的能力降低[25]。

参 考 文 献

1. Bell, S.J. and Henschke, P.A.(2005) Implications of nitrogen nutrition for grapes, fermentation and wine. Australian Journal of Grape and Wine Research, 11(3), 242-295.
2. Huang, Z. and Ough, C.S.(1991) Amino-acid profiles of commercial grape juices and wines. American Journal of Enology and Viticulture, 42(3), 261-267.
3. Theron, L.W. and Divol, B.(2014) Microbial aspartic proteases: current and potential applications in industry. Applied Microbiology and Biotechnology, 98(21), 8853-8868.
4. Beltran, G., Novo, M., Rozes, N., et al.(2004) Nitrogen catabolite repression in *Saccharomyces cerevisiae* during wine fermentations. FEMS Yeast Research, 4(6), 625-632.
5. Feldmann, H.(2010) Yeast: molecular and cell biology, Wiley-VCH, Weinheim.
6. Magasanik, B. and Kaiser, C.A.(2002) Nitrogen regulation in *Saccharomyces cerevisiae*. Gene, 290(1-2), 1-18.
7. Cooper, T.C.(1982) Nitrogen metabolism in *Saccharomyces cerevisiae*, in The molecular biology of the yeast *Saccharomyces*: metabolism and gene expression(eds Strathern, J.N., Jones, E.W., Broach, J.R.), Cold Spring Harbor Laboratory Press, Cold Spring Harbor, NY, pp. 39-99.
8. Hazelwood, L.A., Daran, J.-M., van Maris, A.J.A., et al.(2008) The Ehrlich pathway for fusel alcohol production: a century of research on *Saccharomyces cerevisiae* metabolism. Applied and Environmental Microbiology, 74(8), 2259-2266.
9. Ehrlich, F.(1907) Über die Bedingungen der Fuselölbildung und über ihren Zusammenhang mit dem Eiweissaufbau der Hefe. Ber. Dtsch Chem. Ges., 40, 1027-1047.
10. Vuralhan, Z., Morais, M.A., Tai, S.-L., et al.(2003) Identification and characterization of phenylpyruvate decarboxylase genes in *Saccharomyces cerevisiae*. Applied and Environmental Microbiology, 69(8), 4534-4541.
11. Hernández-Orte, P., Ibarz, M.J., Cacho, J., Ferreira, V.(2005) Effect of the addition of ammonium and amino acids to musts of Airen variety on aromatic composition and sensory properties of the obtained wine. Food Chemistry, 89(2), 163-174.
12. Dickinson, J.R., Harrison, S.J., Hewlins, M.J.E.(1998) An investigation of the metabolism of valine to isobutyl alcohol in *Saccharomyces cerevisiae*. Journal of Biological Chemistry, 273(40), 25751-25756.
13. Hernández-Orte, P., Cacho, J.F., Ferreira, V.(2002) Relationship between varietal amino acid profile of grapes and wine aromatic composition. Experiments with model solutions and chemometric study. Journal of Agricultural and Food Chemistry, 50(10), 2891-2899.

14. Malcorps, P., Cheval, J., Jamil, S., Dufour, J.(1991) A new model for the regulation of ester synthesis by alcohol acetyltransferase in *Saccharomyces cerevisiae* during fermentation. Journal of the American Society of Brewing Chemists, 49(2), 47-53.
15. Nisbet, M.A., Tobias, H.J., Brenna, J.T., et al.(2014) Quantifying the contribution of grape hexoses to wine volatiles by high-precision [$U^{13}C$]-glucose tracer studies. Journal of Agricultural and Food Chemistry, 62(28), 6820-6827.
16. Vilanova, M., Ugliano, M., Varela, C., et al.(2007) Assimilable nitrogen utilisation and production of volatile and non-volatile compounds in chemically defined medium by *Saccharomyces cerevisiae* wine yeasts. Applied Microbiology and Biotechnology, 77(1), 145-157.
17. Dennis, E.G., Keyzers, R.A., Kalua, C.M., et al.(2012) Grape contribution to wine aroma: production of hexyl acetate, octyl acetate, and benzyl acetate during yeast fermentation is dependent upon precursors in the must. Journal of Agricultural and Food Chemistry, 60(10), 2638-2646.
18. Saerens, S.M.G., Delvaux, F.R., Verstrepen, K.J., Thevelein, J.M.(2010) Production and biological function of volatile esters in *Saccharomyces cerevisiae*. Microbial Biotechnology, 3(2), 165-177.
19. Steensels, J., Meersman, E., Snoek, T., et al.(2014) Large-scale selection and breeding to generate industrial yeasts with superior aroma production. Applied and Environmental Microbiology, 80(22), 6965-6975.
20. Lilly, M., Bauer, F.F., Lambrechts, M.G., et al.(2006) The effect of increased yeast alcohol acetyltransferase and esterase activity on the flavour profiles of wine and distillates. Yeast, 23(9), 641-659.
21. Fujii, T., Kobayashi, O., Yoshimoto, H., et al.(1997) Effect of aeration and unsaturated fatty acids on expression of the *Saccharomyces cerevisiae* alcohol acetyltransferase gene. Applied and Environmental Microbiology, 63(3), 910-915.
22. Morakul, S., Mouret, J.-R., Nicolle, P., et al.(2013) A dynamic analysis of higher alcohol and ester release during winemaking fermentations. Food and Bioprocess Technology, 6(3), 818-827.
23. Boulton, R.B., Singleton, V.L., Bisson, L.F., Kunkee, R.E.(1999) Principles and practices of winemaking, Springer, New York.
24. Stewart, A.C. and Butzke, C.E.(2011) Assessment of yeast nutrient supplements and residual nitrogen in wine. American Journal of Enology and Viticulture, 62(3), 390A-391A.
25. Sablayrolles, J.-M., Dubois, C., Manginot, C., et al.(1996) Effectiveness of combined ammoniacal nitrogen and oxygen additions for completion of sluggish and stuck wine fermentations. Journal of Fermentation and Bioengineering, 82(4), 377-381.
26. Bisson, L.F.(1999) Stuck and sluggish fermentations. American Journal of Enology and Viticulture, 50(1), 107-119.
27. Fugelsang, K.C. and Edwards, C.G.(2007) Wine microbiology—practical applications and procedures, Springer, New York.

22.4 硫 代 谢

22.4.1 引言

由于硫在含硫氨基酸、肽和蛋白质中的作用，酵母生长需要硫[1-3]。与氮不同，在发酵过程中硫的可利用率极其低，可被吸收的硫包括元素硫、硫酸盐和亚硫酸盐等无机态以及氨基酸和肽等有机态。葡萄果实通常含有少量的有机硫化合物如半胱氨酸和甲硫氨酸[4]，在葡萄酒酿造过程中可利用的硫主要是硫酸盐(SO_4^{2-})[2]。葡萄汁或醪中含有丰富的硫酸盐，浓度可达几百 mg/L[5, 6]①。影响葡萄酒香气和质量的几种主要硫化物是在酵母发酵过程产生的次生代谢产物(第 10 章)，其中 H_2S 备受关注，它是含硫氨基酸代谢副产物，在发酵过程中，H_2S 总生成量达到几百 μg/L，但大部分将随 CO_2 蒸发，只有一部分留在成品酒中(1～20 μg/L)。尽管如此，在发酵过程中 H_2S 产生的恶臭对酿酒师而言是一种滋扰，它可能进一步转化为不容易从葡萄酒中除去的挥发性含硫化合物，从而带来更大的难题，因此，要了解酵母中含硫化合物产生，有必要先从 H_2S 开始了解。

22.4.2 硫化物的产生与利用

含硫氨基酸的生物合成需要硫化物(S^{2-})，即硫的最还原形式，酵母通过硫酸盐还原途径(sulfate reduction sequence，SRS)，吸收和活化硫酸盐并将其还原为亚硫酸盐，再还原为硫化物(图 22.4.1)。硫酸盐的 ATP 活化显著地提高了其还原电位，使之在热力学上更有利于还原成亚硫酸盐[7]，在进一步还原成硫化物后，在酶促作用下与 *O*-乙酰化丝氨酸(*O*-acetylhomoserine，*O*-AHS)偶合形成半胱氨酸和甲硫氨酸[1, 8]。值得注意的是，在硫酸盐还原途径中，亚硫酸盐作为中间产物形成，同时，胞外的亚硫酸盐(如来自葡萄酒酿造过程中添加的酸性亚硫酸盐)也可以扩散进入胞内而被利用，这种硫同化途径可归纳如下。

(1) 胞外硫酸盐通过透过酶被转运至胞内；

(2) 硫酸盐被 ATP 硫酸化酶腺苷化(**1**)，形成腺苷-5′-磷酸硫酸盐(APS)和焦磷酸(PPi)；

(3) APS 在 APS 激酶作用下，被磷酸化形成 3′-磷酸腺苷-5′-磷酸硫酸盐(PAPS)(**2**)；

(4) PAPS 在 PAPS 还原酶(**3**)和 NADPH 作用下，被还原为亚硫酸盐；

(5) 如果没有被分泌到胞外，亚硫酸盐则进一步在亚硫酸盐还原酶(**4**)和

---

① 较高含量可能是由于添加到葡萄汁或醪的亚硫酸盐氧化。

NADPH 作用下还原为硫化物，后者可被同化为含硫氨基酸或被异化为废物 H_2S；

(6) 硫化物经巯基酶、合成酶、裂解酶和甲基转移酶一系列反应，形成同型半胱氨酸，并最终形成半胱氨酸和甲硫氨酸。

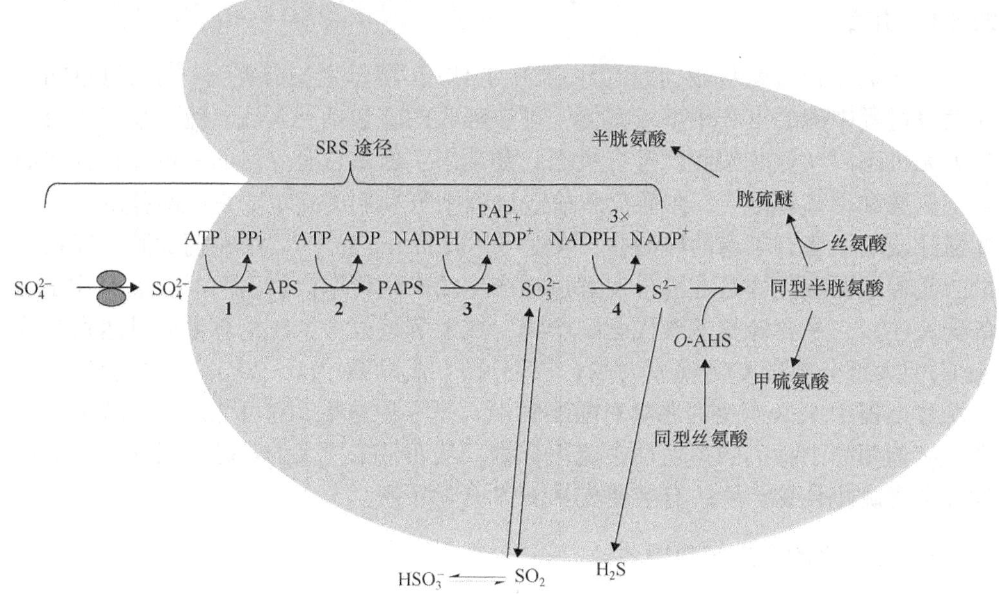

图 22.4.1　通过酵母将硫酸盐同化为含硫氨基酸的途径。硫酸盐吸收后，在 ATP 硫酸化酶作用下被 ATP 腺苷化(**1**)，形成腺苷-5′-磷酸硫酸盐(APS)和焦磷酸(PPi)；APS 在 APS 激酶作用下被磷酸化形成 3′-磷酸腺苷-5′-磷酸硫酸盐(PAPS)(**2**)；PAPS 通过 PAPS 还原酶(**3**)和 NADPH 还原为亚硫酸盐，释放磷酸腺苷磷酸盐(PAP)；亚硫酸盐可以被分泌到胞外，或进一步在亚硫酸盐还原酶(**4**)和 NADPH 作用下还原为硫化物；硫化物可以被同化成含硫氨基酸或被异化为废物 H_2S

一般来说，利于硫化物积累但抑制硫化物进一步转化为含硫氨基酸的因素都将导致细胞内 H_2S 的积累，并扩散到发酵液中。影响硫化物形成的因素(如酵母菌株、氮可利用率等)将在下面详细讨论。

酵母菌株类型对亚硫酸盐和硫化物产生均有影响，这种影响依赖于环境和发酵条件。大部分菌株可产生 10～30 mg/L 的亚硫酸盐，只有部分菌株产生量大于 100 mg/L[3]，这些差异主要是由于图 22.4.1 中所示的酶活性差异引起的，即不同酵母菌对硫酸盐的吸收、活化和还原存在差异[1, 9]。硫酸盐透过酶和 ATP 硫酸化酶活性增加、甲硫氨酸或亚硫酸盐反馈抑制缺失、亚硫酸盐还原酶活性或亚硫酸盐亲和力较低等都可能导致亚硫酸盐产量增加。反之，提高亚硫酸盐还原酶和巯基酶活性将导致亚硫酸盐积累减少。

同样，酵母菌中硫酸盐还原途径通路的遗传变异也会影响 H_2S 的产生或积累量，菌株可按不产、低产、中产或高产 H_2S 进行归类，野生型(包括非酿酒酵母)

和商业菌株都有相似的产量变化，微生物学家可以根据遗传变异去筛选和鉴定低产 H_2S 的新酵母菌②。由于亚硫酸盐还原酶可催化亚硫酸盐形成硫化物，其活性对于 H_2S 的控制尤为重要[10]，大量关于不同酵母菌(商业的或野生的)产 H_2S 量的调查均表明，较低亚硫酸盐还原酶活性与发酵结束时较低的 H_2S 产量有关[11-13]，其结果可能导致总 SO_2 含量较高。

发酵介质的组成也影响 SRS 途径，众所周知，较低的酵母可同化氮含量与较高的 H_2S 产量有关(22.4.3 小节)。据报道，在过滤葡萄汁中发酵产生 H_2S 的量要高于在合成发酵液中，这可能是由于多酚的胁迫或除了氮缺乏以外的因素(如缺乏甲硫氨酸[11]，22.4.3 小节)。在真实葡萄汁或醪中，SRS 途径的菌株差异与葡萄醪营养状况和发酵条件等交互作用，将使 H_2S 产量的预测变得困难。例如，在合成发酵液中高产 H_2S 的菌株在西拉葡萄汁中也有较高产量，但在合成发酵液中低产 H_2S 的菌株则不一定在真实葡萄汁中就是低产的[13]。

在发酵过程中，H_2S 产生的主要途径涉及 ATP 活化的硫酸盐还原为亚硫酸盐，并最终还原为硫化物，但 SO_2 很容易扩散到酵母细胞内，产生亚硫酸盐(或酸性亚硫酸盐)[14]，相比硫化物，亚硫酸盐是 H_2S 合成更合适的前体物[15]③，尤其在氮源有限的条件下[14]。当氮源出现不足时，与硫酸盐吸收有关的酶以及 SRS 途径初始阶段的酶活性均受到抑制，但亚硫酸盐还原为硫化物的反应仍未受影响。虽然从酵母中提取出来的亚硫酸盐还原酶活性寿命很短且表现为冷不稳定[16]，但只要在酵母活细胞中，在发酵后的几个星期内亚硫酸盐还原酶仍具有还原酶活性，因而导致 H_2S 持续合成。所以，在向有活酵母或酵母酒脚(lees)的葡萄酒中，特别是在大罐发酵时，添加酸性亚硫酸盐或 SO_2 时需要谨慎[2]；幸运的是，酒脚的存在会消耗部分氧气，同时减少了对亚硫酸盐的需要量。较晚添加酸性亚硫酸盐尤其有问题，因为这时 CO_2 夹带 H_2S 的净化作用已基本停止(22.4.4 小节)④。

22.4.3　氮源和 H_2S 的形成

含硫氨基酸终产物(尤其是甲硫氨酸)具有调节 SRS 途径的作用，也就是说硫化物产生是与蛋白质合成的代谢需求相关联的，在大部分葡萄醪中，酵母可同化氮是

---

② 在葡萄酒中，酵母菌生成亚硫酸盐的量增加可能导致其他副作用：如抑制苹乳发酵和促进乙醛产生。酵母产生的高含量与其他亚硫酸盐添加物一起考虑在内，维持酒中亚硫酸盐(和硫酸盐)浓度在法定限量内。

③ 在酿酒过程中通常使用少量的亚硫酸氢盐，但这并不意味着该物质是形成 H_2S 的前体物。相反，就像在本段其余部分对亚硫酸氢盐所阐述的那样，应该强调的是它所引起的潜在生化反应及影响。在葡萄园使用的硫元素，也会在发酵过程中通过非酶途径形成 H_2S 和其他挥发性硫化物。

④ 在发酵过程中加入酸性亚硫酸盐也有诱发乙醛积累的风险。

有限的，而亚硫酸盐是过量的，为弥补氨基酸前体的不足，需要将亚硫酸盐还原为硫化物，这就导致了 H_2S 过量产生，尤其是在酵母生长阶段，通常形成的硫化物达到最大量[4, 17]。铵盐的补充可以有效地抑制 H_2S 的形成[18]，许多氨基酸也同样可以，特别是那些促进酵母高生长速率的丝氨酸、精氨酸、谷氨酰胺和天冬酰胺等，或者作为半胱氨酸和甲硫氨酸合成前体物的丝氨酸和天冬氨酸[4] (图 22.4.2)。在 Jiranek 等[4]的研究中，酵母菌株的差异是明显的，但这两种菌株都表现出脯氨酸、苏氨酸和半胱氨酸缺乏抑制效应，而且半胱氨酸添加还提高了 H_2S 产量。这些结果可以解释如下：

(1) 脯氨酸并不是酵母可同化氮(22.3 节)；

(2) 苏氨酸由天冬氨酸通过中间产物高丝氨酸合成，苏氨酸抑制了高丝氨酸合成，而高丝氨酸是半胱氨酸和甲硫氨酸合成的重要前体物[19]；

(3) 即使半胱氨酸对 SRS 途径有调节作用，但当酵母营养缺乏时，半胱氨酸仍可被催化产生丙酮酸、氨和 H_2S[20]。

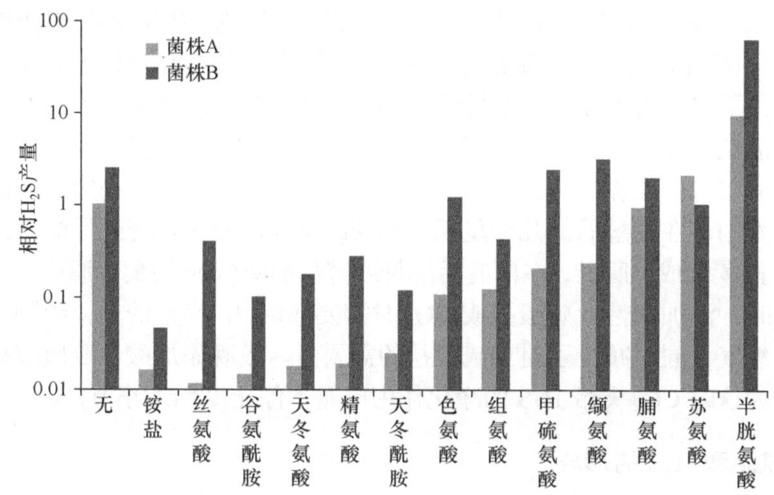

图 22.4.2 在模拟葡萄汁的发酵液中发酵 6 h 时，相对于未处理的菌株 A 的 H_2S 产量(对数)。起始发酵液含 260 μmol/L 亚硫酸盐和 8.3 mmol/L 铵盐，在预测铵盐开始亏缺时添加铵或氨基酸，添加总量相当于 14.3 mmol/L 氮。数据来自文献[4]

与氨基酸前体物合成有关的其他营养素(如吡哆醇和泛酸等 B 族维生素)不足时，也会抑制甲硫氨酸的合成并导致 H_2S 积累[3, 15]，但这种现象并不常见⑤。

酵母菌可能通过β-裂解酶催化半胱氨酸分解形成 H_2S(23.2 节)，尽管在正常葡

⑤ 诸如此类的缺陷，尤其是硫胺素(维生素 B_1)的缺乏，在苹果酒和梨酒等其他发酵果汁饮料生产中更为常见。

萄酒酿造条件下半胱氨酸浓度较低，不太可能成为 H_2S 的来源，但蛋白质和谷胱甘肽(GSH，第 10 章)的降解可能提供了一个半胱氨酸(或胱氨酸，半胱氨酸的氧化二聚形式)池，从而导致 H_2S 产生[2, 18, 21]。相关研究已经证明，凡是将葡萄醪中蛋白质含量降低的工艺(如澄清、发酵前膨润土处理、增加蛋白质水解活性)，都可减少 H_2S 产量。同样地，在酵母活化过程中向葡萄醪中添加谷胱甘肽，会增加 H_2S 产量。有趣的是，酵母似乎在活化过程中而不是在发酵开始时摄取谷胱甘肽。

22.4.4 H_2S 的形成时间和残留的 H_2S

在发酵过程中葡萄醪营养物质的缺乏或耗尽，通常被认为是影响 H_2S 产量的因素，虽然普遍做法是在发酵起始之前补充磷酸二氢铵(DAP)形式的可利用氮，但对 H_2S 形成的影响是复杂的。在某些情况下，DAP 添加可能会增加 H_2S 总产量或残留量，这取决于酵母菌种类和葡萄汁/醪组分[17, 22](图 22.4.3)。由于 H_2S 挥发性很强，成品酒中 H_2S 残留量主要取决于其产生时机而不是产生总量[23]。影响 H_2S 总产量和残留量的因素可概括如下：

(1) 在酵母生长早期，产量低至中等并可能延续到整个发酵过程，这种状态通常不会因氮或营养素补充而改变，H_2S 还可能残留在葡萄酒中。

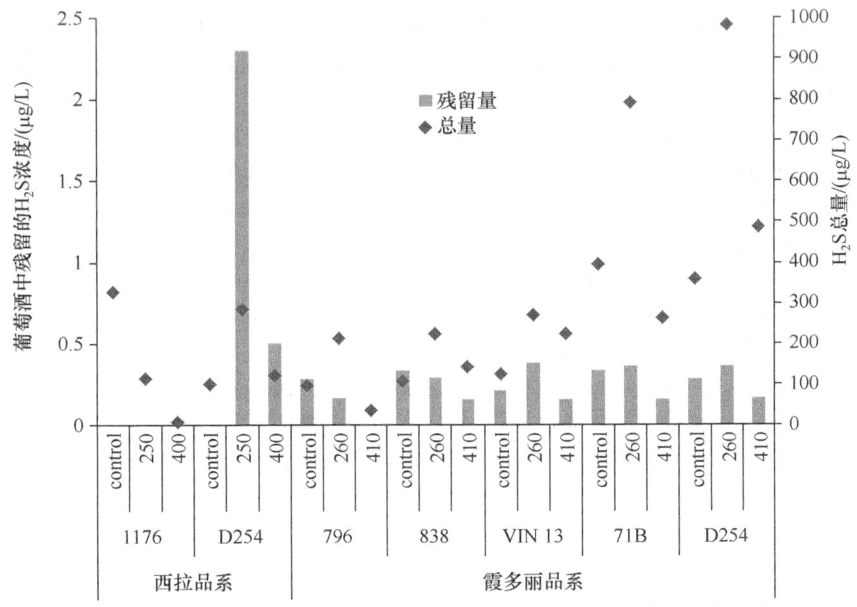

图 22.4.3 在西拉(30 kg)和霞多丽(200 mL)发酵中酵母菌株和氮补给(横坐标标注的是总可同化氮(mg/L))对 H_2S 总产量和最终残留量的影响(备注：总产量和残留量纵坐标范围有很大不同)。对照的西拉和霞多丽中分别含有 100 mg/L 和 110 mg/L 的可同化氮。数据来自文献[17, 22]

(2) 在酵母快速生长且可利用氮亏缺的早-中阶段，H_2S 产量达到最大，在这个阶段会发生 CO_2 夹带大量 H_2S 挥发的现象，但低夹带力使部分 H_2S 仍残留在葡萄酒中。在可利用氮较低的情况下，补充 DAP 和营养素对氮响应型的菌株是有益的。

(3) 在发酵后期，酵母生长已经停止，H_2S 合成减少，但由于 CO_2 产生量也较少，其夹带挥发的 H_2S 量也相应减少，可能导致葡萄酒中残留 H_2S 的风险增加，这时补充 DAP 往往没有效果。

总之，在发酵过程中产生的 H_2S 量越多，并不一定在成品酒中的残留量就越多，在发酵中期的产生量对于葡萄酒中 H_2S 最终残留量是最为重要的。

参考文献

1. Rauhut, D.(1993) Yeasts—production of sulfur compounds, in Wine microbiology and biotechnology(ed. Fleet,G.H.)，Harwood Academic Publishers，Chur，Switzerland，pp. 183-224.
2. Rauhut，D.(2009) Usage and formation of sulphur compounds，in Biology of microorganisms on grapes，in must and in wine(eds König，H.，Unden，G.，Fröhlich，J.) Springer-Verlag，Berlin and Heidelberg，pp. 181-207.
3. Eschenbruch，R.(1974) Sulfite and sulfide formation during winemaking—a review. American Journal of Enologyand Viticulture，25(3)，157-161.
4. Jiranek，V.，Langridge，P.，Henschke，P.A.(1995) Regulation of hydrogen sulfide liberation in wine-producing *Saccharomyces cerevisiae* strains by assimilable nitrogen. Applied and Environmental Microbiology，61(2), 461-467.
5. Ough，C.S. and Amerine，M.A.(1988) Other constituents，in Methods for analysis of musts and wines，2nd edn，John Wiley & Sons，Inc.，New York，pp. 264-301.
6. Rankine, B.C.(2004) The composition of wines, in Making good wine, Pan Macmillan Australia, Sydney，NSW,pp. 259-265.
7. Yu, Z., Lemongello, D., Segel, I.H., Fisher, A.J.(2008) Crystal structure of *Saccharomyces cerevisiae* 3-phosphoadenosine-5-phosphosulfate reductase complexed with adenosine 3,5-bisphosphate. Biochemistry，47(48)，12777-12786.
8. Thomas，D. and Surdin-Kerjan，Y.(1997) Metabolism of sulfur amino acids in *Saccharomyces cerevisiae*. Microbiology and Molecular Biology Reviews，61(4)，503-532.
9. Pretorius，I.S.(2000) Tailoring wine yeast for the new millennium: novel approaches to the ancient art of winemaking.Yeast，16(8)，675-729.
10. Cordente, A.G., Heinrich, A., Pretorius, I.S., Swiegers, J.H.(2009) Isolation of sulfite reductase variants of a commercial wine yeast with significantly reduced hydrogen sulfide production. FEMS Yeast Research，9(3)，446-459.
11. Spiropoulos，A.，Tanaka，J.，Flerianos，I.，Bisson，L.F.(2000) Characterization of hydrogen sulfide formation in commercial and natural wine isolates of *Saccharomyces*. American Journal of Enology and Viticulture，51(3)，233-248.
12. Mendes-Ferreira, A., Mendes-Faia, A., Leão, C.(2002) Survey of hydrogen sulphide production

by wine yeasts.Journal of Food Protection，65(6)，1033-1037.

13. Kumar，G.R.，Ramakrishnan，V.，Bisson，L.F.(2010) Survey of hydrogen sulfide production in wine strains of *Saccharomyces cerevisiae*. American Journal of Enology and Viticulture，61(3)，365-371.

14. Divol，B.，du Toit，M.，Duckitt，E.(2012) Surviving in the presence of sulphur dioxide: strategies developed by wine yeasts. Applied Microbiology and Biotechnology，95(3)，601-613.

15. Wainwright，T.(1971) Production of H_2S by yeasts: role of nutrients. Journal of Applied Bacteriology，34(1)，161-171.

16. Jiranek，V.，Langridge，P.，Henschke，P.A.(1996) Determination of sulphite reductase activity and its response to assimilable nitrogen status in a commercial *Saccharomyces cerevisiae* wine yeast. Journal of Applied Bacteriology，81(3)，329-336.

17. Ugliano，M.，Kolouchova，R.，Henschke，P.(2011) Occurrence of hydrogen sulfide in wine and in fermentation: influence of yeast strain and supplementation of yeast available nitrogen. Journal of Industrial Microbiology and Biotechnology，38(3)，423-429.

18. Vos，P.J.A. and Gray，R.S.(1979) The origin and control of hydrogen sulfide during fermentation of grape must. American Journal of Enology and Viticulture，30(3)，187-197.

19. Jones，E.W. and Fink，G.R.(1982) Regulation of amino acid and nucleotide biosynthesis in yeast，in The molecular biology of the yeast *Saccharomyces*: metabolism and gene expression(eds Strathern，J.N.，Jones，E.W.，Broach,J.R.)，Cold Spring Harbor Laboratory Press，Cold Spring Harbor，pp. 181-299.

20. Tokuyama，T.，Kuraishi，H.，Aida，K.O.，Uemura，T.(1973) Hydrogen sulfide evolution due to a pantothenic acid deficiency in the yeast requiring this vitamin，with special reference to the effect of adenosine triphosphate on yeast cysteine desulfhydrase. The Journal of General and Applied Microbiology，19(6)，439-466.

21. Winter，G.，Henschke，P.A.，Higgins，V.J.，et al.(2011) Effects of rehydration nutrients on H_2S metabolism and formation of volatile sulfur compounds by the wine yeast VL3. AMB Express，1(36)，1-11.

22. Ugliano，M.，Fedrizzi，B.，Siebert，T.，et al.(2009) Effect of nitrogen supplementation and *Saccharomyces* species on hydrogen sulfide and other volatile sulfur compounds in Shiraz fermentation and wine. Journal of Agricultural and Food Chemistry，57(11)，4948-4955.

23. Ugliano，M.，Winter，G.，Coulter，A.D.，Henschke，P.A.(2009) Practical management of hydrogen sulfide during fermentation-an update. The Australian and New Zealand Grape grower and Winemaker，545a，30-38.

22.5 细菌发酵产物

22.5.1 引言

在葡萄酒酿造过程中酵母是酒精发酵所必需的，而几种细菌也可能影响葡萄酒成分。虽然在地球上细菌的种类成千上万，但只有很少部分可以在高渗胁迫(葡萄汁)、高乙醇浓度(葡萄酒)和/或低 pH(葡萄汁和葡萄酒)下生长，在葡萄酒生产中已确定的最好的是乳酸菌(lactic acid bacteria，LAB)和两种醋酸菌(acetic acid bacteria，AAB)家族成员：醋酸杆菌(*Acetobacter*)和葡萄糖酸杆菌(*Gluconobacter*)。在某些情况下微生物菌群的变化是可取的，例如，可用酒类酒球菌(*Oenococcus oeni*)进行苹果酸-乳酸发酵，但醋酸菌及某些乳酸菌则常引起破败[1–3]。由于细菌的一些代谢转化与酵母相似，如乳酸菌能降解糖类和还原醛类物质为醇类，本节着重介绍与细菌密切相关的且在其他著作中没有阐述的代谢活动。本章不包括的细菌相关的代谢过程有：①葡萄酒的苹果酸-乳酸发酵降酸(第 3 章)；②乳酸味化合物双乙酰和乙偶姻的产生(第 9 章)；③破败化合物如甘露糖和β-葡聚糖(第 2 章)、醋酸(第 3 章)、生物胺和亚胺(第 5 章)、2-乙氧基-3,5-己二烯(第 18 章)的产生。

22.5.2　乳酸菌

1. 苹果酸-乳酸发酵

苹果酸-乳酸发酵(MLF)涉及葡萄来源的双羧酸 L-苹果酸转化为单羧酸 L-乳酸的过程，虽然严格地说这是一个酶催化的脱羧反应而不是发酵①，酒类酒球菌[*Oenococcus oeni*，以前称为明串珠属酒球菌(*Leuconostoc oenos*)]是乳酸菌中最适应葡萄酒低 pH、高乙醇环境的菌种，也是在酒精发酵结束时占主导地位的乳酸菌种[4, 5]，因此它最适合用于苹果酸-乳酸发酵，发酵结果可使葡萄酒可滴定酸度(TA)降低大约 1～3 g/L(以酒石酸计②)、pH 升高 0.1～0.3 个单位③(表 22.5.1)、酒味减弱(第 3 章)。虽然 pH 升高，但由于苹果酸和其他营养物质耗尽，葡萄酒生物稳定性增强了。对于一些白葡萄酒(通常会影响风味)和大多数红葡萄酒(为了风味和/或稳定性)，苹乳发酵是理想的选择。一般是在酒精发酵结束后才接种一种选定的商业酒球菌菌种来完成苹乳发酵，但自发或接种的苹乳发酵也可能与酒精发酵同时发生。

---

① 乳酸菌的确进行真正意义上的发酵，苹果酸的转化类似于酵母的酒精发酵，也有 CO_2 产生，所以也称为发酵。

② 1 g/L 的苹果酸(约 15 mEq/L)完全转化可产生乳酸 0.67 g/L(约 7.5 mEq/L)，并导致可滴定酸度下降大约 7.5 mEq/L(或 0.56 g/L 酒石酸等价物)，因此，在苹果酸-乳酸发酵过程中可滴定酸度(TA)和 pH 变化的差异主要归因于葡萄果实中苹果酸的浓度范围较广(2～6 g/L)。

③ 在凉爽产区，葡萄果实中苹果酸含量往往很高(可滴定酸度大于 8 g/L 酒石酸等价物)，因此，采用苹果酸-乳酸发酵脱酸的效果尤其理想，与采用钙盐化学降低可滴定酸度相比，苹乳发酵提高 pH 幅度较小，对避免微生物破败是有利的。在较温暖产区，果实中苹果酸含量低得多，其所酿的葡萄酒本身就具有较低可滴定酸度和较高 pH，仍然要进行苹果酸-乳酸发酵，目的可能在于改变其他感官质量或防止野生乳酸菌的破败。在这种情况下，苹果酸-乳酸发酵不能获得理想的脱酸效果，反而需要采用酒石酸酸化以调节葡萄酒最终的 pH 和可滴定酸度，使之在合适参数内(第 3 章)。

表 22.5.1　两株酒类酒球菌(*Oenococcus oeni*)发酵的葡萄酒中 pH 和特定的苹乳发酵产物的比较
(数据来自文献[6])

葡萄酒成分	葡萄品种								
	西拉			赤霞珠			美乐		
	苹乳发酵之前	菌株 1[a]	菌株 2[b]	苹乳发酵之前	菌株 1[a]	菌株 2[b]	苹乳发酵之前	菌株 1[a]	菌株 2[b]
pH	3.71	4.01	4.06	3.21	3.27	3.24	3.13	3.17	3.17
非挥发性物质浓度/(g/L)									
可滴定酸度[c]	6.74	3.90	3.86	6.17	5.21	5.56	5.66	5.18	5.19
苹果酸	3.78	0.03	0.10	1.41	0.09	0.11	0.93	0.08	0.1
乳酸	0.07	2.04	2.19	0.04	1.00	0.88	0.052	0.62	0.56
柠檬酸	0.38	0.02	0.10	0.32	0.04	0.19	0.18	0.04	0.12
挥发性物质浓度/(g/L)									
双乙酰	6.01	10.88	4.59	5.06	13.21	6.95	3.70	6.92	3.66
乙偶姻	1.29	3.26	0.45	1.34	15.39	4.83	1.44	5.29	1.30
挥发性酸[d]	0.21	0.37	0.38	0.26	0.36	0.31	0.30	0.35	0.36
乙醛	22.06	6.46	4.20	25.69	8.27	7.87	20.28	11.14	4.87
乳酸乙酯	3.27	48.14	52.34	7.13	48.00	40.94	5.76	28.06	28.57

注：a. 商业菌株，*O. oeni* PN4；b. 本土菌株，*O. oeni* C2219；c. 以酒石酸计；d. 以乙酸计。

L-苹果酸以一价苹果酸盐(HM^-)形式被转运到细胞内[7]，然后在苹果酸乳酸酶(L-苹果酸:NAD^+羧化酶)及 NAD^+和 Mn^{2+}辅因子作用下脱羧(图 22.5.1**A** 途径)[4, 8]，生成的 L-乳酸和 CO_2 可以扩散到胞外。不同于糖酵解反应(22.1 节)，该酶促脱羧反应不会直接产生 ATP，但是该反应消耗了 1 个质子，增加了细胞内 pH 并形成了跨膜质子梯度(质子动力，proton-motive force，PMF)，该质子动力可促进苹果酸盐转运，并与细胞膜 ATPase 结合，用于产生 ATP 形式的能量[5]。

2. 乳酸菌的柠檬酸代谢

苹果酸-乳酸发酵的另一个重要途径就是柠檬酸代谢形成双乙酰、乙偶姻和 2, 3-丁二醇(图 22.5.1，途径 **B**)[4, 5, 9, 10]，其中有黄油味的双乙酰有最低的感官阈值，对葡萄酒风味的影响最大(第 9 章)[2]。与苹果酸代谢一样，柠檬酸以一价负离子形式转运进入胞内，接着被裂解产生醋酸和草酰乙酸。虽然有替代途径，但大多数草酰乙酸最终还是通过产生丙酮酸及与乙酰硫铵焦磷酸盐(TPP)反应，生成α-乙酰乳酸，在少量氧存在下，α-乙酰乳酸可自发地与氧反应生成双乙酰(图 22.5.1 和图 22.5.2)。然而，在典型的葡萄酒生产厌氧条件下，乙酰乳酸可转化为气味较弱的乙偶姻，接着还原为 2, 3-丁二醇，这个过程类似于酒精发酵中乙醛还原成乙醇的反应，可使 NADH 再生为 NAD^+，从而维持氧化还原平衡(22.1 节)。在达到

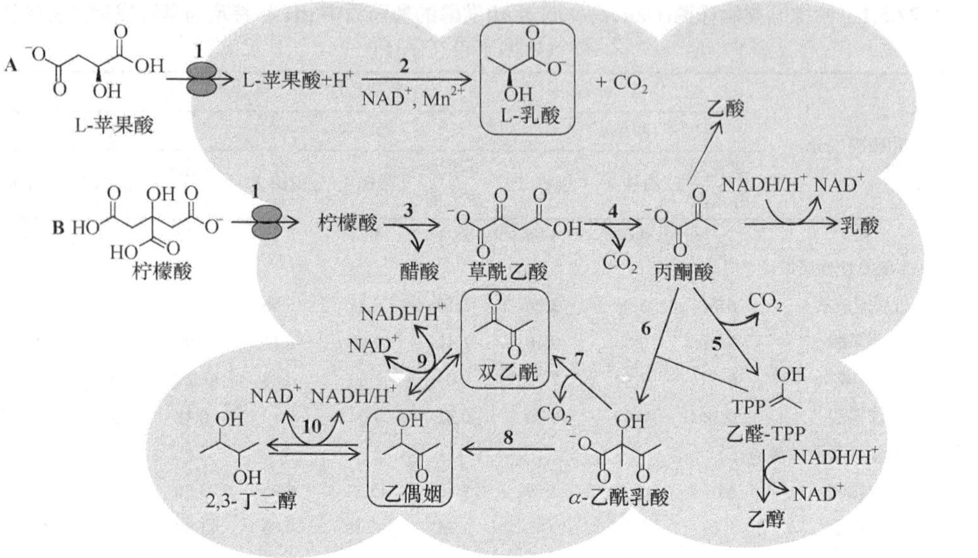

图 22.5.1　酒球菌中由苹果酸生成乳酸的代谢(途径 **A**)以及柠檬酸生成双乙酰和乙偶姻香气物质的代谢(途径 **B**)。通过丙酮酸由柠檬酸生成的其他代谢物也被标示出来。数字说明如下：**1.** 羧酸盐转运蛋白；**2.** 苹果酸乳酸酶；**3.** 柠檬酸裂解酶；**4.** 草酰乙酸脱羧酶；**5.** 丙酮醇脱羧酶；**6.** α-乙酰乳酸合成酶；**7.** 氧化脱羧(非酶促)；**8.** α-乙酰乳酸脱羧酶；**9.** 双乙酰还原酶；**10.** 乙偶姻还原酶

最大值之后，双乙酰可以被乳酸菌依次酶促还原，生成乙偶姻和 2, 3-丁二醇。影响葡萄酒中双乙酰合成④和稳定性的因素已有文献综述[11]，主要包括以下几个方面[4, 12]。

(1) 在苹果酸完全降解后柠檬酸也几乎完全消耗⑤，在葡萄酒中柠檬酸初始浓度越高，双乙酰产量越大。

(2) 半氧条件有利于双乙酰的非酶促产生。

(3) 细菌菌株不同会导致代谢物组的差异，例如，双乙酰还原酶活性越高的菌株，双乙酰转化为乙偶姻的量则越多；此外，由于还原酶存在，带乳酸菌或酵母菌酒脚陈酿会使葡萄酒中双乙酰浓度降低。

④ 酿酒师可以用柠檬酸强化酒来增加双乙酰浓度，而在其他发酵果汁中(如梨酒)柠檬酸的浓度越高，意味着越应该严格控制或完全避免苹果酸-乳酸发酵。

⑤ 有两个相关的后果值得注意。首先，一旦葡萄酒中苹果酸消失，则认为苹乳发酵已经完成，这里向葡萄酒中加入 SO_2 则可能使柠檬酸不能被完全代谢；其次，当所有苹果酸被代谢时，双乙酰含量达到峰值。因此，这些方案可以提供一个优化成品酒中双乙酰浓度(或黄油味)的控制点，即在苹乳发酵之后添加硫之前，允许柠檬酸被完全利用生成双乙醇，接着让其酶促还原为乙偶姻或 2, 3-丁二醇。

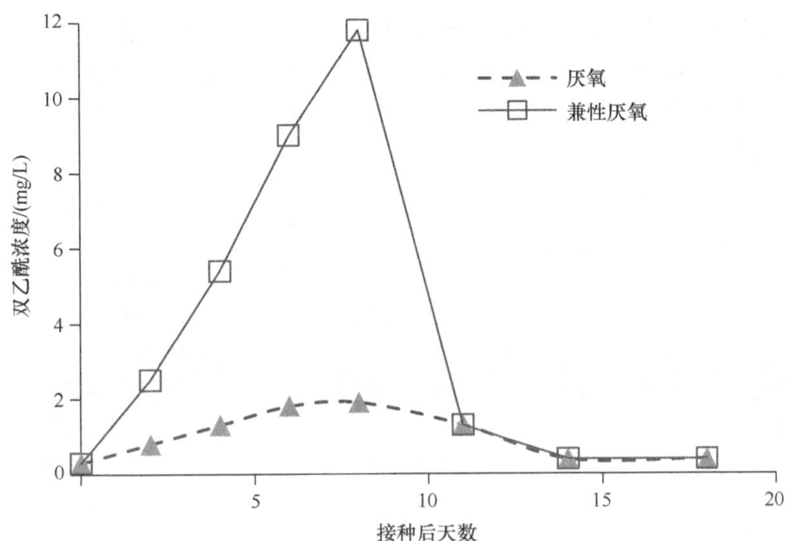

图 22.5.2　在接种后的苹乳发酵进程中双乙酰的浓度变化，表明在半有氧条件下产生的双乙酰含量要大于厌氧条件；在两种情况下，双乙酰均最终通过乳酸菌还原为乙偶姻和 2, 3-丁二醇。数据来自文献[12]

(4) 凡有利于苹果酸-乳酸发酵的因素(如较高温度和 pH)都会降低双乙酰/乙偶姻产量而产生更多醋酸。

(5) 双乙酰可与 SO_2 部分或可逆结合(第 9 章和第 17 章)，降低其挥发性而掩盖黄油味。

柠檬酸代谢也会产生乳酸、乙醇、乳酸乙酯和至少一摩尔当量醋酸，因此，一般在苹乳发酵期间挥发性酸会增加(表 22.5.1)。

3. 乳酸菌的糖发酵

L-苹果酸和柠檬酸不能作为乳酸菌生长的唯一碳源[13]，乳酸菌生长还需要可发酵糖或氨基酸[5]，葡萄糖和柠檬酸共代谢对酒球菌具有积极的促进作用，可提高生长速率和生物量[10]，乳酸菌根据其发酵糖能力进行区分，将其归类为同型发酵菌或异型发酵菌[1, 14]。

(1) 同型乳酸菌可将糖酵解(EMP 途径，22.1 节)，产生的丙酮酸还原产生主要代谢产物——乳酸⑥。这类菌有片球菌属(*Pediococcus* spp.)和一些乳酸杆菌属(*Lactobacillus* spp.)，在葡萄酒中，同型乳酸菌通常会导致乳酸破败。

⑥ 根据菌株的不同，乳酸菌可通过发酵产生 D-、L-或 D, L-乳酸，这是由于乳酸氢化酶的立体专一性不同，乳酸氢化酶可还原丙酮酸的酮基基团产生乳酸的立体中心。相反，L-苹果酸脱羧只产生 L-乳酸，因为立体中心不受苹果酸乳酸转化的影响。

(2) 异型乳酸菌有酒球菌(*O. oeni*)和大部分乳酸杆菌属，它们通过磷酸戊糖途径(图 22.5.3)代谢己糖或戊糖(或其他碳水化合物)，不仅产生 D-乳酸(在乳酸杆菌属中除了产生 L-乳酸和 D,L-乳酸之外)，而且产生醋酸、乙醇、CO_2、甘油和赤藓糖醇等其他产物[15, 16]。

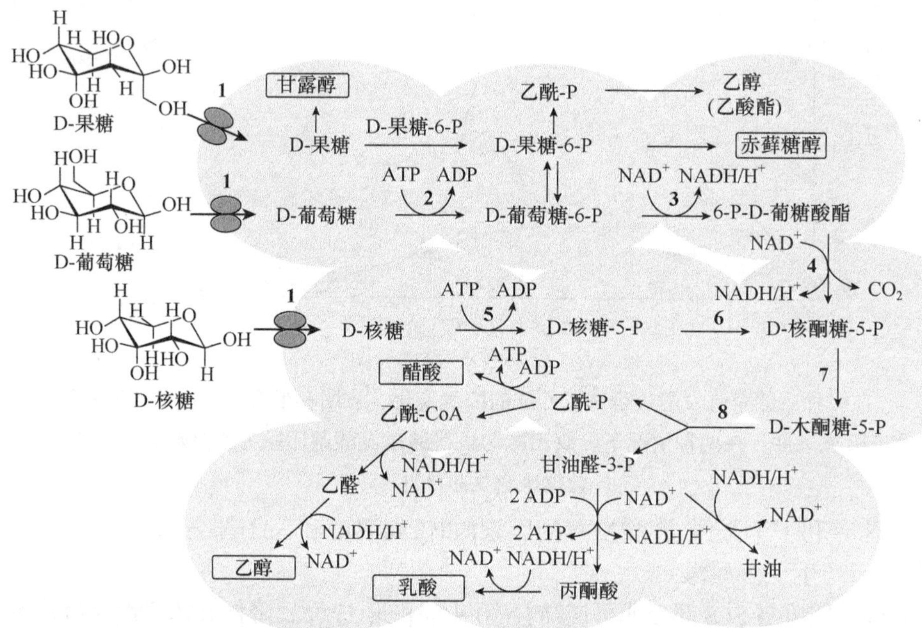

图 22.5.3　乳酸菌的己糖和戊糖(以β-吡喃糖构象显示)异型发酵产生一系列的代谢产物。编号说明如下：**1.** 糖载体；**2.** 己糖激酶；**3.** 6-磷酸葡糖脱氢酶；**4.** 6-磷酸葡糖酸脱氢酶；**5.** 核糖激酶；**6.** 核糖-5-磷酸-酮醇脱氢酶；**7.** 核酮糖-5-磷酸-差向异构酶；**8.** 磷酸转酮酶

(3) 根据异型乳酸菌的己糖代谢，又可分为严格的和兼性异型乳酸菌，前者如 *L. brevis* 和 *L. hilgardii*，后者如 *L. casei* 和 *L. plantarum*；兼性异型菌通过糖酵解途径只产生乳酸，而严格异型菌可产生上述一系列产物；在各种情况下，异型乳酸菌通过磷酸酮醇酶途径发酵戊糖产生主要代谢产物——乳酸和醋酸(或在还原条件产生乙醇)，由于丙酮酸是该途径的中间产物，因此，也可以产生双乙酰和乙偶姻等挥发性物质(图 22.5.1)。

4. 乳酸菌对葡萄酒成分和稳定性的影响

与酵母相似，乳酸菌也能够将醛和其他羰基化合物还原为相应的醇(22.1 节)，因此，在苹乳发酵过程中，几种重要的 SO_2 结合物尤其是乙醛的浓度会降低(表 22.5.1)，由于乳酸菌中糖苷酶(23.1 节)和酯酶(22.2 节)的存在，其他香气物质含量也会改变；葡萄酒中残留糖存在(无论是否有意)会促进腐败微生物生长及不需要的代谢物的产生(22.5.3 小节)。当葡萄酒 pH 小于 3.5 时，有利于酒球菌的存在并得到所期望的感官结果，同时有助于消除其他细菌败破的可能[17]。然而，当 pH 大于 3.5 时，片球菌属可以生长并引起苹乳发酵。即使添加 SO_2，一些乳酸菌(特别是乳酸杆菌属和片球菌属)仍然可以存活，且随着时间推移可产生不愉悦的感官变化。一般情况下，乳酸菌比酵母更容易受 SO_2 影响，如果要启动苹乳发酵，通常要避免添加硫化物。

从葡萄/葡萄醪到苹乳发酵结束整个过程中，研究本土乳酸菌种类的变化的结果表明，存在于葡萄醪中的大部分乳酸杆菌属、酒球菌属和片球菌属细胞在酒精发酵过程中不能存活，这是由于乙醇增加、SO_2 和其他酵母代谢产物的存在。假如没有乳酸菌接种，极少量存活的酒球菌细胞会繁殖并进行苹乳发酵[1, 4, 17]，最终，除了使用 SO_2 和控制葡萄酒 pH 之外，有必要采用无菌过滤(26.3 节)以去除这些细菌、促进葡萄酒微生物稳定。

22.5.3　细菌引起的葡萄酒破败

细菌破败被定义为细菌的意外生长并产生对葡萄酒质量和/或健康有负面影响(或积累到令人不悦的水平)的化合物[1-4, 18]。在乳酸菌破败过程中产生化合物的情况如下。

(1) 醋酸和双乙酰含量增加。

(2) D-果糖转化为甘露糖(图 22.5.3)，从而导致酒体黏稠并带有甜味和刺激性(第 2 章)。

(3) 甘油代谢产生丙烯醛(图 22.5.4)，除了有毒之外，丙烯醛可与酚类物质反应而产生苦味，这个反应在红葡萄酒中更常见。

(4) 黏着性，由片球菌属分泌的胞外多糖(β-D-葡聚糖)，会导致葡萄酒酒体出现不正常的黏稠状态。

(5) 异型乳酸菌会代谢鸟氨酸或赖氨酸，产生的吡啶化合物与糖代谢产生的乙酰-CoA(图 22.5.3)相结合形成具有鼠臭味的杂环胺化合物(2-乙酰基-3, 4, 5, 6-四氢吡啶)(第 5 章)。

(6) 由于片球菌属和乳酸杆菌属存在，氨基酸酶促脱羧而产生相应的生物胺，如组胺和腐胺(第 5 章)。

(7) 虽然酵母菌产生的尿素是致癌物质氨基甲酸乙酯的主要来源(第 5 章)，但乳酸菌也会通过精氨酸脱氨酶途径，将精氨酸代谢形成瓜氨酸和氨基甲酰，后者与乙醇反应产生氨基甲酸乙酯(图 22.5.4)。

乳酸菌也具有肉桂酸脱羧酶活性，可以将葡萄酒中的羟基肉桂酸脱羧而形成 4-乙烯基苯酚和 4-乙烯基愈创木酚，从而增加其含量；酒香酵母也会产生这两种化合物(第 12 章和 23.3 节)。而且在使用山梨酸(或山梨酸钾)作为防腐剂防止甜葡

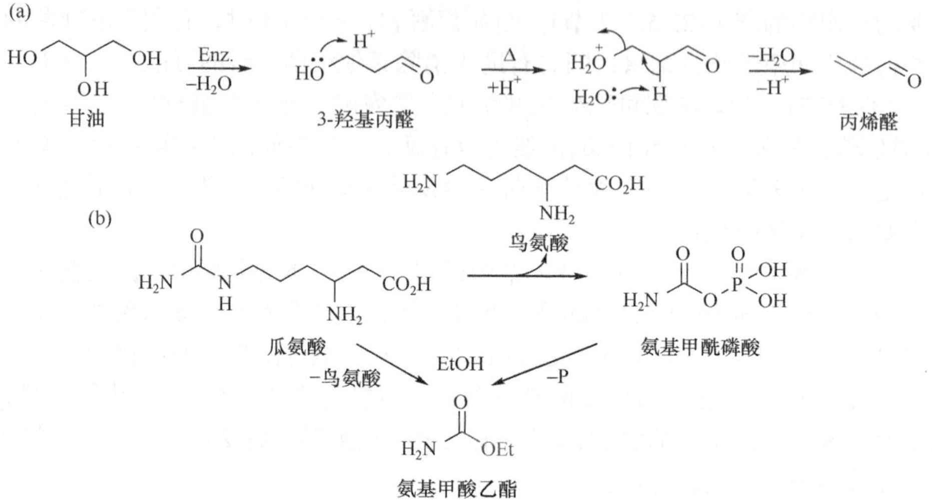

图 22.5.4　(a) 在酸性葡萄酒条件下，异型乳酸菌代谢甘油产生丙烯醛；(b) 瓜氨酸或氨基甲酰磷酸通过乙醇途径形成氨基甲酸乙酯。Enz..甘油氢裂解酶；Δ. 温度的影响

萄酒再发酵时应该注意，乳酸菌中还原酶的存在可将山梨酸的酸官能团还原为一种活性二烯醇，后者可以进行分子重排而转化为 2-乙基-3, 5-二烯，该化合物具有天竺葵味(第 18 章)。

与乳酸菌发挥的潜在作用相比，以醋酸杆菌和葡萄糖酸杆菌形式存在的醋酸菌 AAB 在葡萄酒中仅为腐败菌。醋酸菌存在导致乙醇氧化而产生乙醛、醋酸和乙酸乙酯，使葡萄酒挥发性酸增加并具有醋味(第 3 章)。醋酸杆菌带来的风险往往在发酵之后、在橡木桶成熟过程中、在罐里储存或者在装瓶之后，当暴露于空气时发生；在开始发酵之前腐烂葡萄会有更多的醋酸菌群和更大的破败潜力。葡萄糖酸杆菌通常是在葡萄和葡萄醪中发现，但它们不耐受酒精发酵，因此，它对葡萄酒的破败作用主要源自受损伤葡萄果粒产生的高浓度葡糖酸(第 2 章)和醋酸。

葡萄园病害和葡萄酒厂操作都会影响微生物的存在、生存和生长，除了控制这些方面之外，一些成分或酿酒参数也影响细菌活性[2, 18]，有些在 22.5.2 小节最后一段中已经提到，如通过添加酒石酸或其他允许的酸来控制葡萄酒 pH、在葡萄酒酿造的各个阶段维持 SO_2 的有效水平，以及在装瓶之前进行无菌过滤。此外，其他预防措施如下。

(1) 最大限度减少残留糖和氮，发酵至干型以避免再发酵，避免过量使用磷酸二铵；

(2) 采用巴氏灭菌法、高压法或超声波处理法，减少活菌数量；

(3) 控制适当温度，如较低温度(15℃)，降低细菌生长速度；

(4) 接种已知特性的商业乳酸菌，由本土乳酸菌自发的苹乳发酵会加重上述不良后果；

(5) 依据当地法规(第 27 章)，使用除 SO_2 以外的防腐剂，如二甲基二碳酸酯；

(6) 消除储罐中空穴和填充惰性气体，减少葡萄酒与氧气接触(第 19 章)；

(7) 用干净葡萄酒填满容器；

(8) 进行常规质量控制，如定期检测过滤器的完整性和微生物数量。

参考文献

1. Costantini, A., García-Moruno, E., Moreno-Arribas, M.V.(2009) Biochemical transformations produced by malolactic fermentation, in Wine Chemistry and Biochemistry(eds Moreno-Arribas, M.V. and Polo, M.C.), Springer, New York, pp. 27-57.
2. Bartowsky, E.J.(2009) Bacterial spoilage of wine and approaches to minimize it. Letters in Applied Microbiology, 48(2), 149-156.
3. Bartowsky, E.J. and Pretorius, I.S.(2009) Microbial formation and modification of flavor and off-flavor compounds in wine, in Biology of microorganisms on grapes, in must and in wine, (eds K.nig, H., Unden, G., Fr.hlich, J.), Springer-Verlag, Berlin and Heidelberg, pp. 209-231.
4. Lonvaud-Funel, A.(1999) Lactic acid bacteria in the quality improvement and depreciation of wine. Antonie van Leeuwenhoek, 76(1-4), 317-331.
5. Versari, A., Parpinello, G.P., Cattaneo, M.(1999) *Leuconostoc oenos* and malolactic fermentation in wine: a review. Journal of Industrial Microbiology and Biotechnology, 23(6), 447-455.
6. Ruiz, P., Izquierdo, P.M., Sese.a, S., et al.(2012) Malolactic fermentation and secondary metabolite production by Oenoccocus oeni strains in low pH wines. Journal of Food Science, 77(10), M579-M585.
7. Salema, M., Poolman, B., Lolkema, J.S., et al.(1994) Uniport of monoanionic L-malate in membrane vesicles from *Leuconostoc oenos*. European Journal of Biochemistry, 225(1), 289-295.
8. Radler, F.(1986) Microbial biochemistry. Experientia, 42(8), 884-893.
9. Swiegers, J.H., Bartowsky, E.J., Henschke, P.A., Pretorius, I.S.(2005) Yeast and bacterial modulation of wine aroma and flavour. Australian Journal of Grape and Wine Research, 11(2), 139-173.
10. Ramos, A. and Santos, H.(1996) Citrate and sugar cofermentation in *Leuconostoc oenos*, a ^{13}C nuclear magnetic resonance study. Applied and Environmental Microbiology, 62(7), 2577-2585.
11. Bartowsky, E.J. and Henschke, P.A.(2004) The "buttery" attribute of wine—diacetyl—desirability, spoilage and beyond. International Journal of Food Microbiology, 96(3), 235-252.
12. Nielsen, J.C. and Richelieu, M.(1999) Control of flavor development in wine during and after malolactic fermentation by *Oenococcus oeni*. Applied and Environmental Microbiology, 65(2), 740-745.
13. Liu, S.Q., Davis, C.R., Brooks, J.D.(1995) Growth and metabolism of selected lactic acid bacteria in synthetic wine. American Journal of Enology and Viticulture, 46(2), 166-174.
14. Zú.iga, M., Pardo, I., Ferrer, S.(1993)An improved medium for distinguishing between homofermentative and heterofermentative lactic acid bacteria. International Journal of Food

Microbiology, 18(1), 37-42.

15. Unden, G. and Zaunmüller, T.(2009) Metabolism of sugars and organic acids by lactic acid bacteria from wine and must, in Biology of microorganisms on grapes, in must and in wine(eds K.nig, H., Unden, G., Fr.hlich, J.), Springer-Verlag, Berlin and Heidelberg, pp. 135-147.
16. Kandler, O.(1983) Carbohydrate metabolism in lactic acid bacteria. Antonie van Leeuwenhoek, 49(3), 209-224.
17. Wibowo, D., Eschenbruch, R., Davis, C.R., et al.(1985) Occurrence and growth of lactic acid bacteria in wine: a review. American Journal of Enology and Viticulture, 36(4), 302-313.
18. du Toit, M. and Pretorius, I.S.(2000) Microbial spoilage and preservation of wine: using weapons from nature's own arsenal—a review. South African Journal for Enology and Viticulture, 21(Special Issue), 74-96.

第 23 章　葡萄来源的香气前体物

前几章主要关注葡萄酒中所有乙醇饮料共有的组分，后面章会详细阐述来自于葡萄果实的前体物转化为二级和三级香气物质的(生物)化学反应。下面将阐述以下内容：

(1) 果实中糖苷态的生物合成、提取以及发酵和陈酿过程中的水解。

(2) 采收前后 *S*-结合态香气物质(硫醇前体)的形成，发酵时的裂解，硫质量平衡的概念和硫醇生成的替代途径。

(3) 其他葡萄成分的转变：多不饱和脂肪酸(C_6 挥发性成分)、羟基肉桂酸(酒香酵母和挥发性酚)以及 *S*-甲基蛋氨酸(二甲基硫醚)。

23.1　葡萄酒气味物质的糖苷结合态前体

23.1.1　引言

糖苷是植物次生代谢产物，由非糖成分苷元连接一个或多个糖构成(图 23.1.1)①。糖苷普遍存在于植物界中，在所有主要植物器官即果实、叶、种子、花、树皮和根中都有发现[1, 2]②。大多数苷元是非极性或半极性的，糖基化可增加其水溶性并降低反应性，进而促进了这些化合物的转运、积累、存储及其解毒作用[1-3]。植物的糖苷代谢包括糖苷转移酶和水解酶，分别催化苷元的糖基化反应和水解反应[3, 4]。本书前面已经讨论了几种非挥发性酚类苷元的糖苷，包括花色苷和黄酮醇(第 11 章)。本章将重点关注挥发性苷元的糖苷，包括脂肪醇(如 C_6 化合物)、莽草酸衍生物(如苯甲醇、多酚、香草醛)以及甲羟戊酸/脱氧木酮糖磷酸酯(DXP)的衍生物(如单萜、C_{13}-降异戊二烯)(图 23.1.2)。这些物质可以作为香气前体物[5]，这些糖苷常被称为

---

① 即官能团通过一个糖苷键将糖连接到苷元的异头羟基上(通常是一个醇提供 *O*-葡萄糖苷)，异头羟基的位置可能是轴向(即相对于平面形成一个大角度 90°，最接近大多数环原子)的或者在赤道位置(形成一个小角度，如图 23.1.1 所示)；许多情况下β-端基异构体具有羟基赤道而α-端基异构体具有羟基轴向。但是α-和β-端基异构体的命名超出了本章范畴，它们并不是简单地通过糖的环状结构中羟基是轴向还是赤道得出的。

② 对于所有重要的具有经济价值的植物来源糖苷的完整描述远远超出了本书的范围，但是这份名单包含了来源于柳树皮的水杨苷，这是一种和阿司匹林有密切关系的水杨酸葡萄糖苷；还包括吲哚苷，一种靛蓝染料的葡萄糖苷；以及柚皮苷，一种西柚果汁的关键苦味成分。

结合态化合物，能够在发酵和存储过程中转化为游离态香气物质。糖苷结合态前体物转化为游离态香气物质的最终浓度取决于几个重要因素：果汁或尚未发酵的葡萄醪中前体物的含量、发酵时酶活性、储存过程中的 pH 和温度。

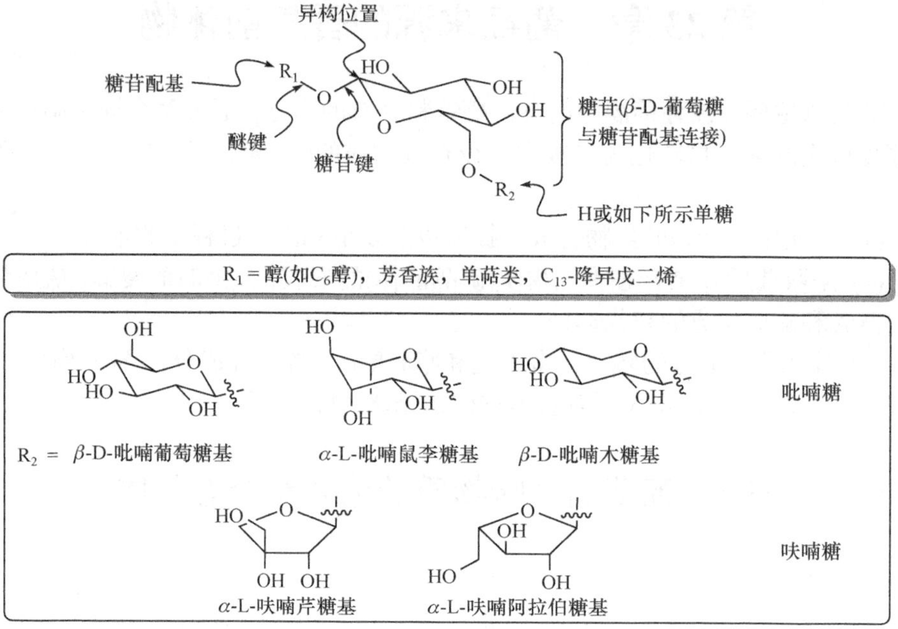

异构位置
糖苷配基
醚键
糖苷键
糖苷(β-D-葡萄糖与糖苷配基连接)
H或如下所示单糖

R_1 = 醇(如C_6醇)，芳香族，单萜类，C_{13}-降异戊二烯

R_2 = β-D-吡喃葡萄糖基　α-L-吡喃鼠李糖基　β-D-吡喃木糖基　吡喃糖

α-L-呋喃芹糖基　α-L-呋喃阿拉伯糖基　呋喃糖

图 23.1.1　一般糖苷的结构，糖苷配基(R_1)连接到 D-葡萄糖的异头羟基(这里展示的是β-端基异构体，因此是β-D-葡萄糖苷)，糖苷配基和氧之间的键被称为醚键，氧和糖部分之间的是糖苷键。不同的糖(R_2)可以与葡萄糖 6 号位羟基连接，常常通过其自身的端基异构体位置来表示(~~~)。

注意：D-葡萄糖的β-端基异构体的羟基都在赤道位置，氢虽然没有画出，但都是轴向的

23.1.2　葡萄果实中糖苷结合态香气前体物的形成

葡萄酒中的糖苷结合态来源于葡萄果实，并随着果实成熟而逐渐积累，且与相应的苷元浓度紧密相关。苷元总是直接连接β-D-葡萄糖形成单糖(如 *O*-β-D-葡萄糖，图 23.1.1，R_2=H)，但是葡萄糖会进一步被其他糖替代(α-L-阿拉伯呋喃糖、α-L-吡喃鼠李糖、β-D-吡喃木糖、β-D-呋喃芹菜糖、β-D-葡萄糖，图 23.1.2)从而形成相应的双糖[1, 6]。葡萄浆果中挥发性物质糖基化的机制尚未完全阐明，但推测其形成和醇与糖的反应有关，此反应极难发生，需要活化的核苷酸糖和尿苷二磷酸(UDP)糖基转移酶(UGT，图 23.1.3)[7]。苷元部分常常在葡萄浆果中生物合成，直接由单萜类(第 8 章和下面概述的多羟基化变体)和高级醇(第 6 章)产生，或者是类胡萝卜素分解产物(第 8 章)，后者在下面会更详细地描述。葡萄也能产生痕量的挥发性酚苷，但通常只能在被野火烟雾污染的葡萄上检测到超过阈值的苷元

(第 12 章)。表 23.1.1 总结了葡萄酒香气物质的主要糖苷结合态前体物类型以及决定它们在葡萄中含量的因素。

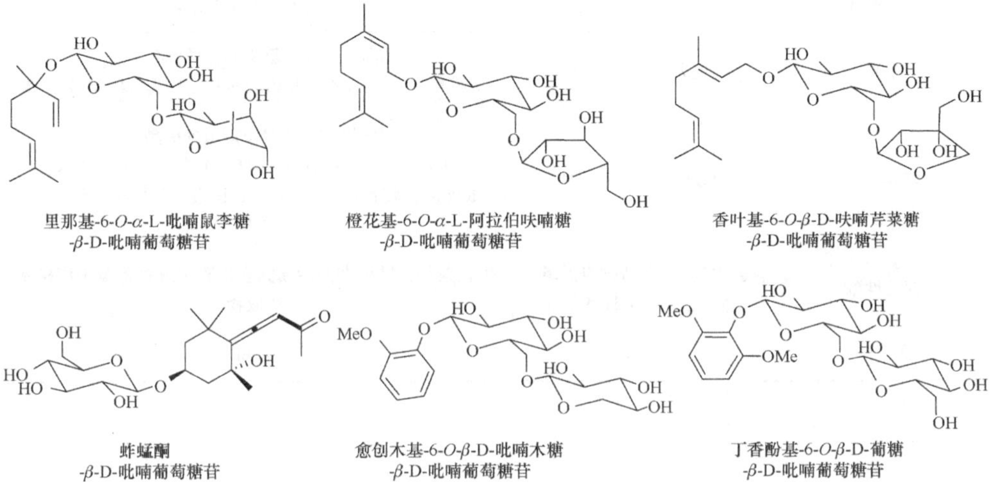

里那基-6-*O*-α-L-吡喃鼠李糖-β-D-吡喃葡萄糖苷

橙花基-6-*O*-α-L-阿拉伯呋喃糖-β-D-吡喃葡萄糖苷

香叶基-6-*O*-β-D-呋喃芹菜糖-β-D-吡喃葡萄糖苷

蚱蜢酮-β-D-吡喃葡萄糖苷

愈创木基-6-*O*-β-D-吡喃木糖-β-D-吡喃葡萄糖苷

丁香酚基-6-*O*-β-D-葡糖-β-D-吡喃葡萄糖苷

图 23.1.2　葡萄和葡萄酒中鉴定出的挥发性苷元的糖苷类型举例(包括单萜、C_{13}-降异戊二烯、酚醛)③

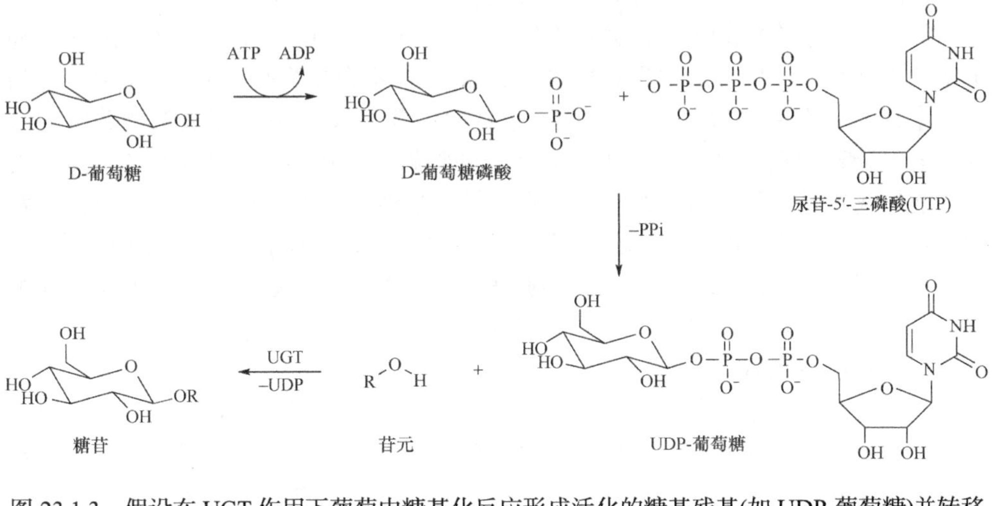

D-葡萄糖　ATP　ADP　D-葡萄糖磷酸　尿苷-5'-三磷酸(UTP)　–PPi

糖苷　UGT　–UDP　苷元　UDP-葡萄糖

图 23.1.3　假设在 UGT 作用下葡萄中糖基化反应形成活化的糖基残基(如 UDP-葡萄糖)并转移至苷元受体上④

③ 鼠李糖葡萄糖苷通常称为芸香糖苷，葡萄糖基-葡萄糖苷可以称为龙胆二糖苷(如果连接的是 2-*O*-而不是 6-*O*-则称为槐糖苷)。

④ 在糖的异头位置(如此处所示)或倒置中可保持构型并发生共轭。

表 23.1.1　在葡萄浆果中以糖苷态形式存在的葡萄酒香气物质、对应的香气组分以及影响果实糖苷浓度的因素

苷元种类	关键挥发性组分	决定浓度的主要因素
单萜	里那醇，香叶醇	品种：麝香葡萄中含量更高； 成熟度：转色后 4 周开始积累并随果实成熟持续积累
C_{13}-降异戊二烯[a]	TDN，β-大马士酮	品种(对于 TDN):雷司令更高； 生长条件(对于 TDN)：曝光更多、N 更少和水 成熟度；转色后 1～3 周开始积累并随果实成熟持续积累
挥发性酚	愈创木酚，4-甲基愈创木酚，香草醛，二甲氧基苯酚	生长条件：转色期前后暴露在烟雾中或对葡萄施用橡木提取物
高级醇	己醇	未知

a. 可能通过无味的多元醇重排形成，下面会提及。

1. 来源于类胡萝卜素的前体物

在各种苷元中，C_{13}-降异戊二烯前体物的合成尤其值得讨论，因为它们来源于多种前体以及中间体，如在第 8 章提到，重要的 C_{13}-降异戊二烯香气物质来源于与类胡萝卜素降解相关的前体物[8, 9]，类胡萝卜素分布广泛，是存在于成熟葡萄果实的天然色素，总含量约为 0.4～2.5 mg/kg，主要为叶黄素和β-胡萝卜素。类胡萝卜素在光合作用中扮演着重要角色(包括白葡萄浆果)，其在未成熟葡萄中的浓度比成熟葡萄中高 3 倍[10-11]。类胡萝卜素的降解在转色前 1 周开始，C_{13}-降异戊二烯前体物在转色后约 1～2 周开始积累[12]。虽然 C_{13}-降异戊二烯可能自发地发生氧化降解，但在葡萄中也已经鉴定出几个类胡萝卜素裂解双加氧酶(CCD)[13]，且至少已经有一种(由 *VvCCD1* 编码)被证实可以催化类胡萝卜素产生 C_{13}-降异戊二烯[12]。两种不同的类胡萝卜素形成了两种有气味活性的 C_{13}-降异戊二烯，其典型路径包括以下两种：

(1) 由葡萄中类胡萝卜素氧化裂解直接形成，如β-紫罗兰酮的生成(第 8 章)。

(2) 由无气味的 C_{13}-降异戊二烯中间物质生成，这些物质在存储过程中会发生酸催化下的分子重排；例如，丙二烯三醇在酸性条件下可转化为β-大马士酮[图 23.1.4(a)]。这些中间体通常含有多种羟基(如多元醇)，且可能以糖苷态形式存在于葡萄中。这种途径在三甲基二氢萘(TDN)、樟脑(vitispirane)、猕猴桃醇(actinidols)以及一些β-大马士酮前体物中也可以发生，它们需要一个初始的水解步骤水解糖苷，下面会进一步说明。

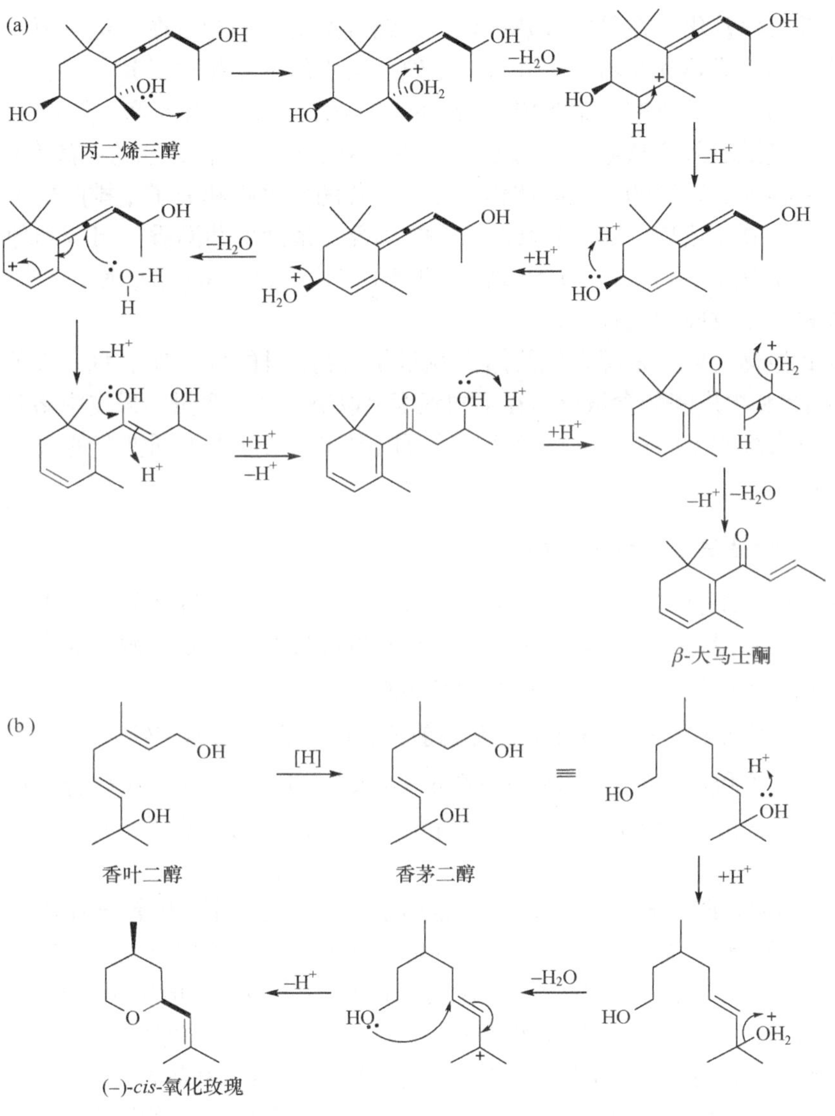

图 23.1.4　酸催化无香味前体物重组，导致：(a) 类胡萝卜素来源的丙二烯三醇转化为β-大马士酮(在这种重排中较早的多羟基中间体也可能作为葡萄中的糖苷态香气前体物积累，在这些前体物中葡萄糖与其中一个羟基连接)；(b) 香茅二醇转化为(–)-*cis*-氧化玫瑰，而香茅二醇可能是对香叶二醇的一个双键酶促加氢还原生成的([H])

2. 多羟基化的单萜

在葡萄汁中发现了游离态和糖苷结合态的类单萜二醇(如与里那醇、香叶醇、橙花醇和香茅醇相关的二烯二醇)[14-18]，无气味的多羟基化合物由上述的酶促反应合成，并被糖基化。在果实成熟过程中，结合态单萜的含量在一定范围内波动，但总体上随着成熟度而增加，并且在成熟果实中的浓度超过了其游离态形式，和这个有关的一个重要例子是芳樟二烯二醇[(*E*)-3,7-二甲基-1, 5-辛二烯-3, 7-二醇]，该物质含量随着果实成熟迅速增加，且最终浓度超过所有其他的游离态单萜[19]。同 C_{13}-降异戊二烯等的香气前体物一样，糖苷的酸水解和分子重排产生了脱氢里那醇、顺式氧化玫瑰(及里那醇或橙花醚[14])等一系列葡萄酒香气组分和葡萄酒内脂(第 8 章和第 25 章)。图 23.1.4(b)中举例展示了由香茅二醇(可能来源于香叶二醇)生成顺式氧化玫瑰的过程[20]。

与其他葡萄果实来源香气前体物(硫醇结合物)一样(23.2 节)，糖苷在葡萄果肉(包括果汁)和果皮间的含量分布在不同程度上取决于苷元含量，果皮中略多[15, 21, 22]，通过分析水解实验中释放的挥发性物质可以得知，果汁中不同糖苷的浓度可达十至上千μg/L[23-25]。

23.1.3 糖苷结合态香气前体物浸提

由于糖苷结合态香气物质在果皮中含量相对较高，研究者研究探索了大量增加葡萄酒糖苷浸提量的措施，大部分是针对取汁发酵的白葡萄酒。通常情况下，通过加强果皮浸渍并结合酶制剂使用来达到效果。

(1) 发酵前果皮浸渍可促进糖苷态前体物的浸提：葡萄破碎后 10 ℃浸渍 4～12 h[26]或压榨和发酵前 15～18 ℃浸渍 6～23 h[27-31]可以显著增加(化合物总量增加到 2 倍)各种由糖苷态产生的挥发性香气物质含量，包括单萜、芳香族化合物和 C_{13}-降异戊二烯。

(2) 商业果胶溶解酶(如果胶酶，也用于果汁澄清，第 21 章)的使用有助于发酵前白葡萄或红葡萄品种果皮中香味前体物的浸提[32]。相比于相似方法下只进行果皮浸渍，用果胶酶进行葡萄果实处理[33]和葡萄醪浸渍[34]可提高糖苷浓度。

(3) 相反，在澄清果汁时添加果胶酶会显著地降低糖苷浓度[34]，这可能是由于许多果胶酶制剂含有糖苷酶活性(表 23.1.2)，能够水解糖苷和释放香气物质。使用果胶酶会影响从糖苷中释放出葡萄酒香气物质的量，而非影响从细胞中浸提糖苷的量。

表 23.1.2 葡萄酒酿造中使用的一些商业果胶酶、纤维素酶制剂的酶活(nkat/mg)⑤，数据来自文献[38]

酶制剂	*β*-葡萄糖苷酶	*α*-阿拉伯糖苷酶	*α*-鼠李糖苷酶	*β*-芹菜糖苷酶
AR2000	5.7	14.7	0.3	1.08
纤维素酶 A	6.1	0.6	0.07	—

⑤ 在国际单位制(SI)中，催化活性 mol/s 被定义为 1 kat(开特)；nkat 表示纳开特，对应每毫克酶制剂的催化活性。

续表

酶制剂	β-葡萄糖苷酶	α-阿拉伯糖苷酶	α-鼠李糖苷酶	β-芹菜糖苷酶
半纤维素酶	7.1	7.0	0.9	—
Novoferm 12	8.4	0.5	0.05	0.15
Pectinase 263	7.2	1.4	0.3	0.2
Pectinol D5S	0.5	0.7	—	—
Pectinol VR	0.2	0.1	—	—
Pektolase 3PA	1.5	3..8	0.04	0.3
Rohament CW	3.3	0.7	0.4	—
Ultrazym100	0.5	0.1	—	0.03

23.1.4　糖苷结合态香气前体物的水解机理

糖苷结合态香气前体物没有挥发性，需要经过水解释放挥发性苷元，水解可通过酸催化或酶催化进行[6, 36]，并且根据水解方式[37]、糖苷和苷元结构[1]的不同生成不同的产物。

1. 酸催化的水解

在葡萄酒陈酿期间，糖苷经历缓慢的酸水解[3, 36, 38]，目前已经对温和(模拟葡萄酒 pH，50 ℃，数周)和剧烈(pH 1，100 ℃，1 h)条件下的水解进行了研究，前者更加适用于检测葡萄酒陈酿期间香气物质组成的变化，而后者的“极端条件”更加适用于评估来源于葡萄果实糖苷态前体物的香气物质的可能最大释放量。酸水解可能造成醚键和糖苷键断裂(图 23.1.1)，依据不同的苷元结构，释放出的挥发性化合物通常会经历进一步的酸催化重排(图 23.1.4 和图 23.1.5)；高温和低 pH 有利于糖苷的释放和重排[37, 39, 40]，糖基化稳定糖苷，使游离的香叶醇重排形成相应香气物质(如里那醇)的时间比香叶基糖苷快约一个数量级。糖基化也可能改变水解后产物的相对数量，例如，相对于无香气的副产物 3-羟基-β-大马士酮，50%以上的β-大马士酮是由其糖苷态前体物产生的，而非由其生物合成途径中的前体物产生[1, 39]。

2. 酶催化的水解

通过糖苷酶释放苷元的过程可以是一步反应，也可以是一系列连续反应[1, 3, 6, 36]。简单的葡萄糖苷可以通过β-葡萄糖苷酶裂解(一步反应)，然而结合了一个非葡萄糖的双糖则需要特定的酶(外切酶，如α-阿拉伯糖苷酶等，详见表 23.1.2)来水解糖间键，在葡萄糖苷键水解断裂前先顺序裂解末端的糖。然而，也存在能够一步直接切开双糖的双糖苷酶(β-葡萄糖苷内切酶)。葡萄果实中含有内源性糖苷酶，其中最主要的是β-葡萄糖苷酶，但其活性受到葡萄果汁 pH 和葡萄糖的抑制；考虑到葡萄果实中糖苷含量丰富，在发酵过程中其释放相对缓慢，因此，需要选择糖苷酶替

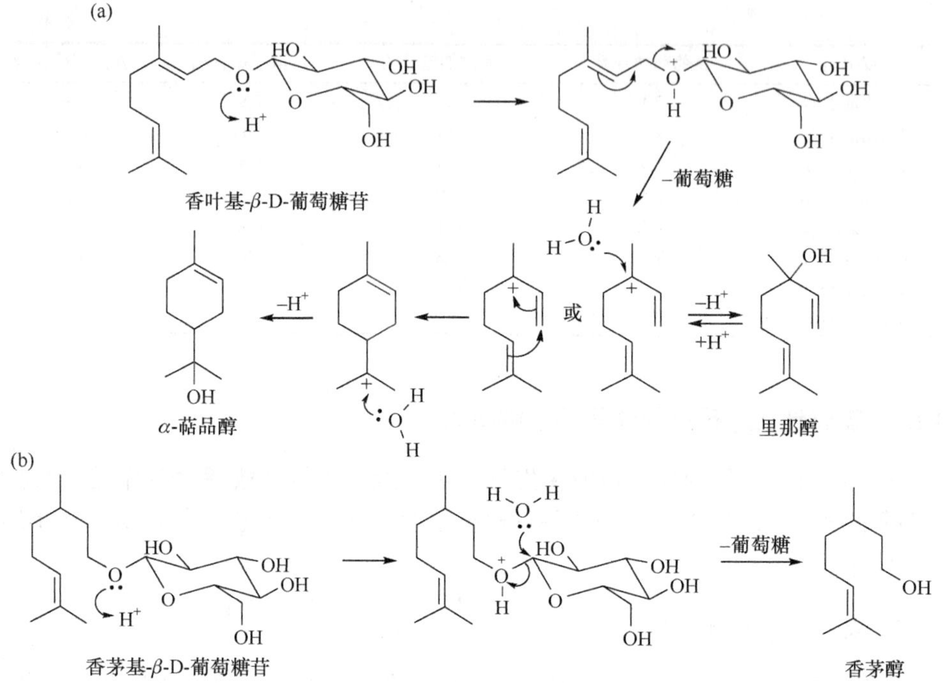

(a)

(b)

图 23.1.5　酸催化糖苷水解：(a)一个活化醇(烯丙基碳正离子中间体)如糖苷态的香叶醇(醚键断裂)水解及其随后的碳正离子反应生成新的化合物里那醇和α-萜品醇；(b)未活化的香茅醇糖苷酸水解生成挥发性苷元，这与酶催化水解机制相似[4]

代物，以更好地释放苷元、提升葡萄酒香气潜力。酵母和细菌在发酵过程中具有糖苷酶活性(23.1.5 小节和参考文献[40])，而典型的商业制剂通常含有来自黑曲霉的外源性糖苷酶，具有更强的 pH、温度、葡萄糖和乙醇耐受力。在理想情况下，一种酶制剂可以不同程度地顺次水解不同类型的二糖。但是，商业制剂对不同的糖苷表现出的特异性差异巨大(表 23.1.2)[3, 36, 38]，这表明不同酶制剂会使葡萄酒有不同的感官特征。糖苷也可以被口腔微生物酶解[41](挥发性酚糖苷，第 12 章)，这使得葡萄酒咽下后的回味更加强烈。

果胶酶制剂具有糖苷酶的副活性，常常可以增加游离挥发性组分的浓度(表 23.1.3)，但是，这种糖苷酶活性并不一定是有益的[3, 38, 42]，就红葡萄酒酿造而言，β-葡萄糖苷酶对花色苷的作用应该被最小化，因为这对花色素糖基化稳定性有重要的影响(第 16 章)。同样地，应该禁用含有肉桂酸酯酶活性的酶制剂，这是因为它们对酒石酸羟基肉桂酰酯有水解作用(第 13 章和 23.3 节)，从而导致游离态羟基肉桂酸释放，为酒香酵母 Brett 异味的形成提供了前体物(第 12 章和 23.3 节)。鉴于挥发性酯对葡萄酒香气的重要性，含有其他酯酶的酶制剂也应该小心使用

(第 7 章)，例如，用 AR2000 处理 15～30 天的酒中，一些重要的水果味乙酸酯含量显著减少，而丁二酸二乙酯和苹果酸二乙酯则增加了数倍，这种减少或增加本身可能没有那么重要，但是同时发生的酯化和水解反应，则暗示着酯酶在实现酯浓度平衡中发挥着作用(第 7 章)。有研究表明，一种具有糖苷酶活性的替代酶 Novarom G 对酯类物质没有上述影响[42]。

表 23.1.3　外源酶处理对单品种葡萄酒中香味化合物浓度(μg/L)的影响

种类	单萜		降异戊二烯		芳香族[a]		参考文献
	对照组	处理组	对照组	处理组	对照组	处理组	
麝香葡萄	4384	7718	9	542	—[b]	—	[6]
	1520	2010	—	—	24839	28213	[43]
雷司令	2418	3119	ND[c]	407	—	—	[6]
长相思	53	198	ND	141	—	—	[6]
	17	26	—	—	19410	22570	[44]
西拉	145	1138	ND	847	—	—	[6]
琼瑶浆	72	336	—	—	15691	25606	[44]
帕洛米诺	43	55	—	—	17686	20288	[44]
霞多丽	45	79	—	—	24438	30053	[43]
	7	9	—	—	10574	10218	[45]
埃米尔	14	25	48	74	1226	1874	[29]
艾伦	56	93	—	—	26128	32045	[43]
	ND	ND	—	—	12217	13640	[45]
马卡贝奥	52	85	—	—	30264	37665	[43]
	8	9	—	—	8687	9498	[45]

a. 浓度主要来源于几十 mg/L 范围内的 2-苯乙醇。

b. 未报道过。

c. ND，未检测到。

3. 酶水解与酸水解的比较

如上文所述，根据糖苷的种类和水解方式不同，水解效果存在差异，总结如下。

(1) 酸水解可能导致醚键和糖苷键断裂，而酶解会导致糖苷基团被切割(图 23.1.5)。

(2) 酸水解常造成额外的酸催化重排，而酶水解往往对苷元的改变很小。

(3) 酸水解对糖基基团不敏感，而在酶水解中双糖苷前体常常需要多种特异性酶参与，因此水解较慢。

在葡萄酒酿造和陈酿过程中，会同时发生酸水解和酶水解过程。尽管如此，目前对香气前体物的了解主要来自于选择性的酸解或酶解提取物的研究，这对于分别进行糖苷释放的影响因素的分析十分有用。Loscos 等的研究[37]再次证实了先前的研究结果，并且被认为是一个比较天然水解和加速水解工艺的实用例子，其以不同葡萄品种的前体提取物为试材，酒精发酵释放的挥发性化合物最少，此时酶水解是最有效也是最特异的方法；苛性酸水解(包括中间释放的挥发性物质)则更好地表明了果实的香味潜力，因为酸水解模拟了葡萄酒中随时间推移而发生的酸催化反应和分子重排潜力。结果归纳如下：

(1) 酶水解有效地增加游离挥发性芳香族和单萜物质。但是芳香族的增加一部分是由于肉桂酸酯酶的副作用生成乙烯基苯酚，上文和 23.3 节均提到。

(2) 苛性酸水解主要贡献 C_{13}-降异戊二烯和单萜。

(3) 酒精发酵导致相对较多的芳香族和内脂的形成(表 23.1.4)，尤其是 2-苯乙醇，相对于糖苷释放，该化合物更多地来源于酵母的氨基酸代谢。

表 23.1.4　一些葡萄品种的前体提取物在不同条件下水解释放的风味化合物(相对峰面积之和)。**数据来自文献[37]**

水解处理	释放的化合物 a	对照 b	弗德乔	丹魄	霞多丽	赤霞珠	美乐	麝香	歌海娜
发酵(合成葡萄汁，200 g/L 葡萄糖，Stellevin NT116 酵母，54 天)	单萜	27	35	32	54	31	47	266	36
	降异戊二烯 c	1	13	7	13	11	9	9	7
	芳香族化合物 d	13	269	282	189	231	283	184	624
酸(pH 2.5,柠檬酸缓冲液，100 ℃,1 h)	单萜	2	22	24	81	30	66	1325	95
	降异戊二烯 c	0.1	187	174	276	192	214	160	312
	芳香族化合物 d	1	214	248	250	265	306	130	771
酶(AR 2000，pH 5 柠檬酸/盐酸缓冲液，40 ℃，16 h)	单萜	1	96	218	137	105	97	963	162
	降异戊二烯 c	0.1	26	19	44	21	13	21	30
	芳香族化合物 d	30	7022	9941	5736	10373	5242	2720	11543

a. 由与已知化合物的相对峰面积之和得到总量。

b. 不添加前体物的处理。

c. 不包括 3-氧-α-紫罗兰醇。

d. 选择的化合物包括乙烯基苯酚、香草醛衍生物和苯衍生物。

总之，相比于酶水解，由苛性酸水解释放的香气物质浓度与酒精发酵产生的香气物质浓度之间的相关性更好。但是，苛性酸水解可能产生脱离实际的结果，正如在正常存储条件下前体物形成β-大马士酮的研究中所强调的那样，由前体物所产生的β-大马士酮的量可以忽略不计[46]。此外，从葡萄酒酿造的角度来看，水解的量很少，相当大量的前体物不受酒精发酵的影响而保留下来，在随后的陈酿中发挥了作用。这些糖苷态香气物质也可以通过口腔细菌水解而影响口中回味的释放(第 12 章)。

23.1.5　发酵和陈酿条件下糖苷的水解

大多数酵母和乳酸菌菌株都表达糖苷酶，而且在葡萄酒酸性环境下苷元可以发生进一步的水解或重排，因此糖苷的存在给酿酒师提供了可操纵葡萄酒香气和风味的工具，因为不同菌株在发酵条件下的相对酶活和特异性底物会有所不同[47-49]。实际上，许多酵母供应商会宣传他们的酵母菌株的糖苷酶适合于哪种特定的葡萄酒风格。

1. 微生物菌株和酒泥的影响

通过向模拟葡萄汁中添加无游离单萜的糖苷态前体物，可以测定酵母菌株从糖苷中释放单萜的能力[图 23.1.6(a)]，由此产生的模拟酒中单萜浓度是对照组的 2～5 倍。但是，解释陈酿和微生物活动对糖苷的影响，通常可能会由于发酵和陈酿过程中发生的额外气味变化而变得复杂。在实际的葡萄汁发酵中，单萜在某些情况下可能大幅度减少[如香叶醇，图 23.1.6(b)]，这可能是由于从糖苷态单萜释放出来的游离态的量要少于其损失量，在葡萄汁中的游离态单萜或与酒糟结合，或挥发，或由于酵母代谢，或化学反应而损失。

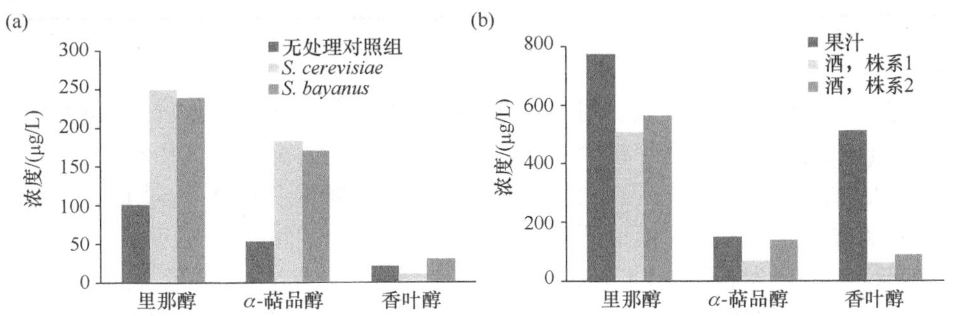

图 23.1.6　酵母菌株对单萜浓度的影响：(a) 添加了一部分葡萄来源的糖苷态提取物的模拟葡萄汁体系，显示在发酵过程中酵母糖苷酶作用导致游离态单萜含量增加(数据来自文献[50])；(b) 真实葡萄汁，在发酵过程中葡萄汁游离态单萜的损失导致酒中单萜含量明显降低(数据来自文献[51])

在模拟发酵过程中，除了糖苷水解量的差异外(某些单萜释放量的差异达 10

倍)，一些酵母菌株会产生较高浓度的乙烯基苯酚(由于对羟基肉桂酸的酯化活性⑥，23.3 节)或内酯[50, 52, 53]。在模拟酒中不同品系的感官特性很容易分辨，但在真正的麝香和雷司令葡萄汁发酵时则不是很明显[51, 54]。尽管如此，游离态和结合态单萜与芳香族化合物的组成在不同的酵母菌株和不同葡萄汁基质中仍存在差异[54]，如表 23.1.5 中的雷司令，这些数据印证了酿酒师可以通过选择商业酵母菌株(或不接种的自然发酵)对葡萄酒的组分和香气进行一定的调控，而且还表明，新酒中大量残留的糖苷态香气物质可以在陈酿过程中释放(第 25 章)。

表 23.1.5　雷司令葡萄汁和不同酵母菌株发酵的酒中游离态和结合态香气物质的浓度(μg/L)。数据来自文献[54]

化合物	葡萄汁		PDM		D47		Fermiblanc		VL1		Native[a]	
	结合	游离	结合	游离	结合	游离	结合	游离	结合	游离	结合	游离
里那醇	70	32	55	23	59	40	40	42	63	43	48	34
橙花醇	20	11	16	<1	14	1	1	5	7	1	7	<1
香叶醇	42	22	28	2	29	2	2	20	18	3	18	4
α-萜品醇	114	8	91	32	84	35	35	62	80	37	60	50
苯甲醇	16	8	14	5	14	6	6	11	13	9	11	1
2-苯乙醇	160	33	149	88	135	101	101	89	130	107	98	139
单萜总量	246	73	190	57	186	78	78	129	168	200	133	88
芳香族总量	176	41	163	93	149	107	107	100	143	116	109	140

a. 自然发酵。

与酵母菌株的影响类似，用于苹乳发酵的乳酸菌菌株也会影响葡萄酒中糖苷和苷元的浓度。但是，糖苷减少并不一定说明相应的游离态香气物质浓度增加，也可能是发生了其他转化或苷元与乳酸菌产生的多糖重新聚合[55]。用乳酸菌菌株对含有麝香前体提取物的模拟酒液(pH 3.4)进行苹乳发酵的研究表明，与对照相比，糖苷态单萜减少[图 23.1.7(a)]，而对应的苷元或它们的重排产物增加[图 23.1.7(b)][56]。值得注意的是，苹乳发酵促进了糖基部分水解，但依据苷元性质不同，其释放量有所差异；近 7%的里那醇糖苷被水解，相比之下，α-萜品醇、橙花醇和香叶醇糖苷态被水解 34%～38%。糖苷水解常常超过其游离态的产生量[57]。在低 pH 下糖苷酶活性下降，一些非正常菌株在模拟酒体系中对糖苷态香

⑥ 大多数分离糖苷的技术相当粗糙。常见的有，使用反相 C-18 吸附剂来分离甲醇可溶部分，虽然这样可以分离糖苷组分，但也会提取出许多其他半极性化合物(如羟基肉桂酸)。

气物质水解能力显著下降(约 20%～70%)[56]。与酵母类似，不同乳酸菌菌株处理的模拟糖苷体系可能表现出不同的感官特性，但是这些变化在真正的葡萄酒中较不明显[58]。

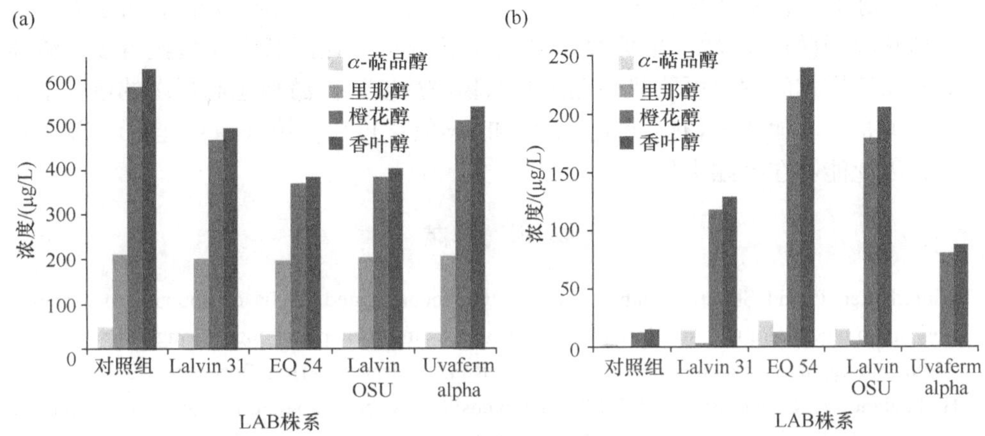

图 23.1.7 相对于未接种自然乳酸菌发酵，乳酸菌菌株在添加了葡萄的糖苷模拟酒液中的影响：(a)糖苷态单萜浓度减少；(b)游离态单萜增加。数据来自文献[56]

酵母酒脚的存在可增加或减少葡萄来源的香气前体物的浓度，这取决于葡萄品种(可能影响前体物含量的大小和 pH)和酵母菌株(可能影响糖苷酶和其他酶的活性)，在酒精发酵结束后保留酒脚 20 天的艾伦(Airen)酒中，一些异戊二烯和内酯含量增加约 1.5～3 倍，但是在马卡贝奥(Macabeo)酒中除了β-紫罗兰酮略有增加之外，其他异戊二烯组分大约下降至原来的 1/2～2/3[59]。在无菌马卡贝奥葡萄汁中添加葡萄提取物制成酒，并保留不同酵母菌株的酒脚 3 个月和 9 个月也可以观察到香气的变化，一部分异戊二烯(里那醇、α-萜品醇、雷司令缩醛、vitispiranes、TDN)增加达 2 倍，而其他一些异戊二烯、芳香族化合物和内酯含量降低至 1/3[60]。总体而言，储存时间似乎比酵母菌株更为重要，在观察到的变化中酒脚扮演着积极的角色(这种变化超出了单纯依赖于酸水解所能解释的程度)。

2. 陈酿的影响

糖苷态水解可在发酵前和发酵过程发生，在发酵结束的酒中仍然含葡萄来源的糖苷态香气物质，它们可在非生物条件下继续转化(第 25 章)[61]，大多数转化是酸催化的，且在低 pH 和高温下发生得更快。实际上，在加快老化的试验(如 45 ℃下数周)中，被释放的游离态香气物质的量比结合态释放的总量少[39]，例如，在烹饪条件的高温下许多结合态β-大马士酮会转化为游离态β-大马士酮⑦，但是在通常的葡萄酒存储条件下，β-大马士酮的释放量微乎其微[46]，据推测，这几种β-大马士酮的水解反应可能含有较高的活化能,但目前尚未得到这方面的具体数据。此外，在陈酿中，糖苷水解常伴随着风味苷元的降解反应(第 25 章)，对于大多数关键风味物质(如香叶醇、里那醇)，糖苷的释放程度比降解反应缓慢得多，游离态香气物质增加的现象可能只是在结合态物质浓度远比游离态高得多的情况下观察到。但是，其他化合物(尤其是 TDN 和 *cis*-氧化玫瑰，第 8 章)一旦形成就非常稳定，因此能够在陈酿中积累。

参 考 文 献

1. Winterhalter, P. and Skouroumounis, G.(1997) Glycoconjugated aroma compounds: occurrence, role and biotechnological transformation, in Advances in biochemical engineering/biotechnology: biotechnology of aroma compounds(ed. Berger, R.G.), Springer-Verlag, Berlin, pp. 73-105.
2. Hjelmeland, A.K. and Ebeler, S.E.(2015) Glycosidically bound volatile aroma compounds in grapes and wine: a review. American Journal of Enology and Viticulture, 66(1), 1-11.
3. Sarry, J.-E. and Günata, Z.(2004) Plant and microbial glycoside hydrolases: volatile release from glycosidic aroma precursors. Food Chemistry, 87(4), 509-521.
4. Sinnott, M.L.(1990) Catalytic mechanism of enzymic glycosyl transfer. Chemical Reviews, 90(7), 1171-1202.
5. Baumes, R.(2009) Wine aroma precursors, in Wine chemistry and biochemistry(eds Moreno-Arribas, M.V. and Polo, M.C.), Springer, New York, pp. 251-274.
6. Gunata, Z., Dugelay, I., Sapis, J.C., et al.(eds)(1993) Role of enzymes in the use of the flavour potential from grape glycosides in winemaking in Progress in flavour precursor studies: analysis, generation, biotechnology, September 30–October 2, 1992, Wurzburg, Germany, Allured Publishing Corporation, Carol Stream, IL.
7. Bowles, D. and Lim, E.-K.(2010) Glycosyltransferases of small molecules: their roles in plant biology, in Encyclopedia of life sciences(ELS), John Wiley & Sons, Ltd, Chichester, UK, pp. 1-10.
8. Baumes, R., Wirth, J., Bureau, S., et al.(2002) Biogeneration of C_{13}-norisoprenoid compounds: experiments supportive for an apo-carotenoid pathway in grapevines. Analytica Chimica Acta, 458(1), 3-14.
9. Mendes-Pinto, M.M.(2009) Carotenoid breakdown products the-norisoprenoids-in wine aroma. Archives of Biochemistry and Biophysics, 483(2), 236-245.
10. Razungles, A.J., Baumes, R.L., Dufour, C., et al.(1998) Effect of sun exposure on carotenoids and C_{13}-norisoprenoid glycosides in Syrah berries(*Vitis vinifera* L.). Sciences Des Aliments, 18(4), 361-373.
11. Oliveira, C., Barbosa, A., Ferreira, A.C.S., et al.(2006) Carotenoid profile in grapes related to

⑦ 这种 β-大马士酮前体物的快速释放会出现在家庭烹饪苹果酱或苹果派时，形成这些产品典型的熟苹果香气。

aromatic compounds in wines from Douro region. Journal of Food Science, 71(1), S1-S7.

12. Mathieu, S., Terrier, N., Procureur, J., et al.(2005) A carotenoid cleavage dioxygenase from *Vitis vinifera* L.: functional characterization and expression during grape berry development in relation to C_{13}-norisoprenoid accumulation. Journal of Experimental Botany, 56(420), 2721-2731.
13. Young, P., Lashbrooke, J., Alexandersson, E., et al.(2012) The genes and enzymes of the carotenoid metabolic pathway in *Vitis vinifera* L. BMC Genomics, 13(1), 243.
14. Williams, P.J., Strauss, C.R., Wilson, B.(1980) Hydroxylated linalool derivatives as precursors of volatile monoterpenes of muscat grapes. Journal of Agricultural and Food Chemistry, 28(4), 766-771.
15. Wilson, B., Strauss, C.R., Williams, P.J.(1986) The distribution of free and glycosidically-bound monoterpenes among skin, juice, and pulp fractions of some white grape varieties. American Journal of Enology and Viticulture, 37(2), 107-111.
16. Strauss, C.R., Wilson, B., Williams, P.J.(1988) Novel monoterpene diols and diol glycosides in *Vitis vinifera* grapes. Journal of Agricultural and Food Chemistry, 36(3), 569-573.
17. Luan, F., Hampel, D., Mosandl, A., Wüst, M.(2004) Enantioselective analysis of free and glycosidically bound monoterpene polyols in *Vitis vinifera* L. cvs. Morio Muscat and Muscat Ottonel: evidence for an oxidative monoterpene metabolism in grapes. Journal of Agricultural and Food Chemistry, 52(7), 2036-2041.
18. Luan, F., Mosandl, A., Münch, A., Wüst, M.(2005) Metabolism of geraniol in grape berry mesocarp of *Vitis vinifera* L. cv. Scheurebe: demonstration of stereoselective reduction, *E*/*Z*-isomerization, oxidation and glycosylation. Phytochemistry, 66(3), 295-303.
19. Wilson, B., Strauss, C.R., Williams, P.J.(1984) Changes in free and glycosidically bound monoterpenes in developing muscat grapes. Journal of Agricultural and Food Chemistry, 32(4), 919-924.
20. Koslitz, S., Renaud, L., Kohler, M., Wust, M.(2008) Stereoselective formation of the varietal aroma compound rose oxide during alcoholic fermentation. Journal of Agricultural and Food Chemistry, 56(4), 1371-1375.
21. Gunata, Y.Z., Bayonove, C.L., Baumes, R.L., Cordonnier, R.E.(1985) The aroma of grapes. Localisation and evolution of free and bound fractions of some grape aroma components c.v. Muscat during first development and maturation. Journal of the Science of Food and Agriculture, 36(9), 857-862.
22. Gomez, E., Martinez, A., Laencina, J.(1994) Localization of free and bound aromatic compounds among skin, juice and pulp fractions of some grape varieties. Vitis, 33, 1-4.
23. Gunata, Y.Z., Bayonove, C.L., Baumes, R.L., Cordonnier, R.E.(1985) The aroma of grapes I. Extraction and determination of free and glycosidically bound fractions of some grape aroma components.Journal of Chromatography A, 331, 83-90.
24. Schneider, R., Razungles, A., Augier, C., Baumes, R.(2001) Monoterpenic and norisoprenoidic glycoconjugates of *Vitis vinifera* L. cv. Melon B. as precursors of odorants in Muscadet wines. Journal of Chromatography A, 936(1-2), 145-157.
25. Sefton, M.A., Francis, I.L., Williams, P.J.(1993) The volatile composition of Chardonnay juices: a study by flavor precursor analysis. American Journal of Enology and Viticulture, 44(4), 359-370.
26. Rodrıguez-Bencomo, J.J., Méndez-Siverio, J.J., Pérez-Trujillo, J.P., Cacho, J.(2008) Effect of skin

contact on bound aroma and free volatiles of Listán blanco wine. Food Chemistry, 110(1), 214-225.

27. Cabaroglu, T., Canbas, A., Baumes, R., et al.(1997) Aroma composition of a white wine of *Vitis vinifera* L. cv. Emir as affected by skin contact. Journal of Food Science, 62(4), 680-683.
28. Cabaroglu, T. and Canbas, A.(2002) The effect of skin contact on the aromatic composition of the white wine of *Vitis vinifera* L. cv. Muscat of Alexandria grown in Southern Anatolia. Acta Alimentaria, 31(1), 45-55.
29. Cabaroglu, T., Selli, S., Canbas, A., et al.(2003) Wine flavor enhancement through the use of exogenous fungal glycosidases. Enzyme and Microbial Technology, 33(5), 581-587.
30. Selli, S., Canbas, A., Cabaroglu, T., et al.(2006) Aroma components of cv. Muscat of Bornova wines and influence of skin contact treatment. Food Chemistry, 94(3), 319-326.
31. Sánchez-Palomo,E., Pérez-Coello, M.S., Díaz-Maroto, M.C., et al.(2006) Contribution of free and glycosidically-bound volatile compounds to the aroma of muscat "a petit grains" wines and effect of skin contact. Food Chemistry, 95(2), 279-289.
32. Ugliano, M.(2009) Enzymes in winemaking, in Wine chemistry and biochemistry(eds Moreno-Arribas, M.V. and Polo, M.C.), Springer, New York, pp. 103-126.
33. Itu, N.L., Rapeanu, G., Hopulele, T.(2011) Effect of maceration enzymes addition on the aromatic white winemaking. Annals of the University "Dunarea de Jos" of Galati—Fascicle VI: Food Technology, 35(1), 77-91.
34. Gil, J.V. and Valles, S.(2001) Effect of macerating enzymes on red wine aroma at laboratory scale: exogenous addition or expression by transgenic wine yeasts. Journal of Agricultural and Food Chemistry, 49(11), 5515-5523.
35. Moio, L., Ugliano, M., Gambuti, A., et al.(2004) Influence of clarification treatment on concentrations of selected free varietal aroma compounds and glycoconjugates in Falanghina(*Vitis vinifera* L.) must and wine. American Journal of Enology and Viticulture, 55(1), 7-12.
36. Pogorzelski, E. and Wilkowska, A.(2007) Flavour enhancement through the enzymatic hydrolysis of glycosidic aroma precursors in juices and wine beverages: a review. Flavour and Fragrance Journal, 22(4), 251-254.
37. Loscos, N., Hernandez-Orte, P., Cacho, J., Ferreira, V.(2009) Comparison of the suitability of different hydrolytic strategies to predict aroma potential of different grape varieties. Journal of Agricultural and Food Chemistry, 57(6), 2468-2480.
38. Gunata, Z.(2003) Flavor enhancement in fruit juices and derived beverages by exogenous glycosidases and consequences of the use of enzyme preparations, in Handbook of food enzymology(eds Whitaker, J.R., Voragen, A.G.J., Wong, D.W.S.), Marcel Dekker Inc., New York.
39. Skouroumounis, G.K. and Sefton, M.A.(2000) Acid-catalyzed hydrolysis of alcohols and their β-D-glucopyranosides. Journal of Agricultural and Food Chemistry, 48(6), 2033-2039.
40. Maicas, S. and Mateo, J.J.(2005) Hydrolysis of terpenyl glycosides in grape juice and other fruit juices: a review. Applied Microbiology and Biotechnology, 67(3), 322-335.
41. Hemingway, K.M., Alston, M.J., Chappell, C.G., Taylor, A.J.(1999) Carbohydrate-flavour conjugates in wine. Carbohydrate Polymers, 38(3), 283-286.
42. Tamborra, P., Martino, N., Esti, M.(2004) Laboratory tests on glycosidase preparations in wine.

Analytica Chimica Acta, 513(1), 299-303.
43. Castro Vázquez, L., Pérez-Coello, M.S., Cabezudo, M.D.(2002) Effects of enzyme treatment and skin extraction on varietal volatiles in Spanish wines made from Chardonnay, Muscat, Airén, and Macabeo grapes. Analytica Chimica Acta, 458(1), 39-44.
44. Valcarcel, M.C. and Palacios, V.(2008) Influence of "Novarom G" pectinase β-glycosidase enzyme on the wine aroma of four white varieties. Food Science and Technology International, 14(5), 95-102.
45. Sánchez-Palomo, E., Hidalgo, M.C.D.a.-M., González-Viñas, M.Á., Pérez-Coello, M.S.(2005) Aroma enhancement in wines from different grape varieties using exogenous glycosidases. Food Chemistry, 92(4), 627-635.
46. Sefton, M.A., Skouroumounis, G.K., Elsey, G.M., Taylor, D.K.(2011) Occurrence, sensory impact, formation, and fate of damascenone in grapes, wines, and other foods and beverages. Journal of Agricultural and Food Chemistry, 59(18), 9717-9746.
47. McMahon, H., Zoecklein, B.W., Fugelsang, K., Jasinski, Y.(1999) Quantification of glycosidase activities in selected yeasts and lactic acid bacteria. Journal of Industrial Microbiology and Biotechnology, 23(3), 198-203.
48. Mansfield, A.K., Zoecklein, B.W., Whiton, R.S.(2002) Quantification of glycosidase activity in selected strains of *Brettanomyces bruxellensis* and *Oenococcus oeni*. American Journal of Enology and Viticulture, 53(4), 303-307.
49. Grimaldi, A., Bartowsky, E., Jiranek, V.(2005) A survey of glycosidase activities of commercial wine strains of *Oenococcus oeni*. International Journal of Food Microbiology, 105(2), 233-244.
50. Ugliano, M., Bartowsky, E.J., McCarthy, J., et al.(2006) Hydrolysis and transformation of grape glycosidically bound volatile compounds during fermentation with three *Saccharomyces* yeast strains. Journal of Agricultural and Food Chemistry, 54(17), 6322-6331.
51. Delcroix, A., Günata, Z., Sapis, J.-C., et al.(1994) Glycosidase activities of three enological yeast strains during winemaking: effect on the terpenol content of Muscat wine. American Journal of Enology and Viticulture, 45(3), 291-296.
52. Fernandez-Gonzalez, M., Di Stefano, R., Briones, A.(2003) Hydrolysis and transformation of terpene glycosides from muscat must by different yeast species. Food Microbiology, 20(1), 35-41.
53. Loscos, N., Hernandez-Orte, P., Cacho, J., Ferreira, V.(2007) Release and formation of varietal aroma compounds during alcoholic fermentation from nonfloral grape odorless flavor precursors fractions. Journal of Agricultural and Food Chemistry, 55(16), 6674-6684.
54. Zoecklein, B.W., Marcy, J.E., Williams, J.M., Jasinski, Y.(1997) Effect of native yeasts and selected strains of *Saccharomyces cerevisiae* on glycosyl glucose, potential volatile terpenes, and selected aglycones of white Riesling(*Vitis vinifera* L.) wines. Journal of Food Composition and Analysis, 10(1), 55-65.
55. Boido, E., Lloret, A., Medina, K., et al.(2002) Effect of β-glycosidase activity of *Oenococcus oeni* on the glycosylated flavor precursors of Tannat wine during malolactic fermentation. Journal of Agricultural and Food Chemistry, 50(8), 2344-2349.
56. Ugliano, M., Genovese, A., Moio, L.(2003) Hydrolysis of wine aroma precursors during malolactic fermentation with four commercial starter cultures of *Oenococcus oeni*. Journal of

Agricultural and Food Chemistry, 51(17), 5073-5078.

57. Ugliano, M. and Moio, L.(2006) The influence of malolactic fermentation and *Oenococcus oeni* strain on glycosidic aroma precursors and related volatile compounds of red wine. Journal of the Science of Food and Agriculture, 86(14), 2468-2476.
58. Hernandez-Orte, P., Cersosimo, M., Loscos, N., et al.(2009) Aroma development from non-floral grape precursors by wine lactic acid bacteria. Food Research International, 42(7), 773-781.
59. Bueno, J., Peinado, R., Medina, M., Moreno, J.(2006) Effect of a short contact time with lees on volatile composition of Airen and Macabeo wines. Biotechnology Letters, 28(13), 1007-1011.
60. Loscos, N., Hernandez-Orte, P., Cacho, J., Ferreira, V.(2009) Fate of grape flavor precursors during storage on yeast lees. Journal of Agricultural and Food Chemistry, 57(12), 5468-5479.
61. Gunata, Y.Z., Bayonove, C.L., Baumes, R.L., Cordonnier, R.E.(1986) Stability of free and bound fractions of some aroma components of grapes cv. Muscat during the wine processing: preliminary results. American Journal of Enology and Viticulture, 37(2), 112-114.

23.2 *S*-结合物

23.2.1 引言

果香硫醇是有潜在影响力的化合物，它们贡献多种葡萄酒尤其是长相思品种(第 10 章)怡人的热带和柑橘香味，但这些化合物在葡萄汁中几乎不存在，这些硫醇大部分是通过酵母细胞中酶的作用使非挥发性的含硫前体物 C—S 键断裂而释放的。早期的研究发现，在发酵期间含硫氨基酸半胱氨酸(Cys)和谷胱甘肽(GSH)的结合物作为前体物，能够释放出硫醇，主要有 3-巯基己醇(3-MH)和 4-甲基-4-巯基-2-戊酮(4-MMP)①(图 23.2.1)[1-4]。这些硫醇前体②在葡萄果皮和果肉中的含量为几十到几百μg/L，葡萄灰霉菌的侵染、成熟度、葡萄压榨程度、果皮浸渍以及其他操作处理都强烈地影响它们在葡萄汁中的浓度(表 23.2.1)。在其他天然基质如百香果、洋葱、灯笼椒甚至人类汗液中，也发现了相同或相关的 *S*-结合物，它们可以作为有强烈气味的硫醇前体物[5]。关于果香硫醇以及它们前体物的研究仍然非常活跃，但仍有许多未解之谜，因此相比其他部分，本节更多的是基于已知数据的猜想。

① 根据 IUPAC 命名法，前缀 mercapto(巯基)表示硫醇已经过时，应该用 sulfanyl(磺酰基)代替。但是，由于历史原因，mercapto 在文献中仍被广泛用于命名这些化合物及其缩写。新发现的化合物通常有正确的 sulfanyl 前缀，但为了保持一致，本书中也将这称为 mercapto；如图 23.2.1 中 2-甲基-3-磺基-1-丁醇写成 3-巯基-2-甲基-1-丁醇。有些作者更喜欢用现代硫醇命名法命名所有硫醇，因此 3-磺基-1-己醇的缩写 3-MH 也常写成 3-SH。

② 手性硫醇如 3-己硫醇在酒中作为对映体成对存在，对应于各种硫醇前体的非对映异构体。

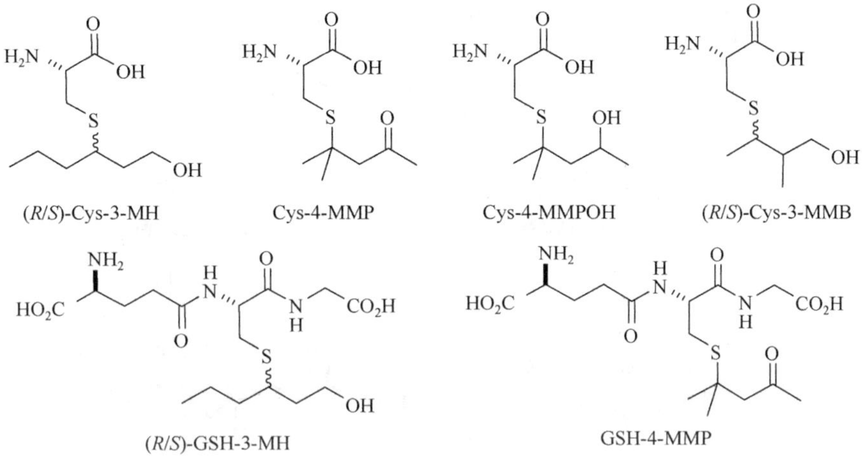

(R/S)-Cys-3-MH　Cys-4-MMP　Cys-4-MMPOH　(R/S)-Cys-3-MMB

(R/S)-GSH-3-MH　GSH-4-MMP

图 23.2.1　在葡萄汁和葡萄酒中发现的各种巯基相关的半胱氨酸和谷胱甘肽结合物。MH. 己硫醇；MMP. 4-甲基-2-戊硫酮；MMPOH. 4-甲基-2-戊硫醇；MMB. 2-甲基-丁硫醇。(*R*/*S*)表示烷基立构中心并说明这些手性化合物以非对映异构体形式成对存在。这些名称常常被忽略，但仍然应该认为存在非对映异构体

23.2.2　葡萄浆果和葡萄汁中 *S*-结合物前体的形成

3-MH 和 4-MMP 的 *S*-结合物前体在葡萄中有很明显的特征，相比之下，*O*-乙酸酯如 3-巯基乙酸己酯(3-MHA)没有葡萄来源的直接前体物，而是由 3-MH 在发酵过程中乙酰化产生(23.2.3 小节)。葡萄中半胱氨酸和谷胱甘肽结合物的形成可能来源于谷胱甘肽与亲电子的α，β-不饱和烯醛，如(*E*)-2-己烯醛作为 3-MH 的合成前体(图 23.2.2)；4-甲基-3-烯-2-戊酮(异亚丙基氧化物)作为 4-MMP 的合成前体[5, 12, 13]③。众所周知，在植物中由谷胱甘肽 *S*-转移酶(GST)催化的谷胱甘肽结合反应具有解毒机制[14, 15]，动物中也同样存在④，由此产生的加合物通常表现出比它们的前体物更低的反应活性和更高的溶解度。在葡萄中谷胱甘肽 *S*-转移酶有相同作用，这至少部分解释了葡萄中 *S*-结合物的存在[16]。葡萄采收后加工或在发酵过程中会产生额外的 *S*-结合物[3]。

③ 这种羰基化合物通常由生物脂质氧化形成，例如，在葡萄果实中(*E*)-2-己烯醛通过亚麻酸的酶促氧化降解形成(第 6 章)。相似地，虽然异亚丙基丙酮尚未在葡萄中发现，但在其他食物中已经检测到，该物质也可能是由脂肪酸氧化降解形成的。

④ 许多药物在人体中通过 GST 部分或全部被代谢掉，如活跃的泰诺(扑热息痛)活性成分，由此产生的谷胱甘肽结合物更容易被排泄。

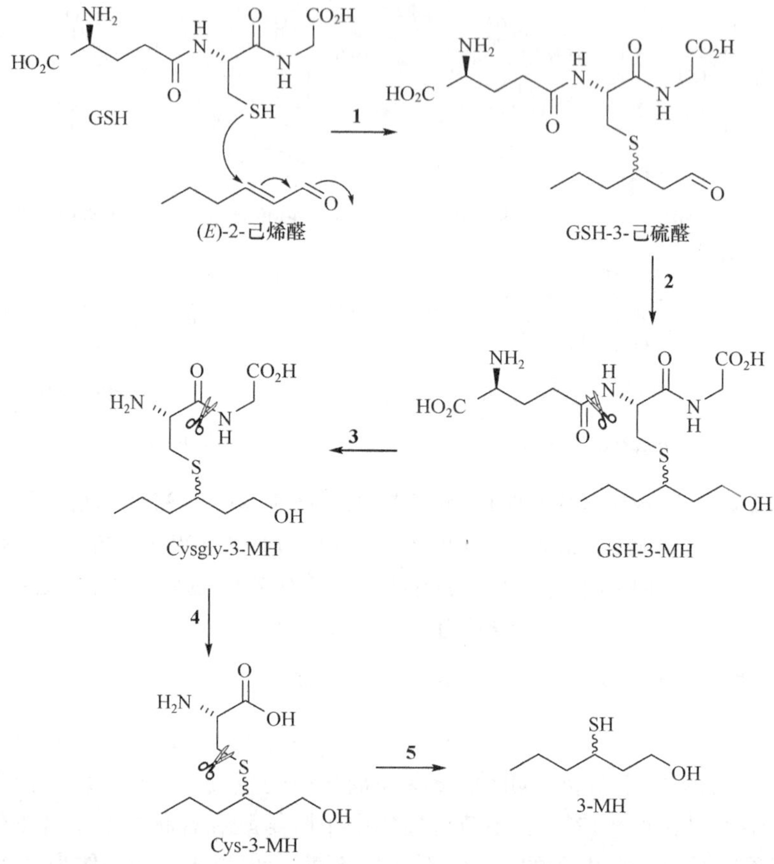

图 23.2.2　亲核的谷胱甘肽(GSH)和亲电子的(*E*)-2-己烯醛形成硫醇前体 GSH-3-MH，在葡萄酒中降解产生其他前体和品种香气物质 3-MH。步骤：**1.** 通过谷胱甘肽 *S*-转移酶结合(可能是非酶促反应)；**2.** 酶促羰基还原；**3.** 通过γ-谷胱甘肽转肽酶移除谷酰基；**4.** 用肽酶去除甘氨酸残基；**5.** 通过 C-S 裂解酶释放各种硫醇。注意，相对于氨基酸裂解，羰基还原的精确步骤仍不明晰

在其他植物中，谷胱甘肽结合物的代谢已经得到很好的研究[17]，似乎一些代谢产物在葡萄中也有形成。三肽的谷胱甘肽被酶解，首先产生二肽的半胱氨酰甘氨酸结合物，接着形成半胱氨酸结合物[18]，已经有强烈证据表明，这些步骤也发生在葡萄(或果汁)中，这些 *S*-结合物已经检测到的有 3-MH[19, 20]，其中间体必定会发生其他酶促转化，如醛还原生成相应的醇(图 23.2.2)。

GSH-3-MH 和 Cys-3-MH 的浓度受到生长和处理条件的影响(实例见参考文献[2])，详见表 23.2.1。简而言之：①人工采收与机械采收相比，前体物质浓度较低。②病害、葡萄成熟度和采收后运输，都会增加前体物浓度。③前体物存在于果皮中，果皮浸渍和压榨出汁时的压力都会增加其浓度。

表 23.2.1　栽培和发酵前处理对长相思葡萄果实和果汁中 Cys-3-MH 和 GSH-3-MH 浓度的影响

采收方式	处理	前体浓度，非对映异构体总量/(μg/L)		解释	参考文献
		Cys-3MH	GSH-3MH		
人工采收	—[b]	11.7～11.8	73.0～77.8	由于果实损伤和前体物提取被最小化，人工采收的果实中前体物浓度较低	[6]
	—[c]	7.6～57.0	33～224		[7]
	分离的果皮[d]	30	32	虽然有果香硫醇前体，但大多数存在于果皮中	[8]
	分离的果肉[d]	8	24		
	灰霉病 0%	100	NR[a]	灰霉菌感染刺激了果实中前体物的生成，符合果实损伤和解毒机制	[9]
	灰霉病 100%，未干枯	2188	NR		
	灰霉病 100%，干枯	4486	NR		
	同上，迟采一周	3449	NR		
	转色期[e]	0.1～1.5	4.8～13.2	随着果实成熟，前体物浓度增加，符合果实损伤和解毒机制	[10]
	采收前两周[e]	2.9～4.9	18.8～41.8		
	采收[e]	27.4～49.7	144.3～225.6		
机械采收	无 SO_2	38.1	253.7	由于葡萄运输，前体物浓度增加(果实损伤、酶促反应和浸渍造成的)，在采收过程添加高浓度 SO_2 则会降低(由于 SO_2 对酶促反应有抑制作用)	[6]
	50 mg/L SO_2	26.2	214.8		
	500 mg/L SO_2	9.46	114.0		
	运输，不添加 SO_2[f]	269.0	507.8		
	运输，50 mg/L SO_2[f]	213.2	440.3		
	运输，500 mg/L SO_2[f]	92.9	252.1		
	自流汁	9.6～39.5	33～322	随着果皮浸渍和压榨压力增加，前体物浓度增加，与它们在果皮中的分布有关	[11]
	压到 1 bar[c]	16.5～111	200～541		
	自流汁[g]	14～18	NR		
	果皮浸渍 1 h[g]	18～22	NR		
	压到 1.2～1.4 atm[g]	31～74	NR		

a. NR，无报道。

b. 一个葡萄园两个不同地块。

c. 新西兰五种不同葡萄汁。

d. 法国三个不同地区的平均结果。单位是μg/kg 新鲜果皮或果肉。

e. 澳大利亚阿德莱德山同一葡萄园的五个不同品系，单位是μg/kg 新鲜果肉。

f. 12 h 内从澳大利亚的南澳大利亚州运至 800 km 外的新南威尔士州。

g. 新西兰的三种不同的葡萄汁。

23.2.3　发酵过程中 *S*-结合物前体的转变

与糖基化的前体可以通过酶促和非酶促反应释放关键香气物质不同，*S*-结合物似乎只能通过酶促反应释放挥发性硫醇，主要发生于发酵阶段[2, 21](图 23.2.2 和图 23.2.3)，这种释放需要经过两个步骤：①*S*-结合物前体吸收进入酵母细胞；②该前体物被 C-S 裂解酶裂解(如β-裂解酶)。

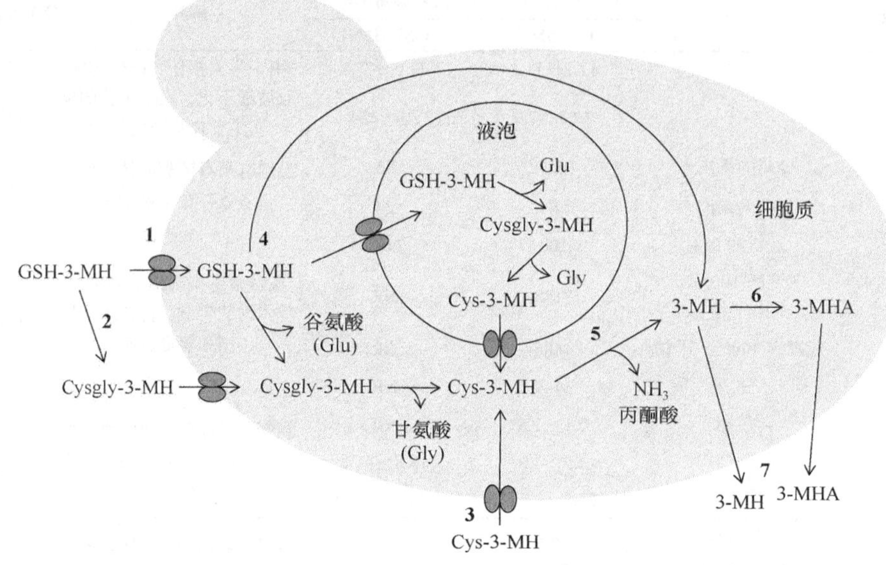

图 23.2.3　葡萄果实来源的 GSH-3-MH，Cysgly-3-MH 和存在于葡萄汁中的 Cys-3-MH 释放 3-MH 的潜在路径，在发酵期间转化为 3-MHA，信息参考文献[24]。加粗数字表明代谢过程如下：**1**. 由 OPT1 编码的 GSH 转运蛋白能够吸收 GSH-3-MH；**2**. 谷氨酸的γ-谷氨酰转肽酶和 Cysgly-3-MH 的转运；**3**. 由 GAP1 编码的普通氨基酸转运蛋白吸收 Cys-3-MH；**4**. GSH-3-MH 至 3-MH 的代谢，一步或由其他前体物逐步形成；**5**. Cys-3-MH 通过 C-S 裂解酶裂解成 3-MH；**6**. 3-MH 通过醇乙酰基转移酶发生乙酰化提供 3-MHA；**7**. 导致挥发性硫醇释放到酒中的机制未知

从历史上讲，在研究相应前体物通过转运体吸收之前，C-S 裂解酶活性就已经明确；但是，由于酵母吸收前体发生于硫醇释放之前，因此先讨论此现象。

1. 前体物的吸收

微生物分解 *S*-结合物的主要原因是它们可以作为酵母可同化氮的来源。但是这些结合物并不是优先氮源，在氮代谢物阻遏效应(NCR)时即优先氮源存在时，结合物的吸收减少(22.3 节完整讨论了 NCR)。例如，存在过量的优先可同化氮源磷酸氢二胺(DAP)时进行发酵，消耗的 Cys-3-MH 较少。相对地，添加次优先氮源尿素对 Cys-3-MH 的消耗量没有影响[22]。相较之下，氧气、维生素和糖对硫醇形成几乎没有影响。

酵母转运蛋白和透性酶与前体物吸收有关(图 23.2.3)，那么即使在 NCR 效应下也能表达广谱氨基酸透性酶(*GAP1*)基因的酵母突变菌株(22.3 节)，在合成培养基上由 Cys-3MH 产生 3-MH 的量比亲本菌株更多，这表明 Gap 1p 可能对 Cys 结合物的吸收起关键作用[22]。寡肽转运蛋白基因 *OPT1* 编码 GSH 转运蛋白 Opt 1p，相似的研究表明，寡肽转运蛋白基因 *OPT1* 对 GSH-3-MH 吸收起关键作用[23]。在长相思葡萄汁发酵过程中，相比于野生型菌株，剔除 *OPT1* 基因的酿酒酵母菌株不仅限制了 GSH 的吸收，还导致 3-MH(和 3-MHA)产量下降 1/2，作者推测认为，一半的 3-MH 前体物是通过 Opt 1p 进入的(如类似 GSH 的前体，很可能是 GSH-3-MH)，或者 GSH 可能是细胞内 *S*-结合物前体释放 3-MH 的催化剂，所以没有 Opt 1p 的情况下，GSH 吸收受限，从而导致 3-MH 浓度下降[23]。

2. 前体物的裂解

在 C-S 裂解酶的作用下挥发性硫醇可能从 *S*-结合物中释放，最早的验证性试验是利用细菌β-裂解酶裂解从长相思葡萄汁分离的合成半胱氨酸结合物；该研究也表明，硫醇释放于酿酒酵母发酵期间[25]⑤。这就促使人们在酿酒时，更有选择性地使用酵母菌株来促进果香硫醇的释放(第 29 章)。

已有研究利用酿酒酵母突变体，探究了酵母对 *S*-结合物前体的分解，这些酵母突变体自身存在的β-裂解酶基因有的被删除，有的则被过表达，将它们培养于含有 *S*-结合物前体的合成培养基中，已经证实，有几种候选基因影响了合成培养基中 Cys-4-MMP 释放出 4-MMP[26]。关于这些β-裂解酶的关键点总结如下：

(1) *IRC7*(有时称作 *METC*)似乎是主要的β-裂解酶基因，在合成培养基中，VL3 菌株在发酵期间负责来源于半胱氨酸结合物的 4-MMP(尤其是)和 3-MH 的释放；去除该菌株后发现，4-MMP 和 3-MH 分别减少了约 95%和 40%。*IRC7* 在长相思葡萄汁中的过表达导致了 4-MMP 增加 100 倍，3-MH(及 3-MHA)增加了 1 倍，这些都支持了上述结果。

(2) 不同菌株的β-裂解酶对底物的偏好性有所不同，这解释了不同酵母菌株之间基因表达的差异是怎样导致硫醇轮廓不同的。例如，在酿酒酵母中也发现了另一种主要作用于胱硫醚的β-裂解酶基因(*STR3*)，其对应的酶 Str3p 表现出对 Cys-4-MMP 和 Cys-3-MH 的β-裂解酶副活性，在低浓度(0.25 mmol/L)下，相比于 Cys-4-MMP，Str3p 更偏好 Cys-3-MH，而在高浓度时(2 mmol/L)则更偏好 Cys-4-MMP[29]。在长相思葡萄汁发酵中，商业酿酒酵母 VIN13 中的 *STR3* 过表达使 3-MH 增加了 25%。

(3) *IRC7* 的表达受到 NCR 转录调节的影响，推测其他β-裂解酶基因也是如此，

---

⑤ β-裂解酶中的β是指 *S*-结合物经过β-消除；这意味着离开的基团(巯基)从氨基酸的β-位丢失(H^+自α-位丢失)。为了增加可同化氮而表达的细菌β-裂解酶的首选底物常常是游离氨基酸(半胱氨酸、色氨酸等)。口腔中微生物的β-裂解酶活性可以将半胱氨酸转化为 H_2S，这是口臭的常见原因。3-MH 等硫醇可以以同样的方式通过口腔微生物作用于半胱氨酸结合物而释放。

在 Cys-3-MH 产生 3-MH 对映异构体的过程中，表现出立体选择性[27]。

(4) 对商业酿酒酵母菌株 VIN13 进行基因修饰，插入并过表达大肠杆菌色氨酸酶基因(*tnaA*)，模拟发酵实验显示，硫醇释放量至少是亲本菌株的 25 倍。

这些观察结果可能还可以解释供应商对酵母菌株的不同描述——有些商业酵母菌株被宣称是生产长相思葡萄酒果香风格的理想选择，可能就是因为其高β-裂解酶活性、高吸收效率或者两者均有(尽管两个的相对重要性还未知)。实际上，基于前体物的低转化率，通过酵母菌株的选择，来提高某些硫醇或者总硫醇含量还是有很大潜力的(第 29 章)。

3. 通过酵母乙酰化

发酵和果香硫醇的释放的一个重要结果就是，3-MH 转化成它的 *O*-乙酰化衍生物 3-MHA。3-MHA 具有与 3-MH 相似的香气特质，但其感官阈值至少低了 1/10(第 10 章)。一般而言，可能只产生很小比例的 3-MHA(3-MH 浓度的约 10%～20%)，但对酒，尤其是低年份葡萄酒的整体香气有非常显著的影响[31]。随着硫醇前体的释放，3-MHA 的生成量主要取决于酵母菌株之间基因的不同，催化这个乙酰化转化反应的主要的酶为醇乙酰基转移酶 Atf1p[32]，这种酶受啤酒酵母 *ATF1* 基因的调控[33]，也参与了其他乙酸酯的形成(22.3 节)。在添加 3-MH 的模拟发酵中，商业酵母 VIN13 中的 *ATF1* 过表达会导致 3-MHA 增加约 7 倍(转化率大约 50%)，然而，参与酯代谢的其他基因(*ATF2*，*EHT1*，*IAH1*)过表达也会生成与其未过表达的菌株相同含量的 3-MH，在过表达一种编码酯酶的 *IAH1* 基因的情况下，生成量略少。

23.2.4 质量平衡和挥发性硫醇形成的替代路径

虽然 Cys-和 GSH-结合物在发酵时都可以作为硫醇前体，但即使在相似的发酵条件下，这些 *S*-结合物和酒中相应的挥发性硫醇浓度之间的相关性仍然很弱[34]。此外，发酵结束的酒中仍有高浓度的 *S*-结合物(发酵过程中也会形成前体)[10]，酒中硫醇的主要来源依然停留在猜测阶段。简而言之，目前存在质量平衡问题，因为已知的前体物转化量并不能解释发酵中所形成的硫醇含量，例如，基于标记的 Cys-3-MH 的物质的量转化产率小于 1%，长相思中天然存在的 Cys-MH 浓度(160 nM)对 3-MH 总量(42 nM)的贡献率仅为 3%(或 1.26 nM)[23]；另一个关于 GSH-3-MH 的研究也得到类似结果。其他报道也证实了这种相似的低转化效率，Cys-3-MH 产生的 3-MH(结合物的物质的量转化率 1%)大致为 GSH-3-MH(0.5%转化率)的 2 倍[24]。

解释剩余超过 90%的 3-MH 结合物的去向并非易事，这一直是近来几个研究的主题。转运蛋白负责将结合物转入细胞内，但在吸收效率或调节上存在差异。另外，在其他与前体物反应/稳定相关的可能性中，GSH-3-MH 可能不是直接分解产生

3-MH，而是经过几步降解生成 Cys-3-MH(图 23.2.3)，类似于 GSH 代谢中酶促裂解产生谷氨酸和甘氨酸残基[24]，实质上，这也说明 Cys-3-MH 更易被酵母所利用。

其他学者研究了发酵中产生挥发性硫醇或其前体的替代路径，可能的生物合成途径包括：在加工或发酵过程中含巯基化合物如 H_2S、半胱氨酸或 GSH 与(*E*)-2-己烯醛或异亚丙基氧化物发生共轭加成反应[6, 20, 36, 37]，生成 3-MH(和 3-MHA)或更直接地生成 4-MMP。虽然贡献率非常小，但发酵产生的 H_2S 的确可以转化为 3-MH。目前还没有充分的研究证据表明，发酵开始后有更多的半胱氨酸和谷胱甘肽结合物形成，但可能增加了最初的结合物总量(23.2.2 小节)。此外，在一定条件下，酵母可能会将(*E*)-2-己烯醇(一种 C_6 醇，第 6 章)转化为(*E*)-2-己烯醛，之后，生成的(*E*)-2-己烯醛与发酵早期产生的 H_2S 结合，生成酒中额外的 3-MH 和 3-MHA[38](22.4 节)。但是，H_2S 和 C_6 反应产物对挥发性硫醇的贡献似乎很小，这并不意外，因为相比于 C_6 化合物或酵母产生的 H_2S，果香硫醇浓度有更强的葡萄品种依赖性(第 10 章)。

还有一种情况是，可能存在其他尚未确定的葡萄来源结合物，如 GSH-3-MHal 和 Cysgly-3-MH 这样的前体中间体(图 23.2.2)，以及类似结合物可能都对葡萄酒中硫醇的浓度有影响[6, 19]。理论上，(*E*)-2-己烯醛的其他形式也可能最终形成 3-MH，这些形式有(*E*)-2-己烯醛磺化物[39](第 17 章)或其他未知加合物。总之，有必要进一步研究果香硫醇尤其是 3-MH 和 3-MHA 的存在。

参 考 文 献

1. Roland, A., Schneider, R., Razungles, A., Cavelier, F.(2011) Varietal thiols in wine: discovery, analysis and applications. Chemical Reviews, 111(11), 7355-7376.
2. Coetzee, C. and du Toit, W.J.(2012) A comprehensive review on Sauvignon blanc aroma with a focus on certain positive volatile thiols. Food Research International, 45(1), 287-298.
3. Capone, D.L., Sefton, M.A., Jeffery, D.W.(2012) Analytical investigations of wine odorant 3-mercaptohexan-1-ol and its precursors, in Flavor chemistry of wine and other alcoholic beverages, American Chemical Society, pp. 15-35.
4. Peña-Gallego, A., Hernández-Orte, P., Cacho, J., Ferreira, V.(2012)*S*-Cysteinylated and *S*-glutathionylated thiol precursors in grapes. A review. Food Chemistry, 131(1), 1-13.
5. Starkenmann, C., Troccaz, M., Howell, K.(2008) The role of cysteine and cysteine—*S* conjugates as odour precursors in the flavour and fragrance industry. Flavour and Fragrance Journal, 23(6), 369-381.
6. Capone, D.L. and Jeffery, D.W.(2011) Effects of transporting and processing Sauvignon blanc grapes on 3-mercaptohexan-1-ol precursor concentrations. Journal of Agricultural and Food Chemistry, 59(9), 4659-4667.
7. Allen, T., Herbst-Johnstone, M., Girault, M., et al.(2011) Influence of grape-harvesting steps on varietal thiol aromas in Sauvignon blanc wines. Journal of Agricultural and Food Chemistry,

59(19), 10641-10650.

8. Roland, A., Schneider, R., Charrier, F., et al.(2011) Distribution of varietal thiol precursors in the skin and the pulp of Melon B. and Sauvignon Blanc grapes. Food Chemistry, 125(1), 139-144.

9. Thibon, C., Shinkaruk, S., Jourdes, M., et al.(2010) Aromatic potential of botrytized white wine grapes: identification and quantification of new cysteine-*S*-conjugate flavor precursors. Analytica Chimica Acta, 660(1-2), 190-196.

10. Capone, D.L., Sefton, M.A., Jeffery, D.W.(2011) Application of a modified method for 3-mercaptohexan-1-ol determination to investigate the relationship between free thiol and related conjugates in grape juice and wine. Journal of Agricultural and Food Chemistry, 59(9), 4649-4658.

11. Maggu, M., Winz, R., Kilmartin, P.A., et al.(2007) Effect of skin contact and pressure on the composition of Sauvignon Blanc must. Journal of Agricultural and Food Chemistry, 55(25), 10281-10288.

12. Peyrot des Gachons, C., Tominaga, T., Dubourdieu, D.(2002) Sulfur aroma precursor present in *S*-glutathione conjugate form: identification of *S*-3-(hexan-1-ol)-glutathione in must from *Vitis vinifera* L. cv. Sauvignon Blanc. Journal of Agricultural and Food Chemistry, 50(14), 4076-4079.

13. Thibon, C., Cluzet, S., Merillon, J.M., et al.(2011) 3-Sulfanylhexanol precursor biogenesis in grapevine cells: the stimulating effect of *Botrytis cinerea*. Journal of Agricultural and Food Chemistry, 59(4), 1344-1351.

14. Marrs, K.A.(1996) The functions and regulation of glutathione *S*-transferases in plants. Annual Review of Plant Physiology and Plant Molecular Biology, 47, 127-158.

15. Dixon, D.P., Skipsey, M., Edwards, R.(2010) Roles for glutathione transferases in plant secondary metabolism. Phytochemistry, 71(4), 338-350.

16. Kobayashi, H., Takase, H., Suzuki, Y., et al.(2011) Environmental stress enhances biosynthesis of flavor precursors, *S*-3-(hexan-1-ol)-glutathione and *S*-3-(hexan-1-ol)-L-cysteine, in grapevine through glutathione *S*-transferase activation. Journal of Experimental Botany, 62(3), 1325-1336.

17. Schroder, P.(1997) Fate of glutathione *S*-conjugates in plants. Degradation of the glutathione moiety, Kluwer Academic Publishers, Dordrecht, The Netherlands.

18. Rennenberg, H.(1982) Glutathione metabolism and possible biological roles in higher plants. Phytochemistry, 21(12), 2771-2781.

19. Capone, D.L., Pardon, K.H., Cordente, A.G., Jeffery, D.W.(2011) Identification and quantitation of 3-*S*-cysteinylglycinehexan-1-ol(Cysgly-3-MH) in Sauvignon blanc grape juice by HPLC-MS/MS. Journal of Agricultural and Food Chemistry, 59(20), 11204-11210.

20. Capone, D.L., Black, C.A., Jeffery, D.W.(2012) Effects on 3-mercaptohexan-1-ol precursor concentrations from prolonged storage of Sauvignon Blanc grapes prior to crushing and pressing. Journal of Agricultural and Food Chemistry, 60(13), 3515-3523.

21. Dufour, M., Zimmer, A., Thibon, C., Marullo, P.(2013) Enhancement of volatile thiol release of *Saccharomyces cerevisiae* strains using molecular breeding. Applied Microbiology and Biotechnology, 97(13), 5893-5905.

22. Subileau, M., Schneider, R., Salmon, J.-M., Degryse, E.(2008) Nitrogen catabolite repression

modulates the production of aromatic thiols characteristic of Sauvignon Blanc at the level of precursor transport. FEMS Yeast Research, 8(5), 771-780.

23. Subileau, M., Schneider, R., Salmon, J.-M., Degryse, E.(2008) New insights on 3-mercaptohexanol (3MH) biogenesis in Sauvignon Blanc wines: Cys-3MH and(*E*)-hexen-2-al are not the major precursors. Journal of Agricultural and Food Chemistry, 56(19), 9230-9235.
24. Winter, G., Van Der Westhuizen, T., Higgins, V.J., et al.(2011) Contribution of cysteine and glutathione conjugates to the formation of the volatile thiols 3-mercaptohexan-1-ol(3MH) and 3-mercaptohexyl acetate(3MHA) during fermentation by *Saccharomyces cerevisiae*. Australian Journal of Grape and Wine Research, 17(2), 285-290.
25. Tominaga, T., Peyrot des Gachons, C., Dubourdieu, D.(1998) A new type of flavor precursors in *Vitis vinifera* L. cv. Sauvignon Blanc: *S*-cysteine conjugates. Journal of Agricultural and Food Chemistry, 46(12), 5215-5219.
26. Howell, K.S., Klein, M., Swiegers, J.H., et al.(2005) Genetic determinants of volatile-thiol release by *Saccharomyces cerevisiae* during wine fermentation. Applied and Environmental Microbiology, 71(9), 5420-5426.
27. Thibon, C., Marullo, P., Claisse, O., et al.(2008) Nitrogen catabolic repression controls the release of volatile thiols by *Saccharomyces cerevisiae* during wine fermentation. FEMS Yeast Research, 8(7), 1076-1086.
28. Roncoroni, M., Santiago, M., Hooks, D.O., et al.(2011) The yeast *IRC7* gene encodes a β-lyase responsible for production of the varietal thiol 4-mercapto-4-methylpentan-2-one in wine. Food Microbiology, 28(5), 926-935.
29. Holt, S., Cordente, A.G., Williams, S.J., et al.(2011) Engineering *Saccharomyces cerevisiae* to release 3-mercaptohexan-1-ol during fermentation through overexpression of an *S. cerevisiae* gene, *STR3*, for improvement of wine aroma. Applied and Environmental Microbiology, 77(11), 3626-3632.
30. Swiegers, J.H., Capone, D.L., Pardon, K.H., et al.(2007) Engineering volatile thiol release in *Saccharomyces cerevisiae* for improved wine aroma. Yeast, 24(7), 561-574.
31. Dubourdieu, D., Tominaga, T., Masneuf, I., et al.(2006) The role of yeasts in grape flavor development during fermentation: the example of Sauvignon blanc. American Journal of Enology and Viticulture, 57(1), 81-88.
32. Swiegers, J.H., Willmott, R., Hill-Ling, A., et al.(2006) Modulation of volatile thiol and ester aromas by modified wine yeast, in Developments in food science(eds Bredie, W.L.P. and Petersen, M.A.), Elsevier, Amsterdam, The Netherlands, pp. 113-116.
33. Mason, A.B. and Dufour, J.-P.(2000) Alcohol acetyltransferases and the significance of ester synthesis in yeast. Yeast, 16(14), 1287-1298.
34. Pinu, F.R., Jouanneau, S., Nicolau, L., et al.(2012) Concentrations of the volatile thiol 3-mercaptohexanol in Sauvignon blanc wines: no correlation with juice precursors. American Journal of Enology and Viticulture, 63(3), 407-412.
35. Roland, A., Schneider, R., Guernevé, C.L., et al.(2010) Identification and quantification by LC-MS/MS of a new precursor of 3-mercaptohexan-1-ol(3MH) using stable isotope dilution assay:

elements for understanding the 3MH production in wine. Food Chemistry, 121(3), 847-855.

36. Schneider, R., Charrier, F., Razungles, A., Baumes, R.(2006) Evidence for an alternative biogenetic pathway leading to 3-mercaptohexanol and 4-mercapto-4-methylpentan-2-one in wines. Analytica Chimica Acta, 563(1-2), 58-64.

37. Roland, A., Vialaret, J., Razungles, A., et al.(2010) Evolution of *S*-cysteinylated and *S*-glutathionylated thiol precursors during oxidation of Melon B. and Sauvignon blanc musts. Journal of Agricultural and Food Chemistry, 58(7), 4406-4413.

38. Harsch, M.J., Benkwitz, F., Frost, A., et al.(2013) A new precursor of 3-mercaptohexan-1-ol in grape juice: thiol-forming potential and kinetics during early stages of must fermentation. Journal of Agricultural and Food Chemistry, 61(15), 3703-3713.

39. Duhamel, N., Piano, F., Davidson, S.J., et al.(2015) Synthesis of alkyl sulfonic acid aldehydes and alcohols, putative precursors to important wine aroma thiols. Tetrahedron Letters, 56(13), 1728-1731.

23.3 品种特异香气组分的转变及其他

23.3.1 引言

除了糖苷(23.1 节)和 *S*-结合物(23.2 节)外，葡萄来源的多不饱和脂肪酸(PUFA)、羟基肉桂酸(HCA)和甲基蛋氨酸(SMM)也可以作为香气物质的前体；同糖苷和 *S*-结合物一样，这些前体物不会通过简单的糖+氨介质发酵形成挥发物，而是强烈依赖于处理或存储条件(如浸渍作用、微生物作用、葡萄酒陈酿)及前体物浓度。

其他几种在酒中发现的挥发性物质与无气味的葡萄来源前体物之间的关系并不明确，本章不做深究，例如，邻-氨基苯乙酮(*o*-AAP，脏抹布味、狐臭味)与一些葡萄酒中发现的“非典型的老化”不良风味有关，虽然 *o*-AAP 是通过植物激素吲哚乙酸(IAA)氧化形成的，但这两种化合物之间的相关性很弱[1]，而且所推测的机理也尚未在酒中或模拟酒条件下得到证实。同样，吲哚和酒中的粪臭素可能与色氨酸有关(第 5 章)，但尚不清楚是否与色氨酸含量有关联。

23.3.2 C_6 化合物的多不饱和脂肪酸前体

青草气味 C_6 醇——己醇、(*Z*)-3-己烯醇(*cis*-3-己烯醇)和(*E*)-2-己烯醇(*trans*-2-己烯醇)——在本书已有介绍(第 6 章)。包括葡萄在内的大多数未受损植物组织中这些醇的浓度微乎其微①，它们是葡萄组织被破坏后果实中的主要脂肪酸α-亚麻酸和α-亚油酸经酶促氧化形成的，这两种脂肪酸都是多不饱和脂肪酸(PUFA)，多不

① C_6 化合物由不饱和脂肪酸酶促降解形成，该反应可通过将植物材料浸渍在高度变性条件即低温甲醇得以证实。一些食品加工策略就是通过脂质降解途径改变最终的风味，例如，绿茶和黑茶的风味差异部分原因就是前者采收后立即热处理，使脂氧合酶以及多酚氧化酶等失活。

饱和脂肪酸前体物与本章讨论的其他酶促转化的前体物之间最主要的不同是，多不饱和脂肪酸可被葡萄破碎后释放出来的酶降解，该过程发生于发酵之前，而非微生物活动的发酵中期或发酵之后。

脂质氧化途径如图 23.3.1 所示[2]，在完整的果实组织中发现的多不饱和脂肪酸主要是甘油酯，甘油酯可在细胞膜形成中扮演重要角色(22.2 节)，或作为三酰甘油酯用于能量储存。植物组织的破坏(如葡萄破碎)会使甘油酯和脂质氧化途径的关键酶接触，首先，脂肪酶水解甘油酯，释放游离多不饱和脂肪酸，在有氧环境下这些游离脂肪酸被脂氧合酶(13-LOX)②的构型特异性作用转化为相应的 13-氢过氧化物；对于亚麻酸氢过氧化物，氢过氧化物裂解酶(HPL)催化其生成(*Z*)-3-己烯醛，然后酶促异构化和/或还原形成其他相关 C_6 化合物，如(*Z*)-3-己烯醇、(*E*)-2-己烯醛和(*E*)-2-己烯醇。α-亚油酸经类似途径生成己醛和 1-己醇。

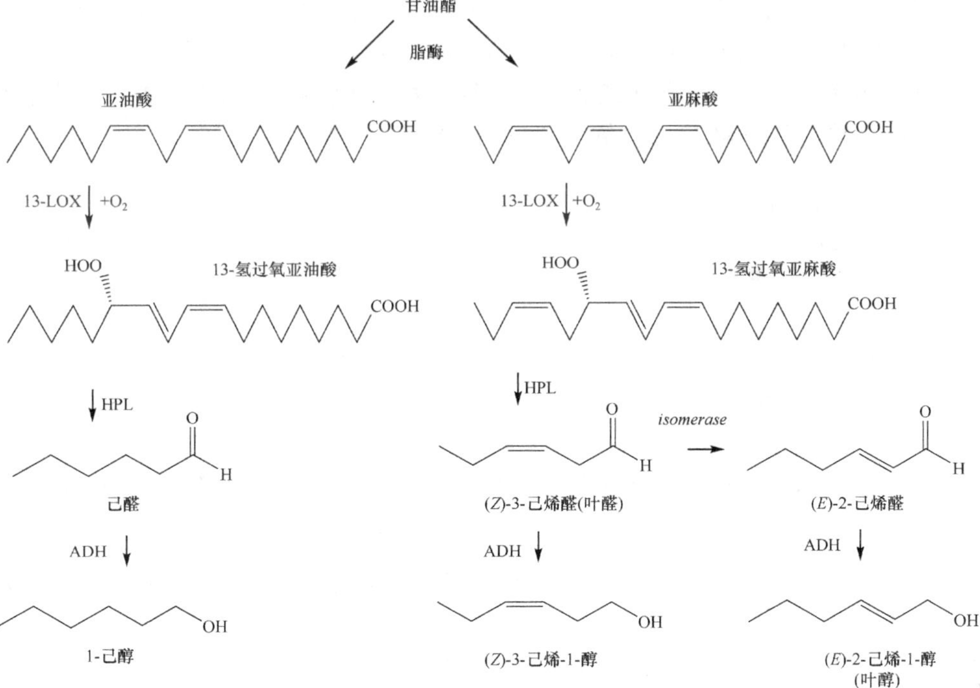

图 23.3.1　葡萄和其他植物中酶促形成 C_6 醇和醛的途径。HPL. 氢过氧化物裂解酶；LOX. 脂氧合酶；ADH. 醇脱氢酶

② 葡萄和其他植物也有形成 9-氢过氧化物的酶，但通常 9-LOX 和 9-HPL 的活性比它们对应的 13-LOX 和 13-HPL 低得多。但葫芦科(如黄瓜、甜瓜、南瓜)例外，相应的 9-LOX 和 9-HPL 能催化生成(*E*,*Z*)-2,6-壬二烯醛(黄瓜醛)等 C_9 醛(或醇)，产生量超过其阈值，这些物质为这类植物提供了特征香气。

脂质氧化产物是破碎葡萄中可检测到的主要物质。有报道指出，浸渍葡萄中可检测到 27 种挥发性物质，其中 16 种是不饱和脂肪酸的直接产物或衍生物[3]。这些挥发性物质 C_6 醛尤其是(*E*)-2-己烯醛(水溶液中感官阈值为 17 μg/L)、己醛(4.5 μg/L)和(*Z*)-3-己烯醛(0.25 μg/L)很可能是新鲜破碎葡萄青草香气的主要贡献者。据报道，搅拌浸渍的赤霞珠浆果中含有 8000 μg/kg (*E*)-2-己烯醛、2400 μg/kg 己醛和 910 μg/kg (*Z*)-3-己烯醛，三种化合物的 OAV>470[4]。在真实情况下，未经浸渍的葡萄醪中，破碎后 C_6 醛浓度总体上大约是上述数值的 10%，但仍然超过了其感官阈值。鉴于它们的 OAV 值很高，咀嚼葡萄皮时进入鼻后的主要特征香气就是这些“绿色”醛，尤其是非芳香型葡萄品种。

1. 发酵过程中的变化

在发酵过程中，己醇和(*Z*)-3-己烯醇保持相对稳定或相对增加，而 C_6 醛和 2-烯醇在发酵的最初 24～48 h 内减少了 95%甚至检测不到，其原因如下：

(1) 发酵期间，烯醛和 2-烯醇会被还原为相应的饱和醇(图 23.3.2)，这是导致(*E*)-2-己烯醇、己醛和(*E*)-2-己烯醛减少的主要途径[7, 8](22.1 节)。

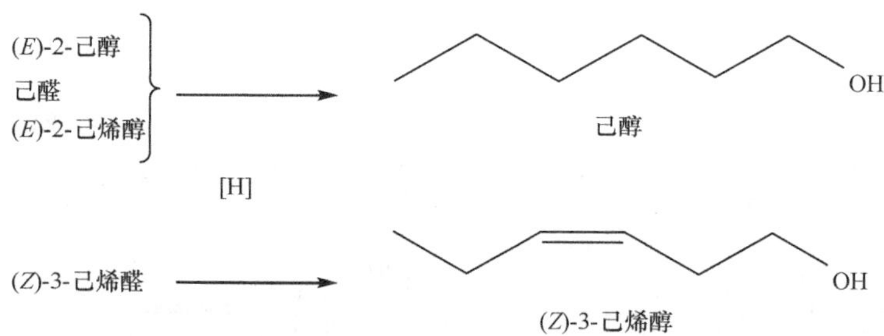

图 23.3.2 在还原发酵环境中不稳定的 C_6 化合物的流向。[H]表示还原等价物，典型的是 NAD(P)H

(2) (*E*)-2-己烯醛可以和葡萄来源的谷胱甘肽反应生成 3-巯基己醇的前体(23.2 节)。

(3) 一小部分己醇(<1%)和其他脂质衍生的醇经酶促酯化反应生成相应的乙酸酯类[7]，这在第 7 章和 22.3 节已讨论过。

(4) 发酵期间 C_6 化合物的其他去向有挥发、被酒泥吸附或部分氧化成己酸。

2. 影响 C_6 化合物含量及其由前体物产生的因素

据报道，在转色期葡萄果实产生的 C_6 醛达到峰值[9]，在某些情况下其会随着葡萄成熟而减少——在西班牙马卡贝奥葡萄果实中会减少一半[10]，因此，提前采收的葡萄制成的葡萄酒中测得的 C_6 醇浓度较高[11]。在转色至成熟期，果实中多不饱和脂肪酸含量减少约一半，但减少的时机与 C_6 醇含量的降低并不完全同步[10]。令人意外的是，LOX 活性随着果实成熟而增加，说明用脂质氧化路径中其他酶活性可能可以更好地解释 C_6 产物和相应浓度的变化[9, 10]。需要说明的一点是，对不同研究报道的葡萄果实定量结果进行比较，通常是有挑战性的，因为浸渍条件会有所不同，例如在一些报道中，果实完全被磨成了粉末[9]，这种操作预计会比典型的葡萄酒浸渍条件生成更多的 C_6 化合物，因为此方法的组织破坏程度尤其是种子(丰富的多不饱和脂肪酸来源)的破坏程度更高。

由于 C_6 化合物的形成需要浸渍，发酵前条件对葡萄酒中这些物质的最终浓度有着深刻影响。葡萄酒酿造过程中 C_6 形成的影响因素包括[12-14]以下几点：

(1) 浸渍程度以及酒精发酵之前固形物接触时间(如澄清程度、温度、时间和破碎程度)，这些参数对白葡萄酒生产尤为重要。例如，避免果皮接触或通过沉淀澄清白葡萄汁，可以降低葡萄醪中多不饱和脂肪酸含量，降低葡萄醪和酒中 C_6 挥发性物质浓度(1-己醇，图 23.3.3)[15]。类似地，机械采收、破碎和压榨过重都会造成葡萄酒中最终 C_6 浓度增加，增加幅度可达手工采摘和手工压榨的 10 倍[16](图 23.3.4)。

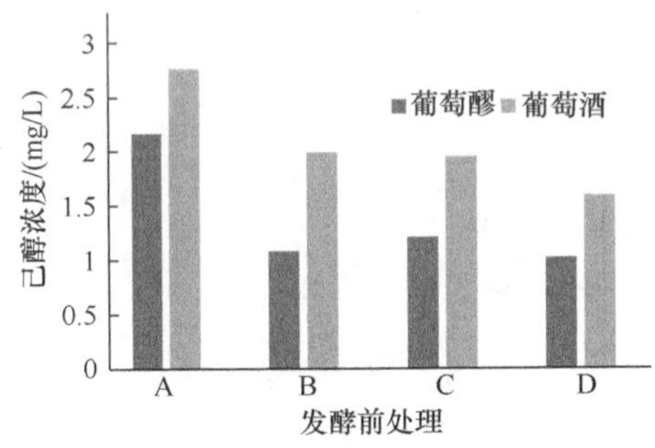

图 23.3.3　发酵前澄清处理对葡萄醪和葡萄酒中 1-己醇的影响。A. 对照组；艾伦白色酿酒葡萄，破碎后果皮浸渍 16 h，压榨后不澄清；B. 压榨后 20 ℃沉淀澄清 24 h 的葡萄醪；C. 压榨后 15 ℃沉淀澄清 24 h 的葡萄醪；D. 压榨后添加果胶酶 15 ℃沉淀澄清 24 h 的葡萄醪。数据来自文献[15]

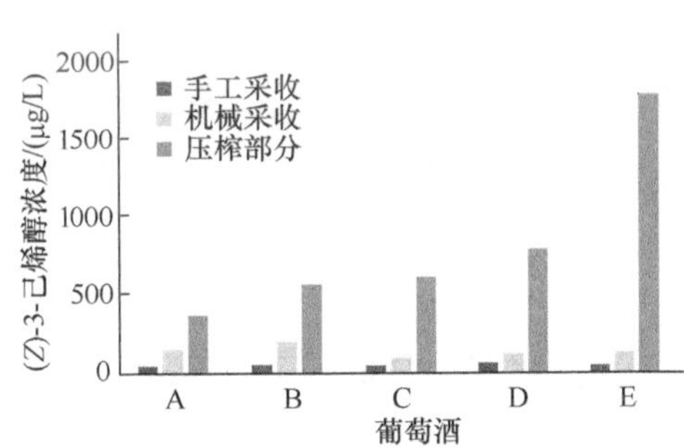

图 23.3.4　葡萄发酵前处理(A～E)对五种葡萄酒(Z)-3-己烯醇浓度的影响。葡萄酒均由长相思葡萄酿造。数据来自文献[16]

(2) 氧的利用率。LOX 酶需要 O_2，发酵前葡萄醪含有饱和的空气(过氧化)，这可导致最终酒中的己醇含量增加 2 倍[17]。

(3) 抑制酶活，添加 SO_2[18]或葡萄酒热处理[19]会减少 C_6 化合物的合成。

(4) 除了葡萄浆果以外的其他物质(MOG)的存在，按质量分数计，浸渍葡萄叶产生的(*Z*)-3-己烯醛比葡萄浆果多 100 倍，其他几种 C_6 化合物的浓度也提高[4]。

23.3.3 羟基肉桂酸、酒香酵母和挥发性酚

葡萄酒中含有一定浓度的羟基肉桂酸(HCA)(约 60 mg/L)，其在葡萄浆果中几乎全部以酒石酸酯的形式存在(第 13 章)。HCA 在转色前期合成，并且由于果实成熟膨大，其质量浓度(而非每粒果实)会降低一半[20]。羟基肉桂酸酒石酸酯的浓度依葡萄品种而异，这已在第 13 章讨论。虽然对 HCA(尤其是咖啡酸)的关注主要集中在其氧化反应(第 24 章)，但它们也可以作为气味活跃的挥发性酚前体。羟基肉桂酸酒石酸酯转化为挥发性酚的过程如图 23.3.5 所示。

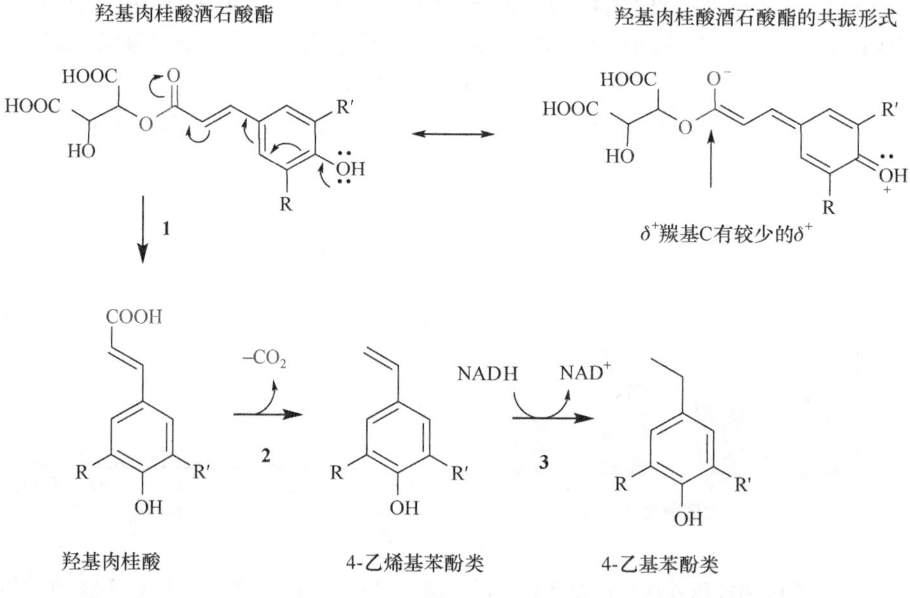

图 23.3.5 葡萄中羟基肉桂酸酒石酸酯形成有香味的乙烯基苯酚和乙基苯酚的途径。与简单酯相比，羟基肉桂酸酒石酸酯(右上)的共振稳定效应，降低了非酶促酸水解作用的速率。**1.** 羟基肉桂酸酯酶(CE)：存在于某乳酸菌、果胶酶制剂和少量酵母中。**2.** 羟基肉桂酸脱羧酶(HCD)：存在于酿酒酵母、酒香酵母和其他酵母中。**3.** 乙烯基苯酚还原酶(VPR)：存在于酒香酵母中

1. 酒石酸酯水解

挥发性酚的形成需要酒石酸酯类的初始水解，肉桂酸酯在葡萄酒 pH 和环境温度下水解非常缓慢，这是由于羰基的共振稳定性(图 23.3.5，右上)。据估计，在 pH 3.4、室温下甲基和乙基肉桂酸酯的水解半衰期为几十年[21]。商业“品诺塔吉”葡萄酒中的咖啡酸平均浓度与酒龄成反比，1998 年的酒中咖啡酸浓度(53 mg/L)

比 2001 年的酒(79 mg/L)低 33%[22]，由此推断，酒中的半衰期约为 7 年。即使在瓶储 15 年后，酒中酯化 HCA 和游离 HCA 的比值仍可以高达 9∶1[23]。因此，大多数葡萄酒中羟基肉桂酸酒石酸酯的酸水解几乎可以忽略不计，而主要是通过肉桂酸酯水解酶作用释放出游离 HCA。

(1) 某些酵母含有一定的肉桂酸酯水解酶(也称肉桂酸酯酶、CE 或羟基肉桂酸酯水解酶，HCEH)活性。有一篇关于霞多丽的报道中指出，在发酵过程中反式咖啡酸从检测不到稳步增加至 11.6 mg/L 的咖啡酸等同物(CAE)，而在发酵末期，酯化形式的 *trans*-咖啡酸从最大值 41.8 mg/L 相应下降到 30.2 mg/L CAE[24]；若忽略大约 25%的氧化损失，香豆酰酒石酸对香豆酸有很高的转化率(约 75%)。

(2) 乳酸菌具有多种肉桂酸酯酶活性。对于相同的酒，酒球菌菌株 VFO 可以将咖啡酰酒石酸酯近乎等量转化为咖啡酸，而其他菌株(阿尔法，VP71)的作用并不显著[25]。因此，经过苹乳发酵的葡萄酒被认为含有更多的游离 HCA。

(3) 为了增加出汁量，生产中通常添加果胶酶制剂(第 21 章, 23.1 节和第 27 章)，这会带来意料之外的 CE 副活性(图 23.3.6)。与乳酸菌菌株相似，酵母中 CE 活性差异很大。在一项研究中，香豆酰酒石酸酯的水解少则忽略不计，多则高于 70%[26]。由于高 CE 活性会造成发酵前较高的游离 HCA，而游离 HCA 是下面将提到的具有不愉悦气味的乙烯基和乙基苯酚的前体物，因此受到酿酒师的重视。正因为如此，许多筛选出来的商业果胶酶都含有较低的 CE 活性。

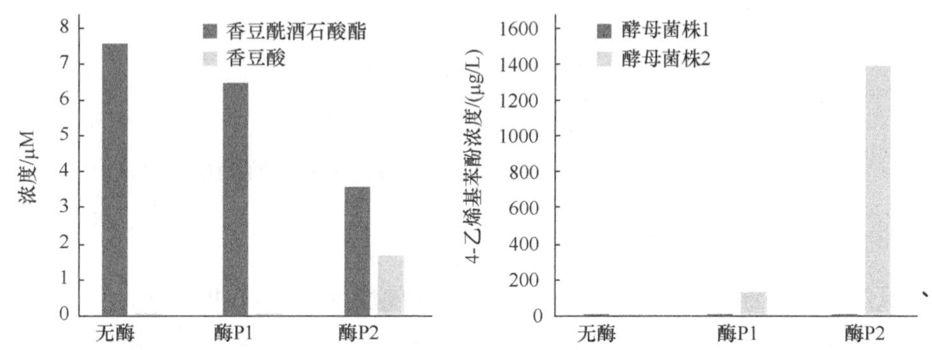

图 23.3.6 左:两种商业果胶酶 P1 和 P2 的 CE 副活性。芳蒂娜(Frontignan)麝香葡萄果汁在 20 ℃下孵育 20 h 后，香豆酰酒石酸减少而香豆酸增加，即证明了存在 CE 的副活性。右：对照组和酶处理的葡萄汁组发酵后葡萄酒中 4-乙烯基苯酚(4-VP)的浓度。4-VP 积累至最大值需要高浓度的香豆酸(来自 P2 酶制剂)和具有高肉桂酸脱羧酶活性的酵母(菌株 2)。数据来自文献[26]

2. 乙烯基苯酚的形成

游离 HCA 和它们的乙酯都具有一定的苦涩味(第 13 章)，在发酵过程中，反式 HCA 脱羧生成具有烟味和药味的挥发性乙烯基苯酚(第 12 章)。特别是阿魏酸会转化成 4-乙烯基愈创木酚(4-VG)，香豆酸会转化成 4-乙烯基苯酚(4-VP)。这种转化由羟基肉桂酸脱羧酶(HCD，又称肉桂酸脱羧酶)催化(图 23.3.5)。大多数酿酒酵母菌株含有脱羧酶的活性[27, 28]，酒香酵母也具有同样的能力(下面将详细叙述)[29]③。破坏任意一个或两个基因(*FDC1* 或 *PAD1*)会使酵母失去羟基肉桂酸脱羧酶的活性[27]。肉桂酸衍生物具有抗菌性，酵母中脱羧酶基因的功能显然就是保护它们免受这些植物次生代谢物的影响[30]。

虽然大多数葡萄酒酵母含有脱羧酶活性，但不同菌株间 HCA 脱羧程度差异很大。在添加了 12 mg/L 香豆酸的模拟果汁体系中，三种不同菌株发酵的 HCA 脱羧程度从低于 10%到 75%[31]。所以，依据酵母菌株不同，即使游离 HCA 的初始浓度相同，葡萄酒中乙烯基苯酚浓度也会有一个数量级甚至更大的差异(图 23.3.6[26])。

需要说明的是，要解释实际葡萄酒发酵中乙烯基苯酚产生的差异并非易事，因为决定其形成的不仅仅是初始羟基肉桂酸浓度，还有酒石酸酯释放的游离 HCA 的比值以及乙烯基苯酚的反应性。在葡萄酒陈酿中，4-VG 和 4-VP 含量减少，其转化为 1-乙氧基乙醇加合物(图 23.3.7[26])，16～18 ℃时白葡萄酒中乙烯基苯酚的半衰期大约是 6 个月，在红葡萄酒中乙烯基苯酚减少速率同样很快，因为它们会与花色苷反应生成乙烯基苯酚吡喃花色苷(第 16 章)，或者通过酒香酵母进行进一步代谢，下文会叙述。

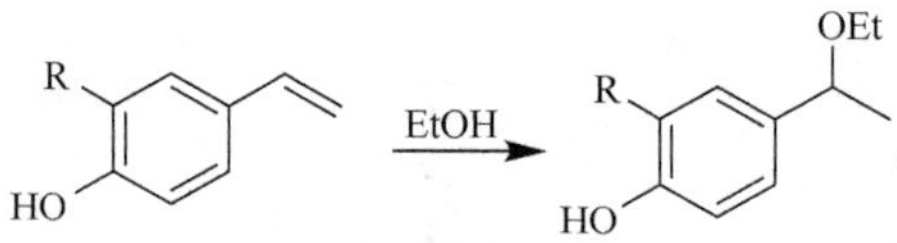

R HO EtOH R HO OEt

图 23.3.7 乙烯基苯酚(左)形成 4-(1-乙氧基乙基)苯酚的反应[26]

3. 乙基苯酚的形成

虽然在很多葡萄酒尤其是白葡萄酒中都可检测到 4-VG 和 4-VP，但它们的感官阈值很高(770 μg/L)[32]，对酒的香气鲜有贡献。这些乙烯基苯酚可以通过乙烯基苯酚还原酶(VPR)，还原为更强的烷基类似物 4-乙基愈创木酚(4-EG)和 4-乙基苯酚(4-EP)。肉桂酸酯酶(CE)和羟基肉桂酸脱羧酶(HCD)在许多葡萄酒微生物中都有

③ 与葡萄酒酵母相比，大多数商业酿酒酵母缺乏羟基肉桂酸脱羧酶活性，因为在许多啤酒风格中，乙烯基苯酚的丁香酚的气味并不受欢迎。具有羟基肉桂酸脱羧酶活性的酵母称为 POF(+)(酚醛异味阳性)而常常被避免使用。这种说法也存在一些例外：许多德国小麦啤酒的特征香气来源于 POF(+)酵母，一些比利时(或比利时风格)的麦芽酒用会产生乙基苯酚和乙烯基苯酚的酒香酵母来生产。

发现，相比之下，乙烯基苯酚还原酶(VPR)活性几乎只发现于酒香酵母中[33]，最近已经从酒香酵母中纯化了 VPR 酶并完成了蛋白质测序[34]。虽然酒香酵母代谢会在一定程度上改变葡萄酒的感官特性，如增加醋酸含量和由于其中的糖苷酶作用降低了花色苷含量等[35]，但是酵香酵母 Brett 味最具特征的就是酚醛味和药味香气，这是由 4-EP 和相关挥发性酚增加引起的(第 12 章)[36]。乙基苯酚及其相关香气的产生通常(但不绝对)被认为是负面的[35, 44]。

酒香酵母的生长比酿酒酵母慢得多，在酒精发酵期间其存在微不足道，很大程度上是因为 Brett 引起的酒精发酵在厌氧条件下速度极其缓慢(由于负巴斯德效应)[37]。但是，即使在成品酒的苛刻条件下(高乙醇、低 pH、低氧、低营养、SO_2)，酒香酵母仍能保持活性[38, 39]，而且只需最少量的糖就可维持生长(<1 g/L)[40]。总之，与酵母属相比，酒香酵母可以将乙醇作为碳源，并且只需要最低限度的氧存在，大多数菌株都可以利用纤维二糖，这是两个葡萄糖分子以$\beta(1\rightarrow4)$形成的二糖，它们来自烘烤橡木的纤维素降解产生的副产物[39]。在旧橡木桶内部发现有数毫米厚的可产 4-EP 的活性酒香酵母[41]，这些酒香酵母可抵御许多普通的表面清洁和卫生操作[42]。橡木桶桶储会引入较多的氧气，这会刺激酒香酵母的生长。因此葡萄酒厂的桶常常作为酒香酵母的栖息地和进一步污染的场所[35, 42]。

几乎所有的乙基苯酚都产生于酵母生长末期和稳定期开始阶段，当适宜碳源(葡萄糖)检测不到时，乙基苯酚的生成停止[43]。酒香酵母可以将游离的乙烯基苯酚直接转化为乙基苯酚，但是大多数乙基苯酚是通过两步酶促反应生成的：羟基肉桂酸→乙烯基苯酚→乙基苯酚[45]。在模拟条件下，羟基肉桂酸的转化是非常高效的：在含有葡萄糖 2%的模拟酒中，一种菌株可以将 90%的香豆酸转化为乙基基苯酚(4-EP)[43]，但这种转化效率强烈依赖于菌株类型，对于同样的基酒，37 种酒香酵母菌株产生乙基苯酚的量差异很大，浓度从检测不到至高于 2500 μg/L[36] (图 23.3.8)。有意思的是，乙基苯酚和乙基愈创木酚似乎高度相关，乙烯基苯酚还原酶(VPR)对乙烯基苯酚的选择性相对较小，因此，乙基苯酚等的相对浓度最终取决于其前体物羟基肉桂酸(HCA)(第 12 章)。咖啡酸也可被酒香酵母还原形成 4-乙基儿茶酚(4-EC)[45]，但关于这方面的研究不如 4-EP 和 4-EG 清楚，这是由于 4-EC 的产量很低、感官阈值高且 4-EC 的分析方法仍不成熟。

影响最终乙基苯酚浓度的因素总结如下：

(1) 羟基肉桂酸酯的初始浓度，这受葡萄品种和酿造条件的显著影响(第 13 章)。

(2) 羟基肉桂酸酯对游离羟基肉桂酸的转化率，如通过微生物酶作用。

(3) 发酵期间和存储以及酒香酵母生长之前，游离羟基肉桂酸(HCA)的稳定性。

(4) 最重要的是具有 VPR 活性的酒香酵母菌株的引入和生长。

利于酒香酵母生长的生理条件包括低含量 SO_2、高含量 O_2、避免过滤或其他酒稳定工艺[35]，这也是在红葡萄酒酿造中常常遇到的条件，加上目前广泛采用延长橡木桶陈酿的措施，都为红葡萄酒中越来越频繁出现 Brett 味提供了合理解释。

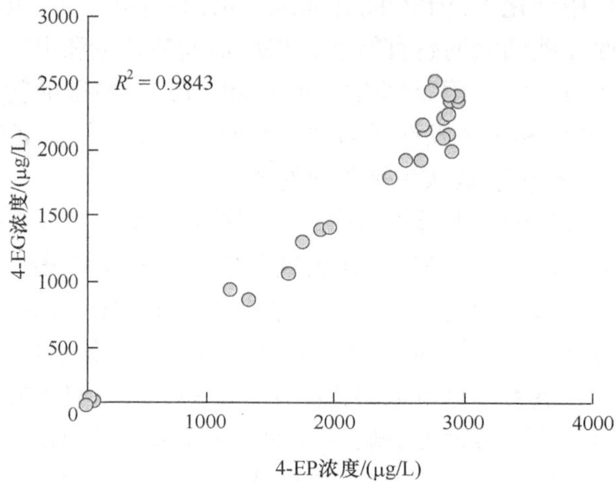

图 23.3.8　歌海娜半干桃红葡萄酒中接种 37 种酒香酵母菌株后 4-乙基愈创木酚(4-EG)与 4-乙基苯酚(4-EP)含量的关系。13 种菌株(37%)产生的乙基苯酚含量检测不到(<150 μg/L)，约一半的菌株产量很高(总量>2000 g/L)。数据来自文献[39]

23.3.4　*S*-甲基蛋氨酸和二甲基硫醚

二甲基硫醚(DMA)贡献陈年葡萄酒松露味和罐头玉米味，但高浓度的二甲基硫醚则呈现不愉悦的硫味(第 10 章)。在低年份酒(<1 年)中 DMS 浓度一般处于较低的水平(μg/L)，但在陈酿过程中它们可由葡萄来源的前体物转化产生[46]，这些前体物中最主要的是 *S*-甲基蛋氨酸(SMM)[47]，它经过水解会形成 DMS。在 pH 5 左右时(啤酒麦芽和许多蔬菜中)，这种水解似乎是碱催化的，可随着 pH 升高而增加[48]，但当 pH<5 时，水解释放似乎是通过水亲核取代进行[49]，并且不像预期的那样依赖于 pH(图 23.3.9)。

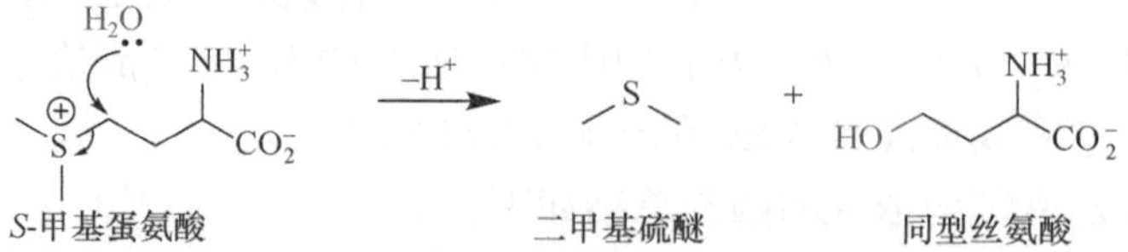

H_2O　NH_3^+　$-H^+$　NH_3^+
CO_2^-　+　HO　CO_2^-
S-甲基蛋氨酸　二甲基硫醚　同型丝氨酸

图 23.3.9　*S*-甲基蛋氨酸水解形成二甲基硫醚的反应[49]

SMM 在植物界广泛分布，它通过蛋氨酸甲基化形成。SMM 代谢目的尚不清楚，似乎是作为一个蛋氨酸的运输形式，将蛋氨酸从源器官(叶子等营养组织)转移到库器官(种子)[50]。在植物性食物及饮料热加工及储藏过程中，SMM 形成 DMS 的能力已经研究清楚[51]，通常在营养组织中检测到的 SMM 浓度要高于肉质果实，基于“潜在 DMS”测量(详见下一段)，卷心菜和芦笋中 SMM 浓度为 0.1%～0.2 % (*w*/*w*)[45]，比葡萄中通常检测到的浓度高 1000 倍左右[52]。烹饪后这些蔬菜的 DMS 浓度(10～20 mg/kg)通常也比葡萄酒中报道的最高浓度高 2～3 个数量级(第 10 章)④。

SMM 在葡萄汁中可以被定量[53]，但比较常见的方法是，在碱性条件下加热葡萄汁或葡萄酒样品后测定所形成 DMS 的量，即为“潜在 DMS”(pDMS)[47]。研究发现，不同品种和种植地的葡萄中，pDMS 范围从几μg/L 到高于 4000 μg/L[53]。在迟采的“小芒森”果实中，检测到的 pDMS 浓度尤其高，而且采收越迟，浓度越高[11]。目前，调控葡萄果实中 SMM 含量的因素尚不清楚，无论怎样，根据葡萄汁中 pDMS 浓度，可以很好地预测经过一定条件陈酿的葡萄酒中的 DMS 情况[52]。西拉葡萄酒 DMS(pDMS+游离态 DMS)大约是对应葡萄果实 pDMS 的 70%，说明大部分 SMM 在发酵中是稳定的。然而，有报道称，在啤酒发酵中一些酵母会利用 SMM 作为氮源[48]，而在葡萄酒酵母中尚未发现。

在发酵过程中酵母似乎不会酶促水解 SMM 生成 DMS，正如前文提到的，在葡萄酒 pH 下主要反应涉及水作为亲核试剂，因此不会表现出强烈的 pH 依赖性。但陈酿时间和温度非常重要。SMM 水解释放 DMS 的反应具有高的活化能，为 186 kJ/mol[54](第 25 章)，虽然在水的沸点下会迅速发生 SMM 水解(麦芽汁中半衰期为 30 min，98.5 ℃)，但在典型的葡萄酒存储温度下，释放缓慢得多(半衰期约为 5 年，图 23.3.10)。

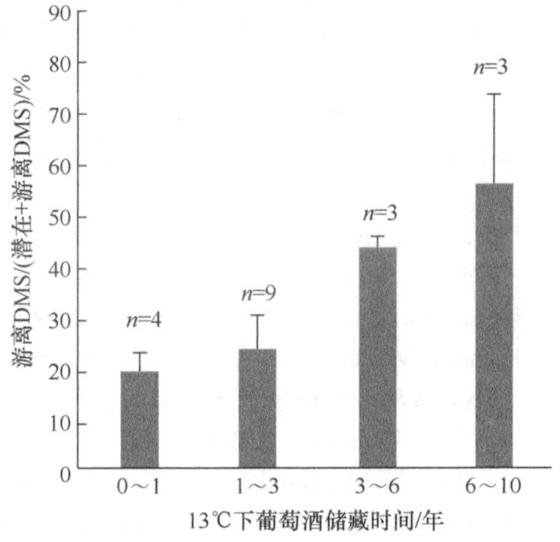

图 23.3.10　基于总 DMS(pDMS+游离态 DMS)的游离态 DMS 的平均百分比，可作为歌海娜和西拉葡萄酒酒龄的函数。柱形条块上的数值表示一个年龄段的葡萄酒数量。数据来自文献[52]

参 考 文 献

1. Linsenmeier, A., Rauhut, D., Sponholz, W.R.(2010) Ageing and flavour deterioration in wine, in Managing wine quality, Vol. 2, Oenology and wine quality(ed. Reynolds, A.G.), Woodhead Publishing and CRC Press, Oxford and Boca Raton, FL.

④ 相比于水果，在烹饪的卷心菜、芦笋等许多蔬菜中生成高浓度 DMS，这可以追溯到蔬菜中含有高浓度的 SMM 和高 pH 环境。SMM 在碱性 pH 下水解更快，这解释了为什么许多卷心菜食谱建议在烹饪时加酸来减轻这种强烈气味。

2. Matsui, K.(2006) Green leaf volatiles: hydroperoxide lyase pathway of oxylipin metabolism. Current Opinion in Plant Biology, 9(3), 274-280.
3. Canuti, V., Conversano, M., Calzi, M.L., et al.(2009) Headspace solid-phase microextraction-gas chromatography-mass spectrometry for profiling free volatile compounds in Cabernet Sauvignon grapes and wines. Journal of Chromatography A, 1216(15), 3012-3022.
4. Hashizume, K. and Samuta, T.(1997) Green odorants of grape cluster stem and their ability to cause a wine stemmy flavor. Journal of Agricultural and Food Chemistry, 45(4), 1333-1337.
5. Iyer, M.M., Sacks, G.L., Padilla-Zakour, O.I.(2010) Impact of harvesting and processing conditions on green leaf volatile development and phenolics in Concord grape juice. Journal of Food Science, 75(3), C297-C304.
6. Harsch, M.J., Benkwitz, F., Frost, A., et al.(2013) New precursor of 3-mercaptohexan-1-ol in grape juice: thiol-forming potential and kinetics during early stages of must fermentation. Journal of Agricultural and Food Chemistry, 61(15), 3703-3713.
7. Dennis, E.G., Keyzers, R.A., Kalua, C.M., et al.(2012) Grape contribution to wine aroma: production of hexyl acetate, octyl acetate, and benzyl acetate during yeast fermentation is dependent upon precursors in the must. Journal of Agricultural and Food Chemistry, 60(10), 2638-2646.
8. Herraiz, T., Herraiz, M., Reglero, G., et al.(1990) Changes in the composition of alcohols and aldehydes of C6 chain length during the alcoholic fermentation of grape must. Journal of Agricultural and Food Chemistry, 38(4), 969-972.
9. Kalua, C.M. and Boss, P.K.(2010) Comparison of major volatile compounds from Riesling and Cabernet Sauvignon grapes(*Vitis vinifera* L.) from fruitset to harvest. Australian Journal of Grape and Wine Research, 16(2), 337-348.
10. Iglesias, J.L.M., Dabila, F.H., Marino, J.I.M., et al.(1991) Biochemical aspects of the lipids in *Vitis vinifera* grapes(Macabeo variety). 1. Linoleic and linolenic acids as aromatic precursors. Nahrung-Food, 35(7), 705-710.
11. Bindon, K., Varela, C., Kennedy, J., et al.(2013) Relationships between harvest time and wine composition in *Vitis vinifera* L. cv. Cabernet Sauvignon. 1. Grape and wine chemistry. Food Chemistry, 138(2-3), 1696-1705.
12. Ramey, D., Bertrand, A., Ough, C.S., et al.(1986) Effects of skin contact temperature on Chardonnay must and wine composition. American Journal of Enology and Viticulture, 37(2), 99-106.
13. Joslin, W.S. and Ough, C.S.(1978) Cause and fate of certain C_6 compounds formed enzymatically in macerated grape leaves during harvest and wine fermentation. American Journal of Enology and Viticulture, 29(1), 11-17.
14. Capone, D.L., Black, C.A., Jeffery, D.W.(2012) Effects on 3-mercaptohexan-1-ol precursor concentrations from prolonged storage of Sauvignon Blanc grapes prior to crushing and pressing Journal of Agricultural and Food Chemistry, 60(13), 3515-3523.
15. Ferreira, B., Hory, C., Bard, M.H., et al.(1995) Effects of skin contact and settling on the level of the C18:2, C18:3 fatty-acids and C6 compounds in Burgundy Chardonnay musts and wines. Food

Quality and Preference, 6(1), 35-41.

16. Herbst-Johnstone, M., Araujo, L., Allen, T., et al.(2012) Effects of mechanical harvesting on "Sauvignon blanc" aroma, in 1st International Workshop on Vineyard mechanization and grape and wine quality(ed. Poni, S.), ISHS Acta Horticulturae, pp. 179-186.
17. Cejudo-Bastante, M.J., Castro-Vázquez, L., Hermosín-Gutiérrez, I., Pérez-Coello, M.S.(2011) Combined effects of prefermentative skin maceration and oxygen addition of must on color-related phenolics, volatile composition, and sensory characteristics of Airén white wine. Journal of Agricultural and Food Chemistry, 59(22), 12171-12182.
18. Makhotkina, O., Herbst-Johnstone, M., Logan, G., et al.(2013) Influence of sulfur dioxide additions at harvest on polyphenols, C_6-compounds, and varietal thiols in Sauvignon blanc. American Journal of Enology and Viticulture, 64(2), 203-213.
19. Fischer, U., Strasser, M., Gutzler, K.(2000) Impact of fermentation technology on the phenolic and volatile composition of German red wines. International Journal of Food Science and Technology, 35(1), 81-94.
20. Ong, B.Y. and Nagel, C.W.(1978) Hydroxycinnamic acid-tartaric acid ester content in mature grapes and during the maturation of white Riesling grapes. American Journal of Enology and Viticulture, 29(4), 277-281.
21. Rayne, S. and Forest, K.(2011) Estimated carboxylic acid ester hydrolysis rate constants for food and beverage aroma compounds. Nature Precedings. doi: 10.1038/npre.2011.6471.1.
22. Schwarz, M., Hofmann, G., Winterhalter, P.(2004) Investigations on anthocyanins in wines from *Vitis vinifera* cv. Pinotage: factors influencing the formation of Pinotin A and its correlation with wine age. Journal of Agricultural and Food Chemistry, 52(3), 498-504.
23. Cheynier, V.F., Trousdale, E.K., Singleton, V.L., et al.(1986) Characterization of 2-*S*-glutathionyl caftaric acid and its hydrolysis in relation to grape wines. Journal of Agricultural and Food Chemistry, 34(2), 217-221.
24. Somers, T.C., Vérette, E., Pocock, K.F.(1987) Hydroxycinnamate esters of *Vitis vinifera*: changes during white vinification, and effects of exogenous enzymic hydrolysis. Journal of the Science of Food and Agriculture, 40(1), 67-78.
25. Burns, T.R. and Osborne, J.P.(2013) Impact of malolactic fermentation on the color and color stability of Pinot noir and Merlot wine. American Journal of Enology and Viticulture, 64(3), 370-377.
26. Dugelay, I., Gunata, Z., Sapis, J.C., et al.(1993) Role of cinnamoyl esterase activities from enzyme preparations on the formation of volatile phenols during winemaking. Journal of Agricultural and Food Chemistry, 41(11), 2092-2096.
27. Mukai, N., Masaki, K., Fujii, T., et al.(2010) PAD1 and FDC1 are essential for the decarboxylation of phenylacrylic acids in *Saccharomyces cerevisiae*. Journal of Bioscience and Bioengineering, 109(6), 564-569.
28. Chatonnet, P., Dubourdieu, D., Boidron, J.-n., Lavigne, V.(1993) Synthesis of volatile phenols by *Saccharomyces cerevisiae* in wines. Journal of the Science of Food and Agriculture, 62(2), 191-202.

29. Edlin, D.A.N., Narbad, A., Gasson, M.J., et al.(1998) Purification and characterization of hydroxycinnamate decarboxylase from *Brettanomyces anomalus*. Enzyme and Microbial Technology, 22(4), 232-239.

30. Clausen, M., Lamb, C.J., Megnet, R., Doerner, P.W.(1994) PAD1 encodes phenylacrylic acid decarboxylase which confers resistance to cinnamic acid in *Saccharomyces cerevisiae*. Gene, 142(1), 107-112.

31. Benito, S., Palomero, F., Morata, A., et al.(2009) Minimization of ethylphenol precursors in red wines via the formation of pyranoanthocyanins by selected yeasts. International Journal of Food Microbiology, 132(2-3), 145-152.

32. Nikfardjam, M.P., May, B., Tschiersch, C.(2009) Analysis of 4-vinylphenol and 4-vinylguaiacol in wines from the Wuerttemberg region(Germany). Mitteilungen Klosterneuburg, Rebe und Wein, Obstbau und Früchteverwertung, 59(2), 84-89.

33. Chatonnet, P., Viala, C., Dubourdieu, D.(1997) Influence of polyphenolic components of red wines on the microbial synthesis of volatile phenols. American Journal of Enology and Viticulture, 48(4), 443-448.

34. Granato, T., Romano, D., Vigentini, I., et al.(2015) New insights on the features of the vinyl phenol reductase from the wine-spoilage yeast *Dekkera/Brettanomyces bruxellensis*. Annals of Microbiology, 65(1), 321-329.

35. Conterno, L. and Henick-Kling, T.(2010) *Brettanomyces/Dekkera* off-flavours and other wine faults associated with microbial spoilage, in Managing wine quality(ed. Reynolds, A.G.), Woodhead Publishing, pp. 346-387.

36. Chatonnet, P., Dubourdie, D., Boidron, J.-N., Pons, M.(1992) The origin of ethylphenols in wines. Journal of the Science of Food and Agriculture, 60(2), 165-178.

37. Scheffers, W.A. and Wiken, T.O.(1969) The Custers effect(negative Pasteur effect) as a diagnostic criterion for the genus *Brettanomyces*. Antonie Van Leeuwenhoek, 35(Suppl. Yeast Symp.), A31-A32.

38. Suárez, R., Suárez-Lepe, J.A., Morata, A., Calderón, F.(2007) The production of ethylphenols in wine by yeasts of the genera *Brettanomyces* and *Dekkera*: a review. Food Chemistry, 102(1), 10-21.

39. Conterno, L., Joseph, C.M.L., Arvik, T.J., et al.(2006) Genetic and physiological characterization of *Brettanomyces bruxellensis* strains isolated from wines. American Journal of Enology and Viticulture, 57(2), 139-147.

40. Coulon, J., Perello, M.C., Lonvaud-Funel, A., et al.(2010) *Brettanomyces bruxellensis* evolution and volatile phenols production in red wines during storage in bottles. Journal of Applied Microbiology, 108(4), 1450-1458.

41. Barata, A., Laureano, P., D'Antuono, I., et al.(2013) Enumeration and identification of 4-ethylphenol producing yeasts recovered from the wood of wine ageing barriques after different sanitation treatments. Journal of Food Research, 2(1), 140-149.

42. Aguilar Solis, M.(2014) Evaluation of common and novel sanitizers against spoilage yeasts found in wine environments. PhD Thesis, Cornell Unversity, Ithaca, NY.

43. Dias, L., Pereira-da-Silva, S., Tavares, M., et al.(2003) Factors affecting the production of 4-ethylphenol by the yeast *Dekkera bruxellensis* in enological conditions. Food Microbiology, 20(4), 377-384.

44. Juan, F.S., Cacho, J., Ferreira, V., Escudero, A.(2012) Aroma chemical composition of red wines from different price categories and its relationship to quality. Journal of Agricultural and Food Chemistry, 60(20), 5045-5056.

45. Harris, V., Ford, C., Jiranek, V., Grbin, P.(2008) *Dekkera* and *Brettanomyces* growth and utilisation of hydroxycinnamic acids in synthetic media. Applied Microbiology and Biotechnology, 78(6), 997-1006.

46. Marais, J.(1979) Effect of storage time and temperature on the formation of dimethyl sulfide and on white wine quality. Vitis, 18(3), 254-260.

47. Segurel, M.A., Razungles, A.J., Riou, C., et al.(2005) Ability of possible DMS precursors to release DMS during wine aging and in the conditions of heat-alkaline treatment. Journal of Agricultural and Food Chemistry, 53(7), 2637-2645.

48. Anness, B.J. and Bamforth, C.W.(1982) Dimethyl sulfide—a review. Journal of the Institute of Brewing, 88(4), 244-252.

49. Cremer, D.R. and Eichner, K.(2000) Formation of volatile compounds during heating of spice paprika(*Capsicum annuum*) powder. Journal of Agricultural and Food Chemistry, 48(6), 2454-2460.

50. Giovanelli, J., Mudd, S.H., Datko, A.H.(1980) Sulfur amino acids in plants, in Amino acids and derivatives(ed. Miflin, B.J.), Academic Press, pp. 453-505.

51. Scherb, J., Kreissl, J., Haupt, S., Schieberle, P.(2009) Quantitation of *S*-methylmethionine in raw vegetables and green malt by a stable isotope dilution assay using LC-MS/MS: comparison with dimethyl sulfide formation after heat treatment. Journal of Agricultural and Food Chemistry, 57(19), 9091-9096.

52. Segurel, M.A., Razungles, A.J., Riou, C., et al.(2004) Contribution of dimethyl sulfide to the aroma of Syrah and Grenache noir wines and estimation of its potential in grapes of these varieties. Journal of Agricultural and Food Chemistry, 52(23), 7084-7093.

53. Loscos, N., Segurel, M., Dagan, L., et al.(2008) Identification of *S*-methylmethionine in Petit Manseng grapes as dimethyl sulphide precursor in wine. Analytica Chimica Acta, 621(1), 24-29.

54. Scheuren, H., Tippmann, J., Methner, F.J., Sommer, K.(2014) Decomposition kinetics of dimethyl sulphide. Journal of the Institute of Brewing, 120(4), 474-476.

第 24 章　葡萄酒氧化

24.1　引　　言

氧化通常是制约葡萄酒保存的因素，换句话说，葡萄酒在长期储存过程中大多数是由于过度氧化而非微生物破败等其他原因而失去口感。然而，少量氧气可以改善一些葡萄酒的品质，而大量氧气暴露对于某些葡萄酒风味而言至关重要，如马德拉(Madeira)、雪利酒(Sherry)、意大利圣酒(Vino Santo)和茹拉黄酒(Jura Vin Jaune)。几位重要的葡萄酒历史作家已经诠释了氧化的意义，在美国最早的关于葡萄酒生产的文章里，Rixford 认为："少数酒体足够强壮的葡萄酒，陈酿可能会因暴露于空气中而加速，但必须非常小心，不要停留太久，否则酒体崩解可能随之而来。"[1]约 100 年后，在 20 世纪 70 年代初，Amerine 等写道："一般认为，在木桶陈酿时风味和香气的主要变化是由于缓慢的氧化。"[2]其他许多综述也强调了葡萄酒氧化对稳定性、风味和颜色的重要性[3-12]。

总之，尽管现在人们已经认识到，在葡萄酒陈酿过程中还可能发生其他非氧化反应，如酸水解(第 25 章)，但 19 世纪路易斯 · 巴斯德观察认为"这是一种制造葡萄酒的氧气"，其真实性仍然存在[13]。

24.2　氧化还原反应

氧化还原指涉及反应物得到电子(还原)和失去电子(氧化)的化学反应。在葡萄酒化学的背景下，氧化通常与氧形成共价键的数量增加和/或与氢或其他电负性较小的原子形成键的减少有关。

化合物被氧化或被还原的趋势用还原电势E表示，还原电势表为半反应(表24.1)，包括氧化形式、还原形式和在还原过程中获得的电子和/或质子。通常报道的是物质在标准条件下的还原电势(如 E_0 值为 25 ℃，pH 0 下 1 M 溶质或 101325 Pa 气体浓度)，包含质子的半反应具有依赖 pH 的还原电势；通常情况下，在葡萄酒 pH 下质子的还原电势比在 pH 0 时低约 0.2 V。E 的正值越高，表明该物质的氧化形式是更强的氧化剂，还原形式是更弱的还原剂(弱抗氧化剂)。

表 24.1 一些葡萄酒成分还原过程的半反应

氧化形式	半反应	还原形式	E_0(pH 0)，25 ℃/V	$E_{3.5}$(pH 3.5)，25 ℃/V
SO_4^{2-}	$+2e^-+2H^+-H_2O$	HSO_3^-	–0.4V	–0.6V
二硫化物	$+2e^-+2H^+$	硫醇	约 0.1	约–0.1
乙醛	$+2e^-+2H^+$	乙醇	0.2	0
Cu^{2+}	$+e^-$	Cu^+	0.15	0.15
脱氢抗坏血酸	$+2e^-+2H^+$	抗坏血酸	0.5	0.3
邻醌	$+2e^-+2H^+$	邻苯二酚(儿茶酚)	0.8	0.6
Fe^{3+}	$+e^-$	Fe^{2+}	0.77	0.77
H_2O_2	$+e^-+H^+$	$\cdot OH+H_2O$	0.38	0.38
$1/2O_2$	$+2e^-+2H^+$	H_2O	1.23	1

溶液的氧化或还原性质用氧化还原电势 E 表示，在平衡条件下，E 与物质的氧化形式和还原形式之比([Ox]/[Red])有关，可用能斯特方程表示，其中 F 是法拉第常数：

$$E = E_0 - \frac{RT}{F}\ln\left(\frac{[\mathrm{Ox}]}{[\mathrm{Red}]}\right) \tag{24.1}$$

理论上，测量氧化还原电势可用于评估葡萄酒是否过度还原或氧化，但在实际生产中，这是具有挑战性的，因为通常用铂电极来测量氧化还原电势，氧化还原电势被定义为在没有净电流的情况下(还原和氧化反应以相同的速率发生)施加在电极之间的电压。Danilewicz 澄清说，这需要溶液中所有物质都存在于电极上，但葡萄酒氧化的关键的第一步是氧和酚类物质的反应，会产生不稳定的邻醌中间体(图 24.1)[11]，因此并不存在平衡条件，无法用能斯特方程，测定结果也不能反映真正的氧化还原电势。相反，铂电极测量主要是测量葡萄酒中直接被还原的氧，即测量值只与溶解氧的量有关[14]。此外，金属的氧化还原电位受金属螯合剂的强烈影响，酒石酸盐就是其中之一，它是一种强烈的 Fe^{3+}螯合剂，故采用氧化还原电势评估热动力学时必须考虑这些影响[15]。

$$\text{邻苯二酚 (OH, OH)} + O_2 \longrightarrow \text{邻醌 (O, O)} + H_2O + (O)$$

$$(O) + H_2O \longrightarrow H_2O_2$$

$$H_2O_2 + CH_3CH_2OH \longrightarrow CH_3CHO + 2H_2O$$

图 24.1 如 Wildenradt 和 Singleton[17]提出的，葡萄酒氧化过程是由邻苯二酚氧化形成邻醌(顶部)，并通过偶联氧化(中部)生成过氧化氢(H_2O_2)，生成的 H_2O_2 可将乙醇氧化成乙醛(CH_3CHO，底部)

完全的氧化还原反应涉及多个半反应的组合，以达到平衡电子交换的目的。例如，考虑到氧的还原和乙醇的氧化，在标准条件下形成乙醛的总体反应将包括如下反应：

$$1/2O_2+2H^++2e^- \longrightarrow H_2O \qquad (E_0=1.23\ V)还原$$

$$乙醇 \longrightarrow 乙醛+2e^-+2H^+ \qquad (E_0=0.2\ V)氧化$$

$$1/2O_2+乙醇 \longrightarrow H_2O+乙醛 \qquad E_{cell}=1.03\ V$$

电化学电池电位 E_{cell} 与反应平衡常数 K_{eq} 有关，用以下等式表示，其中 n 等于氧化还原反应中涉及的电子数量：

$$\ln K_{eq} = E_{cell} \times \left(\frac{nF}{RT}\right) \qquad (24.2)$$

与上述氧气与乙醇反应的情况一样，E_{cell} 为正值表示反应在热力学上是有利的，并且在上述完全反应的情况下，$K_{eq}>10^{34}$。因此可以使用表 24.1 中所示的数据，确定可能发生的氧化还原反应，以此可粗略地了解葡萄酒氧化期间将发生的情况，也就是说，亚硫酸化的葡萄酒暴露于氧气中时，随着时间推移会积累硫酸盐和/或乙醛并耗尽氧。然而，对于葡萄酒氧化的严格热力学解释本身还不够。仅有热动力学可能会错误地预测还原物的还原电位越小，损失越快；也就是说，在二酚被氧化成醌或醇氧化成醛等之前，几乎所有的亚硫酸盐必须转换为硫酸盐。此外，仅热动力学也无法解释为什么伏特加可以在货架上放置了多年而未表现出任何氧化的痕迹。因此，除热动力学分析之外，还必须有动力学和机械学的理论体系去合理解释真正的氧化速率和产物。

24.3 葡萄酒氧化的基本原理

近十年来，葡萄酒氧化的主要机制已经得到越来越多的共识，其称为“葡萄酒氧化的中心原则”。

(1) 分子氧(O_2)不直接与大多数葡萄酒组分发生反应。氧气消耗的初始步骤需要过渡金属催化剂和良好的供氢分子，特别是 Fe(Ⅱ)和邻苯二酚的存在。

(2) 金属催化邻苯二酚基团氧化形成醌和 H_2O_2。然而，这种反应在热力学上是不利的，产物消耗对于反应是必不可少的。

(3) 醌酚有很强的亲电子性，可与葡萄酒亲核试剂(包括亚硫酸氢盐、硫醇和黄烷-3-醇)发生反应。抗氧化剂的部分作用是消耗醌酚，从而保留香味。

(4) H_2O_2 与亚硫酸氢盐反应，氧化反应结束，或者，如果亚硫酸氢盐不足，H_2O_2 参与 Fe(Ⅱ)催化的芬顿反应产生醛和其他氧化物质。

(5) 醛类及其相关物质与酚类、亚硫酸氢盐和其他亲核物质反应。当亲核试剂耗尽时，醛及其相关物质累积，使葡萄酒氧化。

该模型成功地描述了氧化速率和产物分布随葡萄酒化学而变化，氧化速率可以用如下几种方式定义：①葡萄酒溶解氧消耗的速率。②还原性物质特别是 SO_2 降低的速率。③与氧化有关的物质(如棕色色素或乙醛)形成的速率。

在早期的葡萄酒化学研究中发现，O_2 的消耗总体上遵循一级动力学，在室温下葡萄酒中 O_2 的半衰期通常为数小时或数天，相比含有多酚氧化酶(PPO)活性的葡萄汁，耗氧速率为 1/1000～1/100。红葡萄酒消耗氧气速率比白葡萄酒更快。然而关于非酶氧化是如何发生的尚不明确[16]。

1974 年，Wildenradt 和 Singleton 最早发表了关于氧化反应机理的论文，作者采用模拟葡萄酒研究，发现只有当将含有邻苯二酚的酚类物质(如咖啡酸、儿茶素)加入到模拟体系时，才能观察到醛的形成和褐变；只含有乙醇、水和酒石酸的模拟体系不能产生醛[17]①。在此基础上，作者对中心原理的几个重要部分作了假设，即儿茶酚与氧反应生成醌和过氧化氢，随后过氧化物与乙醇反应生成乙醛[17](图 24.1)。发现醌的形成是葡萄酒氧化理论的一个重要里程碑。Wildenradt 和 Singleton 将同时产生过氧化氢称为偶联氧化[17]。

图 24.1 方案中的一个问题是，由于受 Pauli 排斥原理的限制，O_2 有利的基态三重态不能直接与其他基态有机分子反应。在食品体系中，通常通过以下两种途径之一将基态氧激活为反应单态：紫外线照射、过渡金属催化剂。

随后的研究表明，过渡金属催化剂，尤其是铁，似乎是葡萄酒氧化的关键[5](第 4 章)。由于葡萄酒中有强还原剂，铁主要以还原形式的 Fe(Ⅱ)存在(表 24.1)，但 Fe(Ⅲ)/Fe(Ⅱ)偶合促进氧化的确切机制仍不明确，可能有两个单电子步骤或一个双电子步骤或一些杂化的可能性。图 24.2 呈现了两步方案。

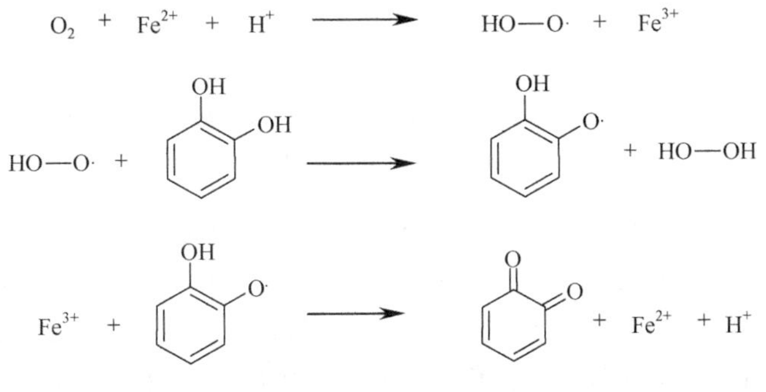

$$O_2 + Fe^{2+} + H^+ \longrightarrow HO{-}O\cdot + Fe^{3+}$$

$$HO{-}O\cdot + \text{(邻苯二酚)} \longrightarrow \text{(半醌自由基)} + HO{-}OH$$

$$Fe^{3+} + \text{(半醌自由基)} \longrightarrow \text{(邻醌)} + Fe^{2+} + H^+$$

图 24.2 氢过氧自由基介导酚转化为醌和过氧化物的假想机制，改编自文献[4]

① 在葡萄酒氧化过程中邻苯二酚的中心作用有助于解释为什么一瓶打开的伏特加酒可以放在架子上多年而极少有醛生成。

Fe(Ⅱ)可以迅速氧化成 Fe(Ⅲ)并产生氢过氧自由基，后者可将邻联苯酚氧化成半醌，接着半醌被 Fe(Ⅲ)氧化成邻醌。Cu(Ⅰ)可能通过再生 Fe(Ⅱ)来增加葡萄酒的氧化速率，两者具有协同作用(表 24.1)，这两个步骤都涉及氢过氧自由基(质子化超氧化物 $O_2^-\cdot$)的形成，但检测不到这种物质[18]。目前已经提出了另一种机制，用两种 Fe(Ⅱ)还原氧产生过氧化氢(图 24.3)和醌[19]，不管机理如何，酚类化合物和金属催化剂对葡萄酒的氧化速率有协同作用[20](图 24.4)。简单的苯酚比儿茶酚具有更高的氧化电位(第 11 章)，使得它们无法通过这种机制进行氧化。

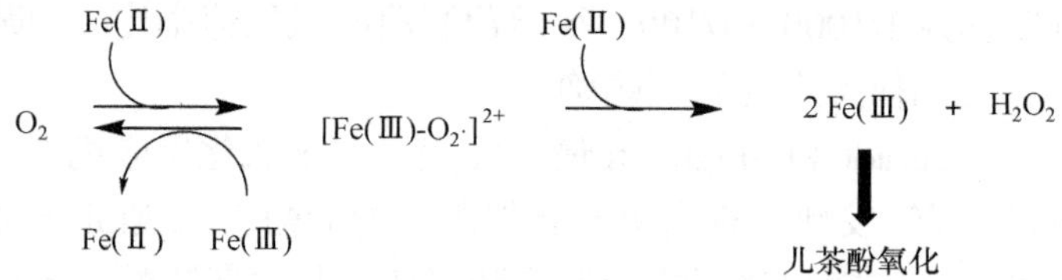

图 24.3 从邻苯二酚形成邻醌的两步法，表明金属催化剂的潜在作用。来源于文献[19]，转载得到《美国葡萄酿酒与栽培》(*AJEV*)杂志的许可

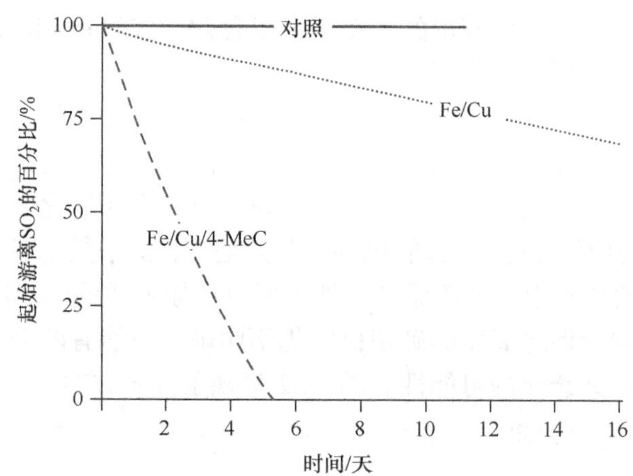

图 24.4 金属和酚类物质对模拟酒中 SO_2 消耗的影响。4-MeC 是 4-甲基儿茶酚。来源于文献[20]。转载得到 *AJEV* 的许可

Fe(Ⅱ)对氧的反应性取决于 Fe(Ⅲ)/Fe(Ⅱ)对的氧化还原电位，在理想溶液中 E_0=0.77 V。然而，其还原电位可以通过络合这两种铁形式中的一种或两种而改变。

(1) 酒石酸是葡萄酒中主要的酸，能络合 Fe(Ⅲ)，使 Fe(Ⅲ)/Fe(Ⅱ)对的还原电位降至 0.34 V，低于 O_2/H_2O_2 对，这有利于 Fe(Ⅲ)和 H_2O_2 的形成并提高氧化速率[15]，在添加 Fe(Ⅲ)螯合剂乙二胺四乙酸(EDTA)后，也可以看到类似的促进氧化的作用[21]。

(2) 相反，酒石酸盐对 Fe(Ⅲ)的螯合作用导致 Fe(Ⅲ)/Fe(Ⅱ)还原电位下降，使 Fe(Ⅲ)不能直接氧化邻苯二酚形成醌，从而减缓了氧化反应[19]。Fe(Ⅱ)螯合剂的存

在则抵消这种效应，使 Fe(Ⅲ)/Fe(Ⅱ)耦合的氧化还原电位接近文献值[22]。此外，如果亲核试剂可与醌反应，那么基于勒夏特列原理(Le Chatelier's principle)，即使在具有稳定的 Fe(Ⅲ)的体系中反应也可以进行，如在被酒石酸盐缓冲的酒中。

(3) 强 Fe(Ⅱ)络合剂，如菲洛嗪，会减缓氧化反应[21]②。

总之，如果葡萄酒不含铁或相关的过渡金属，氧气就会堆积在桶内和瓶内，而且葡萄酒永远不会氧化！

24.4　醌反应的基本原理

随后的调查表明，邻苯二酚和金属对葡萄酒氧化是必要的，但并不足以使氧化发生。令人惊讶的是，从氧和儿茶酚到醌的最初氧化反应驱动力并不是儿茶酚的氧化，在葡萄酒 pH($E_{3.5}$ 约为 0.45 V)下，H_2O_2/O_2 对的氧化还原电位低于典型的醌/双酚对(0.6 V，表 24.1)，平衡向着 1, 2-二苯酚形成的方向，所以，除非有些亲核试剂可用于消耗醌，否则几乎不发生氧化(图 24.5)[19]。亲核试剂与醌反应以及勒夏特列原理的应用都消耗了氧[23]。

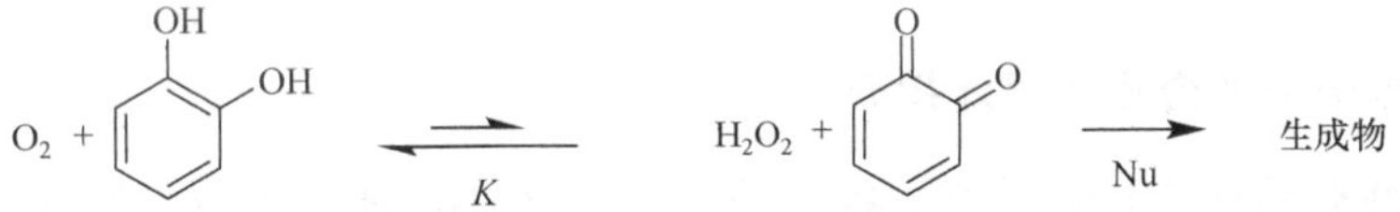

$$O_2 + \text{(儿茶酚)} \underset{K}{\rightleftharpoons} H_2O_2 + \text{(邻醌)} \xrightarrow{Nu} \text{生成物}$$

图 24.5　氧和儿茶酚的平衡反应及其随后与各种亲核试剂的反应，平衡反应的 K 很小

在大多数情况下，葡萄酒包含足够的亲核试剂或其他还原剂，氧化能够进行(图 24.5)。潜在的醌反应如下：

(1) 与亲核硫醇的缩合反应；

(2) 与其他酚类物质，特别是黄烷-3-醇亲核试剂的缩合反应；

(3) 与其他亲核试剂，特别是亚硫酸氢盐的缩合反应；

(4) 与还原剂(抗坏血酸、亚硫酸氢盐)反应，再生原始的二苯酚。

24.4.1　醌-硫醇加合物

硫醇是非常好的亲核试剂，与醌反应迅速(第 10 章)，是在酿造过程中发现的第一个醌-巯基加合物，事实上也是第一个特征明确的葡萄酒氧化产物，它是在研究葡萄醪氧化期间咖啡酸损失时发现的[24]，随后的研究表明，这是咖啡酸醌和谷胱甘肽(GSH)反应的结果[25]。氧化被认为是一种酶促反应，葡萄果实中的多酚氧

② 虽然 Fe(Ⅱ)螯合剂代表可能存在一种能稳定葡萄酒抗氧化的方法，但已经研究的被认为是最好的 Fe(Ⅱ)螯合剂(如菲洛嗪)有些毒性，而没有被允许用于葡萄酒。

化酶(PPO)催化咖啡酸氧化形成醌，后者与巯基发生化学反应形成加合物。由于葡萄破碎和压榨过程会接触大量空气，该加合物也称葡萄反应产物(GRP)，在大多数商业葡萄酒中都有。鉴于谷胱甘肽是葡萄醪中主要的硫醇，而且硫醇是葡萄酒中反应性最强的亲核试剂之一，所以产生 GRP 并不令人意外。还有其他研究者发现，谷胱甘肽可以和氧化儿茶素的 B 环形成键[26]，其方式类似于图 24.6 中所示的硫醇。

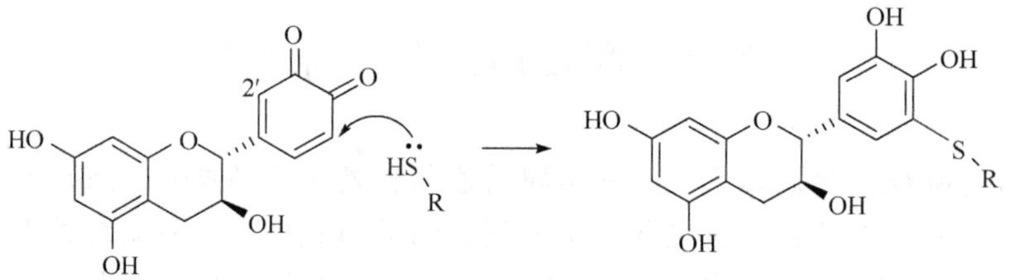

图 24.6　硫醇与儿茶素醌反应

所有位点(2′，5′和 6′)都具有反应性，产物比例取决于特定的亲核试剂和醌

虽然谷胱甘肽是葡萄酒中最重要的硫醇，但也有几种低浓度的硫醇可以以类似的方式与醌酚物质反应[27]。

24.4.2　醌-苯酚加合物和果汁褐变

植物性产品褐变是食品科学各个领域普遍感兴趣的课题[28]。在葡萄汁中，褐变主要是酶氧化引起的，尤其是 PPO 以及作用于羟基肉桂酸酯的各种酶作用(第 13 章)，而不是瓶储过程所观察到的化学氧化[29]。有意将氧气通入葡萄醪中，这种过氧化工艺也促进了褐变[30]，随后在发酵之前将产生的褐色不溶物通过位移(racking)从葡萄醪中分离，这样得到的成品酒不容易在瓶内变褐。酶褐变的第一步是通过 PPO 酶促氧化形成咖啡酸醌，因为谷胱甘肽可以形成 GRP 而阻止氧化，所以与羟基肉桂酸盐相比，在谷胱甘肽含量相对较高的葡萄醪中褐变概率减少[31]。但当只含羟基肉桂酸酯的溶液被氧化时，也不会出现褐变，而是形成一些无色的二聚产物(图 24.7)[32]。

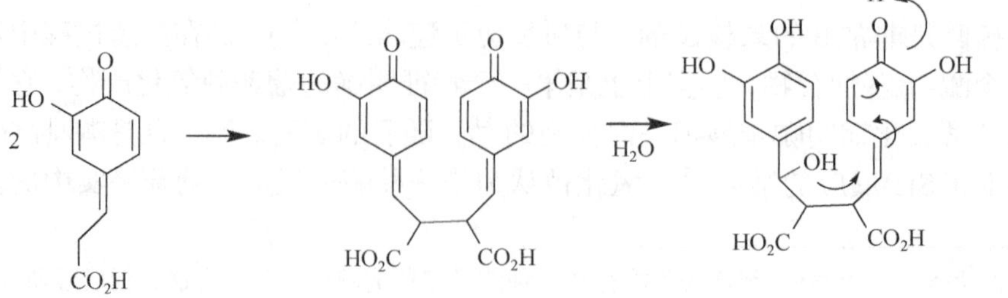

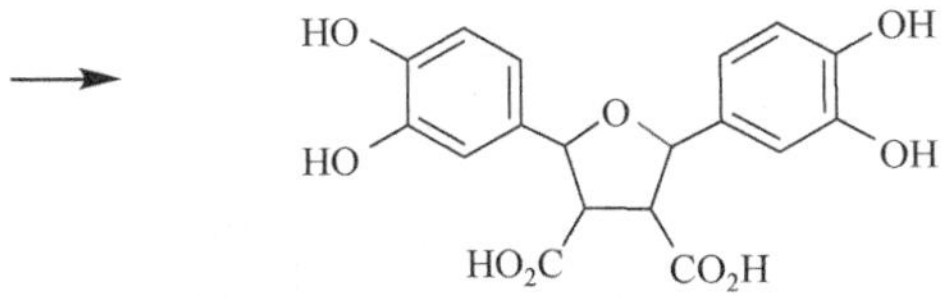

图 24.7　Fulcrand 等报道的羟基肉桂酸醌的二聚化形成无色产物[32]

但是，果汁褐变与黄烷-3-醇浓度密切相关[33-35]，其酶促褐变途径可能遵循偶联氧化反应，其中羟基肉桂酸醌将黄烷-3-醇的儿茶酚基团氧化为醌，再生为羟基肉桂酸酯[36]。亲电的黄烷-3-醇醌具有反应性，可与另一分子黄烷醇的亲核间苯三酚 A 环偶联(第 10 章，框内部分)。一个最简单的例子就是 Guyot 等的报道：儿茶素醌与儿茶素反应形成二聚体[37]，如图 24.8 所示，作者还报道了与亲核 A 环上的氧有关的反应，这类反应已得到其他人证实[38]。

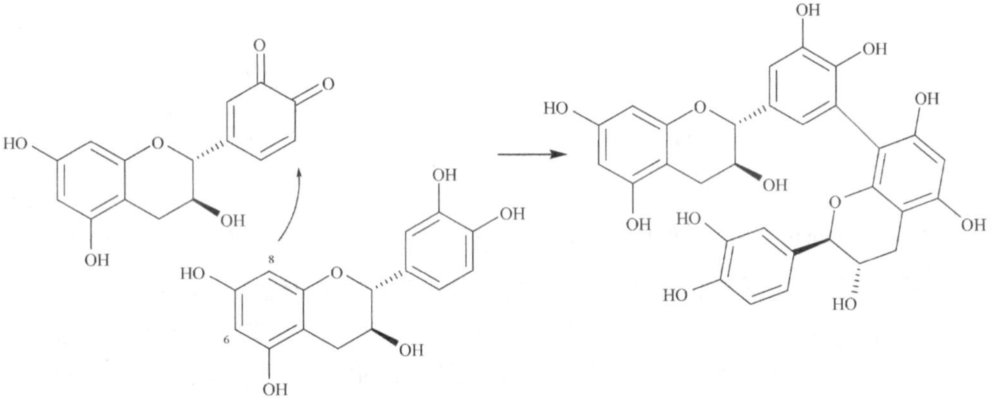

图 24.8　儿茶素单体 C8 位对另一分子邻醌亲核攻击产生黄烷-3-醇缩合物，也可能在 C6 位发生反应。摘自参考文献[37]

图 24.8 中所示的生成物没有颜色，只有在二聚产物 B 环上的儿茶酚进行了二次氧化，并形成新的醌酚，才呈现黄色或棕色。

随后在醌的 C1′位置与另一分子黄烷醇的亲核 A 环氧进行分子内反应，该产物在加成位置没有氢，所以产物不能通过 H 异构化重排形成芳香族苯结构，而以共轭酮形式存在，如图 24.9 所示。这些产物具有大量的共轭双键，可将光谱的吸收转移到可见光区域中③，从而观察到黄色。

③ 花色苷的鎓盐形式(flavylium)和氧化形成的黄色色素都具有扩展的π电子网(共轭)(即交替的单键和双键)，共轭降低了与紫外-可见光谱有关的电子跃迁所需的能量，将吸光度最大值移至更大波长处(即从紫外区域移到可见光区域)。更详细的内容可以在有机化学或光谱学教材中找到。

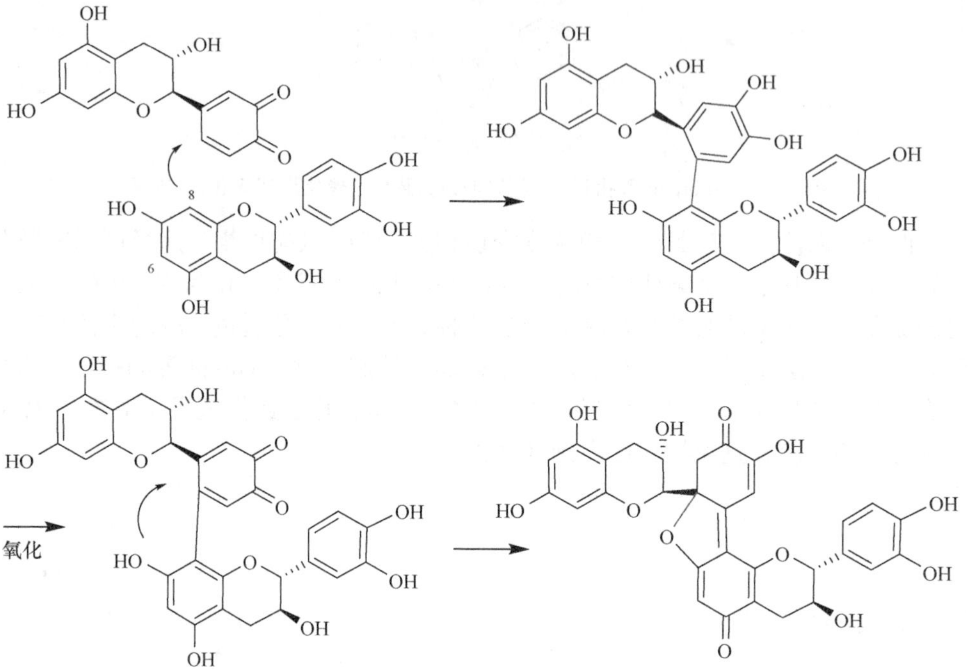

图 24.9 Guyot 等所描述的黄烷-3-醇有色产物的形成过程[37]，也可在 C6 位发生反应

邻苯醌基也可异构化为假对醌(即醌甲基化物)，在 C 环的 C2 位上提供亲电反应中心，在该位置形成连接[39]，间苯三酚环上的羟基可作为亲核试剂参与该反应。因此在空间受限的情况下，可以在 C2 位形成分子内键。这些产物也可延伸π键连接而着色。

虽然预期这些产物是果汁酶促氧化的结果，但成品葡萄酒中由于 PPO 已经没有了活性，氧化褐变应该是通过其他途径发生的。在葡萄酒模拟溶液中，主要黄褐色化合物不是由醌酚亲电试剂生成的，而可能是醛和黄烷-3-醇反应的咕吨鎓(xanthylium)产物，这一点以下有更详细的描述[40]。

24.4.3 醌和其他抗氧化剂(SO_2和抗坏血酸)的反应

众所周知，SO_2 能抑制一系列食品的酶促褐变，早期报道证实了亚硫酸氢盐能还原醌酚，从而减少氧化产物[41]。研究者用对苯醌证明了亚硫酸氢盐与醌的化学反应，揭示了在低 pH 下存在两条反应途径：对醌的亲核加成，产生约 25%的磺酸盐并还原再生对苯二酚(*p*-二羟基苯酚)，其为主要产物。但在较高 pH(中性或弱碱性)下，对苯二酚的量减少，以致磺酸盐加合物成为唯一产物[42]。最近，在葡萄酒 pH 下用邻苯醌观察到类似的结果；大部分醌酚被还原成邻二苯酚，但反应产生了一小部分磺酸盐(图 24.10)[23]。

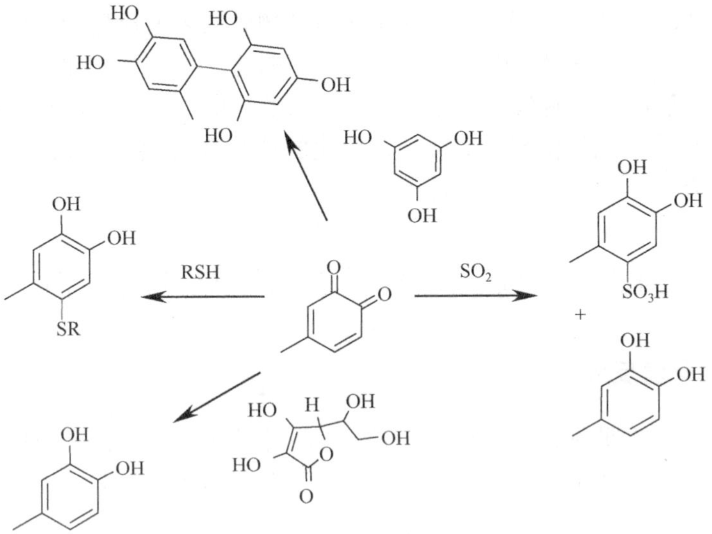

图 24.10　醌与已知亲核试剂和还原剂反应的替代途径

另一种用于葡萄酒酿造的常见抗氧化剂是抗坏血酸，其还原能力不如 SO_2 强，但可将邻醌迅速还原回其邻苯二酚形式[43](图 24.10)。在发酵过程中，葡萄中只有少量抗坏血酸且损失迅速，因此新的葡萄酒中抗坏血酸含量几乎忽略不计，但它可以作为防腐剂使用，通常在装瓶前添加。另外，由于抗坏血酸有清除醌酚的能力，它也可以作为 SO_2 的抗氧化辅助剂，如正确使用则可降低成品酒中 SO_2 的使用量。然而，抗坏血酸不能还原葡萄酒氧化的其他产物，如 H_2O_2，所以如果它不和 SO_2 一起使用，会反过来加剧褐变[44]。

24.4.4　醌酚清除反应的比较

在进行特定抗氧化剂效果的比较时，化学比较可能需要研究抗氧化剂与理想风味物质的相对反应速率，以说明抗氧化剂是否可以防止品种风味的损失。换言之，氧化产生了反应性醌酚亲电体，那么与醌酚反应的重要亲核体是什么？一类关键物质就是贡献品种香气的挥发性硫醇，如 3-巯基己醇(3-MH)(第 10 章)，了解果香硫醇对有潜在保护性的抗氧化剂或“自我牺牲型”的亲核剂的相对反应速率有明显的重要意义，在硫醇能够反应之前，抗氧化剂或亲核剂已经消耗了醌酚。醌酚与抗氧化剂和亲核剂的一些典型反应模型总结在图 24.10 中。

虽然这个模型忽略了其他与氧化有关的反应，但抗氧化剂 SO_2、抗坏血酸和谷胱甘肽(GSH)的反应都非常快，速率与硫化氢相似[43]。在相同浓度下，反应速率比 3-MH 快大约 6 倍。基于这些反应速率差异，抗氧化剂在避免葡萄酒 3-MH 损失方面应该是相当有效的。此外，据报道，果汁中谷胱甘肽浓度为 50～320 μM[45]，高于半胱氨酸(8～60 μM)[46]。研究发现这两种物质的浓度比葡萄酒中果香硫醇浓度(100 nM)高一个数量级，由于与挥发性硫醇相比，谷胱甘肽和 SO_2 浓度更高、反应更快，它们应该可有效地防止果香硫醇与醌反应，直至全部氧化耗尽，或者在没有 SO_2 和其他抗氧化剂的情况下，氧化的黄烷-3-醇会与 3-巯基己醇、H_2S、甲硫醇等反应。

24.5 芬顿反应的基本原理及其副产物

24.5.1 过氧化氢反应

二苯酚到醌的偶联氧化形成的 H_2O_2 有两种潜在的途径：第一种称为芬顿反应，在 Fe(Ⅱ)催化剂作用下 H_2O_2 分解成羟基自由基(图 24.11)，接着将大量底物特别是醇氧化成羰基。

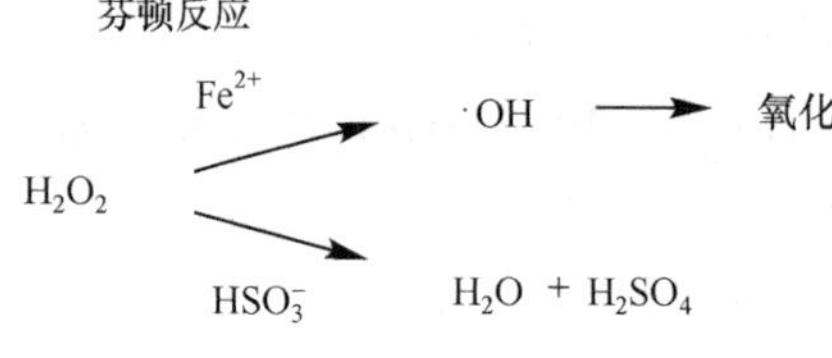

图 24.11 过氧化氢的关键分支点

第二种途径是 H_2O_2 与 SO_2(亚硫酸氢盐的形式)的直接反应[47]，该途径可阻抑芬顿反应，但需要足够浓度的亚硫酸氢盐(第 17 章)。其他葡萄酒抗氧化剂如抗坏血酸[48]和谷胱甘肽[49]，可以在酸性 pH 条件下与 H_2O_2 发生反应，但目前的研究认为，它们和 H_2O_2 的反应速率与 Fe(Ⅱ)没有竞争性，因此不太可能阻止芬顿反应。

铁氧化	$Fe^{2+} \longrightarrow Fe^{3+} + e^-$
过氧化物的还原	$H_2O_2 + H^+ + e^- \longrightarrow OH + H_2O$
总反应	$Fe^{2+} + H_2O_2 + H^+ \longrightarrow Fe^{3+} + OH + H_2O$

芬顿反应产生的羟基自由基(·OH)反应性极高，一旦形成，就不能够再应用抗氧化剂来减缓或阻止它与大多数葡萄酒组分的反应。相反，该自由基很容易以非选择性的方式提取氢或加入到底物中[50]。·OH 与水反应可简单地再生·OH，但与葡萄酒中浓度第二高的组分乙醇反应产生主要的、可检测的芬顿反应产物 1-羟乙基[18]，后者继续生成乙醛，它也可以通过与羟基肉桂酸酯反应而淬灭[51]。

羟基自由基(·OH)对葡萄酒组分呈现无差别反应性，导致芬顿反应产生大量的醛和酮，其中乙醛是主要产物[17]，其他主要的氧化产物总体上与其在葡萄酒中的潜在底物浓度相对应，如酒石酸氧化产生的乙醛酸[52]、苹果酸或乳酸氧化产生的丙酮酸[53]、甘油氧化产生的甘油醛[54]。事实上，由于羟基自由基(·OH)不具有选择性，几乎所有的葡萄酒组分都可被氧化，其概率大致与其浓度相关，因而形成了许多额外的氧化产物[50]。

其他氧化产生的可能对葡萄酒香气有重要影响的醛和酮有甲缩醛和苯乙醛[55]、葫芦巴内酯[56]和 3-甲基-2, 4-壬二酮[57](第 9 章)，但是这些醛(或酮)的来源并不是很清楚，它们不一定通过氧化相关的醇产生，如可能通过 Strecker 反应产生，该反应已在第 9 章讨论。此外，在葡萄破碎过程中，脂质氧化酶通过氧化脂质释放出(*E*)-2 烯醛[58]，如 23.3 节所述。如果铁含量较高的葡萄酒与富含 ω-3-脂肪酸的鱼一起食用，在口腔中可发生氧化反应(包括芬顿反应)，产生有异味的中链醛④，当然这不是严格的葡萄酒反应。

24.5.2　羰基化合物的反应

在芬顿反应产生许多醛和酮后，这些具有反应性的亲电试剂继续与葡萄酒的亲核物质结合，众所周知的亲核物质有硫醇、醇类、SO_2 和间苯三酚的 A 环(图 24.12 和第 10 章)。

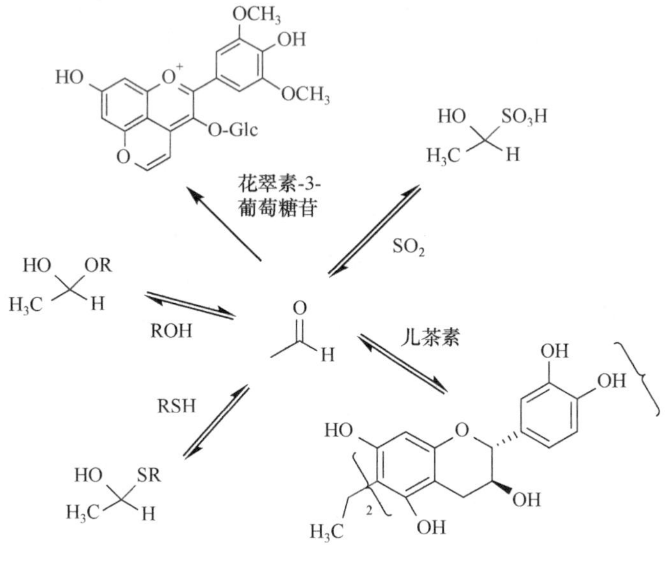

图 24.12　乙醛的替代反应途径

醛和酮与 SO_2 的反应已经有文献报道(第 9 章和第 17 章)。值得注意的是，乙醛生成了非常稳定的羟基磺酸盐，而其他羰基形成了较弱的加合物，乙醛在酸性条件下也与醇反应形成缩醛(第 9 章)，尤其在加强型葡萄酒中，已经证实了这些

④ Tamura 等推断: "……亚铁离子在葡萄酒和海产品搭配形成鱼腥味过程中起着关键作用。" [59]

化合物的存在，它们是波特酒和马德拉酒香气的重要贡献者[60]。

所有类黄酮都可以与亲电羰基化合物反应，并且许多产物已经被鉴定出来，理想的陈酿反应依赖于氧，氧可将部分花色苷转化成葡萄酒色素，例如，Vitisin B就是由二甲花翠素-3-葡萄糖苷与乙醛反应形成的产物，它不受 SO_2 或 pH 变化的影响，具有较强的稳定性(图 24.12)。这些化合物和反应在第 16 章和第 25 章中有更详细的描述。

氧化产物与其他类黄酮的反应也已经被人们所熟知，由于独特的环化和芳构化途径，会形成一些有色产物，黄烷-3-醇与乙醛缩合形成无色结构，两个黄烷-3-醇通过乙烯基桥(即乙基连接)连接。但当酒石酸被氧化成乙二醛(也是酵母代谢产物)时，形成的桥联产物会继续反应，转化为在可见光区域有吸收的呫吨鎓物质(图 24.13)，并呈现氧化葡萄酒的黄色色调[61]。

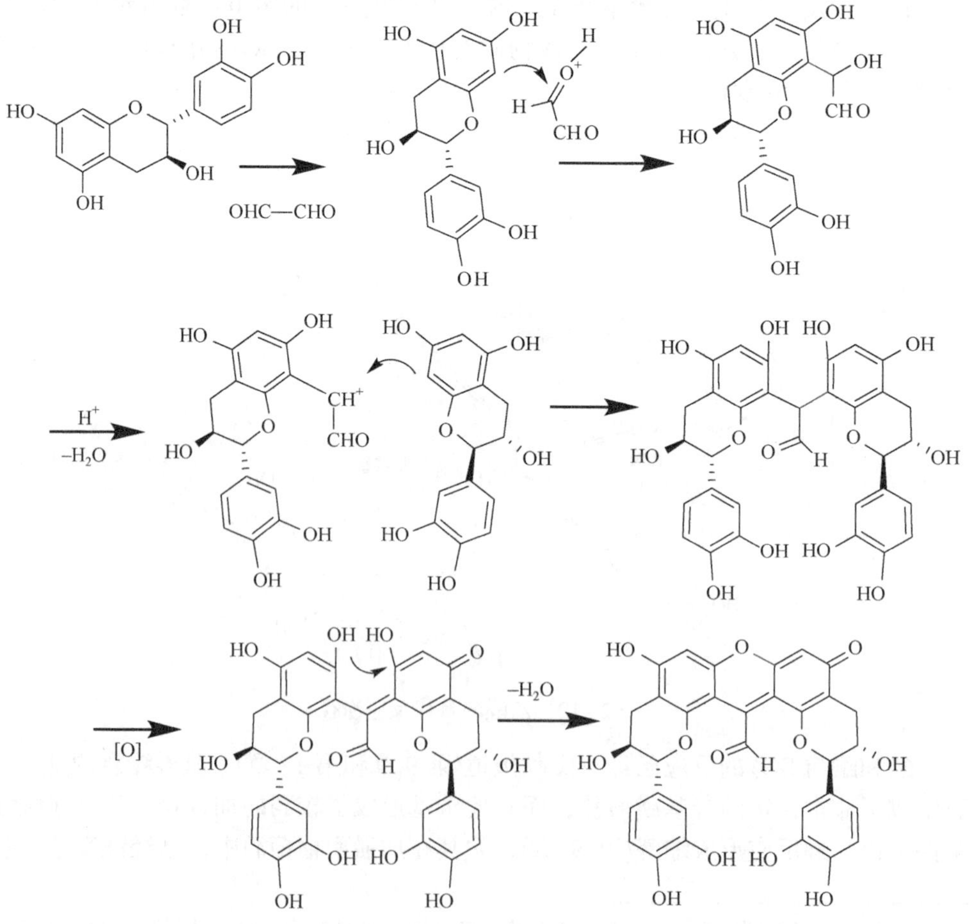

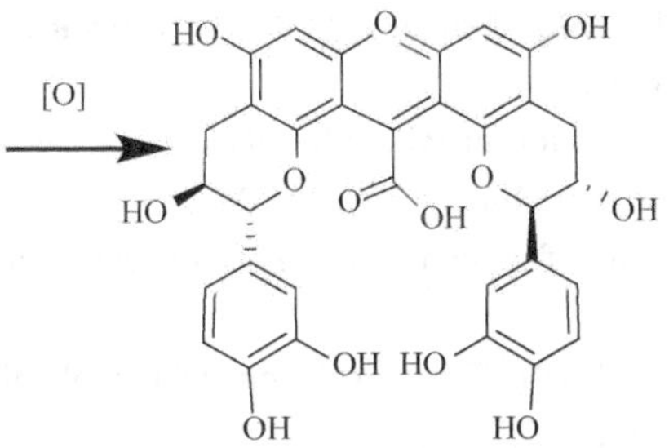

图 24.13　儿茶素与乙二醛形成有色的呫吨鎓盐产物的反应(参考文献[61])

类黄酮-乙醛缩合产物的量可以作为葡萄酒接触氧气量的标志，一种量化这些乙醛加合物的方法是：在间苯三酚存在下将它们水解以释放乙醛，形成乙烯桥的间苯三酚二聚体，后者可以被定量[62]，随着葡萄酒陈酿时间延长，缩合产物增加[63]。但用这种方法只检测到所有桥联加合物的大约 4%～5%，这说明乙二醛或丙酮酸等其他物质也可能参与这类反应。预计类似的这类反应也会使葡萄酒单宁的分子量升高，Poncet-Legrand 使用 X 射线散射技术得到了一些确定性的数据[64]，其他亲核剂也可捕获中间碳正离子，从而中断桥联加合物的形成，这已经被用于核磁共振光谱法分析谷胱甘肽[26]。

关于羰基与硫醇反应的研究不多，早期的研究获得了乙醛和许多主要硫醇反应的平衡常数，范围为 20～36 M^{-1}，pH 对平衡几乎没有影响，但确实影响产物形成速率，该速率通常不是很快[65]。一项关于谷胱甘肽对葡萄酒中乙醛引发反应的影响研究发现，乙醛与其他葡萄酒组分反应时，谷胱甘肽抑制作用很小，平衡结合常数相对较弱(20 M^{-1})[26]，这些结果表明，硫醇不能与乙醛充分结合而减少任一底物的香气或反应性，但关于这一点还有待进一步研究证实。

参 考 文 献

1. Rixford, E.(2008) The wine press and the cellar, Robert Mondavi Institute, Davis, CA.

2. Amerine, M.A., Berg, H.W., Cruess, W.(1972)The technology of wine making, 3rd edn, AVI, Westport, CT.

3. Singleton, V.L.(2001) A survey of wine aging reactions, especially with oxygen, in Proceedings of the ASEV 50th Anniversary Annual Meeting(ed. Rantz, J.M.), American Society for Enology and Viticulture, Seattle, WA,pp. 323-336.

4. Cheynier, V.(2002) Oxygen in wine and its role in phenolic reactions during aging, in Uses of gases in winemaking(eds Allen, M., Bell, S., Rowe, N., Wall, G.), Australian Society of Viticulture and Enology, Adelaide, SA, Australia, pp. 23-27.

5. Danilewicz, J.C.(2003) Review of reaction mechanisms of oxygen and proposed intermediate reduction products in wine: central role of iron and copper. American Journal of Enology and Viticulture, 54(2), 73-85.

6. du Toit, W.J., Marais, J., Pretorius, I.S., du Toit, M.(2006) Oxygen in must and wine. South African Journal of Enology and Viticulture, 27(1), 76-94.
7. Waterhouse, A.L. and Laurie, V.F.(2006) Oxidation of wine phenolics: a critical evaluation and hypotheses. American Journal of Enology and Viticulture, 57(3), 306-313.
8. Li, H., Guo, A., Wang, H.(2008) Mechanisms of oxidative browning of wine. Food Chemistry, 108(1), 1-13.
9. Karbowiak, T., Gougeon, R.D., Alinc, J.B., et al.(2010)Wine oxidation and the role of cork. Critical Reviews in Food Science and Nutrition, 50(1), 20-52.
10. Oliveira, C.M., Ferreira, A.C.S., De Freitas, V., Silva, A. M. S. (2011)Oxidation mechanisms occurring in wines. Food Research International, 44(5), 1115-1126.
11. Danilewicz, J.C.(2012) Review of oxidative processes in wine and value of reduction potentials in enology. American Journal of Enology and Viticulture, 63(1), 1-10.
12. Ugliano, M.(2013) Oxygen contribution to wine aroma evolution during bottle aging. Journal of Agricultural and Food Chemistry, 61(26), 6125-6136.
13. Pasteur, M.L.(1875) Etudes sur le vin, 2nd edn, Librairie F. Savy, Paris.
14. Kilmartin, P.A.(2010) Understanding and controlling non-enzymatic wine oxidation, in Managing wine quality oenology and wine quality(ed. Reynolds, A.G.), Woodhead Publishing, Oxford, pp. 432-458.
15. Danilewicz, J.C.(2014) Role of tartaric and malic acids in wine oxidation. Journal of Agricultural and Food Chemistry, 62(22), 5149-5155.
16. Rossi, J.A.J. and Singleton, V.L.(1966) Contributions of grape phenols to oxygen absorption and browning of wines. American Journal of Enology and Viticulture, 17(4), 231-239.
17. Wildenradt, H.L. and Singleton, V.L.(1974) The production of aldehydes as a result of oxidation of polyphenolic compounds and its relation to wine aging. American Journal of Enology and Viticulture, 25(2), 119-126.
18. Elias, R.J., Andersen, M.L., Skibsted, L.H., Waterhouse, A.L.(2009)Identification of free radical intermediates in oxidized wine using electron paramagnetic resonance spin trapping. Journal of Agricultural and Food Chemistry, 57(10), 4359-4365.
19. Danilewicz, J.C.(2013) Reactions involving iron in mediating catechol oxidation in model wine. American Journal of Enology and Viticulture, 64(3), 316-324.
20. Danilewicz, J.C.(2007) Interaction of sulfur dioxide, polyphenols, and oxygen in a wine-model system: central role of iron and copper. American Journal of Enology and Viticulture, 58(1), 53-60.
21. Kreitman, G.Y., Cantu, A., Waterhouse, A.L., Elias, R.J.(2013) Effect of metal chelators on the oxidative stability of model wine. Journal of Agricultural and Food Chemistry, 61(39), 9480-9487.
22. Elias, R.J. and Waterhouse, A.L.(2010) Controlling the Fenton reaction in wine. Journal of Agricultural and Food Chemistry, 58(3), 1699-1707.
23. Danilewicz, J.C., Seccombe, J.T., Whelan, J.(2008) Mechanism of interaction of polyphenols, oxygen, and sulfur dioxide in model wine and wine. American Journal of Enology and Viticulture,

59(2), 128-136.

24. Singleton, V.L., Zaya, J., Trousdale, E., Salgues, M.(1984) Caftaric acid in grapes and conversion to a reaction product during processing. Vitis, 23, 113-120.
25. Singleton, V.L., Salgues, M., Zaya, J., Trousdale, E.(1985) Caftaric acid disappearance and conversion to products of enzymic oxidation in grape must and wine. American Journal of Enology and Viticulture, 36(1), 50-56.
26. Sonni, F., Moore, E.G., Clark, A.C., et al.(2011) Impact of glutathione on the formation of methylmethine- and carboxymethine-bridged (+)-catechin dimers in a model wine system. Journal of Agricultural and Food Chemistry, 59(13), 7410-7418.
27. Nikolantonaki, M., Chichuc, I., Teissedre, P.L., Darriet, P.(2010) Reactivity of volatile thiols with polyphenols in a wine-model medium: impact of oxygen, iron, and sulfur dioxide. Analytica Chimica Acta, 660(1-2), 102-109.
28. Lee, C.Y. and Whitaker, J.R.(1995) Enzymatic browning and its prevention, ACS Symposium Series, Vol. 600, American Chemical Society, Washington, DC.
29. Cheynier, V., Basire, N., Rigaud, J.(1989) Mechanism of *trans*-caffeoyltartaric acid and catechin oxidation in model solutions containing grape polyphenoloxidase. Journal of Agricultural and Food Chemistry, 37(4),1069-1071.
30. Schneider, V.(1998) Must hyperoxidation: a review. American Journal of Enology and Viticulture, 49(1), 65-73.
31. Cheynier, V., Rigaud, J., Souquet, J.M., et al.(1990) Must browning in relation to the behavior of phenolic compounds during oxidation. American Journal of Enology and Viticulture, 41(4), 346-349.
32. Fulcrand, H., Cheminat, A., Brouillard, R., Cheynier, V.(1994) Characterization of compounds obtained by chemical oxidation of caffeic acid in acidic conditions. Phytochemistry, 35(2), 499-505.
33. Simpson, R.F.(1982) Factors affecting oxidative browning of white wine. Vitis, 21(3), 233-239.
34. Cheynier, V., Rigaud, J., Souquet, J.M., et al.(1989) Effect of pomace contact and hyperoxidation on the phenolic composition and quality of Grenache and Chardonnay wines. American Journal of Enology and Viticulture, 40(1), 36-42.
35. Fernandez-Zurbano, P., Ferreira, V., Escudero, A., Cacho, J.(1998) Role of hydroxycinnamic acids and flavanols in the oxidation and browning of white wines. Journal of Agricultural and Food Chemistry, 46(12), 4937-4944.
36. Rigaud, J., Cheynier, V., Souquet, J.M., Moutounet, M.(1991) Influence of must composition on phenolic oxidation- kinetics. Journal of the Science of Food and Agriculture, 57(1), 55-63.
37. Guyot, S., Vercauteren, J., Cheynier, V.(1996) Structural determination of colourless and yellow dimers resulting from (+)-catechin coupling catalysed by grape polyphenoloxidase. Phytochemistry, 42(5), 1279-1288.
38. Jimenez-Atienzar, M., Cabanes, J., Gandia-Herrero, F., Garcia-Carmona, F.(2004)Kinetic analysis of catechin oxidation by polyphenol oxidase at neutral pH. Biochemical and Biophysical Research Communications, 319(3), 902-910.

39. Mouls, L. and Fulcrand, H.(2012) UPLC-ESI-MS study of the oxidation markers released from tannin depolymerization: toward a better characterization of the tannin evolution over food and beverage processing. Journal of Mass Spectrometry, 47(11), 1450-1457.
40. Es-Safi, N.E., Le Guerneve, C., Cheynier, V., Moutounet, M.(2000) New phenolic compounds formed by evolution of (+)-catechin and glyoxylic acid in hydroalcoholic solution and their implication in color changes of grapederived foods. Journal of Agricultural and Food Chemistry, 48(9), 4233-4240.
41. Embs, R.J. and Markakis, P.(1965) Mechanism of sulfite inhibition of browning caused by polyphenol oxidase. Journal of Food Science, 30(5), 753.
42. Luvalle, J.E.(1952) The reaction of quinone and sulfite. 1. Intermediates. Journal of the American Chemical Society, 74(12), 2970-2977.
43. Nikolantonaki, M. and Waterhouse, A.L.(2012) A method to quantify quinone reaction rates with wine relevant nucleophiles: a key to the understanding of oxidative loss of varietal thiols. Journal of Agricultural and Food Chemistry, 60(34), 8484-8491.
44. Barril, C., Clark, A.C., Scollary, G.R.(2012) Chemistry of ascorbic acid and sulfur dioxide as an antioxidant system relevant to white wine. Analytica Chimica Acta, 732, 186-193.
45. Cheynier, V., Souquet, J.M., Moutounet, M.(1989) Glutathione content and glutathione to hydroxycinnamic acid atio in *Vitis vinifera* grapes and musts. American Journal of Enology and Viticulture, 40(4), 320-324.
46. Bell, S.J. and Henschke, P.A.(2005) Implications of nitrogen nutrition for grapes, fermentation and wine. Australian Journal of Grape and Wine Research, 11(3), 242-295.
47. McArdle, J.V. and Hoffmann, M.R.(1983) Kinetics and mechanism of the oxidation of aquated sulfur-dioxide by hydrogen-peroxide at low pH. Journal of Physical Chemistry, 87(26), 5425-5429.
48. Deutsch, J.C.(1998) Ascorbic acid oxidation by hydrogen peroxide. Analytical Biochemistry, 255(1), 1-7.
49. Pirie, N.W.(1931) The oxidation of sulphydryl compounds by hydrogen peroxide. I. Catalysis of oxidation of cysteine and glutathione by iron and copper. Biochemical Journal, 25(5), 1565-1579.
50. Kaur, H., Halliwell, B., Lester, P.(1994) Detection of hydroxyl radicals by aromatic hydroxylation, in Methods in enzymology, Academic Press, pp. 67-82.
51. Gislason, N.E., Currie, B.L., Waterhouse, A.L.(2011) Novel antioxidant reactions of cinnamates in wine. Journal of Agricultural and Food Chemistry, 59(11), 6221-6226.
52. Fulcrand, H., Cheynier, V., Oszmianski, J., Moutounet, M.(1997) An oxidized tartaric acid residue as a new bridge potentially competing with acetaldehyde in flavan-3-ol condensation. Phytochemistry, 46(2), 223-227.
53. Fulcrand, H., Benabdeljalil, C., Rigaud, J., et al.(1998) A new class of wine pigments generated by reaction between pyruvic acid and grape anthocyanins. Phytochemistry, 47(7), 1401-1407.
54. Laurie, V.F. and Waterhouse, A.L.(2006) Glycerol oxidation in wine and reactions with flavonoids. American Journal of Enology and Viticulture, 57(3), 394A-395A.
55. Ferreira, A.C.S., Hogg, T., de Pinho, P.G.(2003) Identification of key odorants related to the typical aroma of oxidation- spoiled white wines. Journal of Agricultural and Food Chemistry,

51(5), 1377-1381.

56. Cutzach, I., Chatonnet, P., Henry, R., et al.(1998) Study in aroma of sweet natural non Muscat wines: 2nd Part. Quantitative analysis of volatile compounds taking part in aroma of sweet natural wines during ageing. Journal International des Sciences de la Vigne et du Vin, 32(4), 211-221.
57. Pons, A., Lavigne, V., Darriet, P., Dubourdieu, D.(2013) Role of 3-methyl-2,4-nonanedione in the flavor of aged red wines. Journal of Agricultural and Food Chemistry, 61(30), 7373-7380.
58. Cullere, L., Cacho, J., Ferreira, V.(2007) An assessment of the role played by some oxidation-related aldehydes in wine aroma. Journal of Agricultural and Food Chemistry, 55(3), 876-881.
59. Tamura, T., Taniguchi, K., Suzuki, Y., et al.(2009) Iron is an essential cause of fishy aftertaste formation in wine and seafood pairing. Journal of Agricultural and Food Chemistry, 57(18), 8550-8556.
60. Ferreira, A.C.D., Barbe, J.C., Bertrand, A.(2002) Heterocyclic acetals from glycerol and acetaldehyde in port wines: evolution with aging. Journal of Agricultural and Food Chemistry, 50(9), 2560-2564.
61. Es-Safi, N.E., Cheynier, V., Moutounet, M.(2003) Effect of copper on oxidation of (+)-catechin in a model solution system. International Journal of Food Science and Technology, 38(2), 153-163.
62. Drinkine, J., Lopes, P., Kennedy, J.A., et al.(2007) Analysis of ethylidene-bridged flavan-3-ols in wine. Journal of Agricultural and Food Chemistry, 55(4), 1109-1116.
63. Drinkine, J., Lopes, P., Kennedy, J.A., et al. (2007) Ethylidene-bridged flavan-3-ols in red wine and correlation with wine age. Journal of Agricultural and Food Chemistry, 55(15), 6292-6299.
64. Poncet-Legrand, C., Cabane, B., Bautista-Ortin, A.B., et al.(2010) Tannin oxidation: intra-versus intermolecular reactions. Biomacromolecules, 11(9), 2376-2386.
65. Lienhard, G.E. and Jencks, W.P.(1966) Thiol addition to carbonyl group. Equilibria and kinetics. Journal of the American Chemical Society, 88(17), 3982-3995.

第 25 章　葡萄酒陈酿化学

25.1　引　　言

葡萄酒是一个化学动力系统，即使在发酵结束后，葡萄酒成分仍会在陈酿过程中持续演变[1-9]。这些发酵后变化与陈酿有关，但是在罐或桶中散装储存的葡萄酒的成熟变化与在密闭容器中储存的葡萄酒的老化是不同的。对于前者，酿酒师容易进行干预；而对于后者，干预基本上局限于储存条件的选择。变化可以根据它们是否在完全厌氧条件下发生还是在痕量氧下发生来进一步区分。本章将考察氧化、亲核试剂和亲电试剂的存在以及酸催化反应而导致的成熟和老化对葡萄酒组分和感官的影响。

25.2　涉及红葡萄酒色素的反应

红葡萄酒中最显著的化学变化之一是来自葡萄果实的单体花色苷。它们是红葡萄酒的主要成分(接近 1 g/L)，但随着新色素的产生而消失[图 25.1(a)]，使得葡萄酒从紫红色变为砖红或橙红色[10-12]。该过程在发酵时就开始并持续到陈酿，因此在两年内，大部分葡萄酒颜色主要来源于聚合色素，该类色素能抵抗 SO_2 漂白。第 16 章介绍了单体花色苷、单宁和其他葡萄酒成分形成衍生色素的机制，这些重要反应在成熟和老化过程中继续进行[13]，这些形成红葡萄酒颜色最稳定形式的反应需要微量氧和单宁。总之，花色苷反应形成的化合物的主要种类如下：

(1) 抗 SO_2 漂白的色素物质，其合成通常需要 O_2。花色苷的锌盐形式(flavylium form)为亲电试剂，可以与亲核试剂反应，如与醛的烯醇形式反应生成吡喃花色苷，或与单宁反应生成 A-T 型有色聚合物。前者在低 pH 下反应速率更快，因为锌盐形式的比例较高[图 25.1(b)]；而后者在 pH 较高时更容易发生[14, 15]。氧可以促进所有这些反应的发生。关于 A-T 色素，推测其黄酮中间体需要氧化，以再生花色苷的锌盐形式(有色)[16, 17]，这种锌盐形式可以环化形成呫吨鎓盐(xanthylium)阳离子(图 25.2)[15]，而醛的形成需要其他葡萄酒组分的氧化(第 24 章)。此外，发酵或氧化产生的乙醛可用于乙基连接的色素合成，该反应在较低 pH 下容易发生，该色素长期而言并不稳定，但比单体花色苷更耐漂白[18, 19]。

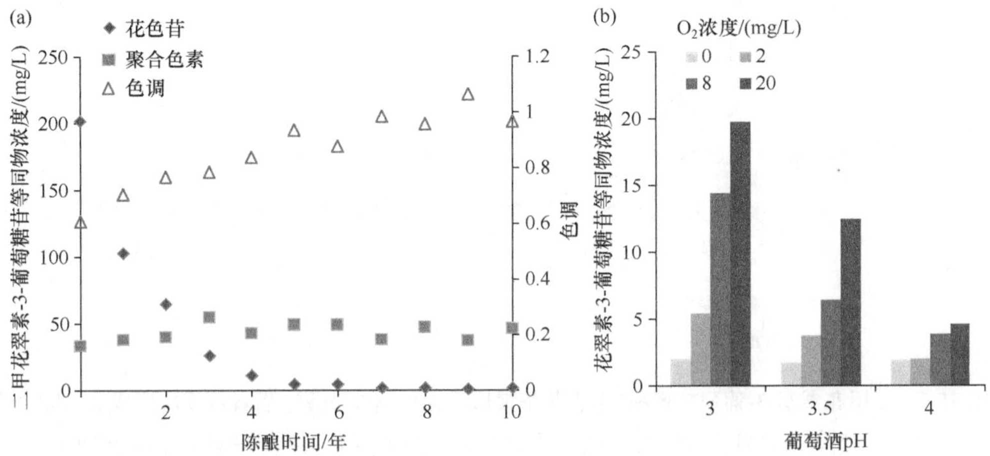

图 25.1　红葡萄酒中发生的变化：(a)来自南澳大利亚库纳瓦拉垂直系列的赤霞珠葡萄酒，随陈酿时间延长花色苷含量下降、聚合色素增加、色调上升(通过 HPLC 测量的高分子量有色化合物，用二甲花翠素-3-葡萄糖苷等量表示，色调值 A_{420}/A_{520} 越高，表明相对于紫红色来说有更多砖红色)；(b)调节法国波尔多 2011 年美乐葡萄酒的 pH，并以不同速率添加氧(在 4 个月期间保持恒定)，表明在高氧接触和低 pH 下，吡喃花色苷色素增加。数据来自文献[22，23]

A型　　A-T 黄酮

[O]

$-H_2O$

xanthylium　　flavylium

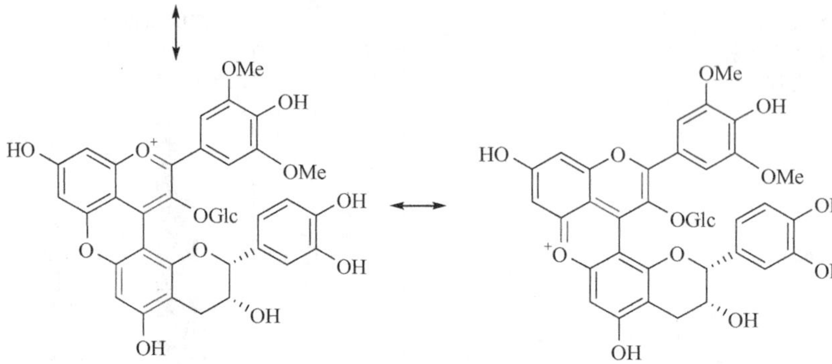

图 25.2 二甲花翠素-3-葡萄糖苷和(–)-表儿茶素形成无色 A-T 黄酮，后者可反应形成 A 型醚键(也是无色)，或者氧化重排成𬭩盐离子(红色)，也能环化形成呫吨𬭩盐离子(黄/棕色)

(2) 对 SO_2 漂白没有抗性或耐受性较差的色素物质，其合成通常不需要 O_2。形成有色聚合物的主要途径有：将亲电的黄烷-3-醇阳离子(来自单宁水解物)与花色苷直接缩合形成 T-A 加合物，该过程不需要 O_2，但由于在较低的葡萄酒 pH 下单宁-黄烷键水解较快，该反应发生较快[14](第 14 章和第 16 章)。

(3) 无色或不溶性色素物质，其合成不需要 O_2 或需要过量 O_2。未形成稳定加合物的花色苷在酸催化下 C 环断开而导致褪色；葡萄糖苷的水解也会使花色苷失活[18]。黄酮形式的 A-T 加合物在厌氧条件下或在低 pH 条件下分子内发生环化(形成 A 型二聚体)，也可能使颜色损失(第 16 章)(图 25.2)[15, 20]。另外，过度氧化以及醛和醌酚的产生(第 24 章)可能导致不溶性的复合物形成以及大量的褐变[21]。

氧对花色苷的影响也已经被研究，这些研究主要利用微氧化作用(micro-oxygenation，MOX，关于该技术的综述参见参考文献[24，25])①，或者对不同 pH 的葡萄酒采用不同氧透过率(OTR)的瓶塞进行密封，如下面的例子所述，这些研究不仅关注酚类物质组成和颜色的持续变化，而且关注不同瓶塞的影响，为基于葡萄酒成分、预期储存条件和时间选择瓶塞 OTR 提供依据。例如，在装瓶后 3 个月，艾格尼科(Aglianico)红葡萄酒(pH 3.46、3.64)在 O_2 量为 2 mL/L 下接受单次微氧化处理 8 周，或者外加 O_2 1.5 mL/L 微氧化处理 8 周，与对照葡萄酒相比，微氧化处理的葡萄酒有更高的总花色苷浓度(在 pH 1 下测量)和色度[图 25.3(a、b)][26]。瓶储 42 个月后，MOX 处理和对照之间色度(和色调)没有显著差异，pH 3.46 及 pH 3.64 的葡萄酒总花色苷也没有显著差异[图 25.3(a)、(b)]。这种随时间变化的效应在其他研究中也观察到[27, 28]，可能是由于瓶储过程中色素降解掩盖了微

① 微氧化作用指在一段时间内向不锈钢罐中的红葡萄酒中引入受控量的氧气，以模拟多孔橡木桶陈酿过程，促进颜色稳定反应的进行。同样地，MOX 可协助诱导单宁修饰的反应，起到缓和收敛性从而改善口感的作用。

氧化的早期效应。值得注意的是，虽然所有处理与最初葡萄酒相比，可能都减少了有色单体花色苷(未在研究中报道)，但微氧化处理的葡萄酒具有相应较高浓度的稳定聚合色素[26]；赤霞珠葡萄酒在不同 pH 下进行微氧化处理(每月 15 mg O_2/L，持续 3 个月)，很容易观察到瓶储一段时间后总花色苷减少而稳定色素增加[图 25.3(c)、(d)][28]。

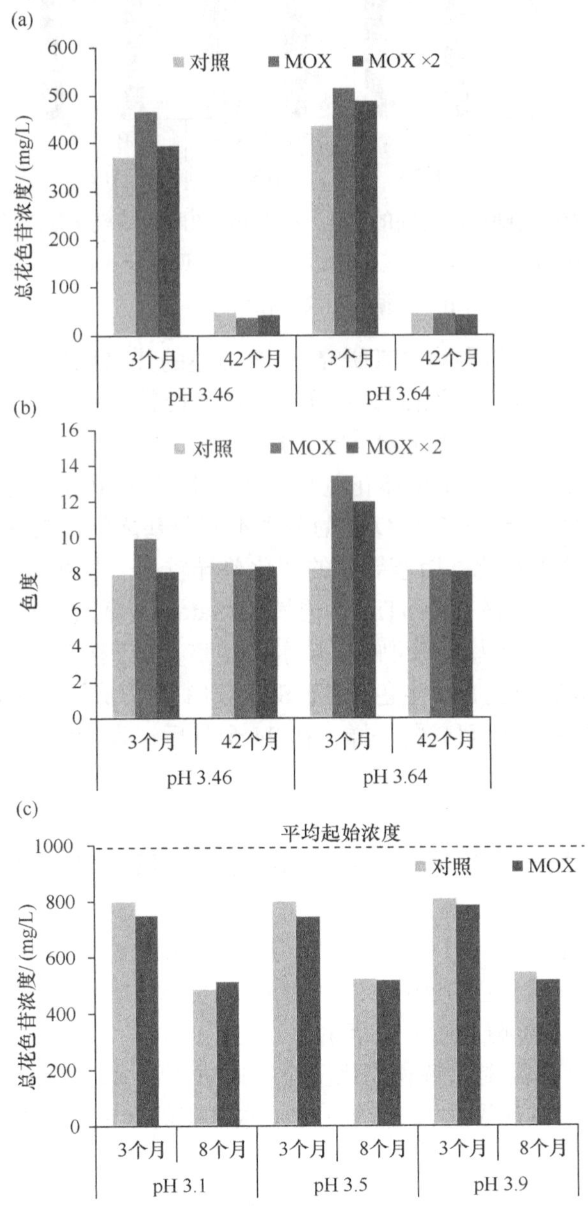

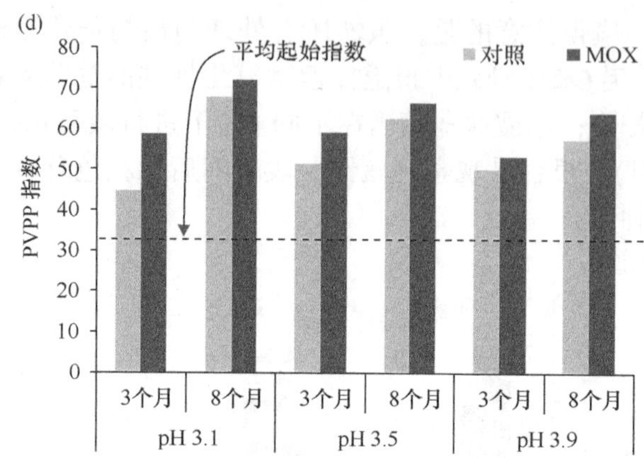

图 25.3　pH 和氧气的影响随瓶储时间的变化。不同 pH 和两种微氧化处理的艾格尼科红葡萄酒(左图)的花色苷总量(a)和色度(b)；将赤霞珠葡萄酒由 pH 3.5 调整到 pH 3.1 和 pH 3.9 总花色苷(c)和 PVPP 指数(聚合物颜色的量度)(d)。数据来自文献[26，28]

关于合成塞 OTR 的影响也有研究②，对上述的艾格尼科红葡萄酒用低、中、高 OTR 三种不同的瓶塞进行密封，并且在装瓶时使其含有总包装氧(total package oxygen，TPO)6.5 mg/L 或 9.8 mg/L[26]，10 个月后，含有 9.8 mg/L TPO 且用中度和高度 OTR 瓶塞的葡萄酒中单体花色苷总量降低了约 40%，这可能是转化为稳定色素的结果；但含 6.5 mg/L TPO 的葡萄酒不同瓶塞之间没有显著差异，可能是因为与不同 TPO 处理相比，瓶塞导致的变化差异较小。瓶塞氧透过率(OTR)和葡萄酒 pH 的这些影响呈现在 SaranTin(不透氧)和 Saranex(微透性)垫片的螺旋盖密封瓶储的赤霞珠葡萄酒中[29]，葡萄酒 pH 被事先调整，由于接触氧并在较低 pH 下，葡萄酒产生了较多的花色苷衍生色素(抗 SO_2 漂白)，形成了更多的稳定色素，和微氧处理效果随时间变化而减弱一样，在 24 个月后，发现螺旋盖 OTR 的影响似乎消失。

25.3　水解反应和依赖于 pH 的反应

本节讨论几个依赖于 pH 的反应，它与陈酿的相关性总结如下：

(1) 较低 pH 影响花色苷类物质的平衡(第 16 章)，提高单宁分子黄烷间键的水解速率，这反过来影响上述不同衍生色素的形成。

(2) 较低 pH 会提高酯水解和酯化反应的速率(第 7 章、第 8 章和 23.1 节)。

(3) 通过羰基氧的质子化，较低 pH 增加羰基碳的亲电性以及羰基物质与亲核

---

② 瓶塞 OTR 也可能对白葡萄酒的颜色产生影响(通常是有害的)，由于氧与酚类物质反应，氧气进入会导致游离 SO_2 损失和白葡萄酒褐变。

试剂(如酚类)的总体反应性(第 9 章)。

(4) 较低 pH 会提高糖苷水解速率[③]以及所产生的异戊二烯苷元的重排速率(23.1 节)。

(5) 较高 pH 会提高二甲基硫醚(DMS)的形成速率，但在葡萄酒常见 pH 范围内，这种增加可以忽略不计(23.3 节)。

25.3.1　糖苷的水解和苷元的重排

许多以结合态前体形式存在的葡萄酒香气物质在储存过程中释放出具有挥发性的游离形式(23.1 节)。值得注意的是，雷司令中的 1, 1, 6-三甲基-1, 2-二氢萘(TDN)和芳香型品种(如麝香葡萄)中的单萜相关化合物均来自糖苷前体的水解和重排(第 8 章和 23.1 节)。图 25.4 显示了来自雷司令缩醛(其自身为葡萄的 C_{13}-异戊二烯糖苷的中间体)的 TDN 和以单萜(里那醇-8-羧酸酯)为前体的葡萄酒内酯的酸催化反应机理。基于此机理，正如预期的那样，这些化合物的形成速率会随着 pH 的降低而提高(图 25.5)[30, 31]。

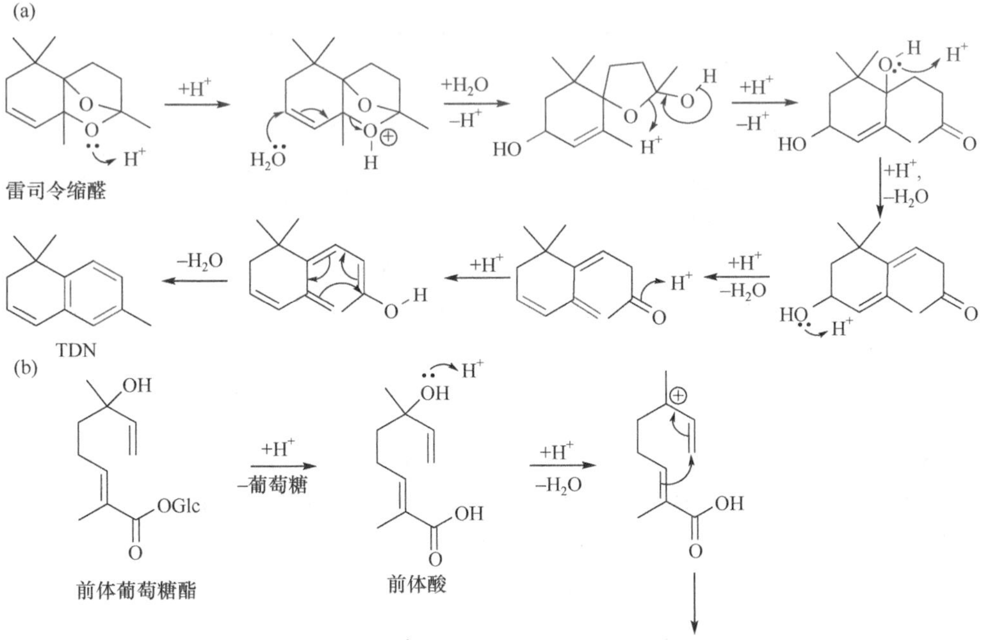

(a)

雷司令缩醛

TDN

(b)

前体葡萄糖酯

前体酸

③ 这包括黄酮糖苷的水解，能释放溶解性较小的糖苷配基如黄酮醇。尤其是对于槲皮素，当槲皮素浓度超过其在葡萄酒中的溶解度时，糖苷水解会有不确定性。对于通过产生高浓度黄酮醇来适应太阳光的红葡萄品种，或者对于陈酿时间不够长的红葡萄酒，陈酿过程中可能会有泥状物质沉淀析出，不美观，成分几乎都是槲皮素。槲皮素的天然沉淀常常会被忽视，它们和酒糟一起被去除，因此，如果这种沉淀出现在瓶装葡萄酒中，问题就比较严重。

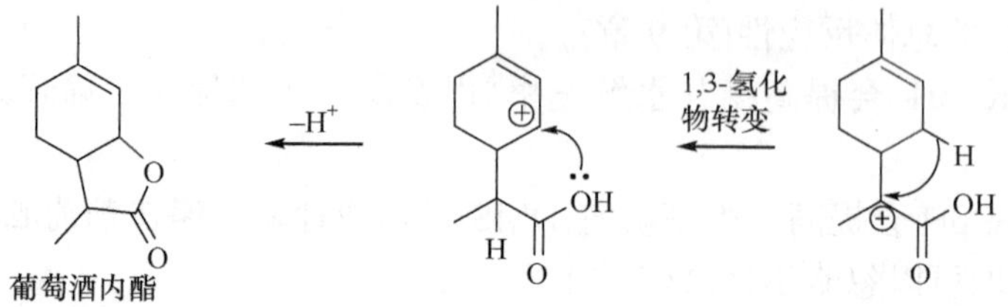

−H⁺　　1,3-氢化物转变

葡萄酒内酯

图 25.4　假定的酸催化反应机制：(a)雷司令缩醛通过其他已知的中间体转化成 TDN[32]；(b)里那醇的前体葡萄糖酯和酸衍生物转化成葡萄酒内酯，引发 1, 3-氢化物转变[33]

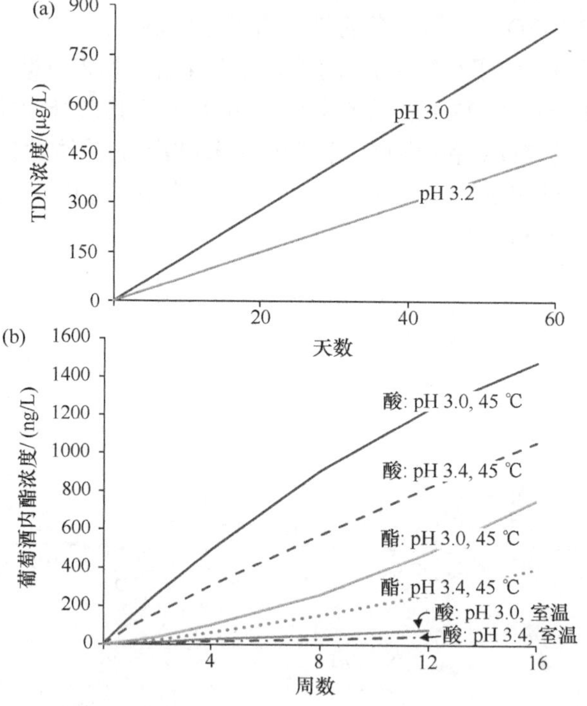

图 25.5　随时间推移葡萄酒香气物质的酸催化反应：(a)pH 3.0 和 3.2 下，模拟酒在 45 ℃储存 60 天内雷司令缩醛产生的 TDN 浓度；(b)pH 3.0 和 3.4 下，分别在室温和 45 ℃下储存 16 周的模拟酒中，由里那醇的前体葡萄糖酯或酸衍生物形成的葡萄酒内酯浓度。注意，前体酯在室温下经过 12 周不会形成葡萄酒内酯。数据来自文献[30，31]

25.3.2　酯的水解和酯化作用

酯类物质在葡萄酒香气中起关键作用(第 7 章)，而且酸催化的酯化合成和酯水解降解都表现出强烈的 pH 依赖性(图 25.6)。如前所述，在陈酿过程中酯类/酸类比例将达到平衡，而这可能导致某个酯增加或减少(第 7 章)，通常情况下，初始酯/酸比例使得支链脂肪酸和固定酸(不挥发性)的乙酯增加，醋酸酯急剧下降，直链脂肪酸略有减少[34-36](图 25.7)。值得注意的是，醋酸-3-巯基己酯水解可能对长相思葡萄酒的香气有特别影响(第 10 章)④，醋酸酯通常比具有相似分子量的乙酯水解快约 2～4 倍[37]。总体而言，在陈酿过程中温度与葡萄酒 pH 两者结合对酯类组成和葡萄酒感官特性产生强烈影响，尤其是对于低年份的白葡萄酒，来自发酵产生的挥发性醋酸酯和乙酯的香气贡献反而较低。

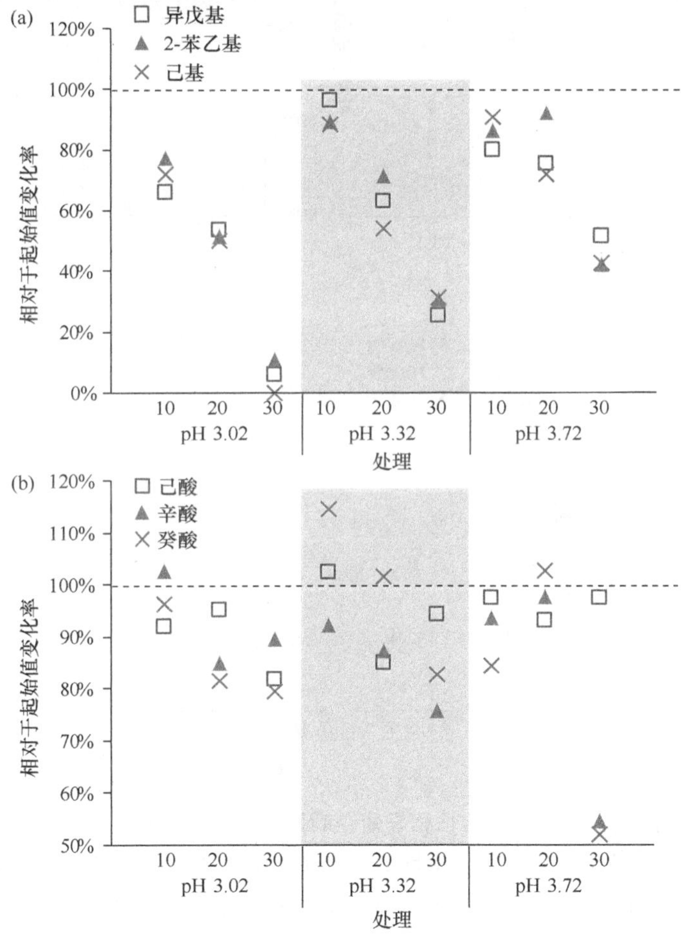

图 25.6 葡萄酒 pH 和储存温度(10 ℃、20 ℃、30 ℃)对瓶储 16 周的鸽笼白葡萄酒香气物质的影响：(a)随温度升高，较低 pH 的葡萄酒中醋酸酯浓度下降幅度加大(初始浓度与平衡浓度相差较大)；(b)直链乙酯的变化较小(忽略 30 ℃和 pH 3.72 下的异常结果)，但随着温度升高，总体仍表现出下降趋势。注意 *Y* 轴比例不同。数据来自文献[38]

④ 本说明适用于其他酸不稳定的香气物质，这些物质对某些葡萄酒的风格特征有重要贡献(如苏特恩白葡萄酒中的醋酸烷基硫酸酯)。

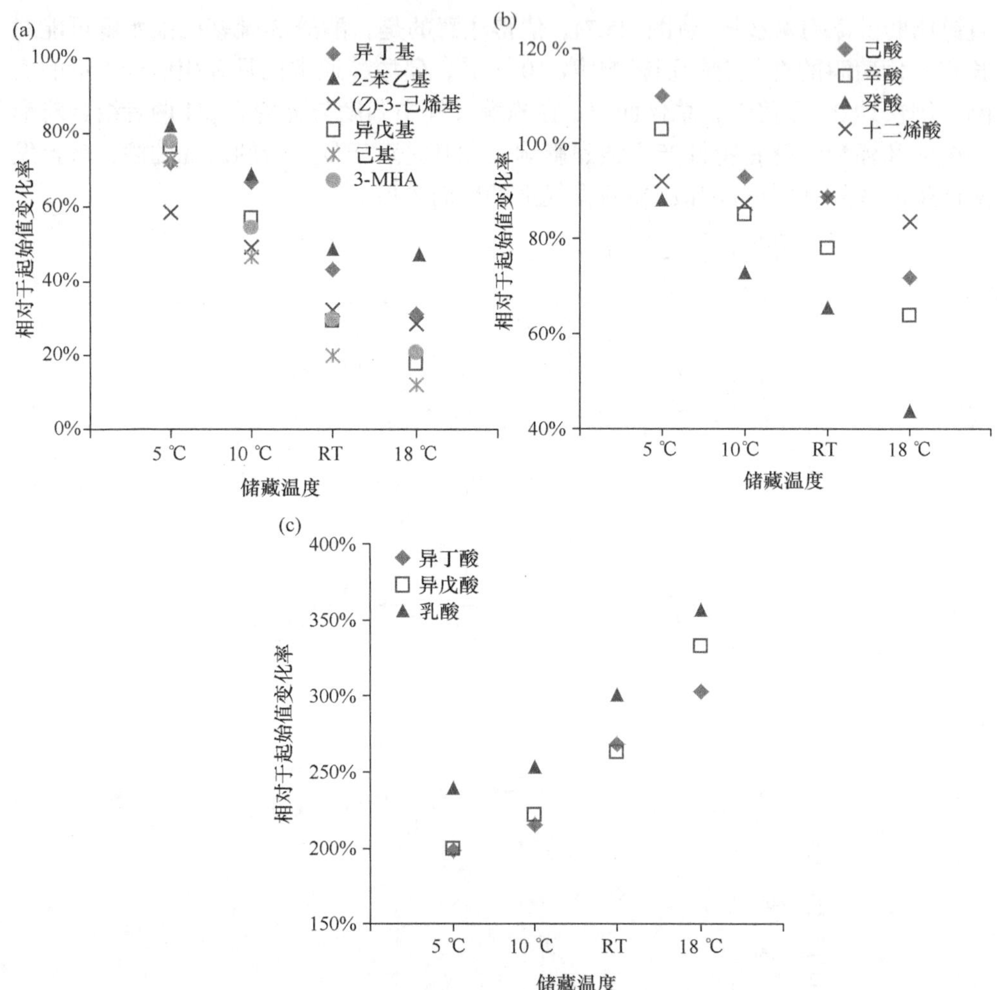

图 25.7 在不同温度下瓶储 1 年的长相思葡萄酒挥发香气物质浓度的相对变化：(a)醋酸酯减少；(b)直链乙酯减少；(c)支链乙酯增加。室温在 13～26 ℃之间波动，平均为 19.5 ℃。虽然室温的平均值比其他处理要高，但 *X* 轴还是根据数据大小排序。注意，*Y* 轴比例不同。数据来自文献[35，39]

25.3.3 其他依赖于 pH 的反应

酸催化的反应除了释放葡萄来源的香气物质之外，还会造成气味损失，如将里那醇转化为较低效的α-松油醇(第 8 章)。在橡木桶中成熟的葡萄酒中含有橡木内酯的糖苷前体，该物质可经历与葡萄来源前体物相似的转化(第 7 章和 23.1 节)[40]。另外，葡萄酒中的戊糖和己糖可通过酸催化降解转化为糠醛、5-羟甲基糠醛(HMF)和其他挥发性物质以及焦糖化棕色聚合物(第 2 章)，这种转化对于甜型葡萄酒或在较高温度下储存的葡萄酒尤为重要[41]，通过糖的烯醇化和脱水生成不饱和二羰基化合物，后者环化并进一步脱水生成呋喃(和吡喃)(图 25.8)[42]。

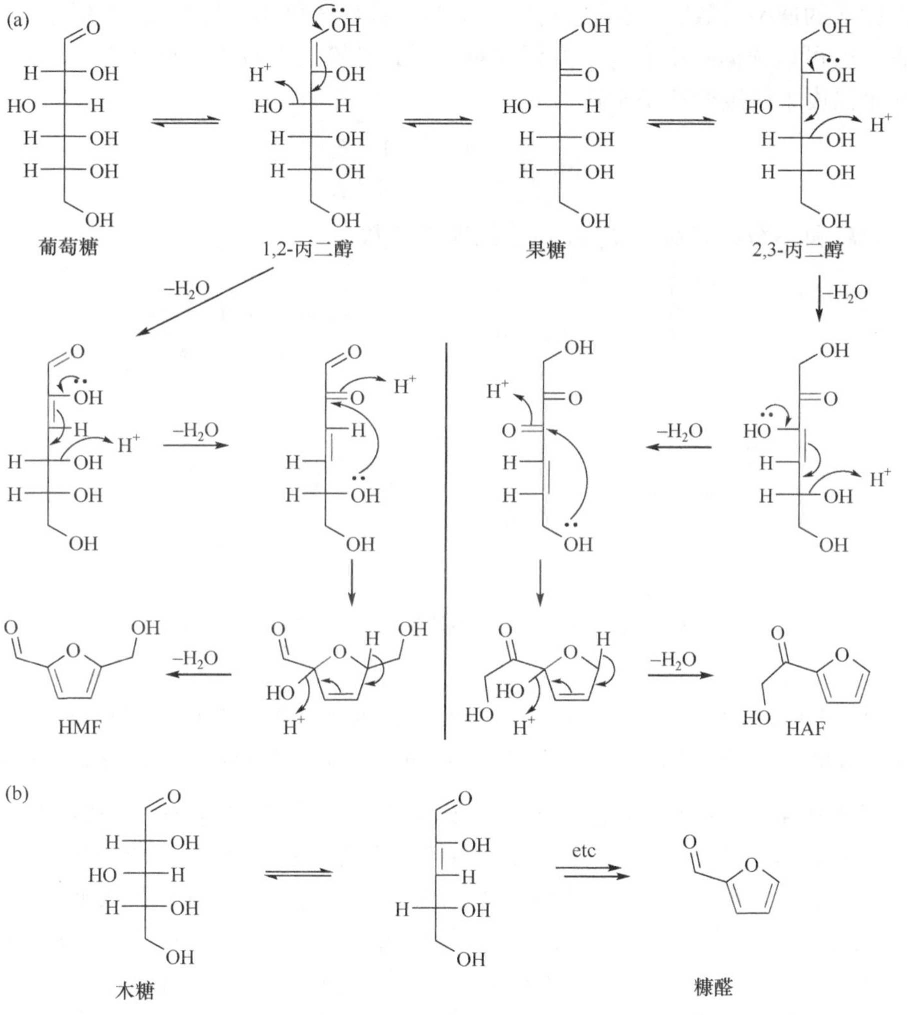

图 25.8　酸催化的烯醇化、脱水和环化反应途径，使糖转化为香气物质：(a)由葡萄糖和果糖等己糖生成的 HMF 和 2-羟基乙酰基呋喃(HAF)；(b)由木糖等戊糖生成糠醛

25.4　活化能和温度对陈酿的影响

在葡萄酒储存过程中观察到，化学反应速率随着温度的升高而升高，这种速率常数(k)与温度的关系用阿伦尼乌斯(Arrhenius)方程表示：

$$k = Ae^{-E_a/RT} \tag{25.1}$$

式中，A 是阿伦尼乌斯常数(碰撞并反应的分子的比例)；E_a 是活化能(反应发生时克服的能垒)；R 是摩尔气体常量[8.314 J/(mol · K)]；T 是热力学温度。当已知不同温度下的速率常数时，阿伦尼乌斯方程的对数形式可用于计算 E_a 和 A(图 25.9)。或者，E_a 可以根据阿伦尼乌斯方程的对数形式计算，在减法和重排之后，如下使用两个温度下确定的速率常数：

$$\ln\left(\frac{k_1}{k_2}\right)=\left(\frac{1}{T_2}-\frac{1}{T_1}\right)\frac{E_a}{R} \tag{25.2}$$

式中，k_1 和 k_2 分别是温度 T_1 和 T_2 下的速率常数。

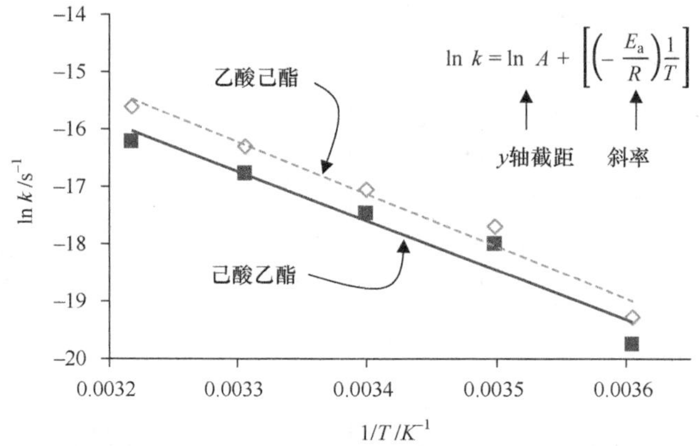

图 25.9　基于方程(25.1)的对数形式，由 ln k-1/T 对两种酯(乙酸己酯和己酸乙酯)的水解作图确定 E_a 和 A。乙酸己酯和己酸乙酯的 E_a 分别为 62 kJ/mol 和 53 kJ/mol。数据来自文献[43]

对于在 40～70 kJ/mol 范围内的 E_a 值(如乙酸酯的水解)，在两个温度下反应速率的倍数相差大约 $2^{\Delta T/10}$，这与常引用的经验法则有关，温度每增加 10 ℃，反应速率就会加倍。但是，由于阿伦尼乌斯方程的指数特性，这种经验法则不适用于具有较高 E_a 值的反应速率，较高 E_a 值的反应在室温下进行缓慢，但在加热时速率快速提高。如表 25.1 所示，增加储存温度会提高所有反应速率。但随着储存温度从 12 ℃增加到 50 ℃，酯和单宁的酸水解速率增加约为 22 和 9 倍，而同样的温度增加导致 5-羟甲基糠醛增加近 2 万倍。值得注意的是，在高温(高 E_a)下增加最明显的反应在大多数餐酒中都是不希望发生的，包括花色苷的水解和二甲硫(DMS)、5-羟甲基糠醛和氨基甲酸乙酯的产生。这些结果解释了为什么通过高温储存促进葡萄酒成熟将出现与长期低温储藏不同的结果(并且通常比较差)⑤。

---

⑤ 尚不清楚在极端低温和长期储存时，这种现象能否继续保持，如在水的冰点附近保持几个世纪。在高纬度地区的沉船中回收的葡萄酒就有这种情况，但可以理解的是，文献中缺乏这些葡萄酒的感官数据。

表 25.1　与葡萄酒有关的代表性反应中活化能的变化及随温度升高反应速率增加

反应	条件	参考文献	E_a/(kJ/mol)	与 12 ℃相比反应速率的增加倍数 [a]	
				在 30 ℃	在 50 ℃
乙酸己酯的酸水解	模拟葡萄酒 pH 2.95～4.10	[43]	62	5	22
5-甲基蛋氨酸水解生成二甲基硫醚	模拟啤酒，pH 5.2	[44]	186	106	10250
果糖酸降解为 5-羟甲基糠醛	模拟橙汁，pH 2.5～4.5	[45]	199	147	19546
由尿素和乙醇生成氨基甲酸乙酯	白葡萄酒，pH 3.1～3.5	[46]	118	19	350
原花青素(单宁)酸水解	模拟葡萄酒，pH 3.2	[47]	45	3	9
二甲花翠素-3-葡萄糖苷酸水解	模拟葡萄酒，pH 3.5	[48]	118	19	350

a. 用 E_a 和阿伦尼乌斯公式计算得到。

25.5　橡木陈酿的影响

自古以来，葡萄酒就在木桶中存储和运输。木桶提供了一个强大的(与双耳瓶相比)、防水的、轻便的、相对便利的方式来携带液体，即使要跨越陆地，木桶的一个附带好处就是可以拆解成木板，便于不用时存放[49]。尽管不同来源的木材可用于生产木桶，但由于橡木心材含有大量的“填充物”而更受青睐——木质层里的填充物使其具有防水性。

25.5.1　橡木桶和橡木替代品的生产

关于桶生产的精湛技术讨论已经有报道[50, 51]，主要步骤可概括如下：

(1) 采收成熟的白橡树(栎属)，最常用的品种多原产于欧洲，如夏栎(*Q. robur*)、无梗花栎(*Q. petraea*)和北美白栎(*Q. alba*)。

(2) 切成木板并干燥。通常是将木板堆放在室外通风干燥(风干)，一般需要 1～2 年。也有部分或全部使用高温替代自然干燥。

(3) 将木板切成桶板。

(4) 制桶工人将木板放置在金属箍中以形成桶。在桶生产过程中，木板被加热以增加其柔韧性。传统上，加热是在火焰上完成的，但也可以使用现代红外灯、蒸汽等替代热源。

(5) 形成桶后，工人们可继续烘烤桶的内部，以进一步改善风味品质，如下所述。

(6) 添加圆形顶部(端板)和底部，并钻一个孔，即可完成桶的制作。

橡木桶的替代品(如橡木片、橡木屑、橡木块和橡木条)可以用木制品生产过程中产生的废料制成。由于其尺寸较小，替代品的烘烤通常在烤箱中进行，而不是点热源，因此烘烤更加均匀。

在葡萄酒成熟过程中与橡木接触的最显著效果就是能提取香气化合物(第 7、10、12 章)。表 25.2 列出了橡木中的关键化合物种类及其前体。

表 25.2 橡木心材的主要成分及其作为橡木桶中主要香气物质及其衍生的橡木香气化合物的作用

化合物分类	含量(干重)[50, 51]	衍生化合物	香气	关于衍生化合物的说明
木质素	25%～30%	挥发性酚和酚醛(如愈创木酚、香草醛)	烟熏、辛辣、香草	通过烘烤
多糖(纤维素、半纤维素)	60%～70%	碳水化合物降解产物(如呋喃酮)	烘烤、焦糖	通过烘烤
油脂	1%～2%	橡木内酯	椰子、甜	天然的，或者通过糖苷化或羟基酸前体
		不饱和醛(反式-2-壬醛)	氧化油脂、纸板	通过不饱和脂肪酸氧化
水解单宁	5%～10%	—	—	—

像其他木材一样，橡木主要由两类结构聚合物(木质素和多糖)构成木质纤维素。这类聚合物在葡萄酒中溶解度很低，但在热解烘烤条件下可产生数百种香气物质[52, 53]。其中包括几种关键的香气化合物(表 25.2)：

(1) 木质素是一种高度交联的酚类聚合物，可以通过热降解产生挥发性酚和具有烟熏、辛辣和香草香味的醛类(图 25.10)。

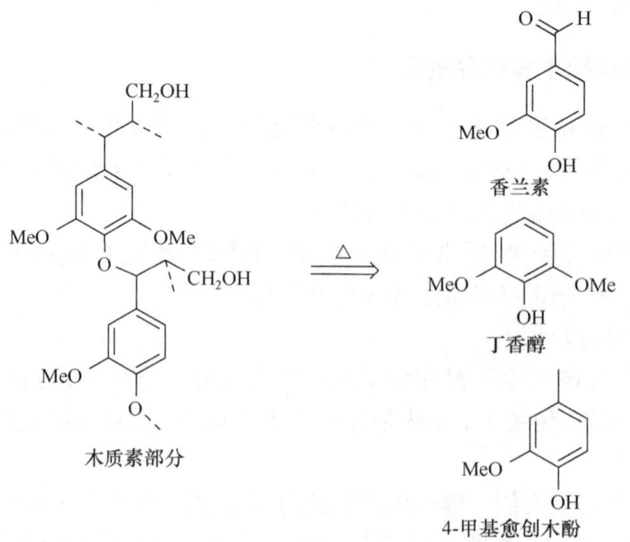

图 25.10 木质素热降解产生有代表性的挥发性酚

(2) 多糖，特别是半纤维素，可以热降解产生焦糖味和烤面包味的杂环化合物。木材中的另一种主要多糖纤维素，由于其较高的热稳定性，对香味贡献似乎不太[54]。

有几个因素会影响与橡木陈酿的葡萄酒中橡木来源的香气物质浓度，其中最重要的是木材来源、桶烘烤程度和提取条件。

25.5.2 橡木来源的影响

几种挥发性物质(特别是橡木内酯及其前体)在树与树之间可能有很大差异，烘烤产生的化合物也存在差异，但通常橡木来源的差异会被烘烤过程引起的差异而掩盖。

(1) 橡木品种对于陈酿葡萄酒中橡木内酯的浓度有着显著影响。对单株树木的调查发现，无梗花栎中橡木内酯总量(10.78 μg/g)高于夏栎(0.61 μg/g)，平均含量高 15 倍以上[55]。对于白栎也观察到类似的高浓度橡木内酯[56]，这使得美国橡木具有更明显的椰子和木香的香味。

(2) 局部生长环境也会产生影响，标准偏差>100%，即使在同一森林内也有“高浓度”和“低浓度”地区，这可能是昆虫或病害胁迫的结果，但某些地区橡木内酯含量增加的原因仍不清楚[55]。

纹理紧密度(即树木生长环之间的间距)历来被认为会影响橡木提取物，其中纹理较细的木材具有较低的单宁酸和较高的香气含量，但常受到地区或品种差异的交叉影响。对数百棵橡木树进行的大规模研究表明，香气物质与年轮环宽度之间的相关性极其微弱[55, 57]。类似地，在不同纹理的橡木桶中陈酿的葡萄酒的感官特征的差异也可以忽略不计[58]。

25.5.3 烘烤的影响

烘烤工艺依时间长短和达到木材表面温度的不同而不同。通常采用轻度、中度和重度来描述烘烤程度，但要确切地定义这些条件是比较困难的，有研究提出如下标准：轻度烘烤指表面温度达到 120～180 ℃和烘烤时间 5 min，中度烘烤是 200 ℃和 10 min，重度烘烤为 230 ℃和 15 min[59]，但另有研究者建议中度和重度烘烤的最高温度可以更低或更高[58]。此外，这些报道通常不会说明将桶在低于最高温度下保持多长时间，而在此期间仍有可能发生烘烤。在同一个桶中烘烤程度常常有差异，桶的顶部和底部比中部的温度更高、烘烤更多[58]。通过嵌入式热电偶可以获取烘烤过程中温度分布的详细信息，但这种做法并不普遍。总之，由于制桶方法的差异，很难根据文献报道比较烘烤衍生的挥发物的绝对数量。

正如本书前面提及的，木质素衍生的挥发性酚类(第 12 章)和碳水化合物降解产物(第 2 章)在未烘烤的木材中含量是低于阈值的，仅在烘烤过程中积累。挥发性酚类在更高烘烤温度或时间内成比例地增加(图 25.11)，碳水化合物降解产物似乎在较低的烘烤温度下能达到最大值，而且在某些情况下，它们在较高的烘烤温度下会减少，原因可能是其在高温下会挥发，也可能是因为大部分半纤维素热解发生的温度比木质素低 50 ℃左右[54]。

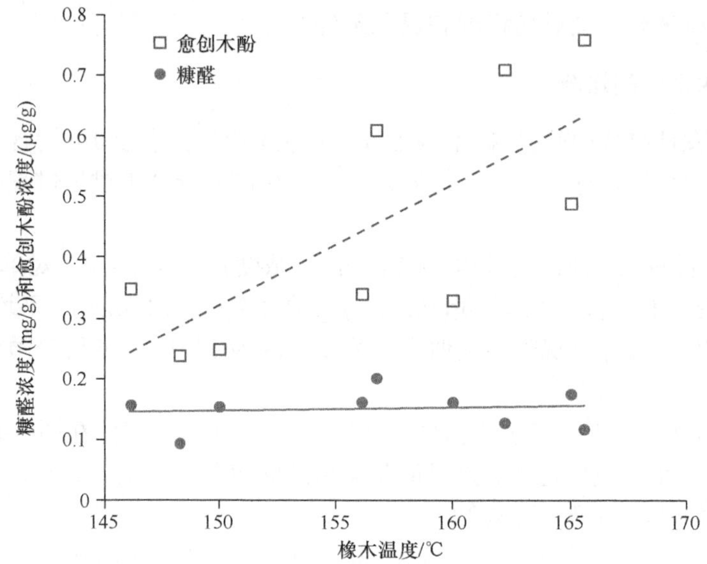

图 25.11 木桶烘烤过程中木材最终温度与木质素降解产物(愈创木酚)和碳水化合物降解产物(糠醛)浓度的相关性。通过位于桶式板内的热电偶测量温度。在木材未烘烤部分，愈创木酚的平均浓度为 0.03 μg/g，糠醛为 0.003 mg/g。数据来自文献[60]

烘烤温度对香气物质有巨大影响，所以桶与桶之间烘烤衍生的香气挥发物组成具有高度变异性，而且这种高变异性不仅出现在制桶工人之间，还可能出现在同一个制桶工人身上。最近一项关于同一个工人制桶烘烤模式的研究表明，在不同时间点，温度有±15 ℃的标准偏差，换言之，就是中度和重度烘烤之间的差异[60]。

总之，树木之间个体差异和烘烤过程中产生的差异都解释了所检测的 10 个桶之间香气物质的明显不同，橡木内酯、挥发性酚类、糠醛衍生物等代表性物质的标准偏差在 15%～40%之间[61]。因此，预测单个桶中主要香气物质的标准偏差为 50%～125%⑥。

25.5.4 浸提的影响

香气物质并不是从桶的表面瞬间提取出来的，有几个因素会影响提取的速度

⑥ 这些差异使得在葡萄酒酿造过程中需要对单个桶的酒进行品尝，以根据香气表现确定葡萄酒的价位。实际上，正是这种桶与桶之间的多样性，为酿酒师提供了一个自然的实验条件，可以找到葡萄酒和橡木香气物质的理想匹配。

和量。

(1) 许多(但不是全部)酚类和碳水化合物降解产物总体上符合一级动力学，浓度最终到平衡。在一项采用传统 225 L 桶的研究中，愈创木酚和丁香醇的浓度在 3 周内达到最大值的 50%，在 2 个月内糠醛或 5-甲基糠醛达到最大值的 50%。

(2) 即使终止与橡木桶接触，前体衍生物特别是橡木内酯(第 7 章)还会继续增加。例如，在 9 个月桶储之后，在瓶储 3 个月期间橡木内酯仍增加了 25%[62]。在橡木中也检测到香草醛和其他酚类的糖基化前体[63]，这可以解释为什么香兰素在模拟酒桶储 2 年后仍然呈现线性增加的趋势[64]。

(3) 众所周知，在重复使用的旧桶中提取的香气物质的量更低。有报道指出，与新桶相比，桶储 180 天后，愈创木酚含量降低为 1/2，糠醇化合物降低为约 1/10[65]。重复使用的桶中香气物质提取率也可能呈线性而非渐近性，可能是因为香气物质必须从桶内部扩散到木材表面。

(4) 据报道，小粒径的橡木替代物如橡木屑等，可以比较大的橡木块或橡木条更快达到平衡[66]，这通常被认为是橡木屑有更大的表面积/体积比，具体地说，这是因为小颗粒减小了橡木颗粒周围边界层的尺寸。

总而言之，从橡木提取的香气物质可在葡萄酒中进一步发生(生物)化学反应，尤其像香草醛和糠醛这样的醛类特别容易发生反应，如通过酵母代谢还原成醇类(22.1 节)，进而在桶发酵过程中与 H_2S 反应形成硫醇(第 10 章)，或者在储存过程中与花色苷或其他酚类物质发生反应[67]。

25.5.5　橡木的其他影响

除了挥发性香气物质之外，橡木桶陈酿可能会导致葡萄酒的其他变化，最后两种变化仅与桶储存有关，而与橡木替代品处理无关：

(1) 从木材中提取水解单宁(第 13 章)和其他非挥发性组分[50]，如前所述，单宁通常以远低于感官阈值的浓度提取。然而，最近报道已经鉴定到苦味的木酚素[68](一类多酚)和甜味三萜的浓度在阈值附近[69]。

(2) 木材对葡萄酒组分吸附[3, 70]。

(3) 氧气通过扩散进入桶内，扩散路径可以是木材孔隙、壁板之间的间隙，或者在移除塞子时出现的空隙。总之，这些通常导致 225 L 的标准桶中氧吸收量为几毫克/(升 · 月)，但是，对这些效应的相对重要性也存在争议[50, 71, 72]。

(4) 随着时间推移，通过壁板扩散和蒸发会产生浓缩效应(每年约 5%)，而乙醇浓度的增加或减少很微弱，这主要是由于相对湿度以及与储存环境相关因素(如温度、风速)等的作用[50, 73]——这可称为天使的馈赠。

25.6　不同陈酿条件对感官的影响

一般来说，葡萄酒瓶储或罐储陈酿会造成果味、花香和新鲜蔬菜香气的损失，并增加干果、泥土、罐头蔬菜、木质和含硫(如来自 *S*-甲基蛋氨酸水解，23.3 节)或氧化型香气(图 25.12)，桶储也会增加橡木来源的香气以及上述变化，较多的氧暴露会增加 “氧化” 味的物质(如羰基化合物，第 9 章和第 24 章)，同时也会降低“还原味”和果香硫醇(第 10 章)。

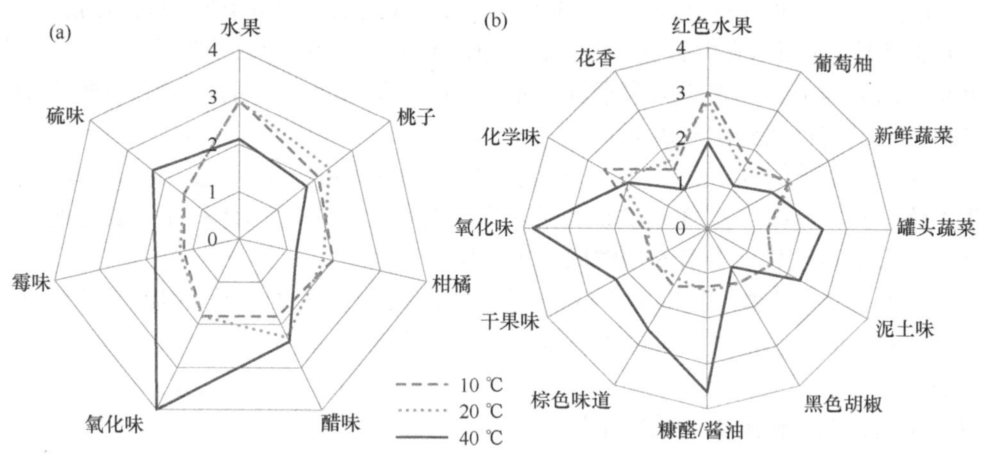

图 25.12　储存温度(10 ℃，20 ℃，40 ℃)对香气属性等级(重要属性的平均值)的影响：(a)瓶储 3 个月的霞多丽葡萄酒；(b)瓶储 6 个月的赤霞珠葡萄酒。数据来自文献[76，77]

短时间高温储存部分地模拟了长时间低温储存的效果，尤其是对于在白葡萄酒中观察到的主要和次要香味的损失，对于红葡萄酒一些成熟香味也有这样的效果[74]，这为在全球市场内葡萄酒的国际运输提供了信息。据估计，与普通酒窖温度下恒温储存相比，在运输过程中葡萄酒感官演化可能被提前了一年或更长时间[75]。然而，如同 25.4 节所述，有关葡萄酒风味重要的反应，其相对反应速率会随着温度的变化而变化。

罐或桶中陈酿以及和瓶储过程中单宁的成熟不仅会使颜色变得稳定，而且会降低涩味强度(第 14 章和第 24 章；参见文献[78，79])。红葡萄酒质量与适当水平的涩味密切相关[80, 81]，瓶储是减轻低年份红葡萄酒单宁涩味的经典方法，一些高单宁和高价格的葡萄酒需窖藏数年，以使其口感软化。例如，法国某城堡生产的在类似条件下储存的赤霞珠葡萄酒在酿造年份与涩味评分之间呈现线性相关

(R^2=0.598)[82](图 25.13)⑦，这些变化是由于在储存期间原花色素转化而降低其与蛋白质反应的能力，从而降低其收敛性[22, 29, 83]。许多涉及原花色素的反应在 O_2 和较低 pH 下更容易发生，包括：①与花色苷反应(形成 T-A 或 A-T 加合物)。②与醛、乙烯基酚或其他亲电试剂反应。③酸水解，产生聚合度更低的单宁，涩味下降。

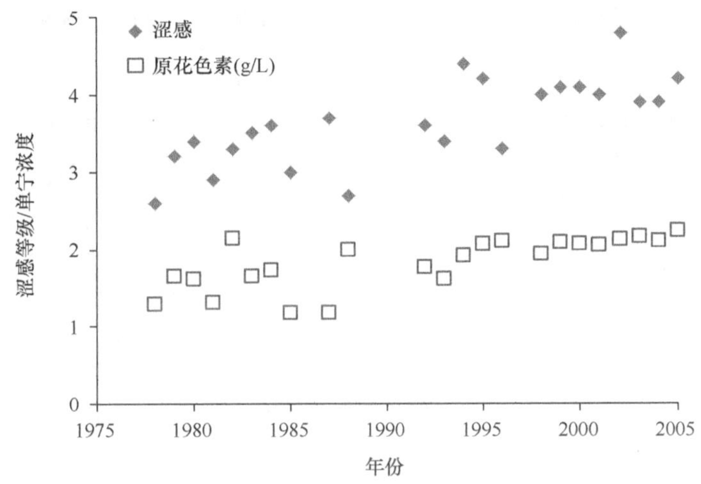

图 25.13　葡萄酒的年龄(酿造年份)、平均涩感等级和原花色素(PA)浓度(g/L)之间的关系，样品为来自法国某城堡的在类似条件下窖藏的一系列赤霞珠葡萄酒，PA 浓度测定采用酸水解后在 550 nm 下测定吸光度的方法[82]

有趣的是，涩味与总原花色素的相关性较弱(R^2=0.36，图 25.13)，说明单宁的大多数化学测定与其蛋白结合能力不完全相关(第 33 章)。

葡萄酒采用什么包装材料是非常重要的，因为酿酒师通常很少追溯葡萄酒包装后的情况。有关玻璃瓶、PET 瓶、盒中袋以及天然软木塞、合成塞和螺旋帽的包装效果已经有一些研究[7, 8, 29, 76, 77, 84-94]：

(1) 随着时间的推移，包装材料渗透性对葡萄酒感官特性有重大影响，关于这一点在瓶塞氧透过率试验中也得到证明，虽然同一类型瓶塞有合理性差异，但在氧透过率增加方面倾向于遵循以下规律：

螺旋帽塞<聚合塞<天然塞<高分子合成塞

瓶塞氧透过率增加能促进一些有益的反应，如稳定红葡萄酒颜色、软化口感，但也会导致 SO_2 损失。一旦 SO_2 的保护作用减弱，将使褐变增加、果香丧失、“氧

⑦ 注意，延长红葡萄酒陈酿时间并非常态，通常是例外情况。绝大多数红葡萄酒在 2 年内饮用，酿酒师酿造出含有过多单宁的葡萄酒，如果不希望等 5 年以上才有收入，可以使用澄清剂等替代方法来减轻涩味。

化味”和“成熟味”增强(图 25.14)，对白葡萄酒将造成特别严重的影响。相反，“还原味”更多归因于螺旋塞的低氧透过率(第 30 章)，但这些瓶塞保留了 SO_2 和果香的特征。同样地，无论是对于玻璃还是塑料(如 PET 瓶或盒中袋)，容器材质的选择也要考虑渗透性的问题。

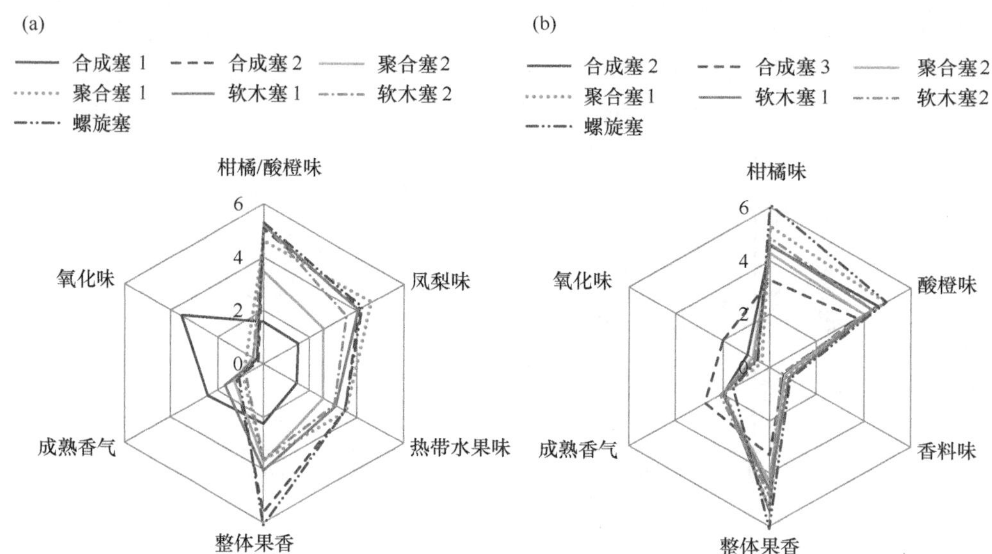

图 25.14 克莱尔河谷的赛美蓉葡萄酒的平均香气评分，它们用各种瓶塞进行装瓶并储存于 17 ℃下：6 个月(a)和 12 个月(b)后由感官小组进行评定。螺旋塞，数据来自文献[84]

(2) 包装中的异味物质迁移到酒中会造成污染，或者由于气味物质被吸收(或吸附)到包装中而导致香味剥离[95]。最常见的是软木塞污染(第 18 章)，其他包装材料(特别是用塑料作为基础材料)也可能出现这种情况，例如，白葡萄酒用塑料包装储存 3～6 个月之后，明显可见感官发生了变化，呈现香味剥离或污染[89, 91]。

最后，值得一提的是酒泥陈酿，它会影响葡萄酒的感官特性[3, 5, 96, 97]。在酒泥陈酿过程中，许多酵母(主要)和细菌细胞自溶物会释放到葡萄酒中，主要包括：

(1) 糖苷水解酶(23.1 节)。

(2) 含氮化合物，如氨基酸、蛋白质和多肽以及甘露糖蛋白，它们影响可感知的甜味和酒体(第 6 章)、稳定起泡葡萄酒中的泡沫并增加酒石酸稳定性(26.1 节)。

(3) 香气物质(如脂肪酸、醇类和酯类)，它们能给酒泥陈酿的葡萄酒带来酵母和类似面包的香味。

(4) 多糖，它们能影响口感(第 2 章)。

此外，在还原条件下酒泥陈酿会导致硫化味的形成(第 10 章和 22.4 节)，而另一方面，酒泥也可用于吸附这些硫化异味，将其从酒中除去。酒泥作用的差异可能在于它们的相对氧化程度。同样，酒泥也可吸附其他化合物，特别是非极性挥发物和酚类成分。总之，酒泥陈酿的目的是通过改变葡萄酒成分改善香气、风味、酒体和口感以及稳定起泡葡萄酒中泡沫，最终提高品质。商业酵母自溶物(或其他非活性干酵母制剂)可用于补充或替代发酵形成的酒泥，与普通酒泥陈酿相比，可以在更短的时间内更迅速地掺入有益组分。

瓶塞的性能

利用软木橡树的树皮制作塞子的历史可追溯到 17 世纪,这是能将瓶子很好密封并保证长期陈酿的第一种瓶塞。20 世纪 90 年代，软木塞的三氯苯甲醚(TCA)污染问题促使酿酒师寻找替代品(第 18 章)，于是有了现在的螺旋塞、合成塞以及众多鲜为人知的替代品，生产商还提供技术塞，即通过提取或化学处理粉碎的软木颗粒与树脂混合成型。天然软木塞仍然是最受欢迎的瓶塞，软木塞生产工艺的改进减少了污染问题，但仍有 1%～3%瓶酒受到污染。有几种方法可以从粉碎的软木中提取 TCA，其中超临界二氧化碳法就是一种成功的方法。

用氧透过率衡量瓶塞的主要化学性能，因为进入瓶内的氧气量是陈酿化学的关键因素，湿的软木塞每年转移大约 1 mg O_2，其中最常见的是螺旋塞。合成塞比较致密，根据其规格氧透过率有所不同，但通常比较高。据报道，镀锡螺旋塞的氧透过率最低，每年低于 0.05 mg O_2。这两种瓶塞都可以以特定的氧透过率制成，氧透过率变化取决于塞子的结构。

然而，氧透过率的平均值掩盖了一个重要的问题——氧透过率的可变性。天然软木塞氧透过率可变性大，而合成塞非常一致。在不同研究报告中，螺旋塞性能的数据也呈现很大差异，这说明装瓶操作的差异同样重要。与塞子相比，螺旋帽的应用需要更多的精力来调整和管理装瓶的硬件，以便成功地密封瓶子。

参 考 文 献

1. Singleton, V. L. (2000) A survey of wine aging reactions, especially with oxygen. Proceedings of the 50th Anniversary Annual Meeting, Seattle, Washington, pp. 323-336.
2. Ebeler, S.E.(2001) Analytical chemistry: unlocking the secrets of wine flavor. Food Reviews International, 17(1), 45-64.
3. Garde-Cerdán, T. and Ancín-Azpilicueta, C.(2006) Review of quality factors on wine ageing in oak barrels. Trends in Food Science and Technology, 17(8), 438-447.
4. Alexandre, H. and Guilloux-Benatier, M.(2006) Yeast autolysis in sparkling wine—a review. Australian Journal of Grape and Wine Research, 12(2), 119-127.
5. Pérez-Serradilla, J.A. and de Castro, M.D.L.(2008) Role of lees in wine production: a review. Food Chemistry, 111(2), 447-456.
6. Jackson, R.S.(2009) Nature and origins of wine quality, in Wine tasting: a professional handbook, 2nd edn, Academic Press, San Diego, CA, pp. 387-426.

7. Silva, M., Julien, M., Jourdes, M., Teissedre, P.-L.(2011) Impact of closures on wine post-bottling development: a review. European Food Research and Technology, 233(6), 905-914.
8. Ugliano, M.(2013) Oxygen contribution to wine aroma evolution during bottle aging. Journal of Agricultural and Food Chemistry, 61(26), 6125-6136.
9. Tao, Y., García, J.F., Sun, D.-W.(2014) Advances in wine aging technologies for enhancing wine quality and accelerating wine aging process. Critical Reviews in Food Science and Nutrition, 54(6), 817-835.
10. Cheynier, V., Remy, S., Fulcrand, H.(2000) Mechanisms of anthocyanin and tannin changes during winemaking and aging, in Proceedings of the ASEV 50th Anniversary Annual Meeting(ed. Rantz, J.M.), June 19-23, 2000, Seattle, WA, American Society of Enology and Viticulture, Davis, CA, pp. 337-344.
11. Cheynier, V., Duenas-Paton, M., Salas, E., et al.(2006) Structure and properties of wine pigments and tannins. American Journal of Enology and Viticulture, 57(3), 298-305.
12. He, F., Liang, N.-N., Mu, L., et al.(2012) Anthocyanins and their variation in red wines. II. Anthocyanin derived pigments and their color evolution. Molecules, 17(2), 1483-1519.
13. de Freitas, V.A.P. and Mateus, N.(2010) Updating wine pigments, in Recent advances in polyphenol research, Wiley-Blackwell, pp. 59-80.
14. Salas, E., Fulcrand, H., Meudec, E., Cheynier, V.(2003) Reactions of anthocyanins and tannins in model solutions. Journal of Agricultural and Food Chemistry, 51(27), 7951-7961.
15. Duenas M., Fulcrand H., Cheynier V.(2006) Formation of anthocyanin-flavanol adducts in model solutions. Analytica Chimica Acta, 563(1-2), 15-25.
16. Somers, T.C.(1971) The polymeric nature of wine pigments. Phytochemistry, 10, 2175-2189.
17. Malien-Aubert, C., Dangles, O., Amiot, M.J.(2002) Influence of procyanidins on the color stability of oenin solutions. Journal of Agricultural and Food Chemistry, 50(11), 3299-3305.
18. Escribano-Bailón, T., álvarez-García, M., Rivas-Gonzalo, J.C., et al.(2001) Color and stability of pigments derived from the acetaldehyde-mediated condensation between malvidin 3-*O*-glucoside and (+)-catechin. Journal of Agricultural and Food Chemistry, 49(3), 1213-1217.
19. Atanasova, V., Fulcrand, H., Cheynier, W., Moutounet, M.(2002) Effect of oxygenation on polyphenol changes occurring in the course of wine-making. Analytica Chimica Acta, 458(1), 15-27.
20. Remy-Tanneau, S., Le Guerneve, C., Meudec, E., Cheynier, V.(2003) Characterization of a colorless anthocyaninflavan-3-ol dimer containing both carbon？carbon and ether interflavanoid linkages by NMR and mass spectrometry. Journal of Agricultural and Food Chemistry, 51(12), 3592-3597.
21. Romero, C. and Bakker, J.(2000) Effect of acetaldehyde and several acids on the formation of vitisin A in model wine anthocyanin and colour evolution. International Journal of Food Science and Technology, 35(1), 129-140.
22. McRae, J.M., Dambergs, R.G., Kassara, S., et al.(2012) Phenolic compositions of 50 and 30 year sequences of Australian red wines: the impact of wine age. Journal of Agricultural and Food Chemistry, 60(40), 10093-10102.

23. Pechamat, L., Zeng, L., Jourdes, M., et al.(2014) Occurrence and formation kinetics of pyranomalvidin-procyanidin dimer pigment in Merlot red wine: impact of acidity and oxygen concentrations. Journal of Agricultural and Food Chemistry, 62(7), 1701-1705.
24. Gómez-Plaza, E. and Cano-López, M.(2011) A review on micro-oxygenation of red wines: claims, benefits and the underlying chemistry. Food Chemistry, 125(4), 1131-1140.
25. Anli, R.E. and Cavuldak, ?A.(2012) A review of microoxygenation application in wine. Journal of the Institute of Brewing, 118(4), 368-385.
26. Gambuti, A., Rinaldi, A., Ugliano, M., Moio, L.(2013) Evolution of phenolic compounds and astringency during aging of red wine: effect of oxygen exposure before and after bottling. Journal of Agricultural and Food Chemistry, 61(8), 1618-1627.
27. Gonzalez-del Pozo, A., Arozarena, I., Noriega, M.J., et al.(2010) Short- and long-term effects of micro-oxygenation treatments on the colour and phenolic composition of a Cabernet Sauvignon wine aged in barrels and/or bottles. European Food Research and Technology, 231(4), 589-601.
28. Kontoudakis, N., González, E., Gil, M., et al.(2011) Influence of wine pH on changes in color and polyphenol composition induced by micro-oxygenation. Journal of Agricultural and Food Chemistry, 59(5), 1974-1984.
29. McRae, J.M., Kassara, S., Kennedy, J.A., et al.(2013) Effect of wine pH and bottle closure on tannins. Journal of Agricultural and Food Chemistry, 61(47), 11618-11627.
30. Daniel, M.A., Capone, D.L., Sefton, M.A., Elsey, G.M.(2009) Riesling acetal is a precursor to 1,1,6-trimethyl-1,2-dihydronaphthalene(TDN) in wine. Australian Journal of Grape and Wine Research, 15(1), 93-96.
31. Giaccio, J., Capone, D.L., Håkansson, A.E., et al.(2011) The formation of wine lactone from grape-derived secondary metabolites. Journal of Agricultural and Food Chemistry, 59(2), 660-664.
32. Winterhalter, P.(1991) 1,1,6-Trimethyl-1,2-dihydronaphthalene(TDN) formation in wine. 1. Studies on the hydrolysis of 2, 6, 10, 10-tetramethyl-1-oxaspiro[4.5]dec-6-ene-2, 8-diol rationalizing the origin of TDN and related C_{13} norisoprenoids in Riesling wine. Journal of Agricultural and Food Chemistry, 39(10), 1825-1829.
33. Luan, F., Degenhardt, A., Mosandl, A., Wust, M.(2006) Mechanism of wine lactone formation: demonstration of stereoselective cyclization and 1,3-hydride shift. Journal of Agricultural and Food Chemistry, 54(26), 10245-10252.
34. Diaz-Maroto, M.C., Schneider, R., Baumes, R.(2005) Formation pathways of ethyl esters of branched short-chain fatty acids during wine aging. Journal of Agricultural and Food Chemistry, 53(9), 3503-3509.
35. Makhotkina, O. and Kilmartin, P.A.(2012) Hydrolysis and formation of volatile esters in New Zealand Sauvignon Blanc wine. Food Chemistry, 135(2), 486-493.
36. Antalick, G., Perello, M.-C., de Revel, G.(2014) Esters in wines: new insight through the establishment of a database of French wines. American Journal of Enology and Viticulture, 65(3), 293-304.
37. Rayne, S. and Forest, K.(2011) Estimated carboxylic acid ester hydrolysis rate constants for food

and beverage aroma compounds. Nature Precedings. doi:10.1038/npre.2011.6471.1. Available from Nature Precedings, http:// dx.doi.org/10.1038/npre.2011.6471.1.

38. Marais, J.(1978) Effect of pH on esters and quality of colombar wine during maturation. Vitis, 17(4), 396-403.
39. Makhotkina, O., Pineau, B., Kilmartin, P.A.(2012) Effect of storage temperature on the chemical composition and sensory profile of Sauvignon Blanc wines. Australian Journal of Grape and Wine Research, 18(1), 91-99.
40. Wilkinson, K.L., Prida, A., Hayasaka, Y.(2013) Role of glycoconjugates of 3-methyl-4-hydroxyoctanoic acid in the evolution of oak lactone in wine during oak maturation. Journal of Agricultural and Food Chemistry, 61(18), 4411-4416.
41. Pereira, V., Albuquerque, F.M., Ferreira, A.C., et al.(2011) Evolution of 5-hydroxymethylfurfural(HMF) and furfural(F) in fortified wines submitted to overheating conditions. Food Research International, 44(1), 71-76.
42. Belitz, H.-D., Grosch, W., Schieberle, P.(2009) Carbohydrates, in Food chemistry(eds Belitz, H.-D., Grosch, W., Schieberle, P.), Springer, Berlin, pp. 248-339.
43. Ramey, D.D. and Ough, C.S.(1980) Volatile ester hydrolysis or formation during storage of model solutions and wines. Journal of Agricultural and Food Chemistry, 28(5), 928-934.
44. Scheuren, H., Tippmann, J., Methner, F.J., Sommer, K.(2014) Decomposition kinetics of dimethyl sulphide. Journal of the Institute of Brewing, 120(4), 474-476.
45. Arena, E., Fallico, B., Maccarone, E.(2001) Thermal damage in blood orange juice: kinetics of 5-hydroxymethyl-2-furancarboxaldehyde formation. International Journal of Food Science and Technology, 36(2), 145-151.
46. Kodama, S., Suzuki, T., Fujinawa, S., et al.(1994) Urea contribution to ethyl carbamate formation in commercial wines during storage. American Journal of Enology and Viticulture, 45(1), 17-24.
47. Dallas, C., Hipólito-Reis, P., Ricardo-da-Silva, J.M., Laureano, O.(2003) Influence of acetaldehyde, pH, and temperature on transformation of procyanidins in model wine solutions. American Journal of Enology and Viticulture, 54(2), 119-124.
48. Baranowski, E.S. and Nagel, C.W.(1983) Kinetics of malvidin-3-glucoside condensation in wine model systems. Journal of Food Science, 48(2), 419-421.
49. McGovern, P.E.(2003) Ancient wine: the search for the origins of viniculture, Princeton University Press, Princeton, NJ.
50. Singleton, V.L.(1995) Maturation of wines and spirits: comparisons, facts, and hypotheses. American Journal of Enology and Viticulture, 46(1), 98-115.
51. Schahinger, G.(2005) Cooperage for winemakers: a manual on the construction, maintenance, and use of oak barrels(ed. Rankine, B.C.), Winetitles, Adelaide, SA, Australia.
52. Faix, O., Fortmann, I., Bremer, J., Meier, D.(1991) Thermal degradation products of wood. Holz als Roh- und Werkstoff, 49(7-8), 299-304.
53. Faix, O., Meier, D., Fortmann, I.(1990) Thermal degradation products of wood. Holz als Roh-und Werkstoff, 48(7-8), 281-285.
54. Brebu, M. and Vasile, C.(2010) Thermal degradation of lignin—a review. Cellulose Chemistry

and Technology, 44(9), 353.

55. Prida, A., Ducousso, A., Petit, R., et al.(2007) Variation in wood volatile compounds in a mixed oak stand: strong species and spatial differentiation in whisky-lactone content. Annals of Forest Science, 64(3), 313-320.

56. Masson, G., Guichard, E., Fournier, N., Puech, J.-L.(1995) Stereoisomers of *S*-methyl-*γ*-octalactone. II. Contents in the wood of French(*Quercus robur* and *Quercus petraea*) and American(*Quercus alba*) oaks. American Journal of Enology and Viticulture, 46(4), 424-428.

57. Mosedale, J.R. and Savill, P.S.(1996) Variation of heartwood phenolics and oak lactones between the species and phenological types of *Quercus petraea* and *Q. robur*. Forestry, 69(1), 47-55.

58. Collins, T.S.(2012) The impact of variability in the toasting process at a commercial cooperage on the volatile composition of oak barrels and barrel aged wines, PhD Thesis, University of California, Davis.

59. Ribereau-Gayon, P., Glories, Y., Maujean, A., Dubourdieu, D.(2006) Handbook of enology, Vol. 2, The chemistry of wine stabilization and treatments, 2nd edn, John Wiley & Sons, Chichester, UK.

60. Collins, T.S., Miles, J.L., Boulton, R.B., Ebeler, S.E.(2015) Targeted volatile composition of oak wood samples taken during toasting at a commercial cooperage. Tetrahedron, 71(20), 2971-2982.

61. Towey, J.P. and Waterhouse, A.L.(1996) Barrel-to-barrel variation of volatile oak extractives in barrel-fermented Chardonnay. American Journal of Enology and Viticulture, 47(1), 17-20.

62. Perez-Prieto, L.J., Lopez-Roca, J.M., Martinez-Cutillas, A., et al.(2003) Extraction and formation dynamic of oak-related volatile compounds from different volume barrels to wine and their behavior during bottle storage. Journal of Agricultural and Food Chemistry, 51(18), 5444-5449.

63. Slaghenaufi, D., Marchand-Marion, S., Richard, T., et al.(2013) Centrifugal partition chromatography applied to the isolation of oak wood aroma precursors. Food Chemistry, 141(3), 2238-2245.

64. Spillman, P.J., Iland, P.G., Sefton, M.A.(1998) Accumulation of volatile oak compounds in a model wine stored in American and Limousin oak barrels. Australian Journal of Grape and Wine Research, 4(2), 67-73.

65. Gómez-Plaza, E., Pérez-Prieto, L.J., Fernández-Fernández, J.I., López-Roca, J.M.(2004) The effect of successive uses of oak barrels on the extraction of oak-related volatile compounds from wine. International Journal of Food Science and Technology, 39(10), 1069-1078.

66. Campbell, J., Pollnitz, A., Sefton, M., et al.(2006) Factors affecting the influence of oak chips on wine flavour. Australian and New Zealand Wine Industry Journal, 21(4), 38-42.

67. Nonier, M.-F., Vivas, N., De Freitas, V., et al.(2011) A kinetic study of the reaction of (+)-catechin and malvidin-3-glucoside with aldehydes derived from toasted oak. The Natural Products Journal, 1(1), 47-56.

68. Marchal, A., Cretin, B.N., Sindt, L., et al.(2015) Contribution of oak lignans to wine taste: chemical identification, sensory characterization and quantification. Tetrahedron, 71(20), 3148-3156.

69. Marchal, A., Waffo-Teguo, P., Genin, E., et al.(2011) Identification of new natural sweet compounds in wine using centrifugal partition chromatography-gustatometry and Fourier transform mass spectrometry. Analytical Chemistry, 83(24), 9629-9637.

70. Jarauta, I., Cacho, J., Ferreira, V.(2005) Concurrent phenomena contributing to the formation of the aroma of wine during aging in oak wood: an analytical study. Journal of Agricultural and Food Chemistry, 53(10), 4166-4177.

71. Nevares, I., Crespo, R., Gonzalez, C., del Alamo-Sanza, M.(2014) Imaging of oxygen transmission in the oak wood of wine barrels using optical sensors and a colour camera. Australian Journal of Grape and Wine Research, 20(3), 353-360.

72. Nevares, I. and del Alamo-Sanza, M.(2015) Oak stave oxygen permeation: a new tool to make barrels with different wine oxygenation potentials. Journal of Agricultural and Food Chemistry, 63(4), 1268-1275.

73. Blazer, R.M.(1991) Influence of environment—wine evaporation from barrels. Practical Winery and Vineyard, 11, 20-22.

74. Robinson, A.L., Mueller, M., Heymann, H., et al.(2010) Effect of simulated shipping conditions on sensory attributes and volatile composition of commercial white and red wines. American Journal of Enology and Viticulture, 61(3), 337-347.

75. Butzke, C.E., Vogt, E.E., Chacón-Rodríguez, L.(2012) Effects of heat exposure on wine quality during transport and storage. Journal of Wine Research, 23(1), 15-25.

76. Hopfer, H., Ebeler, S.E., Heymann, H.(2012) The combined effects of storage temperature and packaging type on the sensory and chemical properties of Chardonnay. Journal of Agricultural and Food Chemistry, 60(43), 10743-10754.

77. Hopfer, H., Buffon, P.A., Ebeler, S.E., Heymann, H.(2013) The combined effects of storage temperature and packaging on the sensory, chemical, and physical properties of a Cabernet Sauvignon wine. Journal of Agricultural and Food Chemistry, 61(13), 3320-3334.

78. del Carmen Llaudy, M., Canals, R., Gonzalez-Manzano, S., et al.(2006) Influence of micro-oxygenation treatment before oak aging on phenolic compounds composition, astringency, and color of red wine. Journal of Agricultural and Food Chemistry, 54(12), 4246-4252.

79. Oberholster, A., Elmendorf, B.L., Lerno, L.A., et al.(2015) Barrel maturation, oak alternatives and micro-oxygenation: influence on red wine aging and quality. Food Chemistry, 173, 1250-1258.

80. Fanzone, M., Pena-Neira, A., Gil, M., et al.(2012) Impact of phenolic and polysaccharidic composition on commercial value of Argentinean Malbec and Cabernet Sauvignon wines. Food Research International, 45(1), 402-414.

81. Saenz-Navajas, M.P., Martin-Lopez, C., Ferreira, V., Fernandez-Zurbano, P.(2011) Sensory properties of premium Spanish red wines and their implication in wine quality perception. Australian Journal of Grape and Wine Research, 17(1), 9-19.

82. Chira, K., Jourdes, M., Teissedre, P.-L.(2012) Cabernet Sauvignon red wine astringency quality control by tannin characterization and polymerization during storage. European Food Research and Technology, 234(2), 253-261.

83. Chira, K., Pacella, N., Jourdes, M., Teissedre, P.-L.(2011) Chemical and sensory evaluation of Bordeaux wines(Cabernet-Sauvignon and Merlot) and correlation with wine age. Food Chemistry, 126(4), 1971-1977.

84. Godden, P., Francis, L., Field, J., et al.(2001) Wine bottle closures: physical characteristics and

effect on composition and sensory properties of a Semillon wine. 1. Performance up to 20 months post-bottling. Australian Journal of Grape and Wine Research, 7(2), 64-105.

85. Capone, D., Sefton, M., Pretorius, I., H, P.(2003) Flavour "scalping" by wine bottle closures—the "winemaking" continues post vineyard and winery. Australian and New Zealand Wine Industry Journal, 18(5), 16, 18-20.

86. Skouroumounis, G.K., Kwiatkowski, M.J., Francis, I.L., et al.(2005) The impact of closure type and storage conditions on the composition, colour and flavour properties of a Riesling and a wooded Chardonnay wine during five years' storage. Australian Journal of Grape and Wine Research, 11(3), 369-384.

87. Brajkovich, M., Tibbits, N., Peron, G., et al.(2005) Effect of screwcap and cork closures on SO_2 levels and aromas in a Sauvignon Blanc wine. Journal of Agricultural and Food Chemistry, 53(26), 10006-10011.

88. Sefton, M.A. and Simpson, R.F.(2005) Compounds causing cork taint and the factors affecting their transfer from natural cork closures to wine—a review. Australian Journal of Grape and Wine Research, 11(2), 226-240.

89. Ghidossi, R., Poupot, C., Thibon, C., et al.(2012) The influence of packaging on wine conservation. Food Control, 23(2), 302-311.

90. Wirth, J., Caillé, S., Souquet, J.M., et al.(2012) Impact of post-bottling oxygen exposure on the sensory characteristics and phenolic composition of Grenache rosé wines. Food Chemistry, 132(4), 1861-1871.

91. Revi, M., Badeka, A., Kontakos, S., Kontominas, M.G.(2014) Effect of packaging material on enological parameters and volatile compounds of dry white wine. Food Chemistry, 152, 331-339.

92. Karbowiak, T., Gougeon, R.D., Alinc, J.B., et al.(2010) Wine oxidation and the role of cork. Critical Reviews in Food Science and Nutrition, 50(1), 20-52.

93. Guaita, M., Petrozziello, M., Motta, S., et al.(2013) Effect of the closure type on the evolution of the physicalchemical and sensory characteristics of a Montepulciano d'Abruzzo rosé wine. Journal of Food Science, 78(2), C160-C169.

94. Silva, M.A., Jourdes, M., Darriet, P., Teissedre, P.-L.(2012) Scalping of light volatile sulfur compounds by wine closures. Journal of Agricultural and Food Chemistry, 60(44), 10952-10956.

95. Sajilata, M.G., Savitha, K., Singhal, R.S., Kanetkar, V.R.(2007) Scalping of flavors in packaged foods. Comprehensive Reviews in Food Science and Food Safety, 6(1), 17-35.

96. Torresi, S., Frangipane, M.T., Anelli, G.(2011) Biotechnologies in sparkling wine production. Interesting approaches for quality improvement: a review. Food Chemistry, 129(3), 1232-1241.

97. Gambetta, J.M., Bastian, S.E.P., Cozzolino, D., Jeffery, D.W.(2014) Factors influencing the aroma composition of Chardonnay wines. Journal of Agricultural and Food Chemistry, 62(28), 6512-6534.

第 26 章 发酵后工艺化学

葡萄酒生产不会随着酒精发酵而结束，大多数葡萄酒在装瓶之前需要经过进一步处理。本章集中讨论酒窖日常管理中物理化学方面的问题，其中包括以下内容。

(1) 与酒石酸结晶有关的冷稳定及防止瓶装酒沉淀物的处理；

(2) 葡萄酒澄清，改善葡萄酒稳定性并达到理想的感官品质，包括单宁和葡萄酒蛋白质等的澄清处理；

(3) 过滤除去颗粒物以澄清葡萄酒，并采用反渗透选择性去除小分子物质；

(4) 葡萄酒蒸馏，解决葡萄酒转化为葡香白酒的理论和实践方面的问题。

26.1 冷 稳 定

26.1.1 引言

在葡萄酒酿造和食品生产的其他领域，稳定是指产品超过规定的储存时间或储存条件而发生不利的物理或感官变化的最低可接受风险的一种状态[①]。在葡萄酒生产过程中，酿酒师最关心的就是稳定性问题，因为不稳定的葡萄酒会发生肉眼可见的变化，很容易被检测到而引发消费者对葡萄酒安全性的担忧。葡萄酒在储存期间最常见的两个缺陷就是酒石酸不稳定(本章讨论)和蛋白质不稳定(26.2 节)。

第 3 章讨论了游离酒石酸(H_2T)及其共轭碱[酒石酸氢盐(HT^-)、酒石酸盐(T^{2-})]的化学性质。在葡萄酒中，酒石酸盐总浓度通常在 2～6 g/L 范围内(0.013～0.040 M)。酒石酸盐种类的相对分布依赖于 pH，一般在葡萄酒 pH 范围内，酒石酸氢盐(HT^-)是主要存在形式(50%～70%)，在 pH 3.65 左右达到最大值(第 3 章，图 3.2)。酒石酸氢盐除了影响 pH 和总酸之外，还可以与葡萄酒中主要金属阳离子 K^+(0.003～0.07 M，第 4 章)结合，形成难溶性酒石酸氢钾(KHT，酒石膏)。酒石酸氢钾在乙醇溶液中的溶解度比在水中低，并且在葡萄汁中 KHT 几乎饱和，通常会在发酵过程中沿罐壁和桶壁形成 KHT 晶体；这些晶体可以很容易地从葡萄酒中分离出来。如下所述，KHT 沉淀析出会降低总酸含量，但由于酒石酸氢盐(HT^-)的两

① 注意，稳定并不意味着产品没有不受欢迎的变化，与安全性相似，产品稳定性应该被视为有失败的可能性，而非不可能失败。

性性质可能导致 pH 升高或降低。KHT 溶解度较差也间接地减少了各种酒石酸的总浓度。

由于葡萄酒中存在结晶抑制剂和其他因素，大多数葡萄酒以亚稳定的过饱和 KHT 溶液形式存在。较低的温度会降低 KHT 的溶解度并加速晶体生长，在冷却条件下可能有结晶产生，所以当消费者将葡萄酒放置于冰箱中，可能会使酒失去相对稳定性(观察到 KHT 结晶)，虽然产生的 KHT 晶体是无害的②，但由于它们与破碎的玻璃相似，消费者往往很难接受。已经开发了几种常规测试方法来预测葡萄酒的冷稳定性，并且大多数葡萄酒厂在装瓶和商业销售之前会通过一种或多种方法使葡萄酒在低温下稳定。特别是白葡萄酒，由于经常通过冷藏存储，更容易产生结晶。

大多数关于 KHT 亚稳定性的研究主要集中在葡萄酒冷藏期间，但由于人为(如 pH 调节)或自发(如抑制化合物的沉淀或降解)的葡萄酒化学变化，KHT 沉淀可在室温下发生。除了 KHT 之外，有机酸的其他盐也可以在瓶中形成沉淀，特别是酒石酸钙(CaT)。

26.1.2　酒石酸氢钾的晶体性质和溶解性

当从水或模拟水醇溶液中沉淀时，KHT 形成斜方晶体，即呈现为沿着三个轴线中的两个延伸的立方晶体，并且具有几个特征(自形)形状[图 26.1.1(a)]，包括直角棱柱和钻石形(称为酒钻石)。

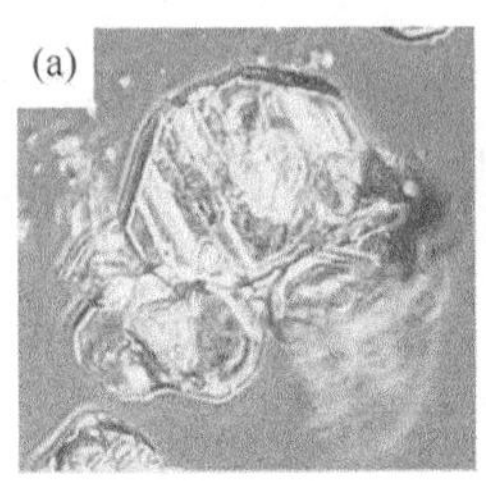

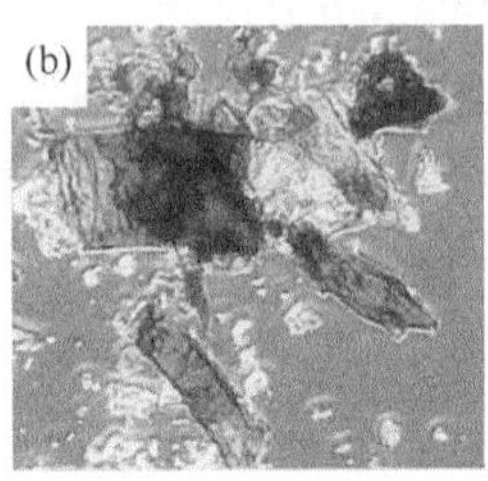

图 26.1.1　酒石酸氢钾晶体光学显微镜图像：(a)来源于葡萄汁的酒石酸氢钾自形晶；(b)来源于红葡萄汁或葡萄酒的不规则的酒石酸氢钾晶体；(c)由酚类物质或葡萄酒其他组分作用使晶体边缘变圆。(a)和(b)来自文献[1]，经 *Journal of Agricultural and Food Chemistry* 许可转载；(c)来自文献[2]，经 *Australian Wine Research Institute* 许可转载

② 虽然最终这个剂量确实会产生毒性，但是，这个酒石酸的例子想说明另外一个问题，就是非常有必要通过一些法律规定不允许不称职的人出售酒石……(相关法律已通过)。仅仅在几个星期之前，一个杂货店错误地出售一种酒石酸，导致一个孩子死亡(*Chemist and Druggist*, February 15, 1890, Vol. 36, General and Provincial News: Incompetent drug sellers, p. 211)。

KHT 的溶解度由它的溶度积(K_{sp})定义，K_{sp} 是离子浓度的乘积，该值对于给定的基质和温度中特定盐是恒定的。换句话说，可以使用 K_{sp} 来计算盐在达到饱和之前可以溶解于葡萄酒或另一种溶剂中的最大浓度。对于 KHT，计算如下：

$$K_{sp,KGT} = [K^+] \times [HT^-] \tag{26.1.1}$$

在像葡萄酒这样的实际溶液中，更适合讨论一个种类的“活度”或“有效浓度”，而不是浓度，活度≤浓度([X])。活度系数γ为活性与浓度之比，就活性而言，溶度积计算可以修改为

$$K'_{sp,KHT} = \gamma_{K^+}[K^+] \times \gamma_{HT^-}[HT^-] \tag{26.1.2}$$

对于纯水中稀释的离子，γ=1；在实际溶液中，由于离子与带相反电荷离子的相互作用，γ<1，通常在较高的离子强度下观察到较低的γ值，本书前面已做了详细讨论(第 3 章)。例如，与采用原子吸收光谱法(其破坏了弱作用力，用于测量浓度)测量的[K^+]相比，当采用离子选择性电极(用于测量活性)测量时，K^+活性低约 20%～30%(即γ=0.7～0.8)[3]。K^+可能与硫酸盐和花色苷形成弱的相互作用[4]，而酒石酸氢盐(HT^-)或酒石酸盐(T^{2-})可能与溶液中阳离子形成弱作用力，如与 Ca^{2+} 形成可溶性酒石酸钙(CaT)[5]。

实际生产中，通过向溶剂中添加过量的 KHT 来形成饱和溶液，使用适当的技术(如原子吸收或发射光谱法)测量[K^+]，并取平方根计算 K_{sp}([K^+]等于任何 KHT 溶解后的[HT^-])。因此，大部分文献中 KHT 的 K_{sp} 值都包含了所研究种类(K^+，HT^-)对活性的影响，但不包括其他离子的影响。

室温下 KHT 在水中的 K_{sp} 值为 1.07×10^{-3}，相当于溶解度为 6.2 g/L。文献[6]呈现了 K_{sp} 值和 KHT 溶解度随温度和乙醇含量而变化的表，代表性的值可见表 26.1.1。影响 KHT 溶解度的关键因素如下：

(1) K_{sp} 和溶解度随着乙醇浓度增加而降低，KHT 溶解度在模拟酒溶液中通常是水中的 1/3～1/2。

(2) 较低的温度会降低 K_{sp} 和溶解度，通常情况下，当葡萄酒从 20 ℃降至 0 ℃时，溶解度会下降为 1/3～1/2。

表 26.1.1　酒石酸氢钾在代表性矩阵中的溶解度，用溶度积、溶解度和典型的冷稳定葡萄酒的浓度积(CP)表示

矩阵	K_{sp}/(mol²/L²)	溶解度/(g/L)
水(20 ℃)	107×10^{-5}	6.2
12%(*v*/*v*)乙醇水溶液(20 ℃)	16×10^{-5}	2.4
12%(*v*/*v*)乙醇水溶液(0 ℃)	2.9×10^{-5}	1.0

续表

矩阵	平均浓度积 CP/(mol^2/L^2)
0 ℃稳定处理的白葡萄酒	4.1×10^{-4}
0 ℃稳定处理的红葡萄酒	7.7×10^{-4}

对于单独的葡萄酒，可以用类似于计算 K_{sp} 的方式计算浓度积(CP)[③]。

$$CP_{wine}=[K^{+}]_{wine}\times[HT^{-}]_{wine} \tag{26.1.3}$$

然后利用 CP 值来评估葡萄酒产生 KHT 沉淀的难易程度：

(1) 如果 $CP>K_{sp}$，则葡萄酒过饱和，KHT 可能进一步沉淀，但也可能出现其他情况，稍后将作解释；

(2) 如果 $CP=K_{sp}$，则葡萄酒饱和，不会有额外的沉淀或溶解产生；

(3) 如果 $CP<K_{sp}$，则葡萄酒不饱和，KHT 可能进一步溶解。

如上所述，$[K^+]$用光谱法直接测量，通常不直接测量$[HT^-]$，而是通过测量总酒石酸[酒石酸盐]来测得近似值[④]，然后基于葡萄酒的 pH 和乙醇预测以 HT^-形式存在的组分进行校正。文献[6]报道了不同 pH 和乙醇浓度下 HT^-的质量分数，从这些测量结果中可计算 CP：

$$CP=[K^{+}]\times[\text{酒石酸盐}]\times HT^{-}\text{质量分数} \tag{26.1.4}$$

令人惊讶的是，在类似的乙醇-水模拟溶液(表 26.1.1)中，稳定处理过的商业葡萄酒的 CP 值与 KHT 的 K_{sp} 值相当或高于 K_{sp} 值，表明大多数葡萄酒是 KHT 过饱和的并以亚稳定的 KHT 溶液存在。对于酿酒师而言，其面临的挑战就是确保这种亚稳定状态持续存在，直到消费者打开瓶子——至少几个月，甚至可能几年。

26.1.3　酒石酸氢钾析出的关键因素

如图 26.1.2 所示，储存期间形成肉眼可见的 KHT 沉淀物过程涉及三个变量：基于离子活性的过饱和度、晶核、晶体生长。

③ 浓度积是反应熵(Q)的一个例子，可以将其与平衡系数(K)值进行比较，预测反应进行的方向。化学教材在讨论饱和和其他平衡现象时通常使用 Q 值，而不是 CP 值，但是 CP 值在许多葡萄酒文章中仍然存在。

④ 酒石酸可以用几种方法测定，包括高效液相色谱法和用一种偏矾酸试剂的可见分光光度法。

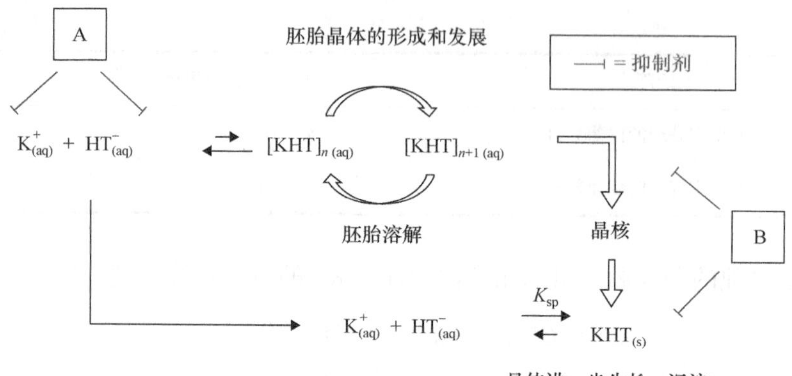

图 26.1.2 酒石酸氢钾(KHT)沉淀步骤，即使葡萄酒被 KHT 饱和，沉淀也可能因葡萄酒其他成分而被抑制：A. 可以降低 K^+和 HT^-活性的成分；B. 可抑制 KHT 成核和/或晶体生长的成分

1. 离子浓度与离子活度

溶度积是基于离子活性定义的，但是如前所述，即使相关方法可行⑤，在葡萄酒分析中也很少测量离子活性，以 HT^-为例，尚没有合适技术方法用于测量葡萄酒中活度而不是浓度，实际上，浓度大于活性，这是测量 CP 值多于 K_{sp} 值的一个原因。

2. 诱导期和晶核形成

KHT 过饱和可能形成沉淀，但不能保证一定会有沉淀。KHT 晶体必须首先成核，即形成足够大的晶体，才能够进一步生长。最初，过饱和溶液将形成 KHT 晶体的小胚胎[7]，这些胚胎的形成从能量角度看通常是不利的，小晶体具有较高的表面积/体积比，并且表面 KHT 分子并不像内部的 KHT 分子那样结合紧密⑥。因此，相对于进一步生长，这些胚胎更容易溶解(图 26.1.3)。但是，一小部分胚胎可能最终会变得足够大(即具有足够小的表面积/体积比)以致持续生长而使自由能降低，这个最小尺寸称为临界核半径，这个转变被称为核化，成核之前的时间称为诱导期，一般诱导期指晶体变成肉眼可见所需的时间，因此也包括晶核产生和随后的晶体生长阶段。

(1) 成核速率随$(-1/\sigma^2)$指数增加，其中σ是过饱和度[以 $\ln(CP/K_{sp})$计算]。冷却会降低 KHT 的溶解度，并通过增加σ而使成核率和 KHT 损失率增加[8]。

(2) 在纯溶液中，KHT 成核可能发生，这是由于水溶液中胚胎可自发生长(均

⑤ 一个常规例外是离子选择电极，如 pH 探针，因为从技术层面看，pH 反映的是质子活性而不是质子浓度。

⑥ 在化学上，表面和内部分子间的自由能差称为界面自由能或表面自由能。

匀成核)。然而，在葡萄酒和其他系统中，更常见的是沿着表面成核(异质成核)，这可使晶体表面积最小化并且减少胚胎再溶解的可能性。因此，KHT 晶体经常在罐或桶的壁上或附着在酵母残渣⑦上，其晶粒并不完美[9]。

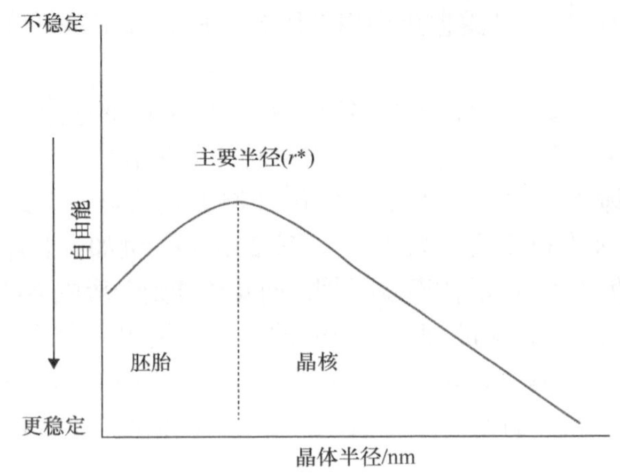

图 26.1.3　自由能对晶体大小的影响的示意图，小于临界半径的晶体生长很耗能

(3) 通常使用 KHT 晶种(接触接种，即接触过程)来加速晶体生长。假定使用相同的量，则晶种越小，如 20 μm 代替 100 μm 晶种，其表面积越大，KHT 消失越快。

3. 晶体生长和表面结垢

临界核半径通常在 1～100 nm 之间[7]，肉眼是看不见的，比在葡萄酒中观察到的典型晶体尺寸小几个数量级。在成核之后，KHT 晶体生长被认为主要通过分别添加 K^+和 HT^-溶液实现，而非加入中性 KHT 单元[10]；离子首先被弱吸附到晶体表面上，最终结合到晶格中，由于 HT^-更大、溶解度更高且脱水更慢，HT^-结合比 K^+更慢。下列几个因素会影响晶体生长速度。

(1) 搅拌可以促进葡萄酒和果汁中晶体的生长速率，其效应是由于促进了离子化物质转移到晶体表面，也可能促进了脱水(即从晶体表面除去溶剂)[11]；

(2) 与成核一样，较高的过饱和度会使晶体生长更快；

(3) 晶体表面结垢或者吸附大量分子到 KHT 表面都会减慢晶体的生长速率。

与乙醇溶液相比，亚稳定和长诱导期的葡萄酒容易引起结晶积垢，以下几种物质可通过离子键、氢键和/或电荷转移相互作用吸附到晶体表面，从而影响晶体生长速率[10, 12]。

⑦ 在一瓶苏打饮料中加入了曼妥斯糖果，可以看到糖的高表面积为过饱和的 CO_2 气体提供了大量的成核位置，该结果可以通过在线搜索找到。

(1) 内源性酚类物质，如花色苷，这解释了红葡萄酒中 KHT 晶体较少的现象[13]。

(2) 内源性大分子(如蛋白质、多糖)，特别是酵母甘露糖蛋白，这解释了起泡酒和带酒脚陈酿的葡萄酒 KHT 晶体较少的现象[14]。

(3) 添加外源成分如甘露糖蛋白以及阿拉伯胶、羧甲基纤维素和酒石酸，起稳定葡萄酒作用。

上述稳定剂中许多是大分子(如多糖)，它们在分离和随后结合到 KHT 后形成胶态分散体，因此，文献中常将这些稳定剂称为保护胶体⑧。

除了减慢晶体生长之外，由于结垢化合物优先结合一个或多个晶面，其在 KHT 晶体表面的吸附也将改变晶体形态(图 26.1.1)。例如，甘露糖蛋白和其他葡萄酒多糖会使白葡萄酒中的晶体面变圆[10]，而花色苷则会形成不规则的血小板状[9]。实际上，由于共沉淀而损失的葡萄酒组分的量可能是相当大的。据报道，来自佳丽酿葡萄酒的 KHT 晶体含有 0.2%～0.3%(*w*/*w*)花色苷和 1.9%～2.5%(*w*/*w*)单宁[9]，而康可葡萄汁的冷稳定可以产生含花色苷>1%(*w*/*w*)的晶体，这将导致果汁中花色苷损失 30%以上[1]。

晶种和保护胶体化合物对 KHT 沉淀速率和沉淀程度的影响如图 26.1.4 所示。

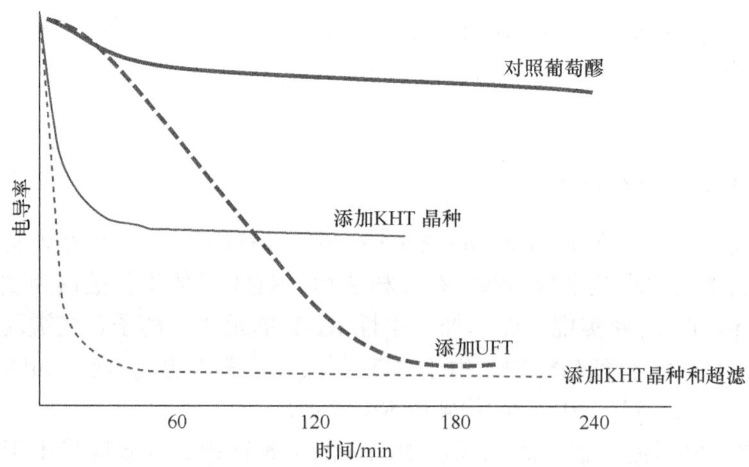

图 26.1.4　接种酒石酸氢钾(KHT)和通过超滤(UFT)去除大分子对葡萄醪中 KHT 沉淀量的影响。电导率下降表明溶液中 K^+和 HT^-减少；添加 4 g/L 的种子晶体会导致降水率大幅增加，并减少达到平衡所需的时间。超滤可以去除抑制晶体生长的大分子胶体化合物。数据来自文献[15]

26.1.4　酒石酸氢钾稳定性测验

在装瓶之前，大多数商用葡萄酒在储存特别是低温储存的过程中都会形成沉

⑧ 胶体溶液是一种大分子或小颗粒的均匀溶液，且不能形成两个单独的相。

淀[16]。如上所述，由于酒中存在结晶抑制物，将 CP 值与 K_{sp} 进行比较来评价冷稳定性是不合适的。葡萄酒稳定性可以通过将其 CP 值与来自大量葡萄酒的经验观察值进行比较来预测，这实际上是一种预测冷稳定性的精算办法。最大 CP 值会随着葡萄酒类型而变化，例如，红葡萄酒由于酚类物的存在可能具有较高的 CP 值(表 26.1.1)，稳定的最大 CP 推荐值也会因葡萄酒风格、地区、年份和品种而异。加利福尼亚生产的葡萄酒的推荐 CP 值颇具代表性，白葡萄酒低于 $16.5\times10^{-5}\ mol^2/L^2$，红葡萄酒低于 $30\times10^{-5}\ mol^2/L^2$[17]。对于鲜为人知的葡萄酒或生长地区，其特定 CP 值可能不可用。

测试酒石酸盐稳定性的另一种方法是对葡萄酒施加胁迫条件，即将葡萄酒置于能够加速 KHT 晶体生长的条件下。广泛使用的测试方法是在 KHT 晶种存在下，在 0 ℃下搅拌酒样品，并每 5 min 测量电导率的变化，持续测定 30 min。据报道，电导率变化大于 5%表明 KHT 可能不稳定，暗示着形成晶体[17]。还有其他几个变量，包括肉眼检查晶体产生而非通过电导率计算、忽略接种、采用更长或更短的持续时间或使用更低的温度(表 26.1.2)。

表 26.1.2　测试 KHT 冷稳定性的方法

通用方法	举例或变量[16-20]	备注
比较葡萄酒 CP 值与建议 CP 阈值	为某些地区出版的表格，商业实验室可使用专有数据	经验预测。数据不能用于所有地区或不同风格葡萄酒，需要测定[K^+]、[酒石酸]、pH 和[乙醇]
冷却酒，检查晶体的形成(冷保持测试)	参数如下： • 温度：通常为–4～0 ℃ • 时间：几天到几周 • 其他：搅动	简单，不需要专门设备，在葡萄酒厂比较常见，可能过于严格
冷却酒，监测电导率的变化	参数如下： • 温度：通常为–4～0 ℃ • 时间：几分钟到几小时 • 其他：经常接种(“迷你型接触”和搅动)	比目测更快、更灵敏，但需要电导仪
测定 KHT 溶解所需要的最低温度(“饱和温度” T_{sat})	通常情况下，对照样品和添加 KHT 样品在受控速率下加热，当处理样的电导率超过对照样时即为 T_{sat}： • 升温速率(℃/min) • T_{sat} 阈值：一般高于 12.5 ℃(白)和 22 ℃(红)表示不稳定	对晶体尺寸和其他参数的依赖程度要小于“迷你型接触”测试，需要电导仪
冰冻酒、解冻，检查晶体的形成	很少定义条件，普遍采用过夜冰冻，冰箱温度变化为–27～–10 ℃	在葡萄酒厂常用，由于状态变化，在冰箱条件下的预测存在假阳性和假阴性的可能

与其他稳定性测试(如蛋白质稳定性，26.2 节)一样，这些强制测试的目的是用很短时间(数分钟至数周)去预测葡萄酒的长期行为(数月至数年)，这些可能也会带来一些错误的风险。

(1) 假阳性，特别是如果测试条件比装瓶后将遇到的环境更加苛刻(如接种、冻结)，就可能导致不必要的时间、精力和物力投入去稳定葡萄酒，而事实上这些酒的 KHT 沉淀风险较低。

(2) 假阴性，这是由于测试和实际情况之间物理状态的差异，或者由于在长时间的室温储存期间葡萄酒可能发生其他变化(如损失沉淀抑制物)。

总之，冷稳定性不是一个绝对的概念，相反，低温稳定性试验的结果与给定的葡萄酒在特定的储存方式下形成可见的 KHT 沉淀的风险大致相当，酿酒师必须平衡这种风险与预防性处理的成本。

26.1.5 防止酒石酸氢钾沉淀的处理

如果确定葡萄酒在消费之前有足够的酒石酸氢钾不稳定风险，酿酒师可以采用几种方法来降低其发生的可能性，如表 26.1.3 所示，更详细的叙述可参考相关文献[16, 21-23]。

表 26.1.3 葡萄酒厂获得冷稳定性的策略

通用方法	举例或变量	备注
降低离子浓度	**冷藏诱导 KHT 沉淀** • 经常接种或搅动； • 批量或连续纳滤以预浓缩 K^+和 HT^-，有利于 KHT 沉淀。	批量工艺简单，技术上葡萄酒损失最小，可使用现成的酒设备；虽然能源可能恢复，但耗能多；对酒石酸钙不稳定；连续过程或纳滤的设备较昂贵
	离子交换树脂 • 可交换的聚合物树脂； • 最常见：阳离子交换(将 K^+、Ca^{2+}交换为 H^+或 Na^+)； • 不常见：阴离子交换树脂(将酒石酸离子交换为柠檬酸或 OH^-)；	树脂必须用强酸(或酸和 NaCl)再生才能使用；对香气或颜色物质有潜在的非选择性损失；由于 pH 和可滴定酸含量变化，可能对感官特性有其他影响
	电渗析 • 高压流动细胞，带有选择性可渗透小分子带电物质的细胞膜	设备昂贵；与冷稳定相比，对红葡萄酒的影响最小；乙醇含量、可滴定酸含量和 pH 有轻微变化
抑制晶核或晶体生长，维持亚稳定	• 多糖(羧甲基纤维素、阿拉伯树胶、甘露糖蛋白)； • 肽(多聚天冬氨酸)； • 偏酒石酸	费用相对较高；使用剂量难以确定；有改变渗透性风险，特别是多糖；在葡萄酒陈酿期偏酒石酸会水解产生酒石酸

1. 冷冻储存

降低装瓶后不稳定性的最简单方法就是将葡萄酒强制性储存于接近其凝固点的温度下，以促进 KHT 沉淀析出[18]。考虑能源价格和葡萄酒价格等因素，冷库储存可能是最经济的办法[22]。如上所述，除了较低温度外，搅动尤其是引入 KHT 晶种[24]可以提高沉淀速率。沉淀的 KHT 可以被粉碎并重新用于后续批次的葡萄酒处理。

冷处理通常产生 CP 大于 K_{sp} 的葡萄酒，因此这些酒是亚稳定状态，在后续储存过程中可能有形成 KHT 沉淀物的风险，通过物理化学处理除去 K^+和/或 HT^-可以使 CP 进一步降低。

2. 离子交换树脂

聚合物树脂珠(如苯乙烯-二乙烯基苯共聚物)含有能够交换的官能团，可用于降低离子种类[21]。在葡萄酒酿造过程中，大多数树脂是阳离子交换树脂，即含有负电荷的残基[磺酸基团(—SO_3H)或羧酸基团(—COOH)，分别赋予强弱交换能力]；阳离子交换树脂在使前需要用强酸清洗进行活化，然后将葡萄酒 K^+交换出树脂中 H^+。另外，如果不希望葡萄酒 pH 或 TA 发生改变，可以在使用前用金属盐溶液(如 NaCl 或 $MgCl_2$)清洗，这样可使酒中 K^+交换为 Na^+或 Mg^{2+}[25]⑨。金属对树脂的相对亲和力介于强弱交换剂之间。

(1) 弱交换剂通常偏好更高电荷的离子(Ca^{2+}>K^+)，在相同带电荷下，优先选择离子半径较小的，即有更大的电荷密度的离子。

(2) 强交换剂通常偏好较低电荷状态的离子(K^+>Ca^{2+})，在元素周期表中，排序越高，水合直径越小的离子，越被优先选择。

表 26.1.4 列出了商业阳离子交换树脂的一个示例性规格单。通常这些树脂被预先包装在盒子中出售给酿酒商，评价树脂成本效益的关键参数是其总交换容量，以每升树脂的电荷当量表示。表 26.1.4 中所示的树脂容量为 1.7 Eq/L，基于电荷和原子(或分子)质量，相当于 K^+ 66 g/L(即 1.7×39 g/Eq)或 Ca^{2+} 34 g/L(即 1.7×40/2 g/Eq)。

表 26.1.4 商业阳离子交换树脂示例数据表(Dow Amberlite®)

主体结构	交联聚苯乙烯
官能团	磺酸
物理形式	浅灰色珠子
离子形式	H^+
树脂容量	1.7 Eq/L(H^+)
平均粒径	0.600～0.800 mm

⑨ 有 9 种阳离子交换树脂可用于家中水的软化，主要的目标金属元素是二价金属离子 Ca^{2+} 和 Mg^{2+}，它们可能会影响肥皂泡沫、产生不溶性鳞片。这些阳离子被交换为 Na^+。

在生产中，为避免精确计算，通常用过量的阳离子交换树脂处理一部分果汁或葡萄酒，在这样的条件下，75%以上的金属(K^+，Ca^{2+}等)将被去除，导致经过处理的果汁中可滴定酸含量增加，pH 下降至接近 2[26]，处理过的组分可以反过来与初始组分混合。阳离子交换树脂同时含有疏水性和带负电荷的区域，所以会引起其他葡萄酒组分非选择性损失，如花色苷或风味化合物的 鉾盐形式。

3. 电渗析

另一种降低离子浓度的方法就是电渗析(ED)，这是一种在食品加工中广泛使用的技术，用于去除或浓缩食品或废液中的离子化合物[27, 28]⑩。ED 设备由含有待电解的产品(如酒)的中央电池组成，水作为流动相，产品通过阴离子选择性膜和阳离子选择性膜从阳极室和阴极室分离。当施加电场时，葡萄酒中的离子会向适当的电极迁移[26]。

(1) 酒石酸氢盐和酒石酸盐通过阴离子渗透膜向阳极迁移。硫酸盐(SO_4^{2-})由于其小尺寸和双电荷将优先损失，苹果酸/苹果酸盐和乳酸盐也会迁移，但由于其较高的 pK_a 值，迁移程度较小。

(2) 阳离子，主要是 K^+，也有 Mg^{2+}、Ca^{2+}等，通过阳离子渗透膜向阴极迁移。

类似于离子交换，ED 处理通常分批进行，先处理一部分葡萄酒，直至达到所需的电导率后排出，再处理另一批次。电渗析的净效应表面上类似于冷稳定——KHT 将会降低。然而，ED(如离子交换)也可去除 Ca^{2+}和其他金属[29]，因此可能可以更有效地防止 CaT 引起的不稳定。此外，硫酸盐的去除可能影响其他葡萄酒成分(如蛋白质)的稳定性(26.2 节)，除了酒石酸氢盐(HT^-)之外，一些酒石酸盐(T^{2-})的消除会导致 pH 略微下降约 0.2 个单位，相反，冷稳定则可能导致葡萄酒 pH 降低或增加(第 3 章)。

最后，传统电渗析的一种改进方法是双极电渗析(BPED)，它整合了能够同时进行阴离子和阳离子交换的双极性膜[28]。BPED 系统可以实现H^+和OH^-交换，这意味着它们可以选择性地去除游离酸(以防止 pH 降低和最小化 TA)或金属氢氧化物盐(增加 TA 并降低 pH，类似于阳离子交换树脂)。该方法被广泛应用于果汁工业，也已被应用于葡萄酒[30]。

4. 阻止晶核形成和晶体生长的添加物

某些添加剂可以阻止 KHT 晶体的形成[14](表 26.1.3)，但它们使用的合法性因国家而异(第 27 章)。一般来说，其作用原理是通过抑制成核或晶面结垢而防止形成可见晶体。这些添加剂大多是大分子物质，尤其是多糖。

⑩ 在食品工业中应用的其他例子有乳清脱盐和植物蛋白浓缩。

26.1.6　酒石酸钙和其他沉淀物

虽然引起瓶内结晶沉积物最常见的原因是酒石酸氢钾沉淀，但偶尔也观察到其他原因。例如，已有报道形成草酸钙沉淀是由于添加了被草酸污染的酒石酸，葡萄糖酸钙是由于酿造葡萄酒的原料受葡萄孢菌感染，磷酸铁沉淀(铁破败)则是由高浓度的铁离子引起(第 4 章和 26.2 节)。

比较常见的具有结晶不稳定性的是酒石酸钙(CaT)，通常在使用钙盐进行脱酸(第 3 章)或葡萄酒储存在罐中时(第 4 章)观察到。在 20 ℃，12%(*v*/*v*)乙醇中，CaT 的溶解度(0.1 g/L)低于 KHT(2.4 g/L)。与 KHT 相似，CaT 通常以过饱和状态存在于葡萄酒中，CP 比 K_{sp} 大 2～5 倍[31]。葡萄酒中的几种成分能够抑制 CaT 成核或晶体生长，如苹果酸和糖醛酸(即果胶)[32]。但 CaT 不稳定性的发生率通常较低，因为$[T^{2-}]$(即形成 CaT 所需的二价酒石酸盐)在葡萄酒 pH 下通常低于$[HT^{-}]$，同时在葡萄中$[K^{+}]$通常比$[Ca^{2+}]$高 10 倍(第 4 章)。此外，在 T^{2-}存在下，葡萄酒中 Ca^{2+} 活性降低，一部分 CaT 分子分散在溶液中而不沉淀[5]。与 KHT 相反，葡萄酒中 CaT 沉淀速率和沉淀量实际上不受温度的影响[33]，所以，冷藏并不适用于 CaT 稳定处理或葡萄酒 CaT 稳定性测试。接种和搅动可大大提高葡萄酒中 CaT 沉淀的速率[34]，这说明成核速率可能是限制性步骤，但是由于缺乏纯晶种，酒厂通常不采用接种措施。离子交换树脂或电渗析是降低$[Ca^{2+}]$和$[T^{2-}]$的合适方法，但实际上避免 CaT 沉淀的最好方法是避免在葡萄酒生产过程中使用钙盐。

参 考 文 献

1. Alongi, K.S., Padilla-Zakour, O.I., Sacks, G.L.(2010) Effects of concentration prior to cold-stabilization on anthocyanin stability in Concord grape juice. Journal of Agricultural and Food Chemistry, 58(21), 11325-11332.
2. Anonymous(2015) Hazes and deposits picture gallery. Australian Wine Research Institute. Available from: https: //www.awri.com.au/industry_support/winemaking_resources /wine_instabilities/hazes_and_deposits/picture_gallery/.
3. Gerbaud, V., Gabas, N., Blouin, J., Laguerie, C.(1996)Nucleation studies of potassium hydrogen tartrate in model solutions and wines. Journal of Crystal Growth, 166(1-4), 172-178.
4. Bertrand, G.L., Carroll, W.R., Foltyn, E.M.(1978)Tartrate stability of wines. I. Potassium complexes with pigments, sulfate, and tartrate ions. American Journal of Enology and Viticulture, 29(1), 25-29.
5. McKinnon, A.J., Scollary, G.R., Solomon, D.H., Williams, P.J.(1994) The mechanism of precipitation of calcium L(+)-tartrate in a model wine solution. Colloids and Surfaces A-Physicochemical and Engineering Aspects, 82(3), 225-235.
6. Berg, H.W. and Keefer, R.M.(1958) Analytical determination of tartrate stability in wine I. Potassium bitartrate.American Journal of Enology and Viticulture, 9(4), 180-193.

7. De Yoreo, J.J. and Vekilov, P.G.(2003)Principles of crystal nucleation and growth. Reviews in Mineralogy and Geochemistry, 54(1), 57-93.
8. Dunsford, P. and Boulton, R.(1981) The kinetics of potassium bitartrate crystallization from table wines II. Effect of temperature and cultivar. American Journal of Enology and Viticulture, 32(2), 106-110.
9. Vernhet, A., Dupre, K., Boulange-Petermann, L., et al.(1999)Composition of tartrate precipitates deposited on stainless steel tanks during the cold stabilization of wines. Part II. Red wines. American Journal of Enology and Viticulture, 50(4), 398-403.
10. Rodriguez-Clemente, R. and Correa-Gorospe, I.(1988)Structural, morphological, and kinetic aspects of potassium hydrogen tartrate precipitation from wines and ethanolic solutions. American Journal of Enology and Viticulture, 39(2), 169-179. Cold Stabilization 331.
11. Dunsford, P. and Boulton, R.(1981) The kinetics of potassium bitartrate crystallization from table wines. I. Effect of particle size, particle surface area and agitation. American Journal of Enology and Viticulture, 32(2), 100-105.
12. Celotti, E., Bornia, L., Zoccolan, E.(1999)Evaluation of the electrical properties of some products used in the tartaric stabilization of wines. American Journal of Enology and Viticulture, 50(3), 343-350.
13. Balakian, S. and Berg, H.(1968) The role of polyphenols in the behavior of potassium bitartrate in red wines. American Journal of Enology and Viticulture, 19(2), 91-100.
14. Marchal, R. and Jeandet, P.(2009)Use of enological additives for colloid and tartrate salt stabilization in white wines and for improvement of sparkling wine foaming properties, in Wine chemistry and biochemistry(eds Moreno-Arribas, M.V. and Polo, M.C.), Springer, pp. 127-158.
15. Bott, E.(1986) Centrifugal separation of tartrate from wines stabilized by the contact process. Wine Industry Journal, (August), 35-38.
16. Howe, P.(2013) Potassium bitartrate/calcium tartrate: cold stability of wines, Part 2. Practical Winery and Vineyard, (Winter), 34-39.
17. Zoecklein, B.W., Fugelsang, K.C., Gump, B.H., Nury, F.S.(1999)Wine analysis and production, Kluwer Academic/ Plenum Publishers, New York.
18. Iland, P., Bruer, N., Ewart, A., Markides, A., Sitters, J.(2004) Monitoring the winemaking process from grapes to wine techniques and concepts. Patrick Iland Wine Promotions Pty, Ltd. Adelaide, SA, Australia.
19. dos Santos, P.C., Goncalves, F., De Pinho, M.N.(2002)Optimisation of the method for determination of the temperature of saturation in wines. Analytica Chimica Acta, 458(1), 257-261.
20. Leske, P.A., Bruer, N.G.C., Coulter, A.D.(eds)(1995)Potassium tartrate—how stable is stable?9th Australian Wine Industry Technical Conference, 1995, Adelaide, SA, Australia.
21. Lasanta, C. and Gomez, J.(2012)Tartrate stabilization of wines. Trends in Food Science and Technology, 28(1), 52-59.
22. Low, L.L., O'Neill, B., Ford, C., et al.(2008) Economic evaluation of alternative technologies for tartrate stabilisation of wines. International Journal of Food Science and Technology, 43(7), 1202-1216.

23. Bosso, A., Panero, L., Petrozziello, M., et al.(2015)Use of polyaspartate as inhibitor of tartaric precipitations in wines. Food Chemistry, 185, 1-6.
24. Boulton, R.B., Singleton, V.L., Bisson, L.F., Kunkee, R.E.(1999)Principles and practices of winemaking, Kluwer Academic/Plenum Publishers, New York.
25. Mira, H., Leite, P., Ricardo da Silva, M., Curvelo-Garcia, A.(2006)Use of ion exchange resins for tartrate wine stabilization. Journal International Des Sciences de la Vigne et du Vin, 40(4), 223-246.
26. Escudier, J.L., Cauchy, B., Lutin, F., Moutounet, M.(2012)Acidification and tartaric stabilization. Technological comparison of ion exchange resins by extraction and ion membrane. Progres Agricole et Viticole, 129(13/14), 324-332.
27. Hestekin, J., Ho, T., Potts, T.(2010)Electrodialysis in the food industry, in Membrane technology, Wiley-VCH Verlag GmbH & Co. KGaA, pp. 75-104.
28. Mondor, M., Ippersiel, D., Lamarche, F.(2012)Electrodialysis in food processing, in Green technologies in food production and processing(eds Boye, J.I. and Arcand, Y.), Springer US, pp. 295-326.
29. Gomez Benítez, J., Palacios Macías, V.M., Szekely Gorostiaga, P., et al.(2003)Comparison of electrodialysis and cold treatment on an industrial scale for tartrate stabilization of sherry wines. Journal of Food Engineering, 58(4), 373-378.
30. Rozoy, E., Bazinet, L., Gagne, F., et al.(2013)Development of a deacidification of wine by a bipolar membrane electrodialysis: a feasibility study of the laboratory scale. Bulletin de l'OIV, 86(986/987/988), 187-208.
31. Berg, H.W. and Keefer, R.M.(1959)Analytical determination of tartrate stability in wine. II. Calcium tartrate. American Journal of Enology and Viticulture, 10(3), 105-109.
32. McKinnon, A.J., Williams, P.J., Scollary, G.R.(1996)Influence of uronic acids on the spontaneous precipitation of calcium L-(+)-tartrate in a model wine solution. Journal of Agricultural and Food Chemistry, 44(6), 1382-1386.
33. Clark, J.P., Fugelsang, K.C., Gump, B.H.(1988) Factors affecting induced calcium tartrate precipitation from wine. American Journal of Enology and Viticulture, 39(2), 155-161.
34. Abgueguen, O. and Boulton, R.B.(1993) The crystallization kinetics of calcium tartrate from model solutions and wines. American Journal of Enology and Viticulture, 44(1), 65-75.

26.2　下　胶

26.2.1　引言

在葡萄酒和其他饮料生产中，下胶是指添加材料使不需要的物质从饮料中除去。在下胶过程中，下胶材料与目标组分之间发生化学相互作用而形成不溶性产物，从而从酒中沉淀出来。下胶材料通常被归为加工助剂，而不是添加剂(第 27 章)，因为它们不会留在酒中。在某些情况下，下胶是为了消除葡萄酒的风味、颜色或香气的缺陷，而在其他情况下，下胶是为了澄清(表 26.2.1)。下胶很少完全有选择性，尤其当使用过量的下胶材料时，部分有用的葡萄酒组分可能会被除去或“脱掉”，过量添加下胶材料也可能导致沉淀不完全(下胶过度)，下胶过度会出现明显的(不理想的)浑浊，并且可能由于下胶材料含有潜在过敏原而带来健康问题，因此，某些地区在使用这种下胶材料时要求有标识。

表 26.2.1　常见的下胶处理

酿造的问题	下胶材料	不足之处
红葡萄酒中过量的单宁和涩感	蛋白质：明胶、胚乳、鱼胶、酪蛋白等	残留蛋白质，对口感和颜色有不良影响，潜在过敏原
白葡萄酒褐变或苦味	蛋白质(同上，尤其是酪蛋白和鱼胶)；聚乙烯聚吡咯烷酮(PVPP)	残留蛋白质(同上)，用 PVPP 可能不能澄清
某些白葡萄酒除去红色(如灰比诺，用黑比诺酿的起泡酒)	活性炭	无选择性，会除去其他成分
由于有热不稳定蛋白而有浑浊的可能	皂土	皂土带来的金属污染，废物处理
硫化氢或挥发性硫化物引起的异味	铜盐(尤其是硫酸铜)	残留铜，异味重现，葡萄酒氧化
一般异味	活性炭	无选择性，会除去其他风味成分
在下胶过程中很少沉降或有明显浑浊	硅胶或水溶性二氧化硅(共下胶)	葡萄酒 pH 会影响表面电荷

从化学角度看，对一个有用的澄清剂的关键要求如下。

(1) 下胶材料必须与目标化合物相互作用形成凝聚物，相互作用的类型包括：①共价键或离子键，如发生在硫醇与铜之间[①]；②静电结合，如发生在皂土(葡萄酒 pH 下带负电)和蛋白质(带正电)之间；③氢键，发生在蛋白质(H 键供体)与多酚(H 键受体)的下胶过程中；④疏水键相互作用，发生在活性炭和葡萄酒非极性组分之间。

(2) 下胶材料应该除去合理比例的目标化合物，但仅鉴于以下几点。①下胶材料应该选择性地结合目标化合物而非其他重要感官组分，其选择性可以通过分离因子或靶向和非靶向化合物的分配比来表征。换句话说，如果下胶材料只是简单地吸附所有有机物，那么它可能会因为选择性较差而被限制使用。②所得凝聚物应具有低溶解度以确保其沉淀，通常随复合物变大而沉淀下来。在某些情

① 为了简单起见，许多葡萄酒实用教材暗示所有的相互作用都是静电作用，也就是说，所有下胶材料和目标化合物带正电或带负电，这种描述在入门级教材中是可以的，但在描述更复杂的行为时是没有用的。

况下，可以添加沉淀助剂以中和表面电荷，使得小的聚合物凝聚，如添加藻酸盐(以中和表面正电荷)。③沉淀物的密度应该与葡萄酒差异很大(通常更大)，其结构紧凑，有利于快速沉降以减少葡萄酒的损失。使用沉淀助剂(如 SiO_2)来增加密度，可以促进这种分离。可利用惰性气体(如 CO_2)的漂浮将沉淀物带到表面，以便于除去，此法不常见。

26.2.2　用蛋白质澄清单宁

红葡萄酒生产过程中，浸渍工艺可导致葡萄酒中单宁或酚类化合物过量、涩味增强(第 21 章)，通常向红葡萄酒中添加蛋白质，使之与单宁形成不溶性沉淀物，以达到降低单宁和涩感的效果。此外，蛋白质添加剂还可用于从白葡萄酒中去除酚类物质，特别是当压榨导致苦味或褐变的时候。

被用于去除单宁和其他酚类物质的蛋白质，大多数来源于动物，这些蛋白质的一个共同点就是含有较多的高脯氨酸和羟脯氨酸，有助于提高鞣酸(单宁)的结合效率，这将在后面的章节中阐述[1]。

(1) 明胶也许是使用最广泛的蛋白质下胶剂，明胶是由胶原(皮肤、肌腱和骨骼中的主要结构蛋白)部分水解产生的。由于其生产方法不同，明胶没有明确的化学结构，但可以通过其平均分子量和凝胶强度进行分类。通常用于葡萄酒下胶的明胶，其分子质量(40～50 kDa)和胶凝强度(Bloom 数为 100～150)[2]略高于糖果生产的明胶。

(2) 从鸡蛋白中纯化的蛋白或蛋清。

(3) 酪蛋白(或酪蛋白酸钾)来源于牛奶，也可以使用牛奶(或凝乳)，它们除了具有结合单宁的特性之外，还具有亲脂性，因此也可用于去除恶臭或其他疏水性化合物。

(4) 鱼胶，来源于某些鱼鳔的类胶原物质。

(5) 过去一直使用动物血液(血粉)[3]，但在发生克雅脑病之后被禁止使用。

(6) 植物蛋白(如来自小麦、豌豆等)，由于某些动物蛋白含潜在过敏原，生产中尽可能采用植物蛋白，当然植物蛋白也可能有过敏原问题。

(7) 虽然聚乙烯聚吡咯烷酮(PVPP)不是蛋白质，但与蛋白质结构相似，常常用于去除分子量较低的酚类物质。

1. 蛋白质-单宁相互作用机理

蛋白质与单宁结合的机制被认为基于疏水性和极性的相互作用，特别是原花色素的氢键(图 26.2.1)。根据 Hagerman 和 Butler 以及 McManus 及其同事的研究工作，Haslam 认为单宁与蛋白质的结合基于以下几个因素[4]：

(1) 对于原花色素(缩合单宁，第 14 章)和蛋白质之间的相互作用，氢键似乎更为重要，疏水作用是次要的。而对于水解单宁(第 13 章)与蛋白质的相互作用，情况恰恰相反[5]。

(2) 当一个或两个组分都具有高度的柔性时，可以促进多位点的结合，其结合更强。例如，具有无规则卷曲构象的蛋白质比致密球状蛋白质更有效；又如，相比刚性多酚(如栗木鞣花素)，柔性多酚(原花色素或五聚乙酰葡萄糖)与蛋白质的结合更为紧密[6]。

(3) 多酚-蛋白质互作程度与蛋白质中脯氨酸含量高度相关，这可能是因为脯氨酸残基为疏水性相互作用提供了一个启动结合的位点，从而促进了蛋白质酰胺基团和酚羟基之间形成氢键[7]。

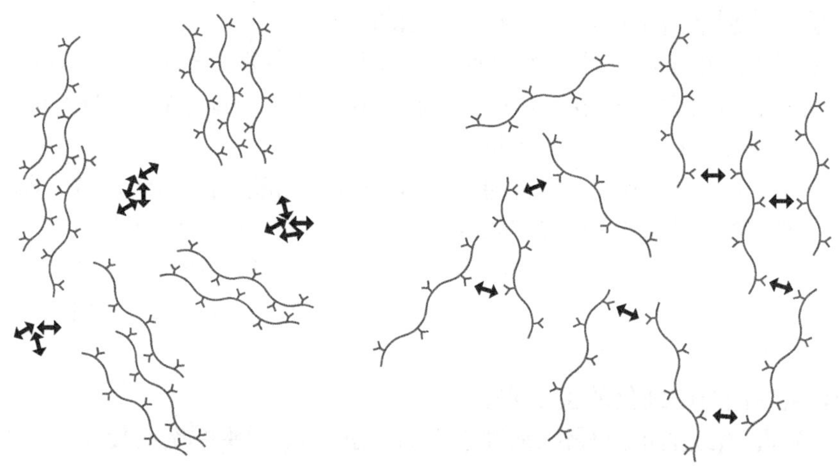

图 26.2.1　模型显示在 5 min(左)和 3 h(右)后，表没食子儿茶素没食子酸酯(epigallocatechin gallate，EGCG)与多聚脯氨酸结合的 Cryo-TEM 图像示意图，引自 Food Hydrocolloids Vol. 20，Poncet-Lergrand et al.，Poly(L-proline)interactions with flavan-3-ols units，©2006，p. 687，得到 Elsevier 的许可[8]

Yokotsuka 和 Singleton 用 15 g/hL 明胶处理不同的原花色素组分，观察到最高分子量组分(聚合单宁)被很好地吸附，可去除 60%[9]，相比之下，只去除 48%低聚单宁和 8%二聚体，因此，用蛋白质下胶对最小低聚体的影响可以忽略不计[3]。Sarni-Manchado 等注意到明胶在去除较大的没食子酯化原花色素方面具有一定的选择性[10]。同样地，低分子质量明胶(2～10 kDa)仅能沉淀标准市售明胶(平均分子质量为 70 kDa)单宁沉淀量的 55%～70%。温度低于 25 ℃时通常可使单宁去除率提高大约 20%。明胶处理浓度一般在 2～15 g/hL 范围内。

提高蛋白质添加量会导致单宁沉淀量增加，但蛋白质对单宁下胶不符合 Langmuir 吸附行为，随着蛋白质添加量增多，蛋白质可吸附的单宁量受到限制。

相反，蛋白质对单宁的吸附遵循 Freundlich 方程[式(26.2.1)]，其中加入单宁会导致被吸附单宁量下降，但结合到蛋白质上的单宁量没有明显变化(图 26.2.2)。

$$\frac{x}{m}=K_{\mathrm{F}}C^{1/n}\text{或对数形式}\quad \lg\frac{x}{m}=\lg K_{\mathrm{F}}+\frac{1}{n}\lg C \tag{26.2.1}$$

其中，x 是总溶质浓度(单宁)；m 是吸附剂浓度(蛋白质)；K_F 是 Freundlich 方程常数(结合常数值)；C 是溶质的平衡浓度；n 是吸附剂的 Freundlich 指数。一般 $n<1$ 表示协同结合，常见于蛋白质-多酚的相互作用。

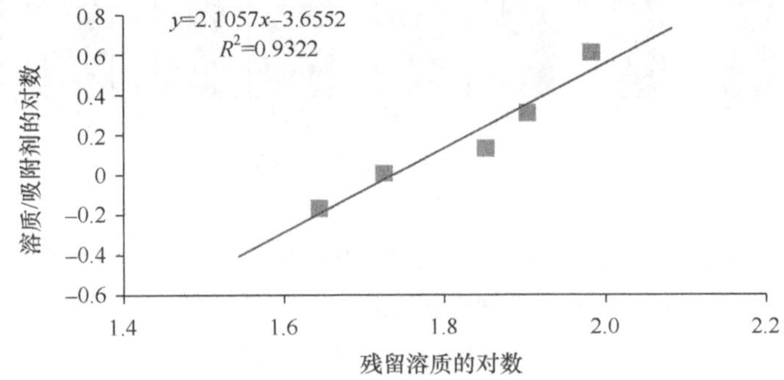

图 26.2.2　明胶吸附聚合单宁的 Freundlich 图(参考文献[9])，在 Freundlich 条件下，以[溶质]/[吸附剂]的对数对[残留溶质]的对数作图可得到一条直线，直线的斜率为式(26.2.1)中的 Freundlich 指数($1/n$)截距为式(26.2.1)中的 Freundlich 方程常数(K_F)的对数($\lg K_F$)

影响吸附的关键参数：葡萄酒 pH 和蛋白质等电点(pI)(第 5 章)，当葡萄酒 pH 等于或接近其 pI 值时，大多数用于下胶的蛋白质带净中性电荷，其结合达到最大量。但是，这是一个通用规则，结合的有效 pH 范围将取决于蛋白质类型[11]，例如，牛血清白蛋白(BSA)仅在其等电点附近较小的 pH 范围内(±1.5 pH 单位)结合，而 pI=1.0 的胃蛋白酶在 pH 2～7 均有效，pI=10.1 的胰蛋白酶在 pH 3～10 时具有较高的单宁结合率。

白葡萄酒生产中经常采用下胶处理去除酚类成分，以减少褐变、涩味或苦味，有报告显示，当蛋白质(酪蛋白酸钾)与膨润土和微晶纤维素(作为商业制剂)结合使用下胶葡萄汁时，可降低多酚含量，减少褐变可能性[12]；而单独使用膨润土，除了使蛋白质含量略有下降、某些挥发物浓度降低之外，其他效果很少。酪蛋白似乎比明胶、鱼胶蛋白或白蛋白可更有效地降低浑浊度、颜色和褐变潜力[13]——可能是因为它比这些其他蛋白质更具疏水性，从而无选择性地去除其他非极性物质。在白葡萄酒中，蛋白质下胶对总酚或羟基肉桂酸酯(白葡萄酒主要酚类物质)没有显著影响(图 26.2.3)。

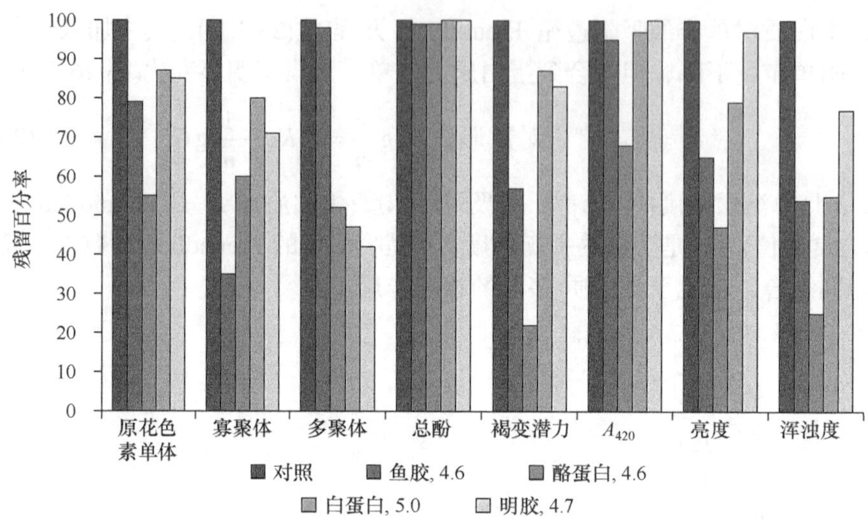

图 26.2.3　下胶材料对白葡萄酒的影响；在蛋白质下胶处理之后原花色素单体、寡聚体、多聚体、总酚、褐变潜力、A_{420}、亮度和浑浊度的残留百分率，图例中所列的数字为各个蛋白质的等电点(pI)，数据来自文献[13]

2. 用于酚类物质下胶的合成多聚物

除了天然蛋白质，具有类似于蛋白质聚酰胺结构的合成多聚物也已经用于去除单宁和其他酚类。由于 PVPP 的刚性和多孔性，其主要通过氢键和非极性作用选择性地结合较小的黄烷-3-醇分子(如单体和小低聚体)(图 26.2.4)。这种结合行为与大多数蛋白质对较大单宁分子的偏好性形成对比，因此，PVPP 可以用于去除白葡萄酒的颜色或降低褐变潜力[14, 15]，但其在实际应用中也受其较差的沉淀特性的影响[16]。通常使用浓度为 10 g/hL。

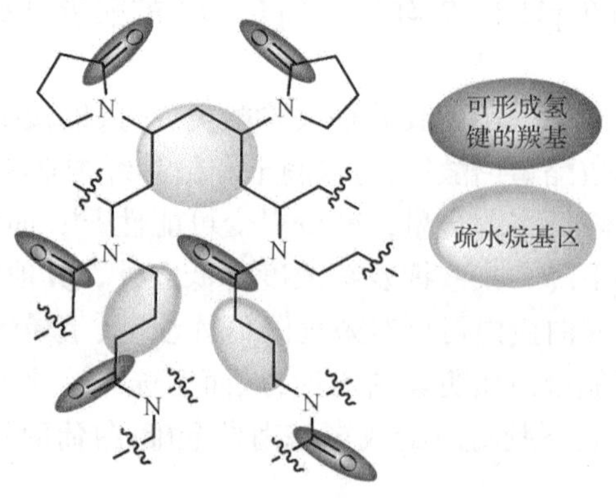

图 26.2.4　PVPP 的假定结构，显示为一个六亚基片段，带有疏水和氢键结合区域

3. 共下胶剂

蛋白质及相关下胶材料表面带有抑制聚集的正电荷，密度(1.2～1.3 g/L)比葡萄酒稍大(1 g/L)，从而导致沉淀较少，这个问题可以通过共下胶剂解决，最常见的是硅胶、硅藻土(一种不同制剂的硅胶)或多糖如藻酸盐。通常将硅胶添加到有蛋白质下胶剂的葡萄酒中，二者通常在特性上互补从而增加下胶剂的沉淀量[17]。当硅胶制备成最常见的类型——溶性二氧化硅时带负电，似乎在葡萄酒 pH 下，电荷大部分被中和(图 26.2.5)[18]。尽管如此，它可以改善絮凝效果，并可能通过氢键作用力产生更有效的沉淀。当发生沉淀时，由于夹带有与二氧化硅-蛋白质复合物一起沉淀的其他小颗粒，所以澄清效果更好。通常处理是基于商业悬浮，为 20～100 mL/hL 葡萄酒。

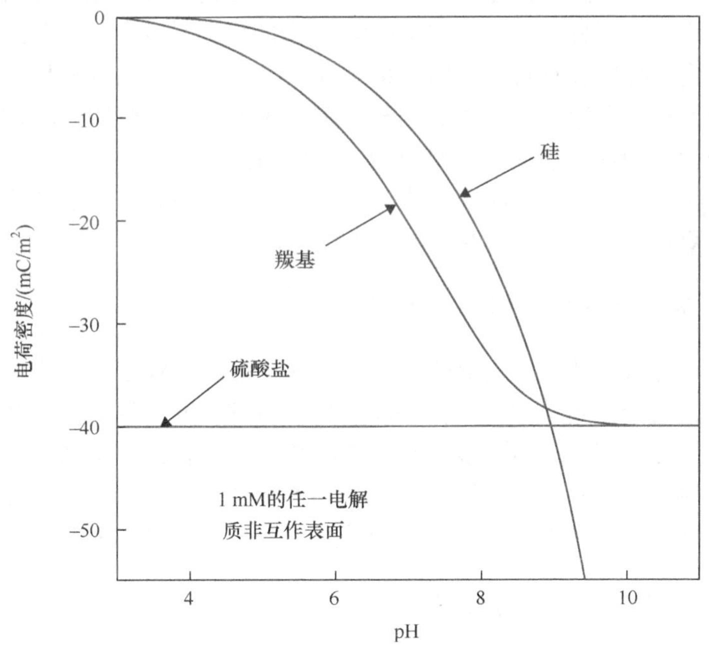

图 26.2.5　硅胶表面电荷密度与-pH 关系图，在葡萄酒 pH 下净电荷接近零。来源于文献[18]，经 AIP 出版公司许可复制

4. 选择性

蛋白质(和蛋白质-单宁复合物)可以与单宁以外的组分结合(表 26.2.1)。一般来说，蛋白质下胶会导致颜色变浅，主要是因为这些试剂可以吸附有颜色的单宁-花色苷聚合物(第 24 章)[19]，蛋白质疏水性越强，吸附就越多。另外，蛋白质下胶剂似乎不影响葡萄酒中蛋白质含量或改变该蛋白质形成浑浊的趋势[20]。但也有报

道显示，蛋白质下胶澄清会降低某些香气化合物含量达 10%～20%，甚至是一些重要的糖苷态香气物质，从而使品种特征在陈酿过程中减弱[21]。Puig-Diu 等观察到，当使用明胶或皂土(见下文)作为下胶剂时，葡萄酒中酯、醇和单萜类香气物质损失可达 25%～49%[22]。Sanborn 也观察到芳香族类香气的类似变化，但感官小组在 26 种香气属性的描述性分析中只发现了对照和下胶葡萄酒之间的微小差异[23]。

5. 蛋白质作为过敏原

蛋白质具有致敏性,已知用于葡萄酒下胶的常见的各种动物蛋白都是过敏原。一个试验将蛋白标准品加入葡萄酒中并提供给敏感受试者，引起的反应非常弱，可能是因为葡萄酒的酸度使蛋白质变性[24]。尽管如此，现在在葡萄酒生产中使用这些下胶剂都要求有标识，如加拿大[25]。标识的依据是 1981 年首次报道了当过度下胶时，葡萄酒中会有残留蛋白质持续存在[26]。最近一项调查采用了灵敏的酶联免疫分析方法，在用蛋清处理的葡萄酒中并未检测到蛋白质[27]，作者明确地指出，过敏原含量的标注应该基于对过敏原的分析测试结果。一些研究已经评估了可替代的植物蛋白，同时植物蛋白带来异味的问题也引起了人们的注意，已经有一些关于豌豆蛋白[16]或马铃薯糖蛋白[28]的确切结果。

6. 用失活酵母碎片作为蛋白质替代物

利用失活酵母碎片(IVF)或酵母壳作为材料，去除果汁或葡萄酒中的酚类物质或降低涩味，其依据是单宁和其他多酚类物质与细胞壁甘露糖蛋白之间存在相互作用[29]。但是，迄今观察到的效果相互矛盾，相关的解释是甘露糖蛋白可以稳定，也可以沉淀单宁和色素[30]。一篇关于 IVF 材料应用的综述提到，这种效应与酵母菌株有关，因而可能难以预测，但沉淀效果可以通过酵母菌的选择来改变[31]。

26.2.3 用膨润土(皂土)下胶蛋白质

一个涉及白葡萄酒(或桃红葡萄酒)稳定性的问题是：当加热葡萄酒时可能出现浑浊(雾)(图 26.2.6)[32]②。这是蛋白质在葡萄酒中变性和聚集成可散射可见光的更大颗粒的结果(丁铎尔效应，第 5 章)，这对红葡萄酒来说并不是主要问题，因为多酚物质在葡萄酒酿造过程中会沉淀部分葡萄来源的蛋白质，也是因为深色葡萄酒的浑浊不太明显。早期研究发现，只有特定的蛋白质才会导致这种不稳定[33, 34]。最近的

② 这通常是无意的，如不正确的储存条件或在转运过程中产生。蛋白质絮凝的形成主要带来一种视觉上的麻烦，因为不管在离开零售商之后葡萄酒是否被滥用(如在高温天气放在汽车的行李箱中)，大多数消费者仍希望葡萄酒是澄清的。

研究指出，这些蛋白质是葡萄果实对病原体侵染响应产生的[35]，主要是类甜蛋白(TLP)和几丁质酶，它们统称为病程相关(PR)蛋白质，由于这些蛋白质对酸和蛋白酶水解具有抗性，可以在酿酒过程中持续存在[36]。

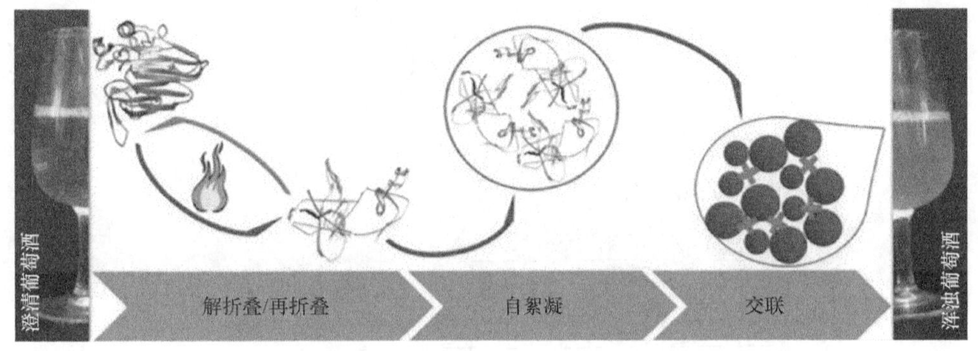

图 26.2.6 葡萄酒雾形成机制。来源于文献[32]，经美国化学学会许可复制

除 PR 蛋白之外，其他因素也可能增加浑浊形成的程度：

(1) 最关键的因素似乎是硫酸盐浓度[37]，硫酸盐是一种亲液的离子(即它与水强烈互作，使水分不能溶解蛋白质)，而高浓度硫酸盐会增加蛋白质的变性和聚集③。

(2) 较高 pH 将促进聚集，因为在葡萄酒 pH(pI>4)下 PR 蛋白将带正电。

(3) 高浓度的酚类物质(如单宁、酚酸/酯和类黄酮)也可以促进浑浊的形成[38]④。

为消除 PR 蛋白、防止葡萄酒浑浊，广泛使用的补救措施是用被称为蒙脱石(主要活性成分)的皂土黏土处理葡萄酒⑤。皂土由含净负电荷的水合硅酸铝薄片组成，可交换阳离子掺入晶体结构的层内，这些阳离子根据皂土的来源而变化，有些地区的皂土主要含有钙(如德国)，而另一些则含钠(如美国怀俄明州)。阳离子含量会影响最终的葡萄酒矿物质含量(第四章)，也会影响处理的效果；由于 Na^+的电荷密度低于夹层中的 Ca^{2+}，钠基皂土在制成浆液时膨胀更大(图 26.2.7)。

皂土可视为阳离子(Na^+或 Ca^{2+})交换吸附剂，用它的阳离子交换在葡萄酒 pH 下带正电的 PR 蛋白。皂土含有大量具有特定亲和力的结合位点，它们的结合力可以通过酶动力学研发的模型来测定[42]。因此蛋白质吸附通常遵循 Langmuir 方程，具有明显的饱和效应(图 26.2.8)。

③ 出于类似的原因，硫酸铵梯度在生物化学中被广泛应用以沉淀(盐析)不同分子量蛋白质。

④ 多酚(尤其是黄烷-3-醇二聚体)与蛋白质的复合物似乎是引起啤酒浑浊的主要原因[39]。

⑤ 在 19 世纪的酿酒记载中，常见有关硅酸铝黏土(高岭土-西班牙黏土)应用的描述，但其应用是为了澄清浑浊的葡萄酒，而不是目前的预防处理。用皂土下胶葡萄酒的首次记载可见 1934 年 Saywell 的文章[40]，皂土具有较高的吸附能力，在很大程度上已经取代了其他黏土的作用。

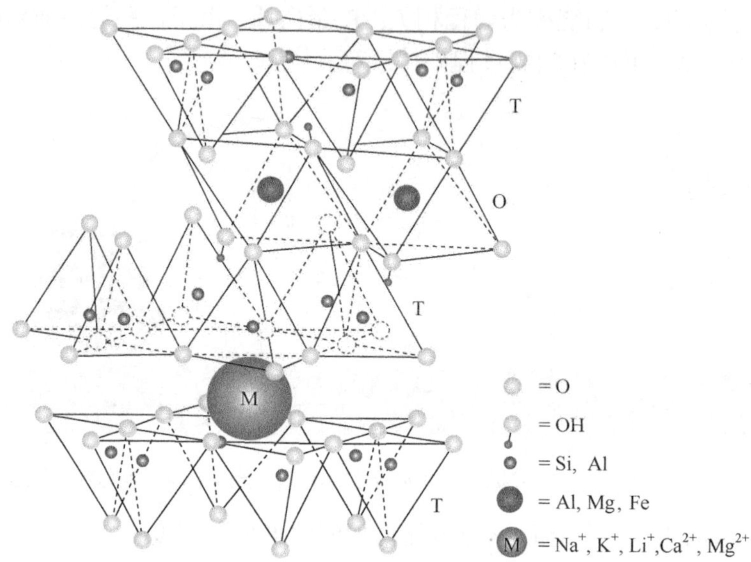

图 26.2.7 蒙脱石的结构示意图，皂土中的矿物提供了吸附功能。可交换的阳离子 Na^+和 K^+等被蛋白质取代。来源于文献[41]。在 CC-BY http://creativecommons.org/licenses/by/4.0/下使用

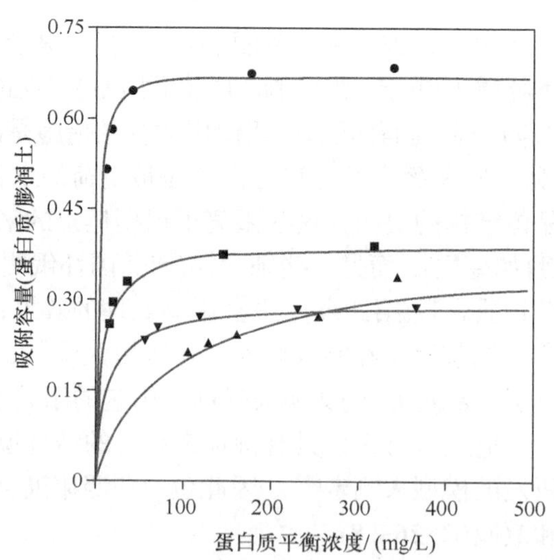

图 26.2.8 皂土类型的正常 Langmuir 图：钠(•)、钠/钙(▪)、钙/钠(▾)和钙(▴)形式。来源于文献[42]，经 *American Journal of Enology and Viticulture*(*AJEV*)许可复制

Langmuir 方程的吸附达到了一个特定的极限。K_L 是 Langmuir 常数，C'是溶质的平衡浓度，x 是溶质的总量，m 是吸附剂的浓度，$(x/m)_{max}$ 是可以吸附的最大量。通过绘制 C'与 x/m 的关系曲线，可以得出$(x/m)_{max}$和 K_L。这些值可以从由倒

数图的线性回归得到[42]。

$$\frac{x}{m}=\left(\frac{x}{m}\right)_{\max}\times\frac{C'}{K_{\mathrm{L}}+C'}$$

皂土的不同阳离子形式会导致蛋白质结合力的差异，钠基皂土除了具有较强的膨胀能力外，还可以吸附大量的蛋白质(如图 26.2.8 所示，为含钙皂土的 2 倍左右)，另外，钙基皂土由于膨胀较小而产生更紧凑的酒糟。白葡萄酒的典型处理量为 20～50 g/hL。

根据离子交换原理，皂土下胶过程中钠或钙会释放出来，这可能会产生法规上的和风味上的问题(钠)或稳定性问题(钙)。皂土含有钠 3%～12%和钙 17%，这取决于样品是钙型还是钠型。据报道，当用高含量含钠皂土(400 g/hL)处理葡萄酒时，葡萄酒中钠含量为 15～25 mg/L，钙为 20～30 mg/L[43]，但是，也有人为了实验目的使用了超高浓度处理(2500 g/hL)，在葡萄酒中可检测到的钠增加到 300～400 mg/L[44]。除此之外，这些报告指出，葡萄酒还出现了其他金属污染(第 4 章)，如铅、铝或铁。

1. 选择性

除了去除蛋白质，皂土还可以非选择性地去除其他葡萄酒成分，但有一份综述表明，当在正常水平使用时，只有葡萄酒消费者能够分辨边缘效应[35]。

2. 膨润土的替代物

皂土处理是葡萄酒厂面临的一个问题，已经提出了各种用于去除蛋白质的替代方案(包括皂土的更有效应用)，但没有一种方案被大量采用。有一篇关于膨润土潜在替代品的综述[32]。当使用瞬间巴氏灭菌法时，蛋白酶被允许使用，因为其引起的感官变化很小，而且所得到的葡萄酒也不会变浑浊；卡拉胶有一定的潜力，但它有可能产生浑浊状；甲壳素存在一些缺点；氧化锆可以作为膨润土的替代离子交换材料，也可以重复使用，但必须在商业环境下进行试验以确定其可行性。

26.2.4　其他下胶及相关处理

1. 铜制剂澄清和含硫恶臭

铜盐被用于处理葡萄酒中一些强烈影响香气的硫磺气味，特别是低分子量硫化物，如特别令人不愉快的 H_2S 和硫醇(第 10 章和第 30 章)。H_2S 会与铜盐(如硫酸铜)发生反应，形成难溶性的 CuS(CuS，$K_{sp}=4\times10^{-36}$)。与 H_2S 和硫醇相反，铜不会与硫化物、二硫化物或硫代乙酸盐形成络合物。尽管 CuS 和相关复合物是高度不溶的，但它们好像仍分散在葡萄酒中。被调整为含大约 1 mg/L 铜和等物质的

量的 H_2S 的商业白葡萄酒，在过滤或储存和放置 5 天后(第 24 章)铜含量(高于原始值的 95%)基本不变[45]。此外，铜复合物也许能够在储存过程中再生为 H_2S 和可能的硫醇[46]。因此，添加铜不一定是一种下胶操作，因为铜仍然存在于酒中，只是以不同的形式存在。

2. 过渡金属的去除

在葡萄酒历史上，已经有很多方法去除铁和铜，以避免形成沉淀物[47]。但是今天在葡萄酒生产中普遍使用不锈钢罐和木制桶，基本上已经消除了去除铁或铜处理的必要。20 世纪中期以来，使用环氧涂层钢罐或带有暴露钢筋的混凝水罐，导致葡萄酒中溶解铁含量在 5～20 mg/L 之间[48]。在这样的水平下，瓶装葡萄酒中容易形成磷酸铁破败(白色破败病)或鞣酸盐破败(蓝色破败病)，但现代酿酒中，铁含量仅为 0.5～3 mg/L(第 4 章)，酿酒师已经基本上忘记了这个问题或相关的处理方法。最有效的处理方法是用亚铁氰酸钾进行下胶，后者与金属如铁和铜形成不溶性络合物[47]。但如果试剂使用不当(或者过度)，就有可能释放出氰化物，所以亚铁氰酸钾的使用受到严格限制。离子交换树脂在去除金属方面也有一定作用，这在 26.1 节讨论过。

3. 活性炭和非极性吸附剂

当葡萄酒受到各种不良成分的污染，如腐烂葡萄带来的香气缺陷(第 18 章)时，酿酒师的最后一个办法通常是使用活性炭或木炭。活性炭是非特异性吸附剂，具有非常大的表面积，可吸附非极性和极性物质，除了去除有问题的物质外，它还会除去许多成分，所以一般少量使用或者无从选择时才使用[49]。使用非极性树脂或中性油(牛奶或奶油)也可以获得类似的效果，但在某些地区的葡萄酒酿造中并没有被允许使用(第 27 章)。

尽管各种污染物可以通过活性炭或非极性物质去除，但是由于其选择性，处理效果受到影响。例如，用 0.2 g/L 活性炭，3-异丙基-2-甲氧基吡嗪(IPMP，MALB 污染，第 5 章)会减少 30%以上[49]。但是，感官分析显示 MALB 污染特征依然存在，这可能是因为其他可取的具有相似或更高疏水性的气味物质(如酯)也被除去。倘若果汁被污染，可以采用非极性吸附剂处理，但葡萄酒不能，因为葡萄酒的大多数香气是在发酵过程中产生的(参见本章引言)[50]。

疏水材料特别适用于去除高度疏水的化合物，包括葡萄酒中的一些不必要的成分，例如，三氯苯甲醚(TCA，软木污染，第 18 章)的疏水常数(lg *P*)约为 4.0，是葡萄酒中非极性化合物之一，相比之下，己酸乙酯的 lg *P* 约为 2.8。据报道，软木颗粒和聚乙烯都能有效地降低 TCA 和几种相关化合物的水平[51]，许多公司用疏水树脂提供过滤材料来去除木塞污染[52]。据报道，用合成塞密封可以使高非极性的三甲基二氢萘(TDN，lg P 约为 4.8，煤油味，第 9 章)减少 50%，而几种极性较小的芳香族香气受到的影响可以忽略不计[53]。同样地，活性炭也已被用于去除赭曲霉毒素 A(第 18 章)[54]。在所有这些情况下，为最大限度地去除目标高疏水性化合物，有必要使用疏水性相对较小的吸附剂，使非目标化合物所受的影响最小化。

参 考 文 献

1. Siebert, K. J. (2009) Haze in beverages, Chapter 2, in Advances in food and nutrition research(ed. Henry, C. J.), Academic Press, pp. 53-86.
2. Marchal, R. and Jeandet, P. (2009) Use of enological additives for colloid and tartrate salt stabilization in white wines and for improvement of sparkling wine foaming properties, in Wine chemistry and biochemistry(eds Moreno-Arribas, M. V. and Polo, M. C.), Springer, New York, pp. 127-158.
3. Ricardo-da-Silva, J. M. , Cheynier, V. , Souquet, J. M. , et al. (1991) Interaction of grape seed procyanidins with various proteins in relation to wine fining. Journal of the Science of Food and Agriculture, 57(1), 111-125.
4. Haslam, E. (1998) Practical polyphenolics, Cambridge University Press, Cambridge.
5. Hagerman, A. E. , Rice, M. E. , Ritchard, N. T. (1998) Mechanisms of protein precipitation for two tannins, pentagalloyl glucose and epicatechin16(4→8)catechin(procyanidin). Journal Agriculture Food Chemistry, 46(7), 2590-2595.
6. McManus, J. P., Davis, K. G., Beart, J. E., et al. (1985) Polyphenol interactions. Part 1. Introduction; some observations on the reversible complexation of polyphenols with proteins and polysaccharides. Journal of the Chemical Society, Perkin Transactions II, (9), 1429-1438.
7. Murray, N. J. , Williamson, M. P. , Lilley, T. H. , Haslam, E. (1994) Study of the interaction between salivary prolinerich proteins and a polyphenol by 1H-NMR spectroscopy. European Journal of Biochemistry, 219(3), 923-935.
8. Poncet-Legrand, C. , Edelmann, A. , Putaux, J. L. , et al. (2006) Poly(L-proline) interactions with flavan-3-ols units: Influence of the molecular structure and the polyphenol/protein ratio. Food Hydrocolloids, 20(5), 687-697.
9. Yokotsuka, K. and Singleton, V. L. (1995) Interactive precipitation between phenolic fractions and peptides in winelike model solutions: turbidity, particle size, and residual content as influenced by pH,temperature and peptide concentration. American Journal of Enology and Viticulture, 46(3), 329-338.
10. Sarni-Manchado, P. , Deleris, A. , Avallone, S., et al. (1999) Analysis and characterization of wine condensed tannins precipitated by proteins used as fining agent in enology. American Journal of Enology and Viticulture, 50(1), 81-86.
11. Hagerman, A.E. and Butler, L. G. (1978)Protein precipitation method for the quantitative determination of tannins. Journal of Agricultural and Food Chemistry, 26(4), 809-812.
12. Puig-Deu, M. , Lopez-Tamames, E., Buxaderas, S. , Torre-Boronat, M. C. (1999) Quality of base

and sparkling wines as influenced by the type of fining agent added pre-fermentation. Food Chemistry, 66(1), 35-42.

13. Cosme, F., Ricardo-da-Silva, J. M. , Laureano, O. (2008)Interactions between protein fining agents and proanthocyanidins in white wine. Food Chemistry, 106(2), 536-544.
14. Sims, C. A. , Eastridge, J. S., Bates, R. P. (1995)Changes in phenols, color, and sensory characteristics of muscadine wines by prefermentation and postfermentation additions of PVPP, casein, and gelatin. American Journal of Enology and Viticulture, 46(2), 155-158.
15. Caceres-Mella, A. , Pena-Neira, A., Parraguez, J. , et al. (2013)ffect of inert gas and prefermentative treatment with polyvinylpolypyrrolidone on the phenolic composition of Chilean Sauvignon blanc wines. Journal of the Science of Food and Agriculture, 93(8), 1928-1934.
16. Cosme, F. , Capao, I. , Filipe-Ribeiro, L. , et al. (2012)Evaluating potential alternatives to potassium caseinate for white wine fining: effects on physicochemical and sensory characteristics. LWT—Food Science and Technology, 46(2), 382-387.
17. Hahn, G. D. and Possmann, P. (1977) Colloidal silicon dioxide as a fining agent for wine. American Journal of Enology and Viticulture, 28(2), 108-112.
18. Behrens, S.H. and Grier, D. G. (2001) The charge of glass and silica surfaces. Journal of Chemical Physics, 115(14), 6716-6721.
19. Castillo-Sanchez, J. J. , Mejuto, J. C. , Garrido, J. , Garcia-Falcon, S. (2006) Influence of wine-making protocol and fining agents on the evolution of the anthocyanin content, colour and general organoleptic quality of Vinhao wines. Food Chemistry, 97(1), 130-136.
20. Chagas, R., Monteiro, S. , Ferreira, R. B. (2012) Assessment of potential effects of common fining agents used for white wine protein stabilization. American Journal of Enology and Viticulture, 63(4), 574-578.
21. Cabaroglu, T. , Razungles, A. , Baumes, R. , Gunata, Z. (2003) Effect of fining treatments on the aromatic potential of white wines from Muscat Ottonel and Gewurztraminer cultivars. Sciences des Aliments, 23(3), 411-423. 344 Part B: Chemistry of Wine Production Processes.
22. Puig Deu, M. , Lopez Tamames, E., Buxaderas, S. , Torre Boronat, M. C. (1996) Influence of must racking and fining procedures on the composition of white wine. Vitis, 35(3), 141-145.
23. Sanborn, M., Edwards, C.G., Ross, C. F. (2010) Impact of fining on chemical and sensory properties of Washington State Chardonnay and Gewurztraminer wines. American Journal of Enology and Viticulture, 61(1), 31-41.
24. Marinkovich, V. A. (1981) Allergic symptoms from fining agents used in winemaking, in Wine, Health and Society Symposium, 1981, San Francisco, GRT Book Publishing, pp. 119-123.
25. Vintage Wine and Application of Enhanced Allergen Regulations(2012) Bureau of Chemical Safety Food Directorate(ed.), Health Canada, Ottowa.
26. Watts, D. A. , Ough, C. S. , Brown, W. D. (1981) Residual amounts of proteinaceous additives in table wine. Journal of Food Science, 46(3), 681-683, 687.
27. Uberti, F. , Danzi, R. , Stockley, C. , et al. (2014)Immunochemical investigation of allergenic residues in experimental and commercially-available wines fined with egg white proteins. Food Chemistry, 159, 343-352.

28. Gambuti, A. , Rinaldi, A. , Moio, L. (2012) Use of patatin, a protein extracted from potato, as alternative to animal proteins in fining of red wine. European Food Research and Technology, 235(4), 753-765.
29. Mekoue Nguela, J. , Sieczkowski, N. , Roi, S. , Vernhet, A. (2015) Sorption of grape proanthocyanidins and wine polyphenols by yeasts, inactivated yeasts, and yeast cell walls. Journal of Agricultural and Food Chemistry, 63(2), 660-670.
30. ángeles Pozo-Bayón, M. , Andújar-Ortiz, I. , Moreno-Arribas, M. V. (2009) Scientific evidences beyond the application of inactive dry yeast preparations in winemaking. Food Research International, 42(7), 754-761.
31. Caridi, A. (2007) New perspectives in safety and quality enhancement of wine through selection of yeasts based on the parietal adsorption activity. International Journal of Food Microbiology, 120(1-2), 167-172.
32. Van Sluyter, S. C. , McRae, J. M. , Falconer, R. J. , et al. (2015) Wine protein haze: mechanisms of formation and advances in prevention. Journal of Agricultural and Food Chemistry, 63(16), 4020-4030.
33. Bayly, F. C. and Berg, H. W. (1967) Grape and wine proteins of white wine varietals. American Journal of Enology and Viticulture, 18(1), 18-32.
34. Hsu, J. -C. and Heatherbell, D. A. (1987) Heat-unstable proteins in wine. I. Characterization and removal by bentonite fining and heat treatment. American Journal of Enology and Viticulture, 38(1), 11-16.
35. Waters, E. J. and Colby, C. B. (2009) Proteins, in Wine chemistry and biochemistry(eds Moreno-Arribas, M. V. and Polo, M. C.), Springer, New York, pp. 213-230.
36. Linthorst, H. J. M. (1991) Pathogenesis-related proteins of plants. Critical Reviews in Plant Sciences, 10(2), 123-150.
37. Pocock, K. F. , Alexander, G. M. , Hayasaka, Y. , et al. (2007)Sulfate—a candidate for the missing essential factor that is required for the formation of protein haze in white wine. Journal of Agricultural and Food Chemistry, 55(5), 1799-1807.
38. Esteruelas, M. , Kontoudakis, N. , Gil, M. , et al. (2011) Phenolic compounds present in natural haze protein of Sauvignon white wine. Food Research International, 44(1), 77-83.
39. Siebert, K. J. (1999) Effects of protein-polyphenol interactions on beverage haze. Stabilization and analysis. Journal of Agricultural and Food Chemistry, 47(2), 353-362.
40. Saywell, L. G. (1934) The clarification of wine. Industrial and Engineering Chemistry, 26(9), 981-982.
41. Pusch, R. , Knutsson, S. , Al-Taie, L. , Hatem, M. (2012) Optimal ways of disposal of highly radioactive waste. Natural Science, 4, 906-918.
42. Blade, W. H. and Boulton, R. (1988) Adsorption of protein by bentonite in a model wine solution. American Journal of Enology and Viticulture, 39(3), 193-199.
43. Postel, W. , Meier, B. , Markert, R. (1986) Influence of processing aids on the content of mineral compounds in wine. I. Bentonite. Mitteilungen Klosterneuberg, 36, 20-27.
44. Catarino, S. , Madeira, M. , Monteiro, F. , et al. (2008) Effect of bentonite characteristics on the

elemental composition of wine. Journal of Agricultural and Food Chemistry, 56(1), 158-165.

45. Clark, A.C., Grant-Preece, P., Cleghorn, N., Scollary, G.R.(2015) Copper(II) addition to white wines containing hydrogen sulfide: residual copper concentration and activity. Australian Journal of Grape and Wine Research, 21(1), 30-39.
46. Franco-Luesma, E. and Ferreira, V.(2014) Quantitative analysis of free and bonded forms of volatile sulfur compouds in wine. Basic methodologies and evidences showing the existence of reversible cation-complexed forms. Journal of Chromatography A, 1359, 8-15. Fining 345.
47. Ribereau-Gayon, P., Yves, G., Maujean, A., Dubourdieu, D.(2000) Handbook of enology, Vol. 2, John Wiley & Sons Ltd, Chichester, UK.
48. Curvelo-Garcia, A.S. and Catarino, S.(1998) Os metais contaminantes dos vinhos: origens da sua presen.a, teores, influência dos factores tecnológicos e defini..o de limites(revis.o bibliográfica crítica). Ciencia E Tecnica Vitivinicola, 13, 49-70.
49. Pickering G., Lin J., Reynolds A., et al.(2006) The evaluation of remedial treatments for wine affected by *Harmonia axyridis*. International Journal of Food Science and Technology, 41(1), 77-86.
50. Ryona I., Reinhardt J., Sacks G.L.(2012) Treatment of grape juice or must with silicone reduces 3-alkyl-2-methoxypyrazine concentrations in resulting wines without altering fermentation volatiles. Food Research International, 47(1), 70-79.
51. Capone, D.L., Skouroumounis, G.K., Barker, D.A., et al.(1999) Absorption of chloroanisoles from wine by corks and by other materials. Australian Journal of Grape and Wine Research, 5(3), 91-98.
52. Eder, R., Hutterer, E.-M., Weingartund, G., Brandes, W.(2008) Reduction of 2, 4, 6-trichloranisole and geosmin contents in wine by means of special filter layers. Mitteilungen Klosterneuburg, 58(1), 12-16.
53. Capone, D.L., Simpson, R.F., Cox, A., et al.(eds)(2005) New insights into wine bottle closure performance—flavour "scalping" and cork taint, in Proceedings of the Australian Wine Industry Technical Conference, 2005, Urrbrae, Australian Wine Industry Technical Conference Inc.
54. Quintela, S., Villarán, M.C., López de Armentia, I., Elejalde, E.(2013) Ochratoxin A removal in wine: a review. Food Control, 30(2), 439-445.

26.3 微粒过滤和反渗透

26.3.1 引言

流体过滤在许多行业中都有应用，液体经过一种多孔过滤介质，便可去除其中悬浮的颗粒或微生物①。在某些情况下，悬浮物质是所需要的产物，可以是反

① 在家庭和工作场所的日常生活中，过滤也很常见。深度过滤器用于游泳池和净水器，咖啡过滤器利用滤饼过滤(咖啡渣形成蛋糕)，而意大利面滤锅就像一个滤膜过滤器。

应沉淀物或重结晶产物。但是，在葡萄酒和啤酒(或市政用水)等生产中，主要目标是对液相进行澄清、稳定和/或消毒[1, 2]。其他获得澄清度的方法对酿酒师也是有用的，如沉降和静置、离心(第 19 章)、澄清(26.2 节)。但本节重点介绍在不同的酿酒阶段使用过滤以更严格地去除悬浮颗粒或利用反渗透(RO)排除特定化合物的常用方法。有多种类型的过滤系统和多孔过滤介质可供选择[3]，这主要取决于要去除的成分和在酿酒特定阶段所要求的澄清度。通常，在生产的早期要求不那么严格，但是在装瓶时，则要求葡萄酒是高度澄清的(极低的浊度)②。过滤可以通过物理阻抑(即颗粒大于过滤孔)也可以通过吸附作用去除颗粒，葡萄酒化学家对后者特别感兴趣，因为：①被吸附的物质往往会造成过滤器堵塞(结垢)，降低过滤效率；②吸附可能导致损失风味或呈色物质。

26.3.2　葡萄酒厂过滤的定义、原则和特点

可用一系列的定义和方程来描述工程和流体动力学教材中的过滤(如文献[4]和[5])。进料是待过滤的液体，滤液是离开过滤系统的液体。液体的透明度用浊度(即液体散射光的能力)表示，通常用粉尘仪[也称浊度计，图 26.3.1(a)]测定，用浊度单位(NTU)表示③。过滤可以分为粗糙(去除最大的颗粒，留下浑浊的滤液，约 100 NTU)、致密(或抛光/精细，去除小悬浮固体，留下“窖藏明亮”滤液，约 10 NTU 或更少)和无菌(去除微生物，生产生物稳定、明亮的葡萄酒，通常小于 1 NTU，适合装瓶)。

有几种方法可以区分过滤类型，常见的方法是看颗粒过滤是通过过滤介质内(深度)还是过滤介质表面(表面，滤饼)(图 26.3.1)[1, 2]。

(1) 在深度过滤中，进料中的颗粒(固体)沿着构成过滤器深度的曲折路径被机械地捕获或吸附在过滤介质内，如纤维素纤维垫(在酒庄中)或滤纸片(在实验室)。树脂可以包含在一些深度过滤介质中从而引入表面电荷，并通过过滤器的ζ电势(电动捕获位点)和颗粒上的电荷(如胶体和微生物)产生的静电效应增加吸附；深度过滤器不具有明确的孔径。

(2) 在表面过滤中，过滤发生在上游，在过滤介质之外，过大的颗粒不能通过过滤器表面的孔隙。通常表面过滤可以用具有限定最大孔径的膜或半渗透性材料层来实现。

② 一个值得注意的例外是“天然”葡萄酒，其要求尽可能不采用干预措施，因此葡萄酒装瓶时可能有一些浑浊。但是，通常消费者都希望在瓶中看到清亮的酒，适当(即无菌)过滤有助于确保葡萄酒在装瓶后不会受到微生物不稳定性的影响。

③ 一个典型的浊度计设计类似于分光光度计，但光源在(通常是 90°)的偏离轴上，只测量散射光。注意：红葡萄酒有很高的吸光度，但仍有较低的浑浊度。除 NTU 外，浊度也可表示为双胍浊度单位(FTU)和欧洲酿酒公约浊度单位(EBC)。

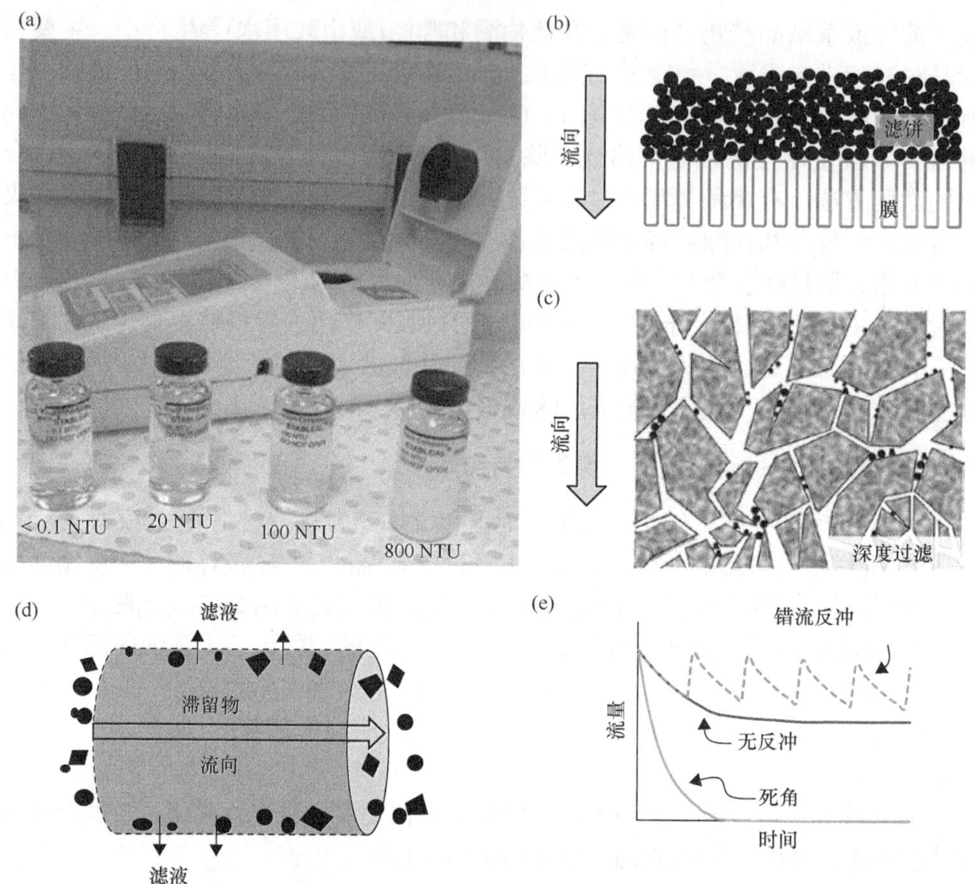

图 26.3.1 (a)一个便携式浊度计的图片以及不同的福尔马肼浊度标准(NTU)。过滤模型的代表性图：(b)阻抑表面过滤，颗粒被筛在滤膜表面上形成滤饼；(c)阻抑深度过滤，颗粒被机械地困在过滤器曲折的路径中或被静电吸附；(d)切线错流过滤，颗粒沿着过滤表面除去。(e)假设压力持续和微粒浓度恒定，葡萄酒在阻抑和错流过滤(有和没有周期性反冲)过程中流量降低

在操作过程中，表面和深度过滤都会导致滤饼沉积，从而变成滤饼过滤④，这些滤饼由过滤介质表面的惰性固体物质(如酵母、葡萄固体)组成。滤饼过滤与深度过滤类似，会导致颗粒被吸附去除或被阻抑在通道内。在酿酒和其他饮料工业领域，滤饼可能是一层带刚性固体(称为助滤剂，第 27 章)的预涂层，如硅藻土(DE)⑤。

第二种区分过滤类型的方法是基于进料是否必须通过过滤介质或可以平行移动。

④ 有一些文献将滤饼过滤当作深度过滤的一种变化形式，或者作为一种完全不同的过滤形式，而非表面过滤。

⑤ 硅藻土是藻类(硅藻)的化石遗迹，由于它被列入可能致癌物和危险废物中，在一些酒厂硅藻土作为过滤辅助剂已经被珍珠岩(热处理和磨碎的火山岩)取代。

(1) 在阻抑过滤中，滤液通过与进料流垂直的过滤介质流出[图 26.3.1(b)、(c)]。阻抑过滤系统更简单、成本更低，因此在酒厂中更为常见。但是，由于结垢，除非清洁过滤区(如可以取出滤饼或更换过滤介质)，否则通过阻抑过滤器的流量最终会下降直至接近零。用深度或膜过滤器可进行阻抑过滤(图 26.3.2 和图 26.3.3)。

(a)

(b)

(c)

图 26.3.2 葡萄酒厂的深度过滤和滤饼过滤系统，包括：(a)平板压滤机，由固定在压滤机上黑框架内的 40 cm×40 cm 纤维层组成，通过或多或少的框架提供可变的容量；(b)转鼓真空过滤机涂上硅藻土或珍珠岩(约 100 mm 厚)，适用于大量的浑浊汁或葡萄酒(如来自发酵罐底部的酒脚)；(c)压力式叶滤外壳，插图的右下角显示用于支撑硅藻土的滤饼

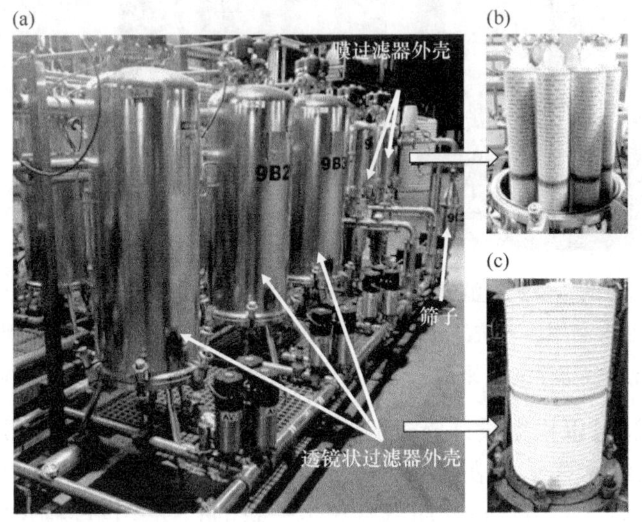

图 26.3.3 葡萄酒厂的自动过滤滑轨(a)，由一个粗筛以及深层和表面过滤器外壳组成，分别包含折叠聚合物膜滤筒(b)和纤维素透镜过滤模块(c)(不按比例)。来源：经 Luke Wilson 许可复制

(2) 在交叉(错流)过滤中，滤液通过平行于进料流的过滤介质排出[图 26.3.1(d)]。除了滤液之外，错流过滤产生一些无法通过滤孔的渗余物，它们可以通过多次错流过滤再循环。虽然错流过滤成本较高，但也有优点，特别是平行的进料流减少

了在过滤器表面滤饼堆积的程度，因此，在横流过滤过程中流量的减少不如阻抑过滤那么严重[图 26.3.1(e)]。这意味着可以过滤更高浊度的液体(如酒糟)而不需要多个过滤步骤。膜过滤器可进行错流过滤(图 26.3.4)。

图 26.3.4　葡萄酒厂的错流式过滤器：聚合物膜系统的前视图(a)和侧面图(b)，其中有正常高流量的中空纤维(c)和含高固体残渣的外壳(d)(其纤维孔较宽)；陶瓷膜系统的前视图(e)和侧面图(f)，内部包含许多滤棒(g)。来源：(c)、(d)、(e)和(g)得到 Luke Wilson 的许可复制

最后，过滤可以根据设计要截留颗粒的大小进行分类，截留颗粒的大小称为临界值(通常用纳米表示，表 26.3.1)。绝对临界值表示大于设定粒度的颗粒将被 100%滤去，绝对临界值仅在介质具有完全一致的孔径并且颗粒是球形时才有效，许多过滤介质和滤液并不严格符合这个描述。额定临界值用来定义将被保留下来的、比过滤等级更大的颗粒的最小百分比。由于深度过滤没有采用确定的孔径，因此一般用额定临界值来描述，并且无法实现无菌过滤(滤液中没有微生物)。表 26.3.1 总结了与酒厂过滤有关的内容，表 26.3.2 列出了不同葡萄酒类型的典型过滤程序。关于过滤，更详细讨论可以参见葡萄酒相关参考文献[6, 7]。

表 26.3.1　采用不同过滤过程的分离器特点

过程	额定截留		典型用途	典型过滤类型/介质
	粒径/μm	摩尔质量/(g/mol)		
粒子过滤(大)	100～1000	—	过滤有较高固形物含量的果汁或葡萄酒，如含酵母酒脚、葡萄固体，通常在发酵后即进行过滤	用硅藻土或珍珠岩滤饼过滤
粒子过滤(小)	1～100	—	在酒窖陈酿期间或微过滤之前，去除污垢、结晶、葡萄酒脚、皂土等不溶性的下胶剂	深度过滤(硅藻土、珍珠岩或纤维素板)
微过滤	0.1～10	>100000	在装瓶之前去除酵母、细菌和粒子或絮状物	深度过滤(纤维素板或透镜状模块)或膜过滤器(错流或无菌的装有打褶聚合物薄膜的膜滤筒)
超滤/纳米过滤	>0.001～0.1	200～100000	去除胶体、大分子、病毒，一般在小酒厂使用	膜过滤(错流)
反渗透	0.0001～0.001		去除小分子，调整乙醇或在葡萄酒整个酿造过程排除故障	膜过滤(错流)

表 26.3.2　不同红、白葡萄酒在装瓶之前的典型过滤程序。如果在最后过滤程序的几周内进行，错流式过滤可以取代透镜过滤步骤

葡萄酒	过滤程序(从左到右)			
	中粒径透镜过滤	细粒径透镜过滤	膜过滤[a]	筛过滤[b]
白葡萄酒				
典型葡萄酒 1	×	√	√	√
起泡葡萄酒	×	√	√	×
红葡萄酒				
典型葡萄酒 2	√	×	×	√
甜型/低 SO_2 葡萄酒	√	×	√	√
高端/超高端葡萄酒	×	×	×	√

a. 包括预过滤(0.65 μm)和终过滤(0.45 μm)。

b. 用大截留(如 0.45 μm)的不锈钢网，作为最终截留外来物的步骤。

26.3.3　过滤和污垢

大多数过滤模型利用达西定律或其变化之一来解释在过滤或不同的过滤介质

中流量会如何变化，可以用几种方式来表示，包括：

$$J = \frac{\Delta P}{\mu R_t}$$

其中，J 是过滤器的通量或每单位表面积的滤液体积；μ是进料的黏度。流量由过滤器的压力下降(ΔP)产生，即过滤器进料侧和滤液侧之间的压力差⑥。R_t 是系统的总阻力，包括由过滤介质产生以及来自滤饼或堵塞物的附加阻力。阻力的倒数是渗透率，以单位达西(Darcy)表示⑦，并且是过滤介质容许液体通过的容易程度，并被广泛用于评估过滤器性能。一般来说，较低的电阻(和较高的流量)在生产环境中更为理想。

由于在葡萄酒上进行过滤，R_t 会因过滤介质或滤饼上的固体沉积而增加。除非在过滤过程中压力增加，否则流量将减少(图 26.3.1)。有几种机制可以解释这种阻力的增加现象(图 26.3.5)：

(1) 滤饼的沉积。将导致阻力增加，因为液体必须穿过滤饼内的孔隙，会经过更长的距离。滤饼可以是不可压缩的，如由刚性颗粒(如 DE)形成的，或可压缩的，如由有机材料形成的。特别是柔性的大分子(如果胶)可以在膜表面产生凝胶状，形成可压缩的滤饼。可压缩滤饼的阻力随着压降的增加而增加，并且经常导致比不可压缩滤饼更大的损失。

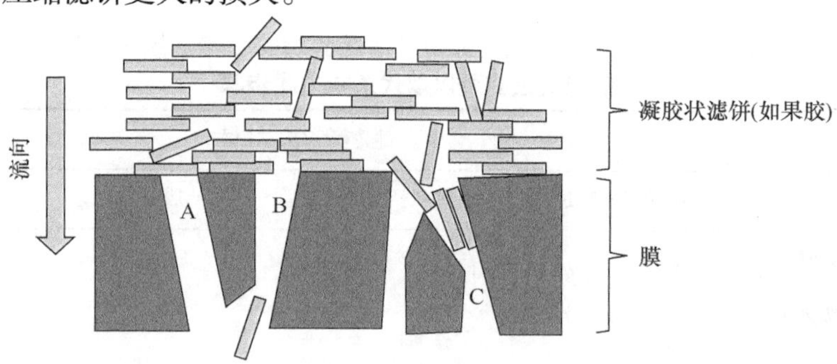

图 26.3.5　在葡萄酒过滤过程中，造成过滤污染的机理。图示为凝胶状滤饼、颗粒直接堵塞孔隙[8]，该堵塞可以在表面通过完全(A)或桥接(B)阻塞，也可以在内部阻塞(标准阻塞模型 C)

(2) 颗粒可以直接堵塞孔隙。这种阻塞可能发生在过滤介质的孔隙内(标准阻塞)，或者在过滤介质表面孔隙完全或部分(桥接)阻塞。

已经开发了一些经验和理论模型来表征在终端过滤过程中阻力(及流量)的变

---

⑥ 在葡萄酒厂，这种压降可以由重力产生，但更常见的是通过泵产生。

⑦ 在 1 atm /cm 的压力梯度作用下，1Darcy 的渗透率(大致是沙的渗透率)允许 1 mL /s 的流体在 1 cm^2 的范围内流动，其黏度相当于水的黏度。

化⑧。对所有模型的回顾完全超出了本书的范围，但是许多葡萄酒过滤可以通过功率模型很好地模拟[6]，其中α和 b 是导出的常量，V/A 是过滤器每单位面积过滤的总体积：

$$R_t = R_m + \alpha(V/A)^b$$

当加入像 DE 这样的助滤剂时发生的不可压缩的滤饼可以通过 b=1 很好地建模(即阻力随过滤果汁的体积线性增加)。各种阻塞模式使用 b=2～3，大多数真正的葡萄酒通过过滤垫过滤时 b=1.5～4[9]。

耐久性的变化对葡萄酒的过滤性有深远的影响。过滤性差的葡萄酒在过滤过程中会显示出强烈的(并不理想的)阻力(高 b 值)指数增加。过滤性经常通过特定葡萄酒和特定过滤器(通常是膜)的过滤指数(FI)经验性地表征[10]。存在几种计算 FI 的方法，通常包括比较通过具有确定特征的微滤膜来过滤两个连续体积的葡萄酒所需的时间[10-12]。例如，一种方法使用 FI<20 作为可接受过滤性的标准：

FI=过滤 400 mL 所需时间–(1.66×过滤 200 mL 所需时间)

装瓶前窖藏葡萄酒的过滤性往往与葡萄酒中的固体含量关系不大(图 26.3.6)。一些研究通过研究积垢的成分和使用模拟的葡萄酒(主要在膜过滤中)来探究污染的原因(参考文献[13]对此进行了综述)。这项工作涉及由大分子形成的胶体物质⑨，特别是：葡萄多糖(主要原因)；多酚，如原花色素；酵母甘露糖蛋白。

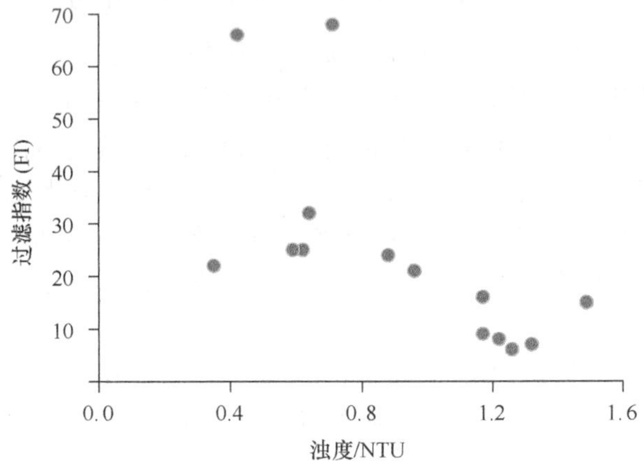

图 26.3.6　膜过滤和装瓶之前 14 种红葡萄酒和白葡萄酒浊度(NTU，悬浮固体替代物)和过滤指数的比较。未显示中间 NTU 和 FI 大于 500 的 3 种葡萄酒的数据。数据来自文献[12]

有趣的是，与微滤(0.2 μm 或 0.45 μm)中的典型孔径相比，最常见的污垢颗粒

---

⑧ 关于错流过滤也可以做类似说明。

⑨ 大分子也与其他饮料的污染有关。β-葡聚糖会显著影响过滤，而蛋白质是导致牛奶滤液污染的主要原因。

(1～100 nm)更小。如图 26.3.7 所示，即使在含有多糖或多酚的合成酒中，也没有粒径大于 0.2 μm 的颗粒，结垢(流量减少)也可能发生[8]。对果汁的研究表明，积垢从堵塞孔隙开始，随后形成滤饼[14]。除了使用像 DE 这样的不可压缩的过滤助剂之外，葡萄酒过滤期间形成的滤饼趋向于凝胶状并且是高度可压缩的。使用更浑浊的葡萄酒(如更多的微生物酒糟)可以通过更快地生成滤饼并防止结垢，从而提高过滤性能(图 26.3.5)[14]。

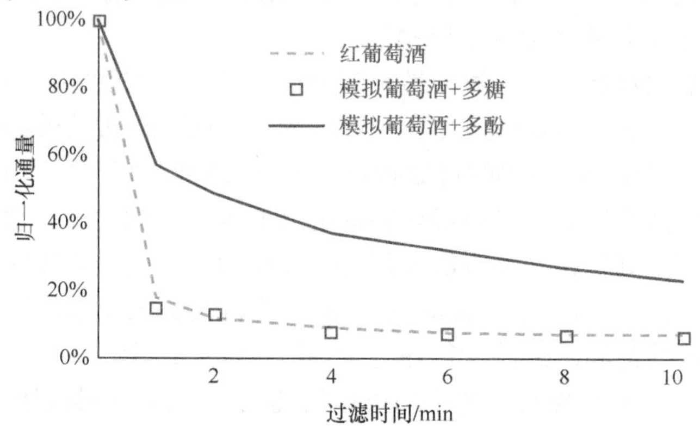

图 26.3.7　一个红葡萄酒和两个含有多糖和多酚的合成葡萄酒在错流过滤(0.2 μm)过程中通量随时间的变化(代表污染)。数据来自文献[15]

膜的物理和化学性质都会影响它们对大分子的吸附：

(1) 膜表面粗糙度会增加微滤过程中结垢的速度，可能是由于过滤通量不够好[16]。

(2) 氧化铝膜和许多其他陶瓷制品在葡萄酒 pH 下具有正表面电荷。这可以导致与葡萄酒组分的静电相互作用，特别是酸性大分子如果胶多糖片段(第 2 章)[17]。由于葡萄酒中的其他离子可以通过形成双层来屏蔽氧化铝的正表面电荷，所以在较高的流速下这些相互作用将更强烈，破坏了屏蔽。这种相互作用是电动捕获(ζ电位过滤)的一种形式。

(3) 大分子在有机膜上的吸附将包括非共价相互作用。例如，聚醚砜(PES)膜由于具有氢键合能力而比聚丙烯(PP)膜更强烈地(和更快速地)吸附多糖[13]。

26.3.4　反渗透

反渗透(RO)用于选择性地去除小(即大约 200 g/mol 或更小⑩)的可溶性分子来浓缩果汁或葡萄醪(即去除水)，或校正葡萄酒组成[如降低挥发性酸(VA)，减少酸

---

⑩ 根据膜截留不同，可能与纳滤法有一些重叠，这在酒厂环境中可能被认为是“松散反过滤”(RO)。然而，有些应用，如去除污染，可能在不同的地方(如政府法规)被归类为纳滤。纳滤的一个用处是通过离子的能力——纳滤一价离子和一些二价离子，而 RO 通常不能(因此 RO 被用于饮用水的脱盐)。

类物质、污垢和乙醇][18-20]。与膜微滤相比，RO 膜的截留粒径要小得多，在纳米范围(表 26.3.1)。较低的渗透性意味着 RO 膜必须在高达约 80 bar 的压力下操作，而对于大多数微滤膜来说只需约 1 bar。RO 的选择性受溶质分子大小的控制，但也受膜的化学性质及其与溶质的相互作用的强烈影响[21, 22]。对于分子量相似的化合物，增加排斥(即通过膜保留)的因素如下：

(1) 通过与膜结合而具有较高疏水性/较低极性的分子；

(2) 由于分子的水合作用或分支作用，溶质的表观“大小”更大；

(3) 膜和溶质上的电荷导致静电排斥；

(4) 溶质中的电离和电荷程度导致水合作用更强。

在正常渗透过程中，水穿过膜从低浓度溶液(渗透物)到高浓度溶液(滞留物)，这种水的驱动力，被称为渗透压。反渗透要求渗透过程逆向发生，水或其他小溶质必须从浓度较高的溶液(剩余的葡萄酒)流向浓度较低的溶液。这只有在跨膜压力(即滞留物和渗透物之间的压力差)大于渗透压时才会发生。由于商用泵和膜可实现的压力的实际限制，渗透压有效地限制了可实现的浓缩度，如当通过 RO(最高约 27°Brix)将糖浓度连同糖汁中的其他组分一起增加时[23, 24]。

来自葡萄酒的 RO 过滤的渗透物将包含水以及其他低分子量化合物，如乙醇和乙酸。与处理果汁不同，葡萄酒 RO 的典型目标不是浓缩渗余物，而是为后续步骤制备渗透物，以去除不需要的组分。在处理后，如在降低葡萄酒乙醇含量的情况下通过蒸馏回收乙醇[25](26.4 节)，渗透物可以与浓缩的滞留物重新结合，从而重新构成葡萄酒。因此 RO 是用于减少不需要的低分子量组分的有用的预处理方法，因为它提供了一定程度的选择性。除了减少葡萄酒中的乙醇外，其他处理还包括用阴离子交换树脂去除 VA[26]，并通过吸附在树脂上消除由挥发酚[即受酒香酵母(*Brettanomyces*)或丛林火灾烟雾影响的葡萄酒]引起的污染[27, 28]。

26.3.5 过滤的感官效果

浑浊物的去除和微生物的稳定(>0.2 μm)对葡萄酒的风味影响最大。然而，如上所述，过滤器通过较小的大分子如多糖和多酚的吸附和桥接而产生的结垢现象，有助于葡萄酒口感的提升。在食品工业⑪中，对较小分子(如气味剂、苦味化合物)的吸附性损失也有很好的记录，其也可以去除香料前体的大量无味溶质。因此，过滤，特别是膜微滤技术没有得到葡萄酒生产商的认可。然而，关于过滤的化学感受效应的记录(及在某种程度上同行评审的文献)可能会混淆以下几个因素。

(1) 过滤不好会使葡萄酒容易生长腐败生物体(如酒香酵母、乳酸菌)，从而改变葡萄酒的感官特性。

⑪ 用醋酸纤维素板去除柚苷等低分子量多酚进行脱苦，是橙汁行业常见的工艺。

(2) 污染或清洁不良的过滤介质可能污染葡萄酒。

(3) 过滤过程中的转移操作可能导入氧气。

现有的文献表明膜微滤可能使风味或颜色化合物(表 26.3.3)，特别是花色苷和其他多酚显著减少[13, 29-32]。偶尔会报道一些香气特性的显著差异，但是关于香味的研究中，微滤对葡萄酒气味影响的报道很少，也可能是因为其不太重要。一个文献报告显示，疏水性膜微滤之后，检测的 100 种增味剂中只有 3 种增味剂发生显著或微弱减少[29]。

表 26.3.3　从评估不同过滤过程对葡萄酒感官和化学性质影响的研究中选择的数据。引自文献[29-32]

样品	过滤介质的描述	受影响的参数
赤霞珠葡萄酒过滤前后的比较	用聚丙烯膜预过滤(1.2 μm)和 PVDF 终过滤(0.65 μm)	降低色度(2%)、总酚(9%～13%)、花色苷(2%～3%)和单宁(2%～6%)；降低少数的挥发性物质，酒体和香气感官有显著差异
含有马克萃取物、模拟多酚和多糖的合成葡萄酒，与不同类型聚合物结合的比较	PES 或聚丙烯中空纤维膜(0.2 μm)用于错流式过滤	多糖结合至 PES 和 PP 上的量分别是多酚的 2 倍和 4 倍；通过 PES 膜结合的多酚和多糖的量增加 10 倍和 17 倍
葡萄酒混合液，与未过滤葡萄酒比较	采用中空纤维 PES 膜错流过滤(0.2 μm)	对所有样本而言，长达两个月的感官表现是相对稳定的；随后，在对照酒样品中，浆果和坚果香气减少，橡木、青草、泥土和烟熏香气增加；与对照品比，A_{420}、A_{520} 和色度降低 1%～10%，单宁浓度减少 8%～26%，花色苷浓度下降 5%～10%
马尔贝克和桃红葡萄酒，与未过滤酒比较	通过粗垫和密垫(纤维素或纤维素+硅藻土)，接着两个膜过滤器(0.45 μm，PES 或尼龙) 顺序过滤	在所有情况下，色度都降低：马尔贝克，纤维素垫接着 PES 膜过滤色度降低 11.0%；纤维素+DE 垫接着尼龙膜过滤色度降低 17.5%；桃红：纤维素垫接着 PES 膜过滤色度降低 21.8%；纤维素+DE 垫接着尼龙膜过滤色度降低 46.5%

参 考 文 献

1. Holdich, R.G.(2002) Filtration of liquids, in Fundamentals of particle technology, Midland Information Technology and Publishing, Shepshed, UK, pp. 29-44.
2. Ripperger, S., G.sele, W., Alt, C., Loewe, T.(2013) Filtration, 1. Fundamentals, in Ullmann's Encyclopedia ofIndustrial chemistry, Wiley-VCH Verlag GmbH & Co. KGaA, Weinheim,

Germany, pp. 1-38.

3. Ripperger, S., G.sele, W., Alt, C., Loewe, T.(2013) Filtration, 2. Equipment, in Ullmann's Encyclopedia of industrial chemistry, Wiley-VCH Verlag GmbH & Co. KGaA, Weinheim, Germany, pp. 1-40.
4. Tilton, J.N.(2008) Fluid and particle dynamics, in Perry's chemical engineers' handbook, 8th edn(eds Green, D.W. and Perry, R.H.), McGraw-Hill, New York.
5. Genck, W.J., Dickey, D.S., Baczek, F.A., et al.(2008) Liquid-solid operations and equipment, in Perry's chemical engineers' handbook, 8 edn(eds Green, D.W. and Perry, R.H.), McGraw-Hill, New York.
6. Boulton, R.B., Singleton, V.L., Bisson, L.F., Kunkee, R.E.(1999) Principles and practices of winemaking, Kluwer Academic/Plenum Publishers, New York.
7. Zoecklein, B.W., Fugelsang, K.C., Gump, B.H., Nury, F.S.(1999) Wine analysis and production, Kluwer Academic/ Plenum Publishers, New York.
8. El Rayess, Y., Albasi, C., Bacchin, P., et al.(2011) Cross-flow microfiltration of wine: effect of colloids on critical fouling conditions. Journal of Membrane Science, 385-386, 177-186.
9. de la Garza, F. and Boulton, R.(1984) The modeling of wine filtrations. American Journal of Enology and Viticulture, 35(4), 189-195.
10. Peleg, Y., Brown, R.C., Starcevich, P.W., Asher, R.(1979) Method for evaluating the filterability of wine and similar fluids. American Journal of Enology and Viticulture, 30(3), 174-178.
11. Alarcon-Mendez, A. and Boulton, R.(2001) Automated measurement and interpretation of wine filterability. American Journal of Enology and Viticulture, 52(3), 191-197.
12. Bowyer, P., Edwards, G., Eyre, A.(2012) NTU vs wine filterability index—what does it mean for you? The Australian and New Zealand Grapegrower and Winemaker, 585, 76-80.
13. El Rayess, Y., Albasi, C., Bacchin, P., et al.(2011) Cross-flow microfiltration applied to oenology: a review. Journal of Membrane Science, 382(1-2), 1-19.
14. Salgado, C., Palacio, L., Carmona, F.J., et al. (2013) Influence of low and high molecular weight compounds on the permeate flux decline in nanofiltration of red grape must. Desalination, 315, 124-134.
15. Vernhet, A. and Moutounet, M.(2002) Fouling of organic microfiltration membranes by wine constituents: importance, relative impact of wine polysccharides and polyphenols and incidence of membrane properties. Journal of Membrane Science, 201(1), 103-122.
16. Lee, N., Amy, G., Croué, J.-P., Buisson, H.(2004) Identification and understanding of fouling in low-pressure membrane(MF/UF) filtration by natural organic matter(NOM). Water Research, 38(20), 4511-4523.
17. Belleville, M.P., Brillouet, J.M., De La Fuente, B.T., Moutounet, M.(1992) Fouling colloids during microporous alumina membrane filtration of wine. Journal of Food Science, 57(2), 396-400.
18. Massot, A., Mietton-Peuchot, M., Peuchot, C., Milisic, V.(2008) Nanofiltration and reverse osmosis in winemaking. Desalination, 231(1-3), 283-289.
19. Wollan, D.(2010) Membrane and other techniques for the management of wine composition, in Managing wine quality(ed, Reynolds, A.G.), Woodhead Publishing, Cambridge, UK, pp. 133-163.

20. El Rayess, Y. and Mietton-Peuchot, M.(2015) Membrane technologies in wine industry: an overview of applications and recent developments. Critical Reviews in Food Science and Nutrition. doi: 10.1080/ 10408398.2013.809566.
21. Bellona, C., Drewes, J.E., Xu, P., Amy, G.(2004) Factors affecting the rejection of organic solutes during NF/RO treatment—a literature review. Water Research, 38(12), 2795-2809.
22. Kucera, J.(2010)Basic terms and definitions, in Reverse osmosis: design, processes, and applications for engineers, John Wiley & Sons, Inc., Hoboken, NJ, pp. 21-40.
23. Mietton-Peuchot, M., Milisic, V., Noilet, P.(2002) Grape must concentration by using reverse osmosis. Comparison with chaptalization. Desalination, 148(1-3), 125-129. 358 Part B: Chemistry of Wine Production Processes.
24. Kiss, I., Vatai, G., Bekassy-Molnar, E. (2004)Must concentrate using membrane technology. Desalination, 162, 295-300.
25. Schmidtke, L.M., Blackman, J.W., Agboola, S.O.(2012) Production technologies for reduced alcoholic wines. Journal of Food Science, 77(1), R25-R41.
26. Smith, C.R.(inventor)(1996) Apparatus and method for removing compounds from a solution. US Patent US5480665 A, 1996.
27. Ugarte, P., Agosin, E., Bordeu, E., Villalobos, J.I.(2005) Reduction of 4-ethylphenol and 4-ethylguaiacol concentration in red wines using reverse osmosis and adsorption. American Journal of Enology and Viticulture, 56(1), 30-36.
28. Fudge, A.L., Ristic, R., Wollan, D., Wilkinson, K.L.(2011) Amelioration of smoke taint in wine by reverse osmosis and solid phase adsorption. Australian Journal of Grape and Wine Research, 17(2), S41-S48.
29. Arriagada-Carrazana, J.P., Sáez-Navarrete, C., Bordeu, E.(2005) Membrane filtration effects on aromatic and phenolic quality of Cabernet Sauvignon wines. Journal of Food Engineering, 68(3), 363-368.
30. Ulbricht, M., Ansorge, W., Danielzik, I., et al.(2009) Fouling in microfiltration of wine: the influence of the membrane polymer on adsorption of polyphenols and polysaccharides. Separation and Purification Technology, 68(3), 335-342.
31. Bowyer, P., Edwards, G., Eyre, A. (2013) Wine filtration and filterability—a review of what's new. The Australian and New Zealand Grapegrower and Winemaker, 599, 76-80.
32. Buffon, P., Heymann, H., Block, D.E.(2014) Sensory and chemical effects of cross-flow filtration on white and red wines. American Journal of Enology and Viticulture, 65(3), 305-314.

26.4 蒸 馏

26.4.1 引言

蒸馏是工业上一种重要的分离方法，它可以将液体中的易挥发性化合物从易挥发性组分或非易挥发性组分中部分或完全分离。在基本水平上，蒸馏通过沸腾液体和冷凝蒸气以产生蒸馏馏分，由于蒸气组分相对于沸腾液体的差异而产生组分分离。粗放的蒸馏形式已经存在了几千年，可能早在公元前 800 年亚洲就已经有了蒸馏技术。有人猜测在早期使用乙醇饮料来生产馏分，但另一些人则认为在 1 世纪时酒精蒸馏第一次被带到中国[1]，8～15 世纪由伊斯兰炼金术士对蒸馏技术进一步发扬，几个与蒸馏有关的术语由阿拉伯语而来，包括乙醇(al kohl/kohol)和蒸馏酒(asmic)。

在欧洲，蒸馏(和相关设备)的概念最早是在 1 世纪时由希腊人记载，最初是由蒸馏海水生产饮用水[2, 3]。欧洲在 1200 年首次报道了使用蒸馏的方法从葡萄酒中获得乙醇[3]。同时报道了“生命之水”，虽然乙醇主要用于医药，但毫无疑问，这些馏分也作为饮料消费。这些早期蒸馏法具有一定的复杂性：收集馏分并进行再蒸馏，有时在最后蒸馏前会用草药和花在乙醇中浸泡一段时间。因此，蒸馏技术在欧洲和世界其他地方得到了推广和普及，并且葡萄以外的其他原料如谷物和水果也被用于生产发酵饮料，从此便有了现代的蒸馏酒，如威士忌、杜松子酒、朗姆酒、伏特加，当然还有葡萄酒衍生的烈酒如白兰地及其相关产品，以及用于强化葡萄酒的高强度(即高度矫正的)葡萄酒[4]。本节介绍一些与水-乙醇溶液(如文献[8-10])(即葡萄酒的主要成分)有关的蒸馏原理(如文献[5-7])，并着重介绍葡萄生产乙醇和葡萄副产品(如文献[11-14])。

26.4.2　气-液平衡

蒸馏分离是一种利用液体混合物内各组分的挥发性差异的相间(液体-蒸气)传质过程。挥发性是单一物质在气相和液相之间摩尔分数的比率(即平衡比 K，表 26.4.1)①，表示化合物蒸发的容易程度②。这包括气液相平衡(VLE，液相和气相共存)以及纯化合物的平衡蒸气压(饱和气相中与饱和液相平衡的分子所引起的压力)。混合物中不同组分的相对挥发度决定了通过蒸馏分离这些组分的能力。挥发性的概念以亨利定律(表 26.4.1)的形式给出，它适用于低浓度溶质挥发，其挥发性主要取决于溶剂-溶质的相互作用。对于高浓度的组分，如乙醇和水，挥发性将更多地取决于自身相互作用，并且可以通过拉乌尔定律(表 26.4.1)更好地描述。

---

① 液体和蒸气的摩尔分数分别用 X 和 Y 表示。挥发性的表达式如表 26.4.1 所示。

② 液相中分子的动能导致一些分子离开液体表面形成蒸气。气相中的分子也会凝结并回到液相。在平衡状态下，分子蒸发的速率与分子凝结的速率相平衡，从而产生一定的蒸气压。能量(热量)的输入增加了液体的温度和分子的动能，这意味着它们更容易蒸发，这增加了液体上方的蒸气压，并转化为更高的挥发性。在一定温度下，沸点较低的化合物蒸气压较高，比沸点较高的化合物挥发性更强。利用这些差异可以通过蒸馏分离。

表 26.4.1 蒸馏中有关的方程和它们关系的解释

名称	方程	解释
亨利定律	$P_a = X_a H_a$	P_a 是混合物中 a 组分的偏蒸气压，X_a 是 a 组分的摩尔分数，H_a 是 a 组分在给定温度和溶剂下的亨利定律常数
拉乌尔定律	$P_a = X_a P_a^0$	P_a 是混合物中 a 组分的偏蒸气压,X_a是 a 组分的摩尔分数，P_a^0 是在一定温度下纯 a 组分的蒸气压。对于非理想溶液，再乘以活性系数(修正的拉乌尔定律)
活性系数(γ)	$\gamma = P_{a(实际的)} / P_{a(理想的)}$	用于非理想溶液，以解释随液体组成而变化的分子相互作用(和蒸气分压)。混合物中每个组分的活性系数可以大于 1(与理想状态的正偏差)或小于 1(与理想状态的负偏差)
道尔顿定律	$P = P_a + P_b + \cdots$	P 是总蒸气压，P_a 是在给定温度下组分 a 的蒸气分压，P_b 是组分 b 的蒸气分压，等等
	$P = X_a P_a^0 + X_b P_b^0 + \cdots$	用拉乌尔定律表示道尔顿定律，用 X_a P_a^0 代替 P_a，等等
	$P_a = Y_a P$	P_a 和 P 之间的道尔顿定律关系也可用蒸气摩尔分数表示
	$Y_a = X_a P_a^0 / P$	这个方程可以用 X_a P_a^0 代替上面方程中的 Y_a，这样液体和蒸气的组成就可以与压强相关
挥发性(K)	$K_a = Y_a / X_a$	K_a 是 a 组分的挥发性，Y_a 和 X_a 分别是 a 组分在蒸气和液体中的摩尔分数。从这个关系中可以看出，当 K 增加到 1 以上时，蒸气富集增加
	$K_a = P_a / P$	K_a 也可以用拉乌尔定律和道尔顿定律表示。从方程可以看出，组分 a 的挥发度是纯 a 蒸气压与总压力的比值。对于非理想溶液，纯组分蒸气压应乘以该组分的活度系数
相对挥发性(α)	$\alpha_{ab} = K_a / K_b$	K_a 和 K_b 分别是组分 a 和 b 的挥发性。在评估相对挥发性时，有必要指定要比较的组分
	$\alpha_{ab} = P_a^0 / P_b^0$	α_{ab} 还可以使用 K_a 和 K_b 的拉乌尔定律和道尔顿定律的书面表达(如上所示)。这表明，理想溶液的相对挥发度是由纯组分的蒸气压比给出的(注意温度依赖性被忽略了)。对于非理想溶液，纯组分各自蒸气压乘以每个组分的活度系数

1. 拉乌尔定律和道尔顿定律

蒸气压根据液体的类型和分子结合在一起的吸引力的强度而不同。纯液体的蒸气压受温度的直接影响，随着温度的升高，蒸气压升高[③]。对于液体混合物，每

③ 如果热量足够，液体就会达到沸点，当蒸气压达到大气压时就会沸腾。这就是为什么山顶上的水会以较低的温度沸腾，因为与海平面相比，山顶的大气压更高；这也是为什么高压锅比传统的煮锅可以达到更高的温度和更快的烹饪时间。相反，由于“系统”的压力低于大气压，所以可以通过真空来降低沸点。

种组分将根据其在给定组成的液体中的浓度而施加其自身的蒸气压(即蒸气压)。这是拉乌尔定律的基础，该定律指出，作为纯液体的组分的蒸气分压与其蒸气压的比等于液体混合物中该组分的摩尔分数。换句话说，典型的葡萄酒的水分摩尔含量约为 95%，所以预计葡萄酒顶空的水蒸气压力约为纯水蒸气压力的 95%，假设其符合理想的拉乌尔定律。将蒸气分压相加，得出液体所施加的总蒸气压力(即道尔顿定律，由气体混合物施加的压力是其分压的总和，见表 26.4.1)。图 26.4.1(a)和(d)中图示了拉乌尔定律、道尔顿定律和亨利定律。

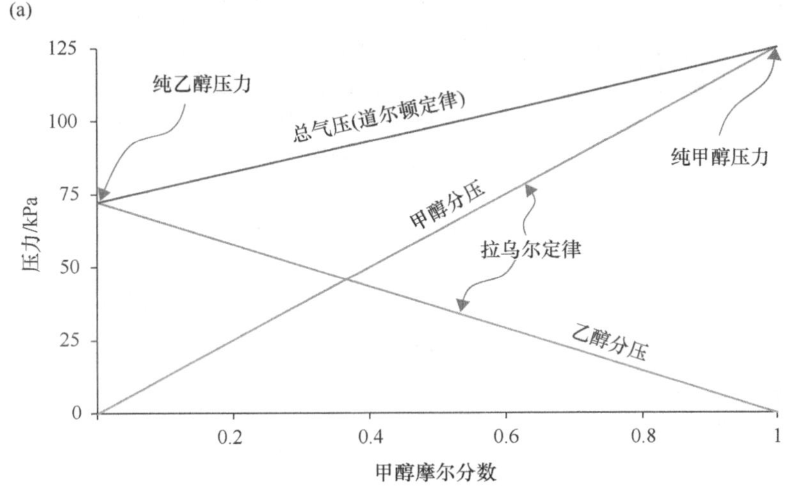

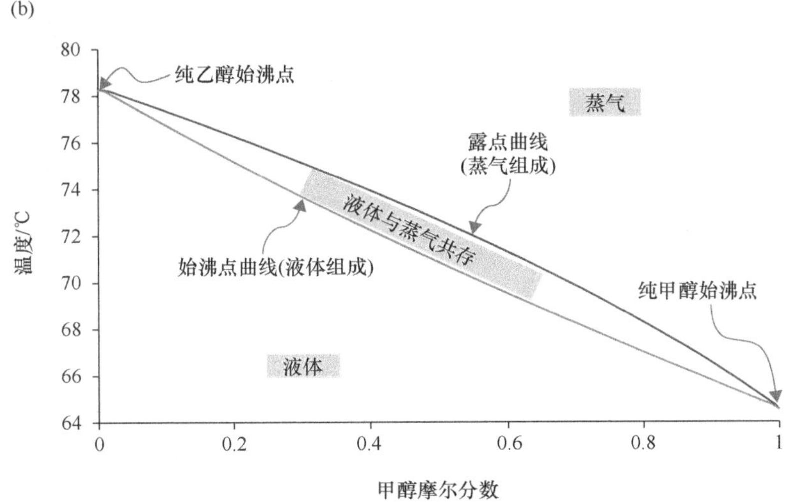

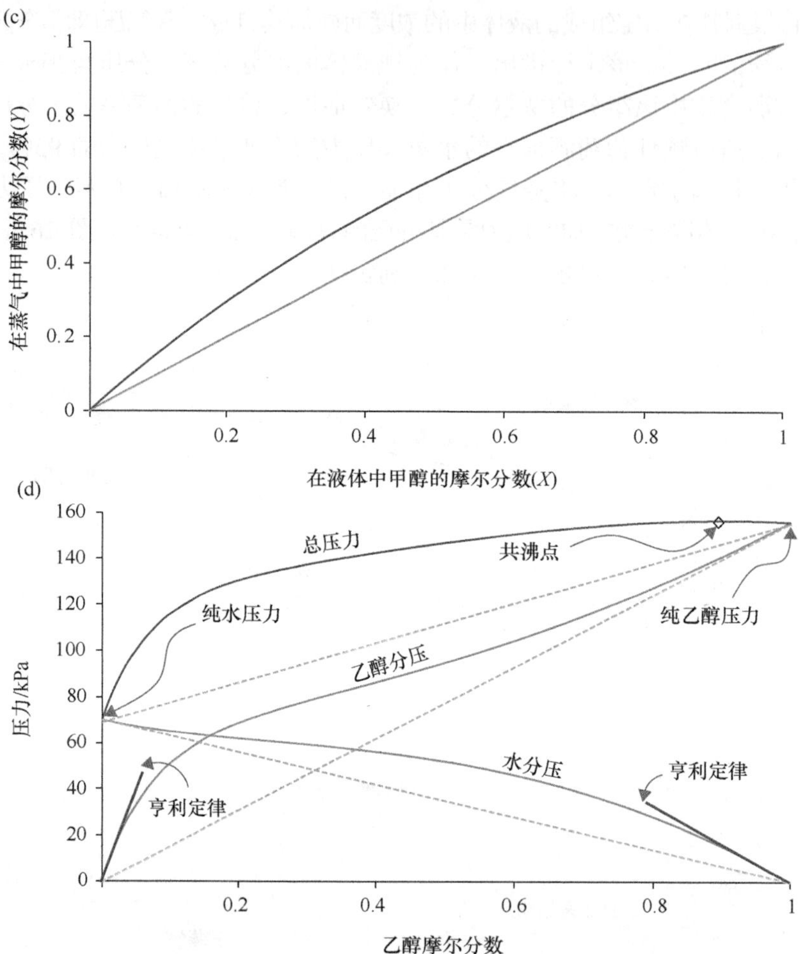
(c)
在蒸气中甲醇的摩尔分数(Y)
在液体中甲醇的摩尔分数(X)
(d)
总压力
共沸点
纯水压力
纯乙醇压力
乙醇分压
水分压
亨利定律
亨利定律
压力/kPa
乙醇摩尔分数

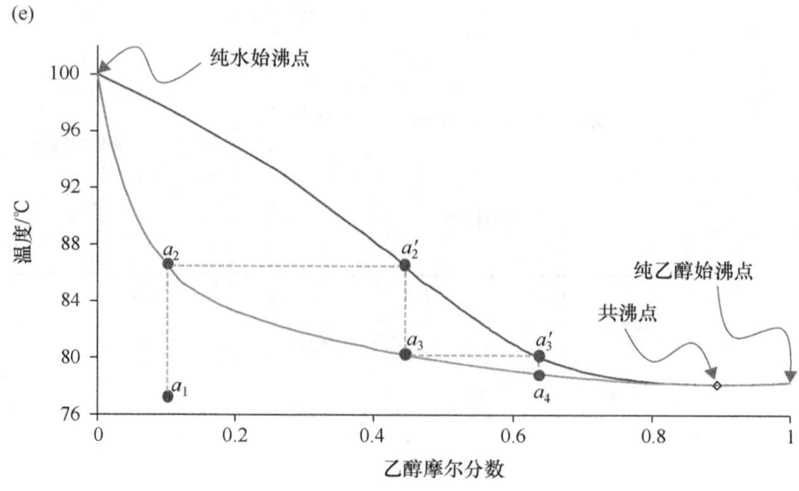
(e)
纯水始沸点
纯乙醇始沸点
共沸点
温度/℃
乙醇摩尔分数

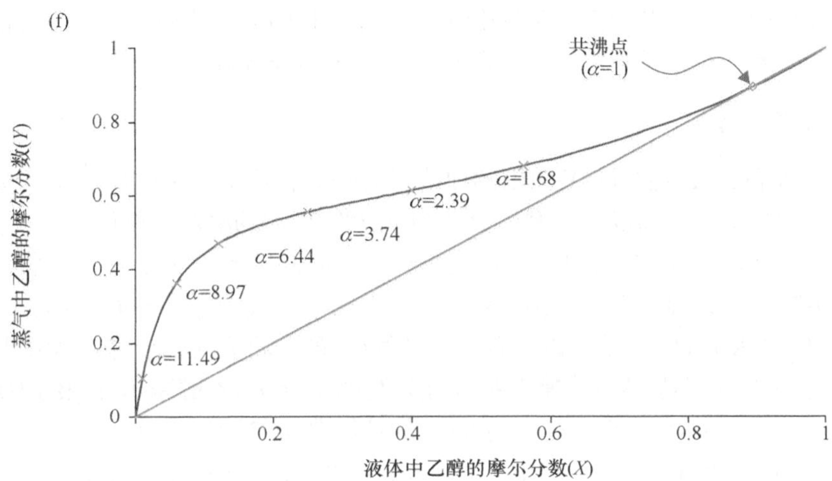

图 26.4.1　气-液平衡图：(a)等温(70 ℃)下压力-组分(P-X)图(显示部分和总的蒸气压力、道尔顿定律和拉乌尔定律)；(b)等压(101.325 kPa)下的温度-组分(T-X)图(灰色区域为液体、蒸气和蒸气+液体；(c)甲醇-乙醇理想混合物的 X-Y 图(为供参考，显示对角线 X=Y)；(d)P-X 图(虚线显示理想状况下的情形，标注亨利定律的实线表示亨利定律适用的情形)；(e)T-X 图(虚线表示蒸馏如何根据任意起始温度和液体组分分离组分 a_1)；(f)用于非理想的乙醇-水混合物的 X-Y 图(表示一些相对挥发性)。数据从 www.vle-calc.com/phase_diagram.html 获得或在某些情况下通过计算④获得

2. 理想和非理想状态

对于含有相似化学成分(如乙醇和甲醇或苯和甲苯)的二元溶液，这些不同物质之间分子相互作用的强度与单独纯液体的相互作用相当；这个系统是一个理想的状态，整个组分均遵循拉乌尔定律[图 26.4.1(a)～(c)]。这种情况在用于蒸馏酒的水和乙醇混合物的情况下是不一样的，因为这两个组分在化学上是完全不同的(第 1 章)⑤，这导致了非理想状态以及与拉乌尔定律的正向偏差[图 26.4.1(d)～(f)]，因为水和乙醇之间的吸引力比任一纯组分都要弱⑥。与理想的溶液相比，乙醇-水混合物相对于混合物中其他任一组分来说表现出更高的分压，意味着有更高的总压[图 26.4.1(d)]。在某种醇-水组合物中，这些混合物也会形成沸点比纯组分低的

④ 这些计算超出了本章的范围，但涉及容易得到的常数如安托万方程和范拉尔方程及拉乌尔定律和道尔顿定律的使用。

⑤ 注意甲醇-乙醇的气-液图与乙醇-水图的相对对称性(图 26.4.1)。

⑥ 在这种情况下，可以使用拉乌尔定律的修正版本，它为每个组分引入了一个活度系数，即实际和理想蒸气分压之间的比值。

溶液[图 26.4.1(e)][⑦]，共沸点、液体和蒸气组分是相同的，普通的分馏不可能进一步富集。因此，在正常条件下，乙醇只能蒸馏至体积分数为 96%。

3. 分离与富集

乙醇-水的温度-组分(*T-X*)图中的曲线具有一些特征[图 26.4.1(e)]，对于如何通过蒸馏进行分离，下面以乙醇摩尔分数为 0.1(约 20%)的溶液举例说明。

(1) 从点 a_1 开始(或者对于该特定组分在任何低于沸点的温度下)，将混合物加热至沸腾，直到温度上升至沸点约 87 ℃(即第一个气泡形成时)(点 a_2)。

(2) 绘制水平的“连线”以符合露点曲线(当第一滴蒸气凝结时)，说明与该液体平衡(平衡“阶段”)的蒸气中富含挥发性较高的组分 a_2' (乙醇摩尔分数约为 0.44)。

(3) 点 a_3 处显示的浓缩液处于约 80 ℃的较低沸点(接近纯乙醇)下，也具有与 a_2' 处的蒸气相同的组分，说明与摩尔分数为 0.1 的初始液组分相比，乙醇已经被富集。

(4) 重复这个蒸馏和冷凝的循环会产生一个新的气-液平衡[⑧]和乙醇摩尔分数为 0.64(点 a_3')的蒸气组分，其再次凝结成具有较低沸点的液体(约 79 ℃，点 a_4)。最终以这种方式利用足够的阶段可以达到乙醇-水共沸的混合物。

上述例子假设每个蒸馏阶段是 100%有效的(即在每个理论阶段达到平衡)。在实践中，大多数蒸馏阶段不是那么高效，而且从葡萄酒中生产高度纯化的乙醇需要具有大量物理(实际)过程(即含有板材或包装材料的柱子，参见 26.4.3 小节)的蒸馏，通过增加接触时间和混合相来最大化传质速率并更接近平衡。尽管如此，这个例子还是强调了蒸馏过程分离液体混合物中的组分，是利用了平衡时液相和蒸气之间的组成差异。

4. 相对挥发性与易分离性

当考虑通过蒸馏分离组分时，*X-Y* 图特别有用。曲线与 *X*=*Y* 对角线的距离[在图 26.4.1(c)和(f)中绘出以供参考]表明，与液相相比，气相可能富含挥发性较高的组分。更多地富集可以更好地分离溶液中的组分。更具体地说，混合物中组分的相对挥发性(即一种组分的挥发性与另一种组分的挥发性的比，表 26.4.1)[⑨]可以确

---

⑦ 相反，液体混合物负偏离拉乌尔定律的非理想行为，会导致共沸混合物达到最大沸腾，如果解决方案理想，蒸气压会低于预期，对于一个特定组成的混合物，其沸点高于每个纯组分。

⑧ 这可以理解为，蒸气一旦达到平衡，就会凝结，所得到液体再蒸馏，这时可在较低的温度下沸腾，产生更丰富的蒸气。实际上，这是在蒸馏系统的不同阶段(传质区)中发生的，在这些阶段中，富集的越来越多的蒸气与蒸馏器内部更多的冷却液相互作用，使更多的乙醇转移到气相，而更多的水在每个阶段凝结到液相。更大量的蒸馏阶段会导致更多的蒸气离开蒸馏器。

⑨ 注意，非理想乙醇-水溶液的相对挥发性在很大程度上取决于液体组分，因为活性系数随组分的变化而变化。因此，乙醇相对于水的相对挥发性在组成范围内有显著变化。

定蒸馏中的最大富集点。对于乙醇-水混合物，稀乙醇溶液有最大的富集值[高α值，图 26.4.1(f)]，而乙醇浓度较高时，处于临界点(曲线接近对角线，成分接近α=1 的共沸点)。

5. 多组分混合物的气-液平衡

把葡萄酒蒸馏当作一个乙醇和水的二元体系是非常有用的，葡萄酒和馏出物中存在许多其他挥发性化合物，这些化合物是葡萄酒的香气和风味成分，称为有效杂质，可以给馏出物提供特定的感官特性。它们是微量成分，因此假定它们不影响乙醇-水基质或彼此的挥发性。由于这些化合物的浓度很低，所以亨利定律往往比拉乌尔定律能更好地描述它们的挥发性，除了温度之外，挥发性通常受液体乙醇浓度的影响(第 1 章)。当乙醇浓度高时，许多有效杂质的挥发性比乙醇本身低，反之，在稀的乙醇溶液中，某些有效杂质具有比乙醇更高的挥发性(图 26.4.2)。例如：

(1) 醇类如 2-甲基-1-丙醇、2-甲基-1-丁醇和 3-甲基-1-丁醇(即高级醇，第 6 章)，通常称为杂醇/杂醇油，其挥发性只有在乙醇低于 20%(体积分数)时更大。

(2) 只有在乙醇高于 80%(体积分数)时，甲醇才呈现较高的挥发性[图 26.4.2(a)]。

(3) 对于乙酯(第 7 章)，在整个组成范围内，乙酸乙酯(乙二醇缩醛，第 9 章)比乙醇更易挥发，而己酸乙酯在乙醇低于 65%(体积分数)时呈现较高的挥发性，并且在任何乙醇浓度下，乳酸乙酯的挥发性总是低于乙醇[图 26.4.2(b)]。

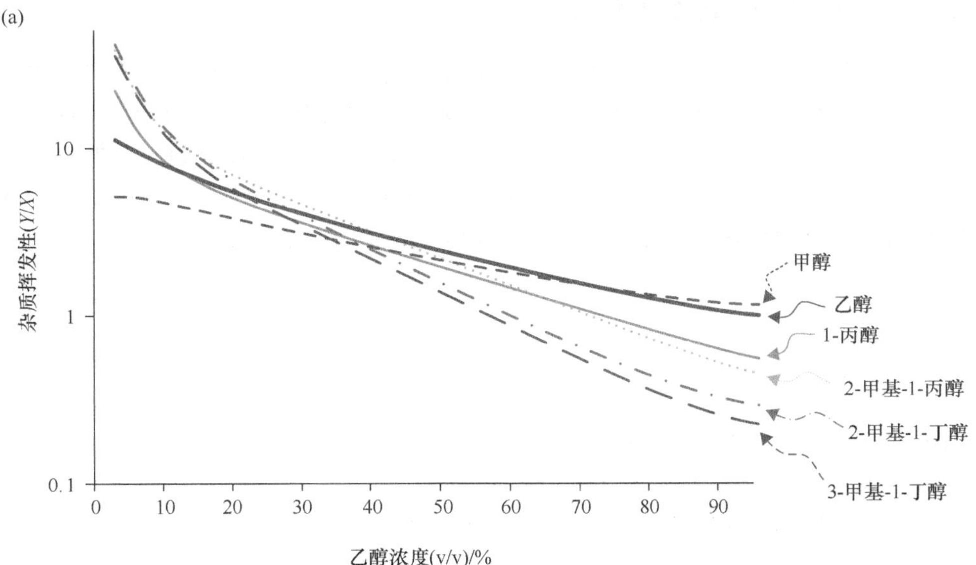

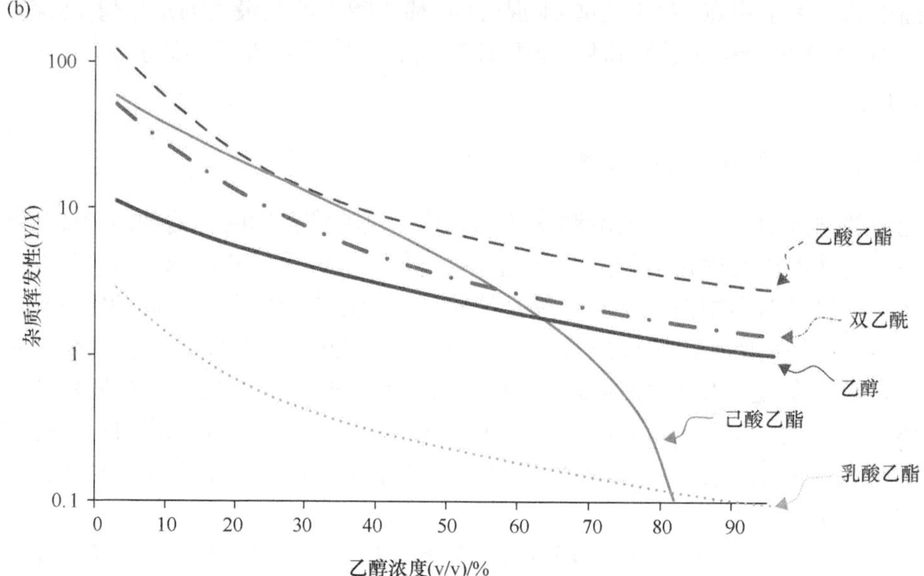

图 26.4.2 在葡萄酒蒸馏液中，代表性醇(a)及代表性酯和缩醛等(b)的挥发性随乙醇浓度而变化，根据参考文献[15]中的数据计算得到

这些知识对于理解通过蒸馏葡萄酒分离组分是至关重要的，并且可根据蒸馏系统确定某些有效杂质与乙醇最好的分离点。

26.4.3 间歇性蒸馏和连续性蒸馏

葡萄乙醇的生产包括从进料中分离和富集乙醇。对葡萄酒(含乙醇约 9%～12%，体积分数)进行蒸馏，可生产乙醇含量高达 83%(体积分数)的产品，如白兰地及其衍生产品(即含有同系物的风味乙醇)，或高达 96%(体积分数，共沸点)的精馏乙醇(SVR)，后者可用于生产加强葡萄酒如波特酒和雪利酒。生产这些烈酒的方法有两种，即用壶式蒸馏器进行间歇蒸馏，或使用一个或多个分馏塔进行连续蒸馏[16-19]。

1. 回流和回流比

将蒸气冷凝并返回系统称为回流，该方法可以提高分离效率并减少达到一定乙醇浓度所需的阶段数。回流有两种类型。

(1) 内部回流，在离开塔之前，蒸气冷却并冷凝。

(2) 外部回流，离开塔的蒸气被分凝器(分凝器)冷凝后，返回到蒸馏器。

回流通过允许更大的气液接触时间来提高分离的有效性，使系统更接近平衡。对于外部回流，返回到塔中的馏出物的体积除以作为产物取出的体积可得到回流比，这是用于改变组分分离的重要工艺因素。较高的回流比将返回更多的外部冷凝的馏出物，使得组分更好地分离(对沸点相似的那些组分尤其重要)，但是也增加了生产定量产品的能耗和蒸馏时间。

2. 用壶式蒸馏器进行一次蒸馏

用于生产葡萄蒸馏酒的间歇蒸馏法的发明时间要早于连续蒸馏法。蒸馏是在一个由铜壶中分批进行的(图 26.4.3)⑩。壶的构件主要有：①用于蒸馏基质(酒)的容器(锅)；②热源；③蒸馏塔和蒸馏头；④蒸气管道；⑤冷凝器。

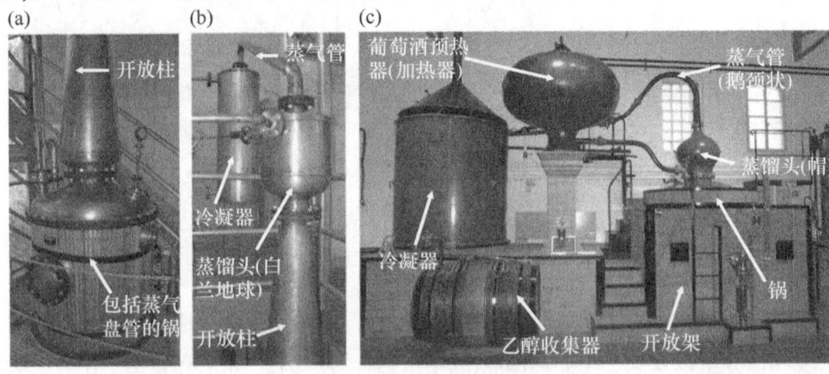

图 26.4.3　壶式蒸馏器：(a)带开放柱的铜锅蒸馏器；(b)开放柱的顶部、蒸馏头、蒸气管道和冷凝器(在蒸馏房上面一层)；(c)干邑生产用的铜制夏朗德壶式蒸馏器，包括明火(气体或柴火、隐藏)、铜盆(只有顶部是可见的)、蒸馏头、通过酒预热的蒸气管道(批量酒预热)和冷凝器。资料来源：经 *Michael Hage* 的许可转载

用蒸馏锅进行二次蒸馏以获得所需的乙醇浓度和分离组分，也就是说，将一部分初始馏出物返回锅中再次蒸馏[11, 12, 20, 21]，该方法用于葡萄烈酒的商业生产，如生命之水、白兰地、干邑、雅马邑(Armagnac，一种法国白兰地)、皮斯科(Pisco)白兰地和葡萄烈性酒[如格拉巴(Grappa)酒和拉克(Rakia)酒]。在两个蒸馏步骤中，通过蒸馏液的流动从一个容器切换到另一个容器来实现馏分收集。通常情况下，这些馏分分为“头”(开始)、“心”(中间)和“尾”(结束)。第一次蒸馏的“心”生产“粗葡萄酒”(brouillis)，大约是初始壶体积的 30%，其中包含乙醇 20%～50%(体积分数)；第一次蒸馏的“头”(60%，体积分数)小于锅体积的 1%，而“尾”(3%，体积分数)大约为锅体积的 6%(图 26.4.4)。这些馏分包含各种与其挥发性相对应的有效杂质(congener)(图 26.4.2)。头部馏分含有较高浓度的乙醇，但富含高度挥发性的恶臭化合

⑩ 在蒸馏器中使用铜有几个优点：它在制造过程中具有高度的延展性和良好的导热性，并且可以从蒸气中去除具有恶臭的硫醇。

物，如乙醛和乙酸乙酯[11]。相反，尾部馏分的乙醇含量较低，含有低挥发性的杂质，如乙酸、乳酸乙酯和 2-苯乙醇。将头部和尾部馏分的乙醇回收，再循环到下一批用于蒸馏的葡萄酒中(或者简单地用水稀释并重新蒸馏)。第一次蒸馏也称为剥离运行，因为它将大部分乙醇从水和非挥发物中剥离出来，这通常要求回收量为初始体积的大约 35%。

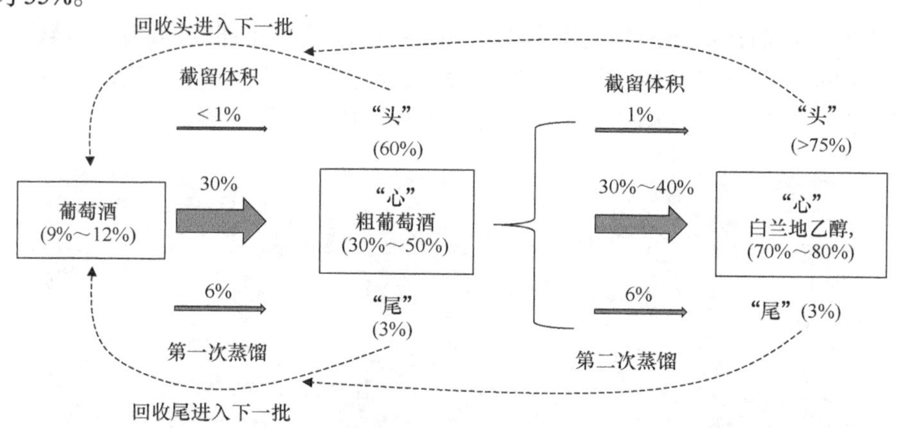

图 26.4.4 在二次蒸馏过程中，将葡萄酒转化为粗酒，再转化为白兰地酒的馏分示意图，显示了乙醇浓度和馏分量以及头、尾如何回收(或用水稀释再蒸馏)。如果有必要，在第二次蒸馏时截留“心”的后面部分也可以与另一批粗酒一起重新蒸馏

间歇蒸馏过程需要先进行四次蒸馏(或者一个较大的锅，就像干邑生产中经常出现的那样)，生产足够量的粗葡萄酒来装满第二次蒸馏的锅，再次进行“头”、“心”和“尾”的馏分切割(有时需几次切割)。“心”(中部)馏分的乙醇主要用于生产白兰地，达到初始锅体积的大约 40%和大约 70%～80%，而头部(锅体积的 1%和 75%)和尾部(约锅体积的 6%和 3%)馏分可以回收。“心”馏分的后部分也可能与另一批粗葡萄酒重新蒸馏。由于粗葡萄酒和随后的馏出物的乙醇浓度较高，在第二次蒸馏过程中有效杂质的特性与第一次完全不同，这就为从乙醇中分离酯、醛(头切)和杂醇(尾切)提供了更大的可能性(图 26.4.2)。根据壶的设计，在第二次蒸馏期间冷水也可以通过蒸馏头[图 26.4.2(b)]，以提供外部回流，从而进一步改善组分的分离。

一个壶还可能有一个包含 20～30 个蒸馏塔板(实际阶段)的精馏塔和一个回流冷凝器，来取代一个开放柱和蒸馏头，以改善内部回流，加强分离。这种配置是一个批处理过程，可避免二次蒸馏，并且可以提供更高的乙醇浓度(大约 92%)，同时减少了馏分体积。白兰地烈酒的乙醇就是通过用较少的回流冷凝器冷却降低

⑪ 因此，在基酒中加入较多的乙醛，会导致较大的“头”馏分和更低效的蒸馏过程。为避免大量的乙醛聚集，白兰地生产商通常不会在发酵前使用 SO_2(22.1 节)。

回流比生产。雅马邑酒蒸馏器⑫类似于壶式精馏器，它有一个装满塔盘的精馏塔，用于连续蒸馏。

3. 用分馏塔进行连续蒸馏

与间歇蒸馏相比，连续蒸馏包括以下步骤：葡萄基酒(或粗葡萄酒)恒定进料及与馏出物和酒糟(废物)连续生产相平衡的能源输入，即动态平衡。由于生产效率和自动化能力较高，连续蒸馏比间歇蒸馏具有更低的操作成本，但是安装成本较高，操作较复杂。连续蒸馏装置通常由不锈钢组件制成，装置可以由一个塔组成(图 26.4.5)，如同白兰地生产，或者可以由多个塔组成(图 26.4.6)，用于生产高度

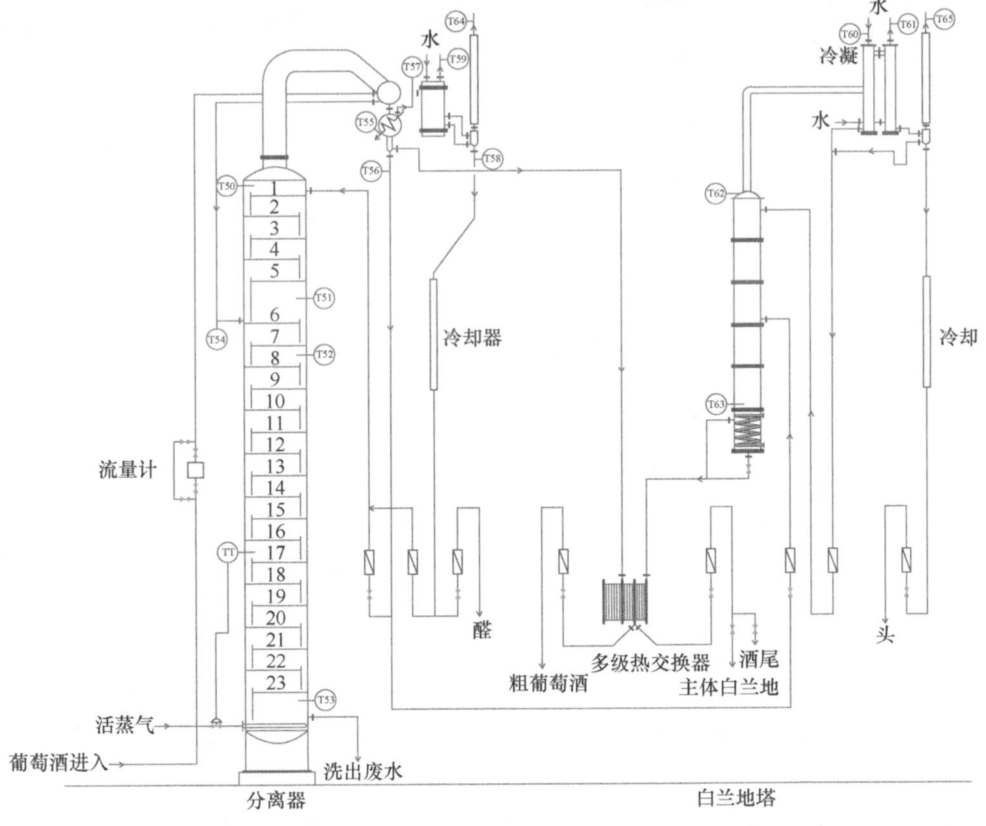

图 26.4.5 含有泡帽托盘的单塔连续蒸馏器(分离器)及含有支撑和填料的小塔(白兰地塔、浓缩头)，用于生产体积分数高达 83%的白兰地。当使用较低质量的葡萄酒或酒渣时，仍然可以生产约 40%的粗葡萄酒，用于多柱蒸馏。资料来源：经 Tarac Technologies 的许可转载

⑫ 雅马邑和干邑白兰地的生产受到严格管理。对于干邑而言，在锅中分批蒸馏仍然是必需的，而雅马邑则可以用和干邑的蒸馏器一样的锅蒸馏，但更常见的是用连续的雅马邑蒸馏器。

精馏的中性乙醇[22]。许多关于塔的设计和操作的细节可以在别处找到[8, 23]，这些超出了本章讨论的范围。与壶式蒸馏塔中典型开放塔不同，连续蒸馏塔可以包含不同的水平塔盘设计(如筛子、泡帽、固定阀或浮动阀)或散装填料(如拉西环、鲍尔环和鞍形物，或规整填料如纱布和网状物)[5, 24]。分馏塔内的这些装置提供非常大的表面积，可促进液体和蒸气相互作用，增加内部回流并提高气液传质效率。基于有效杂质的挥发性与乙醇浓度的函数关系，馏出物可以沿着塔的多个位置除去。高挥发性的有效杂质从顶部收集，如同壶式蒸馏。较低挥发性的同系物(沸点较高)，如杂醇，可以浓缩在塔内低于所需乙醇起点的塔盘上。

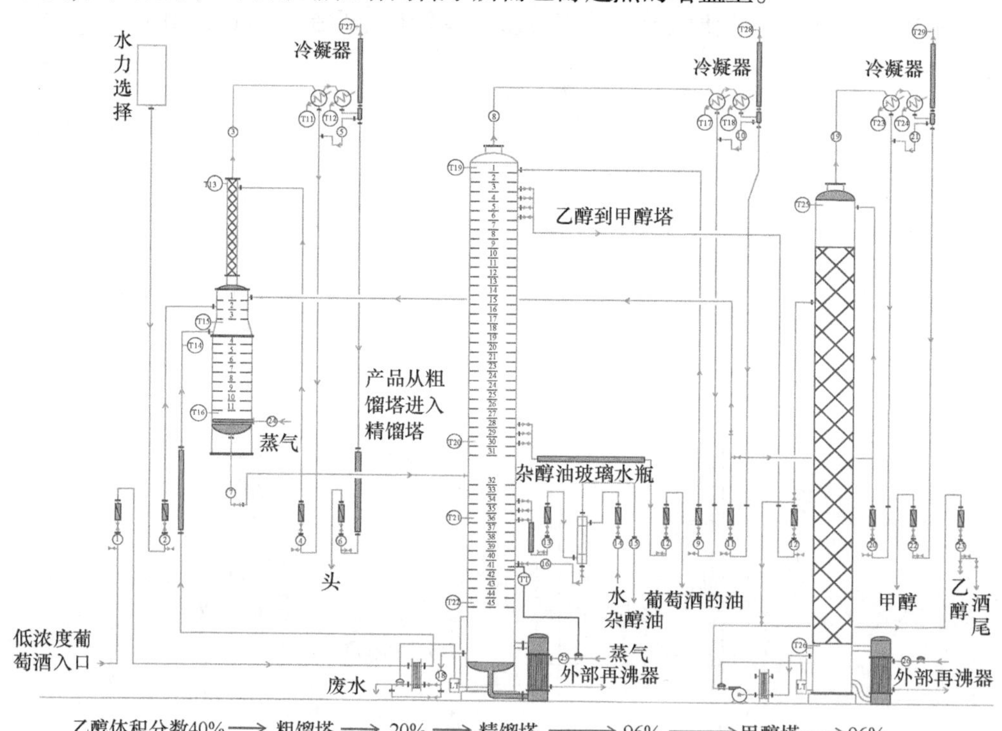

图 26.4.6　由粗馏塔、精馏塔和甲醇塔组成的三塔连续蒸馏装置，用于从大约 40%的粗葡萄酒中生产 96%的中性乙醇。注意进入和离开塔的乙醇浓度，并注意采用流动蒸气加热粗馏塔，而不是在精馏塔或甲醇塔中加热，后者采用外部再沸器进行加热。资料来源：经 Tarac Technologies 许可的转载

带有泡帽塔盘的连续单柱分离器(图 26.4.5)可用于白兰地生产。这可能是一个更大的多塔蒸馏重排的一部分，或者以独立塔存在，只是在设计上有一些变化(如使用筛网或阀门托盘，由于配置托盘，可以生产高度乙醇或提取杂醇油)[11]。葡萄酒被预热，进入塔顶下方的几个塔盘，在那里被新的蒸气加热。塔的底部(剥离部

分)比顶部包含更多的泡帽塔盘，在那里发生精馏(冷却部分)。挥发性较大的“头”(如乙醛)被冷却和分离，有些蒸气作为外部回流被返回，剩余的含有乙醇和有效杂质的蒸气被冷却并送到较小的塔中，以进一步除去塔顶组分，并从塔底排出白兰地酒。根据操作条件(如外部回流、进料速率、热量输入)，蒸馏可以灵活运行，从而产生不同浓度的馏出物。所以，如果进料的质量足够高[⑬]，可以针对性地生产体积分数大于 80%的乙醇(最大浓度取决于当地法规)。另一方面，如果蒸馏酒糟或低质量的葡萄酒，则运行蒸馏器，生产大约 40%酒度的粗葡萄酒，然后在如下所述的多塔装置中进一步蒸馏。

在图 26.4.6 的三塔蒸馏的案例中，包括一个净化塔去除“头”，精馏塔浓缩乙醇、甲醇塔去除甲醇。进料进入由新鲜蒸气加热的净化塔顶部的几个泡帽塔盘附近，向上述塔盘中加入热水以便萃取蒸馏。因此，水力选择(和新鲜蒸气)通过将乙醇稀释至约 20%或更低来提高混合物的沸点，增加了“头”部组分的相对挥发性(图 26.4.2)，并降低了它们在稀释溶液中的混溶性，使之更容易沸腾。“头”部蒸气通过一个小的填充塔，作为外部回流被返回或冷却并分离。较低浓度的乙醇溶液从粗镏塔的底部离开，并在有大约相同乙醇含量(进料塔板)的泡帽塔板处进入精馏塔，在那里通过再沸器加热，将乙醇调整至 96%。进料点下方的塔板从稀溶液(剥离区，少量塔板)中除去乙醇，而上面的塔板浓缩乙醇和去除其他有效杂质(浓缩部分，包含 2 倍数量的塔板以使精馏率达到 96%)。将其与图 26.4.5 中的分离器进行比较。浓缩部分能够分离葡萄酒油(即浓缩在 75%左右的 C_3 和 C_4 醇)和杂醇油(即浓缩在 40%左右的 C_5 醇)，因为它们的挥发性比 96%乙醇低(图 26.4.2)。在较高的温度(80～90 ℃左右，接近再沸器温度)下这些有效杂质汇集在塔下方的塔盘上，可以被提取出来(进料塔上方的葡萄酒油和下面的杂醇油)[⑭]。“酒头”被冷凝，作为外部回流返回精馏器，或者输送到粗镏塔重新蒸馏，废物从底部排出，对进入粗镏塔的粗酒进行预热。

精馏塔顶部出现的乙醇馏分可能含有较高浓度的甲醇(见第 6 章关于甲醇的更多信息)[⑮]。甲醇比 70%以上的乙醇的挥发性更高，但是挥发性的差异并不大(图 26.4.2)，

⑬ 优质白兰地的生产通常需要专门为蒸馏酿造的葡萄酒，就像白兰地和雅马邑一样。由清洁发酵(产生少量杂醇油、醛类和硫化物)酿制的中性葡萄品种的葡萄酒，乙醇含量适中，高酸(微生物稳定性好，具有更好的香气质量)，发酵后不久就蒸馏，不添加 SO_2。在蒸馏过程中可能会加入一些酒脚以增加风味(如脂肪酸及其乙基酯)。

⑭ 在蒸馏过程中，分离和提取的油头和杂醇油等成分也含有乙醇。这些成分统称为劣质酒。在对剩余废料进行处理之前，它们被送到劣质酒蒸馏器中回收乙醇。

⑮ 虽然较高的塔盘也含有高浓度的乙醇，但乙醇并不是从这些塔盘中提取出来的，因为它含有少量不经粗镏塔去除的易挥发的头部成分，而且这些成分在高乙醇浓度下很容易溶解。

并且可以用一个被称为脱甲醇机的非常有效的填充塔(或甲醇塔)⑯进行分离。高度精馏的乙醇在从甲醇塔底部流出时被轻轻地再沸腾，而甲醇和其他剩余的有效杂质在塔顶冷凝。塔顶可以作为外部回流返回或循环回至粗馏塔。

多柱蒸馏塔的设计可能有不同的变化，塔盘与塔的组合可能有不同的数目，如填料塔粗馏塔或带有底部塔盘和上部填料的甲醇塔。在任何情况下，原理都是相同的，依据塔内液体中乙醇浓度相对应的挥发性差异，除去有效杂质和浓缩乙醇。对于葡萄酒、酒糟和其他含有较高浓度的不需要的同系物的低质量原料，如含有较高乙醛和甲醇的葡萄渣，需要分离出乙醇并生产中性的 SVR。在这些情况下，需要使用额外的塔，如带有填料塔和泡帽塔盘的五柱蒸馏塔(洗涤或分离器柱，类似于图 26.4.5)，去生产粗葡萄酒和在低乙醇浓度下除去挥发性物质，随后通过一个带有泡帽的精馏器和两个填充的甲醇塔，以生产有效杂质含量非常低的 SVR。

4. 降低葡萄酒中的乙醇浓度

不同形式的蒸馏除了用于烈酒生产之外，还可以用于生产低浓度乙醇的葡萄酒[25, 26]，蒸发器或旋转锥形塔式的专用蒸馏设备在真空下采用较低温度除去乙醇，产生的富含乙醇的馏出物可以以常规方式分馏，以精馏和回收乙醇。通过反渗透或其他膜技术(26.3 节)，也可以对那些降乙醇的葡萄酒中得到的渗透液用传统的方法蒸馏去除乙醇，其中富含水的剩余物被返回到原来的葡萄酒中。这种方法的优点是只有葡萄酒中低分子量组分被蒸馏，使葡萄酒风味损失较小。无论蒸馏技术如何，原理保持不变，并且由于液体和蒸气相互作用而传质。

26.4.4 烈酒的成分和木桶成熟

鉴于加工决策和设备选择可能对馏分组成产生许多影响，精馏程度(乙醇含量)是特别重要的，因为较高的精馏程度意味着较低的有效杂质浓度。白兰地生产涉及较低程度的精馏，因为有效杂质有助于产品获得理想的感官特性，SVR 仅在需要乙醇时使用而不要任何口味，如用于强化一些波特酒和雪利酒。表 26.4.2 提供了在白兰地(包括干邑和雅马邑)中发现的有效杂质浓度以及由锅或连续蒸馏器生产的 SVR。尤其是在连续蒸馏中，头部组分(即乙醛、乙缩醛、乙酸乙酯)和糠醛的含量较低，而壶式蒸馏的马克酒甲醇和头组分浓度显著升高。此外，由于设计变化，从连续蒸馏器获得的白兰地和雅马邑之间，许多有效杂质浓度(特别是杂醇

---

⑯ 实际塔盘的数量决定了其分离组分的能力，替代实际塔盘，填充塔高度决定了平衡阶段的数量。用理论板(HETP)的高度等效表示填充塔的效率；HETP 越小，理论板数越高，对给定塔高的分离效果就越好。

油和乳酸乙酯)存在差异。请注意，由于用多塔蒸馏器生产高度精馏的中性酒，欧盟允许 SVR(96%，体积分数)的有效杂质的最大限量明显低于其他烈酒所观察到的典型值。

表 26.4.2　普通葡萄酒与间歇或连续蒸馏法生产的葡萄烈酒中主要挥发性组分的比较。数据来自本书第一部分及文献[12，27-31]

有效杂质浓度/(mg/L 纯乙醇)[a]	葡萄酒	间歇式蒸馏				连续蒸馏		
		白兰地	干邑	雅马邑	马克酒	白兰地	雅马邑	SVR[b]
乙醛	110	103～202	140～276	191～247	517～767	57～101	59～69	50
双乙酰	445	58～102	58～101	58～81	277～432	21～100	33～54	—
甲醇	370	372～542	102～510	389～408	5769～7917	138～490	392～433	300
1-丙醇	280	408～495	294～372	277～285	439～697	285～490	269～287	50
2-甲基-1-丙醇	600	385～640	1092～1335	907～1030	626～878	248～352	884～920	
2-甲基-1-丁醇	465	1742～2022[c]	2797～2910[c]	642～729	427～579	985～1342[c]	659～669	
3-甲基-1-丁醇	2020	—	—	2660～2860	1185～2007	—	2420～2530	
乙酸乙酯	370	390～535	440～512	254～331	738～1669	148～225	228～246	13
己酸乙酯	4	6～10	6～9	3	5～14	2～7	3	
癸酸乙酯	3	31～50	15～44	4～6	16～69	12～24	4	
乳酸乙酯	3030	55～69	184	340～347	171～257	5～72	390～505	
糠醛	90	33～34	24～29	10～14	—	2～4	2	ND[d]

a. 同源物通常用每升纯乙醇来表示，所以对于体积分数为 40%的乙醇，列出的浓度值将乘以 0.40 得到实际的浓度(mg/L)。葡萄酒的数据基于 11%的乙醇的值。

b. 根据欧盟规定的最大值，总醛用乙醛表示，总高级醇为各个醇之和，总酯用乙酸乙酯表示。

c. 同时报道了 2-甲基-1-丁醇和 3-甲基-1-丁醇的异构体。

d. ND，未检测到。

白兰地酒通常在橡木桶中陈酿，其中包括芳香化合物在内的一些橡木成分被提取出来[14, 17]。葡萄酒陈酿过程中发生的反应(第 25 章)也可能导致烈酒老化，有下列一些重要的不同。

(1) 白兰地具有比葡萄酒(4.2～4.4)更高的 pH，因此，酸催化的反应如酯水解和合成将按比例更缓慢地发生。有趣的是，在木桶陈酿的白兰地中，这些反应似乎比在玻璃瓶中陈酿得更快[32]，可能是因为可以从橡木中提取可降低 pH 的有机酸。

(2) 与大多数葡萄酒相比，白兰地的过渡金属浓度更低，酚类物质含量更低，SO_2 含量可以忽略不计，因此消耗更多的氧气。虽然白兰地中的乙醛浓度通常高于葡萄酒，但这是因为白兰地通常以半有氧的形式储存。当葡萄酒和白兰地都暴露在大量的空气中时，乙醛的产生在葡萄酒中更为迅速。

在不同来源的新老橡木桶中陈酿不同时间(在某些情况下为几十年)，和不同烈酒混合，产生了商业烈酒的特征。此外，大多数烈酒用蒸馏水进行稀释，将其从桶内的乙醇浓度稀释至瓶内的乙醇浓度(通常是在一段时间内逐步稀释)[20, 21]。在橡木桶中窖藏多年的白兰地会由于蒸发而自然地失去乙醇，并且在混合和装瓶时可能已经处于适当的强度，所以不需要稀释。

据了解，除了乙醇之外，干邑白兰地的香气主要来源于发酵产生的物质，特别是支链乙基酯、杂醇及其相应的醛类以及来自木材的香气物质。在干邑中报道的唯一可能来自葡萄的高活性值的物质是β-大马士酮[33]，并且在一些白兰地中已经报道了，该物质浓度超过 100 μg/L[34]，这比大多数葡萄酒高一个数量级(第 8 章)。β-大马士酮浓度的升高可能是由于葡萄酒加热导致糖苷态前体物释放(23.1 节)。

参 考 文 献

1. Huang, H.T.(2000) Evolution of distilled wines in China, in Part V: Fermentations and food science, Cambridge University Press, Cambridge, UK, pp. 203-231.
2. Sherwood, T.F.(1945) The evolution of the still. Annals of Science, 5(3), 185-202.
3. Liebmann, A.J.(1956) History of distillation. Journal of Chemical Education, 33(4), 166.
4. Lea, A.G.H. and Piggott, J.R.(eds)(2003) Fermented beverage production, 2nd edn, Kluwer Academic/Plenum Publishers, New York.
5. Bennett, B.L. and Kovak, K.W.(2000) Optimize distillation columns. Chemical Engineering Progress, 96, 19-34.
6. Luyben, W.L.(2006) Fundamentals of vapor-liquid phase equilibrium(VLE), in Distillation design and control ssing aspen simulation, 2nd edn(ed. Luyben, W.L.), John Wiley & Sons, Inc., Hoboken, New Jersey, pp. 1-26.
7. Kiss, A.A.(2013) Basic concepts in distillation, in Advanced distillation technologies, John Wiley & Sons, Ltd, Chichester, UK, pp. 1-35.
8. Jacques, K.A., Lyons, T.P., Kelsall, D.R.(eds)(2003) The alcohol textbook, 4th edn, Nottingham University Press, Nottingham.
9. Meirelles, A.J.A., Batista, A.C., Scanavini, H.F.A., et al. (2009) Distillation applied to the processing of spirits and aromas, in Extracting bioactive compounds for food products(ed. Meireles, M.A.A.), CRC Press, Boca Raton, FL, pp. 75-135.
10. Buglass, A.J.(2011) Handbook of alcoholic beverages: technical, analytical and nutritional aspects, John Wiley & Sons, Ltd, Chichester, West Sussex, UK.
11. Guymon, J.F.(1974) Chemical aspects of distilling wines into brandy, in Chemistry of winemaking, American Chemical Society, Washington, DC, pp. 232-253.
12. Léauté, R.(1990) Distillation in alambic. American Journal of Enology and Viticulture, 41(1), 90-103.

13. Silva, M.L., Macedo, A.C., Malcata, F.X.(2000) Review: steam distilled spirits from fermented grape pomace. Revision: Bebidas destiladas obtenidas de la fermentación del orujo de uva. Food Science and Technology International, 6(4), 285-300.

14. Tsakiris, A., Kallithraka, S., Kourkoutas, Y.(2014) Grape brandy production, composition and sensory evaluation. Journal of the Science of Food and Agriculture, 94(3), 404-414.

15. Martin, A., Carrillo, F., Trillo, L.M., Rosello, A.(2009) A quick method for obtaining partition factor of congeners in spirits. European Food Research and Technology, 229(4), 697-703.

16. Piggot, R.(2003) From pot stills to continuous stills: flavor modification by distillation, in The alcohol textbook, 4th edn(eds Jacques, K.A., Lyons, T.P., Kelsall, D.R.), Nottingham University Press, Nottingham, pp. 255-266.

17. Buglass, A.J., McKay, M., Lee, C.G.(2011) Brandy, in Handbook of alcoholic beverages: technical, analytical and nutritional aspects(ed. Buglass, A.J.), John Wiley & Sons, Ltd, Chichester, West Sussex, UK, pp. 574-594.

18. Buglass, A.J., McKay, M., Lee, C.G.(2011) Grape and other pomace spirits, in Handbook of alcoholic beverages: technical, analytical and nutritional aspects(ed. Buglass, A.J.), John Wiley & Sons, Ltd, Chichester, West Sussex, UK, pp. 595-601.

19. Bertrand, A.(2003) Armagnac, brandy, and Cognac and their manufacture, in Encyclopedia of food sciences and nutrition, 2nd edn(ed. Caballero, B.), Academic Press, Oxford, pp. 584-601.

20. Cantagrel, R. and Galy, B.(2003) From vine to Cognac, in Fermented beverage production, 2nd edn(eds Lea, A.G.H. and Piggott, J.R.), Kluwer Academic/Plenum Publishers, New York, pp. 195-212.

21. Bertrand, A.(2003) Armagnac and wine-spirits, in Fermented beverage production, 2nd edn(eds Lea, A.G.H. and Piggott, J.R.), Kluwer Academic/Plenum Publishers, New York, pp. 213-238.

22. Technical Symposium on Australian grape spirit and brandy production(1978) Waite Agricultural Research Station, Urrbrae SA, Adelaide, SA, 12-13 June 1978, The Australian Wine Resarch Institute.

23. Kiss, A.A.(2013) Design, control and economics of distillation, in Advanced distillation technologies, John Wiley & Sons, Ltd, Chichester, UK, pp. 37-65.

24. Pilling, M. and Holden, B.S.(2009) Choosing trays and packings for distillation. Chemical Engineering Progress, 105, 44-50.

25. Pickering, G.J.(2000) Low- and reduced-alcohol wine: a review. Journal of Wine Research, 11(2), 129-144.

26. Schmidtke, L.M., Blackman, J.W., Agboola, S.O.(2012) Production technologies for reduced alcoholic wines. Journal of Food Science, 77(1), R25-R41.

27. Bertrand, A.(1989) Role of continuous distillation process on the quality of Armagnac, in Distilled beverage flavour: recent develoments(eds Piggott, J.R. and Paterson, A.), Ellis Horwood Ltd., Chichester, UK, pp. 97-115.

28. Panosyan, A.G., Mamikonyan, G.V., Torosyan, M., et al.(2001) Determination of the composition of volatiles in cognac(brandy) by headspace gas chromatography-mass spectrometry. Journal of Analytical Chemistry, 56(10), 945-952.

29. López-Vázquez, C., Herminia Bollaín, M., Berstsch, K., Orriols, I.(2010) Fast determination of principal volatile compounds in distilled spirits. Food Control, 21(11), 1436-1441.

30. EC Regulation No. 110/2008(2008).

31. Etiévant, P.X.(1991) Wine, in Volatile compounds in foods and beverages, 1st edn(ed. Maarse, H.), Marcel Dekker, New York, pp. 483-546.

32. Onishi, M., Guymon, J.F., Crowell, E.A.(1977) Changes in some volatile constituents of brandy during aging. American Journal of Enology and Viticulture, 28(3), 152-158.

33. Uselmann, V. and Schieberle, P.(2015) Decoding the combinatorial aroma code of a commercial Cognac by application of the sensomics concept and first insights into differences from a German brandy. Journal of Agricultural and Food Chemistry, 63(7), 1948-1956.

34. Sefton, M.A., Skouroumounis, G.K., Elsey, G.M., Taylor, D.K.(2011) Occurrence, sensory impact, formation, and fate of damascenone in grapes, wines, and other foods and beverages. Journal of Agricultural and Food Chemistry, 59(18), 9717-9746.

第 27 章　添加剂和加工助剂

27.1　引　　言

在大多数葡萄酒生产国，有关葡萄酒的标准都要求葡萄酒完全由葡萄经全部或部分酒精发酵而成，但也允许在果汁或葡萄酒中添加其他物质。葡萄酒酿造中使用的添加剂必须是被明确允许的，也就是说，如果某种物质在葡萄酒酿造中没有被明确允许使用，就应当看作是禁止添加的①。一些添加剂在葡萄酒中应用的历史已经有几个世纪甚至几千年，例如，用石膏($CaSO_4$)处理葡萄酒以降低其 pH②；其他添加剂则可以追溯到最近 10 年，新的添加剂被定期批准使用③。

27.2　法规和术语

一般而言，生产者期望批准使用的添加剂能够生产出像美国联邦法规 27 CFR 24.246[1]中所述的葡萄酒：

在过滤、澄清或净化葡萄酒的过程中使用的添加剂可以去除浑浊、沉淀及不希望的气味和味道，但是任何改变葡萄酒特征的添加剂，或者会改变其特征的成分分离，都不符合良好的商业惯例，是不允许的……

葡萄酒的添加剂与葡萄酒掺假完全不同(图 27.1)，后者是添加了非法添加物以改善葡萄酒的风味、颜色或降低生产成本，由于添加物比葡萄酒便宜得多，这些添加物可能对食品是安全的，但它们不是葡萄酒的天然组分(如使用食用色素以

---

① 大多数国家允许葡萄酒厂申请使用未经批准的添加剂，但要求这些添加剂已被批准用于其他食品或者在其他国家的葡萄酒酿造中。此外，生产国往往会将使用未经批准的添加剂(但用于食品是安全的)的葡萄酒进行分类标识，如注明“具有天然香气的葡萄酒”。

② 例如，Osterreicher&Co. 于 1872 年出版的 *The Rational Manufacture of American Wines* 一书中，描述了许多现代葡萄酒添加剂的使用情况，包括酒石酸、蛋白质、鱼胶(用于澄清)、二氧化硫和纤维素纸，也提到了其他一些受质疑的和非法的添加剂，如甘油、鸢尾根、丁酸乙酯和硫酸，其中一个题为 Compounding 的章节中，介绍了调配模拟波尔多红葡萄酒等著名欧洲葡萄酒。

③ 批准新的酿酒工艺(如电渗析或反渗透)也可做类似的声明。

增加红色)，因此是非法的；或者它们对食品可能是不安全的(如使用乙二醇增加感官感知，第 28 章)。可以进一步区分真正的添加剂与加工助剂[2]：

(1) 添加剂指预期留在成品中以发挥其作用的化合物(如亚硫酸氢盐、酒石酸)。

(2) 加工助剂指在加工过程中添加，但在成品中检测不到或含量微不足道的物质，它们可能是被刻意除去，或转化为其他天然存在的取代基，或者在整个加工过程中都以最小浓度存在。一些加工助剂会留下痕迹，这些痕迹对于部分人群是有害的，如致敏性蛋白澄清剂(26.2 节)。

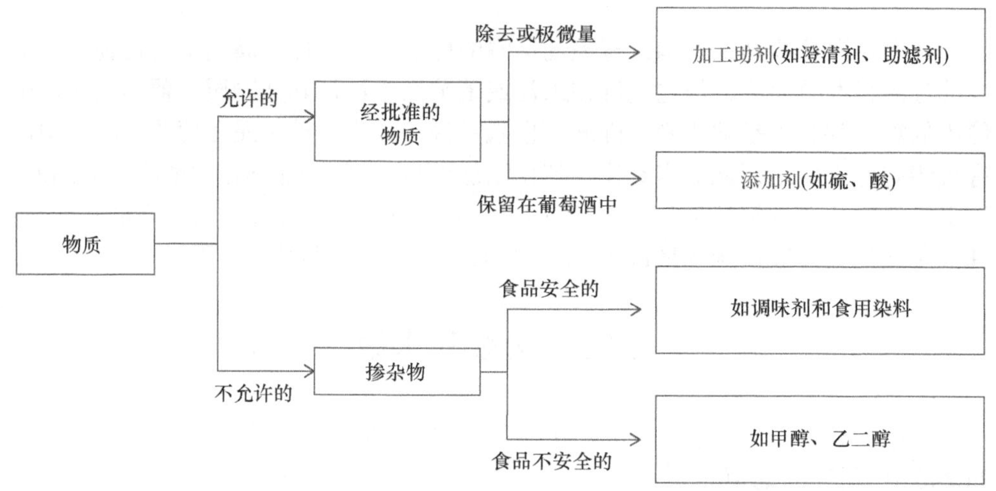

图 27.1 添加剂、加工助剂和掺假成分的区别

允许使用的添加剂通常会有一些额外的限制规定，其中可能涉及以下几点。

(1) 成品葡萄酒中允许的最大添加量和/或最大残留量。

(2) 添加的时机(在发酵前或在成品葡萄酒中)，或者被作为补救材料时的情形(条件)。

(3) 对杂质、来源或物质制备方法的限制。

这些限制可以从以下来自不同地区的具体例子中看到：阿拉伯树胶在美国(27 CFR 24.246)[1]被批准使用的浓度为 1.92 g/L，其作用是通过抑制酒石酸氢钾沉淀，提高葡萄酒稳定性(26.1 节)。其他用途(如改善口感)没有说明，因此不允许添加。根据澳大利亚和新西兰的法规(标准 4.5.1)[3]，用亚铁氰化物澄清(26.2 节)是合法的，但要求酿酒师在处理后保留葡萄酒残留铁的数据，作为葡萄酒没有被过分过滤的证明(26.2 节)。此外，在其他许多限制中 OIV 法规(国际酿酒法典)[4]规定了亚铁氰化钾溶液中游离氰化物的最高含量。

大多数葡萄酒产区都要求酿酒师记录酿酒过程中所使用的任何物质成分、数量和日期(除了过滤助剂)，并且这些信息可供审核，其目的不仅仅是确保只使用经过批准的物质，而且利于追溯所使用的特定添加剂批次，以及对一个高税收和受监管的产品的损失量进行说明。

27.3　添加剂和加工助剂：作用和跨区域比较

大多数添加剂和加工助剂的作用是下列四种之一，只有少数加工助剂有不止一种作用。

(1) 抗菌。葡萄酒生产中使用的主要抗菌剂是 SO_2(通常以焦亚硫酸钾的形式加入，第 17 章)，它对微生物具有广谱抗菌作用。相对而言，其他抗菌剂有选择性：山梨酸对酵母有效，但对乳酸菌不起作用；而溶菌酶正好相反。

除了作为广谱杀菌剂的加工助剂二甲基二碳酸酯(DMDC)之外，抗菌剂都是添加剂，在法律上它可以被添加到葡萄酒(或其他饮料)中，通常浓度高达 200 mg/L。DMDC 的活性取决于它的亲电性及其与各种亲核试剂，如硫醇和酶活性位点的氨基的反应能力[5]。在模拟酒溶液中室温下 DMDC 半衰期大约为 30 min，它可与其他葡萄酒成分发生反应产生少量微毒物质，如与水生成甲醇和 CO_2(图 27.2)。因此，DMDC 通常只在装瓶之前使用，特别是对于比较容易变质的甜型葡萄酒，可以保证产品无菌。

$$\mathrm{MeO{-}C(=O){-}O{-}C(=O){-}OMe} + \mathrm{H_2O} \longrightarrow 2\,\mathrm{CH_3OH} + 2\,\mathrm{CO_2}$$

图 27.2　二甲基二碳酸酯与水反应生成甲醇和二氧化碳

(2) 稳定、澄清和净化。这类物质大多是澄清剂，属于加工助剂(26.2 节)，但有一个重要的例外就是抑制偏重酒石酸钾沉淀的阿拉伯树胶，其起添加剂作用(26.1 节)。此外，用于防止氧化的物质也属于这一类，其中包括惰性气体和抗氧化添加剂(如 SO_2，第 24 章)。

(3) 弥补葡萄汁或葡萄酒的自然缺陷。有些地区可能允许添加糖、酸、单宁和水，但添加时机和范围可能因地区不同而不同。例如，在美国，只要可滴定酸度没有降到 5 g/L 以下，联邦法规允许用糖、酸和按体积计不超过 35%的水改善葡萄汁或葡萄酒；但是加利福尼亚州的行政法规(17010(a)部分)则不允许添加糖，但允许在葡萄汁中加水以减少葡萄汁的潜在酒度并防止发酵停滞，达到促进葡萄酒酿造的目的。

(4) 酵母营养素和微生物。有些地区通常允许接种酵母和乳酸菌以及添加一些营养物质，特别是那些葡萄汁中最常缺乏的营养素，如酵母可同化氮，通常以磷酸氢二铵的形式添加(第 5 章和 22.3 节)。

每个国家批准使用的物质都可以在与葡萄酒生产有关的规定中找到，研究法规之间的差异及其对贸易的影响[6]，发现除了少数例外情况，物质名单通常是相似的，但活性物质的名称或具体形式或数量可能有所不同，例如，澳大利亚允许使用柠檬酸盐和硫酸盐，但美国只允许使用硫酸铜；有几个数据库可以让生产者以更便捷的方式访问或比较最新的法规，如 FIVS-Abridge 和澳大利亚葡萄酒研究所(AWRI)有允许使用的添加剂和加工助剂数据库。

表 27.1 比较了三个法规所允许的添加剂和加工助剂：美国的 27 CFR 24 F 和 L 部分[1]、澳大利亚联邦标准 4.5.1[3]以及国际葡萄与葡萄酒组织(OIV)[4]的酿酒法典(包括 2015 年 46 个成员国)。作为附加说明，这些较大的司法辖区内的许多亚区或法定产区往往有更严格的规定，如加利福尼亚州允许葡萄汁添加水和糖的情况。

表 27.1　国际葡萄与葡萄酒组织、澳大利亚和美国法规允许的葡萄酒酿造中使用的添加剂的比较。水、果汁、糖、蒸馏葡萄酒和活性微生物培养物也允许添加，但未包括在此表中。M，防止微生物腐败；S，稳定、净化或澄清酒；C，弥补自然缺陷；N，发酵营养物；P，加工助剂，不残留在酒中。法规：A，澳大利亚；U，美国；O，OIV；空白，所有三个区域都允许

参考本书的章节	添加剂/加工助剂	类别					主要用途	法规
		M	S	C	N	P		
26.1	阿拉伯树胶(阿拉伯胶)		×				抑制酒石酸盐沉淀	
9，24	乙醛		×			×	稳定颜色(形成聚合色素)，但仅在浓缩前的果汁中使用	U
26.2	活性炭		×			×	一般澄清剂	
26.2	蛋白质(或全蛋白)		×			×	去除多酚	
	氩	×	×				防止酒氧化	A，O
22.2	铵盐，如$(NH_4)_3PO_4$或$(NH_4)_2SO_4$				×	×	氮源，所允许的具体盐类可能因国家而异	
24	抗坏血酸，异抗坏血酸		×				抗氧化	
26.2	膨润土		×			×	去除蛋白质，沉降助剂(帮助压实)	
3，26.1	$CaCO_3$		×	×		×	脱酸，酒石酸稳定	
22.2	泛酸钙				×		补充维生素 B_5	A，U
26.1	羧甲基纤维素盐		×				稳定酒石酸	A
3	$CaSO_4$			×			降低雪利酒的 pH	U
	CO_2	×	×				防止酒的氧化；风味	
26.1	酒石酸钙		×				用于稳定酒石酸钙的晶种	A
26.2	酪蛋白	×					去除多酚	
	甲壳素葡聚糖		×				澄清金属和其他组分	O
	壳聚糖	×	×				澄清金属和其他组分；抑菌(Brett.)	A，O

续表

参考本书的章节	添加剂/加工助剂	类别 M	S	C	N	P	主要用途	法规
3，22.1	柠檬酸	×		×			酸味剂	
10，26.2	Cu(Ⅱ)盐(硫酸盐，柠檬酸盐)		×				去除有气味的硫化氢和硫醇，柠檬酸铜在澳大利亚和 OIV 中允许	
	消泡剂(如 PDMS)					×	控制发酵过程起泡	
	二甲基二碳酸酯(DMDC)	×				×	广谱抗菌剂，在水解时形成甲醇和二氧化碳	
	酶-淀粉酶					×	将淀粉转化为可发酵糖	
2，19	酶-糖酶(果胶酶，半纤维素酶，纤维素酶)					×	增加出汁率，澄清和稳定葡萄酒	
	酶-过氧化氢酶和葡萄糖氧化酶(GOX)	×				×	通过酶促转化成葡糖酸，从而去除葡萄糖；该过程中产生 H_2O_2，后者可被过氧化氢酶降解	U
5	酶-蛋白酶		×			×	稳定蛋白质	A，U
5	酶-脲酶		×			×	去除尿素，防止形成氨基甲酸乙酯	
	乙基麦芽酚，麦芽酚		×				“稳定酒”作为增味剂；可能不能用于葡萄酒酿造	U
26.2	亚铁氰化物和 $FeSO_4$		×			×	去除铜或其他金属，硫醇	
26.3	过滤助剂(硅藻土、纤维素等)			×		×	帮助澄清过滤	
3	延胡索酸	×		×			酸化剂，一般抗菌剂	U
26.2	明胶/胶原		×			×	去除多酚	
	软木颗粒		×			×	香气[a]	U
17	过氧化氢		×			×	去除多余的 SO_2	A
	离子交换树脂			×			调整酸，在美国被认为是一种“工艺”	
26.2	鱼胶		×			×	去除多酚	
3	乳酸			×			酸味剂	
3	苹果酸[b]			×			酸味剂	
26.1	偏酒石酸		×				抑制酒石酸盐沉淀	A，O
26.2	奶制品(如脱脂奶粉)		×			×	去除多酚	
24	N_2	×	×			×	隔绝氧气	
25	橡木/橡木片					×	香气[a]	
24	O_2					×	控制氧化	
26.2	肌醇六磷酸		×			×	去除过渡金属离子	A，O

续表

参考本书的章节	添加剂/加工助剂	类别					主要用途	法规
		M	S	C	N	P		
26.2	植物蛋白		×			×	去除多酚	A，O
26.2	聚乙烯聚吡咯烷酮(PVPP)		×			×	去除多酚	
26.1	酒石酸氢钾			×		×	用作酒石酸稳定的晶种	
3，26.1	K_2CO_3/$KHCO_3$				×	×	脱酸，去除酒石酸盐	
17	焦亚硫酸钾($K_2S_2O_7$)，SO_2	×	×				抑菌，抗氧化剂	
26.2	硅胶(SiO_2)		×			×	用蛋白质澄清剂配制，在过滤之前协助沉降	
18	山梨酸或山梨酸钾	×					抑制酵母菌生长	
22.2	大豆粉(脱脂)				×	×	氮源	U
14	单宁		×				口感，与蛋白质澄清剂混合	
3，26.4	酒石酸[b]			×			酸味剂	
22.2	硫胺素				×	×	补充维生素 B_1	
22.2	酵母，自溶				×	×	氮，其他营养素；可以结合抑制化合物	
26.1	酵母甘露糖蛋白		×				酒石酸稳定	A，O

a. 美国联邦法规规定，橡木片和软木颗粒可以被用来软化葡萄酒，这是一个非常模棱两可的定义。

b. 美国联邦法规要求酒石酸是葡萄酒生产的副产品，而对于可以通过化学合成生产的苹果酸却没有这样的限制，且可以一种外消旋混合物使用。

参 考 文 献

1. Title 27-Alcohol, Tobacco Products and Firearms, Chapter I, Subchapter A, Part 24. Wine. United States Code of Federal Regulations, Washington, DC, 2015.
2. Robin, A.-L. and Sankhla, D.(2013) European legislative framework controlling the use of food additives, in Essential guide to food additives, 4th edn(ed. Saltmarsh, M.), The Royal Society of Chemistry, pp. 44-64.
3. Australia and New Zealand Food Standards Code—Standard 4.5.1—Wine Production Requirements. Australian Government, Federal Register of Legislative Instruments, 2014.
4. International Oenological Codex. Organisation Internationale de la Vigne et du Vin, Paris, France, 2014.
5. Golden, D.A., Worobo, R.W., Ough, C.S.(2005) Dimethyl dicarbonate and diethyl dicarbonate, in Antimicrobials in food, 3rd edn(eds Davidson, P.M., Sofos, J.N., Branen, A.L.), CRC Press, pp. 305-326.
6. Juban, Y.(2000) Oenological practices: the new global situation. Bulletin de l'OIV(France), 73, 20-56.

第三部分
案例研究：葡萄酒化学最新进展

第28章 认　　证

28.1 引　　言

当代媒体常常报道葡萄酒造假案，用比较廉价的葡萄酒或者其他调配物重新灌装到贴有名贵波尔多葡萄酒酒标的空瓶子中，这种行为非常普遍，已经导致一些拍卖机构在品鉴之后直接毁掉瓶子[1]。在一些葡萄酒瓶真实性问题出现之后，一位葡萄酒收藏家起诉了一家历史悠久的葡萄酒经销商，这些酒瓶有曾经被杰斐逊·托马斯(Thomas Jefferson)拥有过的[2]或者极为稀有的波尔多和勃艮第的年份葡萄酒[3]，造假者用成本大约为每升 1 美元的葡萄酒替换了每瓶成本超过 100 美元的托斯卡纳葡萄酒[4]。葡萄酒是以经济目的进行造假的较常见的食品[5]①——不仅仅是因为其成本，也是因为它能通过不透明的供给链和分销链到达消费者手中。葡萄酒对于造假者的吸引不是新现象——一位著名的葡萄酒消费者 Jefferson 曾经评论了其生活的年代中造假的流行[6]，在这之前，《爱情神话》(*The Satyricon*)一书中描述了一名叫特里马乔(Trimalchio)的人，在一场罗马宴会中提供了一瓶明显假冒的昂贵的意大利法勒恩(Falernian)地区的葡萄酒假酒[7]。造假常常可以通过审查或举报发现，但也可以通过化学方法鉴定或确认。这一章将会讨论葡萄酒真伪鉴别方面常规的和正在出现的策略，第 4 章也有关于金属和认证的讨论。

28.2 造假——类别和检测方法

主要也是最引人关注的造假是造假产品和品牌，但这只是葡萄酒和其他食品几种造假类别之一(表 28.1)。除了假冒之外，生产商可能会用名气较差且较廉价的葡萄产区或葡萄品种的葡萄酒来替代，目前，涉及品牌、产区或葡萄品种的造假通常可以由监管机构通过一些常规手段(审计、内幕消息、可疑买家)发现，绝

---

① Everstine 等[5]的报告称，掺假事件最多的食品类别是海鲜和鱼类，主要是用价格较低的鱼类替代；乳制品主要是表观蛋白含量掺假；脂肪和油掺假，尤其是用便宜的油假冒橄榄油。

大多数葡萄酒厂以及一些栽培区都被要求保留大量与产量和工艺有关的记录②，潜在的造假也可以通过采用化学分析方法鉴定或发现。基于单一化合物的检测策略比较容易操作，而基于与不同产品类型相关的多组分指纹法则更加有效。指纹法通常依靠与代谢组学应用相类似的多元方法，包括以下几个步骤：

(1) 搜集大量已知类型(葡萄品种、产区、品牌等)真品和/或赝品的样品。

(2) 通过一种或多种技术分析样品，确定和定量关键特征。

(3) 基于多元统计分析开发分类模型(模式识别)。

(4) 分类模型必须通过验证，最好是通过使用没有用于最初模型开发的已知出处的其他样品进行验证[8]。

表 28.1　在葡萄酒和食品行业其他领域中发现的造假类型

造假类型	葡萄酒代表性案例	检测的相对难度	文献中常用的方法
品牌/产品商标(假冒)	用廉价葡萄酒和/或假冒产品重新灌装到带有真酒标或假酒标的瓶中	简单到中等(如果真品可以获得，或将葡萄酒与非葡萄酒对比)； 困难(如果真品无法获得)	范围广泛的适用技术，包括 GC-MS 或 LC-MS、FT-IR、NMR
天然成分掺假	在受禁地区的葡萄酒酿造中添加糖、酸或水[5]	中度	同位素比值质谱仪(IRMS)
外源添加掺假	向奥地利葡萄酒中添加二甘醇来增强酒体[5]	简单(如果预见了)； 困难(如果未预见)	GC-MS 或 LC-MS
加工	使用未经授权的加工助剂或葡萄酒酿造工艺(如在受禁产区使用微氧化工艺)	中度到困难	不常评价
种/品种	在法国朗格多克用廉价的美乐和其他红葡萄代替黑比诺[9]	简单(葡萄)； 中度到困难(葡萄酒)	很多技术适用，如 GC-MS 或 LC-MS、FT-IR、NMR
原产地	在美国加利福尼亚州用廉价的中央山谷葡萄代替纳帕谷葡萄[10]	中度到困难	同位素和元素分析

数据库和模型一旦被开发出来，可以通过引入新的真品样品加以改进。在第 32 章中所述的大部分分析工具[核磁共振(NMR)、气相色谱-质谱联用仪(GC-MS)、高效液相色谱-紫外/可见光分光光度仪(HPLC-UV/VIS)、近红外光谱仪(NIR)等]都适合用于葡萄酒和其他食品的指纹分析[11-13]，其共同的不足在于这些

② 在朗格多克地区用美乐和其他葡萄替代黑比诺的案件(表 28.1)，最初是由一名官员发现的，他开始怀疑起源于一个合作社销售的黑比诺葡萄酒总量超过了该地区的注册生产总量。

仪器需要测定大量的样品特性，这增加了发现潜在低劣产品的难度。至少从 20 世纪 70 年代起，指纹法就已经用于乙醇饮料和其他食品的真伪鉴别，并且随着廉价计算能力的到来变得日益广泛[14]。在这一时期分析能力也得到提高——一项关于苏格兰威士忌认证的早期报告介绍，通过气相色谱-火焰离子(GC-FID)法从样品中测定并定量了 17 个峰(称为特征峰，第 32 章)，用于酒的鉴别[15]；在另一项采用超高效液相色谱-四极杆飞行时间质谱联用(UPLC-QTOF-MS)法检测不同威士忌样品的最新报告中，仅用不到一半的时间便可检测到 7600 种特征物质，从中筛选出 43 种物质用于辨别这些样品[16]。

生产者使用如食品色素和香料等非法添加剂(掺假物，第 27 章)也构成造假，掺假物在葡萄酒中一般很少或者仅有痕量，可以通过适当仪器进行靶向性检测和定量，如采用 HPLC-UV/VIS 检测人造色素，使用 GC-MS 检测香气物质。葡萄酒中可能存在一些天然掺假物，如甘油，对于其检测则具有挑战性，在这些情况下对造假的检测常常必须依赖于稳定的同位素比值的微妙差别[17]。

使用未经授权的生产工艺或者加工助剂也可能构成造假，加工造假的报道不多，研究也较少，可能是因为这样的伪劣品并不常见或者被认为不严重。此外，相比于真伪认证，对加工工艺造假的鉴别更具挑战性，例如，一种不允许使用的树脂，其设计目的并不是让其在葡萄酒中长期保留，这种行为很难鉴定，在某些情况下，采用靶向性方法检测加工原料残存物浓度是可行的，而指纹分析可能适用于检测一些非法工艺。

28.3　稳定同位素比值法分析检测甘油掺假

在大部分葡萄酒产区严格限制添加葡萄酒或果汁中天然存在的化合物(糖、酸、乙醇、二氧化碳、甘油等)(第 27 章)。在某些情况下，可以通过检测工业级别的产品中的杂质进行认证，例如，在工业乙醇中存在变性剂，或者非天然的类似于对映异构体的苹果酸。掺假可能也会导致掺杂物浓度异常高③。然而，如果最终浓度在正常值之内，是无法轻易通过传统分析技术来检测这个过程中的掺假物的。另一种方法是基于稳定同位素比值非常细微的、天然存在的差异认证葡萄酒或其成分——例如，天然存在的 $^{13}C/^{12}C$ 比值范围在 0.0105～0.0115，通常以‰为单位表示，用于强调差异[18]：

③ 在 21 世纪初，对可疑的南非长相思葡萄酒的分析显示，3-异丁基-2-甲氧基吡嗪(青椒味)的浓度超过 200 ng/L，比原来的葡萄高得多，并且比之前文献中报道的值高 4 倍。

$$\delta_{^{13}C_x} = \frac{^{13}R_x - ^{13}R_{VPDB}}{^{13}R_{VPDB}} \times 1000‰$$

其中，$^{13}R_x$ 是一个样品的同位素比值，这个样品可能代表着一个大量的样本、一个单独的化合物或一个化合物上具体的碳位；$^{13}R_{VDPB}$ 是国际标准公认的同位素比值($^{13}R_{VDPB}$=0.0112372)。来自于植物，如葡萄或其他水果的糖的典型 $\delta_{^{13}C}$ 值，其范围在−25‰～−30‰，相比之下，来自于蔗糖或玉米糖的值在−12‰～−18‰之间[19]。这些微小的差别起因于 C_3 植物与 C_4 植物光合作用路径的差异，并且能够用来在禁止此项操作的地区检测发酵前(加糖)或发酵后(甜化)糖的添加[20]。氧($^{18}O/^{16}O$)和氢(D/H)稳定的同位素比值也能够检测非法添加的水。但是，由于这些比值高度依赖于纬度、温度和其他气候参数，它们对于原产区的认证有着特别的作用[17]。在欧盟，早在 20 世纪 80 年代就已经建立了针对该地区特定的乙醇的 D/H、$^{13}C/^{12}C$ 比值以及水的 $^{18}O/^{16}O$ 比值的数据库[17]。

检测 $\delta_{^{13}C}$ 和其他同位素比值在自然条件下的变化范围，需要高精度的测量方法。除此之外，可以通过进行小分子定量的精密仪器来完成，如配有四极杆质谱检测器的气相色谱(第 32 章)。许多高精度同位素检测是通过专门的同位素比值质谱仪(IRMS)完成的。某些应用，特别是为了检测糖添加而对甲基和亚甲基 D/H 比值的测定，通常是通过核磁共振完成[17]。在 IRMS 分析中，分析之前，首先必须将样品转变为气体(如为测量 $\delta_{^{13}C}$，将有机碳燃烧为 CO_2)[19]。对于单个化合物的稳定同位素分析，可以将气相色谱通过燃烧炉与同位素比值质谱仪耦联在一起[图 28.1(a)]，这台同位素比值质谱仪用来测量仅与目标同位素有关的离子，如 $^{44}CO_2$、$^{45}CO_2$ 和 $^{46}CO_2$[图 28.1(b)]。

甘油掺假的检测就是高精度同位素比值测量的一项潜在应用[图 28.1(c)]。甘油可以增强人对甜味和酒体的感知(第 2 章)，但是在大部分国家是禁止添加的，因为甘油和乙醇都是通过糖酵解产生的(22.1 节)，它们的 $\delta_{^{13}C}$ 值紧密相关[21]。添加的工业甘油通常是由玉米发酵产生的，它会干扰这种预期的关系④。而技术娴熟的伪造者可能也会使用同位素比值质谱仪来测定并改变乙醇的 $\delta_{^{13}C}$ 值，这种操作可能会非常昂贵并且会减少掺假葡萄酒带来的经济激励。此外，这种造假也可以通过使用内标来检测。

④ 将真品标准物与其他化合物相比，这种用于鉴别是否存在自然变异的策略已经被法医广泛采用[18]。例如，在检测运动员是否使用睾酮兴奋剂时，睾酮代谢物的 $\delta_{^{13}C}$ 值被用来与其他内源性代谢物的 $\delta_{^{13}C}$ 值相比较。

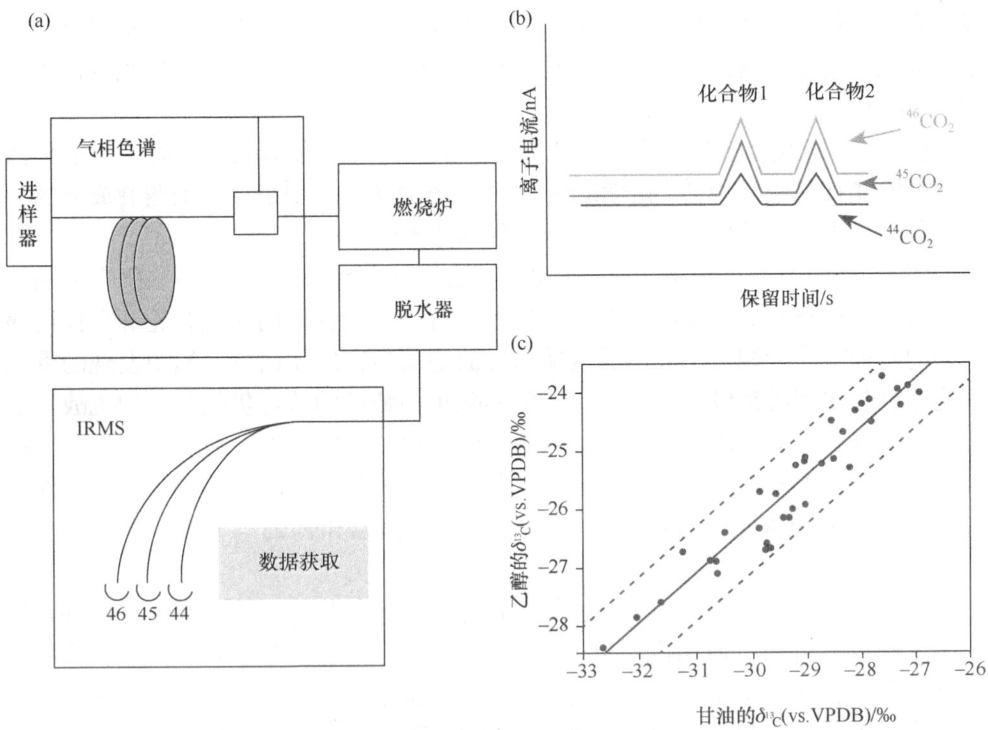

图 28.1 (a)来自于文献[18]的气相色谱-燃烧-同位素比值质谱仪(GC-C-IRMS)示意图；(b)来自于一套 GC-C-IRMS 系统的代表性色谱数据，显示化合物 1 和 2 的 CO_2 同位素示踪；(c)通过 GC-C-IRMS 和 LC-IRMS 测量的乙醇和通过 LC-IRMS 测量的甘油的 $\delta_{^{13}C}$ 值。实线代表最佳的拟合结果，虚线代表 95%的置信区间。数据来自文献[21]

28.4 未来葡萄酒认证的挑战

食品认证所有领域中一个主要的挑战就是意想不到的掺杂物的检测[22]⑤。对于已知的掺杂物通常比较容易设计检验，而非标准的掺杂物通常会逃避检测——正如最初发生在 20 世纪 80 年代中期奥地利的二甘醇的添加事件[5]。认证中的其他困难包括以下几种：

(1) 名贵葡萄酒的认证可能非常困难，这是由于用于比较的真品标准品很难

⑤ 这是一个来自食品行业的例子：用三聚氰胺掺杂奶粉和宠物食品来增加表观蛋白质含量。检测蛋白质含量普遍采用基于总氮浓度的方法，这种方法无法区分三聚氰胺(以质量计 66%的氮)和膳食蛋白。一旦知道它的成分，三聚氰胺的特异性检测很容易被开发出来。

找，有一项最新方法是检查葡萄酒中 ^{14}C 的含量，用于核查据称年份早于第二次世界大战的葡萄酒的酒龄，因为这种同位素在 1945 年后由于核武器试验变得更高(炸弹脉冲)[23]。

(2) 许多指纹技术应用极其昂贵，并且需要打开葡萄酒瓶。只有一小部分商业葡萄酒能在供应链中被"化学追溯"一次。在这方面，用于评价葡萄酒成分的、廉价的并且无损伤的红外光谱法可能比较适用[24]。

(3) 对于一款葡萄酒的葡萄品种的定量仍然比较困难，已有一些研究采用指纹工具来分辨新鲜的单品种葡萄酒，例如，有一些学者采用花色苷轮廓来描述葡萄酒的品种[25-27]，相比于大部分其他品种的葡萄酒，黑比诺葡萄酒中发现的香豆酰化花色苷比例通常较低。然而，调配和陈年葡萄酒的认证仍然是一项挑战。最近的报道显示，也可以从单品种葡萄酒萃取葡萄 DNA 用于识别[28]，这种方法将来可能扩展用于调配酒葡萄品种的定量分析，但是某些 DNA 碱基在低 pH 条件下容易水解，从而限制了这项方法的使用——在室温和葡萄酒 pH 下半衰期按天计数[29]。

(4) 相似地，对于葡萄原产地(命名)的造假，常规检测方法仍具有挑战性。除了稳定同位素分析，使用电感耦合等离子体质谱、电感耦合等离子体原子发射光谱和相关技术的元素分析[30-32]，已经为辨别葡萄酒产区提供了成功的可能，但是许多葡萄酒产区极为接近，对于它们的辨别仍极具挑战性。

(5) 指纹法是有效的，但是它们在不同实验室之间难以标准化，某些测量的认证过程和数据库已经被开发出来，特别是同位素比值测量，但是文献报道中，其他指纹方法有不确定性，限制了它们的广泛应用[8]。

需要注意的是，造假的所有类型，特别是分销链中的品牌/产品造假，最好的防止方法不仅仅依赖于(生物)化学分析技术的进步，还需要增强葡萄酒可追溯性，例如，最新使用的射频识别标签使酒厂、分销商、销售商和消费者可以在分销链中负责并认证产品[33]。

参 考 文 献

1. Pierson, D. Pricey counterfeit labels proliferate as China wine market booms. Los Angeles Times, January 14, 2012.
2. Wallace, B.(2008) The billionaire's vinegar: the mystery of the world's most expensive bottle of wine, Crown Publishers, New York.
3. Secret, M. Jury convicts wine dealer in fraud case. New York Times, December 18, 2013.
4. Squires, N. Andrea Bocelli embroiled in Italian wine scam. The Daily Telegraph, May 30, 2014.
5. Everstine, K., Spink, J., Kennedy, S.(2013) Economically motivated adulteration(EMA) of food: common characteristics of EMA incidents. Journal of Food Protection, 76(4), 723-735.
6. Hailman, J.R.(2006) Thomas Jefferson on wine, University Press of Mississippi, Jackson.

7. Arbiter, P.(1996) The Satyricon(ed. Walsh, P.G.), Clarendon Press, Oxford, UK.
8. Riedl, J., Esslinger, S., Fauhl-Hassek, C.(2015) Review of validation and reporting of non-targeted fingerprinting approaches for food authentication. Analytica Chimica Acta, 885, 17-32.
9. Randall, D. and Walton, E. Sour grapes! Gallo victim of wine world's biggest con. The Independent, February 7, 2010.
10. Goel, V. In vino veritas. In Napa, deceit. New York Times, January 25, 2015.
11. Fotakis, C., Kokkotou, K., Zoumpoulakis, P., Zervou, M.(2013) NMR metabolite fingerprinting in grape derived products: an overview. Food Research International, 54(1), 1184-1194.
12. Versari, A., Laurie, V.F., Ricci, A., et al.(2014) Progress in authentication, typification and traceability of grapes and wines by chemometric approaches. Food Research International, 60, 2-18.
13. Ebeler, S.E. and Takeoka, G.R.(2011) Progress in authentication of wine and food, in Progress in authentication of food and wine(eds Ebeler, S.E., Takeoka, G.R., Winterhalter, P.), American Chemical Society, pp. 3-13.
14. Brereton, R.G.(2007) Applied chemometrics for scientists. John Wiley & Sons, Ltd, Chichester, UK, and Hoboken, NJ.
15. Saxberg, B.E., Duewer, D.L., Booker, J.L., Kowalski, B.R.(1978) Pattern recognition and blind assay techniques applied to forensic separation of whiskies. Analytica Chimica Acta, 103(3), 201-212.
16. Collins, T.S., Zweigenbaum, J., Ebeler, S.E.(2014) Profiling of nonvolatiles in whiskeys using ultra high pressure liquid chromatography quadrupole time-of-flight mass spectrometry(UHPLC-QTOF MS). Food Chemistry, 163, 186-196.
17. Christoph, N., Hermann, A., Wachter, H.(2015)25 Years authentication of wine with stable isotope analysis in the European Union—review and outlook. BIO Web of Conferences, 5, 02020.
18. Zhang, Y., Tobias, H.J., Sacks, G.L., Brenna, J.T.(2012) Calibration and data processing in gas chromatography combustion isotope ratio mass spectrometry. Drug Testing and Analysis, 4(12), 912-922.
19. Brand, W.A.(1996) High precision isotope ratio monitoring techniques in mass spectrometry. Journal of Mass Spectrometry, 31(3), 225-235.
20. Asche, S., Michaud, A.L., Brenna, J.T.(2003) Sourcing organic compounds based on natural isotopic variations measured by high precision isotope ratio mass spectrometry. Current Organic Chemistry, 7(15), 1527-1543.
21. Cabanero, A.I., Recio, J.L., Ruperez, M.(2010) Simultaneous stable carbon isotopic analysis of wine glycerol and ethanol by liquid chromatography coupled to isotope ratio mass spectrometry. Journal of Agricultural and Food Chemistry, 58(2), 722-728.
22. Ashurst, P.R. and Dennis, M.J.(1996) Introduction to food authentication, in Food authentication (eds Ashurst, P.R. and Dennis, M.J.), Springer, pp. 1-14.
23. Asenstorfer, R.E., Jones, G.P., Laurence, G., Zoppi, U.(2011) Authentication of red wine vintage using bomb-pulse ^{14}C, in Progress in authentication of food and wine(eds Ebeler, S.E., Takeoka, G.R., Winterhalter, P.), American Chemical Society, pp. 89-99.

24. Cozzolino, D., Cynkar, W., Kennedy, E., et al.(2011) R&D in action in Australia: non-destructive analysis of wine. NIR News, 22(1), 10-11.

25. Berente, B., De la Calle García, D., Reichenbacher, M., Danzer, K.(2000) Method development for the determination of anthocyanins in red wines by high-performance liquid chromatography and classification of German red wines by means of multivariate statistical methods. Journal of Chromatography A, 871(1-2), 95-103.

26. Eder, R., Wendelin, S., Barna, J.(1994) Classification of red wine cultivars by means of anthocyanin analysis. 1st report: Application of multivariate statistical methods for differentiation of grape samples. Mitteilungen Klosterneuburg, 44(6), 201-212.

27. von Baer, D., Rentzsch, M., Hitschfeld, M.A., et al.(2008) Relevance of chromatographic efficiency in varietal authenticity verification of red wines based on their anthocyanin profiles: interference of pyranoanthocyanins formed during wine ageing. Analytica Chimica Acta, 621(1), 52-56.

28. Bigliazzi, J., Scali, M., Paolucci, E., et al.(2012) DNA extracted with optimized protocols can be genotyped to reconstruct the varietal composition of monovarietal wines. American Journal of Enology and Viticulture, 63(4), 568-573.

29. An, R., Jia, Y., Wan, B., et al.(2014) Non-enzymatic depurination of nucleic acids: factors and mechanisms. PloS One, 9(12), e115950.

30. Hopfer, H., Nelson, J., Collins, T.S., et al.(2015) The combined impact of vineyard origin and processing winery on the elemental profile of red wines. Food Chemistry, 172, 486-496.

31. Martin, A.E., Watling, R.J., Lee, G.S.(2012) The multi-element determination and regional discrimination of Australian wines. Food Chemistry, 133(3), 1081-1089.

32. Baxter, M.J., Crews, H.M., Dennis, M.J., et al.(1997)The determination of the authenticity of wine from its trace element composition. Food Chemistry, 60(3), 443-450.

33. Przyswa, E.(2014) Protecting your wine. Wines and Vines, August, 38-48.

第 29 章　白葡萄酒香气的优化

29.1　引　　言

酿酒师总说要酿造“最好的葡萄酒”，但是这种想法忽略了消费者(和评论家)对葡萄酒的偏好其实并没有统一，例如，长相思葡萄酒可以具有多种不同的香气，如热带/水果香和生青/植物香，对比研究已经证实，每一种风格都有特定消费市场[1]。葡萄酒香气或其他感官品质的“优化”，如改变葡萄园操作、葡萄酒酿造工艺甚或包装策略——首先需要酿酒师确定所期望结果，而这一结果通常就是希望获得更好的销售量。

由于添加剂和生产操作的法律约束(第 27 章)，成品酒的化学组成与最初葡萄的成分紧密相关，而葡萄成分依赖于葡萄品种、生长地区和栽培操作。尽管营销用语称最好的酿酒师是“让果实为自身发言”，但酿酒师对于葡萄酒质量和风格的影响依然很大，而且相关研究已经深入葡萄酒生产的方方面面，从采收决策到发酵前操作和果汁/葡萄醪成分的调整以及随后的发酵和陈酿条件(第 21 章～第 25 章)。

优化葡萄酒香气，特别是白葡萄酒香气的一些技术，在本书中已经有所描述，如低温发酵可以增加酯类水果香，在发酵后尽量减少葡萄酒暴露于氧气中，以避免热带果香硫醇类物质的氧化(第 24 章)。酵母(和细菌)的选择也会极大地影响许多白葡萄酒的感官特征(如文献[2-8])。本章着重于该课题所涉及的一个新兴研究领域——通过酵母选择来优化白葡萄酒香气，特别是果香硫醇类物质。

29.2　果香硫醇类物质的增强

被称为多功能(品种香)硫醇类的物质可以贡献长相思葡萄酒强烈的热带水果香气(第 10 章)。正如之前讨论的，这些硫醇类物质似乎是来源于葡萄果汁的非挥发性前体(*S*-结合物)通过微生物代谢产生的(23.2 节)，有些消费群体偏爱于带有强烈热带水果香而生青/植物气味没那么强的长相思葡萄酒[1, 9]。正如 Swiegers 等指出的，葡萄园管理可以非常有效地控制主要的植物气味物质(特别是甲氧基吡嗪，第 5 章)，但是“热带香”是次级香气，呈现果香气味的硫醇类物质和其他化合物则主要受发酵参数的影响[10]，因为在典型的发酵过程中仅有一小部分 *S*-结合物被释放出来(23.2 节)，因此，对发酵过程中各种酵母菌株释放不同果香硫醇类物质能力的鉴别引起人们的极大兴趣[10-12]。

如图 29.1 所示，酵母菌株既可以改变主要果香硫醇类物质的总量[这些硫醇类物质有 3-硫基己醇(3-MH)、乙酸-3-硫基己醇(3-MHA)和 4-甲基-4-硫基-2-戊酮(4-MMP)]，也可以影响它们的相对浓度，这使得酿酒师可以对像长相思这样特征明显的葡萄酒的生产工艺进行优化，使其目标风格是相比于 4-MMP(猫尿味)，需要较多还是较少的 3-MHA(百香果气味)。由于在还原条件下许多硫醇类物质相对较为稳定，在瓶内陈酿几年后酵母菌株产生的感官效应仍较为明显[13]。

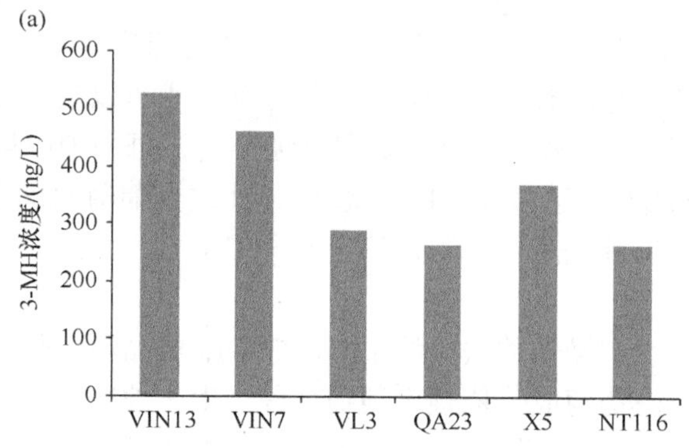

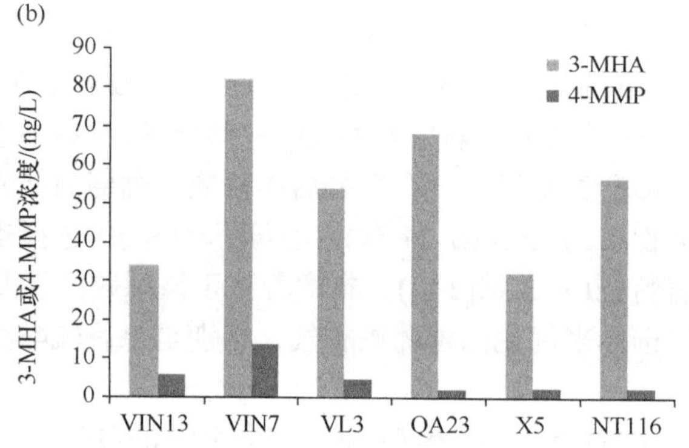

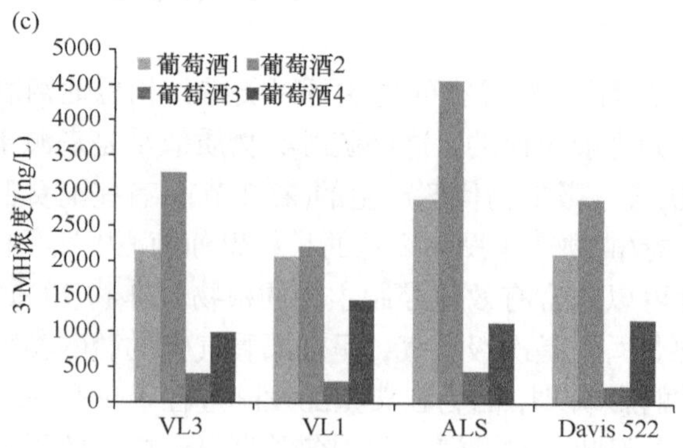

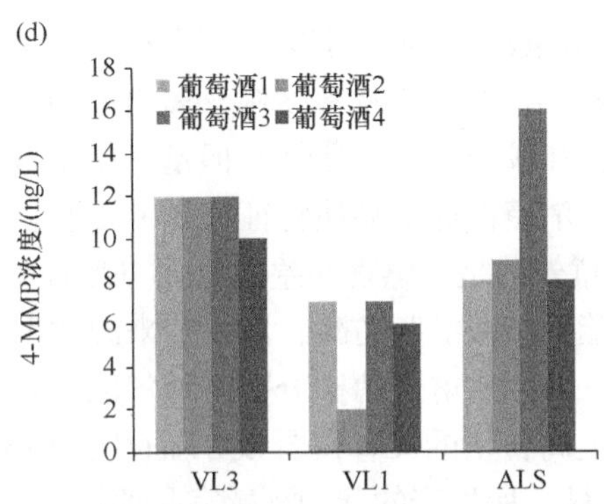

图 29.1　酵母菌株对 20 L 规模发酵的同一种长相思果汁(a 和 b)和 225 L 规模发酵的四种不同长相思果汁硫醇类物质浓度的影响(c 和 d，4-MMP 在任一采用 Davis 522 菌株的葡萄酒中均未被检测到)。数据来自文献[10，12]

通过转基因(GM)酵母的研究，已经鉴定到发酵过程中释放果香硫醇类物质的关键酶，在非商业性的转基因酵母中过量表达这些酶，能够产生较多的果香硫醇类物质(23.2 节)。这方面的知识已经驱动了分子育种的研究①，以在商业葡萄酒菌株中筛选出具有果香硫醇产出的优良酵母[14, 15]。

29.3　共发酵和自然发酵

商业酿酒酵母菌株的遗传多样性为优化葡萄酒香气特征提供了工具，然而，在酿酒厂和葡萄园内及其周边有无数的原生酵母(包括非酿酒酵母)，可以获得更大的多样性。酿酒师可以选择不使用商业酵母接种，而采用自然(或野生)发酵(更确切地说是自然共发酵，因为存在多个菌种/菌株)②。另外，商业非酿酒酵母或者酿酒酵母与非酿酒酵母的杂交种，可能会被单独使用或者与传统酵母一同用于共发酵[16-20]。

① 虽然转基因酵母已经研究了很多年，但许多国家仍禁止它们在商业葡萄酒酿造中使用，消费者的接受程度是一个主要障碍。然而，转基因酵母研究已经使得某些遗传标记可以用于鉴定与果香硫醇产生有关的基因。随后可以通过使用非转基因方法选择理想的性状，如不同酵母菌株间的传统育种，以及使用商业亲本菌株与杂交种的回交。

② 注意，不接种并不能保证商业酵母不存在，一些对自然发酵的基因分型研究表明，发酵结束时主要酵母常常被鉴定为(或密切相关的)商业葡萄酒菌株，因为这些酵母能够耐受较高浓度的乙醇环境。

通常应用自然发酵或商业非酿酒酵母，可以生产风味各异的葡萄酒③，这些葡萄酒未必能够吸引广大的消费者——如使用从橡木树分离出来的“自然”酿酒酵母生产的葡萄酒具有强烈的硫磺香和较弱的水果味[21]。但是，使用自然发酵或非酿酒酵母发酵也可以表现出吸引特定消费群体的品质特征，如葡萄酒复杂性更高或某种水果香增强[18, 20, 22]。并不令人意外的是，感官的差别似乎与普通发酵产生的香气物质有关，如脂肪酸乙酯、乙酸酯、高级醇脂肪酸，而葡萄来源的香气物质也会受到影响。与自然发酵相比较，用三个原生酵母菌株分别接种尔巴里诺果汁发酵，结果显示，一个能够特别稳定地产生高含量的 C_{13}-降异戊二烯(β-大马士酮和β-紫罗兰酮)和单萜(香叶醇和里那醇)的菌株，所生产的葡萄酒感官品评得分最高[23]。

由于不同酵母间的相互作用，已经证明共发酵可以产生意外的效果。在一项研究中，将商业酿酒酵母和自然分离的非酿酒酵母共同接种生产的长相思葡萄酒，与由这些酵母单一接种生产的葡萄酒进行了对比(图 29.2)，发现共发酵酒中葡萄来源的化合物(C_{13}-降异戊二烯、单萜和果香硫醇)的浓度未必在其他值中间。例如，由美极梅奇酵母(Mp)-酿酒酵母(Sc)共发酵产生的β-大马士酮是它们单独发酵时的 2 倍。但是在某些情况下单独发酵也会产生较高水平的某类香气物质，特别是 Mp 和 Sc 对于 3-MH 和 3-MHA，以及假丝酵母(Cz)对于里那醇、香叶醇和β-大马士酮(图 29.2)[24]。值得注意的是，由两种或三种商业酿酒酵母菌株联合发酵的长相思葡萄酒也会表现出不同的果香硫醇产量(和感官特征)[25]。考虑许多供应商能供应超过 30 个菌株，酿酒师能有几千种可能的组合来探讨，但他们一般限制自己在每种共发酵中使用不超过三个菌株。预计未来的工作将着重于了解为什么酵母菌株间会发生相互作用，酿酒师在分子层面上如何使用酵母菌株来获得特定风格的葡萄酒。

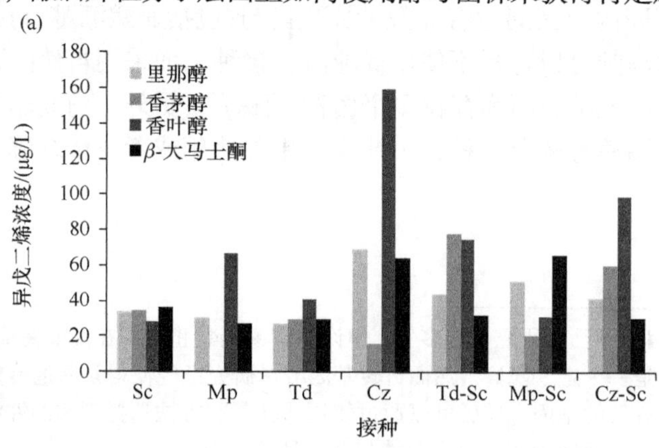

③ 就其本身特性而言，采用原生酵母的自然发酵是不可预测的，所以很难获得可重复的结果(特别是与接种发酵相比较时)。

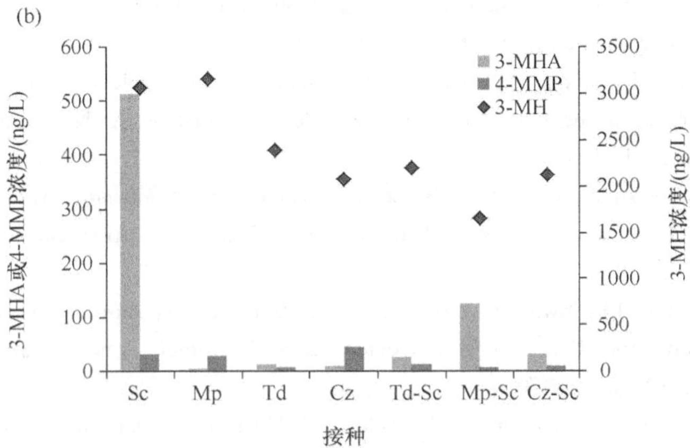

图 29.2　在长相思果汁发酵中，酵母种和共同接种(a)对单萜和β-大马士酮，以及(b)果香硫醇的影响。Sc，酿酒酵母；Mp，美极梅奇酵母；Td，戴尔凯氏有孢圆酵母；Cz，假丝酵母。数据来自文献[24]

参 考 文 献

1. King, E.S., Osidacz, P., Curtin, C., et al.(2011) Assessing desirable levels of sensory properties in Sauvignon Blanc wines—consumer preferences and contribution of key aroma compounds. Australian Journal of Grape and Wine Research, 17(2), 169-180.
2. Lambrechts, M.G. and Pretorius, I.S.(2000) Yeast and its importance to wine aroma—a review. South African Journal for Enology and Viticulture, 21, 97-129.
3. Swiegers, J.H., Bartowsky, E.J., Henschke, P.A., Pretorius, I.S.(2005) Yeast and bacterial modulation of wine aroma and flavour. Australian Journal of Grape and Wine Research, 11(2), 139-173.
4. Swiegers, J.H. and Pretorius, I.S.(2007) Modulation of volatile sulfur compounds by wine yeast. Applied Microbiology and Biotechnology, 74(5), 954-960.
5. Lerm, E., Engelbrecht, L., du Toit, M.(2010) Malolactic fermentation: the ABC's of MLF. South African Journal of Enology and Viticulture, 31(2), 186-212.
6. Cordente, A., Curtin, C., Varela, C., Pretorius, I.(2012) Flavour-active wine yeasts. Applied Microbiology and Biotechnology, 96(3), 601-618.
7. Steyer, D., Ambroset, C., Brion, C., et al.(2012) QTL mapping of the production of wine aroma compounds by yeast. BMC Genomics, 13(1), 573.
8. Styger, G., Jacobson, D., Prior, B., Bauer, F.(2013) Genetic analysis of the metabolic pathways responsible for aroma metabolite production by *Saccharomyces cerevisiae*. Applied Microbiology and Biotechnology, 97(10), 4429-4442.
9. Lund, C.M., Thompson, M.K., Benkwitz, F., et al.(2009) New Zealand Sauvignon Blanc distinct flavor characteristics: sensory, chemical, and consumer aspects. American Journal of Enology and Viticulture, 60(1), 1-12.

10. Swiegers, J.H., Kievit, R.L., Siebert, T., et al.(2009) The influence of yeast on the aroma of Sauvignon Blanc wine. Food Microbiology, 26(2), 204-211.

11. Dubourdieu, D., Tominaga, T., Masneuf, I., et al.(2006) The role of yeasts in grape flavor development during fermentation: the example of Sauvignon Blanc. American Journal of Enology and Viticulture, 57(1), 81-88.

12. Murat, M.-L., Masneuf, I., Darriet, P., et al.(2001) Effect of *Saccharomyces cerevisiae* yeast strains on the liberation of volatile thiols in Sauvignon Blanc wine. American Journal of Enology and Viticulture, 52(2), 136-139.

13. King, E.S., Francis, I.L., Swiegers, J.H., Curtin, C.(2011) Yeast strain-derived sensory differences retained in Sauvignon Blanc wines after extended bottle storage. American Journal of Enology and Viticulture, 62(3), 366-370.

14. Dufour, M., Zimmer, A., Thibon, C., Marullo, P.(2013) Enhancement of volatile thiol release of *Saccharomyces cerevisiae* strains using molecular breeding. Applied Microbiology and Biotechnology, 97(13), 5893-5905.

15. Pretorius, I.S., Curtin, C.D., Chambers, P.J.(2015) Designing wine yeast for the future, in Advances in fermented foods and beverages(ed. Holzapfel, W.), Woodhead Publishing, Cambridge, UK, pp. 197-226.

16. Varela, C., Siebert, T., Cozzolino, D., et al.(2009) Discovering a chemical basis for differentiating wines made by fermentation with "wild" indigenous and inoculated yeasts: role of yeast volatile compounds. Australian Journal of Grape and Wine Research, 15(3), 238-248.

17. Saberi, S., Cliff, M.A., van Vuuren, H.J.J.(2012) Impact of mixed *S. cerevisiae* strains on the production of volatiles and estimated sensory profiles of Chardonnay wines. Food Research International, 48(2), 725-735.

18. Medina, K., Boido, E., Fari.a, L., et al.(2013) Increased flavour diversity of Chardonnay wines by spontaneous fermentation and co-fermentation with Hanseniaspora vineae. Food Chemistry, 141(3), 2513-2521.

19. Bellon, J.R., Schmid, F., Capone, D.L., et al.(2013) Introducing a new breed of wine yeast: interspecific hybridization between a commercial *Saccharomyces cerevisiae* wine yeast and *Saccharomyces mikatae*. PLoS One, 8(4), e62053.

20. Azzolini, M., Tosi, E., Lorenzini, M., et al.(2015) Contribution to the aroma of white wines by controlled *Torulaspora delbrueckii* cultures in association with *Saccharomyces cerevisiae*. World Journal of Microbiology and Biotechnology, 31(2), 277-293.

21. Hyma, K.E., Saerens, S.M., Verstrepen, K.J., Fay, J.C.(2011) Divergence in wine characteristics produced by wild and domesticated strains of *Saccharomyces cerevisiae*. FEMS Yeast Research, 11(7), 540-551.

22. Soden, A., Francis, I.L., Oakey, H., Henschke, P.A.(2000) Effects of co-fermentation with *Candida stellata* and *Saccharomyces cerevisiae* on the aroma and composition of Chardonnay wine. Australian Journal of Grape and Wine Research, 6(1), 21-30.

23. Carrascosa, A.V., Bartolome, B., Robredo, S., et al.(2012) Influence of locally-selected yeast on the chemical and sensorial properties of Albariño white wines. LWT—Food Science and

Technology, 46(1), 319-325.

24. Sadoudi, M., Tourdot-Maréchal, R., Rousseaux, S., et al.(2012) Yeast—yeast interactions revealed by aromatic profile analysis of Sauvignon Blanc wine fermented by single or co-culture of non-*Saccharomyces* and *Saccharomyces* yeasts. Food Microbiology, 32(2), 243-253.
25. King, E.S., Kievit, R.L., Curtin, C., et al.(2010) The effect of multiple yeasts co-inoculations on Sauvignon Blanc wine aroma composition, sensory properties and consumer preference. Food Chemistry, 122(3), 618-626.

第30章 瓶储过程中还原味的呈现

30.1 引 言

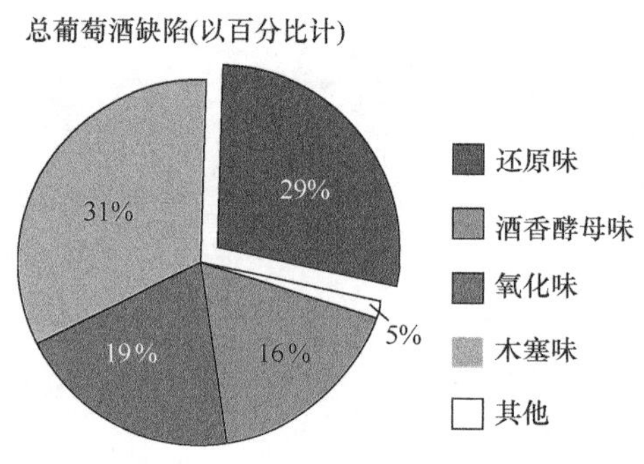

图 30.1 2008年英国伦敦世界葡萄酒挑战赛葡萄酒中缺陷的分布。在超过10000款参赛葡萄酒中，大约6%被认为是有缺陷的[1]

每年有超过10000款葡萄酒参加伦敦的世界葡萄酒挑战赛(IWC)，这是世界葡萄酒方面最大和最有声望的竞赛之一。在IWC获得一块金牌能使一家葡萄酒厂获得引爆销售的门票，但是也常常发现有缺陷的葡萄酒——一般大约为参赛品的6%[1]。这些葡萄酒的主要缺陷与木塞味(第18章)、酒香酵母腐败(第12章和23.3节)、氧化(第24章)和还原硫味(第10章和22.4节)有关(图30.1)。在这些主要缺陷中，导致瓶内出现还原硫味的原因可以说是最神秘的。

30.2 还原性香气物质的潜在来源

还原味与葡萄酒中含有高于阈值浓度的含硫化合物有关，即硫化氢(H_2S)、甲硫醇(CH_3SH)和二甲基硫醚(DMS)(第10章)。还原味在低氧渗入的瓶装葡萄酒，也就是使用内衬锡螺旋帽的酒中更常见[2]，可能是因为缺少氧化反应①。DMS产生于*S*-甲硫氨酸的非酶水解，这已经得到了充分确认(23.3节)。然而，在储存过程中能够产生H_2S和CH_3SH的前体物质仍然不清楚。早前有两项假说：

经典假说1：在葡萄酒生产过程中，硫醇能被氧化为相应的二硫化物，如甲硫醇将会转化为二甲基二硫醚，因为二硫化物与对应的硫醇相比，具有较高的感

① 虽然很多问题可能与葡萄酒厂的情况是相冲突的，封口或包装类型最终会对酒缺陷的产生起到相对重要的作用。木塞味和氧化味与橡木封口有关，为克服这一问题，使用螺旋帽和其他一些封口技术反过来又会带来一些新的问题，如还原味。

官阈值，它们能在未经发现的情况下进入瓶内，但是在无氧储存过程中它们又会重新形成硫醇[3]。

经典假说 2：在瓶储过程中，硫醇可以产自于硫代乙酸酯(如硫代乙酸甲酯)的酸水解[4]。

有证据表明，二硫化物与硫代乙酸酯都能够在发酵过程中生成，并且它们都能在葡萄酒生命的早期释放出硫醇。然而，正如在 Ugliano 所著的一篇综述中所说的，很少有证据表明这些假说对实际装瓶的葡萄酒是有效的[5]。例如，甲硫醇的出现与二甲基硫醚或硫代乙酸甲酯的消失都不相关。另一方面，含有硫醇的葡萄酒发生氧化时，硫醇味会减少——但是，是硫醇与醌类物质结合(第 24 章)，而不是生成二硫化物。这些经典的假说最终解释了陈酿过程中 H_2S 的生成。

关于这些潜在化合物的前体物质，已经成为一个活跃的研究领域。已有研究提出金属介导催化含硫氨基酸(半胱氨酸、甲硫氨酸)水解的设想，因为添加过渡金属会增强 H_2S 和 CH_3SH 合成的比例[5]。其他工作也已证明，在葡萄酒中添加铜后，铜-硫醇复合物(如 CuS)持续保持在分散状态，并且不必完全沉淀——这形成了新的假说，在陈酿过程中这些复合物可充当 H_2S 和其他硫醇的潜在前体物[6]。

也可能存在 H_2S 和 CH_3SH 的其他潜在来源，非挥发性不对称二硫化物或三硫化物(如其他硫醇化合物的加合物)的潜在贡献仍不清楚。此外，推测葡萄酒氧化之后生成的醌-硫醇加合物是稳定的(第 24 章)——但是这并不是毫无疑问的。在持续较长时间的陈酿过程中，这些加合物随后可能会释放出 H_2S 和 CH_3SH 或者其他硫醇，当然，可能还有其他还原味的有效(和常见)贡献者被忽视了。如果现有的假说无效，那么这些问题可能存在于一些未被知晓的化学过程中，也就是说，哪种“还原剂”参与了或者发生了哪种“还原反应”。葡萄酒陈酿很少有化学反应时间持续很长的情况，从动力学角度看，反应过程会减缓，可能这种现象在其他地方并不常见，需要时间来体现。

对 H_2S、CH_3SH 或还原味其他成因的潜在来源的分析不仅仅是有趣的化学问题，也是消除日益严重的问题的关键一步。检测它们的组分有助于制定更好的针对瓶内还原味的预防、修复和检测策略。目前，一些酿酒师会添加抗坏血酸来预测还原味的出现，但是这一测试的理论是以二硫化物是潜在的前体物质为基础的，并且这一测试还没有得到证实。近年酿酒师已经受益于加速陈酿测试。例如，接触测试用于预测酒石酸不稳定的可能性(26.1 节)，那么可以预测经过验证的加速还原试验也将一样有益。

参 考 文 献

1. Goode, J. and Harrop, S.(2008) Wine faults and their prevalence: data from the world's largest blind tasting, 16èmes Entretiens Scientifiques Lallemand, Horsens.

2. Godden, P., Francis, L., Field, J., et al.(2001)Wine bottle closures: physical characteristics and effect on composition and sensory properties of a Semillon wine. 1. Performance up to 20 months post-bottling. Australian Journal of Grape and Wine Research, 7(2), 62-105.
3. Limmer, A.(2005) Do corks breathe? Or the origin of SLO. Australian and New Zealand Grapegrower and Winemaker, 497, 89-98.
4. Rauhut, D., Kurbel, H., MacNamara, K., Grossmann, M.(1998) Headspace GC-SCD monitoring of low volatile sulfur compounds during fermentation and in wine. Analusis, 26(3), 142-145.
5. Ugliano, M.(2013) Oxygen contribution to wine aroma evolution during bottle aging. Journal of Agricultural and Food Chemistry, 61(26), 6125-6136.
6. Franco-Luesma, E. and Ferreira, V.(2014)Quantitative analysis of free and bonded forms of volatile sulfur compouds in wine. Basic methodologies and evidences showing the existence of reversible cation-complexed forms. Journal of Chromatography A, 1359, 8-15.

第 31 章　葡萄遗传学、化学与育种

31.1　引　　言

葡萄属(*Vitis*)超过 60 个种[1, 2]，尽管几乎所有商业上重要的品种都属于一个单一起源于欧洲的驯化种——欧亚种(*V. vinifera*)。虽然这些葡萄具有适于葡萄酒生产的令人偏爱的风味风格，但它们易受害虫、疾病和极端温度的危害；原产于北美和东亚的种通常更适应于在这些逆境下生存。例如，河岸葡萄(*V. riparia*)能够忍耐冬季低至–40 ℃的温度，而圆叶葡萄(*V. muscadinia*)能抵抗一些能够毁灭欧亚种葡萄的病害(如通过一种昆虫传播细菌导致的皮尔斯病)[2]。然而，这些野生种倾向于产量低并且所生产的葡萄酒感官品质不佳，包括高酸、低涩和过多的植物味(表 31.1)。

表 31.1　区分典型欧亚种红葡萄与河岸葡萄及欧美杂交种葡萄(康可)的关键葡萄酒成分的代表性浓度

葡萄酒成分 a	葡萄酒的种 b			注释	对应本书章节
	V	R[3]	L[4, 5]		
可滴定酸浓度(以酒石酸计)/(g/L)	5～6.5	35	9.5	与酸味有关	3
缩合单宁浓度(儿茶素等同物)/(mg/L)	500～700	<50	<50	与涩感、颜色稳定有关	14
3-异丁基-2-甲基吡嗪浓度/(ng/L)	3～17	56	ND c	青椒味检测阈值为 2 ng/L	5
邻氨基苯甲酸甲酯浓度/(μg/L)	0.06～0.6	ND	600～3000	“酷爱葡萄味”检测阈值为 300 μg/L	5

a. 葡萄在成熟时采收(欧亚种和河岸种葡萄为 20～24°Brix，美洲种葡萄为 16°Brix)，未降酸。

b. V，欧亚种葡萄；R，河岸种葡萄；L，美国美洲种和欧洲欧亚种的杂交种。欧亚种葡萄的数值可以从前面章节找到。

c. ND，未检测到。

31.2　新品种的培育

尽管大部分商业的葡萄栽培品种(霞多丽、雷司令、黑比诺)有几百年的历史，但是只能偶尔发布新的葡萄品种，例如，人们认为赤霞珠是由品丽珠和长相思杂

交产生的①，这已经过去几个世纪了[6]。葡萄育种者通过配对两个不同的种来生产一个“杂交”葡萄，创造新的品种，以此从两个亲本中获得有利的性状(如从野生种获得抗寒性结合，从欧亚种获得理想的产量和风味特征)。例如，流行的制汁葡萄栽培种康可，是由 Ephraim Bull 在 19 世纪育出来的，具有来自于美洲种葡萄亲本的抗虫性，又有来自于欧亚种葡萄亲本的极好的花香②和高产量[2]。

在过去，需要花费育种工作者几十年的时间来育成并发布一个新的葡萄品种，大多数由欧亚种葡萄和河岸葡萄杂交产生的无核葡萄都未具备来自于两个亲本的全部理想性状，并且需要几年的田间试验和小规模葡萄酒酿造来测定哪个后代将会产生可以利用的新品种。由于现代葡萄育种常常使用复杂的杂交组合，需要经过多个葡萄世代，因此，在商业规模的田间试验和新品种发布之前，杂交和评价的过程需要重复几次。

预计葡萄基因组学的解析，极大地加速了这一育种进程。葡萄基因组已经于 2007 年由两个独立的团队分别测序[2]，并且是第一个被测序的多年生水果。葡萄具有大约 30000 个基因，或者可以说比人类多 50%。虽然大约有一半的基因与在其他植物中发现的基因非常相似，但还有很多具有未知的功能。在测定负责某一性状的基因的许多方法中，目前最常见的方法就是绘制图谱。通常，绘制图谱包括将来自于一组(群)单独的葡萄染色体上的物理位点(标记)联系起来，并且将之与特定性状的数据进行统计比较，如疾病抗性或风味相关化合物的产生(表型)③。通常，一个群体由来自于相同的亲本的杂交后代组成(连锁图谱)，但也有可能研究由不相关个体组成的一个群体(关联图谱)。像葡萄中的许多性状一样，大部分化学成分在量上是有变化的——也就是说，会观察到一定范围内的值，因为它们的

① 在葡萄园，葡萄通常是无性繁殖的——从一棵现有的葡萄植株获取插枝，嫁接到葡萄砧木上，产生的葡萄植株将会与繁殖它的葡萄基因相同。杂交株是指由种子生长而来的葡萄，并且将从其父本和母本获得遗传物质。这些杂交可能是偶然或有意发生的，这也是研发葡萄新品种的标准方法。

② 完全花或两性花同时具有雄性(雄蕊)和雌性(心皮)部分。完全花对种植者是有利的，因为它们能自花授粉，而且所有的植株都可以生产果实。野生葡萄常常都是雌雄异体的，50%的植株(雄株)不能生产果实。

③ 2005～2015 年，基因组测序的成本已经急剧下降——对于 5 亿碱基对的葡萄基因组，每单个基因组的成本已经从超过一百万美元下降到一千美元。然而，在撰写本书的时候，一个图谱群体中全部个体全测序仍然是非常昂贵的。现在，植物中的图谱研究经常依赖于分子标记的基因组一个小子集的分析，它们具有基因组发展中里程碑的作用。根据这一分析，分子标记之间的缺口可能包含着一些基因或数百个基因，这会使解释哪一个基因实际上负责某个特定表型变得复杂化。另外，如果已知可能的候选基因，能对它们全长测序。

合成受到多个基因的控制。因此，葡萄酒化学的大部分研究都会涉及数量性状位点(QTL)图谱研究，在其中控制某一性状的多重基因区域会被确认。一旦被确认，候选基因的功能能够通过该基因在不同有机体内的表达，或通过该基因的选择性过表达或沉默来确认。最后，就能测定负责某一给定表型的基因的特定形式(等位基因)。

相比于对疾病抗性的研究，对控制果实化学性状的研究相对较少。已经被定性的与化学相关基因的例子包括以下几个：

(1) 总花色苷和花色素-3,5-双糖苷：红、白和粉葡萄间的差别能在很大程度上通过一种调控 3-*O*-糖基转移酶(UFGT)表达的转录因子等位基因的变化来解释，该酶参与了花色苷生物合成的最后一步[7]。类似地，在欧亚种葡萄中并未发现花色素-3, 5-双糖苷的产生，是因为一个 5-*O*-糖基转移酶发生了突变[8]。

(2) 甲氧基吡嗪：甲氧基吡嗪(MP)的合成在赤霞珠(高 MP)和黑比诺(低 MP)之间的差异，能通过 *VvOMT3* 等位基因的变异来解释，该甲基转移酶参与了 MP 生物合成的最后一步[9]。

(3) 单萜：玫瑰香型品种较高的单萜含量能够通过 1-脱氧-D-木酮糖-5-磷酸合成酶基因的变异来解释。已知在其他植物中该同源基因负责单萜生物合成的第一步[10]。

单萜和花色苷以及浓度很低的甲氧基吡嗪都受到单个主要 QTL 的强大控制。主要代谢物的变化，如糖和苹果酸，估计受到多重基因的控制，因为它们涉及葡萄果实的多个路径。

31.3 遗传与选择

对于控制果实质量和其他性状的基因的理解，有助于葡萄育种者生产新的品种。原则上，育种者可以使用生物技术在一个已存在的品种中选择删除或添加一条感兴趣的基因，如向赤霞珠插入一条疾病抗性基因。尽管转基因葡萄已经在一些国家进行了测试(大部分研究涉及疾病抗性基因)，但这些品种预计不会立即用于商业使用[11]。目前转基因生物受到许多消费者的怀疑，所以市场接受度是有问题的，并且商业转基因葡萄品种的商业认证似乎将在许多国家受到挑战④。

④ 对转基因葡萄酒微生物也有类似的说法。例如，2003 年一种能够进行苹果酸乳酸转化的转基因酵母在美国得到了商业使用认证，并且另外一个能够降解尿素(氨基甲酸乙酯的一种前体)的菌株在 2006 年得到了认证。然而，这些酵母并没有得到局部的广泛使用，这是由于其酿造的葡萄酒被限制出口到那些不允许使用转基因酿酒酵母的地区，即欧盟国家。尽管如此，转基因研究使得靶向性的表型遗传研究成为可能，并且能够用于指导传统的选择方法。

此外，关键基因的知识可以被用作分子标记辅助选择(MAS)的一部分。MAS使用传统杂交来产生新的品种，但是可以在育种的早期阶段筛选这些品种来去除那些缺乏理想性状的候选者。例如，一位育种者有兴趣生产一种玫瑰香型并带有对白粉病良好抗性的葡萄，可以基因筛选由亚历山大玫瑰和野生美洲种杂交产生的种子，并且只保留那些具有正确 *DXS* 基因变体(为了高单萜含量)和与疾病抗性有关基因的杂交后代[12]。假设这个新的杂交后代得到消费者接受，这样的品种将更加可持续，因为通过使用农药的疾病控制代表着主要的财政和环境成本。除此之外，开发新的葡萄品种能够为非常吸引人的新的葡萄和葡萄酒风味提供潜力。由表 31.1 可见，遗传变异在关键风味化合物上可以产生三个数量级(或更多的)的差异，这种变异经常会比通过操纵葡萄栽培或葡萄酒酿造操作所带来的更大。

最后，葡萄遗传学的知识对葡萄栽培研究的结果的理解是有价值的。研究者已经历史性地发现了生长条件对葡萄或葡萄酒化学的实际作用，但是它们解释这些数据集的能力还是有限的。例如，排水良好的土壤和较低的水分利用性是葡萄酒产区能够生产深色红葡萄酒的共同特点。一项近期的报告显示，缺少水分导致由花色素生产花色苷的 *UDGT* 基因的表达升高[13]。这些遗传学的进展将为解释葡萄酒化学中品种或栽培条件间差异产生的机制奠定基础——换言之，是“分子栽培”。

参 考 文 献

1. Young, P.R. and Vivier, M.A.(2010) Genetics and genomic approaches to improve wine quality, in Managing wine quality, Vol. 1, Viticulture and wine quality(ed. Reynolds, A.G.), Woodhead Publishing and CRC Press, Oxford and Boca Raton.
2. Reisch, B.I., Owens, C.L., Cousins, P.S.(2012) Grape, in Fruit breeding(eds Badenes, M.L. and Byrne, D.H.), Springer, New York, pp. 225-262.
3. Sun, Q., Gates, M.J., Lavin, E.H., et al.(2011) Comparison of odor-active compounds in grapes and wines from *Vitis vinifera* and non-foxy American grape species. Journal of Agricultural and Food Chemistry, 59(19), 10657-10664.
4. Kluba, R.M. and Mattick, L.R.(1978) Changes in nonvolatile acids and other chemical constituents of New York State grapes and wines during maturation and fermentation. Journal of Food Science, 43(3), 717-720.
5. Nelson, R.R., Acree, T.E., Lee, C.Y., Butts, R.M.(1977) Methyl anthranilate as an aroma constituent of American wine. Journal of Food Science, 42(1), 57-59.
6. Bowers, J.E. and Meredith, C.P.(1997) The parentage of a classic wine grape, Cabernet Sauvignon. Nature Genetics, 16(1), 84-87.
7. This, P., Lacombe, T., Cadle-Davidson, M., Owens, C.L.(2007) Wine grape(*Vitis vinifera* L.) color associates with allelic variation in the domestication gene VvmybA1. Theoretical and Applied Genetics, 114(4), 723-730.
8. Jánváry, L., Hoffmann, T., Pfeiffer, J., et al.(2009) A double mutation in the anthocyanin

5-*O*-glucosyltransferase gene disrupts enzymatic activity in *Vitis vinifera* L. Journal of Agricultural and Food Chemistry, 57(9), 3512-3518.

9. Dunlevy, J.D., Dennis, E.G., Soole, K.L., et al.(2013) A methyltransferase essential for the methoxypyrazinederived flavour of wine. The Plant Journal, 75(4), 606-617.
10. Emanuelli, F., Battilana, J., Costantini, L., et al.(2010) A candidate gene association study on muscat flavor in grapevine(*Vitis vinifera* L.). BMC Plant Biology, 10(241).
11. Anonymous(2015) Grape Vine, GMO Compass. 2015 [updated March 26, 2015]. Available from: http://www. gmo-compass.org/eng/database/plants/73.grape_vine.html.
12. Emanuelli, F., Sordo, M., Lorenzi, S., et al.(2014) Development of user-friendly functional molecular markers for VvDXS gene conferring muscat flavor in grapevine. Molecular Breeding, 33(1), 235-241.
13. Castellarin, S.D., Pfeiffer, A., Sivilotti, P., et al.(2007) Transcriptional regulation of anthocyanin biosynthesis in ripening fruits of grapevine under seasonal water deficit. Plant Cell Environment, 30(11), 1381-1399.

第 32 章　分析方法的创新与应用

32.1　引　　言

葡萄酒是一种化学成分复杂的饮品，含数百种已知的对感官特性、稳定性或产品安全性有着显著贡献的化合物。定性这些化合物能够更好地管理葡萄酒酿造工艺，从而使最终产品的一致性和质量得到改进[1]。此外，定性定量分析在满足监管要求、检测掺杂物、发现新的成分和测定真实性等方面是非常重要的。随着分析能力的发展和越来越精密的仪器(和软件)变得可用，葡萄酒酿造者继续寻求化学分析的创新方法[2-4]。简言之，现有分析方法先进性的进步可以总结如下：

(1) 单一结果：大部分经典化学方法，包括沉淀法、蒸馏法、重力法、滴定法、元素分析法。

(2) 单一结果：转向物理方法，如比色法、电导率法、光谱法等类型，随后是更现代的仪器法[核磁共振(NMR)、质谱法(MS)、红外法(IR)、紫外/可见光(UV/vis)光谱法、原子吸收光谱法/原子发射光谱法(AAS/AES)]。

(3) 多个结果：用单一的方法的多种分析物的检测，常常包含分离方法与选择性检测器的耦联，如气相色谱(GC)和高效液相色谱(HPLC)与质谱联用。

(4) 多个结果集：利用多个仪器分析方法，获得的数据结合化学计量学分析，得到化学指纹图谱，该方法不需要明确特定的分析物，可用于常规监测与建模的小型化和自动化，使用的技术如核磁共振、中红外(MIR)、质谱、紫外/可见光光谱和生物传感器。

(5) 靶标性或非靶标性方法：对多个样品中分析物/主要成分的测定(如使用 GC-MS、HPLC-MS 和 NMR)概述如下。

为充分了解影响葡萄酒化学成分、生产操作、感官特性和最终消费者偏好的变量，最理想的办法就是将所有已知重要化合物作为分析对象，并在每一个实验中都测定它们(即代谢组学)①。葡萄酒和其他领域的代谢组学研究通常可以分为三

---

① 术语代谢组学来自于系统生物学，它被定义为“活体系统对生理刺激或基因修饰的动态多参数代谢反应的测量”[8]。代谢组学这一术语在葡萄酒和其他食品研究中的使用更加模糊隐晦，但是可以定义为“在一种或许多葡萄酒中许多潜在重要小分子的测量”。

类：信息性的、辨别性的和预测性的。

(1) 信息性的，即通常出现的典型化合物是什么，有多少。代谢组学可以生成典型化合物和它们浓度的数据库。

(2) 辨别性的，即一个特定的变量如何影响化学成分。代谢组学能用来全面分析与葡萄品种、生长地区、酵母菌株或其他参数改变有关的化学差异。

(3) 预测性的，即如何利用容易测量的属性建立难以测量的变量模型。例如，从品评小组收集感官数据是乏味并且昂贵的，但是大部分感官特性产生于多重而非单一的化学刺激。基于化学数据的多变量模型能用来建立感官数据模型。

相比于其他“组学”领域，尤其是基因组学，观察到的小分子化学性质复杂并且浓度范围广泛，对于代谢组学没有普遍性的方法。靶向性代谢组学方法意在测量潜在重要化合物的一个子集，如所有的葡萄酒的香气物质，因此经常依赖于多种分析方法。例如，为了全面探索红葡萄酒香气化学成分和质量，利用 9 种分离萃取和 GC 法对 110 种香气化合物进行定量分析[5]。许多其他的方法对于评价非挥发性成分是非常必要的，如多酚、多糖、金属等。

另外，非靶标性代谢组学方法可用来研究葡萄酒的化学轮廓(即葡萄酒中范围广泛的代谢物)。尽管这些方法通常使用选择性最低的样品制备[6]，它们的综合性也不全面，如痕量的物质可能由于干扰而不能观测到。然而，因为它们具有不偏向性，非靶向代谢组学能够确认那些可能已经被忽略的与葡萄园和葡萄酒酿造变量的相关性。本章为葡萄酒科学提供了分析创新与应用的例子，包括快速分析方法，以及可以有助于全面了解葡萄和葡萄酒成分之间联系的靶向和非靶向分析方法。

32.2　葡萄酒分析常规方法

葡萄酒中的许多分析是以试图解释某一个具体的现象开始的：为什么这款葡萄酒闻起来有霉味？我如何增加谷胱甘肽-3-巯基己醇(GSH-3-MH)的浓度以增加水果香味的 3-MH 的浓度？为什么一些葡萄酒有酒石酸氢钾不稳定的问题而其他的没有？

用于定性定量分析葡萄酒中化合物的方法通常借鉴了食品研究的其他领域(见文献[7])，并且更广泛的研究来自于天然产物。

(1) 在某些情况下，很可能分析的靶向物已经可以从文献中得知，或者可以从基本化学知识中得到合理的推断。例如，GSH-3-MH 前体的结构和植物生物化学知识表明(*E*)-2-己烯醛和谷胱甘肽可能的前体并且对将来的研究非常重要[9]。

(2) 当负责某一现象的关键化合物是未知的，通常借用天然产物发掘的技术(见文献[10])。通过色谱或其他技术分离样品，并通过适当的实验评价其活性②，理想情况下，可以与缺少活性的对照相比较。通过实验发掘葡萄酒组分与感兴趣的现象相匹配的例子如下。

通常使用人类的鼻子充当一种灵敏的选择性“生物测定”仪器，鉴定关键香气化合物。在实际操作中，主要通过使用嗅辨仪(“嗅口”)③作为GC的检测器(GC-O)来完成[11-13]。

较不常见的是，味觉/口感化合物可以通过液相色谱之后的味觉识辨仪(LC-taste)来检测[14]。在线耦联的 GC-O 仪器对葡萄酒分析是相对常见的，而 LC-taste 常常是在离线情况下进行的，HPLC 组分的收集和感官评定在单独的步骤中进行(见文献[15-18])。

其他试验包括分光光度计、比色计或色素检测的人类受试者，如用于检测能够预防酒石酸不稳定的化合物的酒石酸氢钾模型系统[19]。

(3) 活性组分随后可以通过传统分析方法鉴定，如 GC 或 HPLC 与用于鉴定化合物的多种检测器[特别是 MS(图 32.1)][20, 21]或 NMR(表 32.1)相耦联。理想的情况下，可以通过与可靠的标准品的对比确认其身份。

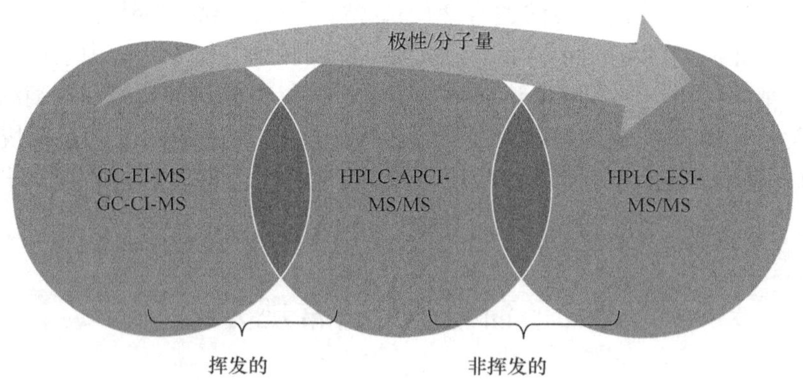

图 32.1 葡萄酒中化合物根据挥发性降低以及极性和分子量增加进行气相或液相分析的常见仪器和离子化模式

② 在药物开发中，这种实验常常采用生物模型的形式，如在研究中通过检测组分对致病生物或癌细胞的毒性来检测新的抗生素或化疗药物。

③ 首次报道并介绍气相色谱与嗅辨仪耦联的在香水产业中的应用要追溯到 1964 年，比气相色谱首次报道晚了大约 10 年。直到 20 世纪 90 年代，关于气相色谱-嗅辨仪联用技术应用于研究的常规报道都是非常少见的。

表 32.1　用于葡萄酒化学分析的常用技术和仪器

程序	注释	通常于挥发物(V)或非挥发物(N)
提取		
固相萃取(SPE)	将葡萄酒通过填充吸附剂的色谱柱——选择有效的相，使用不同的溶剂洗脱	V，N
液液萃取(LLE)	用有机溶剂萃取葡萄酒，随后将有机萃取物浓缩——可以用一系列溶剂	V，N
固相微萃取(SPME)	将有固相吸附剂涂层的纤维插入葡萄酒顶层空气(或直接没入葡萄酒)——选择有效的相，包括组合	V
搅拌棒吸附萃取(SBSE)	将有固相吸附剂涂层的搅拌棒在葡萄酒中搅拌——有一些可用的相	V
吹扫捕集(PT)	通过惰性气流将分析物从葡萄酒中吹扫出来并用吸附剂将其捕集——选择有效的相	V
蒸馏	溶剂辅助香气蒸馏(SAFE)或同时蒸馏萃取(SDE)——可以用一系列溶剂	V
分离		
气相色谱(GC)	组分在具有温度梯度的气相中由于分析物沸点和极性的差异而分离——选择有效的固定相	V
高效液相色谱(HPLC)	组分随着流动相的组成在液相中由于分析物极性、大小和电荷的差异而分离——选择有效的固定相	N
毛细管区带电泳(CZE)	外加电势导致组分在液相中由于缓冲液流动相的电流和分析物的电荷而分离——可以用一系列的缓冲液组成(pH、离子强度、添加剂)	N
检测		
质谱[如单独或三重四极杆、飞行时间(TOF)、离子阱(IT)]	基于质荷比(m/z)检测离子化的分子；串联质谱(MS/MS)增强选择性、灵敏性和化合物的鉴别能力——优良的定性和定量分析检测器，可以与 HPLC 或 GC 耦联	V，N
光电二极管阵列检测器(DAD)	检测吸收光在紫外/可见光范围内(190～600 nm)的分子——适于很多具有芳香环葡萄酒成分，如多酚物质	N
荧光检测器(FLD)	检测基于激发和发射波长检测发荧光的分子——适于一些多酚物质的分析	N
示差折光检测器(RID)	当化合物洗脱时检测洗脱液折光指数的变化——适于缺少某一生色团的化合物	N
火焰离子化检测器(FID)	检测化合物在火焰中离子化产生的电流——有机分析物的通用检测器	V
硫化学发光检测器(SCD)	检测一氧化硫(SO，产生于含硫化合物的燃烧)与臭氧反应时的化学发光——选择性地适于含硫化合物	V
脉冲火焰光度检测器(PFPD)	检测元素经燃烧激发的特征发射光——选择性地适于含硫和含磷化合物	V
原子发射检测器(AED)	检测元素经脉冲光源激发的特征发射光——对葡萄酒化合物中常见一系列元素灵敏	V

续表

程序	注释	通常于挥发物(V)或非挥发物(N)
电子捕俘获检测器(ECD)	检测由于分析物捕捉电子产生的电流变化——选择性地适于电负性元素，特别是卤代化合物	V
质谱的离子化模式		
电子电离(EI)	用于 GC-MS，正离子模式，高能电离导致较大的碎片化	V
化学电离(CI)	用于 GC-MS，正离子或负离子模式，对于极性更强的化合物有用，碎片化比 EI 小	V
电喷雾电离(ESI)	用于 HPLC-MS，正离子或负离子模式，可产生多电荷分析物(允许高分子量样品的分析)，最小的碎片化(尽管源内碎片化是可能的)，对于极性分析物更好用，用于 MS/MS	N
大气压化学电离(APCI)	用于 HPLC-MS，正离子或负离子模式，最小的碎片化(尽管源内碎片化是可能的)，对于挥发性/低极性分析物有用，用于 MS/MS	N

(4) 一旦靶向分析物被鉴定，基于 GC 和 HPLC 的方法将常常用于靶向化合物的常规量化。通常，在仪器分析之前需要分析物某种形式的萃取和分离，既是为了去除干扰，也是为了预纯化分析物(表 32.1)。较高浓度的化合物(>10 mg/L)可能适于光谱检测方法。

最近这一标准方法的创新涉及二维能力[如“中心切割”气相(heart-cut GC)和全面综合气相色谱(fully comprehentive GC)或高效液相色谱(HPLC)]，以增强复杂样品(葡萄酒)的分离[22-25]。毛细管区带电泳(CZE)是另一项创新的分离技术，尽管其应用普遍性远远小于 HPLC，但已经用于葡萄酒中多酚物质的分析[26, 27]。

32.3 多变量数据分析和化学计量学

典型的分析步骤通常都是单因素的(一个变量)，意味着建立单个校准是为了这个组分的测定。这种方法要求感兴趣的成分能够从复杂的干扰中分离出来或者可以用某些方法选择性地检测到(如香气挥发物的 GC-MS 分析)[28]。当干扰无法被消除时，需要使用多变量校准，可以通过适当的数学模型得到弥补(图 32.2)。开发多变量校准的基本步骤如下。

(1) 标准化：在各种葡萄酒中使用选择性的、有效的技术测定一个感兴趣的参数，例如，通过 HPLC-UV 检测苹果酸。随后用相同的葡萄酒测定大量的变量，如测定多种不同的波长下的红外吸收。

(2) 建模：使用统计分析软件，为这些感兴趣的参数开发一个多变量模型。

(3) 验证：检查校准，最好使用未用于生成模型的样品。

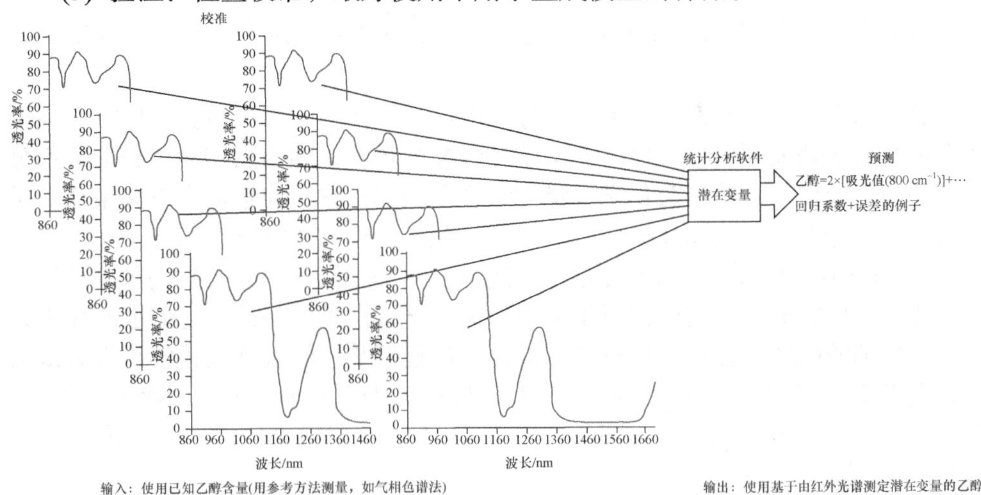

图 32.2　使用原始光谱数据(在此处是红外法)与定量参考法(如乙醇含量的气相色谱法)结合起来构建多变量校准用于葡萄酒中成分浓度预测的例子。内置基于这种方法校准的商业化仪器可用于葡萄酒中乙醇浓度等成分参数的简单测量

多变量模型对于产生光谱数据的技术特别常见，如红外和紫外/可见光分光光度法。常常通过偏最小二乘(PLS)回归执行建模，在该方法中大量的变量(如全谱)被压缩成几个潜在变量④。另一个建模方法，多元线性回归分析(MLR)，使用选定的变量数(如特定的几个波长)来校准，但是，该方法有缺点，会造成化学的(如官能团)和诊断的(异常检测)信息损失[28]。类似的统计方法可能被用于开发基于色谱数据集的校准，用于预测风味属性等参数。

除了生成预测模型，多变量统计法也可以用于大数据集，来鉴别关键差异特征成分或进行辨别性分析[29]。无监督工具，如主成分分析(PCA)、分层聚类分析(HCA)和因子分子(FA)经常被当作数据集最初探索的部分，用来测定在一个数据集内能最好地解释变化的变量，或者用来检测样本的分群。监督工具，如 PLS、MLR、线性判别分析(LDA)和典型变量分析(CVA)被用来确定依据已知类别能够最好区分样本的方法。下文概述应用多变量统计分析来分析问题，但是统计方法的详细介绍超出了本章的范围，并且能够在其他地方找到(见文献[30-35])。

④ 称为潜在变量是因为它们“隐藏”在原始数据中，是从测量的变量(只是潜在变量的总和)中计算而来的新变量(称为分数)。分数可以被绘制成可视化的数据集编制的观测结构。注意偏最小二乘也可以代表潜在结构的投影(通过偏最小二乘回归的方法)。

32.4 化学计量学的实践——葡萄酒分析的快速方法

除了基于色谱和质谱法，利用不同光波长(紫外/可见、红外)的光谱法和 NMR 技术也被用于葡萄酒分析。这些方法选择性通常较差，因为它们无法获取大部分分析物孤立的信号，但当与化学计量学结合在一起，它们能够提供以决策或分类为目的的成分参数的快速无损伤测量[34-37]。此外，相对非特异性的化学传感器阵列(金属氧化物传感器、光学传感器、安培/电位传感器、比色传感器)可以被用来研究葡萄酒中的成分。这些构成了电子鼻和电子舌设备的基础，它们能被用来人工评价葡萄酒的感官特性，区分样品或监控过程[38-44]。尽管这些化学计量方法对于研究型实验室不太适宜，这些系统为葡萄酒厂(及其他食品加工环境)中过程控制的实施提供了极大的可能，因为它们使用简单，提供结果快速，价格低廉合理，需要制备的样品最少[45]。

使用电子舌或中红外(MIR)光谱对葡萄酒涩感的评估已经成为一种快速替代方法，用来代替平常由训练有素的专家小组承担的耗时的感官测试[42]。和其他快速方法一样，需要使用一种参考方法来准备与感兴趣的参数(此处由单宁沉淀和光谱测量确定明胶指数，第 33 章)有关的校准模型，用于由这项新技术或传感器的输出。电子舌由对有机离子和氧化还原反应灵敏的电位传感器组成，并且选定 MIR 指纹区域(1800～950 cm^{-1})，因为 MIR 含有与酚类化合物有关的吸光度[42](图 32.3)，

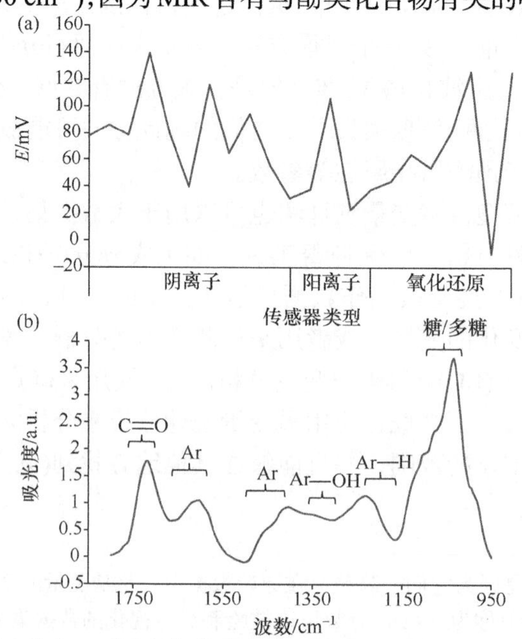

图 32.3 葡萄酒分析中，带有一系列电位传感器的电子舌(a)和在指纹区域内的红外光谱(b)的输出信号被用于建立作为涩感度量的明胶指数的预测模型的例子。数据来自文献[42]

通常与多变量方法一起使用，其检测限高于最初的方法——基于电子舌和 MIR 方法建立的偏最小二乘(PLS)模型适用于红葡萄酒和桃红葡萄酒，但不适用于白葡萄酒。

挥发性物质也能以相似的方式通过由一系列金属氧化物半导体组成的电子鼻来测定。这种方法已经用于自动监控储藏过程中葡萄酒的演变，并且也可以用作酿酒师检测缺陷香气发展的工具，从而使早期干预成为可能[43]。在这种情况下，GC-MS 可以用作检测白葡萄酒和红葡萄酒中挥发性化合物的参考方法，包括许多脂肪酸、乙酯和乙酸酯。利用一些化合物，如乙酸己酯和辛酸乙酯，建模的偏最小二乘回归模型被开发出来用于预测 GC-MS 分析的结果(图 32.4)。如同其他基于化学计量学模型的方法，扩大葡萄酒的范围将会进一步“训练”电子鼻在新的样品中的识别模式并预测挥发性物质的浓度。

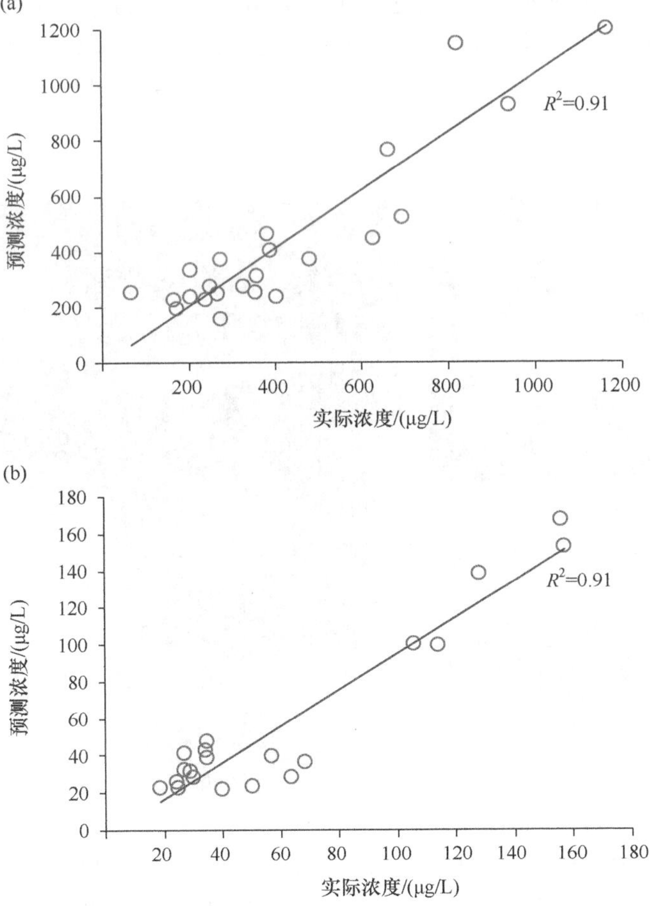

图 32.4　用于葡萄酒中乙酸己酯(a)和辛酸乙酯(b)的气相色谱-质谱联用(实际的)与电子鼻(预测的)数据的偏最小二乘模型。数据来自文献[43]

快速分析模型不一定需要专用设备，并且简单和廉价的设备更可能被广泛地日常使用所采纳。利用光的分析物特别吸引人，因为在基于红外仪器的情况下，紫外/可见光光源也可以新的方式被开发利用。一个这样的例子包括配备一个短路径流通池的在线传感器的构建，以及发光二极管和光电二极管的最小化排列来测量红葡萄酒发酵过程中酚类物质和颜色[46]。这项工作证明了使用这样一个传感器代替紫外/可见光分光光度计的可能。

另一个快速分析的独特方法包括一个手机摄像头、纸质微流控制芯片和八种染料(图 32.5)，可添加一滴红葡萄酒后评估其“味道”[47]。使用智能手机相机拍摄的图像，经分析得到颜料的 RGB 色彩强度(红，680 nm；绿，540 nm；蓝，470 nm)，发现与不同葡萄酒味觉成分的浓度相关，如有机酸、盐和糖。不同葡萄酒样品的 RGB 色彩强度，可以通过主成分分析(PCA)依据葡萄品种和葡萄酒的风格(酒体和甜味)进行分类。特别是该方法可能能够用于将氧化的葡萄酒样品从非氧化的葡萄酒样品中区分出来，并且可能成为葡萄酒生产过程中简单有效的质量控制工具[47]。

图 32.5　红葡萄酒快速分类的简易方法，基于纸质微流控制芯片样品孔中染料的预装载和干燥(a)，在芯片的中心添加红葡萄酒(b)，以及使用智能手机相机拍摄芯片来实现 RGB 图像分析(c)。来源于文献[47]，经英国皇家化学学会(RSC)允许复制

32.5　葡萄酒的靶标和非靶标代谢组学

在 32.4 节化学计量学的例子中，使用相对简单的仪器不能分离单个化合物，只对已知目标分析物有用。缺乏组分的身份定性，使得这些技术不太适用于对建立新假说或对样品未知化学物质进行鉴定感兴趣的研究者。真正的基于靶标或非靶标分析的代谢组学通常需要质谱与一维或二维色谱联用⑤。

由于代谢组学的多样性并且其相对容易测定，代谢组学研究的一个常见目标是酚类化合物，这些物质经常通过高效液相色谱-二极管阵列检测器-质谱联用(HPLC-DAD-MS)被定量，并且研究目标包括花色苷(在红葡萄酒中)、黄酮醇和羟基肉桂酸。也可以通过高效液相色谱-串联质谱联用(HPLC-MS/MS)的非挥发性物质的非靶标分析法分析酚类化合物，而且代谢组学的方法经常使用 HPLC 与高分辨率的 MS 联用在正、负离子模式来测定理论分子式[35]。经常在没有鉴定(或仅仅是初步识别)单个化合物的情况下进行数据处理。采用这种方法，可以检测到几千个特征化合物(推定的代谢物)，但只鉴定在统计上有意义的且令人感兴趣的化合物，还需要经过艰苦的努力，例如，在某项研究中，超过 400 种化合物被初步鉴定，其中 15 种化合物可被用于区分格拉西亚诺和丹魄葡萄酒[48]。

非靶标 GC-MS 已经被开发出来，用于信息性的、区别性的和辨别性的分析。辨别性分析的一个例子是全面二维 GC(GC×GC)和通过与软件联用的飞行时间质谱(TOF-MS)的检测⑥，该软件可以自动检测峰并且解卷积质谱[49]。通过对不同地区和年份的五种商业赤霞珠葡萄酒的顶空固相微萃取(HS-SPME)，总计鉴定到 375 种化合物，其中高于 85%的化合物在这些葡萄酒中呈现显著差异。对于预测性分析(风味特征的建模)，采用多变量数据分析能够实现仅用普通的一维 GC-MS(1-D GC-MS)仪器就可以检测到数百种化合物，猎人谷(HV)的赛美蓉葡萄酒便是一个例子[50]，色谱轮廓自动分析之后，采用主成分分析可揭示与葡萄酒年龄和风格最为相关的化合物。随后，基于通过 GC-MS 鉴定的化合物，偏最小二乘回归分析被用于发掘猎人谷的赛美蓉葡萄酒感官特征(蜂蜜味、烘焙和橘子酱等)

---

⑤ 一维分离包括一个色谱柱和一种单一的相[如使用反相 C-18(十八烷基键合硅胶)色谱柱的高效液相色谱或使用极性蜡柱的气相色谱]。相反，二维(正交)分离涉及为改进分析物分离的两个色谱柱固定相(如极性蜡和非极性二甲基聚硅氧烷气相色谱柱)的不同选择。这就需要更为复杂的仪器，能够在第一和第二维度之间转移分析物。

⑥ TOF-MS 通常与 GC×GC 联用，因为二维分离发生可以秒计算，这意味着需要快速的质谱采集率(如达到 500 Hz)来提供足够的数据点，以便定义极窄的峰值和鉴定化合物。

的预测模型。

期待回答的一个关键问题是,"非靶标代谢组学方法将来能代替经典的靶标方法吗"。对于不需要建立因果关系的研究，特别是鉴定研究和相关的区别研究(第 28 章)，非靶标方法似乎特别有用。然而，非靶标方法对于检测动因的效果较差，如测定负责气味等感官特性的特定化合物。在食品中发现的 10000 余种挥发性物质，似乎只有非常少的一部分(<3%)对食品的香气有贡献[51]，这意味着在非靶标分析中预计会加入许多人为的因素，例如，在对贡献西拉葡萄酒黑胡椒香气化合物的非靶标分析中，发现了一种与非黑胡椒香气化合物有极强相关性的α-衣兰烯，因此，利用传统的 GC-O 分析方法，进一步研究莎草奥酮的动态变化是有必要的[52]。对于来自多种化合物(如许多水果香气)的感官特性，可能靶标代谢组学的混合方法反而是最合适的，正如前文提及的研究所强调的，超过 100 种挥发性化合物的浓度与葡萄酒的质量特征有关[5]。尽管这些综合性的方法目前需要大量独立的分析，数据库和仪器的发展将起到极大促进作用，正如我们在其他生物系统的代谢组学中所看到的[53]。

参考文献

1. Buglass, A.J. and Caven-Quantrill, D.J.(2011) Analytical methods, in Handbook of alcoholic beverages: technical, analytical and nutritional aspects(ed. Buglass, A.J.), John Wiley & Sons, Ltd, Chichester, UK, pp. 629-932.
2. Vershinin, V.I. and Zolotov, Y.A.(2009) Periodization of the history of chemical analysis and analytical chemistry as a branch of science. Journal of Analytical Chemistry, 64(8), 859-867.
3. Karayannis, M.I. and Efstathiou, C.E.(2012) Significant steps in the evolution of analytical chemistry—Is the today's analytical chemistry only chemistry? Talanta, 102, 7-15.
4. Pérez-Bustamante, J.A.(1997) A schematic overview of the historical evolution of analytical chemistry. Fresenius' Journal of Analytical Chemistry, 357(2), 151-161.
5. San Juan, F., Cacho, J., Ferreira, V., Escudero, A.(2012) Aroma chemical composition of red wines from different price categories and its relationship to quality. Journal of Agricultural and Food Chemistry, 60(20), 5045-5056.
6. Cevallos-Cevallos, J.M., Reyes-De-Corcuera, J.I., Etxeberria, E., et al.(2009) Metabolomic analysis in food science: a review. Trends in Food Science and Technology, 20(11-12), 557-566.
7. Marsili, R.(ed.)(2012) Flavor, fragrance, and odor analysis, 2nd edn, CRC Press, Boca Raton, FL.
8. Nicholson, J.K. and Lindon, J.C.(2008) Systems biology: Metabonomics. Nature, 455(7216), 1054-1056.
9. Capone, D.L. and Jeffery, D.W.(2011) Effects of transporting and processing Sauvignon blanc grapes on 3-mercaptohexan-1-ol precursor concentrations. Journal of Agricultural and Food Chemistry, 59(9), 4659-4667.
10. Sarker, S.D. and Nahar, L.(eds)(2012) Natural products isolation, 3rd edn, Humana Press, New York.

11. Acree, T.E.(1997) GC/Olfactometry: GC with a sense of smell. Analytical Chemistry, 69(5), 170A-175A.

12. Chin, S.-T., Eyres, G.T., Marriott, P.J.(2015) Application of integrated comprehensive/multidimensional gas Chromatography with mass spectrometry and olfactometry for aroma analysis in wine and coffee. Food Chemistry, 185, 355-361.

13. Delahunty, C.M., Eyres, G., Dufour, J.-P.(2006) Gas chromatography-olfactometry. Journal of Separation Science, 29(14), 2107-2125.

14. Reichelt, K.V., Peter, R., Ley, J.P., et al.(2010)LC Taste? as a novel tool for the identification of flavour modifying compounds, in Proceedings of the 12th Weurman Symposium(eds Blank, I., Wust, M., Yeretzian, C.), 2008, Interlaken, Switzerland, Zürcher Hochschule für Angewandte Wissenschaften, Winterthur.

15. Pineau, B., Barbe, J.-C., Van Leeuwen, C., Dubourdieu, D.(2009) Examples of perceptive interactions involved in specific "red-" and "black-berry" aromas in red wines. Journal of Agricultural and Food Chemistry, 57(9), 3702-3708.

16. Sáenz-Navajas, M.-P., Ferreira, V., Dizy, M., Fernández-Zurbano, P.(2010) Characterization of taste-active fractions in red wine combining HPLC fractionation, sensory analysis and ultra performance liquid chromatography coupled with mass spectrometry detection. Analytica Chimica Acta, 673(2), 151-159.

17. Falcao, L.D., Lytra, G., Darriet, P., Barbe, J.C.(2012) Identification of ethyl 2-hydroxy-4-methylpentanoate in red wines, a compound involved in blackberry aroma. Food Chemistry, 132(1), 230-236.

18. Lytra, G., Tempere, S., Revel, G.d., Barbe, J.-C.(2012) Impact of perceptive interactions on red wine fruity aroma. Journal of Agricultural and Food Chemistry, 60(50), 12260-12269.

19. Balakian, S. and Berg, H.W.(1968) The role of polyphenols in the behavior of potassium bitartrate in red wines. American Journal of Enology and Viticulture, 19(2), 91-100.

20. Flamini, R.(ed.)(2008) Hyphenated techniques in grape and wine chemistry, John Wiley & Sons, Ltd, Chichester, UK.

21. Flamini, R. and Traldi, P.(2010) Mass spectrometry in grape and wine chemistry, John Wiley & Sons, Inc., Hoboken, NJ.

22. Marriott, P.J., Eyres, G.T., Dufour, J.-P.(2009) Emerging opportunities for flavor analysis through hyphenated gas chromatography. Journal of Agricultural and Food Chemistry, 57(21), 9962-9971.

23. Marriott, P.J., Chin, S.-T., Maikhunthod, B., et al.(2012)Multidimensional gas chromatography. TrAC Trends in Analytical Chemistry, 34, 1-21.

24. Kalili, K.M., Vestner, J., Stander, M.A., de Villiers, A.(2013)Toward unraveling grape tannin composition: application of online hydrophilic interaction chromatography×reversed-phase liquid chromatography-time-of-flight mass spectrometry for grape seed analysis. Analytical Chemistry, 85(19), 9107-9115.

25. Willemse, C.M., Stander, M.A., Tredoux, A.G.J., de Villiers, A.(2014) Comprehensive two-dimensional liquid chromatographic analysis of anthocyanins. Journal of Chromatography A, 1359, 189-201.

26. Sáenz-López, R., Fernández-Zurbano, P., Tena, M.T.(2004) Analysis of aged red wine pigments

by capillary zone electrophoresis. Journal of Chromatography A, 1052(1-2), 191-197.

27. Moreno, M., Arribas, A.S., Bermejo, E., et al.(2011)Analysis of polyphenols in white wine by CZE with amperometric detection using carbon nanotube-modified electrodes. Electrophoresis, 32(8), 877-883.
28. Olivieri, A.C.(2015) Practical guidelines for reporting results in single- and multi-component analytical calibration: a tutorial. Analytica Chimica Acta, 868, 10-22.
29. Eriksson, L., Johansson, E., Kettaneh-Wold, N., Wold, S.(2013)Multi-and megavariate data analysis: basic principles and applications, 3rd edn, MKS Umetrics AB, Malm?Sweden.
30. Gishen, M., Dambergs, R.G., Cozzolino, D.(2005)Grape and wine analysis—enhancing the power of spectroscopy with chemometrics. Australian Journal of Grape and Wine Research, 11(3), 296-305.
31. Lavine, B. and Workman, J.(2006) Chemometrics. Analytical Chemistry, 78(12), 4137-4145.
32. Lawless, H.T. and Heymann, H.(2010) Sensory evaluation of food, Springer, New York.
33. Hong, Y.-S.(2011) NMR-based metabolomics in wine science. Magnetic Resonance in Chemistry, 49, S13-S21.
34. Cozzolino, D. and Smyth, H.(2013) Analytical and chemometric-based methods to monitor and evaluate wine protected designation, in Comprehensive analytical chemistry: food protected designation of origin - methodologies and applications(eds Miguel de la, G. and Ana, G.), Elsevier, Oxford, UK, pp. 385-408.
35. Versari, A., Laurie, V.F., Ricci, A., et al.(2014) Progress in authentication, typification and traceability of grapes and wines by chemometric approaches. Food Research International, 60, 2-18.
36. Cozzolino, D., Cynkar, W., Shah, N., Smith, P.(2011) Technical solutions for analysis of grape juice, must, and wine: the role of infrared spectroscopy and chemometrics. Analytical and Bioanalytical Chemistry, 401(5), 1475-1484.
37. Godelmann, R., Fang, F., Humpfer, E., et al.(2013) Targeted and nontargeted wine analysis by 1H NMR spectroscopy combined with multivariate statistical analysis. Differentiation of important parameters: grape variety, geographical origin, year of vintage. Journal of Agricultural and Food Chemistry, 61(23), 5610-5619.
38. Lozano, J., Arroyo, T., Santos, J.P., et al.(2008) Electronic nose for wine ageing detection. Sensors and Actuators B: Chemical, 133(1), 180-186.
39. Zeravik, J., Hlavacek, A., Lacina, K., Skladal, P.(2009) State of the art in the field of electronic and bioelectronics tongues—towards the analysis of wines. Electroanalysis, 21(23), 2509-2520.
40. Buratti, S., Ballabio, D., Benedetti, S., Cosio, M.S.(2007)Prediction of Italian red wine sensorial descriptors from electronic nose, electronic tongue and spectrophotometric measurements by means of genetic algorithm regression models. Food Chemistry, 100(1), 211-218.
41. Peris, M. and Escuder-Gilabert, L. (2013)On-line monitoring of food fermentation processes using electronic noses and electronic tongues: a review. Analytica Chimica Acta, 804, 29-36.
42. Simoes Costa, A.M., Costa Sobral, M.M., Delgadillo, I., et al.(2015)Astringency quantification in wine: comparison of the electronic tongue and FT-MIR spectroscopy. Sensors and Actuators B:

Chemical, 207(0), 1095-1103.

43. Lozano, J., Santos, J.P., Suárez, J.I., et al.(2015)Automatic sensor system for the continuous analysis of the evolution of wine. American Journal of Enology and Viticulture, 66(2), 148-155.

44. Ghanem, E., Hopfer, H., Navarro, A., et al.(2015)Predicting the composition of red wine blends using an array of multicomponent peptide-based sensors. Molecules, 20(5), 9170.

45. Smyth, H. and Cozzolino, D. (2013)Instrumental methods(spectroscopy, electronic nose, and tongue) as tools to predict taste and aroma in beverages: advantages and limitations. Chemical Reviews, 113(3), 1429-1440.

46. Shrake, N.L., Amirtharajah, R., Brenneman, C., et al. (2014)In-line measurement of color and total phenolics during red wine fermentations using a light-emitting diode sensor. American Journal of Enology and Viticulture, 65(4), 463-470.

47. San Park, T., Baynes, C., Cho, S.-I., Yoon, J.-Y.(2014)Paper microfluidics for red wine tasting. RSC Advances, 4(46), 24356-24362.

48. Arbulu, M., Sampedro, M.C., Gomez-Caballero, A., et al.(2015)Untargeted metabolomic analysis using liquid chromatography quadrupole time-of-flight mass spectrometry for non-volatile profiling of wines. Analytica Chimica Acta, 858, 32-41.

49. Robinson, A.L., Boss, P.K., Heymann, H., et al.(2011)Development of a sensitive non-targeted method for Characterizing the wine volatile profile using headspace solid-phase microextraction comprehensive two-dimensional gas chromatography time-of-flight mass spectrometry. Journal of Chromatography A, 1218(3), 504-517.

50. Schmidtke, L.M., Blackman, J.W., Clark, A.C., Grant-Preece, P.(2013)Wine metabolomics: objective measures of sensory properties of Semillon from GC-MS profiles. Journal of Agricultural and Food Chemistry, 61(49), 11957-11967.

51. Dunkel, A., Steinhaus, M., Kotthoff, M., et al.(2014) Nature's chemical signatures in human olfaction: a foodborne perspective for future biotechnology. Angewandte Chemie International Edition, 53(28), 7124-7143.

52. Wood, C., Siebert, T.E., Parker, M., et al.(2008)From wine to pepper: rotundone, an obscure sesquiterpene, is a potent spicy aroma compound. Journal of Agricultural and Food Chemistry, 56(10), 3738-3744.

53. Fuhrer, T. and Zamboni, N.(2015)High-throughput discovery metabolomics. Current Opinion in Biotechnology, 31， 73-78.

第 33 章　单宁表征的新途径

33.1　引　　言

对葡萄酒中涩感(干燥、粗糙、褶皱)的感知在很大程度上归因于缩合单宁(原花色素)。正如第 14 章中所述，葡萄和其他植物中的缩合单宁者是黄烷醇单体的多聚体，并且其有无数结构，这是由其在亚基数量、亚基结构/立体化学和结合位点的多样性造成的。即使假设只有两种亚基可供选择，没有分支，只有一个单一的末端单元，一个聚合度为 30 的单宁会有大于 10 亿种不同结构。在葡萄酒中这种化学变化会更加复杂，葡萄酒中原花色素经历了水解和随后的重排，抑或与很多葡萄酒成分发生反应，如花色苷和乙酰(第 24 章和第 25 章)，因此，表征单宁的方法通常分为三类：

(1) 单宁单体的表征，如通过间苯三酚酸解后，采用高效液相色谱分析，这些方法能测定样品中原花色素的平均聚合度，并且鉴定其黄烷-3-醇亚基的成分[1]。然而，这些方法通常不能降解(或测量)陈酿过程中形成的非标准的黄烷间键。

(2) 一种有用的表征方法是基于一个共同的化学特征去测定完整单宁的浓度[2,3]。

(3) 涩感的功能性鉴定，如蛋白质沉淀方法。

现有分析方法多以蛋白质和其他大分子物质与单宁沉淀为基础，其在葡萄酒涩感建模方面特别成功，如同由受训过的感官小组所测定的(第 14 章)。在 Harbertson 和 Adams 改编的 1978 年 Hagerman 和 Butler 法中[4]，采用牛血清白蛋白作为结合底物[5]；Sarneckis 等使用甲基纤维素作为沉淀剂，开发了一个类似方法[6]；沉淀之后，测定沉淀颗粒或上清液的酚类物质含量，这些沉淀方法可以在“涩感强度”和“单宁”之间达到很高的相关性(r^2>0.8)，可能是因为它们模拟了口腔中单宁和润滑性唾液蛋白之间的反应[7]。

33.2　涩感亚类的挑战

虽然基于沉淀的检测是有用的，但是它们只能模拟感知涩感的整体强度。然而，酿酒师和其他人通常会使用一些术语来区别涩感的类型，有一些报道表明，基于时间行为(如一旦吐酒涩感强度如何衰减)或子项术语(“粗糙的”、“天鹅绒般的”、“褶皱的”等)，葡萄酒能够被训练有素的品评小组加以区分[8]。在这一点上，如果这些子项术语来自于单宁之间的结构差异或其他葡萄酒的存在与否，区分就不够清楚[9]。今天化学家面对的一项挑战就是寻找能够产生与感知有关变化结果的分析方法。

传统的蛋白质-沉淀法使用过量的蛋白质，因此结合能力较强和中等的单宁都可以被充分沉淀，因此不能被很好地区分。McRae 等设想通过等温滴定热量法测定单宁-蛋白质结合的强度[10]，其可能与涩感的质量有关，特别是其时间-强度特性[11]。分离葡萄酒单宁与多聚脯氨酸(一种合成的模式蛋白)相结合的焓，在新鲜葡萄酒和陈年葡萄酒之间下降超过 30%[11]。尽管等温滴定热量法难以操作，但可以通过不同温度下的高效液相色谱分析，获得用来对比的数据[12]。

在葡萄酒和其他领域，将涩感的子项术语与特定的成分联系起来也是正在研究的领域。例如，据报道一些黄烷醇糖苷(第 13 章)具有“天鹅绒般的涩感”特性[13]。这种涩感特征与缩合单宁被描述为“皱缩的涩感”相比，可能具有不同的机制。这些化合物可能直接作用于触觉感受器，而不是通过蛋白质沉淀间接影响涩感[14]。而有趣的是，这种假设尚未通过多种葡萄酒的感官研究证实。其他子项术语可能来自于其他风味化合物与缩合单宁的联合作用，例如，高酸和高单宁可能会导致“青涩”的感觉[15]。最后，未来将单宁化学与感官特性相关联的研究，可能需要有关单宁组成的详细质谱数据[16]。

参 考 文 献

1. Kennedy, J.A. and Jones, G.P.(2001) Analysis of proanthocyanidin cleavage products following acid-catalysis in the presence of excess phloroglucinol. Journal of Agricultural and Food Chemistry, 49(4), 1740-1746.
2. Waterhouse, A.L., Ignelzi, S., Shirley, J.R.(2000) A comparison of methods for quantifying oligomeric proanthocyanidins from grape seed extracts. American Journal of Enology and Viticulture, 51(4), i383-389.
3. Mouls, L., Hugouvieux, V., Mazauric, J.P., et al.(2014) How to gain insight into the polydispersity of tannins: a combined MS and LC study. Food Chemistry, 165, 348-353.
4. Hagerman, A.E. and Butler, L.G.(1978) Protein precipitation method for the quantitative determination of tannins. Journal of Agricultural and Food Chemistry, 26(4), 809-812.
5. Adams, D.O. and Harbertson, J.F.(1999) Use of alkaline phosphatase for the analysis of tannins in grapes and red wines. American Journal of Enology and Viticulture, 50(3), 247-252.
6. Sarneckis, C.J., Dambergs, R.G., Jones, P., et al.(2006) Quantification of condensed tannins by precipitation with methyl cellulose: development and validation of an optimised tool for grape and wine analysis. Australian Journal of Grape and Wine Research, 12(1), 39-49.
7. Caceres-Mella, A., Pena-Neira, A., Narvaez-Bastias, J., et al.(2013) Comparison of analytical methods for measuring proanthocyanidins in wines and their relationship with perceived astringency. International Journal of Food Science and Technology, 48(12), 2588-2594.

8. Gawel, R., Oberholster, A., Francis, I.L.(2000) A "mouth-feel wheel" : terminology for communicating the mouth-feel characteristics of red wine. Australian Journal of Grape and Wine Research, 6(3), 203-207.

9. Bajec, M.R. and Pickering, G.J.(2008) Astringency: mechanisms and perception. Critical Reviews in Food Science and Nutrition, 48(9), 858-875.

10. Poncet-Legrand, C., Gautier, C., Cheynier, V., Imberty, A.(2007)Interactions between flavan-3-ols and poly(l-proline) studied by isothermal titration calorimetry: effect of the tannin structure. Journal of Agricultural and Food Chemistry, 55(22), 9235-9240.

11. McRae, J.M., Falconer, R.J., Kennedy, J.A.(2010)Thermodynamics of grape and wine tannin interaction with polyproline: implications for red wine astringency. Journal of Agricultural and Food Chemistry, 58(23), 12510-12518.

12. Revelette, M.R., Barak, J.A., Kennedy, J.A.(2014)High-performance liquid chromatography determination of red wine tannin stickiness. Journal of Agricultural and Food Chemistry, 62(28), 6626-6631.

13. Hufnagel, J.C. and Hofmann, T.(2008) Orosensory-directed identification of astringent mouthfeel and bitter-tasting compounds in red wine. Journal of Agricultural and Food Chemistry, 56(4), 1376-1386.

14. Sch.bel, N., Radtke, D., Kyereme, J., et al.(2014)Astringency is a trigeminal sensation that involves the activation of G protein-coupled signaling by phenolic compounds. Chemical Senses, 39(6), 471-487.

15. Jones, P.R., Gawel, R., Francis, I.L., Waters, E.J.(2008)The influence of interactions between major white wine components on the aroma, flavour and texture of model white wine. Food Quality and Preference, 19(6), 596-607.

16. Kuhnert, N., Drynan, J.W., Obuchowicz, J., et al.(2010)Mass spectrometric characterization of black tea thearubigins leading to an oxidative cascade hypothesis for thearubigin formation. Rapid Communications in Mass Spectrometry, 24(23), 3387-3404.

索　　引